Abwassertechnik

Von Dipl.-Ing. Wolfgang Bischof
Professor an der Fachhochschule Kiel
Fachbereich Bauwesen in Eckernförde

8., neubearbeitete und erweiterte Auflage
Mit 375 Bildern und 109 Tafeln und 52 Beispielen

B.G.Teubner Stuttgart 1984

CIP-Kurztitelaufnahme der Deutschen Bibliothek

Bischof, Wolfgang:
Abwassertechnik / von Wolfgang Bischof. − 8., neubearb. u. erw. Aufl. −
Stuttgart : Teubner, 1984. −
  6. u. 7. Aufl. u. d. T.: Bischof, Wolfgang: Stadtentwässerung
  ISBN 3-519-35216-8

© B. G. Teubner, Stuttgart 1984

Printed in Germany
Gesamtherstellung: Allgäuer Zeitungsverlag GmbH, Kempten
Umschlaggestaltung: W. Koch, Sindelfingen

Vorwort

Das technische Fachgebiet der Abwassertechnik hat besonders in den letzten Jahren durch die dringend notwendigen Forderungen an die Reinhaltung der Gewässer und durch die Fortschritte in Technik und Forschung, welche zu differenzierter Behandlung und zu neuen wissenschaftlichen Grundlagenaussagen geführt haben, an Umfang und Tiefe weiter zugenommen. Bemerkenswerte Erfolge in der Gewässerreinhaltung und in der Ortshygiene sind regional erkennbar. Mit dem Einsatz der rechtlichen und finanziellen Instrumente (Abwasserabgabe, Subventionen, Verordnungen) wird die Sanierung der Binnengewässer weiter fortschreiten.

Das vorliegende Buch, welches nunmehr in der 8. Auflage erscheint, versucht in konzentrierter Form an die Aufgabenstellungen der Abwassertechnik heranzuführen. Ausgewählte Verfahren, anwendungsorientierte Berechnungsmethoden und Bemessungswerte für die Praxis sollen insbesondere dem auszubildenden Bauingenieur und dem Städteplaner einen orientierenden Überblick, interesseweckenden Einblick und Anregung zum Selbststudium vermitteln.

Der bis zur 7. Auflage beibehaltene Titel „Stadtentwässerung" wurde dem Inhalt des Buches entsprechend in „Abwassertechnik" umgeändert.

Die vorliegende 8. Auflage wurde insgesamt gründlich überarbeitet, inhaltlich ergänzt und insbesondere im Abschnitt 4 „Abwasserreinigung" erheblich erweitert. Der Abschnitt 4.8 „Gewerbliches und industrielles Abwasser" hat einführenden, exemplarischen Wert. In dem hier vorgegebenen Rahmen läßt sich dieses vielschichtige und umfangreiche Thema nicht vollständig behandeln. Es wird hierzu auf die Spezialliteratur verwiesen. Ich hoffe, daß auch diese Auflage wieder freundliche Aufnahme aller in der Abwassertechnik Tätigen findet.

Ich danke für Anregungen und Kritik zur 7. Auflage und hoffe, daß das rege kritische Interesse auch für diese 8. Auflage erhalten bleibt.

Eckernförde, Herbst 1983   Wolfgang Bischof

Inhalt

Hinweise auf DIN-Normen in diesem Werk entsprechen dem Stand der Normung bei Abschluß des Manuskripts. Maßgebend sind die jeweils neuesten Ausgaben der Normblätter des DIN Deutsches Institut für Normung e.V., die durch den Beuth-Verlag, Berlin und Köln, zu beziehen sind. – Sinngemäß gilt das gleiche für alle in diesem Buch angezogenen amtlichen Richtlinien, Bestimmungen, Verordnungen usw.

Neue Einheiten. Verwendet wurden die durch das „Gesetz über Einheiten im Meßwesen" vom 2. 7. 1969 und seine „Ausführungsverordnung" vom 26. 6. 1970 für einige technische Größen eingeführten neuen Einheiten.

Zur Umrechnung von neuen in alte Einheiten und umgekehrt:

1 kN = 100 kg = 0,1 Mp   1 kp 10 N = 0,01 kN
1 N   = 0,1 kp   1 Mp = 10000 N = 10 kN = 0,01 MN
1 MN = 100 Mp

Mengen von Gasen und gelösten Stoffen werden in mmol/l oder in mol/m^3 angegeben, z.B.:

$$100 \text{ mg/l SO}_4 = \frac{100}{32 + 4 \cdot 16} = \frac{100}{96} = 1,04 \text{ mmol/l}$$

96 $\triangleq$ Molekülmasse in mg/mmol oder in g/mol

1 Beschaffenheit und Menge des städtischen Abwassers

Die Stadtentwässerung ist ein wichtiges Teilgebiet der Siedlungswasserwirtschaft und damit des Gesamtgebietes Wasserwirtschaft.

Die Entwässerung der Städte ist eine selbstverständliche Forderung neuzeitlicher Ortshygiene. Ihre Aufgabe ist es, das in Siedlungsgebieten anfallende Schmutz- und Niederschlagswasser schnell zusammenzuführen, betriebssicher und gefahrlos abzuleiten und durch eine entsprechende Behandlung unschädlich zu machen. Zum Schmutzwasser gehören häusliches Abwasser, wie Bade-, Spül-, Wasch- und Fäkalabwasser, sowie gewerbliches und industrielles Abwasser. Unter Niederschlagswasser versteht man Regen- und Schmelzwasser.

1.1 Beschaffenheit des Abwassers

Schmutzwasser kann in den einzelnen Städten sehr unterschiedlich beschaffen sein. Ursache dafür sind der verschiedene Wasserverbrauch, die Zahl und Art der gewerblichen Betriebe und die Lebenshaltung der Bevölkerung. Von Bedeutung ist, ob die Fäkalien mit abgeführt werden. Leider ist dies bei bestehenden Entwässerungssystemen nicht immer der Fall. Bei neu zu schaffenden Ortsentwässerungen kann nur eine „vollkommene Entwässerung" befriedigen. Je nach Tages- und Jahreszeit, wie auch zuweilen nach den Wochentagen, wechselt Beschaffenheit und Menge des Abwassers.

Bei trockenem Wetter ist Schmutzwasser stark konzentriert, am stärksten gewöhnlich vormittags und am späten Nachmittag. In chemischer Hinsicht ist häusliches Abwasser schwach alkalisch. Es enthält organische und mineralische Bestandteile, teils in fester, teils in gelöster Form.

Bakteriologisch ist der hohe Keimgehalt des Abwassers von Bedeutung. In 1 cm^3 Abwasser sind in der Regel mehrere Millionen Keime vorhanden, darunter häufig viele gesundheitsgefährdende (pathogene). Durch diese Bakterien können folgende Krankheiten übertragen werden: Cholera, Typhus, Paratyphus, Enteritis, Tuberkulose, Milzbrand, Ruhr. Im Beseitigen und Vermindern dieser Krankheitserreger durch Klären des Abwassers liegt die besondere hygienische Bedeutung einer Ortsentwässerung.

In frischem Zustand sind die Schmutzstoffe im Abwasser unzersetzt; das Abwasser hat einen leicht fäkalen Geruch und ist grau bis graugelblich gefärbt. Nach längerer Zeit beginnt es zu faulen, wird dabei schmutziggrau bis schwarz und riecht nach Schwefelwasserstoff. Werden Schmutz- und Regenwasser zusammen in einer Leitung abgeführt, dann wird das Schmutzwasser zwar zeitweise verdünnt, jedoch bringt das Regenwasser Sand und Schmutzstoffe mit, die besonders zu Beginn eines Regens Vorfluter und Reinigungsanlage stark belasten. Auch abfließendes Regenwasser ist schmutzig! Regenwasser-Einleitungen in die Vorfluter sollte man möglichst mit einfachen Klärvorrichtungen (Rechen, Sandfänge, RW-Klärbecken) versehen.

1.2   Menge des Schmutzwassers

Die Schmutzwassermenge orientiert sich am Wasserbedarf. Dieser läßt sich aufgliedern nach: Haushaltungen, Kleingewerbe, öffentliche Einrichtungen, Großgewerbe und Industrie, Landwirtschaft, Wasserwerke und Rohrnetz, Löschwasserbedarf.

1.2.1   Haushaltungen

Als Einheit zählt der Verbrauch je Einwohner und Tag l/(E·d). Um die Schmutzwassermenge eines Gebietes zu ermitteln, muß man seine Einwohnerzahl und die Höhe des Wasserverbrauches kennen. Richtwerte gibt Tafel **2**.1.

Tafel **2**.1   Richtwerte für die Besiedlungsdichte

Geschoßflächenzahl (GFZ)	> 1,8	1,4 bis 1,8	0,7 bis 1,4	0,4 bis 0,7	0,3 bis 0,4
Art der Besiedlung	sehr dicht	dicht	geschlossen	offen	weitläufige
Besiedlungsdichte E/ha	> 500	400 bis 500	200 bis 400	100 bis 200	50 bis 100

Genauere Werte sind dem städtischen Bebauungsplan zu entnehmen oder durch Auszählung zu ermitteln.

Die Bebauungsdichte entspricht im allgem. nicht der Besiedlungsdichte, z.B. Punkt-Hochhäuser = offene Bebauung und dichte Besiedlung oder enge Reihenhausbebauung = dichte Bebauung und weitläufige Besiedlung.

Der Wasserverbrauch einer Stadt ergibt sich aus der Förderung der Wasserwerke. Da verhältnismäßig geringe Wassermengen verlorengehen, aber durch Einzelbrunnen Wasser hinzukommt, kann die zu erwartende Schmutzwassermenge der von der Wasserversorgung abgegebenen Reinwassermenge gleichgesetzt werden. Der Wasserverbrauch je Einwohner und Tag ist örtlich verschieden (Tafel **2**.2).

Tafel **2**.2   Anhaltswerte des Wasserverbrauchs w in l/(E · d) (Mittelbildung aus dem Ergebnis verschiedener statistischer Untersuchungen, unter Angleichung an [1b], der Tagesspitze in l/h bzw. in l/(s · E) · 10^3

Gemeindecharakter	Einwohnerzahl	mittl. tägl. Wasserverbrauch w in l/(E · d)	SW-Abfluß, Tagesspitze $Q_x = \dfrac{1}{x} Q_d^{1)}$	l/(s · E · 10^3)
ländliche Gemeinden	< 5000	150	8	5,2
Landstädte	5000 bis 10000	180	10	5,0
Kleinstädte	10000 bis 50000	220	12	5,1
Mittelstädte	50000 bis 250000	260	14	5,0
Großstädte	> 250000	300	16	5,2
Kur- und Badeorte		200 bis 400	10 bis 16	5,0

[1]) eigentlich: $Q_x = \dfrac{24}{x} \cdot \dfrac{Q_d}{24}$ mit $\dfrac{24}{x} > 1{,}0$

Der Bedarf für Gewerbebetriebe, öffentliche Zwecke und der Eigenbedarf der Wasserwerke ist in den Werten mit enthalten. Es ist nach Tafel **2**.2 erkennbar, daß die Verbrauchsmenge mit zunehmender Gemeindegröße steigt.

Diese Zahlen sind mit Vorsicht und beim Aufstellen eines Entwurfs nur dann zugrunde zu legen, wenn kein genauerer Anhalt vorhanden ist. Wie sehr der Wasserverbrauch schwanken kann, zeigt die Gegenüberstellung der Verbrauchswerte in verschiedenen deutschen Städten.

Einfluß auf den örtlichen Wasserverbrauch haben: Das Vorhandensein einer Kanalisation, die häuslichen Einrichtungen (WC, Bad, Badebecken, Sauna, Gartenbäder), Springbrunnen, Hallenbäder, Hausgärten und der Wasserpreis. Die Höhe des Wasserverbrauchs kann als Maßstab für den Lebensstandard einer Stadt oder eines Landes mit herangezogen werden.

Für die Bemessung der Entwässerungsleitungen ist, sofern kein Regenwasser zufließt, der höchste Stundenabfluß maßgebend. Dieser wird normalerweise im Sommer am Tag des höchsten Wasserverbrauchs um die Mittagszeit auftreten. Jedoch legt man im A b wasserwesen als größten Stundenabfluß meisten 1/16 bis 1/8 des 24stündigen durchschnittlichen Abflusses, also des 24stündigen durchschnittlichen Wasserverbrauches, somit den Wert $Q_{16} = 1/16\ Q_d$ bis $Q_8 = 1/8\ Q_d$ den Leitungsberechnungen zugrunde. Dabei ist Q_d die über ein Jahr ermittelte mittlere, täglich verbrauchte Wassermenge.

Entsprechend setzt man in der Wasserversorgung für die Stunde des Höchstverbrauchs 1/8 bis 1/16 des mittleren 24stündigen Wasserverbrauchs Q_d an.

Eine mögliche Verteilung des Schmutzwasseranfalls über den Tag hinweg stellt Bild **3**.1 dar. Die dort gezeigte Ganglinie hat sich als häufig vorkommende Mittellinie erwiesen. Es gibt jedoch Städte, bei denen die Verteilung des Schmutzwasseranfalls einen völlig anderen Verlauf dieser Kurve ergibt.

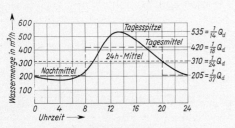

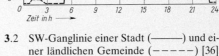

3.1 Verteilung des häuslichen Schmutzwasseranfalles über einen Tag

3.2 SW-Ganglinie einer Stadt (————) und einer ländlichen Gemeinde (– – – –) [36]

Die Tagesspitze, z. B. Q_{14} nimmt man für die Bemessung von Kanälen und auch bei offenen Gerinnen, wie sie z. B. in Kläranlagen vorkommen, und bei Pumpstationen als größten Stundenabfluß an. Als Mittelwerte dienen für die Bemessung von Absetzbecken und Tropfkörpern $Q_{18} = 1/18\ Q_d$, für Betriebskostenrechnungen Q_{24} und für die Bestimmung des geringsten Abflusses in Kanälen, beim Nachtbetrieb der Pumpstationen und der Tropfkörper Q_{37}.

Bild **3**.2 stellt die Tages-Ganglinien einer ländlichen Gemeinde und einer Stadt gegenüber. Es ist erkennbar, wie sehr die tageszeitlich gleichen Arbeits- und Lebensgewohnheiten der kleinen Gemeinde zu starken Spitzen der Kurve an bestimmten Tageszeiten führen, während in der Stadt ein deutlich spürbarer Ausgleich feststellbar ist. Von verschiedenen Seiten wird deshalb empfohlen, auch in der Abwassertechnik für die Abwassertagesspitze in kleinen Gemeinden mit ½₂ bis ⅛ $Q_d = Q_{12}$ bis Q_8 zu rechnen.

1.2.2   Gewerbe, Industrie, öffentliche Einrichtungen und Fremdwasser

Sie werden besonders berücksichtigt. Als Hilfsmittel verwendet man den „Einwohnergleichwert", der auch bei der Abwasserreinigung eine wichtige Rolle spielt.

Der Einwohnergleichwert (EGW) entspricht der Zahl der Einwohner, deren tägliches Abwasser nach Menge o d e r Verschmutzungsgrad dem Abwasser aus einem gewerblichen oder industriellen Betrieb oder aus öffentlichen Einrichtungen gleichzusetzen wäre.

Einwohnergleichwerte können sich auf verschiedene Meßwerte des Abwassers beziehen. Am gebräuchlichsten ist der Bezug auf:

Meßwert	heranzuziehen für die Bemessung von
Abwassermenge (hydraulischer EGW) Biochemischer Sauerstoffbedarf (BSB_5-EGW) Schlammenge (Schlamm-EGW) Phosphatgehalt (Phosphor-EGW)	Kanalnetze, Kläranlagen, Pumpstationen Belebungsbecken, Nachklärbecken, Vorfluter Schlammbehälter, Faulräume zusätzliche, besondere Reinigungsverfahren

Eine wesentliche Bedeutung spielt der EGW auch bei der Gebührenbemessung für Gewerbe und Industrie.

I. allg. versteht man unter dem EGW jedoch nur die Beziehung zum häuslichen Abwasser hinsichtlich der biochemischen Verschmutzung des Industrieabwassers (Schmutzbeiwert).

Tafel **5**.1 gibt Werte für $w = Q_d$ des Kleingewerbes und der öffentlichen Einrichtungen an. Diese Werte ändern sich mit der Betriebsgröße, der Lage des Betriebes und dem Einzugsgebiet.

Wenn keine genaueren Angaben über Art und Größe der Betriebe gemacht werden können, empfiehlt [1 b] folgende Schmutzwasserabflußspenden q_g in l/(s · ha) als Zuschlag für Gewerbe und Industrie:

Betriebe mit	
geringem Wasserverbrauch	0,5
mittlerem Wasserverbrauch	1,0
starkem Wasserverbrauch	1,5

Die Menge des gewerblichen und industriellen Abwassers läßt sich über den Wasserverbrauch abschätzen, wenn nicht erhebliche Mengen verdunsten (Kühlanlagen) oder in das Produkt eingehen. Das Abwasser fällt je nach Art des Industriezweiges über die Produktionszeit hinweg gleichmäßig oder aber stoßweise an. Die Zusammensetzung des Abwassers ist mit Durchschnittswerten für die gesamte Industrie nicht anzugeben. Die Verarbeitungsprozesse sind zu unterschiedlich. Als Grundlage für die Bemessung von Kläranlagen und für die Abwassergebühr wird die Verschmutzung in Einwohnergleichwerten ausgedrückt (Tafel **6**.1). Dieser Wert ist auf die Einheit des verarbeiteten Materials, des Produktes oder auf die Zahl der Beschäftigten bezogen. Bei besonders schwierig zu

Tafel 5.1 Anhaltswerte des Wasserverbrauchs w im Jahresdurchschnitt in l/d und Schmutzbeiwerte für öffentliche Einrichtungen und Kleingewerbe

Verbraucher		l/d	Schmutz- beiwert
Schule	je Schüler	10 bis 15	0,1
− mit Duschanlage	je Schüler	20	0,1
− mit Schwimmbecken	je Schüler	30 bis 50	0,15 bis 0,3
Kino, Sportplatz	je Platz	5	0,05
Gaststätten	je Platz	10 bis 30	0,2
Autobahnraststätten	je Sitzplatz	200	1
Sporthäfen	je Liegeplatz	200	1
Camping- und Zeltplätze	je Standplatz	200	1
Hotel, Ferienheime	je Bett	200 bis 600	3
Büro, Geschäft	je Betriebsangehöriger	40 bis 60	0,2 bis 0,3
Werkstatt (ohne Duschen)	je Betriebsangehöriger	20 bis 50	0,5
Gewerbe- und Industriebetriebe ohne Produktionsabwasser (mit Duschen)	je Betriebsangehöriger	50 bis 80	1
Bäcker, Konditor, Friseur	je Betriebsangehöriger	100 bis 200	1 bis 1,5
Fleischer	je Betriebsangehöriger	150 bis 300	15
Krankenhaus	je Bett	300 bis 600	1,5 bis 3,0
Kaserne	je Mann	250 bis 350	1,2 bis 3,0

reinigendem Abwasser erhält der Einwohnergleichwert bei der Gebührenveranlagung noch einen Zuschlag, um damit erhöhte Reinigungskosten zu decken. Es können bei der Angabe von Einwohnergleichwerten für die Verschmutzung des Abwassers nur Industriebetriebe berücksichtigt werden, deren Abwassermeßwerte zu häuslichem Abwasser in Beziehung gesetzt werden können. Wenn Industriebetriebe in eine Entwurfsplanung mit einbezogen werden sollen, sind die Werksangaben einzuholen oder zu messen. Die Tafel **6**.1 besitzt in dieser Hinsicht nur exemplarischen Wert.

Einen erheblichen Anteil des in den Schmutzwasserkanälen (SW-Kanälen) abfließenden Wassers kann das Fremdwasser Q_F bilden. Es dringt unkontrolliert in die Kanalhaltungen ein und ist meist Sicker- oder Grundwasser. Sein Weg führt durch undichte Stellen in den Rohrverbindungen, im Rohrstück selbst, an der Einmündung der Hausanschlüsse oder in den Schachtwänden. Derartige schadhafte Stellen können durch Fehler beim Bau der Leitungen, durch nachträgliche Setzungen oder Überbeanspruchung des Rohrwerkstoffs, durch Erddruck und Verkehrslast entstehen. Bei neu gebauten Kanalnetzen im Trennsystem entstehen Falschanschlüsse der Grundstücke, welche sehr viel Fremdwasser verursachen. Sie müssen beseitigt werden.

Der Anteil des Fremdwassers kann bis zu einem Vielfachen von Q_x ausmachen. Er beträgt auch bei neuen Netzen oft 20 bis 100% von Q_x. Anhaltswerte liefert die Abwasserstatistik 1975. Dies sollte man bei der Entwurfsbearbeitung bereits berücksichtigen. In Städten kann der Anteil durch Vergleich des Schmutzwasserabflusses in Regenzeiten mit dem in Trockenwetterperioden annähernd genau festgestellt werden. [1b] empfiehlt einen Fremdwasserzuschlag von 100% des Schmutzwasserabflusses in l/s. Folgerichtiger wäre es Q_F auf Q_d zu beziehen und die Q_F-Werte in m^3/h oder in l/s konstant den Q_x-Werten zuzuschlagen.

Tafel **6**.1　Anhaltswerte des Wasserverbrauchs und der Schmutzbeiwerte von industriellem Abwasser in Einwohnergleichwerten (EGW), vgl. auch [24] [74]

Industriezweig	Art der Produktion	Einheit	Wasserverbrauch/ Einheit	Wasserverbrauch in m³/ Beschäftigter und Jahr	Schmutzbeiwerte/ Einheit
Nahrungsmittelindustrie	Nährmittel	1 t Getreide	1,5 bis 8 m³	50	500
	Obst- und Gemüsekonserven	1 t Konserven	4 bis 14 m³	110	500
	Süßwaren	1 t Waren	6 bis 26 m³	150	40 bis 150
	Zucker	1 t Rüben	10 bis 20 m³	10000	45 bis 70
	Holzverzuckerung	1000 l Alkohol	32 m³	—	700
	Fleisch- und Fischwaren, Schlachthäuser	1 Stück Großvieh oder 2,5 Schweine	0,3 bis 0,4 m³	300 bis 400	70 bis 200
	Frischmilchmolkerei	1000 l Milch	4 bis 6 m³	900	25 bis 70
	} Käserei oder } Butterherstellung	1000 l Milch	10 m³	900	50 bis 250
	Margarine	1 t Margarine	20 m³	1100	500
	Brauerei, Mälzerei	1000 l Bier	5 bis 20 m³	1100	150 bis 350
	Wein- und Likörbrennerei	1000 l Getreide	4 bis 6 m³	300	2000 bis 3500
Leder- und Textilindustrie	Schuhe	1 Paar Schuhe	5 l	5	0,3
	Leder, Gerberei	1 t Häute	40 bis 60 m³	510	1000 bis 3500
	Wollwäscherei	1 t Wolle	20 bis 70 m³	390	2000 bis 4500
	Bleicherei	1 t Ware	50 bis 100 m³	—	1000 bis 3500
	Färberei	1 t Ware	20 bis 50 m³	390	2000 bis 3500
Reinig.- Gewerbe Holz- und Papierindustrie	Maschinenwäscherei	1 t Wäsche	5 m³	670	350 bis 900
	Zellwolle	1 t Zellwolle	400 bis 1300 m³	4500 bis 7500	300 bis 450
	Sulfitzellstoff	1 t Zellstoff	200 bis 400 m³	20000	3000 bis 4000
	Papierfabrik mit Zellstofferzeugung	1 t Papier	125 bis 1000 m³	6500	100 bis 300
	Druckerei und Papierverarbeitung	1 Beschäftigter	120 l/Tag	9 bis 40	1
Chemische Industrie	Lacke und Anstrichmittel	1 Beschäftigter	110 l/Tag	35	20
	Glas	1 t Glas	3 bis 28 m³	55	—
	Seifen und Waschmittel	1 t Seife	25 m³	300	1000
	Kohlenwertstoffe	1 t synth. Brennstoff	60 bis 90 m³	2500	—
	Basen, Säuren, Salze, Grundstoffe	1 t Chlor	50 m³	5000 bis 15000	—
	Gummi	1 t Fertigfabrikat	100 bis 150 m³	200 bis 500	—
	Kunstgummi	1 t Buna	500 m³	—	—
Fertigwaren	Feinmechanik, optische und Elektroindustrie	1 Beschäftigter	20 bis 40 l/Tag	8 bis 14	1
	Feinkeramik	1 Beschäftigter	40 l/Tag	16	1
	Maschinenbau	1 Beschäftigter	40 l/Tag	13	1
	Stahlbau	1 Beschäftigter	40 bis 200 l/Tag	10 bis 20	1
	Eisen-, Stahl-, Blech- und Metallverarbeitung	1 Beschäftigter	60 l/Tag	20	1:10 bis 15 b. säureh. Abwasser
	Galvanisierwerke	1 Beschäftigter	—	—	100
	Holzverärb. Industrie	1 fm Sperrholz	4 m³	9 bis 40	1
	Holzbearbeitung	1 fm Schnittholz	0,7 m³	65	—
	Dachpappe und Asphalt	1000 m² Dachpappe	1 bis 2 m³	300	—
Bergbau, Hütten- und Stahlwerke	Eisen- und Temperguß	1 t Guß	3 bis 8 m³	70	12 bis 30
	Zieherei und Kaltwalzwerk	1 t Endprodukt	8 bis 50 m³	300	8 bis 50
	Schmiede, Hammer-, Preßwerk	1 t Endprodukt	80 m³	300	—
	Eisenerzbergbau	1 m³ gewasch. Erz	16 m³	350	500
	Kali- und Steinsalzbergbau	1 t Carnalit	1 m³	350	—
	Metallhalbzeug	1 t Ware	10 m³	750	—
	Kohlenbergbau	1 t Kohle	2 bis 10 m³	1650	—
	Stahl	1 t Rohstahl	65 bis 220 m³	1750	—

Beispiel: Ein Siedlungsgebiet mit weitläufiger Bebauung (80 E/ha), 60 ha groß, soll an die Schmutzwasservorflut einer Stadt von 100 000 E angeschlossen werden. Der Fremdwasseranteil beträgt 20% von Q_{14}. Welche Wassermengen fallen entsprechend Bild **3**.1 im Gesamtgebiet an?

Maßgebend sind der Wasserverbrauch Q_d und die SW-Mengen Q_{14} bis Q_{37} (ohne Fremdwasser). Die Fremdwasserangabe bezieht sich oft auf Q_d. Die stündliche Fremdwassermenge ist dann

$$Q_F = \frac{1}{24} \cdot Q_{F,d}.$$

Es betrage der Verbrauch und damit der gleichgroße Schmutzwasseranfall ohne Fremdwasser

$$Q_d = w_s = 150 \; l/(E \cdot d)$$

Einwohnerzahl des Siedlungsgebietes = $80 \cdot 60 = 4800$ E

Es fallen einschließlich Fremdwasser ($Q_F = 0.2 \; Q_{14}$) an:

$$Q'_{14} = Q_{14} + Q_F = \frac{4800 \cdot 150}{14 \cdot 60 \cdot 60} + 0.2 \; Q_{14} = 17.14 \; l/s$$

$$Q'_{18} = Q_{18} + Q_F = \frac{4800 \cdot 150}{18 \cdot 60 \cdot 60} + 0.2 \; Q_{14} = 13.97 \; l/s$$

$$Q'_{24} = Q_{24} + Q_F = \frac{4800 \cdot 150}{24 \cdot 60 \cdot 60} + 0.2 \; Q_{14} = 11.19 \; l/s$$

$$Q'_{37} = Q_{37} + Q_F = \frac{4800 \cdot 150}{37 \cdot 60 \cdot 60} + 0.2 \; Q_{14} = \;\; 8.27 \; l/s$$

Für die Kanalbemessung interessiert nur Q'_{14}. Die Teilwassermengen der einzelnen Sammler berechnet man nach der Gleichung

$$Q_s = q_s \cdot A_E \tag{7.1}$$

Hierin bedeuten:

Q_s = Schmutzwasserabfluß = SW-Menge eines Sammlers an seinem tiefsten Punkt in l/s
q_s = Schmutzwasserabflußspende = SW-Menge je ha Fläche in $l/(s \cdot ha)$
A_E Einzugsgebiet eines Sammlers in ha

Es ergibt sich für das Beispiel $\quad q_s = \dfrac{17.14}{60} = 0.286 \; l/(s \cdot ha)$

Läge im Siedlungsgebiet eine Schule, die von 400 Schülern besucht würde, so müßte man zur Einwohnerzahl $400 \cdot \dfrac{10}{150} = 26.7 \approx 27.0$ EGW addieren. Es ergäbe sich eine Gesamtzahl von $4800 + 27 = 4827$ EGW.

Die Wassermenge beträgt insgesamt $\quad Q_d = 4827 \cdot 0.150 = 724 \; m^3/d$

Hier wurde der EGW auf die Wassermenge bezogen. Den gleichen Wert erhält man ohne Umrechnung: $Q_d = 4800 \cdot 0.150 + 400 \cdot 0.010 = 724 \; m^3/d$

Die SW-Menge eines Industriewerks ist diesem im allgemeinen bekannt. Für den Entwurf ist sie zu erfragen, ebenso die zeitliche Verteilung ihres Anfalls. Erst wenn keine genauen Unterlagen zur Verfügung stehen, sollte man die Werte der Tafel **6**.1 oder die Empfehlungen [1b] benutzen.

Der maximale Abfluß aus der Industrie kann mit Q_x zusammenfallen. Meist verzögert sich aber dieser Abfluß wegen der von den Wohnsiedlungen entfernten Lage des Betriebes, so daß sich die Abflußspitze abflacht und verbreitert. Um bei den Stundenwerten Q_x bis Q_{37} die Industrie richtig berücksichtigen zu können, muß man die Verteilung des Produktionswassers über den Tag kennen.

Beispiel: Das Einzugsgebiet des im vorstehenden Beispiel behandelten Siedlungsgebietes erweitert sich um zwei Industriewerke, um

a) eine Lederfabrik, welche täglich 10 t Häute in einer Arbeitszeit von 7 bis 12 Uhr bei gleichmäßigem Abwasseranfall in dieser Zeit verarbeitet

> Wasserverbrauch 50 m³/t   Schmutzbeiwert = 2500 l/t   (Tafel **6**.1)

b) eine Glasfabrik mit einer Fertigung von 15 t Glas in einer Arbeitszeit von 8 bis 17 Uhr bei gleichmäßigem Abwasseranfall

> Wasserverbrauch 20 m³/t, EGW = 0 (Tafel **6**.1).

Tagesmittel

$$Q^*_{18} = 13{,}97 + \frac{10 \cdot 50 \cdot 1000}{5 \cdot 3600} + \frac{15 \cdot 20 \cdot 1000}{9 \cdot 3600} = 13{,}97 + 27{,}78 + 9{,}26 = 51{,}01 \text{ l/s}$$

Nachtmittel

$$Q^*_{37} = 8{,}27 + 0 + 0 = 8{,}27 \text{ l/s}$$

Tagesspitze. Es muß die Tageszeit der Abwasserspitze für häusliches Abwasser festgestellt werden, z. B. 13 Uhr

$$Q^*_{14} = 17{,}14 + 0 + 9{,}26 = 26{,}40 \text{ l/s}$$

bei einer Spitze um 11.30 Uhr

$$Q^*_{14} = 17{,}14 + 27{,}78 + 9{,}26 = 54{,}18 \text{ l/s}$$

Hinsichtlich der Verschmutzung (Tafel **6**.1) erhält man an Einwohnergleichwerten

$$EGW = 4800 + 10 \cdot 2500 + 0 = 29\,800$$

Bei der Verwendung des Einwohnergleichwertes ist die Angabe eines genauen Bezuges auf Art und Zeit des Meßwertes unerläßlich.

Beträgt z. B. der BSB_5 für 1 Einwohner (E) = 60 g/(E · d), so wäre bei einer Stadt von 100 000 E der

$$BSB_5/d = \frac{100\,000 \cdot 60}{1000} = 6000 \text{ kg/d}$$

Der EGW, bezogen auf den täglichen BSB_5, wäre 100 000. Soll ein hinsichtlich der Abwasserqualität vergleichbares Industriewerk mit einbezogen werden, ergäbe sich z. B. bei 8000 m³ Schmutzwasser pro Tag mit einem BSB_5 von 500 g/m³ ein

$$BSB_5/d = \frac{8000 \cdot 500}{1000} = 4000 \text{ kg/d}$$

$$\text{Der EGW wäre } \frac{4000 \cdot 1000}{60} = 66\,700$$

Für Stadt und Industrie ergibt sich der $BSB_5/d - EGW$ mit

$$100\,000 + 66\,700 = 166\,700$$

Beispiel (9.1): für die Berechnung der SW-Menge in einem Kanalnetz.

Gegeben Einzugsgebiet $A_E = 14$ ha als reines Wohngebiet mit zwei Industriewerken, 400 E/ha, Wasserverbrauch $w = 200$ l/(E · d), Fremdwasser 50% von Q_{14}; Werk A = 3000 m³ SW-Anfall von 6 bis 16 Uhr; Werk B = Eisengießerei mit Produktion von 300 t Guß/d, Wasserverbrauch 8 m³/t von 0 bis 24 Uhr.

Gesucht Q^*_{14} vor den Schächten 2, 4_2, 4_3, 5

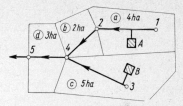

9.1 Schmutzwasser-Netz-Berechnung der Wassermengen

Lösung: $q_{s14} = \dfrac{200 \cdot 400}{14 \cdot 3600} = 1{,}59$ l/(s · ha)

Werk A $Q_A = \dfrac{3000 \cdot 1000}{10 \cdot 3600} = 83{,}40$ l/s

$q_F = 0{,}5 \cdot 1{,}59 = 0{,}79$ l/(s · ha)
$q'_{14} = \qquad\quad = 2{,}38$ l/(s · ha)

Werk B $Q_B = \dfrac{300 \cdot 8 \cdot 1000}{24 \cdot 3600} = 27{,}80$ l/s

Gebiet	Schacht	SW-Menge Q^* in l/s	ΣQ^* in l/s
a	2	$4 \cdot 2{,}38 + 83{,}40 = 92{,}92$	92,92
b	4_2	$2 \cdot 2{,}38 \qquad = 4{,}76$	$92{,}92 + 4{,}76 = 97{,}68$
c	4_3	$5 \cdot 2{,}38 + 27{,}80 = 39{,}70$	39,70
d	5	$3 \cdot 2{,}38 \qquad = 7{,}14$	$97{,}68 + 39{,}70 + 7{,}14 = 144{,}52$

1.3 Menge des Regenwassers

Kanäle, die nur Regenwasser (RW-Kanäle) oder Regen- und Schmutzwasser (Mischwasser, MW-Kanäle) abführen, sind so zu planen, daß das Regenwasser direkt oder über Regenauslässe (Mischsystem) möglichst schnell dem Vorfluter zugeführt wird. Da die Regenwassermenge das 50- bis 200fache der Schmutzwassermenge ausmacht, kann diese bei der überschläglichen Bemessung der MW-Kanäle unberücksichtigt bleiben. Für die Abführung des kleinen Trockenwetterabflusses sollen aber in den großen MW-Kanälen trotzdem gute hydraulische Bedingungen bestehen. Das führt zur Verwendung von Ei- oder zusammengesetzten Profilen.

1.3.1 Regenspende

Zur Bestimmung der Regenwassermenge eines Einzugsgebietes muß man zunächst einen Wert für die auf 1 ha entfallende Regenwassermenge, die Regenspende r in l/(s · ha), annehmen. Die Regenhöhe N in mm und Regendauer T in min wird mit selbstschreibenden Regenmessern gemessen, die von Wetterwarten, Wasserversorgungsunternehmen und Entwässerungsämtern aufgestellt sind. Ist $i = N/T$ die Regenstärke, dann erhält man die Regenspende zu

$$r = 166{,}7\,i \quad \text{in l/(s · ha)} \tag{9.1}$$

aus $\quad \dfrac{N\,(\text{mm}) \cdot 10000\,(\text{m}^2/\text{ha}) \cdot 100\,(\text{dm}^2/\text{m}^2)}{T\,(\text{min}) \cdot 60\,(\text{s/min}) \cdot 100\,(\text{mm/dm})} = 166{,}7\,\dfrac{N}{T}\,\text{dm}^3/(\text{s · ha})$

Da es heftige und schwache Regen gibt, muß entschieden werden, welche Regenspende für die Leitungsberechnung herangezogen werden soll. Dabei ist von Bedeutung, wie häufig die verschiedenen Regenstärken auftreten. Hierfür wurden durch Messungen über längere Zeiträume hinweg Regenreihen ermittelt.

Es sind zeichnerische und rechnerische Verfahren zur Auswertung von Regenschreiberaufzeichnungen entwickelt worden. Bild **10**.1 zeigt die Regenschreiberaufzeichnung eines Regens, eine Regenhöhenganglinie. Man teilt diese Ganglinie vom meist in der Mitte liegenden Abschnitt der größten Regenstärke ausgehend in feste Zeitabschnitte auf, und zwar: $T = 5, 10, 20, 30, 45, 60, 120, 180, 240$ min (Tafel **10**.2).

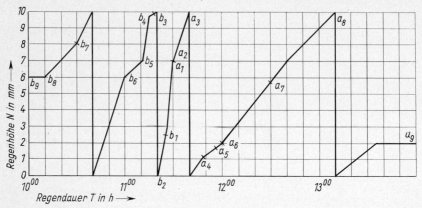

10.1   Regenschreiberaufzeichnung (Regenhöhenganglinie)

Tafel **10**.2   Auswertung der Regenschreiberaufzeichnung von Bild **10**.1

Zeile	Abschnitt	T in min	N in mm	$i = N/T$ in mm/min	r in l/(s · ha)
1	a_1 bis b_1	5	4,5	0,90	150,0
2	a_2 bis b_2	10	7,0	0,70	116,7
3	a_3 bis b_3	20	10,0	0,50	83,4
4	a_4 bis b_4	30	11,3	0,38	63,3
5	a_5 bis b_5	45	14,7	0,33	55,0
6	a_6 bis b_6	60	16,0	0,27	45,0
7	a_7 bis b_7	120	27,8	0,23	38,3
8	a_8 bis b_8	180	34,0	0,19	31,7
9	a_9 bis b_9	240	36,0	0,15	25,0

Trägt man die Auswertung der Tafel **10**.2 graphisch über Regenstärke bzw. Regenspende (Ordinate) und Regendauer (Abszisse) auf, so erhält man eine parabelförmige Kurve. Bei der Auswertung anderer Regenereignisse ergeben sich ähnliche Kurven. Wenn man für eine bestimmte Region und über einen langen Zeitraum die Anzahl der Regen gleicher Spende und gleicher Dauer auszählt, ergibt sich eine Tabelle (Tafel **11**.1), welche aus dem Raum Berlin stammt und einen Beobachtungszeitraum von 20 Jahren umfaßt. Aus Tafel **11**.1 ist abzulesen, daß z.B. jährlich im Durchschnitt 42,6 Regen mit einer Regenspende von 30 l/(s · ha) und einer Regendauer von 0 bis 5 min fallen. 22,7 Regen gleicher Spende haben eine Regendauer von 5 bis 10 min, 11,1 eine von 10 bis 15 min und nur 3,9 eine von 20 bis 25 min.

Durch Interpolieren lassen sich aus dieser Liste Regenreihen bestimmter jährlicher Häufigkeit finden. Für die Häufigkeit pro Jahr ist die Treppenkurve in Tafel **11**.1 angegeben, aus der sich die Regenspenden für die verschiedenen Regenzeiten interpolieren lassen. (Tafel **11**.1, z. B. r für 15 bis 20 min liegt zwischen 70 und 80 l/(s · ha) mit den entsprechenden Häufigkeiten 1,2 und 0,8. Das ergibt 75 l/(s · ha)). Tafel **11**.2 zeigt die Regenreihe für $n = 1$ aus Tafel **11**.1. Für andere Häufigkeitswerte, z. B. 0,5; 2; 3 usw. könnte man ähnlich verfahren. Man erhält so R e g e n r e i h e n für bestimmte Regenhäufigkeiten. Die z. B. für Mitteldeutschland gültigen Werte zeigt die Tafel **11**.3.

Tafel **11**.1   Auswertung einer 20jährigen Regenschreiberaufzeichnung

T in min	Anzahl der Regen in einem Jahr mit $r \geqq \cdots$ in l/(s · ha)											
	30	40	50	60	70	80	90	100	125	150	175	200
0 5	42,6	27,3	18,7	14,0	10,8	8,2	6,6	4,9	3,4	2,3	1,4	0,6
10	22,7	14,0	9,4	7,0	5,4	4,2	3,1	1,9	1,2	0,5	0,3	
15	11,1	6,8	4,6	3,5	2,8	1,9	1,3	0,8	0,3	0,2		
20	5,8	3,6	2,3	1,7	1,2	0,8	0,5	0,3	0,1			
25	3,9	2,2	1,3	1,0	0,6	0,4	0,1	0,05				
30	2,7	1,3	0,9	0,7	0,4	0,3	0,2	0,05				
40	2,3	1,1	0,7	0,5	0,3	0,2	0,05	0,05				

Tafel **11**.2   Regenreihe für $n = 1$, entwickelt aus Tafel **11**.1

Häufigkeit	Regenspende r in l/(s · ha) für $T \geqq$					
	5	10	15	20	25	30
$n = 1,0$	132	96	75	60	47	42

Tafel **11**.3   Regenreihen mit verschiedener Häufigkeit nach [60]

T in min	5	10	15	20	25	30	40	50	60	90	150	Häufigkeit
r in l/(s · ha)	211	155	123	101	87	76	69	50	43	30	19	$n = 0,5$
	161	121	94,5	78	67	59	46	38	34	24	15,5	$n = 1$
	133	92	71	59	50	44	35	29	25	17	11	$n = 2$
	100	74	59	49	42	36	29	24	20	14	9	$n = 3$

Diese Regenreihen lassen folgendes erkennen:

1. Mit zunehmender Dauer T nimmt bei gleicher Häufigkeit n die Regenspende r ab, oder mit anderen Worten: S t a r k e R e g e n d a u e r n i n d e r R e g e l k ü r z e r e Z e i t a l s s c h w ä c h e r e.

2. Mit zunehmender Häufigkeit n nimmt bei gleicher Dauer T die Regenspende r ebenfalls ab, d. h., b e i g l e i c h e r R e g e n d a u e r s i n d s t ä r k e r e R e g e n s e l t e n e r a l s s c h w ä c h e r e.

Die Regenreihe mit der jährlichen Häufigkeit $n = 1$ enthält also alle Regen nach Spende und Dauer, die jährlich eimal, mit $n = 2$ alle Regen, die jährlich zweimal überschritten werden usw., $n = 0,5$ bedeutete eine halbe Überschreitung im Jahr oder eine Überschreitung in 2 Jahren, $n = 0,2$ eine Überschreitung in 5 Jahren usw.

Die Regenhäufigkeit n gibt an, wie oft im Durchschnitt eine Regenstärke oder Regenspende jährlich erreicht oder überschritten wird. Man schreibt dann z. B.

$$r_{20, n=1} = 60 \text{ l/(s · ha)} \qquad r_{20, n=0,5} = 70 \text{ l/(s · ha)} \qquad r_{20, n=0,2} = 80 \text{ l/(s · ha)}$$

d.h. in Worten: Die Regenspende von $\geqq$ 60 l/(s · ha) eines 20-min-Regens kommt jährlich einmal vor.

Für die Bemessung von Entwässerungsleitungen ergibt sich die Folgerung: Legt man dem Entwurf eines Entwässerungsnetzes eine Regenreihe mit einer Häufigkeit von z.B. $n = 3$ zugrunde, so ist zwar eine dreimalige Überstauung im Verlauf eines Jahres zu erwarten, jedoch sind die Regenspenden kleiner als bei $n = 1$.

1.3.2   Zeitbeiwert

Da die Regenverhältnisse mit den Landschaften wechseln, haben diese auch verschiedene Regenreihen (Tafel **12**.1).

Tafel **12**.1   Regenreihen für Teilgebiete Deutschlands nach [60], $n = 1$

T in min	Teilgebiet	5	10	**15**	30	60	90	150
	Nordwestdeutschland	154	110	**85**	53	32	23	15
r	Nordost- bis Mitteldeutschland	162	121	**94,5**	59	34	24	15,5
in	Westdeutschland	162	124	**96**	57	32	23	15
l/(s · ha)	Sachsen − Schlesien	174	132,5	**106**	67	39,5	28,5	18,5
	Südwestdeutschland	212	150	**119**	74	43	27,5	—

Regenreihen für bestimmte T-Werte werden auch in Kartenform dargestellt (**12**.2) [1b] gibt neuere Werte $r_{15,n=1}$ an, welche für viele Gebiete größer sind als die hier angegebenen, z.B.: Hamburg, Hannover = 100, Frankfurt = 120, Saarland = 135, München = 135, Garmisch = 200 (statt 113 bisher).

Für die Praxis braucht nur der Wert $r_{15,n=1}$ bekannt zu sein, denn aus Bild **12**.3 oder Tafel **14**.1 kann jede andere Regenspende abgelesen werden. Zu beachten ist, daß alle Kurven auf $r_{15,n=1}$ bezogen sind. Sie sind also nur dann direkt anzuwenden, wenn diese Regenspende bekannt ist. Für andere Spenden ist der Zeitbeiwert φ dem Bild **12**.3 zu entnehmen, und eine gesuchte Regenspende ergibt sich dann nach der Gleichung

$$r_{x,n=y} = \varphi_{x,n=y} \cdot r_{15,n=1} \tag{12.1}$$

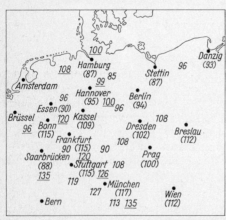

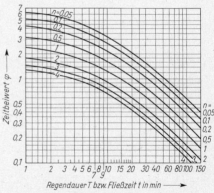

12.3   Zeitbeiwertkurven, bezogen auf $r_{15,n=1}$ maßgebend
T für Regenspendenermittlung
t für Listenrechnung

12.2   Regenkarte für $r_{15,n=1}$ nach [60] und neuere Werte nach ATV-A118, z.B. **100**

Beispiel: Gegeben $r_{15,\,n=1} = 85$ l/(s · ha).
              Gesucht $r_{20,\,n=0,2}$

Lösung: Aus (**14**.1) ergibt sich für $n = 0,2$ und $T = 20$ min der Zeitbeiwert $\varphi = 1,475$

$$r_{20,\,n=0,2} = 1,475 \cdot 85 = 125,375 \text{ l/(s · ha)}$$

Durch Umstellen der Gl. (12.1) kann man umgekehrt zu einer beliebigen Regenspende $r_{i,\,n=k}$ auch das zugehörige $r_{15,\,n=1}$ berechnen.

$$r_{15,\,n=1} = \frac{r_{i,\,n=k}}{\varphi_{i,\,n=k}} \qquad (13.1)$$

Beispiel: Gegeben $r_{40,\,n=4} = 30$ l/(s · ha)

Lösung: $r_{15,\,n=1} = \dfrac{30}{0,25} = 120$ l/(s · ha)

Ferner läßt sich aus einer beliebigen, bekannten Regenspende $r_{i,\,n=y}$ eine andere beliebige Regenspende $r_{x,\,n=y}$ ermitteln.

$$r_{x,\,n=y} = \frac{\varphi_{x,\,n=y}}{\varphi_{i,\,n=k}}\, r_{i,\,n=k} \qquad (13.2)$$

$$\varphi = \frac{38}{T + 9}\left(\frac{1}{\sqrt[4]{n}} - 0,369\right)$$

oder angenähert

$$\varphi = \frac{24}{n^{0,35}\,(T + 9)}$$

Beispiel: Gegeben $r_{10,\,n=0,5} = 150$ l/(s · ha).
              Gesucht $r_{25,\,n=2}$

Lösung: $r_{25,\,n=2} = \dfrac{\varphi_{25,\,n=2}}{\varphi_{10,\,n=0,5}}\, r_{10,\,n=0,5} = \dfrac{0,51}{1,65}\,150 = 46$ l/(s · ha)

Vor Aufstellen eines Entwurfes ist zu entscheiden, wieviel Überlastungen des Entwässerungsnetzes man jährlich zulassen will. Leitungen, die jeden überhaupt möglichen „Wolkenbruch" unschädlich ableiten können, erfordern unwirtschaftlich hohe Baukosten. Ein Überstauen des Leitungsnetzes mit all seinen nachteiligen Folgen, wie Keller- und Straßenüberstauungen, kann dagegen in kleineren Städten und Landgemeinden, da dort die sich ergebenden Schäden geringer sind, eher zugelassen werden als in größeren Städten. Die durch kleinere Leitungsabmessungen geringeren Baukosten wiegen die durch Überstauen des Leitungsnetzes entstehenden Nachteile dann etwa auf, wenn bei Trennsystem

− für Großstädte und Mittelstädte 0,2 bis 1,

− für Kleinstädte und ländliche Siedlungen höchstens 2 jährliche Überstauungen

zugelassen werden. Beim Mischsystem ist aus hygienischen Gründen immer die Wahl eines kleinen n-Wertes zu empfehlen.

1.3.3 Berechnungsregen

Als Berechnungsregen bezeichnet man die der Querschnittsberechnung der Kanäle zugrunde gelegte Regenspende. Hat man sich für die Häufigkeit der Überstauungen entschieden, ist die Dauer T des Berechnungsregens anzunehmen (Tafel **12**.1). Dabei ist zu beachten, daß sich die kurzen, starken Regen nicht in vollem Umfange auswirken, denn nach Einsetzen des Regens nimmt die trockene Oberfläche und das Rohrsystem bis ein Fließvorgang entsteht zunächst Wasser auf; der Erst-Abfluß verzögert sich. Bisher wurde in der Regel die Häufigkeit $n = 1$ gewählt. Das Arbeitsblatt A 118 der ATV [1 b] empfiehlt folgende n-Werte:

Allgemeine Baugebiete und Straßen außerhalb bebauter Gebiete $\qquad n = 1,0$

Stadtzentren, wichtige Gewerbe- und Industriegebiete $\qquad n = 0,2$ bis $1,0$

Straßenunterführungen, U-Bahnanlagen, usw., einschließlich der Vorflutanlagen $n = 0,05$ bis $0,2$

Grundstücksentwässerungsanlagen nach DIN 1986 (s. Abschn. 2.2.6) $n = 0,1$ bis $1,0$

Imhoff [24] empfiehlt, als Regendauer T eine untere Grenze von 5 bis 15 min anzunehmen, wobei 5 min für steiles Bergland gilt. Nach Kehr [28] genügt als kürzeste Dauer in Städten mit normalem Straßengefälle 10 min. Demnach ist vertretbar, für normale Verhältnisse $T = 15$ min dem Berechnungsregen zugrunde zu legen (üblich in den meisten westdeutschen Großstädten).

[1 b] empfiehlt in Abhängigkeit vom Spitzenabflußbeiwert Ψ_s nach Bild **32**.1 folgende Berechnungsregenspenden

Regenspende	Gruppe	befestigte Fläche in %
r_{15}	1	$\leqq 50$
r_{10}	1	> 50
	2,3	0 bis 100
	4	$\leqq 50$
r_5	4	> 50

Tafel **14**.1   Zeitbeiwert φ nach der Formel

$$\varphi = \frac{38}{T + 9}\left(\frac{1}{\sqrt[4]{n}} - 0,369\right)$$

Regendauer = T in min	Zeitbeiwert φ für				
	$n = 0,2$	$n = 0,5$	$n = 1,0$	$n = 2,0$	$n = 3,0$
0	4,754	3,462	2,664	1,993	1,651
1	4,279	3,116	2,398	1,794	1,486
2	3,889	2,832	2,180	1,631	1,351
3	3,566	2,597	1,998	1,495	1,238
4	3,291	2,397	1,844	1,380	1,143
5	3,056	2,226	1,713	1,281	1,061
6	2,852	2,077	1,599	1,196	0,991
7	2,674	1,948	1,499	1,121	0,929
8	2,516	1,833	1,410	1,055	0,874
9	2,377	1,731	1,332	0,996	0,825
10	2,252	1,640	1,262	0,944	0,782
11	2,139	1,558	1,199	0,897	0,743
12	2,037	1,484	1,142	0,854	0,708
13	1,945	1,416	1,090	0,815	0,675
14	1,860	1,355	1,043	0,780	0,646
15	1,783	1,298	1,000	0,747	0,619
16	1,712	1,246	0,959	0,717	0,594
17	1,646	1,198	0,922	0,690	0,571
18	1,585	1,154	0,888	0,664	0,550
19	1,528	1,113	0,856	0,641	0,531
20	1,475	1,074	0,827	0,618	0,512
22	1,380	1,005	0,773	0,579	0,479
24	1,296	0,944	0,727	0,544	0,450
26	1,222	0,890	0,685	0,512	0,425
28	1,157	0,842	0,648	0,485	0,402
30	1,097	0,799	0,615	0,460	0,381
32	1,044	0,760	0,585	0,437	0,362
34	0,995	0,725	0,558	0,417	0,346
36	0,951	0,692	0,533	0,398	0,330
38	0,910	0,663	0,510	0,382	0,316
40	0,873	0,636	0,489	0,366	0,303
42	0,839	0,611	0,470	0,352	0,291
44	0,807	0,588	0,452	0,338	0,280
46	0,778	0,567	0,436	0,326	0,270
48	0,751	0,547	0,421	0,315	0,261
50	0,725	0,528	0,406	0,304	0,252
60	0,620	0,452	0,348	0,260	0,215
70	0,542	0,394	0,304	0,227	0,188
80	0,481	0,350	0,269	0,202	0,167
90	0,432	0,315	0,242	0,181	0,150
100	0,393	0,286	0,220	0,165	0,136

Beispiel: Welche Regenspende ist für ein B-Plan-Gebiet im Raum zwischen Frankfurt (Main) und Kassel bei der Berechnung der Entwässerungsleitungen zugrunde zu legen? Als Regendauer des Berechnungsregens sollen 10 min angenommen und für das Entwässerungsnetz soll eine einmalige Überstauung im Jahr zugelassen werden.

Die Regenkarte gibt für das bezeichnete Gebiet $r_{15,\,n=1} = 110$ l/(s · ha) an. Maßgebend ist $r_{10,\,n=1}$, und es ergibt sich aus den Zeitbeiwertlinien für $n = 1$ und $T = 15$ min der Wert $\varphi = 1{,}262$. Der Berechnungsregen hat also die Regenspende

$$r_{20,\,n=2} = 1{,}262 \cdot 110 = 139 \text{ l/(s · ha)}$$

1.3.4 Abflußbeiwert

Nicht die gesamte Niederschlagswassermenge wird durch Entwässerungsleitungen abgeführt. Ein großer Teil versickert oder verdunstet. Das Verhältnis von Abfluß- zur Regenwassermenge wird allgemein als Abflußbeiwert Ψ bezeichnet. Er kann nicht $> 1{,}0$ sein.

Man unterscheidet

den Spitzen- oder Scheitelabflußbeiwert Ψ_s

den Gesamtabflußbeiwert Ψ_{ges}

den Jahresabflußbeiwert Ψ_a

Ψ_s dient zur Bemessung der Kanäle und ist definiert als Verhältnis von maximaler Abflußspende zur maximalen Regenspende eines Regenereignisses

$$\Psi_s = \frac{\max \text{ Abflußspende}}{\max \text{ Regenspende}} = \frac{\max q}{\max r} = \frac{(\text{l/s · ha})}{(\text{l/s · ha})}$$

Der Gesamtabflußbeiwert Ψ_{ges} dient zur Bemessung von RW-Pumpwerken und Regenwasserbecken (vgl. Abschn. 3.3.4). Er ist definiert durch das Verhältnis von Gesamtabflußmenge zu gesamter Regenwassermenge eines Regenereignisses.

$$\Psi_{ges} = \frac{\text{Gesamtabflußmenge}}{\text{Gesamtregenmenge}} = \frac{\displaystyle\int_{t_a}^{t_e} q_r \, dt}{\displaystyle\int_0^T r \, dt} = \frac{m^3}{m^3} \qquad \begin{aligned} t_a &\triangleq \text{Abflußanfang} \\ t_e &\triangleq \text{Abflußende} \\ T &\triangleq \text{Regendauer} \end{aligned}$$

Der Jahresabflußbeiwert Ψ_a dient zur Ermittlung der Energie für RW-Pumpwerke und der Vorfluterbelastung im Mischsystem.

Bisher hat man den Abflußbeiwert als zeitlich konstanten Faktor in die RW-Netzberechnungen eingehen lassen, obwohl viele Autoren mit widersprüchlichen Ergebnissen seine Veränderlichkeit während eines Regens nachgewiesen haben. Pecher [56] hat neuere anwendungsbezogene Untersuchungen angestellt und empfiehlt ein entsprechendes Berechnungsverfahren (Abschn. 1.4.7). Danach muß man beim Abflußvorgang folgende Faktoren unterscheiden.

Bei trockener Abflußfläche vor Regenbeginn findet zunächst eine Benetzung der Dächer, Straßen, Pflanzen usw. statt. Der Benetzungsverlust beträgt bei undurchlässigen Flächen 0,2 bis 0,5 mm, bei durchlässigen 0,2 bis 2,0 mm der Niederschlagshöhe N.

Dann folgt die Auffüllung der Flächenunebenheiten mit Wasser. Der Muldenverlust beträgt für schwach geneigte Einzugsgebiete bei sehr ebenen undurchlässigen Flächen 0,2 bis 0,4 mm, bei ebenen undurchlässigen Böden mit niedrigem Pflanzenbewuchs (Wiesen) 0,6 bis 2,5 mm und bei hohem Pflanzenbewuchs (Wald) 2,5 bis 4,0 mm. Daraus ergeben sich die Muldenverluste von dicht bebauten Stadtbezirken mit 0,6 bis 1,5 mm und von Gebieten mit offener Bebauung mit 1,0 bis 2,0 mm.

Die für Benetzung und Auffüllung der Mulden notwendige Zeit hängt von der Regenspende r ab. Bei $r = 100$ l/(s · ha) beträgt sie 1,5 bis 4 min, bei $r = 10$ l/(s · ha) 15 bis 40 min.

Die Verdunstung wird durch Luftaustausch, Sättigungswert der Luft, Wärme, Bodenüberdeckung usw. beeinflußt. Der maximale Wert liegt bei 1,5 l verdunstete Wassermenge/(s · ha). Dieser Wert ist im Vergleich zu den üblichen Berechnungsregenspenden vernachlässigbar klein.

Die Versickerung ist zeitlich nicht konstant, sondern nimmt mit der Regendauer ab und erreicht erst nach 1 bis 2 h einen gleichbleibenden Endwert. Die Anfangsversickerung bei trockenen Böden ist höher als bei feuchten. Bindige Böden haben Werte zwischen 10 bis 20 l/(s · ha), nicht bindige 100 bis 150 l/(s · ha).

Folgende Regeln lassen sich aufstellen:

Der Abflußbeiwert wächst für eine bestimmte Regenspende mit der Regendauer auf einen Wert Ψ_s an, der dann etwa beibehalten wird.

Die Größe dieses Wertes hängt von der Höhe der Regenspende und der Art der Entwässerungsfläche ab. Die Dauer bis zum Erreichen des Scheitelwertes hängt von der Regenspende, der Flächenneigung und der Einzugsbreite ab.

Je größer r und die Flächenneigung und je kleiner die Breite desto früher wird Ψ_s erreicht.

Die entscheidende Rolle spielt die Regenintensität = Größe der Regenspende r. Bei der Bemessung der Kanäle legt man die Regenhäufigkeit und die Regendauer der Regenspende zugrunde (**16**.1). Die Regenspenden geringerer Häufigkeit sind bei gleicher Regendauer größer als die großer Häufigkeit. Trägt man die Scheitelabflußbeiwerte der Regenreihen gleicher Häufigkeit über die Regendauer auf (**16**.2), so ergibt sich:

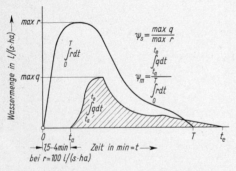

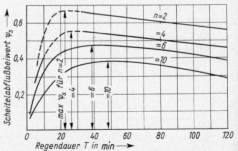

16.1 Zeitlicher Verlauf von Regenspende r und Abflußspende q für ein Entwässerungsgebiet

16.2 Scheitelabflußbeiwerte in Abhängigkeit von Regendauer T und Regenhäufigkeit n nach [56]

1. Ψ_s steigt in 10 bis 20 min auf den Größtwert max Ψ_s = Spitzenabflußbeiwert an und nimmt danach wieder bis zu einem unteren Grenzwert ab.

2. Der untere Grenzwert ist etwa so groß wie der Anteil der undurchlässigen Flächen am gesamten Entwässerungsgebiet.

3. Eine geringere Regenhäufigkeit der Regenreihe bewirkt einen höheren Größtwert.

4. Eine größere Neigung der Oberfläche erhöht den Größtwert. Er tritt außerdem zeitlich früher auf.

Der variable Scheitelabflußbeiwert Ψ_s wird in einem neueren Berechnungsverfahren für Kanalnetze nach Pecher [56] berücksichtigt (Abschn. 1.4.7).

Daneben rechnet man jedoch sehr häufig mit dem konstanten Abflußbeiwert Ψ, dessen Größe sich dann näherungsweise nur nach dem Anteil und der Art der befestigten Flächen richtet.

Man ermittelt Ψ nach Tafel 17.1 und aus charakteristisch bebauten Teilflächen des Einzugsgebietes.

$$\Psi = \frac{A_1 \cdot \Psi_1 + A_2 \cdot \Psi_2 + \cdots}{A_1 + A_2 + \cdots}$$

Tafel **17.**1 Abflußbeiwerte Ψ [38] und mittlere Abflußwerte Ψ für Berechnungsverfahren mit konstantem Ψ

Oberflächenbefestigung	Ψ	Bebauungsart	mittleres Ψ
Metall- und Schieferdächer	0,95	1. Dichte Bebauung (City, eng bebaute Stadtregion mit festen Straßendecken > 3 Geschosse, 200 bis 1000 E/ha)	0,8 bis 0,9
Dachziegel und Dachpappe	0,90		
Holzelement-, Preßkies-, Flachdächer	0,5 bis 0,7	2. Geschlossene Bebauung (zusammenhängende Baublöcke mit fast durchgehend befestigten Geländeflächen; 3 bis 6 Geschosse; 150 bis 500 E/ha)	
Asphaltpflaster und dichte Fußwegdecken	0,85 bis 0,9		0,6 bis 0,8
Fugendichtes Pflaster aus Stein oder Holz	0,75 bis 0,85	3. Aufgelockerte, geschlossene Bebauung (zusammenhängende Baublöcke mit teil- oder unbefestigten Hofflächen, befestigten Straßen- und Grünflächen; 1 bis 3 Geschosse; 80 bis 400 E/ha)	
Reihenpflaster ohne Fugenverguß	0,5 bis 0,7		
wassergebundene Schotterstraßen und Kleinsteinpflaster	0,25 bis 0,60	ohne Grünflächen bei wenig Grünflächen (< 20%)	0,7 bis 0,8 0,6 bis 0,7
Kieswege mit Kanalanschluß	0,15 bis 0,30	4. Offene Bebauung (Ein- oder Mehrfamilienhäuser in Gartenflächen oder punktförmige Wohnblocks in Gartenanlagen mit festen Straßen; 1 bis 3 Geschosse bzw. vielgeschossig; 60 bis 300 E/ha)	
Unbefestigte Flächen mit Kanalanschluß	0,1 bis 0,2		
Park- und Gartenflächen (drainiert mit Anschluß an die Kanalisation)	0 bis 0,1		0,2 bis 0,4

Fläche	Ψ	A_E ha
	1,0	0,18
	0,9	0,17
	0,5	0,12
	0,4	0,26
	0,05	0,20
	0,02	0,07

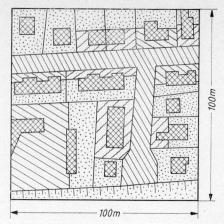

18.1   Ermittlung des mittleren Abflußbeiwertes Ψ aus dem Bebauungsplan

Die abfließende Regenwassermenge = Abflußmenge ergibt sich zu

$$Q_r = \Psi \cdot r_{x,n=y} \cdot A_E \quad \text{in l/s} \tag{18.1}$$

mit $r_{x,n=y}$ = Regenspende für den Berechnungsregen in l/(s · ha) und A_E = Einzugsgebiet in ha.

$$\Psi = \frac{0{,}18 \cdot 1 + 0{,}17 \cdot 0{,}9 + 0{,}12 \cdot 0{,}5 + 0{,}26 \cdot 0{,}4 + 0{,}20 \cdot 0{,}05 + 0{,}07 \cdot 0{,}02}{0{,}18 + 0{,}17 + 0{,}12 + 0{,}26 + 0{,}20 + 0{,}07} = 0{,}5084 \approx 0{,}5$$

1.4   Abflußmenge in der Leitung

Abflußmengen werden mit Hilfe von Flutlinien oder mit einer Listenrechnung ermittelt. Die verschiedenen hier beschriebenen Verfahren (Abschn. 1.4.2 bis 1.4.8), von denen die Listenrechnungen häufiger angewandt werden, liefern nicht gleiche Ergebnisse.

1.4.1   Flutlinien

Während man für Gebiete mit Fließzeiten, die kleiner als die Regendauer sind, die abzuführende Wassermenge nach Gl. (18.1) ermitteln kann, muß bei größeren Gebieten eine Abflußverzögerung berücksichtigt werden. In der Entwässerungsleitung ist die Ablaufzeit des Regenwassers meist größer als die Regendauer selbst. Wenn es aufgehört hat zu regnen, fließt weiter Regenwasser in der Leitung ab. Vom Regenbeginn bis zu dem Zeitpunkt, an dem das letzte Wasser des Regens die Leitung verläßt, vergeht eine Zeit, die sich aus der Regendauer und der Fließzeit des am entferntesten Punkt zuletzt in die Leitung gelangenden Wassers zusammensetzt.

Die Durchflußdauer τ am Leitungsendpunkt ist

$$\tau = T + t = T + L/v \qquad \text{min} = \text{min} + \frac{\text{m}}{\text{m/min}} \tag{18.2}$$

mit
L = Leitungslänge, vom Punkt mit der größten Fließzeit t aus gemessen
v = mittlere Fließgeschwindigkeit
t = Fließzeit in der Leitung
T = Regendauer

Beispiel: Wie groß ist die Durchflußdauer τ des Regenabflusses, wenn Gefälle und Querschnitt der Leitung so bemessen sind, daß die Fließgeschwindigkeit in der Leitung v = 1 m/s und die Leitungslänge L = 420 m betragen? Der Regen dauert 300 s.

$$\tau = T + \frac{L}{v} = \frac{300}{60} + \frac{420}{1 \cdot 60} = 5 + 7 = 12 \text{ min}$$

Der Abfluß in der Leitung endet im vorliegenden Fall erst 7 min nach Aufhören des Regens.

Um die Leitung bemessen zu können, muß man die größte Durchflußmenge kennen. Die Größe der Regenspende und der zu entwässernden Fläche sowie der Abflußbeiwert bestimmen zwar die Gesamtabflußmenge, ihre zeitliche Verteilung muß jedoch besonders ermittelt werden.

Die zeitliche Verteilung der Abflußmengen wird bei einer gleichbleibenden Regendauer $T_1 = T_2 = T_3 = 10$ min und verschiedenen Fließzeiten $t_1 = 6$ min, $t_2 = 10$ min und $t_3 = 25$ min untersucht und in Bild **19**.1 graphisch ermittelt. Die angenommene Abflußmenge $Q_r = Q = 800$ l/s wurde mit Gl. (18.2) berechnet.

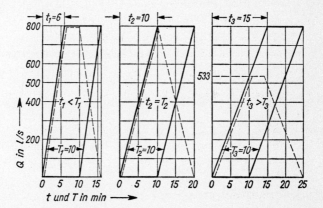

19.1
Flutflächen bei verschiedener
Fließzeit t

Trägt man für jeden der 3 Fälle in einem bestimmten Maßstab auf der Waagerechten die Zeiten t und T, auf der Senkrechten die Abflußmengen Q auf, dann ergeben sich 3 Flutkurven für den jeweiligen unteren Endpunkt der Leitung (**19**.1). Die gestrichelten Linien stellen die Funktion des Abflusses $Q = f(t)$ dar. Ohne die Werte von Q zu verändern, kann man diese Linien zu einem Parallelogramm schließen und erhält die „Flutflächen". Die jeweiligen Q-Werte sind die senkrechten Abstände der Parallelogrammseiten.

1. $t_1 < T_1$: Nach Einsetzen des Regens fließt dem Leitungsende zuerst wenig Wasser aus der allernächsten Umgebung zu. Der Abfluß wächst ständig. Nach 6 min durchfließt den Querschnitt die Menge $Q = 800$ l/s. Nach 10 min hört es auf zu regnen, der Abfluß wird geringer und ist mit der 16. Minute beendet.

2. $t_2 = T_2$: Die den Leitungspunkt durchfließende Wassermenge wächst zunächst wieder. Sie steigt von Null innerhalb 10 min auf ihren Größtwert $Q = 800$ l/s, wird dann sofort wieder geringer, um nach weiteren 10 min auf Null abzusinken.

3. $t_3 > T_3$: Die den Leitungspunkt in der Zeiteinheit durchfließende Wassermenge wird zunächst wieder ständig größer. Sie wächst innerhalb 10 min auf ihren Größtwert an. Von der 10. bis 15. Minute verharrt sie auf diesem Wert, der aber hier nur $Q = 533$ l/s beträgt. In den anschließenden 10 min geht sie auf Null zurück.

Man erkennt, daß bei $t_3 > T_3$ der maximale Durchfluß am Endpunkt der Leitung geringer ist als die Abflußmenge. Statt 800 l/s sind es nur 533 l/s, das ergibt eine Minderung der Berechnungsmenge auf

$$\frac{533 \text{ l/s}}{800 \text{ l/s}} = 0,667 \text{ oder } 66,7\% \text{ der Abflußmenge}$$

Ist bei gleichbleibender Regendauer und verschiedenen Fließzeiten die Fließzeit größer als die Regendauer des Berechnungsregens, dann ist die maximale Durchflußmenge kleiner als die errechnete Abflußmenge.

Während diese Betrachtung von Regen gleicher Dauer und auch gleicher Stärke bei verschiedenen Fließzeiten, d. h. von Einzugsgebieten verschiedener Längenausdehnung ausging, sollen nun Flutflächen bei gleicher Fließzeit, aber verschiedener Regendauer betrachtet werden.

4. $t_4 = 20$ min $T_4 = 10$ min
5. $t_5 = 20$ min $T_5 = 20$ min
6. $t_6 = 20$ min $T_6 = 30$ min

Entsprechend der Regenreihe $n = 1$ für Mitteldeutschland (Abschn. 1.3.2) ergeben sich die Regenspenden

$$r_4 = 121 \text{ l/(s} \cdot \text{ha)} \qquad r_5 = 78 \text{ l/(s} \cdot \text{ha)} \qquad r_6 = 59 \text{ l/(s} \cdot \text{ha)}$$

Für die Fläche $A = 20$ ha und $\psi_m = 0,6$ betragen die Abflußmengen nach Gl. (18.1)

$$Q_4 = 0,6 \cdot 121 \cdot 20 = 1450 \text{ l/s}$$
$$Q_5 = 0,6 \cdot \ \ 78 \cdot 20 = \ \ 940 \text{ l/s}$$
$$Q_6 = 0,6 \cdot \ \ 59 \cdot 20 = \ \ 710 \text{ l/s}$$

Die entsprechenden Flutflächen zeigt Bild **20**.1.

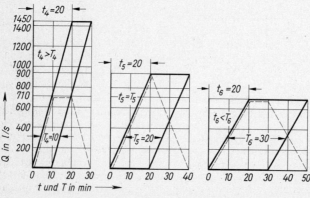

20.1
Flutflächen bei
verschiedener Regendauer T

4. $T_4 < t_4$: Zwar beträgt der errechnete Abfluß

$$Q_4 = 1450 \ \text{l/s}$$

doch zeigt die Flutkurve, daß höchstens die Menge $Q = 725$ l/s von der 10. bis 20. Minute durchfließt.

5. $T_5 = t_5$: Der errechnete Abfluß ist $Q_5 = 940$ l/s. Die Flutfläche zeigt, daß in der 20. Minute
tatsächlich diese Menge den unteren Leitungspunkt durchfließt.

6. $T_6 < t_6$: Der Abfluß beträgt $Q_6 = 710$ l/s. Diese Menge durchfließt den unteren Leitungsquerschnitt von der 20. bis 30. Minute.

**Bei gleichbleibender Fließzeit und verschiedener Regendauer bringt der Regen etwa den
stärksten Abfluß, dessen Dauer gleich der Fließzeit ist ($T = t$ bzw. $T_5 = t_5$).**

1.4.2 Summenlinienverfahren mit festem Berechnungsregen und geschätzter Fließzeit

Wir haben damit zwei wichtige grundsätzliche Erkenntnisse gewonnen und zugleich ein
Verfahren zur Ermittlung der Durchflußmengen, das „Flutlinienverfahren" oder „Summenlinienverfahren". Es beruht darauf, daß man die Flutflächen der Teileinzugsgebiete
aneinanderreiht.

Beispiel (20.1):   Gegeben Einzugsgebiet $A_E = 30$ ha, Berechnungsregen $r_{15, n=1} = 90$ l/(s · ha),
mittlere Abflußbeiwerte $\Psi_{A,B,C,D,E} = 0{,}6$ und $\Psi_{F,G} = 0{,}4$.
Gesucht ist max Q im Leitungspunkt 1.

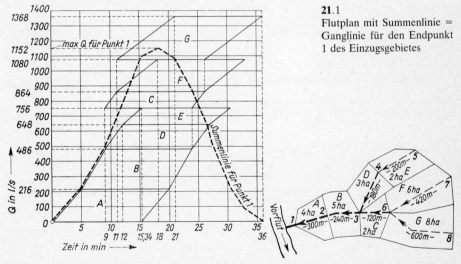

21.1
Flutplan mit Summenlinie =
Ganglinie für den Endpunkt
1 des Einzugsgebietes

Lösung: Für jedes Teilgebiet wird Q errrechnet. Die einzelnen Flutflächen werden so aneinan-
dergesetzt, wie es der zeitlichen Entwicklung des Abflusses entspricht. max Q erhält man durch
Abgreifen der größten Ordinate zwischen den Parallelogrammseiten oder durch die Summenlinie,
die entsteht, wenn man die Summe der Ordinaten nochmals von der Zeitachse an aufträgt.
Das Auftragen der Summenlinie kann man vermeiden, wenn man nur die Anlauflinien der Einzelgebiete aufträgt und durch „Herunterklappen" der spitzen Ecken die geknickte Anlauflinie herstellt
(**21**.1). Mit Hilfe eines transparenten Deckblattes, welches Q- und Zeiteinteilung in gleichem Maß-

stab wie der Flutplan enthält, findet man max Q für den Punkt 1 = 18 min nach Regenbeginn, wenn man unter Parallellage der Achsen den Nullpunkt auf der Anlauflinie entlang schiebt und bei $t = 15$ min die Wassermengen-Ordinaten vergleicht, bis man max Q gefunden hat.

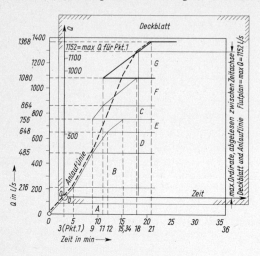

22.1
Flutplan mit Anlauflinie für Gebiete A bis G

1.4.3 Summenlinienverfahren

Bisher ist die Höchstwassermenge nur unter der Annahme einer Regenspende von bestimmter Dauer und Intensität ermittelt worden. Dies ist eine grobe Vereinfachung. Man muß vielmehr aus der gewählten Regenreihe den Regen finden, der für den betreffenden Netzteil den größten Abfluß bewirkt. Man benutzt das Regendiagramm nach Hauff-Vicari (**22**.2). Hier ist auf einem transparenten Deckblatt Q und die Zeit in gleichem Maßstab wie beim Flutplan aufgetragen. Bis zur Zeitordinate des vorliegenden Berechnungsregens verlaufen die Q-Linien horizontal. Dann laufen sie verzerrt auseinander. Die Ordinate einer Q-Linie ergibt sich dann mit

$$Q \cdot \frac{\varphi \text{ Berechnungsregen}}{\varphi \text{ Zeitordinate}},$$

z.B. bei $Q = 600$ l/s und dem Berechnungsregen $r_{15,\,n=1}$ für den Zeitpunkt 30 min

$$500 \; \frac{1}{0,615} = 500 \cdot 1,625 = 812,5 \text{ l/s}$$

Man erspart sich durch dieses Regendiagramm das Zeichnen mehrerer Flutpläne für verschiedene Regenspenden einer Regenreihe und entsprechender Deckblätter nach (**22**.2).

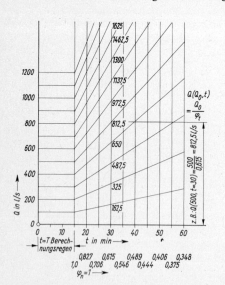

22.2 Regendiagramm nach Hauff-Vicari, aufzutragen im Maßstab des Flutplanes

Tafel 23.1 Berechnung eines RW-Gebietes nach dem Summenlinienverfahren – Flutplan, Summenlinien, Tabelle

Q_r in l/s	ΣQ_r in l/s	$\Sigma red Q_r = Q_r$ in l/s	Gefälle 1:n	Kanalprofil d in mm	Vollfüllung Q_o in l/s	v_o in m/s	Kanallänge in m	Fließzeit t in min	Σt in min	Zeitbeiwert φ	Bemerkungen
90	90	90	1:200	350	104	1,08	420	6,48	6,48	1	
80	80	80	1:250	350	93	0,97	600	10,32	10,32	1	
60	60	60	1:300	350	85	0,88	600	11,36	11,36	1	
15	245	235	1:400	600	305	1,08	300	4,63	**15,99**	0,959	
60	60	60	1:400	350	73,4	0,76	420	9,21	9,21	1	
90	90	90	1:350	400	111	0,89	360	6,75	6,75	1	
100	495	363 356 380	1:500	800 700 700 700	583 410 410 410	1,16 1,07 1,07 1,07	540	7,76 8,40 8,40 8,40	23,75 24,39 24,39 **24,39**	0,733 0,719	aus Summenlinie
90	90	90	1:300	400	120	0,96	300	5,21	5,21	1	
75	75	75	1:250	350	93	0,97	360	6,19	6,19	1	
160	325	325	1:400	700	459	1,19	480	6,72	12,91	1	
105	105	105	1:350	400	111	0,89	420	7,87	7,87	1	
120	225	225	1:400	600	305	1,08	300	4,64	12,51	1	
150	1195	703 680	1:600	1200 900 900	1549 727 727	1,37 1,14 1,14	600	7,30 8,77 8,77	31,69 33,16 33,16	0,59 0,57	aus Summenlinie
		850		1000	968	1,22		8,20	**32,59**		

Bild **24**.1 und Tafel **23**.1 zeigen die Berechnung eines RW-Einzugsgebietes nach dem Summenlinienverfahren für verschiedene Regenspenden (nach **Kehr**). Der Flutplan wird mit einer Listenrechnung gekoppelt. Sobald nach der Kotierung des Netzes der Netzplan mit Ψ-Werten, Größen der Teilgebiete, Längen der Kanalstrecken und dem Gefälle bekannt ist, trägt man im 3. Quadranten eines Koordinatensystems gebietsweise Flutflächen aneinander. Die Endpunkte der Fließzeiten von gleichzeitig durchflossenen Flächen liegen dabei untereinander. Die Fließzeiten von nacheinander durchflossenen Flächen werden addiert. Solange die Fließzeit die Regendauer nicht überschreitet, gilt der Berechnungsregen $\varphi < 1$. Wird die Fließzeit größer, gilt die kleinere Regenspende, deren Regendauer der Fließzeit entspricht, $\varphi < 1$. Die Wassermengen reduzieren sich, was eine weitere Verminderung der Fließzeiten bewirken kann. Nur diese werden mit dem Auftragen der Flutflächen korrigiert. Die Wassermengen bleiben unvermindert aufgetragen. Wenn die Flutflächen für alle Teilgebiete aufgetragen sind, werden die Anlauflinien = Summenlinien für die verschiedenen Gebietsgruppen gezeichnet und durch Auflegen und Verschieben des Nullpunktes des Regendiagrammes die max Q_R-Werte ermittelt. Die Ordinaten von max Q_R werden zwischen den divergierenden Q-Linien abgelesen. Für die max Q_R-Werte werden wieder Leitungsquerschnitt, (Spiegelgefälle) und Fließzeit bestimmt und die in der Summenlinie zunächst eingetragene Fließzeit berichtigt. Die so korrigierte Summenlinie liefert einen neuen max Q_R-Wert. Diese schrittweise Annäherung wird solange durchgeführt, bis max Q_R, Fließzeit und Summenlinie übereinstimmen. In dem Beispiel (**24**.1) ergibt sich ein max $Q_R = 850$ l/s unterhalb Schacht 13 bei $\Sigma t = 32{,}59$ min. Unvermindert hätte $Q_r = 1195$ l/s betragen.

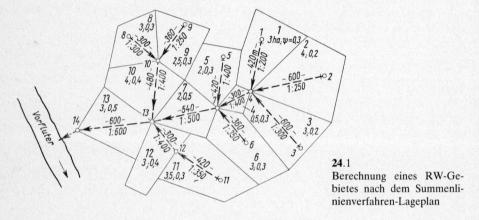

24.1
Berechnung eines RW-Gebietes nach dem Summenlinienverfahren-Lageplan

1.4.4 Allgemeine Mängel der Verfahren

1. Die Änderung des Abflußbeiwertes Ψ mit der Regendauer ist nicht berücksichtigt. Es gibt ein Verfahren nach **Pecher**, daß diese Ungenauigkeit zu eliminieren sucht [56] vgl. Abschn. 1.4.7. Für kleinere Gebiete (< 400 ha) kann man auch mit festem Abflußbeiwert rechnen, ohne große Fehler zu machen.

2. Man berücksichtigt nicht die Teilfüllungen in den Anfangsstrecken. Damit ergeben sich kleinere Fließgeschwindigkeiten und größere Fließzeiten. Die Anlauflinie würde bei gleichen Q-Werten flacher werden und damit würden kleinere max Q_R-Werte abgelesen werden.

3. Man vernachlässigt den Unterschied zwischen dem für den Abfluß maßgebenden Wasserspiegelgefälle und dem der Rechnung zugrunde gelegten Sohlgefälle. Die Differenz ist meist gering und tritt nachteilig nur bei Rückstau auf.

4. Die Speicherwirkung des Rohrnetzes wird vernachlässigt. Gemeint ist die Auffüllung des Rohrvolumens bis eine stationäre Strömung nach den Rechnungsannahmen entsteht. Dieser Fehler erhöht die Sicherheit der Berechnungen. Das Verfahren von Müller-Neuhaus, vgl. Abschn. 1.4.5 berücksichtigt diese Abflußverzögerung.

5. Man nimmt eine gleichzeitige Regendauer für das Einzugsgebiet an. Dies ist bei größeren Gebieten nicht der Fall. Nach (25.1) würde sich die Zeit vom Regenbeginn bis zum Abfluß aus dem ganzen Gebiet A_E (die Fließzeit t) vergrößern, weil der Regen gegen die Fließrichtung zieht.

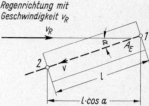

$$t = \frac{l}{v} + \frac{l}{v_R}$$

Bildet die Fließrichtung mit der Zugrichtung einen Winkel α, dann müßte es genauer heißen

$$t = \frac{l}{v} + \frac{l \cdot \cos \alpha}{v_R}$$

25.1 Regenbewegung über dem Einzugsgebiet

Bei einer mit der Fließrichtung gleichsinnigen Zugrichtung würde sich die Fließzeit entsprechend verringern. Im ersten Fall würde die Anauflinie flacher, max Q_R kleiner; im zweiten Fall steiler, max Q_R größer werden. Der Einfluß wandernder Regen ist nur bei größeren Einzugsgebieten und in Landschaften mit typischen Regenrichtungen zu berücksichtigen.

1.4.5 Summenlinienverfahren mit Berücksichtigung der Speicherwirkung (nach Müller-Neuhaus)

Um einen bestimmten Abfluß aus einem Rohrsystem zu bekommen, wenn zunächst wenig Wasser hineingelangt, bedarf es einer bestimmten Auffüll- oder Speicherzeit, bis ein stationärer Fließzustand erreicht ist, d.h. bis die abfließende Wassermenge der zufließenden entspricht. Besonders bei Regen mit einer Regendauer unterhalb der Speicherzeit wirkt sich der rückhaltende Einfluß stark abflußmindernd aus.

Es gelten die drei Voraussetzungen wie beim Summenlinienverfahren (25.2).

1. Gleichbleibende Regenstärke i während der Regendauer.

2. Die Wassermengen fließen gleichmäßig auf der ganzen Kanallänge zu.

3. Gefälle und Querschnitt bleiben gleich.

Nach einer Zeit t beteiligt sich ein unteres Teilgebiet von A_E am Abfluß. Im Kanal hat sich am Schacht 2 eine Füllhöhe $h'(t)$ eingestellt (25.3). Der Zufluß beträgt $Q_{zu} \cdot t$. Die Abflußmenge Q_{an} im Zeitbe-

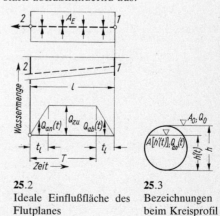

25.2
Ideale Einflußfläche des Flutplanes

25.3
Bezeichnungen beim Kreisprofil

reich t_1 hängt von der Füllhöhe ab. Die in der Kanalhaltung gespeicherte Wassermenge $V(t)$ ist zeitabhängig.

$$V(t) = Q_{zu} \cdot t - \int Q_{an}(t) \cdot dt \tag{26.1}$$

$$V(t) = l \cdot A[h'(t)] \tag{26.2}$$

$l \triangleq$ Länge des Kanals
$A[h'(t)] \triangleq$ Fließquerschnitt

Näherungsweise kann man im mittleren Bereich der Füllungskurven, etwa von $10\% < Q < 90\%$ (vgl. Abschn. 2.5.4) eine lineare Abhängigkeit zwischen h' und Q annehmen. Dies gilt auch für h' und $A(h')$. Mit h, A_0 und Q_0 für Vollausfüllung ergibt sich

$$\frac{A[h'(t)]}{h'(t)} = \frac{A_0}{h} \qquad\qquad A[h'(t)] = \frac{A_0}{h} h'(t) \tag{26.3}$$

in Gl. (26.2)

$$V(t) \doteq l \cdot \frac{A_0}{h} \cdot h'(t) \tag{26.4}$$

ebenso gilt

$$\frac{h'(t)}{Q_{an}(t)} = \frac{h}{Q_0} \qquad\qquad h'(t) = \frac{h}{Q_0} \cdot Q_{an}(t) \tag{26.5}$$

eingesetzt in Gl. (26.4)

$$V(t) = l \cdot \frac{A_0}{Q_0} \cdot Q_{an}(t) \tag{26.6}$$

mit $\qquad Q_0 = v \cdot A_0 \quad$ und $\quad t_1 = \dfrac{l}{v} \qquad l = t_1 \cdot v \qquad V(t) = t_1 \cdot Q_{an}(t) \tag{26.7}$

Gl. (26.1) und (26.7) gleichgesetzt, ergeben

$$Q_{zu} \cdot t - \int Q_{an}(t) \cdot dt = t_1 \cdot Q_{an}(t) \tag{26.8}$$

differenziert nach dt

$$Q_{zu} - Q_{an}(t) = \frac{d(Q_{an}(t))}{dt} \cdot t_1$$

oder

$$\frac{d(Q_{an}(t))}{dt} \cdot t_1 + Q_{an}(t) = Q_{zu} \tag{26.9}$$

Die Lösung dieser Differentialgleichung 1. Ordnung vom Typ

$$y' \cdot a + y = b \quad \text{wäre} \quad y = b\left(1 - e^{-\frac{x}{a}}\right)$$

hier $\qquad Q_{an}(t) = Q_{zu} \left(1 - e^{-\frac{t}{t_l}}\right)$ $\qquad\qquad$ (27.1)

ist die Gleichung der Anlauflinie.

In ähnlicher Weise könnte man die Gleichung der Ablauflinie aufstellen. Sie heißt

$$Q_{ab}(t') = Q_{an}(t) \cdot e^{-\frac{t'}{t_l}} \qquad\qquad (27.2)$$

Man kann nun in Gl. (27.1) für t Werte einsetzen und erhält

t	$Q_{an}(t)/Q_{zu}$
$0 \quad t_l$	0
$0,7 \; t_l$	$\approx 0,5$
$1 \quad t_l$	$0,63$
$2 \quad t_l$	$0,86$
$3 \quad t_l$	$0,95$
$4 \quad t_l$	$0,98$
$5 \quad t_l$	$0,99$
$6 \quad t_l$	$1,00$

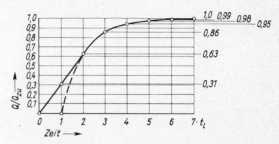

27.1 Verbesserte Anlaufkurve mit Ordinatenangaben Q/Q_{zu} über $7\,t_l$

Bei den gebräuchlichsten Profilformen (Kreis und Ei) sind die Fließgeschwindigkeiten bei $h' = 0,5\,h$ und $h' = 1,0\,h$ etwa gleich (s. Abschn. 2.5.4). Die Dimensionierung der Rohre wird Füllhöhen h' in diesem Füllungsbereich ergeben. Es kann auch näherungsweise angenommen werden, daß für steigende Füllmengen im Bereich $0 \leqq h' \leqq 0,5\,h$ die Fließgeschwindigkeiten etwa bei $0,5\,v_0$ liegen. Damit wird die Fließzeit in diesem Bereich verdoppelt. Andererseits wird $Q_{an}(t) \approx 0,5\,Q_{zu}$ bei $0,7\,t_l$ erreicht. Bei einer Verdoppelung der Fließzeit t im Bereich der halben Rohrfüllung erhält man $2 \cdot 0,7\,t_l = 1,4\,t_l$. Dieser Wert wird auf $1,7\,t_l$ erhöht. Man erhält die korrigierte Anlaufkurve nach (**27.1**). Sie dehnt sich jetzt auf $7\,t_l$ aus. Die Ablaufkurve klingt bei $11\,t_l$ ab. Man dehnt ebenfalls die Fließzeiten unter halber Rohrfüllung entsprechend aus. Es entsteht das Bild einer verbesserten Flutkurve nach (**27.2**). Um das Verfahren dem Summenlinienverfahren anzupassen, werden die Längen der An- und Ablaufkurven auf je $7\,t_l$ beschränkt und damit die Ablaufkurve der Anlaufkurve angeglichen.

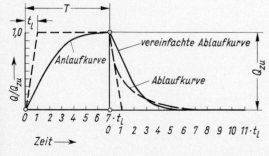

27.2 Verbesserte An- und Ablaufkurve (Flutfläche) unter Berücksichtigung des Speichervermögens der Kanäle

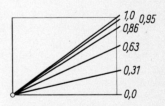

27.3 Proportionalitätsmaßstab zur Erleichterung der Auftragungen von Q/Q_{zu}

Die Ablaufkurve erscheint nun als die an der *t*-Achse gespiegelte und in den Ablaufbereich verschobene Anlaufkurve. Die Flutfläche läßt sich dann ähnlich wie vorher bei der Umwandlung von der Trapez- in die Parallelogrammfläche in eine Flutfläche mit kurvenförmigen, parallellaufenden An- und Ablauflinien umwandeln. Damit wird es möglich, bei diesem Verfahren auch nur die Anlauflinien zu zeichnen und das Regendiagramm zu verwenden.

Bei der Anwendung des Verfahrens für ein größeres Einzugsgebiet geht man zunächst so vor, wie beim Summenlinienverfahren (**23**.1). Dann werden die Anlauflinien der Einzelgebiete oder von Gebietsgruppen nach den Ordinaten Q/Q_{zu} gezeichnet. Man bedient sich hier eines Proportionalitäts-Maßstabes und überträgt für beliebige Werte von Q_{zu} die Ordinaten ohne Rechnung.

Bild **28**.1 Berechnung des RW-Gebietes (**29**.1) nach dem verbesserten Summenlinienverfahren – Flutplan, Summenlinien, Tabelle

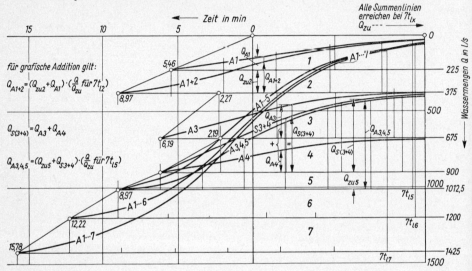

Bild **28**.1 und Tafel **29**.1 bringen ein Beispiel für das verbesserte Summenlinienverfahren. Der Arbeitsplan ist etwa folgender:

1. Die Zuflußmengen Q_{zu} des Regenwassers oder des Mischwassers werden wie beim Summenlinienverfahren (Abschn. 1.4.3) ermittelt.

2. Kanalprofil, Fließgeschwindigkeit und Fließzeit werden für voll $Q = Q_o$ ermittelt.

3. Die Anlauflinien der Anfangskanalstrecken werden für ihre Fließzeiten t_1 mit Hilfe des Proportionalitäts-Maßstabes gezeichnet (Ordinaten = Q/Q_{zu}; zeitliche Länge der Anlauflinien = 7 t_1).

4. Folgt auf das erste Teilgebiet ein zweites Gebiet hintereinander, so gilt als Gesamtzuflußordinate = $Q_{zu(1+2)}$ die Summe aus der Ordinate der Anlauflinie von Gebiet 1 zur Zeit *t* plus der Ordinate Q_{zu2} von Gebiet 2, abgemindert mit dem Faktor $Q/Q_{zu(1+2)}$ auf die Länge 7 t_{12}. Hier wird gegenüber der mathem. Ableitung ein Fehler gemacht, weil der Zufluß von Gebiet 1 zeitlich nicht konstant ist, sondern eigentlich $Q_{zu1}(t)$. Die Größe des Fehlers wirkt sich nur auf die ersten Zeitabschnitte der Anlauflinie von Gebiet 2 aus.

5. Werden zwei Teilgebiete (3 und 4) zusammengeführt (Gebiete nebeneinander), so werden für jedes unabhängig die Anlauflinien Q/Q_{zu} auf 7 t_1 gezeichnet. Die Ordinaten der beiden Anlauflinien werden dann algebraisch (zeichnerisch) addiert und damit eine Anlauflinie für den Zufluß

$Q_{zu(3+4)}(t)$ für das unterhalb liegende Gebiet 5 als Zwischenlösung gezeichnet. Mit dieser verfährt man dann so wie mit der Anlauflinie von $Q_{zu1}(t)$ unter Punkt 4.

6. Die so erhaltenen Summenlinien werden wie beim Summenlinienverfahren der Auswertung mit dem Regenabflußdiagramm zwecks Ermittlung von max Q_R unterzogen. Bild **29**.2 zeigt das Regenabflußdiagramm für das gerechnete Beispiel (**29**.1).

Das verbesserte Summenlinienverfahren berücksichtigt die Gestalt des Leitungsnetzes, des Einzugsgebietes, die Teilfüllungen, das Speichervermögen der Kanäle und die ungünstigste Regenspende einer Regenreihe. I. allg. werden damit kleinere Kanalabmessungen erreicht. Das Verfahren erfordert mehr Arbeitsaufwand.

Tafel **29**.1

Q_r	ΣQ_r	Σred $Q_r =$ Q_R in l/s	Gefälle	Kanal-profil	Vollfüllung Q_o	v_o	Kanal-länge	Fließzeit t	Σt	Zeit-beiwert	Bemer-kungen
in l/s	in l/s	1:n		in mm	in l/s	in m/s	in m	in min	in min	φ	
225	225	140	1:250	500 450	239 181	1,22 1,14	400	5,46 5,84	5,46 5,84	1	aus Summen-linie
150	375	230	1:250	600 500	387 239	1,37 1,22	290	3,51 3,96	**8,97** **9,80**	1	a. S.
300	300	240	1:200	600 500	433 267	1,53 1,36	360	3,92 4,41	3,92 4,41	1	a. S.
225	225	170	1:300	600 500	353 218	1,25 1,11	300	4,0 4,51	4,0 4,51	1	a. S.
112,5	637,5	470	1:300	800 700	754 531	1,50 1,38	250	2,78 3,02	6,78 7,53	1	a. S.
187,5	1200	1172 1046	1:400	Ei 900/1350 Ei 800/1200	1429 1048	1,54 1,43	300	3,25 3,50	**12,22** **13,30**	$\dfrac{1,13}{1,262}=$ 0,985	a. S.
225	1425	1090 860	1:500	1200 1000	1696 1051	1,50 1,34	320	3,56 3,98	**15,78** **17,28**	$\dfrac{0,967}{1,262}=$ 0,766	a. S.

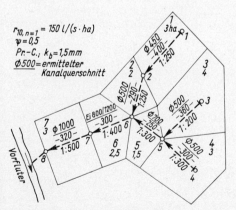

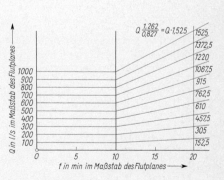

29.2 Berechnung eines RW-Gebietes nach dem verbesserten Summenlinienverfahren-Lageplan

29.3 Regendiagramm für das Beispiel **29**.2

1.4.6 Zeitbeiwertverfahren (vgl. Abschn. 2.7.9)

Ein rechnerisches Verfahren zur Ermittlung der Durchflußmengen ist das Zeitbeiwertverfahren. Man benutzt eine Liste (Listenrechnung). In dieser ist für jeden zu berechnenden Leitungspunkt eine Zeile vorhanden. Man ermittelt für jeden dieser Punkte den Regen, dessen Dauer der Fließzeit entspricht. Die errechnete Abflußmenge ist dann zugleich die größte Durchflußmenge. Der Berechnungsregen gilt als Ausgangswert. Bei Fließzeiten kleiner als der Regendauer des Berechnungsregens gilt dieser. Bild 30.1 und Tafel 30.2 zeigen ein Berechnungsbeispiel.

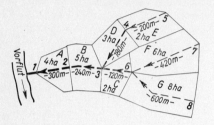

30.1 Berechnung eines RW-Gebietes nach der Listenrechung, (Lageplan)

Tafel **30**.2 Listenrechnung zur Ermittlung der Durchflußmengen

1	2	3	4	5	6	7	8	9	10	11	12	13	14	15	16	17
Gebiet		Strecke von | bis		Kanallänge in m		Einzugsgebiet in ha		Regenspende $r_{15,\,n=1}$ = 90 l/s·ha	Regenwasserabfluß spende	Zufluß von Gebiet	$A \cdot q_r$	$\Sigma A \cdot q_r$ = Q_r	Abfluß	Zeitbeiwert φ	Q_R = $\varphi \cdot Q_t$	weitergegeben nach Gebiet
lfd. Nr.	Name	Schacht											geschätzte Fließzeit t in min			
		oben	unten	l	Σl	A_E	ΣA_E	Abflußbeiw. Ψ	$q_r = \Psi \cdot r$							
1	G	8	6	600	600	8	8	0,4	36	–	288	288	10	1	288	C
2	F	7	6	420	1020	6	6	0,4	36	–	216	216	7	1	216	C
3	C	6	3	120	1140	2	16	0,6	54	G bis F	108	612	12	1	612	B
4	E	5	4	200	1340	2	2	0,6	54	–	108	108	3,3	1	108	D
5	D	4	3	180	1520	3	5	0,6	54	E	162	270	6,3	1	270	B
6	B	3	2	240	1760	5	26	0,6	54	D bis C	270	1152	16,0	0,98	1130	A
7	A	2	1	300	2060	4	30	0,6	54	B	216	1368	21,0	0,80	1130 (1095)	Vorflut

Bei einer Berechnungsregenspende $r_{15,\,n=1}$ gilt für das Anfangsgebiet 1

$$Q_{R1} = \varphi_{x,\,n=1} \cdot r_{15,\,n=1} \cdot \Psi \cdot A_E \qquad (30.1)$$

x = Fließzeit bis zum unteren Schacht des Gebietes. Für mehrere = m Teilgebiete oberhalb des Berechnungspunktes gilt

$$Q_R = \varphi_{x,\,n=1} \cdot \sum_1^m r_{15,\,n=1} \cdot \Psi \cdot A_E \qquad (30.2)$$

x = längste Fließzeit $t = x$ min innerhalb dieser Teilgebiete bis zum Berechnungspunkt. Das Verfahren ist mit dem konstanten Abflußbeiwert aus den verschiedenen Teilflächenbefestigungen durchzuführen (Tafel **17**.1), oder mit dem veränderlichen Spitzenabflußbeiwert (Tafel **32**.2).

Der Zeitbeiwert kann wieder aus Bild **14**.1 ermittelt werden. Der Index x entspricht der Fließzeit t und wird, wie früher die Regendauer T, auf der waagerechten Achse abgelesen. φ kann nur $\leqq 1$ sein.

Ist eine andere Regenspende als $r_{15,\,n=1}$ Berechnungsregen, z.B. $r_{i,\,n=k}$, dann tritt an Stelle von $\varphi_{x,\,n=1}$ in Gl. (30.2) der Quotient zweier Werte

$$Q_R = \frac{\varphi_{x,\,n=k}}{\varphi_{i,\,n=k}} \cdot \sum_1^m r_{i,\,n=k} \cdot \Psi \cdot A_E \qquad (31.1)$$

In Spalte 6 wurden die Kanallängen durchsummiert. Oft werden die Längen des Fließweges summiert. Dies bringt aber bei der Ermittlung der Fließzeiten (Sp. 14) keinen Vorteil, weil die Fließgeschwindigkeiten in den Teilstrecken verschieden sind.

In Spalte 15 der Liste wird jetzt der Quotient eingesetzt. Bei der Addition der Teileinzugsgebiete ist darauf zu achten, daß nur zusammengehörige Gebiete addiert werden.

Wird die Durchflußwassermenge Q eines Punktes gegenüber dem oberhalb liegenden vorherigen Punkt kleiner, weil ein besonders schmales Teileinzugsgebiet durchflossen wurde, dann soll das Q des vorherigen Punktes eingesetzt werden (lfd. Nr. 7). Bei wenig vergrößerter Fläche gab es eine starke Fließzeitverlängerung. Man trifft die wahren Verhältnisse besser, wenn man Q_B als punktförmige Einleitung im Punkt 2 ansetzt und die im Gebiet A anfallende Wassermenge für Punkt 1 vernachlässigt.

Eine Schwierigkeit bei der Listenrechnung liegt in der Schätzung der Fließzeit. Bei großer Abweichung der tatsächlichen Fließgeschwindigkeit von der angenommenen müssen nachträglich φ und Q korrigiert werden.

Beim Zusammenfluß aus mehreren Kanalstrecken mit sehr unterschiedlichen Fließzeiten wird eine ideelle Fließzeit t_i für den RW-Abfluß aus dem gewogenen Mittel der Teilströme gebildet und der weiteren Ermittlung von φ zugrunde gelegt:

$$t_i = \frac{Q_1 \cdot t_1 + Q_2 \cdot t_2 \cdots + Q_n \cdot t_n}{\sum_1^n Q_i}$$

Für Fließzeiten, die kürzer als die Berechnungsregendauer sind, ist der Zeitbeiwert konstant zu halten.

1.4.7 Berechnungverfahren mit dem Zeitabflußfaktor

Dieses Verfahren berücksichtigt die mit der Regendauer bestehende Veränderlichkeit des Scheitelabflußbeiwertes Ψ_s (s. Abschn. 1.3.4). Es wird der Scheitelabflußbeiwert oder Spitzenabflußbeiwert Ψ_s verwendet, welcher der Regenreihe mit der Regenhäufigkeit n der Berechnungsregenspende entspricht. Es ist lediglich der Anteil der befestigten Fläche (Dächer, Straßen, Höfe, usw.) zur Gesamtfläche festzustellen. Man liest dann unter Berücksichtigung der Geländeneigung den Wert Ψ_s direkt aus dem Bild **32**.1 oder Tafel **32**.2 ab.

Wie beim Zeitbeiwertverfahren wird der größte Abfluß für den Zustand Fließzeit = Regendauer ermittelt. Nur für Fließzeiten unter 5 bis 10 min werden durch $\varepsilon(t)$ Regen größerer Dauer berücksichtigt.

Der Zeitabflußfaktor $\varepsilon(t)$ berücksichtigt die Änderung der Regenspende und des Scheitelabflußbeiwertes Ψ_s mit der Regendauer. Er ist aus Bild **33**.1 oder Tafel **33**.2 abzulesen. Der Regenwasserabfluß beträgt dann

$$Q_R = \varepsilon(t) \cdot \sum \Psi_s \cdot r_{15,\,n=y} \cdot A_E \qquad (31.2)$$

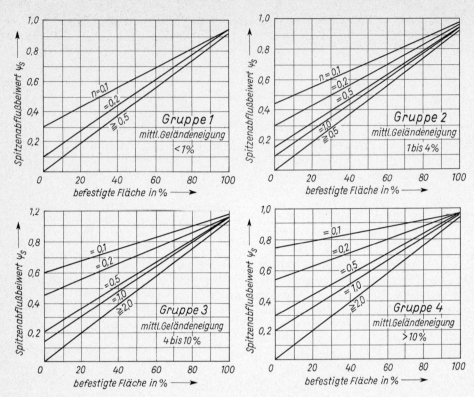

32.1   Scheitelabflußbeiwerte ψs für verschiedene mittlere Neigungsbereiche der Entwässerungsgebiete in Abhängigkeit vom Anteil der befestigten Flächen nach [56]

Tafel **32**.2   Scheitelabflußbeiwerte ψs für verschiedene mittlere Neigungsbereiche der Entwässerungsgebiete in Abhängigkeit vom Anteil der befestigten Flächen nach [56]

Anteil der be-festigten fläche in %	Gruppe 1 $J_g < 1\%$		Gruppe 2 $1\% \leqq J_g \leqq 4\%$		Gruppe 3 $4\% < J_g \leqq 10\%$		Gruppe 4 $J_g > 10\%$	
	$n =$		$n =$		$n =$		$n =$	
	1	0,5	1	0,5	1	0,5	1	0,5
0	0,00	0,00	0,10	0,15	0,15	0,20	0,20	0,30
10	0,09	0,09	0,18	0,23	0,23	0,28	0,28	0,37
20	0,18	0,18	0,27	0,31	0,31	0,35	0,35	0,43
30	0,28	0,28	0,35	0,39	0,39	0,42	0,42	0,50
40	0,37	0,37	0,44	0,47	0,47	0,50	0,50	0,56
50	0,46	0,46	0,52	0,55	0,55	0,58	0,58	0,63
60	0,55	0,55	0,60	0,63	0,62	0,65	0,65	0,70
70	0,64	0,64	0,68	0,71	0,70	0,72	0,72	0,76
80	0,74	0,74	0,77	0,79	0,78	0,80	0,80	0,83
90	0,83	0,83	0,86	0,87	0,86	0,88	0,88	0,89
100	0,92	0,92	0,94	0,95	0,94	0,95	0,95	0,96

33.1
Zeitabflußfaktor ε für verschiedene mittlere Neigungsbereiche der Entwässerungsgebiete in Abhängigkeit von der Regendauer T nach [56]

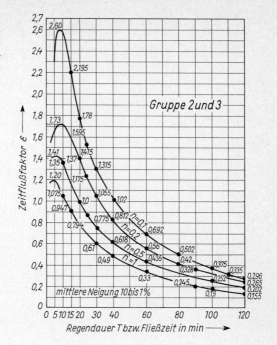

Tafel **33**.2 Zeitabflußfaktor ε zu Bild **33**.1

Regendauer T bzw. Fließzeit t_f in min	Zeitabflußfaktor ε											
	Gruppe 1 mittlere Neigung $J_g < 1\%$				Gruppe 2 u. Gruppe 3 mittlere Neigung $1\% \leqq J_g \leqq 10\%$				Gruppe 4 mittlere Neigung $J_g > 10\%$			
	$n =$				$n =$				$n =$			
	1	0,5	0,2	0,1	1	0,5	0,2	0,1	1	0,5	0,2	0,1
0	1,070	1,400	1,540	1,585	1,200	1,410	1,730	2,600	1,190	1,420	2,130	2,840
5	1,070	1,400	1,540	1,585	1,200	1,410	1,730	2,600	1,190	1,420	2,130	2,840
7	1,070	1,400	1,540	1,585	1,150	1,410	1,730	2,600	1,155	1,420	2,130	2,840
10	1,070	1,350	1,540	1,585	1,075	1,370	1,730	2,600	1,085	1,390	2,080	2,760
15	0,945	1,160	1,350	1,400	0,947	1,175	1,595	2,195	0,945	1,190	1,700	2,245
20	0,790	0,995	1,140	1,185	0,794	1,000	1,415	1,780	0,805	1,025	1,435	1,830
25	0,680	0,865	0,992	1,050	0,684	0,880	1,225	1,520	0,700	0,900	1,240	1,550
30	0,605	0,765	0,886	0,950	0,610	0,775	1,055	1,315	0,615	0,785	1,070	1,330
40	0,485	0,610	0,751	0,815	0,490	0,618	0,812	1,020	0,500	0,625	0,820	1,040
50	0,395	0,500	0,640	0,710	0,400	0,510	0,660	0,835	0,410	0,520	0,670	0,855
60	0,325	0,425	0,550	0,625	0,330	0,435	0,560	0,692	0,340	0,445	0,570	0,712
70	0,285	0,370	0,470	0,545	0,290	0,379	0,480	0,585	0,300	0,388	0,495	0,605
80	0,240	0,320	0,415	0,480	0,245	0,328	0,420	0,502	0,255	0,336	0,440	0,522
90	0,210	0,285	0,365	0,420	0,215	0,292	0,375	0,430	0,225	0,300	0,390	0,450
100	0,185	0,245	0,321	0,365	0,190	0,252	0,335	0,375	0,200	0,260	0,350	0,395
110	0,165	0,220	0,290	0,320	0,170	0,225	0,295	0,330	0,180	0,228	0,310	0,355
120	0,150	0,200	0,255	0,290	0,155	0,202	0,265	0,296	0,165	0,205	0,277	0,322

Beispiel 1:   Berechnung des RW-Gebietes nach **30**.1 mit $r_{15,n=1} = 90$ l/(s · ha), $v_m = 1$ m/s, befestigter Flächenanteil = 30%, A_E = Größe des Einzuggebietes oberhalb des Berechnungspunktes in ha, mittlere Geländeneigung ≈ 2%.

Schacht	t (min)	max Ψ_s	$r_{15,n=1}$ [l/(s · ha)]	ΣA_E (ha)	$\varepsilon (t)$	Q_R (l/s)
4	3,34	0,35	90	2	1,20	75,6
3_4	6,34	0,35	90	5	1,133	178,4
6_7	7	0,35	90	6	1,15	217,4
6_8	10	0,35	90	8	1,075	270,9
3_6	12	0,35	90	16	1,024	516,1
2	16	0,35	90	26	0,916	750,2
1	21	0,35	90	30	0,772	729,5

Korrekturen der Fließzeit t, welche durch die Dimensionierung der Kanäle entstehen, werden wie beim Zeitbeiwertverfahren (s. Tafel **14**.1) durch Verändern des Zeitabflußfaktors $\varepsilon(t)$ berücksichtigt. Ist eine andere Berechnungsregenspende als $r_{15,n=1}$ gegeben, z.B. $r_{5,n=0,5}$, dann wird diese auf die Bezugsregenspende $r_{15,n=0,5}$ der Regenreihe für $n = 0,5$ umgerechnet (vgl. Abschn. 1.3.2). $r_{15,n=0,5}$ wird in Gl. (31.2) eingesetzt). Ψ_s und ε werden unter $n = 0,5$ abgelesen.

Der Zeitabflußfaktor $\varepsilon(t)$ kann auch beim Summenlinienverfahren verwendet werden (Abschn. 1.4.3 und 1.4.5). Der mit der Fließzeit veränderliche Zeitabflußfaktor $\varepsilon(t)$ wird berücksichtigt, wenn man eine Regenharfe (s. Abschn. 1.4.3) verwendet, deren Q-Linien statt mit dem Zeitbeiwert φ mit dem Zeitabflußfaktor $\varepsilon(t)$ divergieren.

Beispiel 2 (34.1): Es soll das RW-Gebiet des Bildes **24**.1 für $r_{15,n=1} = 100$ l/(s · ha) berechnet werden. Die Anteile der befestigten Flächen (Spalten 4 bis 10) und die mittleren Geländeneigungen (Spalte 15 bis 17) sind für die Teilgebiete verschieden und werden zusätzlich wie folgt angegeben:

Tafel **34**.1   Listenrechnung zum Zeitabflußfaktorverfahren zum Beispiel Bild **24**.1

Geb. Nr.	Länge		Fläche A_E							Spitzenabflußbeiwert ψ_s				Zeitabflußbeiwert ε			Regenabfluß unverändert (ohne ε) $Q_{r15} = r_{15} \cdot \psi_s \cdot A_E$			
	einzeln	zus.	befestigter Anteil in %							mittlere Geländeneigung				mittlere Geländeneigung			einzeln	zusammen ΣQ_{r15} mittlere Geländeneigung		
	L	ΣL	Nr.	35	40	45	50	55		$J_g<1\%$	$1\%<J_g\leq4\%$	$4\%<J_g\leq10\%$	$J_g>10\%$	$J_g<1\%$	$1\%\leq J_g\leq10\%$	$J_g>10\%$	Q_{r15}	$J_g<1\%$	$1\%\leq J_g\leq10\%$	$J_g>10\%$
	[m]	[m]	–	[ha]	[ha]	[ha]	[ha]	[ha]	[ha]	[–]	[–]	[–]	[–]	[–]	[–]	[–]	[l/s]	[l/s]	[l/s]	[l/s]
1	2	3	4	5	6	7	8	9	10	11	12	13	14	15	16	17	18	19	20	21
1	420	420		3									0,46			1,19	138			138
2	600	600		4									0,46			1,14	184			184
3	600	600		3									0,46			1,13	138			138
4	300	900		0,5									0,46			1,04	23			483
5	420	420		2								0,43			1,12		86		86	
6	360	360		3								0,43			1,2		129		129	
7	540	1440				2						0,55			0,84	0,86	110		325	483
8	300	300		3							0,40				1,2		120		120	
9	360	360		2,5							0,40				1,2		100		100	
10	480	840			4							0,44			1,06		176		396	
11	420	420		3,5							0,40				1,18		140		140	
12	300	720			3							0,44			1,08		132		272	
13	600	2040					3					0,52			0,68	0,7	156		1149	483

Tafel **35**.1   Vergleich der Berechnungsverfahren für RW-Mengen

	1	2	3	4	5
Verfahren	Verfahren mit festem Abflußbeiwert und konstanter Regenspende $Q_r = \Sigma\Psi \cdot r \cdot A_E$ rechnerisch	Flutlinienverfahren, Summenlinienverfahren zeichnerisch und rechnerisch	verbessertes Summenlinienverfahren nach Müller-Neuhaus zeichnerisch und rechnerisch	Zeitbeiwertverfahren (Listenrechnung) nach Imhoff $Q_R = \varphi \cdot \Sigma\Psi \cdot r \cdot A_E$ rechnerisch	Zeitabflußfaktorverfahren (Listenrechnung) nach Pecher $Q_R = \varepsilon(t)\Sigma\psi_s \cdot r \cdot A_E$ rechnerisch
Beurteilung des Verfahrens	Berechnung einfach, Dimensionierung unwirtschaftlich bei größeren Gebieten. Form des Einzugsgebietes bleibt unberücksichtigt	Zeitaufwand groß. Genauere, wirtschaftliche Dimensionierung bei größeren Gebieten. Form des Einzugsgebietes wird berücksichtigt.	Zeitaufwand sehr groß. Genauere, wirtschaftliche Dimensionierung, Speicherwirkung der Kanäle wird berücksichtigt, deshalb kleinere Abmessungen. Form des Gebietes wird berücksichtigt.	Listenrechnung, Zeitaufwand mäßig. Berücksichtigung von Regen längerer Dauer. Form des Einzugsgebietes nur teilweise berücksichtigt. Wirtschaftlichkeit der Dimensionierung entspricht etwa 2.	Listenrechnung, Zeitaufwand gering. Berücksichtigung von Regen längerer Dauer. Form des Einzugsgebietes teilweise berücksichtigt. Zeitl. Veränderlichkeit des Abflußbeiwertes berücksichtigt. Wirtschaftliche Dimensionierung.
Anwendungsbereich	Bei kleinen, gleichmäßig geformten Gebieten, wenn die Fließzeit < Regendauer des Berechnungsregens.	Bei ungleichmäßigen, größeren Gebieten. Ergänzungsuntersuchungen von Sammlern.	Bei ungleichmäßigen, größeren Gebieten und schwachem Gefälle. Nachrechnung vorhandener Netze auf zusätzliche Aufnahmefähigkeit.	Sehr häufig angewandt. Geeignet bei Gebieten mit etwa gleichmäßiger Gebietsform.	Neueres Verfahren. Auch anwendbar in Kombination mit dem Summenlinienverfahren. Anwendung, wenn Differenzierung der Abflußvorgänge vom Einzugsgebiet her notwendig.

Regenabfluß verändert (mit ε) $Q_R = \Sigma(\varepsilon \cdot \Sigma Q_{r15})$				Fließzeit		Gefälle 1: n		Querschnitt		Vollfüllung		Regenwetter		Bemerkungen
zusammen $\varepsilon \Sigma Q_{r\,15}$ mittlere Geländeneigung														
$J_g <$ 1%	$\leq J_g$ $\leq$10% 1%	$J_g>$ 10%	zus. Q_R	einzeln t_f	zus. Σt_f	Sohle J_s	Wsp. J_w	Form	Größe	Leist. Q_v	Geschw. v_v	Geschw. v_m	Füllh. h_m	
[l/s]	[l/s]	[l/s]	[l/s]	[min]	[min]	n	n	–	[mm]	[l/s]	[m/s]	[m/s]	[cm]	
22	23	24	25	26	27	28	29	30	31	32	33	34	35	36
		164	164	4,9		200			500	268	1,36	1,43	28	ε wurde für v_m berechnet.
		210	210	7,3		250			500	240	1,22	1,37	36	
		156	156	8,3		300			500	218	1,11	1,2	31	
		502	502	3,5	11,8	400			800	654	1,3	1,43	53	
	96		96	7,4		400			400	105	0,83	0,94	30	
	155		155	5,3		350			500	202	1,03	1,13	33	
1)	273	415,4	688,4	6,4	18,2	500			900	797	1,25	1,4	60	
	144		144	2,6		300			500	218	1,11	1,9	29	
	120		120	5,6		250			400	133	1,05	1,08	29	
	420		420	5,0	10,6	400			700	459	1,19	1,34	50	
	165		165	5,8		350			500	202	1,03	1,15	34	
	294		294	4,1	9,9	400			600	306	1,08	1,23	45	
2)	781,3	338,1	1119,4	6,8	25	600			1200	1549	1,37	1,48	73	

1) 325 · 0,84 = 273;   483 · 0,86 = 415,4;   273 + 415,4 = 688,4
2) 1149 · 0,68 = 781,3;   483 · 0,7 = 338,1;   781,3 + 338,1 = 1119,4

Spalte   4 bis 10: Die in den Teilflächen angegebenen Ψ_m-Werte für das Zeitbeiwertver-
          fahren gelten hier als Anteile der befestigten Flächen (Annahme)
Spalte 15 bis 17: Fläche 1 bis 4 $J_g = 12\%$
          Fläche 5, 6, 7 $J_g = 8\%$
          Fläche 8 bis 13 $J_g = 3\%$
Die Ψ_s-Werte sollen $\geqq 0{,}35$ in die Berechnung eingesetzt werden.

1.4.8   Vergleich und Anwendung der hydrologischen Berechnungsverfahren

In Tafel **35**.1 sind die hier behandelten Verfahren zusammengestellt, beurteilt und die
Möglichkeiten ihrer Anwendungen erläutert.

Bei diesen hydrologischen Berechnungsverfahren werden u. a. folgende Einschränkungen in Kauf genommen:

1. Zuordnung eines allen Netzteilen gemeinsamen Fließzustandes fehlt. Der Ansatz
beim Zeitbeiwertverfahren: „max Q_R bei Regendauer gleich Fließzeit" trifft nicht immer
zu. Die trapezförmigen Abflußkurven beim Summenlinienverfahren sind stark vereinfacht.

2. Ermittlung der Fließzeiten für Vollfüllung oder Teilfüllung und Sohlgefälle der Leitungen. Abweichungen des Spiegelgefälles, Rückstau, Wechsel der Fließrichtung werden
nicht erfaßt.

3. Verbundwirkung des Netzes bleibt unberücksichtigt. Verzweigungsberechnungen
können bei vorhandenen Netzen ungeeignete Sanierungen vermeiden.

4. Speicherraum des Kanalnetzes wird vernachlässigt. Man verzichtet auf die bei kürze-
ren Regen und flachem Gefälle sehr willkommene Retentionswirkung.

1.4.9   Berechnungsverfahren mit Datenverarbeitung

Bei großen RW-Gebieten und für die Nachrechnung von großen, schon vorhandenen
RW-Netzen empfiehlt sich die Benutzung von hydrodynamischen Methoden und der
EDV. Grundlage bilden die hier unter Abschn. 1.4.2 bis 1.4.8 beschriebenen oder andere mathematische Verfahren (z.B.: Ganglinien-Volumen-Methode nach Dorsch oder
Oberflächenabflußmodell der Water Res. Engineers, Cal. USA, Elnet der Steinzeugindustrie). Der Oberflächenabfluß wird mathematisch simuliert, unter Verwendung
der partiellen Differentialgleichungen der Hydraulik elektronisch gerechnet. Als Eingabe werden Niederschlagsganglinien von Regen und die Oberflächendaten benutzt. Errechnet werden Abflußganglinien von Testgebieten. Der Abflußbeiwert Ψ braucht nicht
mehr geschätzt zu werden. Die Abflußganglinien des Oberflächenabflusses bilden dann
die Zuflußganglinien als Input für das Programm der Kanalnetzberechnung.

Durch vergleichende Messungen in städtischen RW-Netzen wird die Brauchbarkeit des
Programms nachgewiesen (Modellregen).

Hydraulische Grundlagen für den Oberflächenabfluß (St. Venant)

Kontinuitätsgleichung (s. a. Abschn. 1.3.4):

$$\frac{\partial y}{\partial t} + \frac{\partial q}{\partial x} = r(t) - i(t) - \frac{\partial B}{\partial t} - \frac{\partial M\,(y,\,J_s)}{\partial t}$$

Energiegleichung:

$$\frac{\partial y}{\partial x} + \frac{v}{g \cdot} \frac{\partial v}{\partial x} + \frac{\partial v}{g \cdot \partial t} = J_S - J_R$$

mit

y = Wassertiefe
x = Fließzeit
t = Zeit
q = spezifischer Abfluß z.B. in l/(s · ha)
v = Fließgeschwindigkeit
g = Erdbeschleunigung
r = Regenspende
i = Versickerung
B = Benetzungsverlust
M = spezieller Muldenverlust
J_S = Oberflächengefälle
J_R = Reibungsgefälle

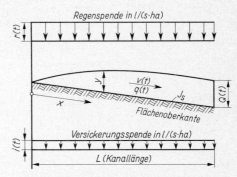

37.1   Schema des Oberflächenabflusses

Für J_R stehen die bekannten Fließformeln zur Verfügung. [1a] empfiehlt die Formel von Darcy mit λ nach Prandtl-Colebrook. Für offene Gerinne wird die Formel von Gaukler-Manning-Strickler empfohlen (s. Abschn. 2.5).

Die Benetzungsverluste B sind nur zeitabhängig. Die Muldentiefen werden für einen Flächenabschnitt gleichmäßig verteilt angenommen. Das Muldenvolumen ist abhängig von der Muldentiefe und dem Oberflächengefälle: $M (y\ J_S)$.

Die Versickerung wird meist mit empirischen Formeln beschrieben, z.B. Gleichung von Horton:

$$i = i_c + (i_o - i_c)\,e^{-k \cdot t}, \quad \text{wenn } r > i$$

$i_o \triangleq$ Anfangsversickerung
$i_c \triangleq$ Endversickerung
$k \triangleq$ empirischer Beiwert

Die Verdunstung spielt eine Rolle bei der Abkühlung der Oberfläche zu Regenbeginn. Sie kann bei den Benetzungsverlusten mit berücksichtigt werden. Die Verdunstung von den mit Wasser überzogenen Flächen bei Starkregen ist vernachlässigbar klein.

Der Abfluß in einem Abwasserkanal ist meist ein ungleichförmiger, diskontinuierlicher und instationärer Fließvorgang.

Ungleichförmigkeit liegt vor, wenn sich die Fließgeschwindigkeit, die Fülltiefe und der durchflossene Querschnitt ändern. Dies geschieht durch Zuflüsse, Querschnittwechsel, Gefällewechsel, Schachtgerinne, Rückstau, Abstürze. Bei den manuellen Verfahren geht man von einem konstanten Abfluß in einer Kanalstrecke mit konstantem h', v und A aus. Mit Hilfe der Energiegleichung läßt sich dies genauer berücksichtigen.

Diskontinuierlicher Abfluß liegt bei $\dfrac{\partial Q}{\partial x} \neq 0$ vor. Q ändert sich im Kanal ständig durch Hausanschlüsse, Straßeneinläufe usw. Das Glied $\dfrac{v}{g} \dfrac{\partial v}{\partial x}$ berücksichtigt den Energieaufwand für die Beschleunigung der Zuflüsse.

Instationärer Abfluß liegt bei $\dfrac{\partial v}{\partial t} \neq 0$ vor. In RW-Netzen verläuft der Abfluß in Form einer Ganglinie $Q = \mathrm{f}(t)$. Dies auch bei dem fiktiven Fall r und $\Psi = \text{const}$. Normal ist aber $r = \mathrm{f}(t)$ und $\Psi = \mathrm{f}(t)$.

Die geschlossene Lösung der o. g. partiellen Differentialgleichungen ist nur schwer möglich. Man vereinfacht die Energiegleichung dann oft zu:

$$\frac{v \cdot \mathrm{d}v}{g \cdot \mathrm{d}x} + \frac{\mathrm{d}y}{\mathrm{d}x} = J_S - J_R$$

und berücksichtigt das Reibungsgefälle J_R nach Darcy-Weisbach mit λ nach Prandtl-Colebrook

$$J_R = \lambda \cdot \frac{l}{4\,R} \cdot \frac{v^2}{2\,g}$$

Man ermittelt die Abflußganglinie im wesentlichen mit der Kontinuitätsgleichung, wobei das Speichervermögen des Kanals $= V$ bis zur Bildung des eigentlichen Fließvorganges berücksichtigt wird:

$$Q_{zu}(t) - Q_{ab}(t) = \frac{\mathrm{d}V}{\mathrm{d}t}$$

$Q_{ab}(t)$ und $\mathrm{d}V/\mathrm{d}t$ können aus der Energiegleichung gewonnen werden. Die Abflußganglinie und die Wasserspiegelhöhe läßt sich dann iterativ ermitteln.

Bild **38**.1 stellt die Berechnung von zwei RW-Einzugsgebieten nach der Ganglinien-Volumen-Methode gegenüber.

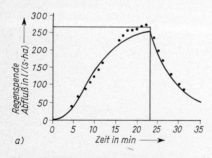
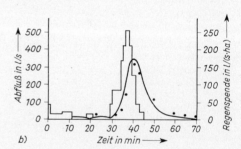

38.1   Gerechnete Abflußganglinien
   a) Testfläche mit Rasen, Gefälle 1%
   b) Stadtgebiet, Regendauer $T = 45$ min; $N = 13$ mm

gemessener Abfluß

gemessener Niederschlag

gerechneter Abfluß

Bild **39**.1 zeigt einen Rechennetzplan für ein RW-Testgebiet.

39.1
Ausschnitt aus einem Rechennetzplan für ein Testgebiet

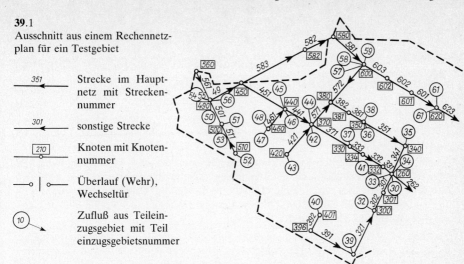

$\xleftarrow{\;351\;}$ Strecke im Haupt-
netz mit Strecken-
nummer

$\xleftarrow{\;301\;}$ sonstige Strecke

270 Knoten mit Knoten-
nummer

—○—|—○— Überlauf (Wehr),
Wechseltür

10 Zufluß aus Teilein-
zugsgebiet mit Teil
einzugsgebietsnummer

2 Grundlagen des Entwässerungsentwurfs

2.1 Vorerhebungen

Die Planbearbeitung eines Entwässerungsgebietes erfordert viele Vorüberlegungen. In erster Linie ist die Geländegestalt zu untersuchen; dabei wird immer eine Ergänzung der vorhandenen Unterlagen durch Höhenaufnahmen notwendig. Graben-, Bach- und Flußläufe sind besonders zu beachten und ihre Sohlen- und Wasserspiegelhöhen bei verschiedener Wasserführung zu ermitteln.

Die Dichte der vorhandenen Bebauung und insbesondere die Art der Straßenbefestigung sind festzustellen. Eine möglichst vollständige Übersicht der Kellertiefen ist wichtig. Soweit das Entwässerungsgebiet unbebaute Flächen umfaßt, sind etwa vorhandene Bebauungs- oder Flächennutzungspläne heranzuziehen, die mit den Forderungen der Ortsentwässerung koordiniert werden müssen, wobei bereits bestehende Entwässerungsanlagen zu berücksichtigen sind.

Unterlagen über Untergrund- und Grundwasserverhältnisse sind eingehend zu überprüfen; wo sie nicht vorliegen, werden Bohrungen notwendig. Die Einwohnerzahl und ihre Veränderung im Laufe der letzten Jahre sowie die künftige Wohn- und Wirtschaftsentwicklung bestimmen das Planungsziel. Art und Umfang der Wasserversorgung sind für den Schmutzwasseranfall von Bedeutung. Schließlich sind wichtige Industriebetriebe und gewerbliche Unternehmen besonders zu beachten. Es ist auch notwendig, über die Art der Abwasserbehandlung und die Beseitigung von Faulschlamm sowie über den für diese Maßnahmen notwendigen Geländebedarf vor der Entwurfsaufstellung Klarheit zu haben.

In den folgenden Abschnitten wird die ingenieurmäßige Behandlung dieser Fragen erörtert. Die Abwassertechnische Vereinigung hat das Formblatt A 101 − Planung einer Ortsentwässerung − herausgegeben, das bei der Bearbeitung eines Entwurfes herangezogen werden sollte.

Der Begriff „Entwässerungsverfahren" umfaßt sowohl die Art der Abwassersammlung auf den Grundstücken als auch die der Abwasserableitung in den Straßen.

2.2 Grundstücksentwässerung

2.2.1 Arten der Grundstücksentwässerung

Die vollkommene Entwässerung. Schmutz- und Regenwasser werden vollständig und laufend abgeführt. Beim Neubau von Ortsentwässerungen ist nur noch dieses Verfahren zulässig.

Die unvollkommene oder Teilentwässerung. Nur das Regenwasser und ein Teil des Schmutzwassers werden zusammengefaßt und abgeführt, während der andere Teil, meist die Fäkalien, in Gruben oder Trockenaborten − dazu gehören auch die Hausklär-

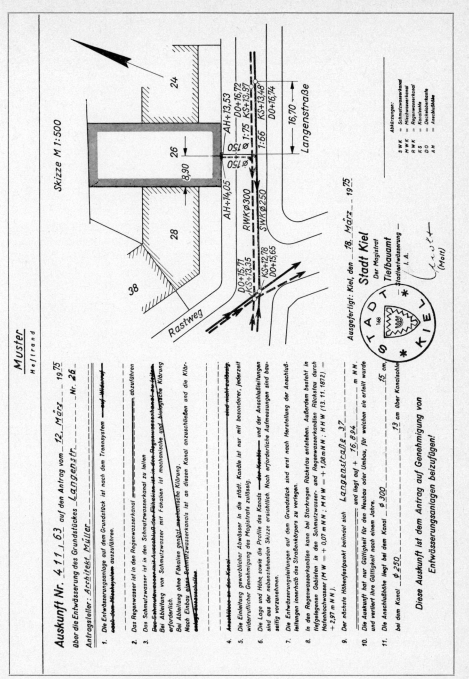

41.1 Behördliche Entwässerungsauskunft

anlagen – gesammelt und abgefahren wird. Sie gestatten zwar die Ableitung allen Abwassers, müssen aber periodisch leergepumpt werden. Eine Teilentwässerung der Grundstücke ist hygienisch immer unbefriedigend. Sofern sie in älteren Ortsteilen noch oder in neu zu erschließenden Gebieten vorübergehend besteht, darf sie nur als Behelf betrachtet werden.

Gebiete ohne Entwässerung sind meist solche mit sehr weiträumiger Bebauung. Das Unterbringen des Schmutzwassers auf dem Grundstück ist stets eine hygienisch bedenkliche Lösung; als endgültig kann sie nur bei abgelegenen Gehöften in Betracht kommen. Eine bestimmte Grundstücksgröße, z. B. $\geqq$ 600 bis 800 m^2, ist dann vorgeschrieben.

In größeren Städten erhält der Bauherr oder in seinem Auftrage der Architekt bei den Tiefbauämtern eine sog. Entwässerungsauskunft (**41**.1), die genaue Angaben über die vorzusehenden Entwässerungsverhältnisse des zu bebauenden Grundstückes enthält.

Für die Grundstücksentwässerungsanlagen gilt DIN 1986 Bl. 1 bis 4. Die zusätzlichen Forderungen der örtlichen Behörden sind in der Entwässerungsauskunft und in den Ortssatzungen über die Entwässerung enthalten. Zu einem Entwässerungsantrag gehören:

1. Lageplan des Grundstücks M 1:500 bis 1:1000 mit Eintragung der Gebäude, Brunnen, Dungstätten, Kläranlagen, Grundstücksgrenzen und -bezeichnungen (Auszug aus Flurkarte), Anschlußkanäle in der Straße, Dränagen des Grundstücks.

2. Grundrisse der Geschosse M 1:100 mit Eintragung der Zapfstellen, Abläufe, Fallrohre. Besonders wichtig ist der Kellergrundriß. Er soll enthalten: Grundleitungen mit Angabe der DN (Nennweite), Werkstoffe, Reinigungsöffnungen, Schächte, Absperrschieber, Rückstauverschlüsse, Fettabscheider, Benzinabscheider, Fäkalienhebeanlagen, Hauskläranlagen.

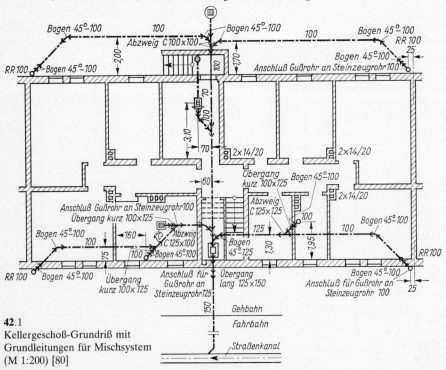

42.1
Kellergeschoß-Grundriß mit
Grundleitungen für Mischsystem
(M 1:200) [80]

Bild **42**.1 zeigt einen Kellergrundriß für Mischsystem. Die Zusammenführung aller Leitungen erfolgt vor dem Kontrollschacht. Die Kellerabläufe sind mit Rückstauverschlüssen an die Grundleitungen angeschlossen. Weitere Entwässerungsgegenstände befinden sich nicht im Kellergeschoß. In Bild **43**.1 ist ein Gebäudeaufriß für Trennsystem dargestellt. Im Kellergeschoß befinden sich die verschiedensten Entwässerungsgegenstände.

3. Schnitte der Gebäude M 1:100 durch die Hauptgrundleitungen bis zur Anschlußleitung mit Höhenangaben. Die Höhenzahlen sollen errechnet sein. Es sind die in DIN 1986 Bl. 1 angegebenen Sinnbilder für die Entwässerungsanlagen zu verwenden.

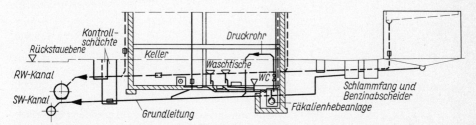

43.1   Schematischer Gebäudeaufriß für Entwässerung im Trennsystem mit Entwässerungsgegenständen im Keller und tiefliegender Grundleitung

2.2.2   Anschlußkanal

Jedes Grundstück soll mit nur e i n e m Anschlußkanal (bei Trennsystem je einem für Schmutz- und Regenwasser) an den (die) Straßenkanäle angeschlossen sein. Der Anschlußkanal führt ohne horizontale Richtungsänderung vom Straßenkanal zum Kontrollschacht auf dem Grundstück, der direkt hinter der Grundstücksgrenze oder bei kurzen Anschlüssen ($\leq$ 15 m Abstand Kontrollschacht bis Straßenkanal) im Keller des Hauses liegt. An einem Schacht der Straßenkanäle darf nicht angeschlossen werden, weil durch den Wasserzufluß die Kontroll- und Reinigungsarbeiten behindert würden. Das Gefälle der Hausanschlüsse beträgt bei Wohnhäusern $J = 1:50$ bis $1:100$. Bei tiefer Lage des Straßenkanals kann man nach dem Anschluß in Kämpferhöhe durch Krümmer zunächst in die vertikale und dann bei normaler und ausreichender Tiefenlage wieder in horizonta-

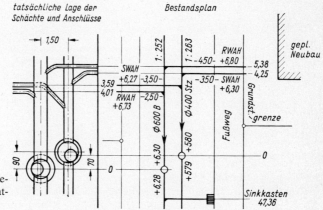

43.2
Anschlußleitungen im Bestandsplan und in ihrer tatsächlichen Lage

le Verlegerichtung übergehen. Das vertikale Anschlußteilstück in der Straße ist gut mit Stampfbeton zu unterstampfen und bis zum oberen Krümmer ebenfalls in einen Stampfbetonmantel zu setzen. Die Anschlußleitung bis zur Grundstücksgrenze wird i. allg. durch die Gemeinde auf Kosten des Anschlußnehmers hergestellt.

Schwierigkeiten entstehen beim Aufsuchen der Anschlüsse an der Grundstücksgrenze. Bild **43**.2 zeigt die Gegenüberstellung eines Bestandplanes mit der tatsächlichen Lage der Schächte und Anschlüsse (SWAH = Schmutzwasseranschlußhöhe, RWAH = Regenwasseranschlußhöhe).

2.2.3   Grundleitungen

Es sind dies alle im Bereich des Kellergeschosses und außerhalb des Gebäudes verlegten, meist horizontalen Leitungsabschnitte. Im Freien sollen sie frostfrei liegen (Überdekkung z. B. $\geqq$ 1,5 m). Richtungsänderungen sind immer mit Hilfe von Formstücken (Krümmer, Abzweige, Übergangsformstücke) vorzunehmen. Vor Richtungsänderungen von $\geqq$ 45° ist eine Reinigungsöffnung anzuordnen. Das Gefälle von geraden Leitungsabschnitten muß gleichmäßig sein. Dränagen sollen das Grundwasser sammeln. Geschlossene Leitungen führen das Wasser ab. Die fehlerhafte Verwendung von Dränrohren an Stelle von geschlossenen Muffenleitungen führt zur Verteilung des Wassers auf dem Grundstück und entspricht nicht der baulichen Absicht. Innerhalb des Gebäudes liegen die Grundleitungen unter den Kellerfußböden oder sind an den Kellerwänden aufgehängt. Als Erdleitungen verwendet man Steinzeug-, Beton-, Kunststoff- oder Asbestzementrohre, in den Kellerräumen wegen der Montage bzw. des Gewichts Grauguß, Kunststoff oder Asbestzement. Durch Wände geführte Leitungen dürfen nicht fest eingebaut werden (**44**.1). Parallel zu den Fundamenten verlaufende Leitungen sollen vom Fundament nicht belastet werden und auch dessen Tragfähigkeit nicht vermindern (**44**.2).

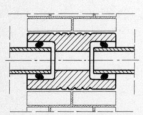

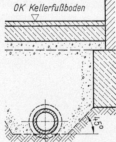

OK Kellerfußboden

44.1   Mauerdurchführung einer Grundleitung, System Cordes, für DN 100, 125, 150, 200, anschließbar sind alle Rohrarten

44.2   Grundleitung parallel zum Streifenfundament

2.2.4   Kontrollschächte

Sie werden in weniger als 15 m Entfernung vom Straßenkanal, sonst in Abständen $\leqq$ 20 m oder vor Richtungsänderungen gefordert. Im Freien entsprechen die Schächte auf den Grundstücken in der baulichen Ausführung den Schächten der Straßenkanäle (s. Abschn. 3.3.2). Die lichte Weite besteigbarer Schächte soll jedoch mindestens $0,8 \cdot 1,0$ m, $0,9 \cdot 0,9$ m

oder ∅ 1,0 m betragen. Schächte mit
< 0,8 m Tiefe sollen ≧ 0,6 m × 0,8 m ha-
ben. Die Leitungen können offen oder geschlossen durch den Schacht geführt werden. Bei Prüfschächten im Gebäude (**45**.1)
müssen die Reinigungsöffnungen der Leitungen geschlossen sein. Bei Schächten,
deren Deckel unter der Rückstauebene
liegen, sind die Rohre geschlossen hin-
durchzuführen oder die Schächte sind gegen Wasseraustritt zu sichern. Die Verpflichtung zur Reinigung des Anschlußkanals bis zum Straßenkanal obliegt dem Anschlußnehmer.

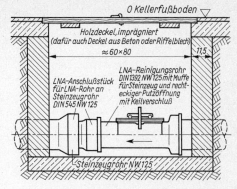

45.1   Prüfschacht im Kellergeschoß (M 1:20)

2.2.5   Entlüftung

Die Mindestgefälle sind so berechnet, daß sich in den Leitungen keine Sinkstoffe ablagern können. Es ist jedoch zum freien Abfluß nötig, daß sich Luft bewegen und auch
entweichen kann. Alle Falleitungen sollen deshalb senkrecht bis über das Dach geführt
werden und dürfen keine Geruchverschlüsse haben. Auch die Belüftung der Straßenkanäle erfolgt über die Fallrohre der Grundstücksentwässerung.

2.2.6   Rohrweiten der Grundstücksentwässerungsleitungen

Die Nennweite der Rohrleitungen wird nach DIN 1986 Bl. 2 bestimmt. Es soll gewährleistet sein, daß

1. das Abwasser im Sinne von DIN 4109 (Schallschutz im Hochbau) geräuscharm abfließt,

2. der durch den Abflußvorgang verursachte Sperrwasserverlust die Geruchverschluß-
höhe um nicht mehr als 25 mm reduziert,

3. das Sperrwasser weder durch Unterdruck durchbrochen noch durch Überdruck her-
ausgedrückt wird,

4. größere Nennweiten, als nach dieser Norm erforderlich, nicht verwendet werden,

5. die Selbstreinigung der Leitungen erreicht und

6. die Lüftung der Entwässerungsanlage gesichert ist.

Für Hausentwässerungssysteme mit einer Hauptlüftung (s. DIN 1986 Bl. 1 – meist üblich)
gelten die hier gemachten Ausführungen.

Leitungen für Schmutzwasser. Maßgebend für die Bestimmung der Nennweiten ist der
Schmutzwasserabfluß Q_s, der unter Berücksichtigung der Gleichzeitigkeit aus der Summe der Anschlußwerte ermittelt wird.

$$Q_s = K \cdot \sqrt{\Sigma\, AW_s} \qquad\qquad\qquad K \triangleq \text{Abflußkennzahl}$$

Im Wohnungsbau gilt

$$Q_s = 0,5\ \sqrt{\Sigma\, AW_s} \qquad\qquad\qquad\qquad\qquad (\text{Bild } \mathbf{47}.1)$$

Tafel **46**.1   Begriffe, Einheiten und Erklärungen

Benennung	Zeichen	Einheit	Erklärung
Regenspende	r	l/(s · ha)	Regensumme in der Zeiteinheit, bezogen auf die Fläche
Regenwasser-abflußspende	q_r	l/(s · ha)	Regenwasserabfluß, bezogen auf die Fläche
Abflußbeiwert	ψ	1	Verhältnis der Regenwasserabflußspende zur Regenspende
Abwasserabfluß	Q_e	l/s	Tatsächliche Abwassermenge, die je Sekunde zufließt bzw. abgeführt wird
Regenwasserabfluß	Q_r	l/s	Regenwassermenge, die sich aus Regenspende, Abflußbeiwert und Niederschlagsfläche ergibt
Schmutzwasser-abfluß	Q_s	l/s	Schmutzwassermenge, die sich aus der Summe der Anschlußwerte unter Berücksichtigung der Gleichzeitigkeit ergibt
Mischwasserabfluß	Q_m	l/s	Summe von Schmutzwasser- und Regenwasser-abfluß
Förderstrom der Pumpe	Q_p	l/s	Abwassermenge, die je Sekunde von einer Pumpe aus der Abwassererhebeanlage gefördert wird
Anschlußwert	AW_s	1	Dimensionsloser Bemessungswert für den angeschlossenen Entwässerungsgegenstand ($1\,AW_s \triangleq 1\,$l/s)
Summe (Σ) der Anschlußwerte	$\Sigma\,AW_s$	1	
Abflußkennzahl	K	l/s	Variable Größe; ergibt sich aus Gebäudeart und Abflußcharakteristik
Abfluß bei Vollfüllung	Q_v	l/s	Rechnerischer Abfluß einer Leitung (eines Kanals) bei voller Füllung ($h = d$)
Abfluß bei Teilfüllung	Q_T	l/s	Rechnerischer Abfluß einer Leitung (eines Kanals) bei teilweiser Füllung (h)
Füllungsgrad	h/d	1	Verhältnis der Füllhöhe h zum Durchmesser d
Gefälle	J	1	Gefälle der Energielinie $\triangleq$ Leitungsgefäße

Bei Entwässerungsanlagen, die den genannten Bedingungen nicht entsprechen, ist der zu erwartende Schmutzwasseranfall gesondert festzulegen. Zum Beispiel kann bei Anlagen, die sowohl reine Industrieabwässer als auch Wasser aus Sozialräumen abführen, die Abflußkennzahl wie bei Schulen, Krankenhäusern, Großgaststätten und Großhotels.

$$Q_s = 0,7\,\sqrt{\Sigma\,AW_s} \qquad\qquad\qquad\qquad\qquad\qquad \text{(Bild \textbf{47}.1)}$$

Für Reihendusch- oder -waschanlagen gilt als Richtwert

$$Q_s = 1,0 \cdot \sqrt{\Sigma\,AW_s}$$

Für Laboranlagen in Industriebetrieben gilt als Richtwert

$$Q_s = 1,2\sqrt{\Sigma AW_s} \quad \text{(Bild 47.1)}$$

Ist der nach diesem Verfahren ermittelte Wert kleiner als der größte Anschlußwert eines einzelnen Entwässerungsgegenstandes, so ist letzterer maßgebend.

$$AW_s = \frac{Q}{1,0\ \text{l/s}}$$

mit Q in l/s, ergibt AW_s in 1 (dimensionslos)

Die erforderlichen Nennweiten von Einzelanschlußleitungen sind mit den zugehörigen Anschlußwerten in Tafel **47**.2 aufgeführt.

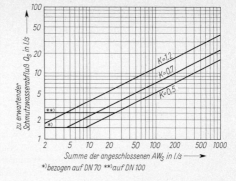

47.1 Ermittlung der Schmutzwassermenge Q_s aus der Anschlußwertesumme ΣAW_s

Tafel **47**.2 Anschlußwerte AW_s der Entwässerungsgegenstände und Nennweite der Einzelanschlußleitung

Nr.	Entwässerungsgegenstand oder Art der Leitung	Anschlußwert AW_s	Nennweite der Einzelanschlußleitung DN
1	Handwaschbecken, Waschtisch, Sitzwaschbecken	0,5	40
2	Küchenablaufstellen (Spülbecken, Spültisch einfach und doppelt) einschließlich Geschirrspülmaschine bis zu 12 Maßgedecken, Ausguß, Haushalts-Waschmaschine bis zu 6 kg Trockenwäsche mit eigenem Geruchverschluß	1	50
3	Waschmaschine 6 bis 12 kg Trockenwäsche	1,5*)	70
4	Gewerbliche Geschirrspülmaschine, Kühlmaschine	2*)	100
5	Urinal (Einzelbecken)	0,5	50
5a	Urinalrinnen und Reihenurinale		
	bis 2 Stände	0,5	70
	bis 4 Stände	1	70
	bis 6 Stände	1,5	70
	über 6 Stände	2	100
6	Bodenablauf DN 50	1	50
	DN 70	1,5	70
	DN 100	2	100
7	Klosett, Steckbeckenspülapparat	2,5	100
8	Brausewanne, Fußwaschbecken	1	50
9	Badewanne mit direktem Anschluß	1	50
10	Badewanne mit direktem Anschluß, Anschlußleitung oberhalb des Fußbodens bis zu 1 m Länge, eingeführt in eine Leitung $\geqq$ DN 70	1	40
11	Badewanne oder Brausewanne mit indirektem Anschluß (Badablauf), Anschlußleitung bis 2 m Länge	1	50
12	Badewanne oder Brausewanne mit indirektem Anschluß (Badablauf), Anschlußleitung länger als 2 m	1	70
13	Verbindungsleitung zwischen Wannenablaufventil und Badablauf min.	–	32

*) Bei vorliegenden Werksangaben müssen der Bemessung die tatsächlichen Werte zugrundegelegt werden.

Tafel **48**.1   Reduktion der Anschlußwerte

Wird eine Einheit (Wohnung, Hotelzimmer) betrachtet, dann können statt der aus Tafel **47**.2 ermittelten $\Sigma\, AW_s$ für die Bemessung von Fall-, Sammel- und Grundleitungen die reduzierten Werte $\Sigma\, AW_s$ nach Tafel **48**.1 verwendet werden; nicht jedoch für Sammelanschlußleitungen.

Nr.	Zahl der an eine Fall-leitung angeschlossenen Sanitärräume	Reduk-tions-faktor	Sanitärausstattung und zugehörige Anschluß-werte nach Tabelle 3 (Beispiele)		$\Sigma\, AW_s$	reduzierte $\Sigma\, AW_s$ auf 0,5 gerundet
1	3 Sanitärräume einer Wohnung	0,7	Küche, Spüle	1		
			Bad, Klosett	2,5		
			Wanne o. Dusche	1		
			Waschtisch	0,5		
			WC-Raum			
			Klosett	2,5		
			Waschtisch	0,5	8	5,5
2	2 Sanitärräume einer Wohnung	0,7	Bad, Klosett	2,5		
			Wanne	1		
			Waschtisch	0,5		
			WC-Raum, Klosett	2,5		
			Waschtisch	0,5	7	5,0
3	1 Sanitärraum (ausgenommen Küche)	0,9	Hotelbadezimmer o. ä.			
			Klosett	2,5		
			Dusche o. Wanne	1		
			Sitzwaschbecken	0,5		
			Waschtisch	0,5	4,5	4,0

Tafel **48**.2   Summe der zulässigen Anschluß-werte AW_s der Sammelanschluß-leitungen (Geschoßleitungen)

		50	70	100
Nennweite der Anschlußleitung DN		50	70	100
	unbelüftet	1	3	16
zul. $\Sigma\, AW_s$	zul. L in m	6	10	10
	belüftet[1]	1,5	4,5	25

[1]) indirekt, umlüftet, sekundär

Sammelanschlußleitungen werden nach Tafel **48**.3, Falleitungen nach Tafel **49**.1 und liegende Leitungen (Sammel- und Grundleitungen) nach Bild **50**.1 bis **50**.3 bemessen.

Die Zahlen der Tafel **48**.2 sind Erfahrungswerte unter Berücksichtigung der unterschiedlichen Wahrscheinlichkeit gleichzeitiger Abflußvorgänge.

Tafel **48**.3   Weitere Belüftungsbedingungen von Sammelanschlußleitungen
$L \triangleq$ abgewickelte Leitungslänge, $H \triangleq$ Höhenunterschied

unbelüftet	DN 50, $L \leqq 6$ m, $H < 1$ m DN 70, DN 100, $L \leqq 10$ m, $H < 1$ m
belüftet oder nächsthöherer DN	DN 50, $L \leqq 6$ m, $H = 1$ bis 3 m DN 70, DN 100, $L \leqq 10$ m, $H = 1$ bis 3 m
belüftet	DN 100, $H > 1$ m mit Klosettanschlüssen DN 50, $L > 6$ m oder $H > 3$ m oder $AW_s > 16$ DN 70, DN 100, $L > 10$ m oder $H > 3$ m oder $AW_s > 16$

Tafel **49**.1 Schmutzwasserfalleitungen mit Hauptlüftung

1	2	3	4[2])	5
DN	LW mm zul. Abw. bis 5%[1])	zul. Anschlüsse AW_s	Anzahl der Klosetts	Q_s l/s zul. Wohnungsbau
70[3])	70	9	–	1,5
100	100	64	13	4
125	118[3])	112	22	5,3
	125	154	31	6,2
150	150	408	82	10,1

[1]) Bezogen auf die Querschnittsfläche (ohne Berücksichtigung der Auswirkung auf die hydraulische Bemessung).
[2]) Um Funktionsstörungen zu vermeiden, wurde beim Klosett als dem Entwä-Gegenstand mit z. Teil großem Feststoff- und Abwasseranfall die Anzahl der zul. Anschlüsse begrenzt.
[3]) Es dürfen nicht mehr als 4 Küchenablaufstellen an eine gesonderte Falleitung (Küchenstrang) angeschlossen werden.

Die Sammelanschlußleitungen dürfen nicht kleiner sein, als die größte Einzelanschlußleitung, die Lüftungsleitungen nicht kleiner als die kleinste Einzelanschlußleitung.

Die Nennweiten müssen betragen:

für Falleitungen mind. DN 70, für alle im Erdbereich verlegten Leitungen mind. DN 100.

Leitungen für Regenwasser. Die lichte Weite der liegenden Leitungen (Sammel- und Grundleitungen) ist abhängig von der angeschlossenen Niederschlagsfläche (Grundrißfläche) in m², der örtlich verschiedenen, maximalen Regenspende in l/(s · ha), dem gewählten Gefälle und dem Abflußbeiwert (s. Tafel 49.2).

Die lichten Weiten mit den zugeordneten Nennweiten werden nach (**50**.2) ermittelt. Regenwasserfalleitungen und -anschlußleitungen sind nach (**50**.2) wie Leitungen im Gefälle 1:100 für mind. eine Regenspende von 300 l/(s · ha) zu bemessen.

Es gilt allgemein:

$$Q_r = \Psi \cdot A \cdot \frac{r}{10000} \text{ in l/s}$$

$A \triangleq$ Niederschlagsfläche in m²
$r \triangleq$ Regenspende in l/(s · ha)

Liegende Leitungen für Mischwasser

Der für die Bemessung von Mischwasserleitungen maßgebende Abfluß Q_m setzt sich zusammen aus dem anteiligen

Tafel **49**.2 Abflußbeiwerte zur Ermittlung des Regenwasserabflusses Q_r

Q_r in l/s = (Fläche in ha) · [Regenspende in l/(s · ha)] · Abflußbeiwert

Art der angeschlossenen Fläche	Abfluß-beiwert Ψ
Dächer, $\geqq$ 15° Neigung	1
Dächer, < 15° Neigung	0,8
Kiesschüttdächer	0,5
Dachgärten	0,3
Pflaster mit Fugenverguß, Schwarzdecken oder Betonflächen	0,9
Fußwege mit Platten oder Schlacke	0,6
ungepflasterte Straßen, Höfe und Promenaden	0,5
Spiel- und Sportplätze	0,25
Vorgärten	0,15
größere Gärten	0,1
Parks, Schreber- und Siedlungsgärten	0,05
Parks und Anlageflächen an Gewässern	0

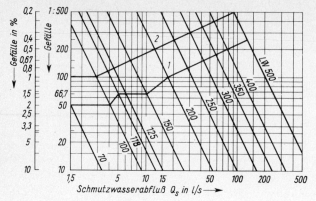

50.1
Ermittlung der lichten Weiten in mm von liegenden Schmutzwasserleitungen nach Prandtl-Colebrook

Füllungsgrad $h/d = 0,5$
Betriebs-
rauhigkeit $k_b = 1,0\,mm$
                       $t = 10°\,C$

Mindestgefälle:
1 = innerhalb von Gebäuden
2 = außerhalb von Gebäuden

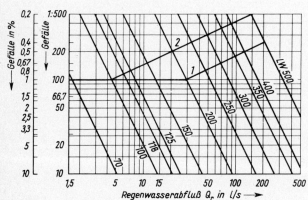

50.2
Ermittlung der lichten Weiten in mm von Regenwasserleitungen nach Prandtl-Colebrook

Füllungsgrad $h/d = 0,7$
Betriebs-
rauhigkeit $k_b = 1,0\,mm$
                       $t = 10°\,C$

Mindestgefälle:
1 = innerhalb von Gebäuden
2 = außerhalb von Gebäuden

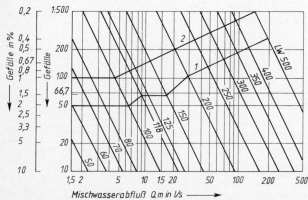

50.3
Ermittlung der lichten Weiten in mm von Mischwasserleitungen nach Prandtl-Colebrook

Füllungsgrad $h/d = 0,7$
Betriebs-
rauhigkeit $k_b = 1,0\,mm$
                       $t = 10°\,C$

Mindestgefälle:
1 = innerhalb von Gebäuden
2 = außerhalb von Gebäuden

Schmutzwasserabfluß Q_s nach (**47**.1) und dem Regenwasserabfluß Q_r nach (Tafel **49**.2).

$$Q_m = Q_s + Q_r \quad \text{in l/s}$$

Mit der Summe der Abflüsse Q_m wird nach Bild **50**.3 die lichte Weite bestimmt.

Die Nennweite von Grundleitungen für Regen- und Mischwasser außerhalb von Gebäuden und Anschlußkanälen im Anschluß an einen Schacht mit offenem Durchfluß kann ab DN 150 für Vollfüllung, Füllungsgrad $h/d = 1$ ermittelt werden.

Gefälleleitungen hinter der Anschlußstelle einer Abwasserdruckleitung sind nach folgendem Verfahren zu bemessen:

Bei Regenwasserleitungen ist der maximale Förderstrom der Pumpen Q_p dem Regenwasserabfluß Q_r hinzuzuzählen. Bei Schmutzwasser- und Mischwasserleitungen ist der jeweils größere Wert − Pumpenleistung oder übriger Abwasseranfall − maßgebend.

Bemessung der Lüftungsleitungen: Hauptlüftungen sind im Querschnitt der Falleitungen oder der Grundleitungen, andere Lüftungen mit einem verminderten Querschnitt der abwasserführenden Leitung zu verlegen (s. DIN 1986, T 2, Ziff. 13). Eine Ausnahme bildet die sekundäre Lüftung von Klosettanschlußleitungen, wo der Querschnitt der Lüftungsleitung DN 50 beträgt.

Beispiel: Ein Wohnhaus mit 8 Wohnungen, einer Dachfläche von 400 m² mit 4 Falleitungen und einer Hoffläche von 200 m², max $r = 200$ l/(s · ha) soll im Mischverfahren mit $J = 1{:}66{,}7$ an den Straßenkanal angeschlossen werden. Berechne die Anschlußleitung (liegende Leitung) und eine Regenfalleitung:

1. Berechnung der AW_s AW_s (nach Tafel **47**.2)

je Wohnung		
2 Handwaschbecken	$2 \cdot 0{,}5 = 1{,}0$
1 Küchenablaufstelle	$1 \cdot 1{,}0 = 1{,}0$
1 Waschmaschine	$1 \cdot 1{,}5 = 1{,}5$
1 Geschirrspülmaschine	$1 \cdot 2{,}0 = 2{,}0$
1 Klosett	$1 \cdot 2{,}5 = 2{,}5$
1 Badewanne	$1 \cdot 1{,}0 = 1{,}0$

$$\Sigma\, AW_s = 9{,}0$$

2. Q_s je Wohnung nach Bild **47**.1 $= 0{,}5\sqrt{9} = 1{,}5$ l/s, $< 2{,}5$ l/s, erhöht auf 2,5 l/s

3. Die Sammelanschlußleitung der Wohnung hätte nach Tafel **48**.3 die DN $= 100$ mm

4. Die Falleitung für 4 Wohnungen hätte nach Tafel **49**.1 die DN $= 100$ mm

   mit $Q_s = 0{,}5\sqrt{36} = 3$ l/s oder nach Bild **47**.1

5. Je Regenfalleitung sind $400{:}4 = 100$ m² $= 0{,}01$ ha Dachfläche zu entwässern.
   Ψ für Steildach $= 1{,}0$ $Q_r = 1{,}0 \cdot 300 \cdot 0{,}01 = 3$ l/s
   r für Dachfläche $= 300$ l/(s · ha)   erf. DN $= 100$ mm nach Bild **50**.2, Kurve 2

6. Liegende Leitung für Mischwasser (Hausanschluß)
   $Q_r = 4 \cdot 3{,}0 + 0{,}9 \cdot 200 \cdot 0{,}02 = 15{,}6$ l/s ψ für Hoffläche $= 0{,}9$
   $Q_s = 0{,}5\sqrt{72} = 4{,}23$ l/s
   $Q_m = 4{,}23 + 15{,}6 = 19{,}83$ l/s

   nach Bild **50**.3, Kurve 2 mit $J = 1{:}70$

   LW $= 200$ mm
   mit $J = 1{:}50$ wäre LW $= 150$ mm ausreichend

2.2.7   Sonstige Einrichtungen der Grundstücksentwässerung

Eine sehr wichtige Maßnahme ist der Schutz gegen Rückstau. Die Rückstauebene ist eine von der örtlichen Behörde festgelegte Höhe, unterhalb derer Entwässerungseinrichtungen auf den Grundstücken gegen Rückstau zu sichern sind. Höchste Rückstauebene ist im allgemeinen die Straßenoberfläche vor dem Grundstück, weil darüber hinaus Straßenüberschwemmung und keine Druckerhöhung mehr eintritt. Regenwasserabläufe von Flächen unterhalb der Rückstauebene dürfen an das öffentliche Kanalnetz nur angeschlossen werden, wenn das Abwasser über eine Hebeanlage zugeführt wird. Ausnahmen macht man bei kleinen Flächen, wie Kellerniedergängen, tiefliegenden Garageneinfahrten o. ä., wenn der Einsatz einer Pumpe nicht lohnt. Hier kann man Bodenabläufe mit frostsicher angelegten Absperrvorrichtungen (Rückstauverschlüsse) verwenden, sofern das sich oberflächlich sammelnde Regenwasser nicht in tiefliegende Räume eindringen kann. Wenn bei Regenwasseranschlüssen ohnehin eine Hebeanlage notwendig wurde, sollte man die Kellerniedergänge mit anschließen. Die zuständige DIN 1997 verlangt, daß Rückstauverschlüsse stets zwei voneinander unabhängige Verschlüsse (selbsttätig und handbedient) haben müssen. Der selbsttätige Verschluß arbeitet nach dem Schwimmer- oder Klappenprinzip. Er kann durch Verunreinigungen undicht werden. Dann ist nur die Handbedienung sicher. Kellerabläufe sollte man nur beim Wasserablaß öffnen und danach wieder schließen. Rückstauverschlüsse für Mischsystem im Gebäude sind so anzuordnen, daß der Regenwasserabfluß in der Grundleitung bei gesperrtem Verschluß nicht unterbrochen wird. Die Verschlüsse müssen oberhalb des letzten Anschlußstutzens für Regenwasser liegen.

Wo die Rückstauvorrichtung wegen häufiger Benutzung der Ablaufstellen sich nicht ständig verschließen läßt und wenn WC- oder Urinalanlagen vorhanden sind, muß das Schmutzwasser mit einer automatischen, geschlossenen Hebeanlage bis über die Rückstauebene gehoben werden. Das gleiche gilt für tiefe Kellerräume und Grundstücksflächen, die wegen großer Tiefe nicht mit Gefälle in den Straßenkanal entwässert werden können. Leicht verschmutztes Abwasser ohne Fäkalien kann in betonierten Sammelgruben gesammelt und mit einfachen Kellerentwässerungspumpen gehoben werden.

Abwasser aus Aborten und Urinalanlagen muß in geschlossenen, freistehenden Behältern (Fäkalien-Hebeanlagen) gesammelt werden (**53**.1). Die Anlage sollte so bemessen sein, daß sie das Abwasser mehrmals täglich abpumpt. Als Anhalt kann bei Einfamilienhäusern ein Waschgang eines Haushaltswaschautomaten mit 200 bis 300 l angesehen werden. Bei Mehrfamilienhäusern der Wasseranfall von ½ Tag. Die kleinsten Fäkalienhebeanlagen haben Behältergrößen von 180 l. In Hebeanlagen sollte man nur den Teil des Schmutzwassers leiten, der im freien Gefälle nicht abführbar ist.

Um Stoffe und Flüssigkeiten welche die Baustoffe angreifen, den Betrieb der Entwässerungsanlagen stören oder Gerüche verbreiten, von den öffentlichen Kanälen abzuhalten, sind Abscheider in die Grundstücksentwässerung einzubauen. Man unterscheidet:

Sand- und Schlammfänge in Keller- und Hofabläufen; Regenwassersandfänge in Regenwasserleitungen; Fettabscheider, Benzinabscheider, Neutralisations-, Spalt-Entgiftungs-, Desinfektionsanlagen.

Sandablagerungen sind harmlos. Sie vermindern jedoch das Leistungsvermögen der Netze, erfordern zusätzliche Unterhaltung, verschleißen die Pumpen und lagern sich im Vorfluter ab. Leichtflüssigkeiten verunreinigen die Oberfläche der Gewässer. Sie dürfen wegen der Explosionsgefahr nicht in das Schmutzwassernetz gelangen.

53.1
Fäkalienhebeanlage

1 Rückstaubogen
2 Falleitung
3 Schieber
4 Rückschlagklappe
5 E-Motor für Pumpe
6 Geschlossene Fäkalienhebeanlage mit Speicherraum
  und Pumpe
7 Pumpenschacht für Sicker-
  und Schwitzwasser
8 Handpumpe
9 Druckleitung NW 1½″ für
  Pumpenschacht

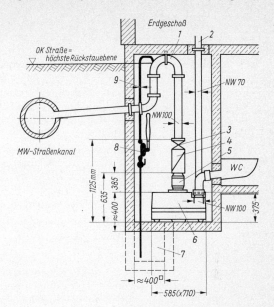

Benzinabscheider gibt es mit und ohne selbsttätigen Abschluß. Müssen nichtüber-
dachte Flächen angeschlossen werden, dann ist die Einzugsfläche des Abscheiders möglichst klein zu halten, notwendigenfalls durch Einbau eines beosnderen Leitungssystems.
Heizölsperren vermindern das zufällige Ablaufen von Heizöl, Heizölabscheider haben
einen Rückhalteraum und werden dort angeordnet, wo sich größere Mengen Öl ansammeln könnten. Alle Abscheider für Leichtflüssigkeiten haben Tauchwände und Schwim-
merverschlüsse.

Fett würde sich in verhärteter Form in den Kanälen festsetzen und die Funktion der
Kläranlage durch Bildung von Schwimmschlamm stören. Sie sind außerhalb der Gebäude anzulegen.

Säurehaltiges, alkalisches, giftiges, radioaktives oder infektiöses Abwasser hat hinsichtlich der Reinigungsfähigkeit keine Ähnlichkeit mit häuslichem Abwasser und darf nicht
der öffentlichen Kläranlage zugeleitet werden. Es muß neutralisiert, dekontaminiert
usw. werden, bevor es abgegeben wird. Der Aufwand für die Anlagen kann erheblich
sein.

Immer wieder genannt werden Abfallzerkleinerer. Sie verkraften alles, wie Speise-
reste, Flaschen, Glas, Blechdosen usw. Jedoch zerkleinern sie nur und beseitigen nicht.
Zum Transport der zermahlenen Abfälle muß Reinwasser verwendet werden. Auf der
Kläranlage müssen die Stoffe wieder entfernt werden. Orts- und Grundstücksentwässe-
rungsanlagen wären überfordert, wenn man diese Geräte verwenden würde, um die
Müllabfuhr zu ersetzen.

Die Abwasserbeseitigung auf Grundstücken ohne Kanalisation ist nach den Ortssatzungen in den letzten Jahren erschwert worden. Das Abwasser verbleibt auf dem
Grundstück, sofern nicht die Möglichkeit besteht, nach Klärung in einer Kleinkläranlage
in einen naheliegenden Wasserlauf einzuleiten. Mehrkammerkläranlagen nach DIN 4261

werden aber nach dem Wasserhaushaltsgesetz und den Landes-Wassergesetzen kaum noch erlaubt, so daß in diesem Falle eine vollbiologische kleine Hauskläranlage gebaut werden müßte. Es besteht u. U. die Möglichkeit, einer Kleinkläranlage eine Untergrundverrieselung oder Sandfiltergräben nachzuschalten. Voraussetzung ist ein rieselfähiger Boden, ein Grundwasserspiegel von $\geq$ 2,0 m unter Gelände und eine Mindestgrundstücksgröße, die in den Ortsatzungen genannt ist, und etwa um 1000 qm je Wohneinheit liegt. Sammelgruben werden von der DIN 4261 nicht mehr genannt. Wegen des häufigen Auspumpens versieht der Betreiber sie oft nach kurzer Zeit mit einem unzulässigen Abfluß.

Kleinkläranlagen werden in der DIN 4261 Teil 1 bis 4 behandelt. Teil 1 „Anlagen ohne Abwasserbelüftung" sieht drei Verfahren der Abwasserbehandlung vor:

> die mechanische Behandlung (Entschlammung);
>
> die anaerobe biologische Behandlung;
>
> die aerobe biologische Nachbehandlung.

Teil 2 behandelt Anlagen mit Abwasserbelüftung.

Die mechanische Reinigung wird als Behelf angesehen. Sie wird weiterhin durch Mehrkammergruben erreicht, die einer biologischen Kläranlage vorgeschaltet sein sollen. Als selbständiges Reinigungsverfahren können sie nur für eine Übergangszeit vorgesehen werden. Sie sollen jährlich mindestens einmal geräumt werden.

Eine anaerobe biologische Behandlung erreicht man in Mehrkammerausfaulgruben. Der Vorteil gegenüber den einfachen Mehrkammergruben ist nicht eine höhere Reinigungswirkung – sie liegt bei nur 25 bis 50% – sondern das größere Volumen zum Zwecke des Mengen- und Schmutzstoffausgleichs und zur Schlammausfaulung. Sie sollen geräumt werden, wenn 40% der Wassertiefe über dem Boden mit Schlamm gefüllt sind. Zu den biologischen Verfahren rechnen die Untergrundverrieselung und die Sandfiltergräben.

Als normaler täglicher Abwasseranfall werden $\geq$ 150 l/(E · d) angenommen.

Das Blatt 2 der DIN 4261 behandelt Anlagen nach dem Prinzip des Belebungs- und Tropfkörperverfahrens, sowie Tauchkörper, die in vielseitigen und teilweise bewährten Ausführungsarten angeboten werden (Typenkläranlagen).

2.3   Entwässerungsverfahren

2.3.1   Mischverfahren (55.1)

Zusammen mit dem Schmutzwasser wird die wesentlich größere Menge des Regenwassers in einer Leitung befördert. Es sind daher große Querschnitte erforderlich. Um bei den Hauptsammlern nicht übermäßig große Profile in den Straßen unterbringen zu müssen, werden die Mischwasserleitungen in gewissen Abständen entlastet. Dies geschieht meist durch seitliche Überfallschwellen, sogenannte Entlastungsbauwerke (s. Abschn. 3.3.3), über die ein bestimmter Teil des Mischwassers abläuft und dem nächsten Vorfluter zufließt. Das Verdünnungsverhältnis der im Netz weiterzuleitenden Wassermenge wird von der Wasseraufsichtsbehörde festgesetzt oder aus der Belastbarkeit des Vorfluters berechnet.

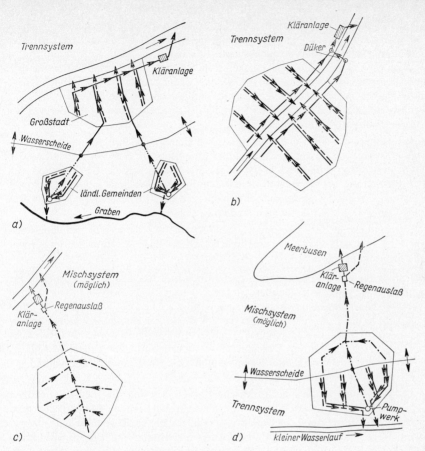

55.1   Lagepläne für die Lösung der Ortsentwässerung

2.3.2   Trennverfahren (55.1)

Jede Straße erhält in der Regel zwei Kanalleitungen. Das Regenwasser wird gesondert vom Schmutzwasser dem nächster Vorfluter zugeführt und meist in Kanälen abgeleitet. Offene Gräben zur Regenwasserableitung kommen nur noch in unbebauten oder in Gebieten mit weiträumiger Bauweise vor. Regenüberläufe fallen fort. Dem Vorfluter fließt bei jedem Regen das Wasser zu. Das Schmutzwasser wird der zentralen Kläranlage zugeleitet.

2.3.3   Vor- und Nachteile beider Verfahren

Das Mischverfahren verursacht normalerweise geringere Baukosten für den Leitungsbau als das Trennverfahren, da nur ein Kanal notwendig ist. Die biochemische Verschmutzung des Vorfluters bei stärkerem Regen ist jedoch größer als beim Trennverfahren, da auch Fäkalien bei der Entlastung durch Regenüberläufe ohne Klärung in den Vorfluter gelangen. Dafür wird bei Regenbeginn und kleineren Regen der Schmutz der Straßen vom Vorfluter ferngehalten. Kellerrückstau und Straßenüberschwemmungen sind wegen der mitgeführten Fäkalien besonders unangenehm. Kläranlagen und Pumpstationen sind für große Wassermengen zu bemessen und werden damit baulich und betrieblich teuer. Entlastungsbauwerke und Rückstauverschlüsse sind notwendig. Die Sohle der MW-Kanäle liegt, bei gleicher Anschlußhöhe im Kämpfer des Straßenkanals, infolge der wesentlich größeren Profile tiefer als die der SW-Kanäle des Trennsystems.

Das Trennverfahren hat den Vorzug der wesentlich kleineren Kläranlagen und Pumpstationen mit entsprechend niedrigeren Bau- und Betriebskosten. Der Vorfluter erhält das geklärte Schmutzwasser und das meist ungeklärte Regenwasser. Da zwischen der Schmutzwasserleitung des Grundstückes und dem RW-Straßenkanal keine Verbindung besteht, ist die Gefahr der Kellerüberschwemmungen durch Rückstau bei starkem Regen gering. Tafel **57**.1 stellt die beiden Verfahren gegenüber.

Im Bild **55**.1 sind einige Entwässerungslösungen schematisch dargestellt, bei denen sich die Wahl des Kanalisationssystems vornehmlich nach der Lage des Entwässerungsgebietes zum Vorfluter richtet.

Bild **56**.1 stellt für einen Hauptort mit zwei Nebenorten (Gruppe) die Lösungen für Trenn- und Mischsystem gegenüber. Bild **56**.1a) zeigt das Trennsystem. Die Gruppe erhält eine SW-Kläranlage am wasserreichsten Vorfluter. Die Orte haben je eine Pumpstation. A hebt in das Netz von C, B hebt das SW direkt zur Kläranlage. Das Schmutzwasser von A wird also zweimal gehoben. Die Nebenwasserläufe werden bei Regenbeginn mit Schmutzstoffen belastet. Der am Fluß entwickelte Ort C hat einen SW-Abfangsammler und mehrere RW-Einläufe. Kanalisation teuer; SW-Hebung teuer; Kläranlage wirtschaftlich, Vorfluterbelastung gering.

Bild **56**.1b) zeigt dieselbe Gruppe im Mischverfahren. Es sind drei MW-Kläranlagen unterschiedlicher Größe erforderlich mit drei dauernd belastenden Einleitungsstellen. Die Orte A und B haben je einen, der Ort C drei parallel geschaltete Regenüberläufe, die nur bei starkem Regen anspringen. Hierdurch entstehen zeitweilig fünf weitere SW-Einleitungsstellen. Zu untersuchen wäre, ob die kleineren Wasserläufe die Schmutzbelastung überhaupt aufnehmen können. Kanalisation wirtschaftlich, MW-Hebung nur einmal, jedoch teuer; drei MW-Kläranlagen, teuer; Vorfluterbelastung bei starkem Regen groß.

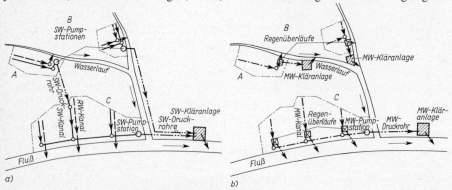

56.1   Lageplan einer alternativen Entwässerungslösung
a) Trennsystem,   b) Mischsystem

Tafel **56**.1   Gegenüberstellung von Trenn- und Mischverfahren
V = Vorteil, N = Nachteil, vgl. Bild **56**.1

Objekt	Trennverfahren	V/N	Mischverfahren	V/N
Kläranlage	Erhält nur Schmutzwasser, damit gleichmäßiger Zulauf. Klärtechnisch gut	V	Durch Trocken- und Regenwetterzufluß unterschiedliche Belastung. Klärtechnisch schlecht	N
	Regenbecken zur Entlastung sind nicht erforderlich	V	Regenbecken erforderlich	N
	Streusalz wird ferngehalten	V	Streusalz wird zugeführt, stört Klärprozeß (Biologie und Schlammfaulung)	N
	Bemessungswerte kleiner, Betrieb billiger	V	Bemessungswerte größer, Betrieb teurer	N
Vorfluter	Ungeklärte Ableitung des Regenwassers	N	Bei Starkregen Auslaß von Mischwasser	N
	Kein Schmutzwasser in den Vorfluter	V	Bei schwächerem Regen keine Vorfluterbelastung	V
Hebung des Abwassers	Meist nur für Schmutzwasser erforderl. kleine Pumpstationen. Betrieb billig	V	Neben Trockenwetterpumpen auch große Regenwetterpumpen erforderlich, welche nur wenige Stunden/Jahr arbeiten. Stationen groß, Betrieb teuer	N
Hausanschlüsse	zwei Anschlußkanäle nötig	N	Ein Anschlußkanal ausreichend	V
	Fehlanschlüsse möglich	N	Fehlanschlüsse nicht möglich	V
	Kellerrückstau durch Regenwasser und Vorfluter nicht möglich	V	Kellerückstau möglich	N
Straßen-Kanalnetz	zwei Straßenkanäle mit den erforderl. Schachtbauwerken nötig, Baukosten höher	N	Ein Straßenkanal ausreichend	V
	Schlechte Unterbringung bei Platzmangel im Straßenkörper	N	Sohlentiefe bei gleicher Schmutzwasseranschlußhöhe größer, Baukosten insgesamt geringer	V
	Mindestgefälle für SW-Kanäle muß eingehalten werden, sonst Ablagerungen	N	Wenig Platzbedarf im Straßenkörper V Gefälle kann kleiner sein als beim SW-Kanal. Der hydraulische Radius ist auch beim Trockenwetterabfluß meist gut. Spülwirkung der Regenwetterabflüsse groß	V
	Grund- und Kühlwasseraufnahme nur in den RW-Kanal möglich	N	Grund- und Kühlwasser kann aufgenommen werden	V
	Wegen der kleinen Profile des SW-Kanals kann widerstandsfähiges Rohrmaterial (Steinzeug) kostensparend eingesetzt werden	V	Die Auskleidung mit Profilschalen oder Klinkern, die Verwendung von Betonkeramikrohren, ist kostspielig. Oft wird darauf verzichtet	N
			Entlastungsbauwerke notwendig . . .	N
Unterhaltung des Kanalnetzes	Ablagerungen in Anfangshaltungen und bei schwachem Gefälle im SW-Kanal. Kanallänge wegen der doppelten Leitungen groß	N	Spülwirkung der Regenwetterabflüsse verringert die Unterhaltungskosten. Kanallänge nur etwa halb so groß wie im Trennsystem	V

2.4 Querschnittsformen der Leitungen

Die Querschnittsform wird von der Wasserführung bestimmt und soll möglichst günstige hydraulische Eigenschaften haben. Allerdings können auch andere Gesichtspunkte Einfluß haben, z.B. geringe vorhandene Bauhöhe, statische Belastung, Baukosten. Hier wird nur auf DIN 19540, die eine Auswahl der Leitungsquerschnitte des Wasserbaues nach DIN 4263 (Tafel **58**.1) gibt, eingegangen, daneben ist aber auch praktisch jede andere Form möglich.

Tafel **58**.1   Leitungsquerschnitte nach DIN 4263

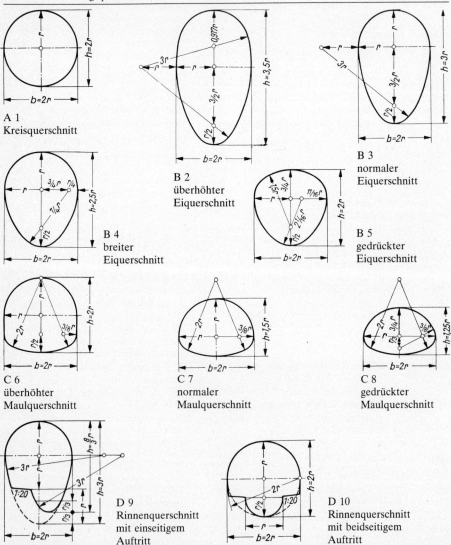

A 1
Kreisquerschnitt

B 2
überhöhter
Eiquerschnitt

B 3
normaler
Eiquerschnitt

B 4
breiter
Eiquerschnitt

B 5
gedrückter
Eiquerschnitt

C 6
überhöhter
Maulquerschnitt

C 7
normaler
Maulquerschnitt

C 8
gedrückter
Maulquerschnitt

D 9
Rinnenquerschnitt
mit einseitigem
Auftritt

D 10
Rinnenquerschnitt
mit beidseitigem
Auftritt

2.4.1 Kreisprofil

Es ist das gebräuchliste Profil (Tafel **58**.1 A 1), weil es hydraulisch sehr günstig und leicht herstellbar ist. Beim fast vollen Kreisprofil erreicht der hydraulische Radius $R = A/U$, das Verhältnis des Wasserquerschnittes zum benetzten Umfang, einen Größtwert. Bei sehr geringer Wasserführung, z. B. Trockenwetterabfluß des Mischverfahrens, ist durch die verhältnismäßig flach gekrümmte Sohle die Wassertiefe gering, und es setzen sich daher leicht schlammige Bestandteile ab. Die Kreisform wird jedoch bei kleineren Entwässerungsleitungen, $\leqq$ DN 1000, bevorzugt.

Kreisprofile DN $\geqq$ 1000 gelten als begehbar und DN $\geqq$ 800 als bekriechbar.

2.4.2 Eiprofil

Die Eiform (Tafel **58**.1 B 2 bis B 5) ist der Kreisform bei kleinen Wassermengen überlegen, weil die Füllhöhe bei gleichem Fließquerschnitt größer ist. Das Profil erfordert jedoch eine größere Baugrubentiefe. Damit wird die Bauausführung teurer und bei Grundwasser schwieriger. Normale Eiquerschnitte haben das Verhältnis Breite b zu Höhe h = 2:3. Eiprofile werden meist als Betonfertigteile hergestellt. Sie können aber auch aus Kanalklinkern gemauert sein. Ei $\geqq$ 700/1050 sind begehbar und Ei $\geqq$ 600/900 bekriechbar.

2.4.3 Maulprofil

Um bei geringer Bauhöhe (OK Straße bis Kanalsohle) trotzdem größere Wassermengen ableiten zu können, wurde das Maulprofil (Tafel **58**.1 C 6 bis C 8) geschaffen. Es ist, vor allem bei Teilfüllung, hydraulisch nicht besonders günstig. Maulprofile werden oft am Ort des Einbaues hergestellt.

2.5 Hydraulische Berechnung der Leitungen

2.5.1 Kontinuitätsgleichung

Im allgemeinen handelt es sich bei den Entwässerungskanälen um Leitungen, deren Wasserspiegel sich meistens nicht unter hydraulischem Überdruck, sondern frei einstellt. Die durchfließende Wassermenge ist bei Voll- oder Teilfüllung errechenbar nach der Kontinuitätsgleichung

$$Q = A \cdot v \quad \text{in m}^3/\text{s} \tag{59.1}$$

A = durchflossene Querschnittsfläche in m²; sie läßt sich graphisch oder rechnerisch bestimmen.
v = Fließgeschwindigkeit in m/s; sie ist mit Formeln zu ermitteln, die bei Versuchen aufgestellt (empirische Formeln) oder theoretisch genau abgeleitet wurden.

2.5.2   Empirische Geschwindigkeitsformeln

Auf die Vielzahl der vorhandenen Formeln soll hier nicht eingegangen werden.
1. Gebräuchlich waren in der Abwassertechnik die Formel von Brahms und de Chézy

$$v = C \cdot R^{1/2} \cdot J^{1/2} \quad \text{in m/s} \tag{60.1}$$

mit $\quad C = \dfrac{100 \cdot \sqrt{R}}{m + \sqrt{R}}$

nach Kutter (deshalb „kleine Kuttersche Formel")

$$R = \frac{A}{U} = \text{hydraulischer Radius} = \frac{\text{durchflossene Querschnittsfläche}}{\text{benetzter Umfang}} \quad \text{in} \ \frac{\text{m}^2}{\text{m}} = \text{m}$$

m = Geschwindigkeitsbeiwert in $\text{m}^{1/2}$
J = Wasserspiegelgefälle = 1:n, z. B. 1:200 oder 0,005 (Reibungsgefälle)
A = in m^2

Diese Formel wurde für Wasserläufe und offene Kanäle entwickelt. Sie ist für gleichförmige Strömung in Rohrleitungen unbrauchbar [32].

2. Eine einfach zu handhabende Gleichung, die für Entwässerungsleitungen gute Werte liefert, ist die Geschwindigkeitsformel von Gauckler-Manning-Strickler (Abkürzung: G-M-Str)

$$v = k_{St} \cdot R^{2/3} \cdot J^{1/2} \quad \text{m/s} = \frac{\sqrt[3]{\text{m}}}{\text{s}} \ \sqrt[3]{\text{m}^2} \tag{60.2}$$

k_{St} = Geschwindigkeitsbeiwert in $\text{m}^{1/3}$/s konstant für eine Wandrauhigkeit

Obwohl diese Formel empirisch gefunden wurde und mathematisch nicht exakt ist [32], liefert sie für die Kanäle der Abwassertechnik brauchbare Werte, die besonders im Bereich DN 800 bis 1000 mit k_{St} = 80, und k_b = 1,0 (Rauhigkeitsbeiwert nach Prandtl-Colebrook) mit denen nach Gl. (63.4) und (63.5) gut übereinstimmen. Da das Tabellen-Volumen gering ist, wurde die Formel in den Tafeln **61**.2, **62**.1 und **62**.2 ausgewertet.

Der Geschwindigkeitsbeiwert k_{St} drückt den Einfluß der Wandrauhigkeit der Leitung auf den Fließvorgang aus. Je glatter die Kanalwand, desto größer ist k_{St}. Viele Kanäle werden durch die sogenannte „Sielhaut" glatt, die aber andere schädliche Folgen (Korrosion) haben kann.
Steinzeugrohre kann man etwa mit glattem Beton gleichsetzen

$\quad$ (k_{St} = 90 bis 100).

In Tafel **61**.1 überwiegen Werte k_{St} > 80. Die Tafeln **61**.2, **62**.1 und **62**.2 enthalten also mit k_{St} = 80 eine gewisse Reserve.

Die Tafeln **61**.2, **62**.1 und **62**.2 dienen zur Querschnittsbestimmung. Sie sind für k_{St} = 80 $\text{m}^{1/3}$/s berechnet. Für andere Werte k_{Stx} können die Tafelwerte mit dem Verhältnis k_{Stx}/80 multipliziert werden.

$$v_x = \frac{k_{Stx}}{80} \, v_{80} \quad \text{und} \quad Q_x = \frac{k_{Stx}}{80} \, Q_{80} \tag{60.3}$$

Tafel **61**.1 k_{St}-Werte in $m^{1/3}/s$ nach Schewior-Press [66]

Kanäle aus Ziegelmauerwerk, gut gefugt	80
Betonkanäle mit Zementglattstrich	90 bis 100
Beton mit Stahlschalung	90 bis 100
Beton mit Holzschalung, ohne Verputz	65 bis 70
Stahlbeton-Druckrohrleitungen	85 bis 95
Stahlrohre	100
alte Betonrohrleitungen aus Einzelrohren	75

Tafel **61**.2   Werte x, y und z für vollaufende Kreisprofile A 1 mit k_{St} = 80 (nach G-M-Str)

$$\left(v = \frac{x}{\sqrt{n}} \quad n = \frac{y}{Q^2} \quad Q = \frac{z}{\sqrt{n}} \right)$$

Lichte Weite	r	A	U	R	x	y	z
	$\frac{1}{2}b$	$3{,}142r^2$	$6{,}283r$	$0{,}500r$	$k_{St} \cdot R^{2/3}$	$k_{St}^2 \cdot R^{4/3} \cdot A^2$	$k_{St} \cdot R^{2/3} \cdot A$
in mm	in m	in m^2	in m	in m	in m/s	in m^6/s^2	in m^3/s
100	0,050	0,0079	0,314	0,025	6,83	0,003	0,054
125	0,0625	0,012	0,393	0,031	7,89	0,009	0,095
150	0,075	0,018	0,471	0,038	9,03	0,026	0,163
200	0,10	0,031	0,628	0,050	10,87	0,114	0,337
250	0,125	0,049	0,785	0,063	12,60	0,381	0,615
300	0,15	0,071	0,942	0,075	14,24	1,012	1,011
350	0,175	0,096	1,100	0,088	15,82	2,31	1,518
400	0,20	0,126	1,257	0,100	17,23	4,72	2,17
450	0,225	0,159	1,414	0,113	18,69	8,84	2,97
500	0,25	0,196	1,571	0,125	20,0	15,38	3,92
600	0,30	0,283	1,885	0,150	22,6	40,8	6,39
700	0,35	0,385	2,199	0,175	25,0	92,8	9,63
800	0,40	0,503	2,513	0,200	27,3	189,0	13,75
900	0,45	0,636	2,827	0,225	29,6	354	18,8
1000	0,50	0,785	3,142	0,250	31,8	620	24,9
1200	0,60	1,131	3,770	0,300	35,8	1645	40,5
1400	0,70	1,539	4,398	0,350	39,7	3730	61,1
1600	0,80	2,011	5,026	0,400	43,4	7620	87,3
1800	0,90	2,545	5,655	0,450	47,0	14300	119,6
2000	1,00	3,142	6,283	0,500	50,4	25100	158,3
2200	1,10	3,801	6,912	0,550	53,7	41700	204
2400	1,20	4,524	7,540	0,600	56,8	66200	257
2600	1,30	5,309	8,168	0,650	60,0	101200	318
2800	1,40	6,158	8,797	0,700	63,0	150500	388
3000	1,50	7,069	9,425	0,750	66,0	218000	467

Tafel **62**.1   Werte x, y und z für vollaufende Eiprofile B 3 mit $k_{St} = 80$ (nach G-M-Str)

$$\left(v = \frac{x}{\sqrt{n}} \quad n = \frac{y}{Q^2} \quad Q = \frac{z}{\sqrt{n}} \right)$$

Lichte Weite	r	A	U	R	x	y	z
	$\frac{1}{2}b$	$4{,}594r^2$	$7{,}930r$	$0{,}579r$	$k_{St} \cdot R^{2/3}$	$k_{St}^2 \cdot R^{4/3} \cdot A^2$	$k_{St} \cdot R^{2/3} \cdot A$
$b \times h$ in mm	in m	in m^2	in m	in m	in m/s	in m^6/s^2	in m^3/s
400×600[1])	0,20	0,184	1,586	0,116	19,0	12,3	3,50
500×750	0,25	0,287	1,982	0,145	22,1	40,3	6,34
600×900	0,30	0,413	2,379	0,147	24,9	106,0	10,30
700×1050	0,35	0,563	2,775	0,203	27,6	243	15,57
800×1200	0,40	0,735	3,172	0,232	30,2	493	22,2
900×1350	0,45	0,930	3,568	0,261	32,7	924	30,4
1000×1500	0,50	1,149	3,965	0,290	35,0	1620	40,2
1100×1650	0,55	1,390	4,361	0,319	37,3	2690	51,8
1200×1800	0,60	1,654	4,758	0,348	39,6	4280	65,4

[1]) nicht genormt

Tafel **62**.2   Werte x, y und z für vollaufende Maulprofile C 7 mit $k_{St} = 80$ (nach G-M-Str)

$$\left(v = \frac{x}{\sqrt{n}} \quad n = \frac{y}{Q^2} \quad Q = \frac{z}{\sqrt{n}} \right)$$

Lichte Weite	r	A	U	R	x	y	z
	$\frac{1}{2}b$	$2{,}378r^2$	$5{,}603r$	$0{,}424r$	$k_{St} \cdot R^{2/3}$	$k_{St}^2 \cdot R^{4/3} \cdot A^2$	$k_{St} \cdot R^{2/3} \cdot A$
$b \times h$ in mm	in m	in m^2	in m	in m	in m/s	in m^6/s^2	in m^3/s
1600 × 1200	0,80	1,522	4,482	0,340	38,9	3510	59,3
1800 × 1350	0,90	1,926	5,043	0,382	42,1	6530	80,0
2000 × 1500	1,00	2,378	5,603	0,424	45,2	11520	107,3
2400 × 1800	1,20	3,424	6,723	0,509	51,0	30500	174,5
2800 × 2100	1,40	4,661	7,844	0,594	56,5	69300	264
3200 × 2400	1,60	6,087	8,964	0,679	61,8	141500	376
3600 × 2700	1,80	7,704	10,085	0,764	66,9	266000	516

Für vollaufende Querschnitte bereitet die Verwendung der Gl. (59.1) und (60.2) keine Schwierigkeiten, da R bekannt ist. Bei teilgefüllten Profilen sind jedoch die durchflossene Fläche und der benetzte Umfang meist nicht bekannt, weil die Füllhöhe h' unbekannt ist. Um die Leistung der Kanäle festzustellen, müßte man also Füllhöhen annehmen, z.B. $0{,}25 \cdot h$, $0{,}5 \cdot h$, $0{,}75 \cdot h$ oder $1{,}0 \cdot h$, und die durchflossene Fläche ermitteln, wobei h die lichte Höhe des Profils bedeutet. Die Aufgabe stellt sich dem Entwurfsbearbeiter aber anders. Bekannt sind Q und J, unbekannt sind A, U und Füllhöhe h'. Rechnerisch sehr umständlich wäre es, die Gl. (60.2) nach einer dieser gesuchten Größen aufzulösen. Man benutzt besser Tabellen oder Kurventafeln, die für die gebräuchlichsten Profile aufgestellt wurden (s. Tafel **68**.1, **69**.1, **70**.1, **71**.1, **72**.1).

2.5.3 Geschwindigkeitsformel nach Prandtl-Colebrook

Ausgangsgleichung ist Gl. (60.1)

$$v = C \cdot R^{1/2} \cdot J^{1/2}$$

Setzt man für $C = \sqrt{\dfrac{8\,g}{\lambda}}$ und für $R = \dfrac{D}{4}$, dann ergibt sich die für ein vollaufendes Kreisprofil als „Dükerformel" bekannte Gleichung von D'Aubuisson de Voisins und Weisbach

$$J = \frac{h_r}{L} = \lambda \cdot \frac{1}{D} \cdot \frac{v^2}{2\,g} \quad \text{oder} \quad h_r = \lambda \cdot \frac{L}{D} \cdot \frac{v^2}{2\,g} \tag{63.1}$$

J = Reibungsgefälle
h_r = Druckverlust in m
L = Länge der Rohrleitung in m
D = Durchmesser der Rohrleitung in m

v = mittlere Fließgeschwindigkeit im Rohr in m/s
g = Fallbeschleunigung in m/s^2
λ = Rauhigkeitsbeiwert (einheitenlos)

Prandtl und Colebrook [32] fanden die physikalisch fundierten Beiwerte λ für den glatten und rauhen Fließbereich. Der für Kanalleitungen zwischen beiden Werten liegende Rauhigkeitsbeiwert für teilweise rauhes Fließverhalten heißt

$$\frac{1}{\sqrt{\lambda}} = -2\,lg \left[\frac{2{,}51}{Re\,\sqrt{\lambda}} + \frac{k}{3{,}71 \cdot D} \right] \tag{63.2}$$

$$Re = \frac{v \cdot D}{\nu} \ (= \text{Reynoldsche Zahl}) \tag{63.3}$$

ν = kinematische Zähigkeit von Wasser (= $1{,}31 \cdot 10^{-6}$ m^2/s bei 10° C für Reinwasser)

Unter Berücksichtigung von Gl. (63.1) und (63.2) ergibt sich die Geschwindigkeitsgleichung für vollaufende Kreisprofile

$$v = \left[-2\,lg \left(\frac{2{,}51 \cdot \nu}{D \cdot \sqrt{2g \cdot J \cdot D}} + \frac{k}{3{,}71 \cdot D} \right) \right] \sqrt{2g \cdot J \cdot D} \tag{63.4}$$

und für nicht kreisförmige Profile mit $D = 4R$

$$v = \left[-2\,lg \left(\frac{0{,}63 \cdot \nu}{R \cdot \sqrt{8g \cdot J \cdot R}} + \frac{k}{14{,}84 \cdot R} \right) \right] \sqrt{8g \cdot J \cdot R} \tag{63.5}$$

Q = Wassermenge in m^3/s
v = mittlere Fließgeschwindigkeit in m/s
$R = A/U$ = hydraulischer Radius in m
D = Durchmesser des Kreisrohres in m

k/D = relative Rauhigkeit für Kreisrohr
$k/4R$ = relative Rauhigkeit für Nicht-Kreisrohr
$k \triangleq$ absolute Rauhigkeit in m

Die Werte sind vom Rohrmaterial abhängig und liegen bei $k = 0{,}01$ bis $1{,}0$ mm; z. B. für Steinzeugrohre bei $k = 0{,}02$ bis $0{,}15$ mm, für Schleuderbetonrohre bei $k = 0{,}25$ mm. In diesen Werten sind neben dem Einfluß der Rohrverbindungen auch die Genauigkeitsschwankungen durch die Fertigung, Verlegung und Dichtung enthalten. Die Werte der absoluten Rauhigkeit k werden durch Wasserbau-Versuchsanstalten festgestellt [32].

Die Abwassertechnische Vereinigung (ATV) hat in ihrem Arbeitsblatt 110 Richtlinien für die Berechnung von Abwasserkanälen nach der Formel von Prandtl-Colebrook festgelegt. Diese Formel ist theoretisch genau und wird schon seit Jahren von Fachleuten der Hydraulik als die praktisch brauchbarste bezeichnet. Es bestand jedoch Unsicherheit in der Wahl der Rauhigkeitsbeiwerte k. Dies und die schwierige analytische Handhabung der Formel führten dazu, daß sie lange Zeit nicht sehr verbreitet war. Nachdem jedoch Kirschmer [34] Rauhigkeiten untersucht und die ATV Betriebsrauhigkeiten k_b vorgeschlagen hat, wurde von Kirschmer ein umfangreiches Tabellenwerk aufgestellt, welches die üblichen Rohrquerschnitte und das Rohrmaterial berücksichtigt (Tafel **66**.1).

Für die praktische Anwendung jedoch benutzt man die sogenannte Betriebsrauhigkeit k_b. Hierin sind neben den Verlusten im geraden Rohrstrang auch alle zusätzlichen Verluste durch Stöße an den Muffenverbindungen, Ungenauigkeiten in der Fertigung, Verlegung und Dichtung, sowie der Einfluß von vorübergehenden und wechselnden Ablagerungen, von seitlichen Zuläufen und von Schächten enthalten. k_b in mm soll nach den Richtlinien der ATV A 110 gewählt werden:

Kanalart	k_b in mm	
	Ausführungsgruppe	
	I	II
normale Kanäle	1,5	0,40
gerade Kanalstrecken, Drosselstrecken, Druckrohre	1,0	0,25

Glatte Rohre werden in die Gruppe II, weniger glatte in die Gruppe I eingegliedert. Merkmale der Ausführungsgruppe II: Kanäle aus Rohren mit besonders kleiner natürlicher Wandrauhigkeit des Einzelrohres, bei denen der Nachweis geführt wird, daß die Fließgeschwindigkeit bei voll $Q = 1$ m/s beträgt, berechnet für eine jährlich einmal zugelassene Überlastung des Abwasserkanals ($n = 1$). Außerdem muß durch besondere Maßnahmen der Bauausführung sowie durch eine über das übliche Maß hinausgehende Sorgfalt die einwandfreie Kanalverlegung und Herstellung der Rohrstöße gewährleistet sein.

Man unterscheidet weiter zwischen normalen Kanälen und geraden vollaufenden Rohren (Drosselstrecken usw.). Es empfiehlt sich, für die Kanäle unter Berücksichtigung einer gewissen Sicherheit $k_b = 1,5$ zu verwenden und in besonderen Fällen $k_b = 1,0$ einzusetzen.

2.5.4 Teilfüllung

Während man unter Vollfüllung die gesamte Querschnittsfläche als Fließquerschnitt versteht, ist bei Teilfüllung das Rohr nur teilweise gefüllt. Bei Vollfüllung kann hydraulischer Überdruck herrschen, bei Teilfüllung nicht. Abwasserkanäle sind fast immer teilgefüllt.

Nach Abschn. 2.5.3 ist

$$v = \sqrt{\frac{8\,g}{\lambda}} \cdot \sqrt{R \cdot J}$$

Man kann v mit voll v ins Verhältnis setzen und erhält

$$\frac{v}{\text{voll } v} = \sqrt{\frac{\text{voll } \lambda \cdot R}{\lambda \cdot \text{voll } R}}$$

Francke [39] hat durch Versuche gefunden, daß

$$\sqrt{\frac{\text{voll } \lambda}{\lambda}} = \left(\frac{R}{\text{voll } R}\right)^{\frac{1}{8}}$$

und damit

$$\frac{v}{\text{voll } v} = \left(\frac{R}{\text{voll } R}\right)^{\frac{5}{8}} \tag{64.1}$$

und

$$\frac{Q}{\text{voll } Q} = \frac{A}{\text{voll } A}\left(\frac{R}{\text{voll } R}\right)^{\frac{5}{8}} \tag{64.2}$$

Bemerkenswert ist, daß nicht etwa bei voller, sondern bei einer geringeren Füllung, beim Kreis z. B. bei 95% von h, die größte Wassermenge abgeführt wird. Sie ist um 8% größer als bei Vollfüllung. Die Fließgeschwindigkeiten verhalten sich ähnlich. Beim Anstieg des Wasserspiegels bis zum Scheitel im letzten Abschnitt kommt wenig durchflossene Fläche bei viel benetztem Umfang hinzu, so daß sich der hydraulische Radius verschlechtert, v verringert sich um ein größeres Maß als A wächst, Q nimmt daher wieder ab.

Thormann setzt bei Füllungsgraden $\dfrac{h'}{h} > 50\%$ einen vergrößerten benetzten Umfang $U' > U$ ein (in gestrichelter Linie). Damit berücksichtigt er den Einfluß der oberhalb des Wasserspiegels zusammengepreßten Luft. Den damit veränderten hydraulischen Radius nennt er R'. In die Gleichungen (64.1) und (64.2) eingesetzt, erhält man v' und Q'.

Sauerbrey (durch Messungen) und Tiedt (durch Rechnung) haben nachgewiesen, daß die Wirkung der Lufttreibung (max $\lambda_L = 0{,}0000216$) gegenüber der Rohrwand ($\lambda = 0{,}01$ bis $0{,}05$) vernachlässigbar klein ist. Damit treten die Füllungskurven etwa in der ausgezogenen Form (69.1) auf. Im Kreisrohr z. B. (69.1) wird bei $h'/h = 0{,}82$ bereits das voll Q erreicht. Die darüberliegende Zone bis $h'/h = 1{,}0$ ist instabil. Eine kleine Störung, z. B. Rückstau, genügt, um die Leitung vollschlagen zu lassen. Die Bemessung darf nur für voll Q, nicht für max Q erfolgen.

Mit Hilfe der Gleichungen (64.1) und (64.2) kann man die Füllungskurven berechnen und zeichnen (s. Tafel 69.1, 70.1 und 71.1). Die Tafeln kann man mit ausreichender Genauigkeit auch für die Formel von Gauckler-Manning-Strickler Gl. (60.2) verwenden.

Die Ortsentwässerung kommt in der Regel mit den Profilen nach DIN 4263 aus (Tafel 58.1). In Ausnahmefällen erforderliche, nicht genormte Profile sollten im Hinblick auf die Berechnung möglichst einfacher Art sein. Auch bei der Nachprüfung alter Entwässerungssysteme trifft man auf besondere Profile, die der damaligen Bauausführung, meist aus Mauerwerk, besser entsprachen.

In den Tafeln 61.2, 62.1, 62.2 und 66.1 sind die Hauptprofile (Kreis-, Ei- und Maulquerschnitt) berechnet. Alle Werte beziehen sich auf voll Q. Es gelten $J = \dfrac{1}{n}$, v in m/s und Q in m³/s.

Um für jede beliebige Füllhöhe h' die entsprechenden Werte Q und v errechnen zu können, sind Füllungskurven aufgestellt (Tafel 69.1, 70.1, 71.1 und Bild 72.1). Man kann den Füllungsgrad h'/h ablesen, wenn das Verhältnis der vorhandenen Wassermenge zu der bei Vollfüllung oder das Verhältnis der entsprechenden Geschwindigkeiten bekannt ist (65.1).

Als Ergebnis hat man also zwei Verhältnisse

$$\frac{h'}{h} \quad \text{und} \quad \frac{\text{vorh } v}{\text{voll } v} \quad \text{oder} \quad \frac{h'}{h} \quad \text{und} \quad \frac{\text{vorh } Q}{\text{voll } Q}$$

Wenn man h, voll v oder voll Q des gewählten Profils einsetzt, erhält man h', vorh v oder vorh Q.

Das direkte Ablesen der Werte für Vollfüllung ist nur in den Tafeln 61.2, 62.1, 62.2 und 66.1 möglich. Für die übrigen Profile der Tafel 58.1 kommt man auf dem Umweg über das Kreisprofil zu den Angaben bei Vollfüllung. In der Tafel 69.2 sind die Verhältniszahlen für Q und v des betreffenden Profils zum Kreisprofil (v_{Kr}, Q_{Kr}) mit der gleichen Breite $b = 2r$ angegeben, z. B. für den überhöhten Eiquerschnitt B 2 nach G-M-Str.

$$\text{voll } v = 1{,}16 \, v_{Kr} \qquad \text{voll } Q = 2{,}03 \, Q_{Kr}$$

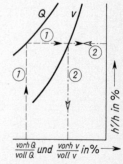

65.1 Ablesefolge bei den Füllungskurven

Tafel **66**.1   Werte voll v (in m/s) und voll Q (in l/s) für Kreis- und Eiprofile nach Prandtl-Colebrook. $k_b = 1,5$ mm $v = 1,25$ bis $1,3 \cdot 10^{-6}$ m²/s

Lichte Weite (mm) Gefälle	200		250		300		350		400		500		600		700	
	v	Q	v	Q	v	Q	v	Q	v	Q	v	Q	v	Q	v	Q
1:10	3,37	106	3,90	192	4,4	311	4,86	468	5,30	666	6,12	1201	6,87	1944	7,58	2918
15	2,75	86	3,19	156	3,59	254	3,97	382	4,33	544	4,98	981	5,61	1586	6,19	2383
20	2,38	75	2,76	135	3,11	220	3,44	331	3,75	471	4,32	849	4,86	1374	5,36	2063
25	2,13	67	2,47	121	2,78	196	3,07	296	3,35	421	3,87	759	4,35	1230	4,79	1845
30	1,94	61	2,25	110	2,54	179	2,80	270	3,06	384	3,53	693	3,97	1121	4,38	1684
35	1,80	57	2,09	103	2,25	166	2,60	250	2,84	357	3,27	642	3,68	1038	4,05	1558
40	1,68	53	1,95	96	2,2	155	2,43	234	2,65	333	3,06	600	3,43	971	3,79	1458
50	1,5	47	1,74	86	1,96	139	2,17	209	2,37	297	2,73	537	3,07	868	3,39	1305
60	1,37	43	1,59	78	1,79	127	1,98	191	2,16	271	2,49	490	2,80	792	3,09	1190
70	1,27	40	1,47	72	1,66	117	1,83	176	2,0	251	2,31	453	2,59	733	2,86	1102
80	1,19	37	1,38	68	1,55	110	1,71	165	1,87	235	2,16	424	2,43	686	2,68	1030
90	1,12	35	1,3	64	1,46	103	1,62	155	1,76	221	2,03	400	2,29	647	2,52	971
100	1,06	33	1,23	60	1,39	98	1,53	147	1,67	210	1,93	379	2,17	613	2,39	921
110	1,01	32	1,17	58	1,32	95	1,46	141	1,59	200	1,84	361	2,07	585	2,28	878
120	0,97	30	1,12	55	1,26	90	1,4	135	1,53	192	1,76	346	1,98	560	2,18	841
130	0,93	29	1,08	53	1,21	86	1,34	129	1,46	184	1,69	332	1,9	538	2,1	807
140	0,9	28	1,04	51	1,17	83	1,29	125	1,41	177	1,63	320	1,83	518	2,02	778
150	0,86	27	1,0	49	1,13	80	1,25	120	1,36	171	1,57	309	1,77	500	1,95	752
160	0,84	26	0,97	48	1,09	77	1,21	116	1,32	166	1,52	299	1,71	484	1,89	728
170	0,81	26	0,94	46	1,06	75	1,17	113	1,28	161	1,48	290	1,66	470	1,83	706
180	0,79	25	0,91	45	1,03	73	1,14	110	1,24	156	1,44	282	1,62	457	1,78	686
190	0,77	24	0,89	44	1,0	71	1,11	107	1,21	152	1,4	275	1,57	445	1,73	667
200	0,75	24	0,87	43	0,98	69	1,08	104	1,18	148	1,36	268	1,53	433	1,69	651
220	0,71	22	0,83	41	0,93	66	1,03	99	1,12	141	1,30	225	1,46	413	1,61	620
240	0,68	21	0,79	39	0,89	63	0,99	95	1,08	135	1,24	244	1,40	395	1,54	594
260	0,66	21	0,76	37	0,86	61	0,95	91	1,03	130	1,19	235	1,34	380	1,48	570
280	0,63	20	0,73	36	0,83	58	0,91	88	1,0	125	1,15	226	1,29	366	1,43	549
300	0,61	19	0,71	35	0,8	56	0,88	85	0,96	121	1,11	218	1,25	353	1,38	531
350	0,56	17,7	0,65	32	0,74	52	0,82	79	0,89	112	1,03	202	1,16	327	1,28	491
400	0,53	16,6	0,61	30	0,69	49	0,76	73	0,83	105	0,96	189	1,08	306	1,19	459
450	0,5	15,6	0,58	28,3	0,65	46	0,72	69	0,78	99	0,91	178	1,02	288	1,12	433
500	0,47	14,8	0,55	26,8	0,62	43,5	0,68	66	0,74	94	0,86	169	0,97	273	1,07	410
600	0,43	13,5	0,5	24,4	0,56	39,7	0,62	60	0,68	85	0,78	154	0,88	249	0,97	374
700	0,4	12,5	0,46	22,6	0,52	36,7	0,58	55	0,63	79	0,73	142	0,82	231	0,9	346
800	0,37	11,6	0,43	21,1	0,49	34,3	0,54	52	0,59	74	0,68	133	0,76	216	0,84	324
900	0,35	11	0,41	20	0,46	32,3	0,51	48,7	0,55	69,4	0,64	125	0,72	203	0,79	305
1000	0,33	10,4	0,38	19	0,43	30,7	0,48	46,2	0,52	65,8	0,61	119	0,68	193	0,75	289
1200	0,3	9,5	0,35	17,2	0,4	27,9	0,44	42	0,48	60	0,55	108	0,62	176	0,69	264
1400	0,28	8,8	0,32	15,9	0,37	25,8	0,4	39	0,44	55,5	0,51	100	0,57	163	0,63	244
1600	0,26	8,2	0,3	14,8	0,34	24,1	0,38	36,4	0,41	52	0,48	94	0,54	152	0,59	228
1800	0,25	7,7	0,28	14	0,32	22,7	0,36	34,3	0,39	48,9	0,45	88	0,51	143	0,56	215
2000	0,23	7,5	0,27	13,2	0,3	21,5	0,34	32,5	0,37	46,3	0,43	84	0,48	136	0,53	204
2500	0,21	6,5	0,24	11,8	0,27	19,2	0,3	29	0,33	41,4	0,38	75	0,43	121	0,47	182
3000	0,19	5,9	0,22	10,8	0,25	17,5	0,27	26,4	0,3	37,7	0,35	68	0,39	110	0,43	166

800		900		1000		1200		Ei 500/750		Ei 600/900		Ei 700/1050		Ei 800/1200		Ei 900/1350	
v	Q	v	Q	v	Q	v	Q	v	Q	v	Q	v	Q	v	Q	v	Q
8,25	4149	8,89	5656	9,5	7462	10,65	12046	6,72	1929	7,55	3120	8,32	4683	9,06	6655	9,75	9070
6,74	3387	7,26	4618	7,75	6091	8,69	9834	5,49	1576	6,16	2548	6,8	3825	7,39	5434	7,96	7407
5,83	2933	6,28	3999	6,71	5275	7,53	8516	4,75	1364	5,34	2207	5,88	3312	6,4	4706	6,89	6414
5,22	2622	5,62	3576	6,01	4717	6,73	7615	4,25	1220	4,77	1973	5,26	2962	5,73	4208	6,17	5736
4,76	2394	5,13	3264	5,48	4306	6,15	6951	3,88	1114	4,36	1801	4,8	2703	5,23	3841	5,63	5235
4,4	2216	4,74	3021	5,07	3987	5,69	6436	3,59	1031	4,03	1668	4,45	2503	4,84	3557	5,22	4848
4,12	2072	4,44	2826	4,75	3729	5,32	6019	3,36	964	3,77	1559	4,16	2341	4,52	3326	4,87	4533
3,69	1854	3,97	2528	4,24	3334	4,76	5383	3,0	862	3,37	1395	3,72	2093	4,05	2974	4,36	4054
3,37	1692	3,63	2307	3,87	3045	4,34	4913	2,74	787	3,08	1273	3,39	1910	3,69	2715	3,98	3700
3,11	1567	3,36	2136	3,59	2817	4,02	4548	2,54	728	2,85	1178	3,14	1768	3,42	2513	3,68	3425
2,91	1465	3,14	1998	3,35	2635	3,76	4254	2,37	681	2,66	1102	2,94	1655	3,2	2350	3,44	3205
2,75	1381	2,96	1883	3,16	2484	3,55	4010	2,24	642	2,51	1039	2,77	1559	3,01	2216	3,25	3021
2,60	1310	2,81	1786	3,0	2356	3,36	3804	2,12	609	2,38	985	2,63	1479	2,86	2106	3,08	2865
2,48	1249	2,68	1703	2,86	2247	3,21	3627	2,02	581	2,27	939	2,51	1410	2,73	2004	2,94	2731
2,38	1195	2,56	1630	2,74	2151	3,07	3473	1,94	556	2,17	899	2,4	1350	2,61	1918	2,81	2616
2,28	1148	2,46	1566	2,63	2066	2,95	3336	1,86	534	2,09	864	2,3	1297	2,51	1843	2,7	2512
2,2	1107	2,37	1509	2,53	1991	2,84	3214	1,79	514	2,01	832	2,22	1249	2,42	1775	2,6	2420
2,13	1069	2,29	1458	2,45	1923	2,74	3105	1,73	497	1,94	804	2,14	12,07	2,33	1715	2,51	2338
2,06	1035	2,22	1412	2,37	1862	2,66	3006	1,68	481	1,88	778	2,08	1168	2,26	1660	2,43	2263
2,0	1004	2,15	1369	2,3	1806	2,58	2917	1,63	467	1,83	755	2,01	1133	2,19	1611	2,36	2196
1,94	976	2,09	1331	2,23	1755	2,50	2835	1,58	453	1,77	734	1,96	1102	2,13	1565	2,29	2134
1,89	949	2,03	1295	2,17	1708	2,44	2759	1,54	441	1,73	714	1,9	1072	2,07	1523	2,23	2076
1,84	925	1,98	1262	2,12	1665	2,38	2686	1,5	430	1,68	696	1,86	1045	2,02	1485	2,18	2024
1,75	882	1,89	1203	2,02	1587	2,26	2563	1,43	410	1,6	663	1,77	996	1,93	1415	2,07	1929
1,68	845	1,81	1154	1,93	1520	2,17	2454	1,37	392	1,54	635	1,69	953	1,84	1355	1,99	1847
1,61	811	1,74	1107	1,86	1460	2,08	2357	1,31	377	1,48	610	1,63	916	1,77	1301	1,91	1775
1,55	782	1,67	1066	1,79	1406	2,01	2272	1,26	363	1,42	588	1,57	882	1,71	1254	1,84	1709
1,50	755	1,62	1030	1,73	1359	1,94	2194	1,22	351	1,37	568	1,51	852	1,65	1211	1,77	1651
1,39	699	1,5	953	1,6	1258	1,79	2031	1,13	325	1,27	525	1,4	789	1,53	1121	1,64	1528
1,3	654	1,4	891	1,5	1176	1,68	1899	1,06	304	1,19	491	1,31	737	1,43	1048	1,54	1429
1,22	616	1,32	840	1,41	1109	1,58	1789	1,0	286	1,12	463	1,24	695	1,34	988	1,45	1347
1,16	585	1,25	797	1,34	1051	1,5	1698	0,94	271	1,06	439	1,17	659	1,27	937	1,37	1278
1,06	533	1,14	727	1,22	968	1,37	1549	0,86	249	0,97	401	1,07	601	1,16	855	1,25	1166
0,98	493	1,06	672	1,13	889	1,27	1435	0,8	229	0,9	371	0,99	557	1,08	791	1,16	1079
0,92	461	0,99	628	1,06	829	1,18	1342	0,75	214	0,84	347	0,92	520	1,01	741	1,08	1009
0,86	434	0,93	592	1,0	782	1,12	1263	0,7	202	0,79	327	0,87	490	0,95	697	1,03	952
0,82	412	0,88	562	0,94	741	1,06	1197	0,67	191	0,75	310	0,83	465	0,9	661	0,97	903
0,75	376	0,81	512	0,86	676	0,97	1092	0,61	174	0,68	282	0,75	424	0,82	603	0,88	822
0,69	347	0,75	474	0,8	626	0,89	1011	0,56	161	0,63	261	0,71	392	0,76	558	0,82	762
0,65	325	0,7	443	0,74	585	0,84	945	0,53	151	0,59	244	0,65	367	0,71	522	0,76	712
0,61	306	0,66	418	0,7	551	0,79	891	0,49	142	0,56	230	0,61	346	0,67	492	0,72	670
0,58	290	0,62	396	0,67	523	0,75	845	0,47	135	0,53	218	0,58	328	0,63	466	0,68	636
0,52	259	0,56	354	0,59	467	0,67	755	0,42	120	0,47	195	0,52	293	0,57	416	0,61	568
0,47	236	0,51	322	0,54	426	0,61	688	0,38	110	0,43	178	0,47	267	0,52	380	0,56	518

Tafel **68**.1   Teilfüllungswerte für das Kreisprofil (gestrichelte Kurven Q' und v' bei $h'/h \geqq 50\%$ in Tafel **69**.1 nach Thormann, ausgezogene Kurven Q und v bei $h'/h \geqq 50\%$ nach Sauerbrey)

$\dfrac{\text{vorh } Q}{\text{voll } Q}$	$\dfrac{h'}{h}$	$\dfrac{\text{vorh } v}{\text{voll } v}$	$\dfrac{\text{vorh } Q}{\text{voll } Q}$	$\dfrac{h'}{h}$	$\dfrac{\text{vorh } v}{\text{voll } v}$	$\dfrac{\text{vorh } Q}{\text{voll } Q}$	$\dfrac{h'}{h}$	$\dfrac{\text{vorh } v}{\text{voll } v}$	$\dfrac{h'}{h}$	$\dfrac{\text{vorh } v}{\text{voll } v}$
							Thormann		Sauerbrey	
0,001	0,02	0,17	0,360	0,41	0,92	0,510	0,51	1,00	0,49	1,04
0,002	0,03	0,21	0,370	0,42	0,93	0,520	0,51	1,01	0,5	1,05
0,004	0,04	0,26	0,380	0,43	0,93	0,530	0,52	1,01	0,5	1,05
0,006	0,05	0,29	0,390	0,43	0,94	0,540	0,52	1,02	0,51	1,05
0,008	0,06	0,32	0,400	0,44	0,95	0,550	0,53	1,02	0,52	1,06
0,010	0,07	0,34	0,410	0,45	0,95	0,560	0,54	1,02	0,52	1,06
0,012	0,07	0,36	0,420	0,45	0,96	0,570	0,54	1,03	0,53	1,07
0,014	0,08	0,37	0,430	0,46	0,96	0,580	0,55	1,03	0,53	1,07
0,016	0,09	0,39	0,440	0,46	0,97	0,590	0,56	1,03	0,54	1,07
0,018	0,09	0,40	0,450	0,47	0,97	0,600	0,56	1,04	0,55	10,8
0,020	0,10	0,41	0,460	0,48	0,98	0,610	0,57	1,04	0,55	1,08
0,022	0,10	0,42	0,470	0,48	0,99	0,620	0,57	1,04	0,56	1,08
0,024	0,10	0,43	0,480	0,49	0,99	0,630	0,58	1,05	0,56	1,09
0,026	0,11	0,45	0,490	0,49	1,00	0,640	0,59	1,05	0,57	1,09
0,028	0,11	0,45	0,500	0,50	1,00	0,650	0,59	1,05	0,57	1,09
0,030	0,12	0,46				0,660	0,60	1,05	0,58	1,10
0,035	0,13	0,48				0,670	0,61	1,06	0,59	1,10
0,040	0,13	0,50				0,680	0,61	1,06	0,59	1,10
0,045	0,14	0,52				0,690	0,62	1,06	0,6	1,11
0,050	0,15	0,54				0,700	0,63	1,06	0,6	1,11
0,055	0,16	0,55				0,710	0,63	1,06	0,6	1,11
0,060	0,16	0,57				0,720	0,64	1,07	0,62	1,11
0,065	0,17	0,58				0,730	0,65	1,07	0,62	1,11
0,070	0,18	0,59				0,740	0,65	1,07	0,63	1,12
0,075	0,18	0,60				0,750	0,66	1,07	0,64	1,12
0,080	0,19	0,61				0,760	0,67	1,07	0,64	1,12
0,085	0,19	0,62				0,770	0,67	1,07	0,65	1,12
0,090	0,20	0,63				0,780	0,68	1,07	0,65	1,13
0,095	0,21	0,64				0,790	0,69	1,07	0,66	1,13
0,100	0,21	0,65				0,800	0,70	1,07	0,67	1,13
0,110	0,22	0,67				0,810	0,70	1,08	0,67	1,13
0,120	0,23	0,69				0,820	0,71	1,08	0,68	1,13
0,130	0,24	0,70				0,830	0,72	1,08	0,69	1,13
0,140	0,25	0,72				0,840	0,73	1,07	0,69	1,14
0,150	0,26	0,73				0,850	0,74	1,07	0,7	1,14
0,160	0,27	0,74				0,860	0,75	1,07	0,71	1,14
0,170	0,28	0,76				0,870	0,76	1,07	0,72	1,14
0,180	0,28	0,77				0,880	0,77	1,07	0,72	1,14
0,190	0,29	0,78				0,890	0,78	1,07	0,73	1,14
0,200	0,30	0,79				0,900	0,79	1,07	0,74	1,14
0,210	0,31	0,80				0,910	0,80	1,07	0,74	1,14
0,220	0,32	0,81				0,920	0,81	1,06	0,75	1,14
0,230	0,32	0,82				0,930	0,82	1,06	0,76	1,14
0,240	0,33	0,83				0,940	0,83	1,05	0,77	1,14
0,250	0,34	0,84				0,950	0,85	1,05	0,78	1,14
0,260	0,35	0,85				0,960	0,86	1,04	0,79	1,14
0,270	0,35	0,86				0,970	0,88	1,04	0,80	1,14
0,280	0,36	0,86				0,980	0,91	1,03	0,80	1,14
0,290	0,37	0,87				0,990	0,93	1,02	0,81	1,14
0,300	0,37	0,88				1,000	1,00	1,00	0,83	1,13
0,310	0,38	0,89				1,01			0,84	1,13
0,320	0,39	0,89				1,02			0,85	1,13
0,330	0,39	0,90				1,03			0,86	1,12
0,340	0,40	0,91				1,04			0,88	1,12
0,350	0,41	0,92				1,05			0,9	1,11
						1,06			0,94	1,09

Tafel **69**.1 Füllungskurve und Querschnittswerte des Kreisprofils

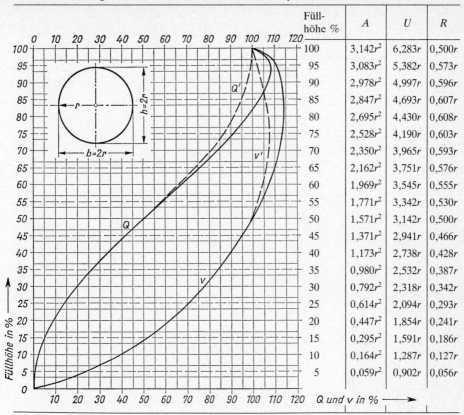

	Füll-höhe %	A	U	R
	100	$3,142r^2$	$6,283r$	$0,500r$
	95	$3,083r^2$	$5,382r$	$0,573r$
	90	$2,978r^2$	$4,997r$	$0,596r$
	85	$2,847r^2$	$4,693r$	$0,607r$
	80	$2,695r^2$	$4,430r$	$0,608r$
	75	$2,528r^2$	$4,190r$	$0,603r$
	70	$2,350r^2$	$3,965r$	$0,593r$
	65	$2,162r^2$	$3,751r$	$0,576r$
	60	$1,969r^2$	$3,545r$	$0,555r$
	55	$1,771r^2$	$3,342r$	$0,530r$
	50	$1,571r^2$	$3,142r$	$0,500r$
	45	$1,371r^2$	$2,941r$	$0,466r$
	40	$1,173r^2$	$2,738r$	$0,428r$
	35	$0,980r^2$	$2,532r$	$0,387r$
	30	$0,792r^2$	$2,318r$	$0,342r$
	25	$0,614r^2$	$2,094r$	$0,293r$
	20	$0,447r^2$	$1,854r$	$0,241r$
	15	$0,295r^2$	$1,591r$	$0,186r$
	10	$0,164r^2$	$1,287r$	$0,127r$
	5	$0,059r^2$	$0,902r$	$0,056r$

Tafel **69**.2 Querschnittswerte vollaufender Profile nach DIN 4263 im Verhältnis zum Kreisprofil (Index Kr) mit gleicher Breite $b = 2r$

Profil	Leitungs-querschnitt	$b:h$	A	U	R	Gauckler-Manning-Strickler		Prandtl-Colebrook	
						v/v_{Kr}	Q/Q_{Kr}	v/v_{Kr}	Q/Q_{Kr}
A1	**Kreisquerschnitt**	2:2	$3,142r^2$	$6,283r$	$0,500r$	1,0	1,0	1,0	1,0
B2	**Eiquerschnitt** überhöht	2,:3,5	$5,492r^2$	$8,621r$	$0,621r$	1,16	2,03	1,145	2,001
B3	normal	2:3	$4,594r^2$	$7,930r$	$0,579r$	1,11	1,62	1,096	1,603
B4	breit	2:2,5	$3,823r^2$	$7,032r$	$0,544r$	1,07	1,30	1,054	1,283
B5	gedrückt	2:2	$3,097r^2$	$6,286r$	$0,493r$	0,99	0,975	0,991	0,977
C6	**Maulquerschnitt** überhöht	2:2	$3,378r^2$	$6,603r$	$0,512r$	1,02	1,10	1,015	1,091
C7	normal	2:1,5	$2,378r^2$	$5,603r$	$0,424r$	0,895	0,68	0,902	0,683
C8	gedrückt	2:1,25	$1,937r^2$	$5,169r$	$0,375r$	0,82	0,51	0,835	0,514

Tafel **70**.1 Füllungskurve und Querschnittswerte des Eiprofils

Füllhöhe %	A	U	R
100	$4{,}593r^2$	$7{,}930r$	$0{,}579r$
93,3	$4{,}430r^2$	$6{,}643r$	$0{,}667r$
86,7	$4{,}147r^2$	$6{,}076r$	$0{,}683r$
80	$3{,}802r^2$	$5{,}612r$	$0{,}677r$
73,3	$3{,}422r^2$	$5{,}191r$	$0{,}659r$
66,7	$3{,}032r^2$	$4{,}788r$	$0{,}631r$
60	$2{,}624r^2$	$4{,}388r$	$0{,}598r$
53,3	$2{,}231r^2$	$3{,}985r$	$0{,}560r$
46,7	$1{,}847r^2$	$3{,}580r$	$0{,}516r$
40	$1{,}481r^2$	$3{,}169r$	$0{,}468r$
33,3	$1{,}136r^2$	$2{,}749r$	$0{,}413r$
26,7	$0{,}820r^2$	$2{,}319r$	$0{,}354r$
20	$0{,}536r^2$	$1{,}875r$	$0{,}287r$
13,3	$0{,}300r^2$	$1{,}413r$	$0{,}212r$
6,67	$0{,}112r^2$	$0{,}927r$	$0{,}121r$

Füllhöhe in %

Q und v in % $\longrightarrow$

2.5.5 Berechnungsbeispiele

Beispiel 1:   Gegeben $Q = 0{,}130$ m³/s $n = 400$ $k_{St} = 80$. Gesucht das entsprechende Kreisprofil mit vorh v und h' nach G-M-Str (Gauckler-Manning-Strickler)

Nach Tafel **61**.2 ist $z = Q\sqrt{n} = 0{,}130\sqrt{400} = 2{,}6$

Gewählt wird DN 450 mit $z = 2{,}97$ und

$$\text{voll } Q = \frac{z}{\sqrt{n}} = \frac{2{,}97}{\sqrt{400}} = 0{,}1485 \text{ m}^3/\text{s}$$

$$\text{voll } v = \frac{x}{\sqrt{n}} \quad \frac{18{,}69}{\sqrt{400}} = 0{,}9345 \text{ m/s}$$

Nach Tafel **68**.1 (Sauerbrey) ist

$$\frac{\text{vorh } Q}{\text{voll } Q} = \frac{0{,}130}{0{,}1485} = 0{,}88 \frac{h'}{h} = 72\% \quad \text{und} \quad h' = 0{,}72 \cdot 450 = 324 \text{ mm}$$

$$\frac{\text{vorh } v}{\text{voll } v} = 1{,}14 \quad \text{und} \quad \text{vorh } v = 1{,}14 \cdot 0{,}9345 = 1{,}065 \text{ m/s}$$

Tafel **71**.1   Füllungskurve und Querschnittswerte des Maulprofils

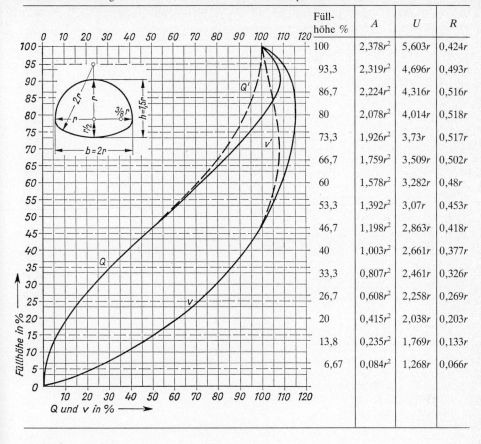

Füll-höhe %	A	U	R
100	$2{,}378r^2$	$5{,}603r$	$0{,}424r$
93,3	$2{,}319r^2$	$4{,}696r$	$0{,}493r$
86,7	$2{,}224r^2$	$4{,}316r$	$0{,}516r$
80	$2{,}078r^2$	$4{,}014r$	$0{,}518r$
73,3	$1{,}926r^2$	$3{,}73r$	$0{,}517r$
66,7	$1{,}759r^2$	$3{,}509r$	$0{,}502r$
60	$1{,}578r^2$	$3{,}282r$	$0{,}48r$
53,3	$1{,}392r^2$	$3{,}07r$	$0{,}453r$
46,7	$1{,}198r^2$	$2{,}863r$	$0{,}418r$
40	$1{,}003r^2$	$2{,}661r$	$0{,}377r$
33,3	$0{,}807r^2$	$2{,}461r$	$0{,}326r$
26,7	$0{,}608r^2$	$2{,}258r$	$0{,}269r$
20	$0{,}415r^2$	$2{,}038r$	$0{,}203r$
13,8	$0{,}235r^2$	$1{,}769r$	$0{,}133r$
6,67	$0{,}084r^2$	$1{,}268r$	$0{,}066r$

Beispiel 2:   Gegeben $Q = Q_x = 0{,}300 \text{ m}^3/\text{s}$ $n = 250$ $k_{St} = k_{Stx} = 90$

Gesucht das entsprechende normale Eiprofil mit vorh v und h' nach G-M-Str

Nach Tafel **62**.1 ist $z = Q_{80}\sqrt{n}$

Man könnte jetzt diese Tafel anwenden, wenn das Profil für $k_{St} = 80$ zu ermitteln wäre. Da $k_{Stx} = 90$ ist, muß nach Gl. (60.3) erst $Q_{80} = \dfrac{80}{k_{Stx}} Q_x$ ermittelt werden.

Damit wird $z = \dfrac{80}{k_{Stx}} Q_x\sqrt{n} = \dfrac{80}{90} \, 0{,}30 \, \sqrt{250} = 4{,}22$

Gewählt wird Ei 500 × 750 mit $z = 6{,}34$ und

$$\text{voll } Q_{80} = \frac{z}{\sqrt{n}} = \frac{6{,}34}{\sqrt{250}} = 0{,}4 \text{ m}^3/\text{s} \qquad \text{voll } v_{80} = \frac{x}{\sqrt{n}} = \frac{22{,}1}{\sqrt{250}} = 1{,}4 \text{ m/s}$$

$$\text{voll } Q_{90} = \frac{90}{80} \, 0{,}4 = 0{,}45 \text{ m}^3/\text{s} \qquad \text{voll } v_{90} = \frac{90}{80} \, 1{,}4 = 1{,}58 \text{ m/s}$$

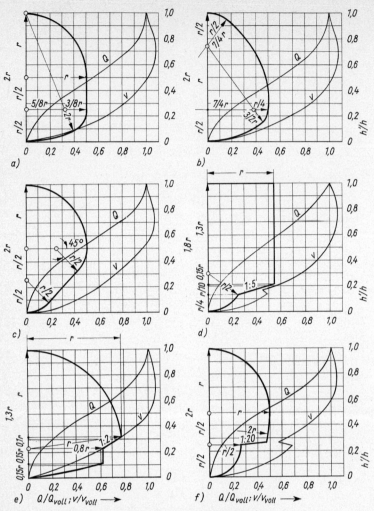

72.1   Teilfüllungskurven weiterer gebräuchlicher Profile

a) Profil C 6 (Taf. **58**.1), überhöhter Maulquerschnitt,
   $b/h = 2/2$; $A = 3,378r^2$; $U = 6,603r$; $R\ 0,512 \cdot r$; $v/v_{Kr} = 1,015$; $Q/Q_{Kr} = 1,09$

b) Profil Haubenquerschnitt (auch: Parabelquerschnitt)
   $b/h = 2/2$; $A = 3,007r^2$; $U = 6,283r$; $R = 0,479r$; $v/v_{Kr} = 0,974$; $Q/Q_{Kr} = 0,932$

c) Profil Drachenquerschnitt
   $b/h = 2/2$; $A = 2,921r^2$; $U = 6,127r$; $R\ 0,477r$; $v/v_{Kr} = 0,971$; $Q/Q_{Kr} = 0,903$

d) Profil Kastenquerschnitt mit runder Sohlrinne,
   $b/h = 2/1,8$; $A = 3,297r^2$; $U = 7,199r$; $R = 0,46r$; $v/v_{Kr} = 0,949$; $Q/Q_{Kr} = 0,996$

e) Profil Haubenquerschnitt mit dreieckiger Fließrinne (für große Kanäle und Durchlässe in
   Wellblechüberwölbung geeignet), $b/h = 2/1,3$; $A\ 1,911r^2$; $U = 5,317r$; $R = 0,359r$; $v/v_{Kr} = 0,813$; $Q/Q_{Kr} = 0,494$

f) Profil D 10 (Taf. **58**.1) Rinnenquerschnitt mit beidseitigem Auftritt,
   $b/h = 2/2$; $A = 2,933r^2$; $U = 6,563r$; $R = 0,447r$; $v/v_{Kr} = 0,932$; $Q/Q_{Kr} = 0,87$

Nach Tafel **68**.1 (Sauerbrey) ist

$$\frac{\text{vorh } Q}{\text{voll } Q} = \frac{0,3}{0,45} = 0,667 \quad \frac{h'}{h} = 59\% \quad \text{und} \quad h' = 0,59 \cdot 750 = 443 \text{ mm}$$

$$\frac{\text{vorh } v}{\text{voll } v} = 1,10 \quad \text{und} \quad \text{vorh } v = 1,10 \cdot 1,58 = 1,74 \text{ m/s}$$

Beispiel 3: Gegeben $Q = 1,400 \text{ m}^3/\text{s}$ $n = 500$ $k_{\text{St}} = 80$
Gesucht der gedrückte Eiquerschnitt Form B5 nach G-M-Str
Nach Tafel **69**.2 ist $Q = 0,975\ Q_{\text{Kr}}$ und $v = 0,99\ v_{\text{Kr}}$

$$Q_{\text{Kr}} = \frac{Q}{0,975} = \frac{1,40}{0,975} = 1,44 \text{ m}^3/\text{s}$$

Nach Tafel **61**.2 ist $z = Q\sqrt{n} = 1,44\sqrt{500} = 32,2$.
Gewählt wird Kreisprofil DN 1200 $\triangleq$ gedrückter Eiquerschnitt 1200 × 1200

Beispiel 4: Gegeben Maulprofil Form C7 2000 × 1500, $n = 900$ und eine Füllhöhe $h' = 1000$ mm, $k_{\text{St}} = 80$. Gesucht vorh Q und vorh v nach G-M-Str
Nach Tafel **62**.2 ist

$$\text{voll } Q = \frac{z}{\sqrt{n}} = \frac{107,3}{\sqrt{900}} = 3,58 \text{ m}^3/\text{s} \quad \text{und} \quad \text{voll } v = \frac{x}{\sqrt{n}} = \frac{45,2}{\sqrt{900}} = 1,51 \text{ m/s}$$

Mit $\quad \dfrac{h'}{h} = \dfrac{1000}{1500} = 0,667$ wird nach Tafel **71**.1 $\quad \dfrac{\text{vorh } Q}{\text{voll } Q} = 0,83$ und $\dfrac{\text{vorh } v}{\text{voll } v} = 1,12$

vorh $Q = 0,83 \cdot 3,58 = 2,97 \text{ m}^3/\text{s}$ vorh $v = 1,12 \cdot 1,51 = 1,69$ m/s

Beispiel 5: Gegeben $Q = 0,850 \text{ m}^3/\text{s}$ $J = 1{:}300$ $k_{\text{b}} = 1,5$ mm
Gesucht Kreisprofil mit vorh v und h' nach Prandtl-Colebrook
Nach Tafel **66**.1 wird gewählt DN 900 mm mit voll $v = 1,62$ m/s und voll $Q = 1030$ l/s

$$\frac{\text{vorh } Q}{\text{voll } Q} = \frac{850}{1030} = 0,825$$

Nach Tafel **69**.1 (Q'-Kurve) ist $\dfrac{h'}{h} = 72\%$ und $h' = 0,72 \cdot 900 = 648$ mm

$$\frac{\text{vorh } v}{\text{voll } v} = 108\% \quad \text{und} \quad \text{vorh } v = 1,08 \cdot 1,62 = 1,75 \text{ m/s}$$

Beispiel 6: Gegeben $Q = 1,3 \text{ m}^3/\text{s}$ $J = 1{:}200$ $k_{\text{b}} = 1,5$ mm
Gesucht das gedrückte Maulprofil Form C8 nach Prandtl-Colebrook
Nach Tafel **69**.2 ist

$$\frac{v}{v_{\text{kr}}} = 0,835 \quad \text{und} \quad \frac{Q}{Q_{\text{Kr}}} = 0,514$$

$$Q_{\text{Kr}} = \frac{Q}{0,514} = \frac{1,3}{0,514} = 2,53 \text{ m}^3/\text{s} = 2530 \text{ l/s}$$

Nach Tafel **66**.1 wird gewählt $\varnothing$ 1200 mm mit voll $v = 2,38$ m/s und voll $Q = 2686$ l/s.
Das Maulprofil hat die Maße $b = 2r = 1200$ mm, $h = 1,25 \cdot 600 = 700$ mm (vgl. Tafel **69**.2)
voll $v = 0,835 \cdot 2,38 = 1,99$ m/s   voll $Q = 0,514 \cdot 2686 = 1380$ l/s.

2.5.6   Offene Kanäle (Gerinne)

Offene Kanäle oder Gerinne kommen mit regelmäßigem Betonquerschnitt in Kläranlagen vor. Sie sind hier besonders geeignet, weil das Abwasser flach unter Gelände durch die Anlagen geleitet wird. Außerdem kann man das Abwasser beobachten.

Es sind in Bild **74**.1 auf der Grundlage der Formel von Gauckler-Manning-Strickler jeweils für das Rechteck- und Trapezprofil die Q- und v-Kurven bei verschiedenen Füllungsgraden $\dfrac{h'}{h}$ aufgezeichnet. Die Kurven sind Vergleichskurven zum Kreisprofil mit gleichem d.

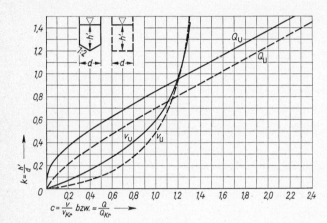

74.1
Abfluß in offenen Gerinnen

d für das Gerinne ist zu wählen. Man bildet zunächst das Verhältnis $\dfrac{Q}{Q_{Kr}}$ (Q_{Kr} = abfließende Wassermenge im Kreisprofil mit d bei Vollfüllung und gleichem J), geht dann zur $Q \sqcup$ = oder $Q \cup$-Kurve hinauf und nach links hinüber um den Wert $\dfrac{h'}{d}$ abzulesen, woraus h' zu errechnen ist.

Die DIN 19556 empfiehlt als Maße für Rechteckrinnen: $b = d = 0,2$; $0,3$ bis $0,8$; $1,0$ bis $5,0$ m, Sicherheitsüberstand $m = 0,2$ m.

Beispiel: Gegeben $Q = 0,250$ m³/s $J = 1:400$ $k_{St} = 80$
Gesucht d und h' des Rechteckprofils bei etwa quadratischem Fließquerschnitt
Gewählt $d = 450$ mm
Nach Tafel **61**.2 ist

$$Q_{Kr} = \frac{2,97}{\sqrt{400}} = 0,1485 \text{ m}^3/\text{s} \qquad v_{Kr} = \frac{18,69}{\sqrt{400}} = 0,9345 \text{ m/s}$$

$$\frac{Q}{Q_{Kr}} = \frac{0,250}{0,1485} = 1,68 \quad \text{nach Bild } \mathbf{74}.1 \quad \frac{h'}{d} = 1,07 \quad h' = 1,07 \cdot 450 = 482 \text{ mm}$$

$$\frac{v}{v_{Kr}} = 1,23 \qquad\qquad v = 1,23 \cdot 0,9345 = 1,15 \text{ m/s}$$

2.6 Entwurf einer Ortsentwässerung

2.6.1 Begrenzung des Entwässerungsgebietes

Die Begrenzung ergibt sich vorwiegend aus seiner Oberflächengestalt. Die Fläche, deren Abwasser mit natürlichem Gefälle einem Tiefpunkt zugeführt werden kann, ist das Einzugsgebiet des Tiefpunktes. Noch unbebautes Stadtgebiet sollte als bebaut angenommen werden, wenn mit seiner Bebauung innerhalb der nächsten 50 Jahre zu rechnen ist. Die Bebauungspläne veranschaulichen die städtebauliche Situation. Das daraus entstehende planerische Bild sollte möglichst großzügig abgerundet werden.

Entwässerungstechnisch ist dann am weitesten vorausgeplant, wenn die Wasserscheiden das Einzugsgebiet ohne Rücksicht auf politische Grenzen bestimmen; für dieses ermittelte Gebiet wird das Kanalnetz entworfen. Die Entwässerungsleitungen folgen den Straßenzügen oder liegen im öffentlichen Gelände. Die Lage des Hauptsammlers wird durch die Notwendigkeit bestimmt, sein Einzugsgebiet möglichst groß zu machen. Es ist daher erwünscht, ihn in die „Schwerlinie" des Gesamtgebietes zu legen. Meistens wird er der Linie mit dem kleinsten Gefälle zum Tiefpunkt folgen. Wenn Ortschaften an Wasserläufen liegen, werden sich die Hauptsammler im wesentlichen deren Verlauf anpassen. Besonders tiefliegende Teile des Gesamteinzugsgebietes sind über eine Abwasserhebeanlage an das Hauptgebiet anzuschließen.

2.6.2 Beschaffenheit des Entwässerungsgebietes

Für den Entwurf des Entwässerungsnetzes ist die Höhenermittlung eine wichtige Voraussetzung. Die Meßtischblätter der Landesaufnahme im Maßstab 1:25 000 geben zwar gute Anhaltspunkte, müssen aber stets durch ausführliche Höhenmessungen ergänzt werden. In einem Lageplan M 1:1000 bis 1:5000, der alle Straßenfluchtlinien und Gewässer enthält, sind die Straßenhöhen einzutragen. Soweit sie nicht aus vorhandenen Plänen entnommen werden können, sind Höhenaufnahmen erforderlich. Wichtige Höhenpunkte sind Straßenkreuzungen, Endpunkte der Kanäle und alle Gefällwechsel der Straßenoberflächen. Für die Ermittlung des Erdaushubs im Kostenvoranschlag oder im Leistungsverzeichnis genügen Höhenordinaten im Abstand von ≈ 50 m, falls das Gelände nicht besonders starke Gefällwechsel enthält.

Vorhandene Entwässerungsleitungen und Gräben sind nach Lage, Größe und Gefälle aufzumessen. Sind sie brauchbar, so werden sie zur Ableitung von Regenwasser herangezogen. Weitere wichtige Faktoren für die bauliche Ausbildung der Kanäle sind die Bodenbeschaffenheit und der Grundwasserstand. Erforderlichenfalls sind Probebohrungen und Grundwasseruntersuchungen durchzuführen.

2.6.3 Vorüberlegung zu den Hauptteilen einer Ortsentwässerung

Bau- und Betriebskosten einer Ortsentwässerung sind am niedrigsten, und das Klärwerk arbeitet am zuverlässigsten, wenn das gesamte Abwasser in einem System gesammelt und gereinigt wird. Dieser Grundsatz sollte unter allen Umständen beachtet werden. Auch mehrere Ortschaften können zu einem Entwässerungsgebiet zusammengefaßt werden. Den größten Einfluß auf die Wahl des Entwässerungsverfahrens hat jedoch die Lage des Gebietes zum Vorfluter (**55**.1).

Der Hauptsammler wird durch die Oberflächengestalt, den Verlauf des Vorfluters und die Lage der Reinigungsanlage festgelegt. Selbst wenn das Regenwasser im Einzugsgebiet nach mehreren verschiedenen Vorflutern abgeführt wird, ist oft die Zusammenfassung des gesamten Schmutzwassers an einem Punkt die günstigere Lösung, auch wenn eine Bodenerhöhung durchstoßen oder durch Pumpen überwunden werden muß.

2.6.3.1 Kläranlage und Abwasserpumpwerke

Wichtig ist die frühzeitige Entscheidung über die Art der Abwasserreinigung und über den Standort der Kläranlage. Eine Landbehandlung des Abwassers ist meist nicht möglich, weil die erforderlichen sehr großen Flächen und ihre Bewirtschaftung nicht sichergestellt werden können. Dagegen läßt sich eine Anlage zur künstlichen biologischen Reinigung, auch Teichkläranlagen, auf viel kleinerer Fläche und bei moderner Ausführung und sorgfältigem Betrieb ohne Geruchsbelästigung in unmittelbarer Stadtnähe unterbringen. Möglichst ist ein Abstand zur nächsten Wohnbebauung (mindestens etwa 400 m, o. ä.) einzuhalten.

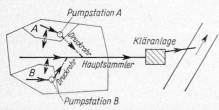

76.1 Abwasserhebung: tiefliegende Teilgebiete ohne natürliche Vorflut zum Hauptsammler

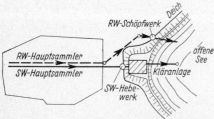

76.2 Abwasserhebung: Gesamteinzugsgebiet ohne oder mit nur zeitweiliger Vorflut. Ständige Hebung des Schmutzwassers, ständige oder nur zeitweilige Hebung des Regenwassers (Tide)

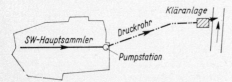

76.3 Abwasserhebung: Gesamteinzugsgebiet ohne natürliche Vorflut zur Kläranlage

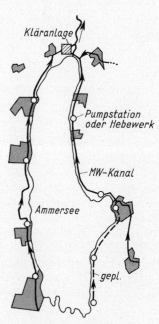

76.4 Abwasserhebung aus Mischwasserkanälen zur Vermeidung unwirtschaftlicher Tiefenlagen rings um den Ammersee (Typ der modernen Seesanierung)

Über das Reinigungsverfahren entscheidet die Wasserführung und Selbstreinigungskraft des Vorfluters. Der Entwurfsbearbeiter muß die Forderungen der Wasserwirtschaftsverwaltung kennen. Die Reinigungsanlage muß so hoch liegen, daß das gereinigte Abwasser auch bei Hochwasser mit natürlichem Gefälle in den Vorfluter abfließen kann. Bei allgemein tiefer Lage des Stadtgebietes ergibt sich dadurch jedoch für den Hauptsammler ein sehr flaches Gefälle, so daß man oft ein Abwasserpumpwerk dazwischenschalten muß. Auch innerhalb größerer Kläranlagen werden Pumpwerke notwendig. Die Bilder **76**.1 bis 3 zeigen häufige Fälle der Abwasserhebung. Bild **76**.4 zeigt die stufenförmige Hebung im Zuge einer See-Ringleitung.

2.6.3.2   Leitungsnetz

Verschiedene, örtlich bedingte Faktoren bestimmen die Form des Leitungsnetzes. Ein bestimmtes Schema gibt es nicht. Charakteristische Netzformen, auf die der entwerfende Ingenieur am Ende der Entwurfsarbeit immer wieder zurückkommt, sind in Bild **77**.1 gezeigt.

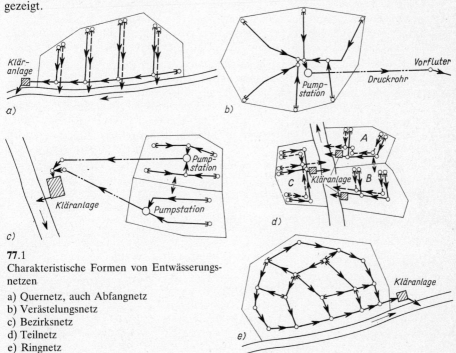

77.1
Charakteristische Formen von Entwässerungsnetzen

a) Quernetz, auch Abfangnetz
b) Verästelungsnetz
c) Bezirksnetz
d) Teilnetz
e) Ringnetz

Quernetz mit SW-Abfangsammler. Die RW-Sammler verlaufen etwa quer zur Richtung des Vorfluters und münden unmittelbar in diesen ein. Die SW-Sammler werden am Vorfluter durch einen Hauptsammler abgefangen (Abfangnetz).

Verästelungsnetz. Muß bei ebenem Gelände das Abwasser zum Vorfluter gehoben werden, so legt man das Pumpwerk in den Schwerpunkt des Entwässerungsnetzes. Bei unebenem Gelände wird das Abwasser im Tiefpunkt des Gebietes zusammengeführt. Die Kanäle durchziehen wie die Äste eines Baumes das Einzugsgebiet.

Bezirksnetz. Ist die zentrale Zusammenfassung des Abwassers bei großen Entwässerungsgebieten nicht möglich, so wird nach der Oberflächengestaltung das Gebiet in Bezirke aufgeteilt. Jeder Bezirk hat sein eigenes Leitungssystem und führt das Abwasser über ein Pumpwerk der gemeinsamen Kläranlage zu.

Teilnetz. Ebenfalls nur bei großen Entwässerungsgebieten kommt eine Aufteilung in Teilgebiete in Frage. Jedes Teilgebiet sammelt und klärt das Schmutzwasser in einer eigenen Kläranlage.

Ringnetz. Fällt die Oberfläche des Entwässerungsgebietes nach allen Seiten hin ab, dann wird es zweckmäßig mit einem Ringkanal umgeben, in den von der Mitte her die Nebenkanäle einmünden.

Abgrenzung der Sammlergebiete. Man unterscheidet ihrer Bedeutung nach Nebenkanäle, die auf kürzestem Wege zum Sammler führen und den Straßen folgen, sowie Sammler und Hauptsammler. Zur Verkürzung kann man durch öffentliche Grünflächen oder in Ausnahmefällen über private Grundstücke (Grunddienstbarkeit) gehen. Jeder Sammler hat eine Gruppe von Nebenkanälen aufzunehmen. Sein Einzugsgebiet ergibt sich aus der Geländegestalt. Es wird durch die Wasserscheide gegenüber dem Bereich des nächsten Sammlers abgegrenzt. Die Einzugsgebiete der einzelnen Sammler sollen im Lageplan des Entwurfs besonders kenntlich gemacht werden.

Um kleinere Bodenerhebungen zu durchqueren, werden unter Umständen Baugrubentiefen bis zu 10 m, die noch in offener Baugrube erreicht werden können, in Kauf genommen. Liegt der Kanal noch tiefer, muß man besondere Bauverfahren anwenden, z. B. das Durchpressen eines Mantelrohres. Man wird vermeiden, derart tiefe Baugruben für längere Strecken (mehrere hundert Meter) zu planen. In solchen Fällen wird das anfänglich als geschlossene Einheit gedachte Entwässerungsgebiet besser in 2 oder 3 Sammlergebiete aufgeteilt.

Die Sammler münden in einen Hauptsammler, der das Abwasser zum Klärwerk, zu einer Hauptpumpstation oder direkt in den Vorfluter (Regenwasser) leitet. Große Entwässerungsgebiete haben mehrere Hauptsammler.

2.6.3.3   Lage der Leitungen im Straßenkörper

Werden Leitungsachsen in städtischen Straßen festgelegt, so ist zu berücksichtigen, daß der Straßenquerschnitt eine große Zahl von Leitungen aller Art aufzunehmen hat (**78**.1).

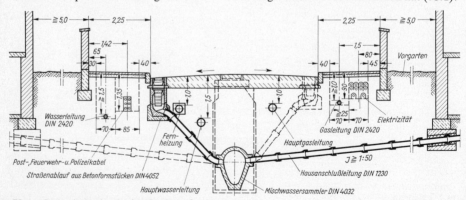

78.1   Querschnitt durch eine Stadtstraße

Da in den letzten Jahrzehnten diese Leitungen nach und nach verlegt wurden, sind sie oft nicht planvoll verteilt. Dann ist es schwierig, neue Leitungen unterzubringen. Bei Straßenneubauten sollte man jedenfalls die „Richtlinien für das Einordnen von öffentlichen Versorgungsleitungen" (DIN 1998) beachten. Transportleitungen werden in den Seiten, Entwässerungsleitungen in der Mitte der Fahrbahn und Versorgungs- und Verkehrsleitungen in den Gehwegen verlegt. Weil die Hauptsammler der Entwässerung an das erforderliche Gefälle gebunden sind, müssen sie den Vorrang haben; notfalls sind vorhandene Transport- und Versorgungsleitungen umzulegen. Bei der Wahl der Leitungsachse sind jedoch noch andere Gesichtspunkte maßgebend, wie z. B. die Rücksichtnahme auf den Verkehr während der Bauausführung. Normalerweise wird e i n e Entwässerungsleitung in die Straßenmitte gelegt. Ist die Straße jedoch breiter als ≈ 25 m, so verlegt man, um an Länge bei den Anschlußleitungen zu sparen, auf jeder Straßenseite eine Straßenleitung. Man verbessert damit auch das Gefälle der Hausanschlüsse. Eine Straßenleitung wird dann als Haupt- und die andere als Nebenleitung ausgeführt, die in Abständen durch kurze Verbindungsleitungen an die Hauptleitung angeschlossen wird. Größere Plätze erhalten ringsherum Entwässerungsleitungen. Grünflächen können ohne Bedenken unterfahren werden. Wird nach dem Trennverfahren entwässert, so werden Regen- und Schmutzwasserleitungen möglichst zusammen in einer Baugrube verlegt, um Kosten zu sparen.

Einsteigschächte. Sie sind wichtige Betriebseinrichtungen des Kanalnetzes und dienen zum Be- und Entlüften, Reinigen, Spülen und zur baulichen Unterhaltung der Entwässerungsleitungen. Angeordnet werden sie bei horizontaler Richtungsänderung (**79**.1a), Kanalzusammenführungen (**79**.1b), Gefällewechsel (**79**.1c), Querschnittsänderungen (**79**.1d), Abstürzen (**79**.1e), an Leitungsendpunkten (**79**.1f) und bei geraden Leitungsstrecken (**79**.1g) in gewissen Abständen, die bei Kanal-*DN* < 1200 50 bis 70 m und bei Kanal-*DN* ≧ 1200 70 bis 100 m nicht überschreiten sollen. Für begehbare Leitungen kann dieses Maß weiter vergrößert werden. Bei stark gekrümmten Straßenzügen werden die Haltungen (Kanallängen zwischen zwei Schächten) verkürzt.

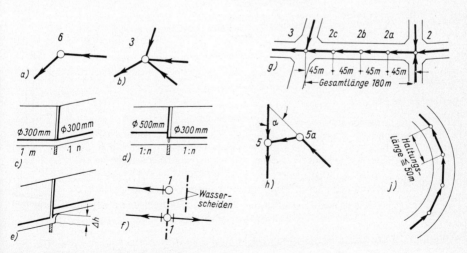

79.1 Anordnung von Einstiegschächten

Für die Entlüftung ist es günstig, Kanalenden auch dann durch eine Haltung zu verbinden, wenn diese als Entwässerungsleitung nicht erforderlich wäre.

Nicht günstig ist es, eine Haltung gegen die Fließrichtung des abführenden Kanals einzuleiten. Dies führt zu großen Umleitungsfließrinnen und damit zu großen Schächten. Hier fügt man zweckmäßig einen Zwischenschacht ein (**79**.1h). Bei Straßenbögen verkürzt man die Haltungen zu einem Sehnenzug (**79**.1j).

2.6.3.4   Tiefenlage der Leitungen

Die Mindesttiefenlage der Schmutzwasserleitungen des Trennverfahrens wurde bisher oft durch den Anschluß der Kellereinläufe der älteren Gebäude bestimmt; i. allg. liegen die Leitungen damit frostsicher. Normalerweise ergeben sich dann die in Bild **80**.1 dargestellten Höhenverhältnisse. Die nach DIN 1986 (9.78) ausgeführten Gebäude trennen i. a. die Abläufe der Obergeschosse von denen des Kellergeschosses. Das Schmutzwasser des Kellergeschosses und das Niederschlagswasser tiefer Flächen, beides unterhalb der Rückstauebene, wird über Hebeanlagen den öffentlichen Kanälen zugeführt. Damit ergibt sich die Möglichkeit, geringere Mindesttiefen für die Straßenkanäle anzunehmen. Wenn man auf den direkten Anschluß des Kellerablaufs verzichtet (s. DIN 1986, Bl. 1, Ziffer 8), kann man die Mindesttiefe des SW-Kanals auf etwa 2,0 m verringern. Der RW-Kanal sollte jedoch wegen der in der Regel flacheren Vorflut höher liegen als der SW-Kanal. Zu beachten ist auch die Reinwasserleitung in etwa 1,50 m Tiefe.

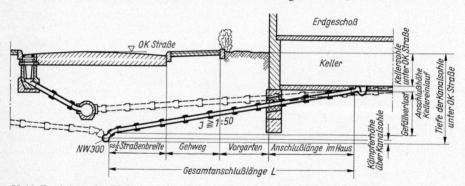

80.1   Ermittlung der Tiefenlage eines Schmutzwasserkanals bei Anschluß des Kellerablaufs

Beispiel zu Bild **80**.1:

≈ ½ Straßenbreite	= 2,40 m		Kellerfußbodentiefe unter OK-Straße	= 1,80 m
Gehweg	= 2,20 m		Tiefe des Kellereinlaufstutzens	= 0,25 m
Vorgarten	= 2,00 m		Gefällverlust = 1/50 L = 1/50 · 10,10	= 0,20 m
Anschlußlänge im Haus	= 3,50 m		Kämpferhöhe über Kanalsohle	= 0,15 m
			Höhenverlust für Abzweigstutzen und Bogen	= 0,10 m
Gesamtanschlußlänge L	= 10,10 m		Tiefe der Kanalsohle unter OK-Straße	= 2,50 m
			Richtwert	≈ 2,50 m

Die Mindesttiefe der Regenwasserleitungen des Trennverfahrens wird i. allg. durch den längsten Hofsinkkastenanschluß bestimmt. Weil bereits die RW-Hausanschlußleitungen frostfrei liegen sollen, kommt man in den Anfangshaltungen meist zu Tiefen, die $\approx 0,5$ m kleiner sind als die der SW-Kanäle. Dachfalleitungen und Straßensinkkästen lassen sich dann ohne Schwierigkeiten anschließen. Schon bei verhältnismäßig kleinen Einzugsgebieten städtischen Charakters ergeben sich schnell große Profile. Besonders bei hohen Profilformen bedeutet dies bei gleicher Höhenlage des Anschlußpunktes im Kämpfer eine Vertiefung der Sohlenlage.

Mischwasserkanäle erfordern folgerichtig die größten Sohlentiefen. Bei gleicher Höhenlage des Kämpfers liegen ihre Sohlen wegen der größeren Profile gegenüber den kleineren SW-Kanälen beim Trennsystem tiefer.

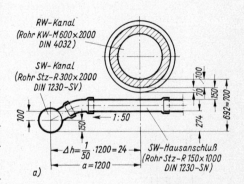

Normalerweise können für Kanäle in Straßen als Mindesttiefen der Kanalsohle unter Straßenoberkante angenommen werden:

Kanäle	SW-	RW-	MW-
breite Großstadtstraßen	3,0 m	2,5 m	3,0 m
Wohnstraßen	2,5 m	2,0 m	2,5 m
für Landgemeinden	2,5 m	1,8 m	2,5 m

Bild **81**.1a zeigt die Kreuzung einer SW-Hausanschlußleitung mit einem RW-Kanal Ø 300 mm. Die Sohlen-Höhendifferenz der Straßenkanäle wurde mit 600 mm ermittelt. Bei kleineren SW-Kanälen kommt man mit 500 bis 550 mm aus. Es empfiehlt sich, bei Straßenkanälen mit 0,20 bis 0,40 cm Ø als ungefähre Anschlußhöhe für die Sohle des Anschlußkanals die Kämpferhöhe + 0,10 m anzunehmen. Bei größeren Profilen schließt man ohne Vertikalkrümmer in Kämpferhöhe an.

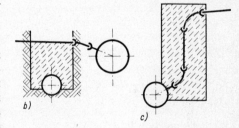

Bild **81**.1b zeigt die Setzungssicherung der Anschlußleitung über der Baugrube des kreuzenden Straßenkanals bei unsicherem Baugrund. Bild **81**.1c zeigt die Stampfbetonummantelung der Aufkrümmung des Hausanschlusses. Dies ist bei tiefen Straßenkanälen üblich und die Ummantelung notwendig, um zu vermeiden, daß Abzweig oder Krümmer abreißen.

Das Bild **81**.1d und die Tafel **82**.2 geben die Mindesttiefen der Straßenabläufe und der aufnehmenden Straßenkanäle an. Zu den Gesamttiefen der Tafel **80**.2 ist noch

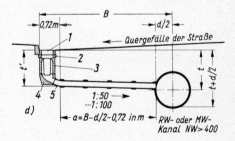

81.1 Anschlußleitungen im Verhältnis zu den Straßenkanälen

a) Höhendifferenz beim Trennsystem
b) und c) bauliche Sicherung von Anschlußleitungen
d) Höhenverhältnisse bei Straßenabläufen (vgl. auch Tafel **82**.2)

Tafel **82**.1   Abmessungen eines Straßenablaufs

Nr. nach **81**.1 d	Bauteil	Länge in cm mit	
		langem Schaft	kurzem Schaft
1	Aufsatz (DIN 4293)	17,0	17,0
2	Unterlagsring (DIN 4052)	8,0	8,0
3	Schaft (DIN 4052)	57,0	19,5
4	Bodenteil (DIN 4052)	$\approx 30,0$	$\approx 30,0$
5	Krümmer (DIN 1230 oder DIN 4032)	$\approx 7,0$	$\approx 7,0$
	Gesamttiefe t'	119,0	81,5

$\Delta h = J_{\text{Anschlußleitung}} \cdot a$, meist $\dfrac{1}{50} a$, und $d/2$ des Straßenkanals hinzuzurechnen, um die Sohlentiefe zu erhalten. Bei kleinen Straßenkanälen sollte man wie oben statt $d/2$, $(d/2 + 0,10)$ m addieren.

Z. B.:   Ablauf lang   B = 5,00 m   RW-Kanal $\varnothing$ 400 mm $t' = 1,19$ m

$$a = 5,00 - 0,20 - 0,72 = 4,08 \text{ m} \quad \Delta h = \frac{1}{50} \cdot 4,08 = 0,082 \text{ m}$$

$$t = 1,19 + 0,08 = 1,27 \quad t + (d/2 + 0,1) = 1,27 + (0,2 + 0,1) = 1,57 \text{ m}$$

(Mindesttiefe, um den Ablauf aufzunehmen).

Die erforderliche Kanaltiefe wird in der Regel durch Frostfreiheit oder durch den längsten RW-Hausanschluß bestimmt. Lediglich bei Anfangshaltungen kann der Straßenablauf maßgebend werden. Wenn unter Verzicht auf die Frosttiefe der Vorfluter erreicht werden muß liegen RW-Leitungen u. U. bei kleinem Gefälle sehr flach.

2.6.3.5 Gefälle

Das Schmutzwasser enthält Fäkalien, Küchenabfälle und sonstige Abfallstoffe aus den Haushaltungen; das Regenwasser Sand, Kies und Schmutzstoffe der Straße, Mischwasser alle diese Stoffe. Ist die Fließgeschwindigkeit des Abwassers zu gering, lagern sich die schweren Teile am Boden der Kanäle ab; ist sie zu groß, wird die Kanalsohle abgerieben. Maßgebend für diese Vorgänge ist die Schleppspannung S.

$$S = \varrho \cdot g \cdot R \cdot J \quad \frac{\text{N}}{\text{m}^2} = \frac{\text{kg}}{\text{m}^3} \cdot \frac{\text{m}}{\text{s}^2} \cdot \text{m} \cdot 1 \qquad \text{N} = 1 \text{ kg} \cdot \frac{\text{m}}{\text{s}^2} \qquad (82.1)$$

$$S = 1000 \cdot 9,81 \cdot \frac{d}{4} \cdot \frac{1}{d \cdot 1000}$$

näherungsweise: $S = 10\,000 \cdot \dfrac{d}{4} \cdot \dfrac{1}{d \cdot 1000} = 2,5 \text{ N/m}^2$

Z. B. für LW 200 und $J = 1:200$ mit $R = \dfrac{d}{4} = 0,2/4 = 0,05$ m:

$$S = 1000 \cdot 9,81 \cdot 0,05 \cdot \frac{1}{200} \approx 2,5 \text{ N/m}^2$$

Schleppspannung S ist die im Abfluß auf 1 m² Kanalsohle wirkende, über den Querschnitt gemittelte Kraft in Fließrichtung. Sie ist bei Halb- und bei Vollfüllung des Kreisprofils erreicht, wenn $J = 1/d$ ist ($d = LW$ der Leitung in mm) (Faustformel).

ϱ = Dichte des Wassers in Kg/m^3
g = Normalfallbeschleunigung in m/s^2
R = hydraulischer Radius des teilgefüllten Kanals in m
J = Spiegelgefälle des Kanals; es wird für die praktische Berechnung dem Sohlengefälle gleichgesetzt (Normalabfluß).

Für den Entwurf ist sowohl min J wie auch max J von Interesse (Tafel **83**.1). Bestimmt werden beide durch die Grenzwerte der Schleppspannnung: 2,5 N/m^2 $\leq$ S $\leq$ 43 N/m^2.

Tafel **83**.1 Sohlengefälle von Entwässerungsleitungen

Leitungen LW in mm = d	kleinste Gefälle	größte Gefälle	günstigste Gefälle
Hausanschlüsse	1: 100	1:10	1: 50
∅ 200 bis 300	1: 200 bis 1: 300	1:10 bis 1:15	1: 50 bis 1: 200
∅ 300 bis 600	1: 300 bis 1: 600	1:20	1:100 bis 1: 300
∅ 600 bis 1000	1: 600 bis 1:1000	1:30	1:200 bis 1: 400
∅ 1000 bis 2000	1:3000	1:50	1:300 bis 1:1000

Für die Praxis bezieht man sich besser auf die Grenzgeschwindigkeiten. Es soll min v = 0,5 m/s sein, max v ist vom Rohrmaterial abhängig, die ATV [1 b] schlägt 6 bis 8 m/s vor. Man kann hier verbindliche Werte nur durch Langzeitversuche, Kipprohre mit Sand-Wasser-Gemisch, ermitteln, die aber bisher noch nicht für jedes Rohrmaterial und nach nicht vergleichbaren Versuchsbedingungen durchgeführt wurden. Es ist zur Zeit üblich, mit obenstehenden Werten max v zu rechnen:

Rohrart	max v in m/s
Steinzeug-Rohre	10,0
Beton-Rohre nach DIN 4032	6,0
Stahlbetonrohre	8,0 bis 12,0 (je nach Betongüte)
Asbestzementrohre	6,0
epoxidharzbeschichtete Beton- oder Asbestzementrohre	10,0
PVC-Rohre	5,0

Sehr oft werden diese Fließgeschwindigkeiten überschritten und damit die Betriebsdauer der Rohre u. U. eingeschränkt. Optimale Fließgeschwindigkeiten liegen bei 0,6 bis 1,5 m/s.

Läßt sich beim Entwässerungsentwurf für min v = 0,5 m/s das notwendige Gefälle nicht erreichen, muß der Kanal regelmäßig gespült werden. Besonders unangenehm sind Ablagerungen an den SW-Kanälen (Fäulnis, Geruch). Die Anfangshaltungen eines Kanalnetzes sind diesen Mängeln durch die geringe Wasserführung besonders häufig ausgesetzt.

Unter dem Gefälle einer Entwässerungsleitung wird i. allg. ihr Sohlengefälle J_s verstanden. Für die Abflußleistung einer Leitung ist jedoch das Gefälle des Wasserspiegels J maßgebend. Dieses Spiegelgefälle stimmt in der Regel nicht mit dem Sohlengefälle überein. Eine gleichförmige stationäre Strömung herrscht jedoch nur bei $J = J_s$. Man versucht, durch die Wahl des Sohlengefälles diesem Idealfall möglichst nahezukommen. Von dem verfügbaren Gesamtgefälle eines Kanalzuges werden also die oberen Haltungen einen größeren Anteil bekommen als die unteren (**84**.1). Die Spiegellinien müssen um so steiler sein, je kleiner das

Profil ist. Denn deren hydraulischer Radius ist klein und die Wandreibung groß. Sie läßt sich nur durch eine große Schleppspannung überwinden. Diese ist aber dem Spiegelgefälle proportional [Gl. (82.1)].

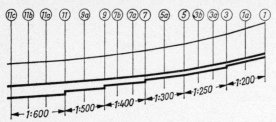

84.1
Längsschnitt durch einen Kanalzug

Verschieden große Profile können regenwetter-, scheitel- und sohlengleich verbunden werden. R e g e n w e t t e r g l e i c h wird man bei großen Wassermengen anschließen, um durch den Profilwechsel keine Unruhe in die Strömung zu bringen. Die Sohlenhöhen der Kanäle werden so angeordnet, daß die Wasserspiegellinie beim Abfluß des Berechnungsregens gleichmäßig durchläuft. S c h e i t e l g l e i c h sollte man anschließen, wenn genügend Gefälle zur Verfügung steht (**84**.2). S o h l e n g l e i c h wird man verbinden, wenn wenig Gefälle z. Verfügung steht und durch den Profilwechsel keine Höhe verloren gehen darf (**84**.3).

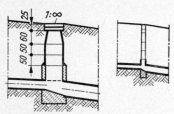

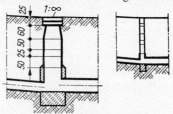

84.2 Scheitelgleiche Verbindung
zweier Kanalhaltungen

84.3 Sohlengleiche Verbindung
zweier Kanalhaltungen

Wenn der Profilscheitel unterhalb der Wasserspiegellinie liegt, arbeiten die Leitungen als Druckleitungen. Die Kanäle unterliegen einem Innendruck, der sichtbar dadurch zum Ausdruck kommt, daß der Wasserspiegel in den Schächten sich entsprechend der Spiegellinie einstellt. Ist der Unterschied zwischen Profilscheitel und Wasserspiegellinie $\leqq$ 5,0 m, so kann der Überdruck bei gut gedichteten Muffenrohren als unbedenklich angesehen werden. Rohrstöße von Falzrohren sollte man jedoch durch besondere Maßnahmen sichern.

Ein Regenwassernetz wird dann die errechnete Wassermenge ohne Überschwemmung abführen können, wenn die Wasserspiegellinien, vom Vorfluter ausgehend haltungsweise aneinandergereiht, niemals die Geländeoberfläche erreichen.

Bild **85**.1 zeigt ein Beispiel für die näherungsweise Berechnung eines Kanalaufstaus in einem RW-Kanal. Es wird davon ausgegangen, daß der Auslauf in den Wasserlauf bei 3 A frei ist. In dem unteren Stück der Haltung 3 bis 3 A würde dann bereits eine Senkungslinie entstehen. Es wird hier der Kanalscheitel als Ausgangspunkt für die Spiegellinie angenommen. Das erf. J für 3 bis 3 A beträgt 1:131,6 bei Q_R = 802 l/s. Der Gefälleverlust beträgt $(1/131,6) \cdot 52 = 0,395$ m. Ordinate von J am Schacht 3 = 0,70 + 0,395 = 1,095 m NN. So wird für jede Haltung die Rechnung fortgeführt. Die Spiegellinie schneidet im Punkt X die Geländeoberkante (GOK). Oberhalb dieses Punktes tritt dann Wasser aus den Schächten, wenn keine druckfesten Abdeckungen verwendet werden.

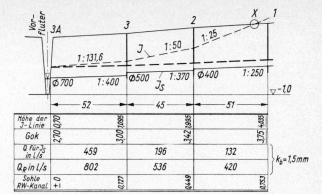

85.1
Längsschnitt eines RW-Kanals und Stau-Ordinaten der Wasserspiegel-Gefällelinie

Ein Kanalaufstau kann durch ausreichend bemessene Zwischenabschnitte oder höhenmäßigen Ausgleich (Abstürze) wieder abgebaut werden.

Die Möglichkeit zur Ausbildung eines Staugefälles ohne Wasseraustritt stellt eine zusätzliche Sicherheit bei RW-Kanälen dar, die bei Regen übermäßiger Intensität („Katastrophenregen") auch in Anspruch genommen wird.

2.7 Bearbeiten eines Entwässerungsentwurfs[1]) (Kanalsystem)

Man unterscheidet bei der Planung von Abwasseranlagen hinsichtlich der Entwurfsreife die Studie, den Vorentwurf, den Bauentwurf und den baureifen Entwurf. Wie bei anderen planerischen Aufgaben geht man auch hier den Weg, von dem generellen Lösungsansatz her durch Verdichtung und zunehmende Genauigkeit der Ausarbeitung das Planungsziel optimal und gründlich zu erarbeiten. Nicht selten gibt es mehr als nur eine Lösung und erst ergänzende Untersuchungen, z.B. hinsichtlich der Wirtschaftlichkeit bestimmen die Entscheidung zur Bauausführung. Im folgenden wird eine Reihenfolge für die Entwurfsbearbeitung an einem kleineren Entwurfsgebiet vorgeschlagen, um dem Entwurfsanfänger den Weg zu erleichtern. Andere Arbeitsprogramme sind möglich.

Die Studie untersucht verschiedene technische Lösungen und deren Einfluß auf die Umwelt (z.B. Gewässer, Landwirtschaft, Immissionswirkung u.a.).

Der Vorentwurf gibt grundsätzliche Lösungen an und stellt die Grundlage für den Bauentwurf dar. Er besteht aus: Beschreibung, generellen Plänen, generellen Berechnungen und dem Kostenüberschlag.

Der Bauentwurf liefert alle notwendigen Unterlagen für die behördlichen Verfahren. Er besteht aus: Beschreibung, Entwurfszeichnungen (Übersichtsplan, Lageplan, Längsschnitte, Bauwerks- und Sonderzeichnungen), hydraulischen und verfahrenstechnischen Berechnungen, Kostenvoranschlag, Betriebskostenberechnungen.

Der baureife Entwurf liefert alle Unterlagen für die Bauausführung (Detailpläne, Statik, Vermessung u.a. als Ergänzung des Bauentwurfs).

---

[1]) s. auch DIN 19525

2.7.1 Planbeschaffung

Für den Übersichtsplan ist ein Maßstab von 1:5000, 1:10000 oder 1:25000 möglich. Der Plan hat die Aufgabe, die Beziehungen des Entwurfs zur Umgebung, insbesondere zu wasserwirtschaftlichen Anlagen deutlich zu machen. Wesentliche Teile des Objekts wie Vorfluter, Hauptsammler, Tiefpunkte, Höhenschichtlinien, Grenzen der Einzugsgebiete, Hochwassergebiete, Schutzzonen, sollen eingetragen werden.

Der Lageplan ist der eigentliche Arbeitsplan des Entwurfs. Maßstäbe von 1:5000, 1:2000, 1:1000 und 1:500 sind möglich. Viel gebraucht wird der Maßstab 1:1000.

Die Pläne sind bei den Vermessungsämtern zu beziehen. Hinsichtlich der Bebauung müssen sie oft durch den Planaufsteller ergänzt werden.

2.7.2 Geländebegehung, generelle örtliche Erkundung

Für Eintragungen eignet sich ein Plan 1:5000 recht gut. Es soll ein allgemeiner Überblick verschafft werden. Erste Vorstellungen über die Entwässerungslösung werden in den Plan eingetragen. Eventuell werden Gefällerichtungen und Nivellementstrassen schon festgelegt. Wichtig ist die Unterrichtung des Planers über das Entwurfsgebiet, über bestehende Pläne und über Anlagen, die nicht festgehalten wurden, evtl. auch durch ortskundige Einwohner und über Gewerbe und Industrie. Bauleitpläne müssen beschafft, mit den Ortsplanern besprochen und berücksichtigt werden.

2.7.3 Vermessungsarbeiten

Es wird das Grundnivellement aufgenommen. Man kommt oft mit Streckennivellements über die vorgesehenen Kanaltrassen aus. Für unerschlossene Baugebiete wird ein Flächennivellement erforderlich.

2.7.4 Generelle Lösung der Entwurfsaufgabe

Dies ist der eigentlich planerische Bestandteil und damit sehr wichtig. Man benutzt den Lageplan. Die Lösung ist u. U. mit den Genehmigungsbehörden, der Gemeinde, der Siedlungsgemeinschaft und sonstigen Beteiligten abzustimmen. Es ist zu prüfen, ob erforderliche Grundstücke zur Verfügung stehen werden. Am schnellsten klärt man diese Fragen auf einer gemeinsamen Sitzung der Beteiligten unter Vorlage der Arbeitspläne.

2.7.5 Eintragen der Kanalachsen im Lageplan

Das Kanalnetz wird trassiert und es wird eine Numerierung der Teilgebiete oder der Schächte vorgenommen. Hierbei ist die Nummernfolge so zu wählen, daß die Reihenfolge der hydraulischen Berechnung gewahrt werden kann, ohne Gebiete auszulassen. Für die Schachtnummern sind verschiedene Schemata üblich, z. B. Gebiete nach dem Dezimal-System, Hauptsammler mit 1, 2, 3 und die Nebensammler mit 1.1, 1.2 usw. [1 b] oder RW-Schächte mit ungeraden und SW-Schächte mit geraden Zahlen zu versehen oder eine der Schachtarten durch Buchstabenvorsatz R bzw. S zu kennzeichnen. Man kann auch die Schachtnummern für SW in Steil-, für die RW in Schrägschrift darstellen.

Hauptschächte sind Endschächte von Entwässerungsteilgebieten. Sie erhalten nur Zahlen, z. B. 18. Zwischenschächte werden durch Zahlen mit kleinen Buchstaben gekennzeichnet, z. B. 18a. Diese Benennung dient der Übersichtlichkeit und ermöglicht es, später Schächte mit den richtigen Nummern einzufügen, falls sich dies bei Zeichnung der Schnitte als notwendig erweisen sollte, z. B. bei Gefällewechseln, Abstürzen, Profilwechseln usw. (**91**.1). Ein Zusatznivellement kann sich hier als notwendig erweisen.

2.7.6 Aufteilen des Entwässerungsgebietes (Bild **93**.1 und **93**.2)

Die Entwässerungsleitungen erhalten ihre Zuflüsse von den Straßen und den Grundstükken. An die Kanäle werden Straßenablauf- und Hausanschlußleitungen in Kämpferhöhe herangeführt. Die Abmessungen der Straßenkanäle richten sich bei Fertigteilen nach handelsüblichen Maßen. Sie können der Wasserführung nicht in jedem Leitungspunkt genau angepaßt werden. Es genügt deshalb, die aufzunehmende Wassermenge in einfacher Weise zu bestimmen. I. allg. braucht nur der Wasserzufluß aus den Flächenanteilen der Teileinzugsgebiete, die beiderseits der Kanalstrecke liegen, ermittelt zu werden. Die Mittellinien und Winkelhalbierenden der Baublöcke genügen oft als Grenzen dieser Anteile. Eine genaue Halbierung der Eckwinkel ist nicht nötig. Es ist anzustreben, daß die zugeordneten Teilflächen möglichst den tatsächlichen Anschlußverhältnissen entsprechen. Lediglich bei weitläufiger Bebauung und bei punktförmigen Einleitungen großer Wassermengen empfiehlt es sich, die Anschlußnehmer dem betreffenden Kanalstrang genau zuzuordnen. Die mit der Schmutzwasserabflußspende q_s oder der Regenwasserabflußspende q_r multiplizierten Teilflächen, ergeben den Abfluß des Teilgebietes. Die gefundenen Q-Werte legt man der Leitungsbemessung auf der ganzen Baublocklänge zugrunde, obwohl sie nur am Ende des Leitungsabschnittes anfallen. Damit ist im oberen Teil der Leitungsstrecke eine Querschnittsreserve vorhanden. Bei Kanalabschnitten von > 200 bis 300 m sollte man die Strecke unterteilen und das Profil abstufen. Es ist so zu unterteilen, daß keine Größenstufe der Profile übersprungen wird. Beim Trennsystem ist, bezogen auf die beiden Kanalachsen, eine unterschiedliche Aufteilung für SW und RW erforderlich, wenn die Einzugsgebiete oder die Vorflut unterschiedlich sind.

2.7.7 Vorkotierung der Kanäle im Lageplan

Darunter ist die Eintragung der Kanalsohlenhöhen im Lageplan zu verstehen, ohne die Längsschnitte schon gezeichnet zu haben. Diese Vorkotierung erleichtert sehr das spätere Zeichnen der Längsschnitte und vermeidet das Entwerfen am Längsschnitt, welches mit viel Zeichenarbeit verbunden ist. Bei entsprechender Übung kann ein Kanalnetz ohne Schnitte weitestgehend baureif kotiert werden. Die Schnitte dienen dann nur zur Überprüfung für den Entwurfsbearbeiter und als Unterlage für die Entwurfsprüfung und Bauausführung. Schwierig ist es zwar, ohne Kenntnisse der Kanalprofile zu kotieren, aber diese können wegen der fehlenden Gefälleangaben (**88**.2) zunächst nicht errechnet werden. Man kann aber überschläglich die Wassermengen und Profilgrößen für das Netz ermitteln oder gleichlaufend die Hydraulik rechnen. Um das notwendige Sohlengefälle zu erhalten, empfiehlt es sich (besonders bei RW- und MW-Netzen) zunächst die Gefällelinien der Anschlußhöhen (Kämpferlinien) zu kotieren und später den Abstand zur Kanalsohle hinzuzurechnen. Bei SW-Netzen (**88**.1) kann man das ganze Netz oder große Netzteile für das Mindestprofil kotieren. Hier werden die Sohlenordinaten gleich eingetragen.

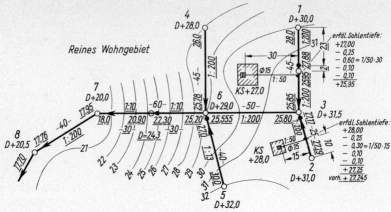

88.1   Kotierungsübung für SW-Kanalnetz

28,0 = vorgegebene Zahl (NN-Höhe)

18,0 = ermittelte Zahl

—o●— = zusätzlich eingefügter Schacht mit äußerem Absturz

KS = Kellersohle über NN

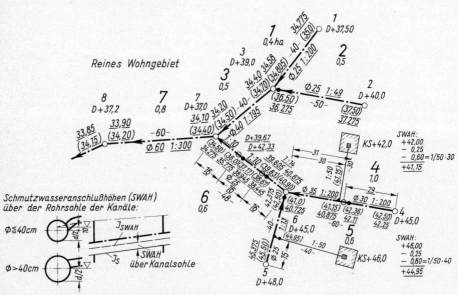

88.2   Kotierungsübung für MW-Kanalnetz

+ 45,0 = vorgegebene Zahl (NN-Höhe)

1:200 = ermittelte Zahl (Gefälle der Kanalsohle)

(42,50) = ermittelte SW AH über NN

42,25 = ermittelte Kanalsohle über NN

—o●— = zusätzlich eingefügter Schacht mit äußerem Absturz

KS = Kellersohle über NN

Es empfiehlt sich, den Entwurfsanfänger auf diese Vorkotierung durch Kotierungsübungen vorzubereiten. Bild **88**.1 zeigt ein **Beispiel** für die Kotierung eines SW-Netzes.

Gegeben: SW-Netz, Kanal $\varnothing$ 20 cm, Höhenlinien, Deckelhöhen (D), Mindesttiefe der Kanalsohlen = 2 m, max J = 1:10, min J = 1:200. Es handelt sich um ein reines Wohngebiet mit flachen Kellern. Lediglich die beiden besonders eingezeichneten Häuser haben überdurchschnittlich tiefe Keller, welche mit angeschlossen werden sollen. Die Mindesttiefe von 2,0 m ist hier mehr als exemplarischer Wert zu sehen. Die Mindesttiefen sind normalerweise größer (s. S. 80).

Gesucht: 1. Höhen der Kanalsohlen an den Schächten, 2. Gefälle der Leitungen.

Es ist eine hinsichtlich des Bodenaushubs wirtschaftliche Lösung zu suchen. Die unterstrichenen Zahlen stellen diese Lösung dar.

Bild **88**.2 zeigt ein **Beispiel** für die Kotierung eines MW-Netzes.

Gegeben: MW-Netz mit Teileinzugsgebieten ($r_{15,\,n=1}$ = 100 l/(s · ha); Ψ = 0,8); Mindesttiefe der Schmutzwasseranschlußhöhen (SWAH) unter Gelände = 2,50 m; SWAH über Kanalsohle = $d/2$ + 0,10 m für $\varnothing \leqq 40$ cm, = $d/2$ für $\varnothing > 40$ cm; max J_S = 1:10, min J_S = 1:200 für Anfangshaltungen, sonst min J = 1:n ($n \triangleq$ Rohr-$\varnothing$ in mm); min Rohr-$\varnothing$ = 25 cm. Es handelt sich um ein reines Wohngebiet (ohne Industrie) mit zwei besonders ausgewiesenen Häusern mit tiefen Kellern und langen Anschlüssen. Bei der Wassermengenermittlung zur Bestimmung der Rohr-$\varnothing$ wird auf den im Verhältnis zum RW-Abfluß geringen SW-Abfluß verzichtet.

Es ergeben sich folgende Wassermengen Q_r:

Gebiet	Q_r (l/s)							
1	0,8	· 100	· 0,4				=	32
2	0,8	· 100	· 0,5				=	40
3	32	+ 40	+ 0,8 · 100 · 0,5				=	112
4	0,8	· 100	· 1,0				=	80
5	0,8	· 100	· 0,6				=	48
6	80	+ 48	+ 0,8 · 100 · 0,6				=	176
7	112	+ 176	+ 0,8 · 100 · 0,8				=	352

Gesucht: 1. Höhen der Kanalsohlen an den Schächten, 2. Gefälle der Leitungen, 3. Kanalprofile der Leitungen.

Es ist die wirtschaftlichste Lösung zu suchen. Die unterstrichenen Zahlen stellen diese Lösung dar.

Man geht so vor, daß man zunächst das Gefälle der Linie der SWAH'en bestimmt. Dann muß man mit diesem Gefälle die Kanalprofile hydraulisch bemessen. Bei größeren Einzugsgebieten bedeutet dies die Durchführung des hydraulischen Berechnungsverfahrens. Im Beispiel wurde mit konstantem Berechnungsregen vereinfachend gerechnet. Danach werden die Kanalsohlenordinaten unter Berücksichtigung der Höhendifferenz SWAH bis Kanalsohle errechnet.

Man kann einige Regeln für die Kotierungsaufgaben aufstellen (**90**.1), welche die Abhängigkeit vom Geländegefälle und von den Anschlußtiefen betreffen. Die Lösung f) stellt eine in der Regel unwirtschaftlichere aber evtl. hydraulisch bessere Lösung zu e) dar. Tiefe Keller sind nur dann mit anzuschließen, wenn das Prinzip der Kostengleichheit für alle Anschlußteilnehmer etwa gewahrt bleibt, sonst sind Hebeanlagen vorzusehen. Bild **90**.1 g) zeigt die Zahlenbeschriftung von Kanalhaltungen. Es handelt sich um die Errechnung des Gefälles aus den Höhenangaben für die Kanalsohle, wenn diese für die Schachtmitten oder für die Schachtenden gemacht wurden, um die Darstellung von inneren und äußeren Abstürzen und um die Berechnung der Höhenordinate aus einem vorgegebenen Gefälle. Als lichte Schachtweite wurde 1 m angenommen.

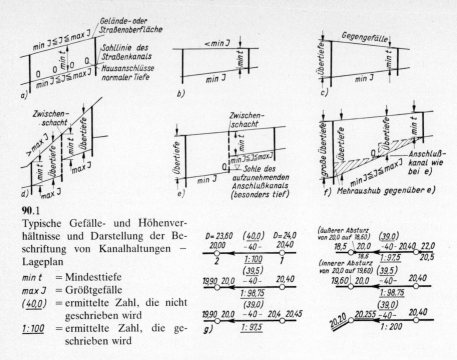

90.1

Typische Gefälle- und Höhenverhältnisse und Darstellung der Be-
schriftung von Kanalhaltungen –
Lageplan

$min\ t$ = Mindesttiefe

$max\ J$ = Größtgefälle

(40,0) = ermittelte Zahl, die nicht
geschrieben wird

1:100 = ermittelte Zahl, die geschrieben wird

2.7.8 Zeichnen der Längsschnitte (**91**.1)

Die sich aus dem Lageplan ergebenden Zwangspunkte wie Schächte, Kreuzungspunkte
von Kanälen, Vorfluter, werden in die Längsschnitte übernommen. Die Schnitte werden
im Verhältnis 1:5, **1:10** oder 1:20 überhöht gezeichnet. Höhen- und Gefällefehler sind
damit auch grafisch leicht erkennbar.

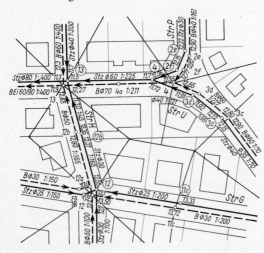

90.2
Auszug aus dem Lageplan eines Entwässerungsentwurfs für Trennsystem

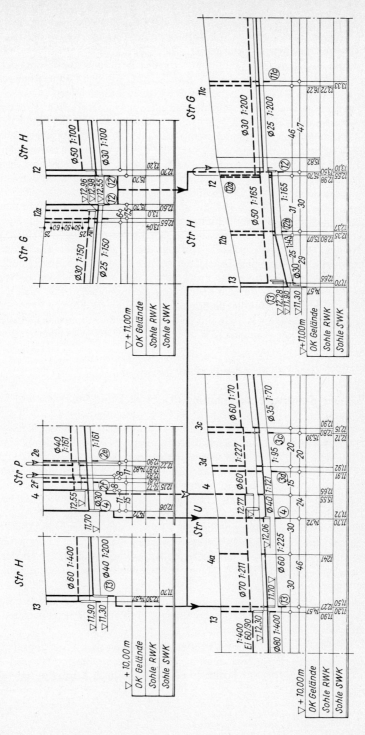

91.1 Auszug aus einem Plan der Längsschnitte eines Entwässerungsentwurfs für Trennsystem (dargestellt ist der Lageplan **90.2**)

Es empfiehlt sich, in die Längsschnitte zunächst die Sohlenlinien der Kanäle einzutragen. Erst nach der hydraulischen Berechnung werden die Scheitellinien ergänzt und die Sohlenlinien verbessert. (Profilwechsel, Gefälleverbesserung, Abstürze.) Bei den Längsschnitten im Trennsystem muß man sich für eine Kanalachse als Bezugsachse entscheiden. Meist wählt man die des SW-Kanals. Man soll dann ohne Rücksicht auf die Haltungslängen der RW-Kanäle die RW-Schächte in ihrer richtigen Lage zu den SW-Schächten eintragen. Die RW-Maßlinien muß man ggf. unterbrechen. Ergeben sich an Eckpunkten Sprungstellen − RW-Schacht einmal vor und einmal hinter dem SW-Schacht o.ä. −, sollte man Sprungpfeile eintragen oder das Schnittprofil einfach unterbrechen (**91**.1). Längsschnitte müssen übersichtlich sein und durch Anschlußpfeile den Zusammenhang des Gebietes erkennen lassen. Straßen- oder Gebietsbezeichnungen stehen über den Schnitten. Quer zum Schnitt verlaufende Leitungen werden unter Angabe der Sohlenordinaten und des Querschnittes eingetragen. Es ist zweckmäßig, die Formate der Schnittpläne nur in DIN A 4-Höhe, aber in der jeweils erforderlichen Länge, zu wählen. Man kann dann meist zwei Schnittprofile − z.B. Hauptsammler mit Nebensammlern − übereinander zeichnen. Bei großen Gebieten sollte man sich mit Hilfe von Planskizzen überlegen, wie man die Schnitte legt und zueinander ordnet. Die Schnittprofile sollen seitenrichtig zum Lageplan gezeichnet werden. Die geringe Blatthöhe hat den Vorteil, daß man bei der Prüfung das Profil neben den entsprechenden Kanalabschnitten im Lageplan legen kann. Für die Strichstärke der Sohllinien sollte man 0,1 oder 0,2 mm wählen, damit man notfalls die Sohlenhöhen graphisch ablesen kann. Die Scheitellinie wird entsprechend der Kanalwand im Scheitel 0,4 bis 1,0 mm dick gezeichnet. Sie markiert außerdem die Kanalart (SW = voll, RW = lang gestrichelt, MW = Strich-Punkt usw.).

2.7.9   Hydraulische Berechnung (Tafel **94**.1 und **96**.1)

Es wird auf die Abschn. 1.2, 1.3 und 1.4 verwiesen. Man verwendet heute meist die in Abschn. 1.4 besprochene Listenrechnung. Beim MW-System genügt für kleinere Entwurfsgebiete eine Liste, oder man vernachlässigt die verhältnismäßig kleine SW-Menge und begnügt sich mit der RW-Liste des Trennsystems. Beim Trennsystem werden zwei Listen erforderlich, falls man beim SW-Netz nicht mit dem Mindestprofil auskommt. Listenköpfe für normale Entwurfsaufgaben zeigen Tafel **94**.1, **96**.1 und **98**.1. In Spalte 13 der RW-Liste (**96**.1) schätzt man zunächst die Fließzeit t, die man nach der Bemessung der Kanäle für Teilfüllung nachprüft. Ergeben sich wesentliche Änderungen, so muß Spalte 14 und auch Spalte 15 verbessert werden. Ist in Spalte 15 Q_R geringer als an dem oberhalb liegenden Punkt des betreffenden Leitungsstranges, so ist der größere Wert einzusetzen. Die größere RW-Menge entsteht hier, wenn das letzte Teilgebiet nicht mit überregnet wird.

Besteht das Entwurfsgebiet aus einzelnen Leitungssträngen (Entwürfe für ländliche Gebiete), kann man bei der SW-Berechnung q_s statt auf die Fläche auch auf den laufenden Meter SW-Kanal beziehen.

Für Teilfüllung ist die kleinste Fließgeschwindigkeit min v nachzuprüfen. Ergeben sich Geschwindigkeiten $\leqq 0,5$m/s, muß die Haltung regelmäßig gespült werden. Man rechnet die Liste zunächst bis zur Spalte 19 (Q_o, v_o) und nach Korrektur der Längsschnitte zu Ende.

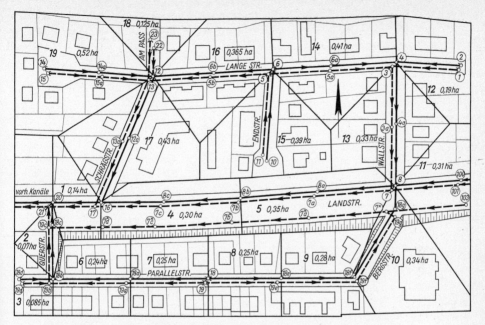

93.1   Aufgeteiltes Entwässerungsgebiet (SW) ◄── SW-Kanal ◄- - - RW-Kanal

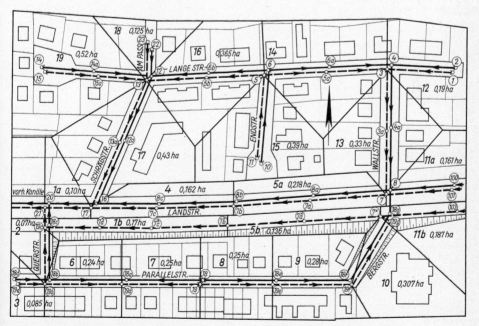

93.2   Aufgeteiltes Entwässerungsgebiet (RW) ◄- - - RW-Kanal ◄── SW-Kanal

Tafel **94**.1   Listenrechnung für die SW-Kanäle nach Bild **93**.1

1	2	3	4	5	6	7	8	9	10	11	12
Nr. des Gebiets	Straße	Strecke von | bis Schacht oben	unten	Kanallänge einzeln L in m	zusammen $\sum L$ in m	Einzugsgebiet A_E in ha	$\sum A_E$ in ha	Einwohnerdichte in E/ha	Einwohnerzahl Teilgebiet in E	Gesamtgebiet in E	Wasserverbrauch 160 l/(E·d) Fremdwasser 50% SW-Abflußspende q_s in l/sha
15	Endstraße	10	6	57,0	57,0	0,39	0,39	120	47	47	$\dfrac{160 \cdot 120}{14 \cdot 3600}$ 1,
16	Lange Str.	6	12	80,0	137	0,365	0,755	120	44	91	= 0,57
18	Am Paß	22	12	18,0	155	0,125	0,125	120	15	15	,,
19	Lange Str.	14	12	72,0	227	0,52	0,52	120	62	62	,,
17	Schrägstr.	12	16	89,0	316	0,43	1,83	120	52	219	,,
14	Lange Str.	6	4	81,5	397,5	0,41	0,41	120	50	50	,,
12	Lange Str.	2	4	44,0	441,5	0,19	0,19	120	23	23	,,
13	Wallstr.	4	8	77,5	519	0,33	0,93	120	40	113	,,
11	Landstr.	100	8	48,0	567	0,31	0,31+2,5	120	37	37+300	,,
8	Parallelstr.	18	18e	48,0	615	0,25	0,25	120	30	30	,,
9	Parallelstr.	18e	18f	48,0	663	0,28	0,53	120	34	64	,,
10	Bergstr.	18f	8	65,0	728	0,34	0,87	120	41	105	,,
5	Landstr.	8	86	100,0	828	0,35	2,46+2,5	120	42	297+300	,,
4	Landstr.	86	16	90,0	918	0,30	2,76+2,5	120	36	333+300	,,
1	Landstr.	16	20	32,0	950	0,14	4,73+2,5	120	17	569+300	,,
7	Parallelstr.	18	18a	50,0	1000	0,25	0,25	120	30	30	,,
6	Parallelstr.	18a	18b	50,0	1050	0,24	0,49	120	29	59	,,
3	Parallelstr.	18d	18b	23,0	1073	0,085	0,085	120	10	10	,,
2	Querstr.	18b	20	47,5	1120,5	0,07	0,645	120	8	77	,,
0	Landstr.	ab 20	—	—	—	—	5,375+2,5	120	—	646 + 300	,,

13	14	15	16	17	18	19	20	21	22	23	24
häusliches Abwasser	gewerbliches Abwasser	SW-menge		Sohl-gefälle	Abflußleistung der Kanäle						Bemerkungen
					Kanal-quer-schnitt	Vollfüllung		Teilfüllung			
	Q_g			$J = 1:n$				Füll-höhe			
$_s \cdot A_E$	$Q'_s = \Sigma q_s \cdot A_E$	jetzt	später	Q_s	$\dfrac{J=1:n}{n}$ Form Größe	Q_0	v_0	h'	v_T		
l/s	in l/s	in l/s	in l/s	in l/s	in m/m	in m/m	in l/s	in m/s	in cm	in m/s	
—	—	—	—	0,222	150	∅250	50,2	1,03	gering		Spülen
—	—	—	—	0,43	150	(Min-dest-profil)	50,2	1,03	„		
—	—	—	—	0,071	200	„	43,5	0,89	„		Spülen
—	—	—	—	0,296	200	„	43,5	0,89	„		Spülen
—	—	—	—	1,04	70	„	73,5	1,51	2,1	0,53	
—	—	—	—	0,234	160	„	48,6	1,0	gering		Spülen
—	—	—	—	0,108	120	„	56,2	1,15	„		Spülen
—	—	—	—	0,53	160	„	48,6	1,0	1,9	0,32	
—	—	—	—	1,6	200	„	43,5	0,89	3,32	0,42	Am Schacht 100 fließt das Schmutz-wasser aus einem ostwärts liegen-den Einzugsgebiet mit 2,5 ha und 300 E zu
—	—	—	—	0,142	130	„	53,9	1,1	gering		Spülen
—	—	—	—	0,302	130	„	53,9	1,1	„		
—	—	—	—	0,495	60	„	79,4	1,63	„		
—	—	—	—	2,83	200	„	43,5	0,89	4,25	0,5	
—	—	—	—	3,0	200	„	43,5	0,89	4,5	0,52	
—	—	—	—	4,12	200	„	43,5	0,89	5,25	0,56	
—	—	—	—	0,142	68	„	74,7	1,53	gering		Spülen
—	—	—	—	0,278	68	„	74,7	1,53	„		
—	—	—	—	0,048	60	„	79,4	1,63	„		Spülen
—	—	—	—	0,368	54	„	83,7	1,72	„		
—	—	—	—	4,48	400	„	30,7	0,63	6,25	0,45	

Tafel **96**.1   Listenrechnung für die RW-Kanäle nach Bild **93**.2 (Zeitbeiwertverfahren mit konstantem Abflußbeiwert)

1	2	3	4	5	6	7	8	9	10	11
Nr. des Ge-bietes	Straße	Strecke von | bis Schacht		Kanallänge L		Einzugs-gebiet		Regenspende $r_{15}=100 \text{l/s·ha}$ $n=1$	Regen-wasser-abfluß-spende	$\Psi \cdot r_x \cdot A_E$
		oben	unten	L in m	$\sum L$ in m	A_E in ha	$\sum A_E$ in ha	Abfluß-beiwert ψ	$\Psi \cdot r_x$ in l/sha	in l/s
15	Endstr.	11	5	53,5	53,5	0,39	0,39	0,48	48	18,7
16	Lange Str.	5	13	80,0	133,5	0,365	0,755	0,48	48	17,5
18	Am Paß	23	13	25,0	158,5	0,125	0,125	0,48	48	6,0
19	Lange Str.	15	13	69,0	227,5	0,52	0,52	0,48	48	25,0
17	Schrägstr.	13	17	89,0	316,5	0,43	1,83	0,48	48	20,6
14	Lange Str.	5	3	81,5	398,0	0,41	0,41	0,48	48	19,7
12	Lange Str.	1	3	44,0	442,0	0,19	0,19	0,48	48	9,1
13	Wallstr.	3	7	75,5	517,5	0,33	0,93	0,48	48	15,8
11a	Landstr.	101	7	48,0	565,5	0,161	0,161	0,48	48	7,7
5a	Landstr.	7	7b	100,0	665,5	0,218	1,309	0,48	48	10,48
4	Landstr.	7b	17	90,0	755,5	0,162	1,471	0,48	48	7,76
1a	Landstr.	17	21	32,0	787,5	0,10	3,401	0,48	48	4,8
8	Parallelstr.	19	19e	48,0	835,5	0,25	0,25	0,48	48	12,0
9	Parallelstr.	19e	19f	50,5	885,0	0,28	0,53	0,48	48	13,43
10	Bergstr.	19f	7	54,0	939,0	0,307	0,837	0,48	48	14,75
11b	Landstr.	103	7	52,0	991,0	0,187	0,187	0,48	48	8,97
5b	Landstr.	7	7b	100,0	1091,0	0,136	0,16	0,48	48	6,52
1b	Landstr.	7b	19c	120,0	1211,0	0,17	1,33	0,48	48	8,15
7	Parallelstr.	19	19a	51,0	1262,0	0,25	0,25	0,48	48	12,0
6	Parallelstr.	19a	19b	51,0	1313,0	0,24	0,49	0,48	48	11,5
3	Parallelstr.	19d	19b	19,0	1332,0	0,085	0,085	0,48	48	4,08
2	Querstr.	19b	19c	34,5	1366,5	0,07	0,645	0,48	48	3,36
—	Landstr.	19c	21	13,0	1379,5	—	1,975	0,48	48	—
0	Landstr.	ab 21	—	—	—	—	5,376	0,48	48	—

12	13	14	15	16	17	18	19	20	21	22
Regenwassermenge					Abflußleistung der Kanäle					Bemerkungen
$Q_r =$ $\sum \Psi \cdot r_x \cdot A_E$	Fließ-zeit	Zeit-bei-wert	Q_R $=\varphi \cdot Q_r$	Sohl-gefälle $J = 1:n$	Kanal-quer-schnitt Form Größe	Vollfüllung Q_0	v_0	Teilfüllung Füll-höhe h'	v_T	
	t	φ		n						
n l/s	in min		in l/s	in m/m	in mm	in l/s	in m/s	in cm	in m/s	
18,7	0,94	1	18,7	150	∅ 250	50,2	1,03	10,5	0,95	
36,2	2,13	1	36,2	150	∅ 250	50,2	1,03	15,5	1,12	
6,0	0,67	1	6,0	200	∅ 250	43,5	0,89	6,3	0,62	
25,0	1,25	1	25,0	200	∅ 250	43,5	0,89	13,5	0,92	
87,8	2,93	1	87,8	70	∅ 300	121,0	1,7	18,8	1,85	
19,7	1,43	1	19,7	160	∅ 250	48,6	1,0	11	0,95	
9,1	0,85	1	9,1	120	∅ 250	56,2	1,15	7	0,86	
44,6	2,51	1	44,6	160	∅ 300	80,0	1,13	15,9	1,16	
7,7 + 120	0,60 + 8	1	127,7	200	Ei 400 × 600	248	1,34	33,6	1,34	Am Schacht 101 fließen 120 l/s aus einem ostwärts liegenden Einzugsgebiet mit $t = 8$ min zu
62,8 + 120	1,76 + 8	1	182,8	200	Ei 400 × 600	248	1,34	41,4	1,43	
70,0 + 120	2,79 + 8	1	190,7	200	Ei 400 × 600	248	1,34	42,6	1,45	
53,3 + 120	3,12 + 8	1	283,3	200	Ei 500 × 750	448	1,56	47	1,62	
12,0	0,8	1	12,0	80	∅ 250	68,8	1,41	7	0,99	
25,4	1,58	1	25,4	130	∅ 250	53,9	1,1	12	1,08	
40,2	2,13	1	40,2	60	∅ 250	79,4	1,63	12,5	1,63	
8,97 + 70	0,71 + 8	1	78,97	200	∅ 350	107,2	1,12	22	1,22	Am Schacht 103 fließen 70 l/s aus einem ostwärts liegenden Einzugsgebiet mit $t = 8$ min zu
55,7 + 70	1,92 + 8	1	125,7	200	∅ 400	153,5	1,22	28	1,37	
63,9 + 70	3,35 + 8	1	133,9	200	∅ 500	277	1,41	25	1,4	
12,0	0,76	1	12,0	68	∅ 250	74,7	1,53	6,8	1,12	
23,6	1,39	1	23,6	68	∅ 250	74,7	1,53	9,7	1,36	
4,08	0,19	1	4,08	60	∅ 250	79,4	1,63	12,7	1,65	
30,8	1,74	1	30,8	50	∅ 250	87,0	1,78	10,2	1,64	
94,7 + 70	3,45 + 8	1	165,0	60	Ei 400 × 600	452	2,45	27,6	2,28	
8 + 190	—	—	448,0	400	Ei 600 × 900	515	1,24	69	1,36	

Tafel **98**.1   Ausführlicher Listenkopf für Mischsystem nach Kehr [28]

1	2	3	4	5	6	7	8	9	10	11	12	13	14
Lfd. Nr. des Geb.	Straße	Strecke von / Schacht oben	bis / unten	Kanallänge einzeln L in m	zus. ΣL in m	Einzugsgebiet Teilgeb. A_E in ha	zus. ΣA_E in ha	Einwohnerzahl des Teilgebietes in E/ha	in E	Einzugsgebietes in E	Schmutzwasserabflußspende q_s in l/s · ha	Regenspende $r_x = \ldots\ l/(s\cdot ha)$[1] $n = \ldots$ Abflußbeiwert Ψ	Regenwasserabflußspende $q_r = \Psi \cdot r_x$ in l/s · ha

15	16	17	18	19	20	21	22	23	24	25	26	27	28	29	30
Zufluß von Gebiet	Schmutzwasser $A_E \cdot q_s$ in l/s	Q_s in l/s	gewerbliches Abwasser jetzt gesch. in l/s	später gesch. Q_g in l/s	Q_g in l/s	Abfluß Regenwasser $A_E \cdot q_r$ in l/s	Q_r in l/s	gesch. Fließzeit t[2] in s	Zeitbeiwert φ	$Q = Q_s + Q_g + \varphi\, Q_r$ in l/s	weitergegeb. nach Gebiet	Sohlgefälle J_s in 1:	Kanalquerschnitt Form, Größe in cm	Abflußleistung Q_s in l/s	v_s in m/s

31	32	33	34	35	36	37	38
Spiegelgefälle J[3] in 1:	bei Regenwetter Fließgeschw. v[4] in m/s	Fließzeit einzel $t = \dfrac{l}{v}$ in s	gesamt Σt in s	Σt in min	bei Trockenwetter $Q_s + Q_g$ Fließgeschw. v in m/s	Füllhöhe h in m	Bemerkungen

[1] Index als Dauer des kürzesten Berechnungsregens in min angegeben
[2] = Regendauer
[3] $J = J_s$ wenn Teilfüllung
[4] $v = v_0$ setzen, wenn $\frac{1}{2}\, Q_0 < Q < Q_0$

2.7.10 Ergänzung und Korrektur der Längsschnitte und des Lageplans

Aus der Hydraulik ergeben sich die endgültigen Kanalquerschnitte. Man kann in
die Längsschnitte jetzt die Scheitellinien
eintragen und evtl. Korrekturen hinsichtlich der Höhenlagen (Parallelverschiebung
der Sohllinien), die sich aus Höhendifferenzen im Schacht wegen Profilwechsel,
mangelhaften Überdeckungshöhen usw.
ergeben, vornehmen. Bei jetzt notwendigen Gefälleänderungen ist die Hydraulik
zu korrigieren. Die Schnittänderungen
sind rückwirkend in den Lageplan zu übertragen. Meist handelt es sich um die Änderung weniger Zahlen (Sohlenordinaten).

Mit der hier vorgeschlagenen Arbeitsfolge
erspart man sich wesentliche Korrekturen
an den Schnitten. Zahlen sind leichter zu
ändern als Zeichnungen. Voraussetzung
ist jedoch eine möglichst fehlerfreie Kotierung des Netzes im Lageplan. Auch das
Entwerfen an den Schnittplänen ist bei
kleinen Maßnahmen möglich.

Mit Hilfe der EDV kann man Schnittpläne
direkt aus dem Nivelliergerät heraus weitestgehend zeichnen lassen (plotten). Diese Aufzeichnungen müssen von Hand ver-
feinert und ergänzt werden.

In den Plänen sollen dann die Kanäle noch
mit Rohr-∅, Gefälle, Haltungslänge,
Rohrbaustoff, Deckeloberkanten usw. be-
schriftet werden. In den Schnitten hat man
dafür mehr Platz. Man kann dann im Lageplan auf viele Angaben verzichten,
wenn eine eindeutige Bezifferung der
Schächte vorgenommen wurde.

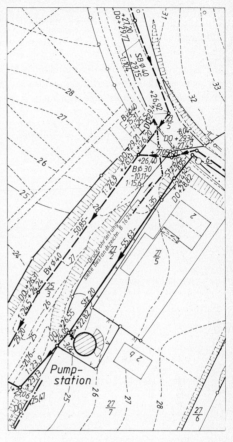

99.1 Ausschnitt aus Entwurfs-Lageplan einer
Großstadt, M 1:500

Die DIN 4050 nennt Farben für Kanäle (MW = violett, SW = siena, RW = blau, Rü =
Regenüberlauf = blau-weiß, Druckrohr = braun-rot). Die Kanalstrecken sollen zwischen zwei dünnen Strichen farbig angelegt werden. Dieses Farbenspiel fordert sehr viel
Zeichenarbeit und Zeit angesichts der für Genehmigungsverfahren vielen Entwurfsex-
emplare. Farben werden aber oft gefordert. Man kann ein klares Farbenspiel dadurch
erreichen, daß man nur die überall obligaten Schachtnullkreise mit Farbe betupft. Die
Zeitersparnis ist groß. Farbig werden oft auch die Grenzen der Teilentwässerungsgebiete
der Hauptsammler markiert. Hier braucht man mehrere Farben. Es empfiehlt sich, SW-
Gebiete in der Farbenpalette rot−braun−gelb, und RW-Gebiete in dem Farbbereich
blau−violett−grün zu wählen.

2.7.11 Massenermittlung

Im Kanalbau handelt es sich um der Art nach wiederkehrende Massen. Um diese ermitteln zu können, bedarf es neben der Entwurfsauswertung i. allg. noch folgender Untersuchungen:

1. Bodenarten des Aushubbodens nach DIN 18300 (unterschiedliche Bodenklassen fordern entsprechende Leistungspositionen; nicht verdichtungsfähiger Boden muß durch verdichtungsfähigen ersetzt werden).

Tafel **100**.1   Listenkopf für Massenermittlung von Kanalbaumaßnahmen

Bauteil	Schacht		Länge	Verlegelänge der Rohre in m											Baugruben											
				Material: *Stz SN* Kreis-∅ in cm						Mat.: . . . . Ei-Profil b/h in cm			Mat.: . . . . Sonst. Profile (Zchg.)		Länge in m bei Tiefen von . . . bis . . . in m											Bod
			zwischen den Schachtmitten											Rinnen-quer-schnitt	< 1,25	1,26 bis 1,75	1,76 bis 2,0	2,01 bis 2,25	2,26 bis 2,50	2,51 bis 2,75	2,76 bis 3,0	3,01 bis 3,25	3,26 bis 3,50	3,51 bis 3,75	3,76 bis 4,0	klass nach DIN
Nr.	von Nr.	bis Nr.		20	25	30	40	50	60	60/90	70/105	90/135	Haube 2.:2	2:2												183
14	5	6	105	49	54													30								2,2
																			40	25						2,2
																										2,2
																										2,2

	Aufbruch befestigter Flächen in m; m²					Hausanschlüsse						
Nutzungsart der Fläche	Länge × Breite	Fläche	Befestigungsart	Unterbau	Anzahl Stck.	∅ in cm	Einzellänge in m (horizontal)	mittl. Tiefe in m	Boden-Klasse n. DIN 18300	Ver-schluß-teller Stck	Abstur höhe Δ in m
Straße	80 × 1,40	112	3 cm Afb., 10 cm Agb.	10 cm Sch. 60 cm Kies	2	15	6	1,80	2,23	2	1 × 0
					2	15	7 u. 8	1,60	2,24	2	2 × 0
									2,25		
									2,26		

2. Gründungsfähigkeit der tieferliegenden Bodenschichten.

3. Art der befestigten Flächen, die aufgebrochen werden müssen (Straßen, Gehwege, Parkplätze, Hofflächen, Grünanlagen, Mutterbodenabtrag).

4. Grundwasserstand für die Kanalabschnitte (im Zusammenhang mit den Bodenarten ist die Art der Grundwasserabsenkung festzulegen).

Es empfiehlt sich, die Massenermittlung in Listenform (Tafel **100**.1) vorzunehmen, wobei die Kanalabschnitte als Bauteileinheiten (Spalte 1) so begrenzt zu bemessen sind, daß Übersicht und Vollständigkeit der Ermittlung erhalten bleiben. Die Liste ist für jede Baumaßnahme besonders anzulegen. Tafel **100**.1 gibt als Beispiel einen Listenkopf für

Maßnahmen begrenzten Umfangs an. Wenn neben der Liste weitere Massenansätze festgehalten werden müssen, empfiehlt es sich, auch diese prüf- und zuordnungsfähig darzustellen. Beim Aushub der Rohrgräben sind die Massenansätze nach m^3 Bodenaushub oder nach m Kanalbaugrube üblich. Die Liste sollte den beabsichtigten Ansatz berücksichtigen.

	Straßenabläufe					Austauschboden			Schachtunterteile			Schächte										
												Abstürze Höhendifferenz in m (Untersturz) Rohr Ø cm	Ø in m 1,0 mit Höhe		Schachtringe			Schacht-abdeckungen in Stück für Klasse				
n-/hl/ck.	Ø in cm	Einzel-länge in m	mittl. Tiefe in m	Boden-Klasse n. DIN 18300	Straßen-abläufe Stck. l = lang k = kurz	Strecke von... bis...	Menge in m³	erf. Boden-art	gemauert rund / eckig	Fertig-teile	System-stücke	äußere Ø... Rohr Ø cm / innere Ø... bis Ø...	in m	25	50	Konus 60	Aufla-gering	A	B	C	D	E
	15	5	1,30	2,23	1	10 m vor Sch. 5a bis Sch 6	350	Kies $U \geqq 4$	2			1·0,6; Ø15		1	6	2	3				2	
	15	5	1,30	2,24	1																	
				2,25																		
				2,26																		

		Wasserhaltung								Sonstiges	Bemerkungen
Strecke		Länge insges.	Länge der Absenkung in m für			Länge der Strecken in m für Absenkhöhen in m					
von	bis	in m	offene Whtg.	Vakuum-verf.	Brun-nen	<0,5	0,5 bis 1,0	1,0 bis 1,5	1,5 bis 2		
h. 5	Sch. 6	105	30				30				
				75			75			vorhandener Kanal zwischen Schacht 5a und 5 neben der Baugrube	

2.7.12   Leistungsbeschreibungen und Kostenvoranschlag

Zum Entwurf gehört auch der Kostenvoranschlag. Dieser enthält kurzgefaßte Leistungsbeschreibungen, während die Bauausschreibung vollständig sein muß, weil sie Vertragsbestandteil wird [1 1, A 113].

Es empfiehlt sich, besonders für den wenig erfahrenen Ingenieur, die Standardleistungsbücher des Gemeinsamen Ausschusses Elektronik im Bauwesen (GAEB) [4] o. ä. zu
benutzen. Für Maßnahmen des Kanalbaues sind die Leistungsbereiche 02 (Erdarbeiten
DIN 18300) und 09 (Abwasserkanalarbeiten DIN 18306) besonders wichtig.

Die Ordnung der Verschlüsselung der Texte ist so vorgenommen, daß sie für Leistungs-
verzeichnisse in herkömmlicher Art und zur Anwendung in der Datenverarbeitung
geeignet ist. Jeder Text besteht aus max. fünf Textteilen, von denen jeder eine drei-
bzw. zweistellige Nummer hat, unter welcher er im Teil C der Standardleistungsbücher
auffindbar ist. Tafel **102**.1 zeigt zwei Textbeispiele für Erd- und Verlegearbeiten im
Kanalbau.

Tafel **102**.1   Ausschreibungstexte nach GAEB [4]

Beispiel 1 Zusammenstellung der Textteile:							
02	T1	T2	T3	T4	T5	Menge	Einheit
501					Boden der **Gräben** für Abwasserkanäle ab Ge- ländeoberfläche		
	51				**ausheben.** Der **Boden** wird Eigentum des Auf- tragnehmers und ist zu **beseit**igen. Verbau ge- mäß DIN 18303 nach Wahl des Auftragneh- mers.		
		03			Bodenklassen DIN 18300 Fassung Dez 1958, Abschn. 2.23−**2.26**		
			32		Aushubtiefe bis 3,00 m		
				25	Lichte Breite der Sohlen bis 1,70 m		
					daraus Kurztext:		
02	501	51	03	32	25	**Gräben ausheben Boden beseit−2.26**	250	m

Beispiel 2 Langtext (für Leistungsverzeichnis zusammengestellt)						Menge	Einheit
09	121	13	01	10	02	Rohre für Abwasserkanäle, Verlegung nach DIN 4033 einschl. Auflager und Einbettung aus Sand oder Feinkies in vorhandenen Gräben, Grabentiefe 1,75 bis 3,00 m.		
						Steinzeugrohre DIN 1230−SN (normalwandig) **NW 500.** Dichtung mit Vergußmasse DIN 4038	250	
						daraus Kurztext:		
09	121	13	01	10	02	**Steinzeugrohre NW 500**	250	m

Die im Kostenvoranschlag einzusetzenden Preise sollten kalkuliert werden, aber dem
konjunkturellen Stand der Preise im Mittel angepaßt werden, evtl. durch besonderen
Hinweis. Maßgebend für die Kostenermittlung ist der Zeitpunkt der Entwurfsaufstellung. Die Preise können später mit Hilfe des Bauindex grob an die Preisentwicklung
angeglichen werden.

2.7.13   Erläuterungsbericht

Er wird erst beim Abschluß der Entwurfsbearbeitung unter Auswertung der Notizen, die man sich dabei gemacht hat, aufgestellt. In der Gliederung hält man sich zweckmäßig an das Arbeitsblatt A 101 der ATV „Planung einer Ortsentwässerung":

1. Allgemeine Hinweise
2. Anlaß zum Entwurf
3. Lage des Ortsgebietes (Wasserverhältnisse, Bevölkerung, gewerbliche Wirtschaft)
4. Vorarbeiten, Planunterlagen und ihre Beschaffung
5. Entwässerungsgebiet
6. Vorfluter
7. bestehende Entwässerungsanlagen
8. geplantes Entwässerungsverfahren
9. Berechnungsgrundlagen

10. Bemessen der Kanäle
11. Linienführung der Kanäle
12. Sohlengefälle der Kanäle
13. Tiefenlage der Kanäle
14. Baustoffe und Bauwerke
15. Lüften und Spülen der Kanäle
16. Hausanschlüsse
17. Abwasserbehandlung
18. Herstellungskosten
19. Gebühren
20. weitere Erläuterungen

2.7.14   Bestandspläne (103.1)

Sie halten die Straßenkanäle, Anschlußleitungen oder Anschlußstutzen lage- und höhenmäßig fest. Leider werden sie oft nicht angefertigt. Da bis auf die Schachtabdeckungen alles unter der Erde liegt, orientiert man sich am besten an diesen. Längenmaße werden jeweils auf den unteren Schacht einer Haltung (Mittelpunkt der Schachtabdeckung) als Nullpunkt bezogen. Bei Anschlußstutzen ist die Mitte des Verschlußtellers einzumessen. Die Länge der Anschlußleitungen ist von der Achse des Straßenkanals aus festzulegen. Angaben über Gefälle und Baustoffe sind ebenfalls aufzunehmen.

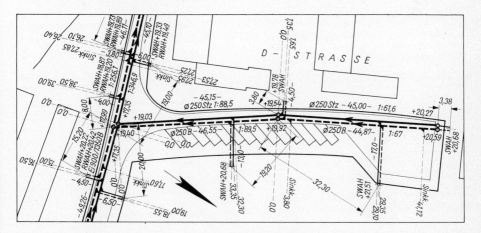

103.1   Bestandsplan (SWAH ≙ Schmutzwasser-Anschlußhöhe, RWAH ≙ Regenwasser-Anschlußhöhe)

Man bezeichnet:

Steinzeug	= Stz	Grauguß	= Guß	Beton mit Stz-Sohlschalen	= BStz
Beton	= B	duktiler Guß	= dGuß	Asbestzement	= Az
Stahlbeton	= SB	Walzbeton	= WB	Polyvenylchlorid	= PVC
Mauerwerk	= M	Schleuderbeton	= SchlB	Polyäthylen	= PE
Stahl	= St	Betonkeramik	= BK	glasfaserverstärkte	
				Kunststoffe	= GFK

Bestandspläne sollten besser zu viel als zu wenig Maßangaben enthalten; sie sind in DIN 4050 behandelt.

2.8   Statische Berechnung von Entwässerungsleitungen

2.8.1   Baugrubenbreite

Rohrleitungen der Ortsentwässerung werden fast ausschließlich in Gräben verlegt. Bei der Berechnung der Kanäle unterscheidet man zwischen Graben- und Dammbedingung. Die Grabenbedingung (**104**.1) liegt vor, wenn die Baugrubenbreite im Verhältnis zur Überdeckungshöhe klein ist und damit gerechnet werden kann, daß durch die Verspannung des Füllbodens gegen die Baugrubenwand des gewachsenen Bodens entlastende Reibungskräfte für den Rohrscheitel entstehen (Silotheorie). Bei der Dammbedingung (**104**.2 und **104**.4) können wegen der großen Baugrubenbreite diese vorteilhaft

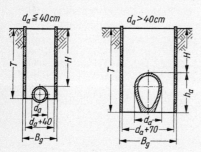

104.1   Einzelbaugruben

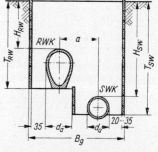

104.2   Doppelbaugrube (Stufengraben)

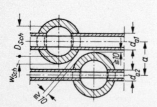

104.3   Doppelschacht-Ermittlung des Achsabstandes der Kanäle

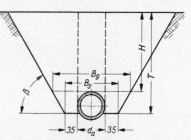

104.4   Geböschte Baugrube
$B_S \geqq d_a + 40$ für $d_a \leqq 40$ cm
oder $d_a > 40$ cm und $\beta < 60°$
$B_S \geqq d_a + 70$ für $d_a > 40$ cm

wirkenden Kräfte nicht in Rechnung gesetzt werden, sondern es kann im Gegenteil eine zusätzliche Belastung des Rohres dadurch eintreten, daß sich die Erdteile neben dem Rohr stärker setzen als das Rohr selbst mit seiner Auflast. Grabenbedingungen kann man bei den meisten Einzelbaugruben annehmen, Dammbedingungen meist bei Doppelbaugruben.

Als lichte Breite (Tafel **105**.1) gilt bei unverkleideter Baugrube die Sohlenbreite, bei verkleideter Baugrube der lichte Abstand der Schalwände.

Aus wirtschaftlichen Gründen werden schmale Baugruben angestrebt. Für die statische Berechnung interessiert nicht die lichte Breite der verschalten Baugrube, sondern der Abstand der Erdwände B_g; es ist also die Bohlendicke zweimal zu addieren (**104**.1 und **104**.2).

Weiter interessiert nicht die Breite an der Sohle der Baugrube, sondern die in Scheitelhöhe des Rohres (**104**.4).

Bei Doppelbaugruben bestimmt der Achsabstand der beiden Kanäle die Baugrubenbreite. Der Sockel, auf dem der höher liegende Kanal ruht, sollte möchlichst verbohlt werden; dadurch wird der Achsabstand verringert. In der Regel bestimmen die Abmessungen der Schächte den Achsabstand der Kanäle (**104**.3).

Bei nicht kreisförmigen Profilen gilt die größte Außenbreite des Rohrschaftes als Rohrdurchmesser d_a.

Die Angaben der Tafel **105**.1 gelten für Baugrubentiefen bis 5 m. Bei größeren Baugrubentiefen ist die Grabenbreite im Einzelfall festzulegen.

Die DIN 18300 rechnet abweichend von DIN 4124 den Arbeitsraum vom größten Außendurchmesser bzw. der größten Breite der Rohrleitung und berücksichtigt die Verschalung mit $2 \cdot 0,15$ m. Dies ist bei Leistungsverzeichnissen mit m^3-Bodenaushub und bei der Abrechnung von Wechselboden von Gewicht.

Tafel **105**.1   Lichte Baugrubenbreite B_i nach DIN 4124

Art der Baugrube	Böschungswinkel β in °	äußerer Rohrdurchmesser d_a in m	B_i in m bei T	
			$\leq 1,75$ m	$> 1,75$ m
unverkleidet	beliebig	$\leq 0,40$	$d_a + 0,40$ $\geq 0,60$	$d_a + 0,40$ $\geq 0,80$
	≥ 60	$> 0,40$	$d_a + 0,40$	
	> 60	$> 0,40$	$d_a + 0,70$	
verkleidet		$\leq 0,40$	$d_a + 0,40$ $\geq 0,60$	$d_a + 0,40$ $\geq 0,80$
	–	$> 0,40$ $\leq 0,60$	$d_a + 0,70$ $\geq d_a + 0,50$	
		$> 0,40$ $\leq 1,75$	$d_a + 0,70$	
		$> 1,75$	$d_a + 1,00$	

2.8.2   Rohrbelastung (vgl. auch [86], ATV – A 127 (E))

Es gibt mehrere theoretische Überlegungen und praktische Versuche, die Lasten für erdverlegte Leitungen rechnerisch zu erfassen. Da Kanäle meist in Gräben verlegt werden, kann man für das Füllgut die Silotheorie anwenden. Man nimmt an, daß das Füllgut an den Wänden abgleitet und durch die Reibungskräfte einen Teil seines Gewichtes auf die Wände absetzt. Nur der andere Teil lastet auf dem Rohrscheitel.

Janssen hat diesen Vorgang zuerst berechnet, Marston wendete die Silotheorie auf Erdgräben an. Voellmy berücksichtigte die Elastizitätstheorie und die Rankinsche Erddrucktheorie. Kehr und Wetzorke [86] führten Messungen an erdverlegten Rohren durch und stellten fest, daß die Silotheorie mit dem Verhältnis K_1 zwischen Horizontal- und Vertikalkomponente von 0,5 anwendbar ist (vgl. auch DIN 1055 Bl. 6). Diese Untersuchungen führten zu einfachen Gleichungen, die den Praktiker in die Lage versetzen, die notwendige Nachrechnung seiner Rohrgräben mit geringem Aufwand durchzuführen. Man geht davon aus, die vorhandene Last mit der Bruchlast der Rohre beim Scheiteldruckversuch zu vergleichen. Neuere Überlegungen enthält das Arbeitsblatt A 127 (E) der ATV, die hier berücksichtigt werden sollen.

Die Erdlast P_E kann als ruhende Last angesehen werden:

$$p_E = \varkappa \cdot \gamma_B \cdot H \quad \text{in kN/m}^2 \quad \text{und} \quad P_E = \varkappa \cdot \gamma_B \cdot H \cdot d_a \quad \text{in kN/m} \tag{106.1}$$

oder nach Wetzorke, wenn keine Lastkonzentration λ über dem Rohrscheitel berücksichtigt wird (überschläglich):

$$P_E = \varkappa \cdot \gamma_B \cdot H \cdot B_g \quad \text{in kN/m} \tag{106.2}$$

$\varkappa$ = Abminderungsfaktor infolge von Reibungskraften an den Grabenwänden, abhängig vom Verhältnis H/B_g und von der Bodenart (Tafel **107**.1)

Mit größer werdender Grabenbreite B_g nähert sich $\varkappa$ dem Wert 1,0. Im Fall der Dammschüttung ist $\varkappa = 1,0$.

$$\varkappa = \frac{1 - e^{-2H/Bg \cdot K_1 \cdot \tan\delta}}{2\,H/B_g \cdot K_1 \cdot \tan\delta} \quad \text{und} \quad \text{für } K_1 = 0,5; \delta = \varphi': \varkappa = \frac{1 - e^{-H/Bg \cdot \tan\varphi'}}{H/B_g \tan\varphi'}$$
$$\text{(Wetzorke)}$$

φ' = Winkel der inneren Reibung des drainierten Bodens (Kies = 35°, Sand = 32,5°, sandiger Ton = 25°, Ton = 20°)
δ = Wandreibungswinkel
γ_B = Raumgewicht des Füllbodens in kN/m³ nach ATV A 127 (E) = 20 kN/m³
B_g = Grabenbreite über dem Rohrscheitel in m
H = Überdeckungshöhe in m
K_1 = Verhältnis von horizontalem zu vertikalem Erddruck

Für geböschte Baugruben (**104**.4) gilt wenn:

$$\varphi' \leqq \beta \leqq 90°: \varkappa = 1 - \frac{\beta}{90} + \varkappa_{90}\frac{\beta}{90} \quad \beta \text{ in Grad, } \varkappa_{90} \text{ für } B_g \text{ über dem Rohrscheitel}$$

$$0 \leqq \beta < \varphi': \varkappa = 1$$

$$\beta = o \text{ (Damm)}: \varkappa = 1$$

Tafel **107**.1   Kennwerte der Bodenarten

Nr.	Bodenart	γ	φ'	Verformungsmodul E [N/mm²]					
		in kN/m³	in °	bei Proctordichte in %					
				85	90	92	95	97	100
1	Nichtbindige grobkörnige Böden (Kies)	20	35	2,5	6	9	16	23	40
2	Nichtbindige feinkörnige Böden (Sand)	20	32,5	1,2	3	4	8	11	20
3	Bindige Mischböden, bindiger Sand und Kies, bindiger steiniger Verwitterungsboden	20	25	0,8	2	3	5	8	14
4	Bindige Böden (Schluff, Ton, Lehm)	20	20	0,6	1,5	2	4	6	10

Maßgebend für die Abminderung der Erdlast in Gräben sind der Seitendruck auf die Grabenwände, ausgedrückt durch das Verhältnis K_1 von horizontalem Seitendruck auf die Grabenwände zu vertikalem Erddruck, sowie der wirksame Wandreibungswinkel δ. Zur Wahl dieser Parameter werden vier Fälle der Bauausführung unterschieden.

1. Lagenweise gegen den gewachsenen Boden verdichtete Grabenverfüllung (ohne Nachweis der Proctordichte): $K_1 = 0,5$; $\delta = \varphi'$.

2. Senkrechter Verbau des Rohrgrabens mit Kanaldielen oder unverdichtete Grabenverfüllung oder Einspülen der Verfüllung: $K_1 = 0,5$; $\delta = \frac{2}{3}\,\varphi'$.

3. Senkrechter Verbau des Rohrgrabens mit Spundwänden, Holzbohlen oder Berliner Verbau: $K_1 = 0,5$; $\delta = 0$.

4. Lagenweise verdichtete Grabenverfüllung mit Nachweis der Proctordichte: $K_1 = 0,7$; $\delta = \varphi'$.

Für Fall 4 ist die Proctordichte gemäß ZTVE-StB 1976 nachzuweisen. Danach ist für nichtbindige Böden 97% und für bindige Böden 95% der einfachen Proctordichte zu erreichen.

Wenn auf der Oberfläche des Grabens außerdem r u h e n d e L a s t e n vorhanden sind, z. B. Lagergut oder Fundamente, dann wird deren Einfluß auf den Scheitel des Rohres erfaßt mit den Gleichungen:

$$p_{E,0} = \varkappa_0 \cdot p_0 \quad \text{in kN/m}^2 \quad \text{und} \quad P_{E,0} = \varkappa_0 \cdot p_0 \cdot d_a \quad \text{in kN/m} \tag{107.1}$$

p_0 = Oberflächenbelastung in kN/m² Grabenoberfläche
$\varkappa_0$ = Abminderungsfaktor $\varkappa_0 = e^{-2H/Bg \,\cdot\, K_1 \,\cdot\, \tan\delta}$

V e r k e h r s l a s t e n sind für Rohrkanäle besonders schwierig zu erfassen. Die vertikalen Spannungen im Boden werden nach der Theorie von B o u s s i n e s q berechnet. Sie stellen eine bewegliche oder dynamische Last dar. Es gilt

$$p_v = \psi \cdot p \quad \text{in kN/m}^2 \qquad P_v = \psi \cdot p \cdot d_a \quad \text{in kN/m} \tag{107.2}$$

p = Verkehrsbelastung in kN/m², bezogen auf die Grundrißfläche des Rohres (Tafel **108**.1)
d_a = äußerer Rohrdurchmesser in m ψ = Stoßfaktor

Der Beiwert ψ berücksichtigt sowohl die zusätzliche Wirkung aus der Bewegung als auch die durch die Rohrsteifigkeit bewirkte Lastkonzentration. Die hervorgerufenen Rohrbeanspruchungen hängen wesentlich von der Beanspruchung der Straßendecke ab.

In neueren Empfehlungen der ATV (Abwassertechnische Vereinigung) wird der Schwingbeiwert ψ unabhängig von H eingesetzt: SLW 60, $\psi = 1,2$; SLW 30, $\psi = 1,4$; LKW 12, $\psi = 1,5$.

Tafel **108**.1   Druckspannung p unter Regelfahrzeugen

H in m	SLW 60	p in kN/m^2 SLW 30	LKW 12	H in m	SLW 60	p in kN/m^2 SLW 30	LKW 12
				5,00	9,07	4,54	1,74
				5,10	8,79	4,40	1,69
				5,20	8,53	4,27	1,64
				5,30	8,27	4,14	1,60
				5,40	8,02	4,02	1,55
0,50	146,40	82,74	69,01	5,50	7,79	3,90	1,51
0,60	110,71	60,66	49,46	5,60	7,56	3,78	1,46
0,70	86,89	46,59	37,11	5,70	7,34	3,67	1,42
0,80	70,53	37,23	28,87	5,80	7,13	3,57	1,38
0,90	59,00	30,78	23,13	5,90	6,93	3,47	1,35
1,00	50,68	26,21	18,99	6,00	6,74	3,37	1,31
1,10	44,53	22,88	15,91	6,10	6,55	3,28	1,27
1,20	39,88	20,38	13,57	6,20	6,38	3,19	1,24
1,30	36,30	18,48	11,75	6,30	6,20	3,10	1,21
1,40	33,46	16,98	10,32	6,40	6,04	3,02	1,18
1,50	31,16	15,77	9,17	6,50	5,88	2,94	1,15
1,60	29,26	14,78	8,23	6,60	5,73	2,86	1,12
1,70	27,24	13,94	7,45	6,70	5,58	2,79	1,09
1,80	26,24	13,22	6,80	6,80	5,43	2,72	1,06
1,90	25,09	12,58	6,25	6,90	5,30	2,65	1,04
2,00	24,52	12,24	5,78	7,00	5,17	2,58	1,01
2,10	23,91	11,95	5,42	7,10	5,04	2,52	0,99
2,20	23,27	11,63	5,17	7,20	4,91	2,46	0,96
2,30	22,60	11,30	4,93	7,30	4,80	2,40	0,94
2,40	21,92	10,97	4,71	7,40	4,68	2,34	0,92
2,50	21,24	10,63	4,49	7,50	4,57	2,29	0,90
2,60	20,55	10,29	4,29	7,60	4,46	2,23	0,88
2,70	19,88	9,95	4,10	7,70	4,36	2,18	0,86
2,80	19,21	9,62	3,92	7,80	4,26	2,13	0,84
2,90	18,56	9,29	3,75	7,90	4,16	2,08	0,82
3,00	17,92	8,97	3,58	8,00	4,07	2,03	0,80
3,10	17,30	8,66	3,43	8,10	3,98	1,99	0,78
3,20	16,70	8,36	3,29	8,20	3,89	1,95	0,77
3,30	16,12	8,07	3,16	8,30	3,80	1,90	0,75
3,40	15,56	7,79	3,03	8,40	3,72	1,86	0,73
3,50	15,02	7,52	2,91	8,50	3,64	1,82	0,72
3,60	14,50	7,26	2,80	8,60	3,56	1,78	0,70
3,70	14,00	7,01	2,69	8,70	3,49	1,75	0,69
3,80	13,52	6,77	2,59	8,80	3,42	1,71	0,67
3,90	13,06	6,54	2,49	8,90	3,35	1,67	0,66
4,00	12,61	6,31	2,40	9,00	3,28	1,64	0,65
4,10	12,19	6,10	3,32	9,10	3,21	1,61	0,63
4,20	11,78	5,90	2,24	9,20	3,15	1,57	0,62
4,30	11,39	5,70	2,16	9,30	3,08	1,54	0,61
4,40	11,01	5,51	2,10	9,40	3,02	1,51	0,60
4,50	10,65	5,33	2,03	9,50	2,96	1,48	0,59
4,60	10,31	5,16	1,97	9,60	2,91	1,45	0,57
4,70	9,98	5,00	1,91	9,70	2,85	1,43	0,56
4,80	9,66	4,84	1,81	9,80	2,80	1,40	0,55
4,90	9,36	4,69	1,80	9,90	2,74	1,37	0,54
5,00	9,07	4,54	1,74	10,00	2,69	1,35	0,53

Tafel **109**.1   Verkehrsbelastung p nach der DIN 1072 Nov. 67

Regel-fahrzeug	Gesamtlast in kN	Radlast kN vorn	hinten	Ersatzlast in kN/m^2	Zuordnung		
						BAB	Bundesautobahnen
SLW 60	**600**	**100**		**3,3**	BAB, B, L, S	B	Bundesstraßen
						L	Landstraßen (LIO)
SLW 30	**300**	**50**		**16,7**	K, G, W_S, S	S	Stadtstraßen
						K	Kreisstraßen
LKW 12	**120**	**20**	**40**	**6,7**	W_L	W_S	Hauptwirtschaftswege
						W_L	Wirtschaftswege für leichten Verkehr

Regelfahrzeuge

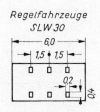 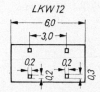

Für Verkehrsbelastungen aus Schienenverkehr gilt das in der DV 804 (BE) der Deutschen Bundesbahn angegebene Belastungsbild UIC 71:

$$H = 1,5 \text{ m} : p = 48 \text{ kN/m}^2; \quad H \leqq 5,5 \text{ m} : p = 30 \text{ kN/m}^2$$

Zwischen diesen Werten darf geradlinig interpoliert werden.

$H = 1,5$ m bzw. $H = d_i$ (Innendurchmesser) sind Mindestwerte

ψ unter Gleisen $= 1,40 - 0,1 \ (H - 0,50) \geqq 1,10$ mit H in m

Bei Flugplätzen sind die anzusetzenden Lasten bei der Flughafenverwaltung zu erfragen.

Bei geringen Überdeckungshöhen, $\leqq 1$ m, kann der so errechnete Lastanteil größer werden als der auf die Grundrißfläche des Rohres entfallende Raddruck des Regelfahrzeuges. In diesem Falle ist anstelle von $p \cdot d_a$ der unmittelbare Lastanteil des Regelfahrzeuges (Radlast) maßgebend.

Lastkonzentration. Durch unterschiedliche Steifigkeit des Rohres und des umgebenden Bodens werden die Lasten über dem Rohr konzentriert. Die Größe des Konzentrationsfaktors ist außerdem abhängig von der wirksamen relativen Ausladung a; der relativen Überdeckung H/d_a, der relativen Grabenbreite B/d_a.

Die wirksame relative Ausladung a' erhält man aus der tatsächlichen relativen Ausladung a (**110**.1), multipliziert mit dem Verhältnis der Verformungsmoduln des Bodens über dem Rohr E_1 und seitlich des Rohres E_2:

$$a' = a \cdot E_1/E_2$$

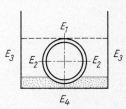

109.2   Bezeichnung der Verformungsmoduln für die verschiedenen Bodenzonen

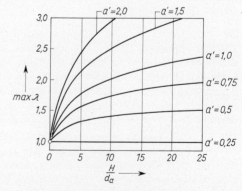

a) $a = 1$ b) $a > 1$ c) $a < 1$ d) $a = 1$

110.1   Ausladung a bei verschiedenen Einbauzuständen

Bei geringer Verdichtung neben dem Rohr oder wenn Sackungen durch Grundwasser-einfluß zu befürchten sind, wird $E_1/E_2 \geq 2$ gesetzt.

Die den Lagerungsfällen nach Abschn. 2.8.3 entsprechenden Verdichtungsgrade sowie die als Richtwerte den Bodenarten nach Tafel **107**.1 zugeordneten Verformungsmoduln E_1 und E_2 sind Abschn. 2.8.3 zu entnehmen. Für gewachsenen Boden sind die Werte E_3 und E_4 durch Versuche zu ermitteln, soweit nicht $E_3 = E_2$ und $E_4/E_1 = 10$ gesetzt wird. Für die Abhängigkeit des Konzentrationsfaktors λ_R über dem Rohr von der relativen Grabenbreite B_g/d_a gilt die idealisierte Annahme

$$\lambda_R = \frac{\max \lambda - 1}{3} \cdot \frac{B_g}{d_a} + \frac{4 - \max \lambda}{3} \qquad \text{im Bereich } 1 \leq B_g/d_a \leq 4 \qquad (110.1)$$

und für λ_B neben dem Rohr

$$\lambda_B = \frac{4 - \max \lambda}{3} \qquad = \text{const.} \qquad \text{im Bereich } 4 \leq B_g/d_a \leq \infty \qquad (110.2)$$

Es ergibt sich die idealisierte Spannungsumlagerung nach **110**.2.

Oberer Grenzwert von λ ist durch die Scherfestigkeit des Bodens gegeben:

$$\lambda_{gr} = 1 + 4\,K_1 \tan\varphi$$

$$\lambda_R = \lambda_S = \max \lambda, \text{ wenn } V_S \geq 100 \quad \text{(starre Rohre) im Bereich } 4 \leq B_g/d_a \leq \infty$$

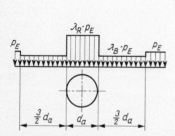

110.2   Umlagerung der Bodenspannungen bei
breiten Baugruben $4 \leq B_g/d_a \leq \infty$

110.3   Konzentrationsfaktor max λ für biege-
steife Rohre und für $B_g/d_a = \infty$

Allgemein gilt für max λ nach Leonhardt [ATV – A 127 (E)]:

$$\max \lambda = 1 + \cfrac{H/d_a}{3{,}5/a' + \cfrac{2{,}2}{E_4/E_1(a'-0{,}25)} + H/d_a\left[0{,}62/a' + \cfrac{1{,}6}{E_4/E_1(a'-0{,}25)}\right]} \qquad (111.1)$$

gültig in den Grenzen $0{,}5 \leqq a' \leqq 3$ und $0{,}25 \leqq E_4/E_1 \leqq \infty$.

$E_4/E_1 = 10$ und $E_3 = E_2$, wenn E-Werte nicht durch Versuche ermittelt werden.

Die vertikale Gesamtbelastung des Rohres ist dann:

$$q_v = \lambda\,(\varkappa \cdot \gamma \cdot H + \varkappa_0 \cdot p_0) + p_v$$

und die Gesamtauflast $\qquad\qquad\qquad\qquad\qquad\qquad\qquad\qquad\qquad\quad$ (111.2)

$$F_{ges.} = q_v \cdot d_a \qquad\qquad\qquad\qquad\qquad\qquad\qquad\qquad (111.3)$$

Der Seitendruck q_h ist abhängig vom vertikalen Druck im Boden neben der Rohrleitung (s. **110**.2)

$$q_h = K_1 \cdot \lambda_B \cdot p \qquad \text{mit } K_1 \text{ nach S. 107} \qquad\qquad\qquad (111.4)$$

und λ_B aus

$$\lambda_B = \frac{4 - \max \lambda}{3} = \text{const.} \qquad\qquad\qquad\qquad\qquad (111.5)$$

Wenn die Auflagerreaktionen nach Abschn. 2.8.3 bereits eine horizontale Komponente enthält (Lagerungsfälle 1, 3, 4), darf der Seitendruck nach Gl. (111.4) erst oberhalb des Auflagers angesetzt werden.

2.8.3 Lagerungsfälle

Folgende Lagerungsfälle werden unterschieden:

1. Betonauflager ($\geqq$ B 15): radial gerichtete, rechteckförmig verteilte Reaktionen

Lagerungs-fall 2α	EZ	Bodenart nach Tafel **107**.1	Proctor-dichte D_{pr} in %	E_B N/mm²
		1	95	16
90°	2,17	2	95	8
120°	2,50	3	92	3
180°	3,69	4	92	2

111.1   Lagerungsfall 1. Druckverteilung bei festem Auflager, $EZ \triangleq$ Einbauziffer

2. Auflager für Rohre mit Fuß, festes und loses Auflager: vertikal gerichtete und rechteckförmig verteilte Reaktionen

Lagerungs-fall 2α	EZ	Boden-art	D_{pr} in %	E_B
		1	90	6
–	$1{,}07\left(\dfrac{s_3}{s_2}\right)^2$ [1])	2	90	3
		3	90	2
–	2,1 f. Ei-Profile	4	90	1,5

111.2   Lagerungsfall 2. Druckverteilung bei Rohren mit Fuß, festes und loses Auflager

[1]) Diese Angabe gilt nur für Rohre nach DIN 4032 Form KFW mit der Wanddicke im Scheitel s_2 und der Wanddicke in der Sohle s_3

3. Loses Auflager für Rohre mit $V_{RB} > 0{,}1$: radial gerichtete und cosinusförmig verteilte Reaktionen

Lagerungsfall 2α	EZ	Boden-art	D_{pr} %	E_B
		1	85	2,5
60°	1,63	2	85	1,2
90°	2,05	3	85	0,8
120°	2,37	4	85	0,6

112.1 Lagerungsfall 3. Druckverteilung bei losem Auflager für Rohre mit $V_{RB} > 0{,}1$, $V_{RB} \triangleq$ Systemsteifigkeit. Sie beschreibt das Maß der horizontalen Bettungsreaktionsdrücke.

4. Loses Auflager für Rohre mit $V_{RB} \leqq 0{,}1$: vertikal gerichtete und rechteckförmig verteilte Reaktionen.

Dieser Lagerungsfall gilt auch für Rohre mit $V_{RB} > 0{,}1$, sofern der horizontale Reaktionsdruck q_h in Anspruch genommen wird. Hierbei ist der ausgeführte Auflagerwinkel anzusetzen.

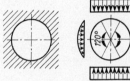

Bodenart	D_{Pr}	E_B
1	97	23
2	97	11
3	95	5
4	95	4

112.2 Lagerungsfall 4. Druckverteilung bei losem Auflager für Rohre mit $V_{RB} \leqq 0{,}1$

2.8.4 Sicherheitsbeiwerte

Sicherheitsklasse *A:* Regelfall (geringe Gefährdung kein außergewöhnlicher Aufwand zur Schadenbeseitigung).

Sicherheitsklasse *B:* Sonderfall, wie unter Eisenbahnen Autobahnen, Fluplätzen und unter Bauwerksgründungen (Versagen kann zu einer Gefährdung von Menschenleben führen, oder Versagen kann nur unter sehr großem wirtschaftlichen Aufwand repariert werden).

Neben der Sicherheit gegen Versagen der Tragfähigkeit gibt es noch die Sicherheit gegen Verminderung der Gebrauchsfähigkeit wie Rißbildung, Korrosion, Wasserdichtheit (Beschränkung der Rißbildung

Tafel 112.3 Sicherheitsbeiwerte gegen Versagen der Tragfähigkeit

Rohrart	γ	
	A	B
Rohre mit plastischer Versagensart Stahlbeton, Spannbeton, duktile Gußrohre, Stahl, Kunststoff	1,5	1,75
Rohre mit spröder Versagensart unbewehrter Beton, Steinzeug, Asbestzement	1,5	2,3
Versagen durch Instabilität Kunststoff, Stahl, duktiles Gußeisen	1,5	2,0

nach DIN 4035) und zu große Durchbiegung bei elastischen und weichen Rohren. Bei Rohren unter dem Gleiskörper von Eisenbahnen und Straßen mit $< 1{,}50$ m Überdeckung kann der Nachweis der Sicherheit gegen Versagen durch Dauerschwingverhalten erforderlich werden.

2.8.5   Tragfähigkeitsnachweis

Dieser Nachweis gilt vornehmlich für Steinzeugrohre nach DIN 1230 und Betonrohre nach DIN 4032. Die ungünstigste Beanspruchung wäre die der Scheiteldruckprüfung bei der die Rohre linienförmig belastet werden. Eine Last- und Auflagerkraftverteilung erfolgt nicht. Je sorgfältiger und lastverteilender jedoch die Rohre in der Baugrube gelagert sind, desto geringer werden sie bei gleich großer Belastung beansprucht, oder desto höher kann die Belastung gegenüber der Scheiteldruckprüfung sein. Der Vergleichsfaktor ist die Einbauziffer EZ (s. Abschn. 2.8.3). Diese wird für jeden Lagerungsfall aus dem Momentenvergleich bestimmt:

$$EZ = M_N/M_E \qquad\qquad (113.1)$$

$M_N \triangleq$ max M im Scheiteldruckversuch
$M_E \triangleq$ max M bei dem betreffenden Lagerungsfall

Die in Abschn. 2.8.3 angegebenen Einbauziffern sind ohne Berücksichtigung des Seitendruckes nach Abschn. 2.8.2 berechnet. Damit wird ein Ausgleich geschaffen dafür, daß beim Tragfähigkeitsnachweis Eigengewicht und Wasserfüllung meist unberücksichtigt bleiben. Die Ergebnisse bleiben damit im allgemeinen auf der sicheren Seite. Bei Nennweiten $\geqq 500$ kann es vorteilhaft sein, Seitendruck, Eigengewicht und Wasserfüllung zu berücksichtigen.

Der statische Sicherheitsfaktor γ wird nachgewiesen mit Hilfe der Gleichung

$$\gamma = \frac{EZ \cdot F_N}{F_{ges}}, \quad \gamma \geqq \text{nach Tafel } \mathbf{112}.3, \qquad\qquad (113.1)$$

oder

$$EZ_{erf.} \geqq \frac{\gamma\, F_{ges}}{F_N} \quad \text{oder} \quad F_{ges} \leqq \frac{EZ \cdot F_N}{\gamma}$$

Ist die Tragfähigkeit F_{ges} kleiner als die errechnete Gesamtbelastung, dann sind entweder Rohre mit einer höheren Scheitelprüflast zu verwenden oder die Einbaubedingungen der vorgesehenen Rohre durch Vergrößerung der Einbauziffer zu verbessern.

Durch Deformationsschichten über oder auf der oberen Rohrhälfte lassen sich erhebliche Lastumlagerungen auf die Erdteile neben dem Rohr erzielen. Man benutzt Schaumstoffplatten mit E-Werten von 60 bis 200 kN/m^2 in etwa 5 cm Dicke. Leonhardt erreichte mit vorgewalktem Schaumstoff ($E = 60$ kN/m^2) von 4,2 cm Dicke und einer Breite $= 1,5 \cdot d_a$ eine Abminderung der Erdlast auf 13% derjenigen ohne Deformationsschicht. Die Steinzeugindustrie bietet das System Flexogres an. Es besteht aus Polyäthylen-Schaumstoffplatten, 3 cm bis 8 cm dick und 2 m lang, und dem Rohr. Der Verformungsmodul der Platte beträgt bei 50% Stauchung $E \approx 200$ kN/m^2.

2.8.6   Berechnungsbeispiel

Gegeben: Doppelbaugrube (**114**.1), auch Stufengraben mit Füllboden = Sand $\gamma = 20$ kN/m^3, gute Verdichtung, Baugrube verkleidet.

Bauausführung nach Fall 1: $\delta = \varphi'$
Bodenart 2 (Sand): $\gamma_B = 20$ kN/m^3; φ' 32,5°; $E_1 = 3,0$ bei 90% Proctordichte

1 SW-Kanal

$DN = 300$ V Stz $d_a = 300 + 2 \cdot 37 = 374$ mm
$F_N = 50$ kN/m
$H_1 = 17{,}0 - (14{,}0 + 0{,}3 + 0{,}037) = 2{,}663$ m
$H_2 = 19{,}0 - 17{,}0 \qquad\qquad = 2{,}0$ m
$B_g = 1{,}0$ m

1.1 Unterer Grabenteil

$H_1/B_g = 2{,}663/1{,}0 = 2{,}663$

$$\varkappa = \frac{1 - e^{-2 \cdot 2{,}663 \cdot 0{,}5 \cdot \tan 32{,}5°}}{2 \cdot 2{,}663 \cdot 0{,}5 \cdot \text{tg } 32{,}5°} = 0{,}481$$

$p_{E_1} = 0{,}481 \cdot 20 \cdot 2{,}663 \quad = 25{,}62$ kN/m^2
$P_{E_1} = 25{,}62 \cdot 0{,}374 \qquad = 9{,}581$ kN/m

1.2 Der verbreitete Grabenteil, oberhalb + 17,0 NN wird als Auflast berechnet

$\varkappa_0 = e^{-2 \cdot 2{,}663 \cdot 0{,}5 \cdot \tan 32{,}5°} \quad = 0{,}183$
$p_0 = 2{,}0 \cdot 20 \qquad\qquad\quad = 40$ kN/m^2
$p_{E_2} = 0{,}183 \cdot 40 \qquad\qquad = 7{,}32$ kN/m^2
$P_{E2} = 7{,}32 \cdot 0{,}374 \qquad\quad = 2{,}738$ kN/m

1.3 Lastkonzentration. Die Verformbarkeit des Rohres wird nicht berücksichtigt.

$a = 1$ (nach **110**.1)
$a' = a \cdot E_1/E_2 = 1 \cdot 3{,}0/3{,}0 = 1{,}0$
$E_4/E_1 = 10$ gesetzt

$$\max \lambda = 1 + \cfrac{2{,}663/0{,}374}{3{,}5/1 + \cfrac{2{,}2}{10\,(1-0{,}25)} + \left[\cfrac{0{,}62}{1} + \cfrac{1{,}6}{10\,(1-0{,}25)}\right] 2{,}663/0{,}374}$$

$\max \lambda = 1{,}732$

wegen $1 \leqq Bg/d_a = 2{,}67 \leqq 4$

$$\lambda_R = \frac{1{,}732 - 1}{3} \cdot \frac{1{,}0}{0{,}374} + \frac{4 - 1{,}732}{3} = 1{,}408$$

Oberer Grenzwert:

$\lambda_{gr} = 1 + 4 \cdot K_1 \tan \varphi' = 1 + 4 \cdot 0{,}5 \cdot 0{,}6371 = 2{,}274 > \mathbf{1{,}408}$

    $1{,}408$ ist maßgebend

1.4 Verkehrslast

$p_v = \psi \cdot p \qquad p$ für eine Überdeckungshöhe $H = H_1 + H_2 = 4{,}663$ m
$p_v = 1{,}2 \cdot 10{,}09 = 12{,}108$ kN/m$^2 \sim 12{,}11$ kN/m^2
$P_v = 12{,}108 \cdot 0{,}374 = 4{,}528$ kN/m

1.5 Gesamtlast

$q_v = 1{,}408\,(25{,}62 + 7{,}32) + 12{,}11 = 58{,}49$ kN/m^2
$F_{ges} = 58{,}49 \cdot 0{,}374 = 21{,}875$ kN/m

114.1 Doppelbaugrube (Stufengraben) Bauausführung nach Fall 1: Bodenart 2 (Sand)

1.6 Sicherheit (s. **112**.1)

$$\gamma = \frac{2,05 \cdot 50}{21,875} = 4,69 > 1,5, > 2,3 \qquad\qquad \text{nach Gl. 113.1 und Tafel } \mathbf{112}.3$$

hier wäre auch der Einsatz von Rohren Stz 300 N x 2000 K DIN 1230 möglich ($F_N = 32$ kN/m):

$$\gamma \approx \frac{2,05 \cdot 32}{21,875} = 3,0 > 1,5, > 2,3$$

2 RW-Kanal

$\quad$ DN $\quad = 600$, KFW-F; $d_a = 600 + 2 \cdot 85 = 770$ mm

$\quad F_N \quad = 98$ kN/m

$\quad H \quad = 19,0 - (17,0 + 0,130 + 0,600 + 0,100) = 1,17$ m

$\quad B_g \quad = 2,3$ m

2.1 $\quad H/B_g = 1,17/2,3 = 0,509$

$$k = \frac{1 - e^{-2 \cdot 0,509 \cdot 0,5 \cdot \tan 32,5°}}{2 \cdot 0,509 \cdot 0,5 \cdot \tan 32,5°} = 0,854$$

$\quad p_E \quad = 0,854 \cdot 20 \cdot 1,17 = 19,98 \approx 20$ kN/m^2

$\quad P_E \quad = 20 \cdot 0,770 = 15,4$ kN/m

2.2 Lastkonzentration

$\quad a = 1 \quad a' = a \cdot E_1/E_2 = 1 \cdot 3,0/3,0 = 1,0$

$$\max \lambda = 1 + \frac{1,17/0,77}{3,5/1 + \dfrac{2,2}{10\,(1-0,25)} + \left[\dfrac{0,62}{1} + \dfrac{1,6}{10\,(1-0,25)}\right]1,17/0,77}$$

$\quad \max \lambda = 1,30$

$\quad$ wegen $1 \leqq B_g/d_a = 2,99 \leqq 4$

$$\lambda_R = \frac{1,3-1}{3} \cdot \frac{2,3}{0,77} + \frac{4-1,3}{3} = 1,199 \sim 1,2$$

$\quad \lambda_{gr} = 2,274$ wie unter 1.3, **1,2** ist maßgebend

2.3 Verkehrslast

$\quad p_v = 1,2 \cdot 41,28 = 49,53$ kN/m^2 $\qquad$ für eine Überdeckungshöhe von $H = 1,17$ m

$\quad P_v = 49,53 \cdot 0,770 = 38,14$ kN/m

2.4 Gesamtlast

$\quad q_v = 1,2 \cdot 20,0 + 49,53 = 73,53$ kN/m^2

$\quad F_{ges} = 73,53 \cdot 0,770 = 56,62$ kN/m

2.5 Sicherheit mit $EZ = 1,07 \left(\dfrac{130}{100}\right)^2 = 1,81$ $\quad$ n. Tafel **111**.2

$$\gamma = \frac{1,81 \cdot 98}{56,62} = 3,13 > 1,5, > 2,3$$

2.8.7   Stahlbetonrohre, Stahlrohre und Asbestzementrohre

Für diese Rohrquerschnitte sollte man die Berechnung der Schnittkräfte unter den äußeren Lastannahmen durchführen. Es kann dann der Spannungsnachweis geführt werden. Das exakte statische Verfahren nach der Schalentheorie ist aufwendig. Man kann aber Rohre als Ringträger rechnen und den Schnittpunkt der Rohrachsen als Angriffspunkt der 3 statisch unbekannten Größen (M, N, Q) als elastischen Pol wählen und vereinfacht sich damit die Matrix. Schwierig ist die Annahme der Lastverteilung im Boden. Man wählt die gleichmäßig oder parabelförmig verteilte Last. Sicherheitshalber kann man auch den passiven Erddruck seitlich der Rohre vernachlässigen. Die Auflagerdruckverteilung ist statisch schwer bestimmbar und abhängig von der Weichheit des Bodens.

Tafel **116**.1 gibt Lastzahlen x für verschiedene Lastfälle (Schnittgrößen M = Moment und N = Normalkraft) an. Positive Biegemomente entstehen bei gezogener Faser an Rohrinnenwand, positive Normalkräfte bei Zugspannung im Wandquerschnitt.

Tafel **116**.1   Lastziffern x für M und N kreisrunder Rohre nach [23] für einen Auflagerwinkel von 90°

Lastfälle	I	II	III	IV

Biegemomente M

Punkt	Erd- und Verkehrslasten	Horizontale Last	Wasserfüllung	Eigengewicht
	$M^{I} = x \cdot p_v \cdot r^2$	$M^{II} = x \cdot p_{EH} \cdot r^2$	$M^{III} = x \cdot g_W \cdot r^2$	$M^{IV} = x \cdot g_R \cdot r^2$
Rohrscheitel	+ 0,269	− 0,25	+ 0,203	+ 0,406
Rohrkämpfer	− 0,275	+ 0,25	− 0,235	− 0,471
Rohrsohle	+ 0,292	− 0,25	+ 0,286	+ 0,573

Normalkräfte N

Punkt	Erd- und Verkehrslasten	Horizontale Last	Wasserfüllung	Eigengewicht
	$N^{I} = x \cdot p_v \cdot r$	$N^{II} = x \cdot p_{EH} \cdot r$	$N^{III} = x \cdot g_W \cdot r$	$N^{IV} = x \cdot g_R \cdot r$
Rohrscheitel	+ 0,044	− 1,0	+ 0,653	+ 0,306
Rohrkämpfer	− 1,0	0	+ 0,215	− 1,571
Rohrsohle	+ 0,433	− 1,0	+ 0,736	− 1,526

Im Falle der Grabenbedingung wird wegen der anzusetzenden Sicherheiten geprüft, ob sich das Rohr im Verhältnis zum umgebenden Boden elastisch verhält (vgl. Abschn. 2.8.5). Dies geschieht nach dem Steifigkeitskriterium von Voellmy

$$n = \frac{E_B}{E_R}\left(\frac{r}{s}\right)^3 \quad \begin{matrix} < 1 = \text{Boden elastischer als Rohr} \\ = 1 = \text{Rohr ebenso steif wie Boden} \\ > 1 = \text{Rohr elastischer als Boden} \end{matrix} \qquad (117.1)$$

E_R = Elastizitätsmodul des Rohres in N/cm^2
E_B = Elastizitätsmodul des Bodens in N/cm^2
s = Rohrwanddicke in cm
r = mittlerer Rohrradius in cm

Als Steifezahl E_B kann angenommen werden für:

Kiessand	$10\,000$ bis $20\,000\ N/cm^2$
Sand, dicht	$5\,000$ bis $8\,000\ N/cm^2$
Sand, locker	$1\,000$ bis $2\,000\ N/cm^2$
Schluff	300 bis $1\,000\ N/cm^2$
Klei, Schlick	50 bis $300\ N/cm^2$

Vgl. auch Tafel **107**.1.

Nur wenn das Rohr elastischer als der Boden ist, können sich entlastende Reibungskräfte entwickeln. Man ist auf der sicheren Seite, wenn man dann $\eta_D = 1$ setzt.

Die vertikale Erdlast P_{EV} (Lastfall I) kann in eine über den äußeren Rohrdurchmesser nach der cos-Funktion verteilte Flächenlast umgewandelt werden, deren größte Ordinate

$$p_{EVO} = P_{EV} \cdot \frac{4}{\pi \cdot d} \quad \text{ist.} \qquad (117.2)$$

Die Lastverteilung folgt dann der Funktion

$$p_E = p_{EVO} \cdot \cos \varphi$$

Im Beispiel S. 119 ist eine über die Rohrbreite konstant bleibende Erdlastordinate angenommen worden:

$$p_{EV} = P_{EV}/d_a$$

Die Verkehrslast (Lastfall I) wurde nach Tafel (**108**.1) ermittelt und als konstante Lastordinate aufgenommen

$$p_{VV} = \psi \cdot p$$

Neben den Formeln für Erdlast und Verkehrslast [Gl. (106.1), (107.1) und (107.2)] wird der horizontale Erddruck (Lastfall II) neben dem Rohr berücksichtigt. Nach Rankine ist

$$p_{EH} = K_a \cdot \gamma_E \cdot h \quad \text{mit} \quad K_a = \tan^2\left(45° - \frac{\varphi}{2}\right) \quad \text{nach Krey} \qquad (117.3)$$

h = Tiefe des Rohrkämpfers unter Gelände

Beim Lastfall III (Wasserfüllung) beträgt

$$G_W = A \cdot \gamma_W = \pi r^2 \cdot \gamma_W \quad \text{in kN/m} \quad \text{Gewicht} = \text{Rohrquerschnitt} \cdot \gamma_W$$

Die Ordinaten der verteilten Last betragen:

$$g_W = 2r \cdot \gamma_W \quad \text{in kN/m}^2 \text{ auf der Rohrsohle}$$

$$g_W = r \cdot \gamma_W \quad \text{in kN/m}^2 \text{ auf den Rohrkämpfern} \tag{118.1}$$

$$g_W = 0 \quad \text{in kN/m}^2 \text{ auf den Rohrscheitel}$$

Die Lastzahlen in Tafel **116**.1 sind auf $g_W = r \cdot \gamma_W$ als der maßgebenden Ordinate bezogen. Beim Lastfall IV (Eigengewicht des Rohres) beträgt

$$G_R = A_R \cdot \gamma_R \quad \text{in kN/m} \quad \text{bzw. } g_R = s \cdot \gamma_R \tag{118.2}$$

Gewicht = Materialquerschnitt $\cdot \gamma_R$

Gewicht der Rohrwand = Wanddicke $\cdot \gamma_R$

Die gesamte vertikale Auflagerlast P ist die Summe aller vertikalen Teillasten.

$$P = P_{EV} + P_V + G_W + G_R \quad \text{in kN/m}$$

Diese wird in eine verteilte Auflagerlast umgewandelt, welche über die Sehnenlänge $2r'$ des Auflagerwinkels wirkt und bei lockerem Boden etwa der cos-Funktion folgt.

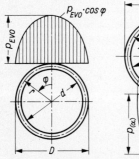

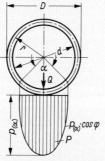

$$p = p_\alpha \cdot \cos \varphi \quad \text{in N/cm}^2 \tag{118.3}$$

Die größte Ordinate ist p_α

$$p_\alpha = c \cdot \frac{Q}{r} \quad \text{in N/cm}^2 \tag{118.4}$$

mit

α	r'	c
60°	$0{,}5 \cdot r$	1,27
90°	**$0{,}7 \cdot r$**	**0,91**
120°	$0{,}86 \cdot r$	0,74
180°	$1{,}0 \cdot r$	0,64

118.1 Belastungsfläche der vertikalen Kräfte nach [23]

118.2 Belastungsfläche der Auflagerkräfte nach [23]

Beispiel: Druckrohrleitung DN 800 Az in Graben mit 2,50 m Überdeckung; max. Betriebsdruck $p = 80$ N/cm^2; Wandstärke $s = 40$ mm; Boden $\gamma = 17$ kN/m^3; $\varphi' = 31°$; Verkehrslast SLW 60; Sandauflager; geböschte Baugrube

$$d_a = 0{,}80 + 2 \cdot 0{,}04 = 0{,}88 \text{ m} \qquad r = 1/2 \ (0{,}8 + 0{,}04) = 0{,}42 \text{ m}$$

1. Prüfung, ob das Rohr im Verhältnis zum Boden elastisch ist

E_R = Elastizitätsmodul des Rohres $\approx 2\,500\,000$ N/cm^2

E_B – Steifezahl des Bodens $\approx \quad 5\,000$ N/cm^2

$$n = \frac{5000}{2\,500\,000} \cdot \left(\frac{42}{4}\right)^3 = 2{,}31 > 1 \qquad \text{[s. Gl. (117.1)]}$$

Rohr gilt als elastisch.

2. Abminderungsfaktor

$B_g = 0.88 + 2 \cdot 0.35 + 2 \cdot 0.70 = 2.98$ m ≈ 3.0 m über Rohrscheitel

$H/B_g = \dfrac{2.50}{3.00} = 0.833$

$\varkappa = \dfrac{1 - e^{2 \cdot 0.833 \cdot 0.5 \cdot \tan 31°}}{2 \cdot 0.833. \ 0.5 \cdot \tan 32.5°} = 0.78$; aus Sicherheitsgründen auf 1.0 erhöht

3. Vertikale Erdlast [s. Gl. (106.2)] = Lastfall I

$P_{EV} = 1.0 \cdot 17 \cdot 2.50 \cdot 0.88 = 37.4$ kN/m; Konzentrationsfaktor $= 1.0$

$p_{EV} = 37.4/0.88 = 42.5$ kN/m^2

4. Verkehrslast [s. Gl. (107.2)] = Lastfall I

$\psi = 1 + 0.3/2.50 = 1.12$ oder $\psi = 1.2$ nach ATV

$P_v = 1.2 \cdot 21.24 \cdot 0.88 = 22.43$ kN/m

$p_V = 1.2 \cdot 21.24 = 25.5$ kN/m^2

Addition von 3. und 4. ergibt Gesamtordinate $\overline{p_V}$ (Lastfall I aus 3. und 4.)

$\overline{p_V} = 42.5 + 25.5 = 68.0$ kN/m^2

5. Horizontaler Erddruck [s. Gl. (117.3)] = Lastfall II

$K_a = \tan^2 \left(45° - \dfrac{31°}{2}\right) = 0.32$

$p_{EH} = 17 \left(2.50 + \dfrac{0.88}{2}\right) 0.32 = 16$ kN/m^2

6. Wasserfüllung [s. Gl. (118.1)] = Lastfall III (Vollfüllung ohne Innendruck)

$g_W = 0.42 \cdot 10 = 4.2$ kN/m^2 $G_W = 0.42^2 \cdot \pi \cdot 10 = 5.5$ kN/m

7. Eigengewicht des Rohres [s. Gl. (118.2)] = Lastfall IV

$\gamma_{AZ} = 20$ kN/m^3 $g_R = 20 \cdot 0.04 = 0.8$ kN/m^2 $G_R = 2 \cdot 0.42 \cdot \pi \cdot 0.8 = 2.1$ kN/m

8. Gesamte Auflagerlast

$P = 37.4 + 22.4 + 5.5 + 2.1 = 67.4$ kN/m

Auflagerwinkel soll $\alpha = 90°$ [s. Gl. (118.3)] $\alpha \triangleq 2\alpha$ nach ATV 127 (E)

$p_{90°} = 0.91 \ \dfrac{67.4}{0.42} = 146$ kN/m^2 nach Gl. (118.4)

9. Schnittgrößen (Tafel **116**.1) M und N an der Rohrsohle

$M = r^2 (+ 0.292 \ \overline{p_V} - 0.25 \ p_{EH} + 0.286 \ g_W + 0.573 \ g_R)$

$M = 0.42^2 (+ 0.292 \cdot 68.0 - 0.25 \cdot 16 + 0.286 \cdot 4.2 + 0.573 \cdot 0.8)$

$M = + 0.42^2 \cdot 17.516 = + 3.09$ kN $\cdot$ m/m $= + 3090$ N $\cdot$ cm/cm

$N = r (- 0.433 \ \overline{p_V} - 1.0 \ p_{EH} + 0.736 \ g_w - 1.526 \ g_R)$

$N = 0.42 (- 0.433 \cdot 68.0 - 1.0 \cdot 16 + 0.736 \cdot 4.2 - 1.526 \cdot 0.8)$

$N = - 0.42 \cdot 43.574 = - 18.301$ kN/m $= - 183.01$ N/cm

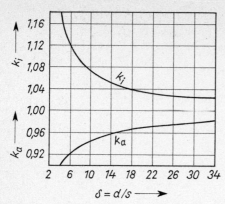

120.1   Korrekturfaktoren K_i und K_a für die Ringbiegezugspannungen am gekrümmten Balken

Für Scheitel und Kämpfer sind die entsprechenden Zahlen einzusetzen (vgl. **116**.1).

Mit diesen Werten wären die Rohre zu bemessen.

Für homogene Rohre (Az, Stahl, Stahlbeton) ergeben sich die Ringbiegespannungen nach den Formeln für gekrümmte Balken (hyperbolischer Spannungsverlauf)

$$\sigma = K_{i,a}\,\frac{6\,M}{s^2}\quad \text{mit } K_{i,a} \text{ nach } \mathbf{120}.1;$$

i = innen, a = außen

$\delta = d/s = 800/40 = 20 \rightarrow K_i = 1{,}03$, $K_a = 0{,}97$

$W = s^2/6 = 4^2/6 = 2{,}667 \text{ cm}^3/\text{cm}$ und $A = 4{,}0 \cdot 1{,}0 = 4{,}0 \text{ cm}^2/\text{cm}$

Die Ringbiegezugspannung beträgt damit z.B. an der Rohrsohle:

innen $\sigma_i = -\dfrac{183{,}01}{4{,}0} + \dfrac{3090}{2{,}667}\cdot 1{,}03 = +1148 \text{ N/cm}^2$

außen $\sigma_a = -\dfrac{183{,}01}{4{,}0} - \dfrac{3090}{2{,}667}\cdot 0{,}97 = -1170 \text{ N/cm}^2$

Die Ringzugspannung aus dem Innendruck (Betriebsdruck) beträgt

$$\sigma_{rz} = \frac{p\cdot r}{s} = \frac{80\cdot 80}{2\cdot 4{,}0} = 800 \text{ N/cm}^2$$

Dies ist ein Mittelwert über den Rohrquerschnitt. Bei dickwandigen Rohren verläuft die Spannung hyperbolisch mit dem Größtwert innen.

Diese ermittelten Werte sind mit den Werten in den DIN-Normen zu vergleichen. Hier wäre die DIN 19800, Bl. 2 maßgebend. Die Rohre sollen folgende Festigkeiten haben:

DN	min Ringzugfestigkeit σ_{rz} in N/cm²		min Ringbiegezugfestigkeit σ_{rbz} in N/cm²	
	bis PN 6	über PN 6	bis PN 6	über PN 6
$\leqq 400$	2200	2400	4500	4900
> 400	2300	2500	4700	5100

hier maßgebend $\sigma_{rz} = 2500$, $\sigma_{rbz} = 5100 \text{ N/cm}^2$

Wenn beide Spannungen auftreten, erfolgt die Überlagerung. Maßgebend sind dann die Formeln:

vorh $\sigma_{rbz} = \sigma_{rbz}\sqrt{\dfrac{\sigma_{rz} - \text{vorh } \sigma_{rz}}{\sigma_{rz}}}$ und daraus   vorh $\sigma_{rz} = \sigma_{rz}\left[1 - \left(\dfrac{\text{vorh } \sigma_{rbz}}{\sigma_{rbz}}\right)^2\right]$

hier:

vorh $\sigma_{rbz} = 5100\sqrt{\dfrac{2500 - 800}{2500}} = 4206 \text{ N/cm}^2$;   vorh $\sigma_{rz} = 2500\left[1 - \left(\dfrac{1148}{5100}\right)^2\right] = 2373 \text{ N/cm}^2$

Die Sicherheiten ergeben sich als $v = \dfrac{\text{vorh } \sigma \text{ (Lastkombination)}}{\text{vorh } \sigma \text{ (Einzellast)}}$

hier:

$$v_{rbz} = \frac{4206}{1148} = 3{,}7 > 2{,}0 \qquad v_{rz} = \frac{2373}{800} = 2{,}97 > 2{,}5$$

erf $v_{rbz} = 2{,}0$

erf $v_{rz} = 3{,}0$ bis DN 600

2,5 ab DN 700

Für Az-Kanalrohre gilt DIN 19850.

Bild **121**.1 zeigt für das Beispiel S. 118 die Schnittgrößen von M und N, wenn die Lasten aus Eigengewicht, Wassergewicht und vertikaler Auflast berücksichtigt werden.

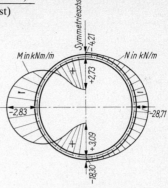

M-und N-Flächen

121.1 Momenten- und Normalkraft-
linien für ein Rohr DN 800
(Beispiel S. 118)

2.8.8 Verformbare Rohre (PVC, PE)

Die Lastaufnahme dünnwandiger, verformbarer Rohre (Kunststoff) unterscheidet sich
wesentlich von der bei starren Rohren. Diese Rohre sind nachgiebiger als der umgebende Boden. Die Rohre werden weniger belastet als starre Rohre, weil sich in dem Erdkeil
zusätzliche Setzungen ergeben und damit Gewölbebildung über dem Rohr. Ein Berechnungsverfahren hat Spangler [75] entwickelt.

Die relative Verformung der Rohre soll für den Langzeitnachweis möglichst nicht größer
als 6% sein.

$$\frac{\Delta d}{d} = 0{,}06$$

$$\Delta d = F_D \cdot F_K \cdot \frac{P \cdot r^3}{E \cdot J + 0{,}061 \cdot C_b \cdot r^4} \qquad (121.1)$$

F_D = Verhältniswert von Langzeit- zur Kurzzeitverformung = 1,2 bis 1,5

F_K = Auflagerkoeffizient für $\alpha = 90° = 0{,}096$

E = Elastizitätsmodul des Rohres in N/cm² (für Niederdruck-PE = 28000 bis 34000; für Hoch-
druck-PE = 9000 bis 11000; für PVC = 1000 bis 3000)

J = $\dfrac{s^3}{12}$ in cm⁴/cm = cm³ = Trägheitsmoment des Rohres

s = Wandstärke in cm

r = ½ $(r_a + r_i)$ = mittlerer Radius

C_b = horizontale Bettungszahl des Bodens neben dem Rohr
= 1 bis 5 N/cm³ für weichen, bindigen Boden
= 5 bis 10 N/cm³ für steifen bindigen und lockeren sandigen Boden
= 10 bis 50 N/cm³ für handverdichteten Boden
= 50 bis 100 N/cm³ für maschinell verdichteten Boden.

Der Gültigkeitsbereich der Formel geht bis $\dfrac{\Delta d \cdot 100}{d} = 5\%$.

Beispiel: Rohr PE hart 1000 × 31 nach DIN 8074; Überdeckungshöhe $H = 5{,}0$ m; Boden steif, bindig $\gamma = 20$ kN/m³; geforderte Betriebszeit 50 Jahre; $E_c = 20\,000$ N/cm² mit $E_c =$ Kriechmodul (langzeitabhängig) = Elastizitätsmodul nach 50 Jahren

$$d_a = 100 \text{ cm}$$

$$B_g = 100 + 2 \cdot 0{,}35 + 2 \cdot 0{,}06 = 182 \text{ cm}$$

$$a \cdot r_{sd} = 0$$

$$H/D = 500/100 = 5{,}0 \qquad \frac{B_g{'}}{D} = 1{,}65$$

$$B_g{'} = 1{,}65 \cdot 100 = 165 \text{ cm} \quad 165 < 182 \text{ cm} = \text{Dammbedingung}$$

$$G_D = \gamma \cdot d_a \cdot H = 20 \cdot 1{,}0 \cdot 5{,}0 = 100 \text{ kN/m}$$

$$P = \eta_D \cdot G = 1{,}0 \cdot 100 \text{ kN/m} \quad \eta_D \text{ für flexibles Rohr} = 1{,}0 = 1000 \text{ N/cm}$$

$$r = 1/2\,(100 - 3{,}1) = 48{,}45 \text{ cm} \qquad J = \frac{3{,}1^3 \cdot 1}{12} = 2{,}5 \text{ cm}^4/\text{cm}$$

$$\Delta d = 1{,}5 \cdot 0{,}096 \, \frac{1000 \cdot 48{,}45^3}{20\,000 \cdot 2{,}5 + 0{,}061 \cdot 10 \cdot 48{,}45^4} = 4{,}8 \text{ cm}$$

$$\frac{\Delta d \cdot 100}{d_a} = \frac{4{,}8 \cdot 100}{100} = 4{,}8\% < \frac{\Delta d \cdot 100}{d_a} = 5\%$$

In Tafel 122.1 sind von Wetzorke [86] für PVC-Rohre zulässige errechnete Mindestüberdeckungshöhen angegeben worden. Die maximalen Überdeckungshöhen sind 6 m. Es liegen folgende Grenzwerte zugrunde:

$$\text{Ringbiegezugspannung} \quad \sigma_{BZ} \leqq 1000 \text{ N/cm}^2$$

$$\text{Relative Durchmesseränderung} \quad \frac{\Delta d \cdot 100}{d} = 3\%$$

Als Belastungsbreite ist wegen der Verformbarkeit der Rohraußendurchmesser d_a eingesetzt worden.

$$P_E = \varkappa \cdot \gamma \cdot d_a \cdot H \quad \text{in kN/m} \quad \text{[s. Gl. (106.2)]}$$

$$P_V = \psi \cdot p \cdot d_a \quad \text{in kN/m} \quad \text{[s. Gl. (107.2)]}$$

Die Berechnung erfolgte nach den Formeln von Spangler für Awadukt-Rohre DN 150 bis 400. Es handelt sich um PVC-hart-Rohre nach DIN 8062. Diese Tafel kann als Anhalt dienen. Im einzelnen ist die Bodenart, der Winkel der inneren Reibung, Grundwasseranfall, Abwasser mit hoher Eigentemperatur (> 30°C) usw. zu berücksichtigen.

Tafel **122**.1 Mindestüberdeckungshöhen für PVC-Rohre bei Sand mit $\gamma = 19$ kN/m³; $\varphi' = 35°$ nach [86]

Nenndruck-PN in N/cm²	Nennweite DN														
	160			200			250			315			400		
	Straßenregellasten[1]														
	12	30	60	12	30	60	12	30	60	12	30	60	12	30	60
40							0,9	1,2	2,7	0,85	1,2	2,05	0,8	0,95	1,7
50	1,10	1,40	3,6	0,95	1,15	2,25	0,85	5,00	1,80	0,80	0,90	1,55	0,75	0,85	1,30
60	0,90	1,15	2,25	0,85	1,00	1,80	0,80	0,95	1,55	0,70	0,80	1,30	0,70	0,80	1,20
100	0,70	0,80	1,15	0,65	0,75	1,20	0,60	0,75	1,20	0,60	0,70	1,05	0,65	0,70	1,00

[1] nach DIN 1072

3 Bauliche Gestaltung von Entwässerungsanlagen

3.1 Baustoffe der Entwässerungsleitungen

3.1.1 Steinzeug

Steinzeug hat sich als Baustoff von Entwässerungsleitungen sehr bewährt. Rohre, Formstücke, Sohlschalen und Platten werden aus Ton unter Zugabe von Schamotten als Magerungsmittel geformt, mit Salz- oder Spatglasur überzogen und gebrannt. Sie haben den großen Vorzug, von saurem oder alkalischem Abwasser nicht angegriffen zu werden. Eine Ausnahme bildet die Flußsäure. Außerdem ist Steinzeug sehr abriebfest (vgl. Abschn. 3.2.3). Hohe Fließgeschwindigkeiten bis $v = 10$ m/s sind unbedenklich. I. allg. hat sich Steinzeug beim Bau von Schmutzwasserkanälen in Form von Rohrfertigteilen durchgesetzt, während es bei Mischwasserkanälen als Wandverkleidung oder Sohlschalen Verwendung findet.

Anforderungen an Rohre und Formstücke (Auszug aus DIN 1230, Teil 1 bis 3)
Beschaffenheit. Rohre und Formstücke aus Steinzeug sollen beim Anschlagen mit einem harten Gegenstand einen klar (einwandfrei) klingenden Ton geben. Der Scherben muß hart und fest sein, Farbunterschiede haben keinen Einfluß auf die Qualität.

Die Oberfläche des Schaftes von Rohren und Formstücken wird durch eine keramische Glasur gebildet. Die Außenflächen der Spitzenden dürfen auf eine Länge, die der Muffentiefe entspricht, unglasiert bleiben. Bei Rohren und Formstücken der Nennweiten (DN) 100 bis 200 darf die Glasur der äußeren Oberfläche entfallen, die der inneren Oberfläche dann, wenn die Anforderungen an die Wandrauhigkeit und die Abriebfestigkeit erfüllt sind.

Die Rohre und Formstücke müssen frei von Schäden und Fehlern sein, die ihre Einsatzfähigkeit hinsichtlich der Verlegung und des Kanalbetriebs beeinträchtigen. Optische Mängel wie Glasurfehlstellen, Unebenheiten und geringfügige Beschädigungen an der Oberfläche schließen die Verwendung nicht aus, sofern hierdurch die Dichtheit und Dauerhaftigkeit nicht eingeschränkt werden.

Maße. Die Maße nach DIN 1230 T 1 (Ausg. Sep 1979), Tafel **124**.1, **124**.2, **124**.3 und **125**.1, müssen eingehalten werden. Zulässige Abweichungen für Maße ohne Toleranzangabe: $\pm 5\%$.

Durchmesser. Der mittlere Innendurchmesser (Mittel aus Kleinst- und Größtwert) des Schaftes d_1 muß der zusätzlichen Anforderung entsprechen, daß der daraus berechnete Querschnitt den aus dem Zahlenwert der Nennweite in mm berechneten Querschnitt um nicht mehr als 3% unterschreiten darf.

Wanddicke. Der Unterschied zwischen kleinster und größter Wanddicke des Rohrschaftes darf nicht größer sein als 2 mm für DN bis 300 oder 3 mm für DN über 300.

Baulänge. Gegenüberliegende Innenseiten des Rohrschaftes dürfen in der Länge um höchstens 2% des Zahlenwertes der Nennweite in mm differieren.

Tafel **124**.1 Maße von Rohren und Formstükken mit Steckmuffe K, Regelausführung N

Nennweite DN	d_1	d_3	s_1	m_1 min.	Scheiteldruckkräfte F_N in kN/m
200	202	242	20	70	28
250	252	296	22	70	30
300	302	350	25	70	32
350	352	404	27	70	35
400	402	460	30	70	35
(450)	452	516	33	70	40
500	503	581	39	70	40
600	603	687	44	80	40
700	704	790	46	80	40
800	805	895	48	80	40
900	906	1002	51	80	40
1000	1007	1109	55	80	40
1200					40
1400					
1600	^{2})				
1800					
2000					

Eingeklammerte Werte möglichst vermeiden

Tafel **124**.2 Maße von Rohren und Formstükken A mit Steckmuffe K, verstärkte Ausführung V

Nennweite DN	d_1	d_3	s_1	m_1 min.	Scheiteldruckkräfte F_N in kN/m
200	202	262	30	70	40
250	252	318	33	70	45
300	302	374	37	70	50
350	352	430	40	70	55
400	402	490	45	70	60
(450)	452	548	49	70	60
500	503	607	54	70	60
600	603	721	61	80	70
700	704	831	64	80	70
800	805	941	68	80	70
$\geqq$ 900	^{2})				

Tafel **124**.3 Maße von Bogen

Nennweite DN	Radius bei Bogen				e min.
	15° r	30° r	45° r	90°^{1}) r	
100	500	300	205	140	70
125	500	320	215	140	70
150	600	320	215	150	70
200	650	375	265		70
250	700	410	310		70
300	1000	580	375		70
$\geqq$ 350	^{2})				

^{1}) Bogen 90° dürfen nur für den Anschluß von Falleitungen an Grundleitungen verwendet werden. Innerhalb von Grundleitungen sind sie nicht zulässig.
^{2}) Sonderanfertigung nach Vereinbarung

Abweichung des Rohrschaftes von der Geraden: Bei der Messung nach Abschn. 6.1.2 darf die auf die Baulänge bezogene Abweichung des Rohrschaftes von der Geraden die in Tabelle 1 (DIN 1230, Teil 2) angegebenen Werte nicht überschreiten.

Für hohe statische Beanspruchung steht das BK (Beton-Keramik)-Rohr zur Verfügung. Es kommt zur Anwendung, wenn auch die verstärkten Steinzeugrohre nicht die erforderliche Scheiteldrucklast aushalten würden. Steinzeugrohre DN 600 bis 1400 werden im Werk nach dem Vakuumverfahren mit einem Betonmantel umgeben. Das Steinzeugrohr dient dabei als innere Schalung. Es ist muffenlos, die Muffe wird mit dem Betonmantel hergestellt. Die Dichtung der Muffen geschieht mit einem Gummirollring und bei betonaggressivem Abwasser zusätzlich mit Fugenband oder Spachtelmasse (von innen). Um Transportschäden zu vermeiden, werden Steinzeugrohre im Werk paketiert, d. h. unter Zwischenlegen von Holzleisten zu einem kubischen Stapel gehäuft und mit Stahlband umschnürt.

Tafel **125**.1   Maßbezeichnungen von Rohren, Abzweigen, Muffen, Bogen von Steinzeug-Rohren

Rohre (Tafel **124**.1)

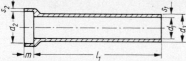

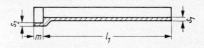

Bezeichnung eines Steinzeugrohres (R) von Nennweite 400, Baulänge l_1 = 2000 mm, mit verstärkter Wanddicke (V):

   Rohr DIN 1230 − R 400 V × 2000 K

Bezeichnung eines in Längsrichtung halbierten Steinzeugrohres (Stz-hR) von Nennweite 300, Baulänge l_1 = 1000 mm, Regelausführung (N):

   Halbschale DIN 1230 − RH 300 N × 1000 (DIN 1230, T 3)

Abzweige

Für Abzweige gelten die Maße nach Tabelle 6 DIN 1230, T 1. Weitere Maße sind in den folgenden Bildern festgelegt.

Stutzen von Abzweigen werden nur in normaler Ausführung (N) hergestellt.

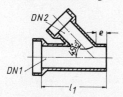

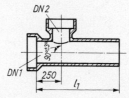

Abzweig (A). Bezeichnung eines Steinzeug-Abzweiges (A) 45° von Nennweite DN 1 = 200, Regelausführung (N), Stutzen Nennweite DN 2 = 150, Baulänge l_1 = 500 mm, mit Steckmuffe K:

   Abzweig DIN 1230 − A 45 − 200 N 500 K 150

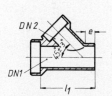

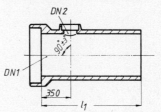

Kompaktabzweig (AK). Bezeichnung eines Steinzeug-Kompaktabzweiges (AK) 90° von Nennweite DN 1 = 500, verstärkte Ausführung (V), Stutzen Nennweite DN 2 = 150, Baulänge l_1 = 1000 mm, mit Steckmuffe K:

   Abzweig DIN 1230 − AK 90 − 500 V 1000 K 150

Bogen (Tafel **124**.3)

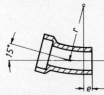 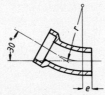 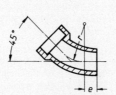 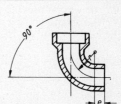

Bezeichnung eines Steinzeug-Bogens (B) 30° von Nennweite (DN) 150, unglasierte innere Oberfläche (U), Regelausführung (N):

   Bogen DIN 1230 − B 30 − 150 UN

Für Grundstücksentwässerungen ist das topton-Rohr entwickelt worden (DN 100, 125, 150). Es ist durch verringerte Wanddicke um 10 bis 15% leichter als das braune Stz-Rohr. Es hat keine Außenglasur. Die Rohrverbindung besteht aus Muffe mit Steckring. Das Lieferprogramm umfaßt ein vollständiges Rohrsystem mit Bögen, Abzweigen und Übergängen.

3.1.2   Beton

Betonrohre haben sich bei Entwässerungsleitungen seit langem bewährt. Meistens werden fertige Rohre für Regen- und Mischwasserkanäle verwendet. Fertigbetonrohre werden fabrikmäßig im Rüttelpreßverfahren mit senkrechter Achse hergestellt. Für unbewehrte Fertigbetonrohre gilt DIN 4032 (nachfolgend Auszug).

Rohrformen. Betonrohre und -formstücke haben kreisförmige und eiförmige Abflußquerschnitte oder Sonderquerschnitte. Sie werden ohne oder mit Fuß, mit Muffe oder Falz mit normaler oder – für kreisförmige Rohre – mit verstärkter Wanddicke hergestellt. Sonderformen mit Wanddicken und Scheiteldruckkräften entsprechend den statischen Erfordernissen sind zulässig.

Es bezeichnet:

K	kreisförmige Rohre ohne Fuß
KW	kreisförmige Rohre ohne Fuß, wandverstärkt
KF	kreisförmige Rohre mit Fuß
KFW	kreisförmige Rohre mit Fuß, wandverstärkt
EF	eiförmige Rohre mit Fuß

Die Ausführung der Rohrenden mit Muffe oder Falz wird durch Anfügen von -M für Muffe und -F für Falz bezeichnet.

Maße, Bezeichnung

Rohre. Die Baulänge l_1 in mm muß ein durch 500 ganzzahlig teilbarer Wert sein; die zulässige Abweichung beträgt ± 1%. Die gewünschte Baulänge ist in der Bezeichnung anzugeben. Die Maße der Rohre sind in den Tafeln **127**.1 und **129**.1 aufgeführt.

Seiten- und Scheitelzuläufe. Seitenzuläufe für Rohre mit Muffe bzw. Falz nach Tafel **127**.1 werden mit Muffe in den Nennweiten 100, 150 und 200 hergestellt. Die Achse des Seitenzulaufs bildet mit der Achse des Durchgangsrohres einen Winkel α von 45° oder 90° und ist bei Rohren mit Fuß 10° gegen die Waagerechte nach oben geneigt. Die Achsen müssen sich schneiden.

Herstellung

Beton. Für Bereitung, Verarbeitung und Nachbehandlung gelten sinngemäß die Anforderungen nach DIN 1045.

Transportbewehrung. Stahleinlagen als Transportbewehrung müssen mindestens 20 mm von Beton überdeckt sein.

Rohre für betonschädliche Wässer und Böden. Rohre und Formstücke, die Berührung mit angreifenden Wässern, Böden und Gasen haben, müssen so hergestellt oder geschützt werden, daß sie deren Angriffen widerstehen. Betonangreifende Wässer, Böden und Gase sind nach DIN 4030 zu beurteilen. Für die Herstellung von Beton mit hohem Widerstand gegen chemische Angriffe ist sinngemäß DIN 1045 zu beachten.

Maßnahmen gegen Temperatureinwirkungen. Bei der Lagerung der Rohre können bei ungleichmäßiger Erwärmung oder Abkühlung schädliche Spannungen in der Rohrwand auftreten. Geeignete Gegenmaßnahmen sind z.B. Abdecken, Feuchthalten oder weißer Deckanstrich. Müssen die Rohre bei Frost im Freien gelagert werden, so ist dafür zu sorgen, daß sie nicht mit dem Boden zusammenfrieren und daß sich in ihnen kein Wasser ansammeln kann.

Anforderungen. Rohre und Formstücke müssen zum Zeitpunkt der Auslieferung, spätestens im Betonalter von 28 Tagen, den nachfolgenden Anforderungen genügen.

Tafel **127**.1 Maß-Bezeichnungen von Rohren, Rohrverbindungen, Bogen und Seitenzuläufen von Beton-Rohren

a) Rohre mit kreisförmigem Querschnitt

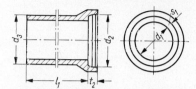

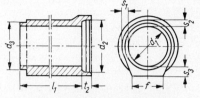

1. Kreisförmige Rohre mit Muffe, Formen K und KW

Bezeichnung eines kreisförmigen Muffenrohres ohne Fuß in wandverstärkter Ausführung (KW-M), von Nennweite 400 und Baulänge $l_1 = 2000$ mm:

　Betonrohr DIN 4032-KW-M 400 × 2000

2. Kreisförmige Rohre mit Muffe, Formen KF und KFW

Bezeichnung eines kreisförmigen Muffenrohres mit Fuß mit normaler Wanddicke (KF-M), von Nennweite 500 und Baulänge $l_1 = 2000$ mm:

　Betonrohr DIN 4032-KF-M 500 × 2000

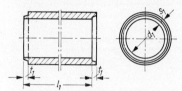

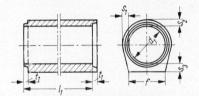

3. Kreisförmige Rohre mit Falz, Formen K und KW

Bezeichnung eines kreisförmigen Falzrohres ohne Fuß mit normaler Wanddicke (K-F), von Nennweite 250 und Baulänge $l_1 = 1000$ mm:

　Betonrohr DIN 4032-K-F 250 × 1000

4. Kreisförmige Rohre mit Falz, Formen KF und KFW

Bezeichnung eines kreisförmigen Falzrohres mit Fuß in wandverstärkter Ausführung (KFW-F), von Nennweite 800 und Baulänge $l_1 = 1000$ mm:

　Betonrohr DIN 4032-KFW-F 800 × 1000

b) Rohre mit eiförmigem Querschnitt

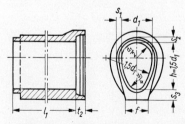

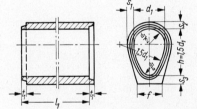

1. Eiförmige Rohre mit Muffe, Form EF

Bezeichnung eines eiförmigen Muffenrohres (EF-M), von Nennweite 600/900 und Baulänge $l_1 = 2000$ mm:

　Betonrohr DIN 4032-EF-M 600/900 × 2000

2. Eiförmige Rohre mit Falz, Form EF

Bezeichnung eines eiförmigen Falzrohres (EF-F), von Nennweite 800/1200 und Baulänge $l_1 = 1000$ mm:

　Betonrohr DIN 4032-EF-F 800/1200 × 1000

Fortsetzung s. nächste Seite

Tafel **127**.1, Fortsetzung

c) Rohrverbindungen

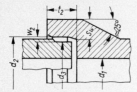

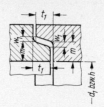

1. Rohrverbindung bei Muffenrohren für Roll-
ringdichtung (Auswahl)

2. Rohrverbindung bei Falzrohren

d) Bogen. Bogen werden nur mit kreisförmigem Querschnitt und ohne Fuß in den Nennweiten
nach Tabelle 7 (DIN 4032) hergestellt.

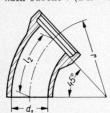

Übrige Maße
wie a)1.
und c)1.

Tabelle 7 (DIN 4032) Bogen

Nennweite (DN)	$r \approx$	Baulänge l_2
100	$2{,}5\,d_1 = 250$	$1{,}96\,d_1 = 195$
150	$2{,}0\,d_1 = 300$	$1{,}57\,d_1 = 235$
200	$2{,}0\,d_1 = 400$	$1{,}57\,d_1 = 315$

1. Bogen mit Muffe

Bezeichnung eines Bogens mit Muffe (B-M),
von Nennweite 150:
   Bogen DIN 4032-B 150

e) Rohre mit Seitenzulauf

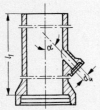

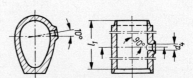

1. Rechter Seitenzulauf bei kreisförmigem
Durchgangsrohr mit Fuß und Muffenverbin-
dung

Bezeichnung eines rechten (R) bzw. linken (L)
Seitenzulaufs (S) unter 45° mit kreisförmigem
Durchgangsrohr mit Muffe und Fuß (KF-M),
von Nennweite 800 und Zulaufrohr von Nenn-
weite 100 sowie Baulänge $l_1 = 2000$ mm:
   Betonrohr DIN 4032-KF-M 800 × 2000 mit
   Seitenzulauf DIN 4032-RS 45 × 100.

Bei kreisförmigen Durchgangsrohren ohne Fuß
fällt die Angabe „rechts" bzw. „links" weg.

2. Rechter Seitenzulauf bei eiförmigem Durchgangsrohr und Falzverbindung

Bezeichnung eines rechten (R) bzw. linken (L)
Seitenzulaufs (S) unter 90° mit eiförmigem
Durchgangsrohr mit Falz (EF-F), von Nennweite 600/900 und Zulaufrohr von Nennweite 150
sowie Baulänge $l_1 = 1000$ mm:
   Betonrohr DIN 4032-EF-F 600/900 × 1000
   mit Seitenzulauf DIN 4032-LS 90 × 150

Tafel **129**.1 Maße und Scheiteldruckkräfte von Beton-Rohren

Nennweite (DN)	Fußbreite f ≈	Mindestwanddicken K s₁	KF u. EF s₁	KF u. EF s₂ und s₃	KW s₁	KFW s₁	KFW s₂	KFW s₃	Muffentiefe t₂	Muffenwanddicke s₄	Falzmaße t₁	m	w₁	Scheiteldruckkraft F in kN/m min. K und KF	KW und KFW
Kreisförmige Rohre															
100	80	22	22	22	—	—	—	—	60	30	16	11	4	24	—
150	120	24	24	24	—	—	—	—	60	35	16	12	4	26	—
200	160	26	26	26	—	—	—	—	60	40	18	13	4	27	—
250	200	30	30	30	—	—	—	—	60	45	18	15	5	28	—
300	240	40	40	40	50	50	50	65	80	50	20	18	5	30	50
400	320	45	45	45	65	50	65	90	80	55	22	21	6	32	63
500	400	50	50	60	85	70	85	110	90	60	26	25	6	35	80
600	450	60	60	70	100	85	100	130	90	70	30	29	7	38	98
700	500	70	70	80	115	100	115	150	90	80	34	33	7	41	111
800	550	75	75	90	130	115	130	170	90	85	38	37	8	43	125
900	600				145	130	145	195	100	95	40	41	8		138
1000	650	nach Vereinbarung			160	145	160	215	100	100	44	45	9	Die Scheiteldruckkräfte sind entsprechend den statischen Erfordernissen festzulegen	152
(1100)	680				175	160	175	240	100	115	48	48	9		166
1200	730				190	170	190	260	100	125	50	51	10		181
(1300)	780				205	185	205	280	110	135	50	54	10		194
1400	840				220	200	220	300	110	140	50	57	10		207
(1500)	900				235	215	235	320	110	140	50	60	10		220
Eiförmige Rohre															
500 × 750	320	—	64	84	—	—	—	—	—	—	26	32	6	61	
600 × 900	375	—	74	98	—	—	—	—	—	—	30	37	7	69	
700 × 1050	430	—	84	110	—	—	—	—	—	—	34	42	7	75	
800 × 1200	490	—	94	122	—	—	—	—	—	—	38	47	8	77	
900 × 1350	545	—	102	134	—	—	—	—	—	—	40	51	8	80	
1000 × 1500	600	—	110	146	—	—	—	—	—	—	44	55	9	83	
1200 × 1800	720	—	122	160	—	—	—	—	—	—	50	61	10	86	

Eingeklammerte Nennweiten möglichst vermeiden.

Beschaffenheit. Rohre und Formstücke müssen von gleichmäßiger Beschaffenheit sein. Sie dürfen keine Beschädigungen oder Stellen aufweisen, die ihren Gebrauchswert, z.B. Festigkeit, Wasserdichtheit oder Dauerhaftigkeit, beeinträchtigen. Kleine Kerben und unregelmäßig verlaufende, spinnennetzartige Schwindrisse sind für den Gebrauchswert ohne Belang, wenn die Anforderungen dieser Norm erfüllt sind. Die Rohrenden müssen vollkantig geformt sein. Rohre mit Seitenzulauf dürfen im Innern am Ansatz keine Unebenheiten aufweisen. Rohre und Formstücke dürfen nach dem Erhärten nicht geschlämmt werden.

Maße. Die Maße müssen den Tafeln **127**.1 und **129**.1 entsprechen. Bei Rohren darf die innere Rohrwand nicht mehr als 0,5% der Baulänge von der Geraden abweichen. Die Fußfläche von Rohren mit Fuß muß parallel zur Rohrachse sein, ihre Abweichung von der Ebene darf nicht mehr als 0,5% der Baulänge betragen. Die Stirnflächen der Rohrenden sollen rechtwinklig zur Rohrachse stehen. Die zulässige Differenz zweier gegenüberliegender Mantellinien (Länge von Stirnfläche zu Stirnfläche) darf die in Tab. 1 oder 2 enthaltenen Werte (DIN 4032) nicht überschreiten.

Festigkeit. Scheiteldruckfestigkeit. Bei der Prüfung nach Abschn. 8.3.1 (DIN 4032) müssen die in Tafel **129**.1 angegebenen Mindestwerte der Scheiteldruckkraft in kN/m Baulänge erreicht werden.

Festigkeit von Bruchstücken. Die durchgeführten Prüfungen an Bruchstücken haben nur orientierenden Charakter.

Festigkeit des Betons (Würfeldruckfestigkeit, Wasserzementwert). Bei der ggf. neben den Prüfungen nach Abschn. 8.3.1 und 8.3.2 (DIN 4032) durchgeführten Prüfung des Betons nach Abschn. 8.3.3 (DIN 4032) müssen die Prüfergebnisse in entsprechender Relation zu den Ergebnissen der Scheiteldruckprüfung stehen. Der Beton muß dabei mindestens der Festigkeitsklasse B 45 entsprechen.

Wasserdichtheit. Bei der Prüfung nach Abschn. 8.4 (DIN 4032) dürfen bei 0,5 bar (5 m WS) Innendruck die in Tab. 9 (DIN 4032) angegebenen Werte der Wasserzugabe nicht überschritten werden, auch wenn feuchte Flecken oder einzelne Tropfen an der Rohrwand auftreten.

Wandrauheit. Die Rauheit der Innenflächen von Rohren und Formstücken muß die Anwendung der Werte der Betriebsrauheit des ATV-Arbeitsblattes A 110 [1n] ermöglichen.

Abriebfestigkeit. Der Abriebfestigkeit kommt bei hohen Fließgeschwindigkeiten und extremer Sandfracht (z.B. Steilstrecken) besondere Bedeutung zu. Sofern hierfür ein Nachweis erforderlich wird, sind Anforderungen und ein geeignetes Prüfverfahren zu vereinbaren.

Rohrverbindungen. Rohr, Rohrverbindung und Dichtmittel bilden eine technische Einheit. Für die allg. Anforderungen an Rohrverbindung gilt DIN 19543. Rohrverbindungen mit Dichtringen sind nach DIN 4060, Teil 1, Rohrverbindungen mit kalt verarbeitbaren plastischen Dichtstoffen sind nach DIN 4062 (erf. Bandquerschnitte) zu prüfen.

Solange die Maße der Muffenverbindungen nach Abschn. 4.1.3 noch nicht in allen Einzelheiten festgelegt sind, hat der Rohrhersteller die Dichtringe nach DIN 4060 Bl. 1 in der Regel mitzuliefern.

Erläuterungen zur DIN 4032. Maße und Scheiteldruckkräfte der Rohre DN 300 bis DN 1500 mit verstärkter Wanddicke. (Formen KW und KFW) sind unter Berücksichtigung der Richtlinien für die Ausführungen nach DIN 4033 mit folgenden Belastungsannahmen berechnet:

Erdüberdeckung des Rohrscheitels: $H = 1$ bis 4 m

Erdauflast: Dammbedingung entsprechend DIN 4033, Ausg. 5.63, Abschn. 2.2.2

Ermittlung nach Marston mit $r_{sd} \cdot a = 1,0$ ohne seitlichen Erddruck.

Verkehrslast: SLW 60 entsprechend DIN 1072

Bodenart: Bindige Mischböden

$$\gamma = 21 \text{ kN/m}^3 \text{ und } \psi' = 22,5°$$

Auflagerwinkel: $2\alpha' = 90°$ entsprechend DIN 4033, Lagerungsfall III, bei Rohren mit Fuß, Lagerungsfall II nach Marquardt auf Fußbreite, Ringbiegezugfestigkeit des Rohrbetons bei Scheiteldruckprüfung $\beta_{BZR} = 6$ N/mm².

Sicherheitszahl: 1,5

Für andere Belastungsmaßnahmen ist ein statischer Nachweis zu führen. Für die Rohre mit normalen Wanddicken ist grundsätzlich ein statischer Nachweis zu führen.

Normale Betonrohre sind billiger als Steinzeugrohre, aber empfindlicher gegen chemische Angriffe. Da frisches häusliches Abwasser Beton nicht angreift, könnten sie auch als SW-Leitungen verwendet werden. Man zieht jedoch hierfür Steinzeugrohre vor, um eine Sicherheit gegen das − an sich unzulässige − Einleiten von aggressivem gewerblichem Abwasser zu haben. Grundwasser kann aggressive Kohlensäure und Sulfate enthalten. Besonders Sulfate sind gefährlich. Diese können auch im Schmutzwasser durch Fäulnis aus Schwefelwasserstoff entstehen. Man kann den Beton jedoch durch Mischzusätze oder besondere Zemente (z.B. Dyckerhoff Sulfadur) gegen Sulfate bei pH-Werten 7 bis 6 beständig machen.

Korrosionsschutz bieten auch Innenbeschichtungen, z.B. aus PVC-Folie oder Kunstharz, besser ist ein inneres Schutzrohr aus PE oder Polyesterharzbeton und außen Stahlbeton (Gekaton-Rohr u.a.).

Bei Verwendung zementgebundener Baustoffe beurteilt man das Angriffsvermögen eines Wassers nach einer chemischen Analyse. Für Wasser vorwiegend natürlicher Zusammensetzung (Grund- und Oberflächenwasser) sind in der DIN 4030 Grenzwerte aufgestellt worden:

Tafel **131**.1 Beurteilung des Angriffsgrades natürlicher Wässer nach DIN 4030

Angreifende Bestandteile	Angriffsgrad[1])		
	schwach angreifend	stark angreifend	sehr stark angreifend
Säuren pH-Wert	6,5 bis 5,5	5,5 bis 4,5	< 4,5
Kalklösende Kohlensäure CO_2 in mg/l	15 bis 30	30 bis 60	> 60
Ammonium NH_4^+ in mg/l	15 bis 30	30 bis 60	> 60
Magnesium Mg^{2+} in mg/l	100 bis 300	300 bis 1500	> 1500
Sulfat SO_4^{2-} in mg/l	200 bis 600	600 bis 3000	> 3000

[1]) Für die Beurteilung ist der Wert der chemischen Analyse maßgebend, der den höchsten Angriffsgrad ergibt; liegen zwei oder mehr Werte im oberen Viertel eines Bereichs (bei pH-Wert im unteren), so ist der Angriffsgrad außer bei Meerwasser um eine Stufe zu erhöhen.

Die Fließgeschwindigkeit in Betonrohren sollte $v \leqq 6$ m/s sein. Bei hohen Geschwindigkeiten und bei aggressivem Abwasser kleidet man die Rohre durch aufgelegte oder eingelassene Steinzeug-Sohlschalen (s. Tafel **124**.1) aus. Man kann die Rohre auch innen durch eine Kunststoffbeschichtung auf Polyesterbasis (Dicke $\approx$ 1,5 mm) schützen. Die Rauhigkeit der Wand (k_b-Wert) wird dadurch verringert. Verschiedene Firmen stellen Rohre nach DIN 4032 mit größerer Scheiteldrucklast her. Sie werden als Atlasrohre (**131**.2), Großlastrohre o.a. bezeichnet. Eine besondere DIN-Vorschrift ist in Vorbereitung. Die Scheiteldruckfestigkeit ist etwa dreimal so groß wie bei normalen Betonrohren gleicher Nennweiten nach DIN 4032.

131.2
Atlas-Betonrohr

3.1.3 Rohrverbindungen für Steinzeugrohre nach DIN 1230 und Betonrohre nach DIN 4032

3.1.3.1 Rohrverbindungen für Muffenrohre

Eine altbewährte Rohrverbindung für Maßnahmen geringen Umfangs ist das Dichten mit Gießring und Verguß masse. Die Vergußmasse soll eine Temperatur von 170 °C haben und dünnflüssig sein. Sie wird in eines der beiden Löcher des Gießringes gegossen bis sie in dem zweiten Loch aufsteigt. Nach dem Erhärten wird der Gießring abgenommen. Für Qualität und Verarbeitung der Vergußmasse gilt DIN 4038. Die Prüfung bei Anlieferung erfolgt nach DIN 1995. Rohrverbindungen mit Muffenverguß werden nur noch in speziellen Fällen angewandt.

In den letzten Jahren sind viele neue Rohrverbindungen entwickelt worden, welche die Verlegearbeiten vereinfachen. Die Rollringe (Denso-Chemie, Westland-Gummiwerke, Phoenix-Gummiwerke, Müchcr, Cordes tecotect u.a.) haben sich gut eingeführt. Der Ring wird auf das Spitzende gelegt und dieses in die Muffe des vorher verlegten Rohres geschoben. Der Ring rollt dabei mit (**132**.1). Man unterscheidet weiche (**132**.1), harte und Rollringe mit Stahlring. Ebenfalls gut bewährt haben sich die Steckmuffenverbindungen (Fachverband Steinzeugindustrie). Bei der Steckmuffe K (**132**.2) für Rohre $\geq$ NW 200 wird im Werk auf dem Spitzende und in der Muffe je ein Kunststoffbelag aus Polyurethan aufgebracht. Beim Verlegen werden beide Beläge fest miteinander verpreßt. Bei der Steckmuffe L für Rohre $\leq$ NW 200 befindet sich nur in der Muffe ein Lamellen- oder Lippenring aus synthetischem Kautschuk, welcher in Vergußmasse verankert ist (**132**.3 und **132**.4). Die Anfertigung trägt besonders den häufigen Rohrverkürzungen und der Formstückverwendung bei Hausanschlußleitungen Rechnung. Die Maßtoleranzen der Rohrenden werden gut überbrückt. Bei Grundstücksentwässerungen findet auch die Spachtelmasse nach DIN 4062 Verwendung (auf sorgfältige Verwendung und Wurzelfestigkeit achten).

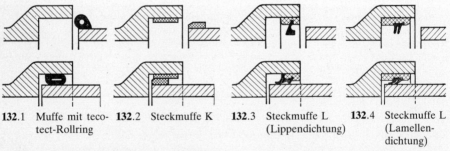

132.1 Muffe mit teco-   **132**.2 Steckmuffe K   **132**.3 Steckmuffe L   **132**.4 Steckmuffe L
tect-Rollring   (Lippendichtung)   (Lamellen-
                                                                                             dichtung)

3.1.3.2 Rohrverbindungen für Falzrohre

Falzverbindungen sind schwieriger herzustellen. Es werden meist plastische Teer- oder Bitumenbänder verwendet, die sowohl auf den Falz als auch in die Nut gelegt werden. Die Rohre müssen in Längsrichtung stark aneinandergepreßt werden. Dabei verformen sich die Bänder und füllen die Hohlräume zwischen Falz und Nut plastisch aus. Die Dichtung von Falzrohren ist besonders bei äußerem Grundwasserüberdruck problematisch. Die Dichtungsbänder müssen dann sehr sorgfältig aufgebracht werden (**132**.5).

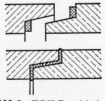

132.5 TOK-Band bei Betonfalzrohren

3.1.4   Stahlbetonrohre und Stahlbetondruckrohre (DIN 4035)

Die Konstruktionsmerkmale der Rohre, z. B. Baulänge, Wanddicke, Rohrform, Rohrverbindung, Betonstahlbewehrung, bestimmen das Herstellverfahren. Die Rohre werden liegend oder stehend mit unterschiedlichen Verdichtungsverfahren, die auch kombiniert werden können, hergestellt, z. B.: Stampfen, Pressen, Rütteln bzw. Vibrieren, Schleudern und Walzen.

Nach dem **Rüttelverfahren** werden Rohre beliebiger Querschnitte in stehenden Formen, die an Kern und Außenform mit Rüttelaggregaten besetzt sind, hergestellt. Dieses Verfahren hat in den letzten Jahren für die Herstellung von Rohren großer Durchmesser an Bedeutung gewonnen.

Beim kombinierten **Rüttelpreßverfahren** wird zusätzlich zur Vibration ein parallel zur Rohrachse wirkender Verdichtungsdruck mit hydraulisch wirkendem Preßstempel auf den Beton aufgebracht und damit zugleich die Obermuffe geformt.

Eine spezielle Art des Rüttelverfahrens ist das **Vakuumverfahren.** Der Frischbeton wird bei gleichzeitigem Rütteln einem Unterdruck ausgesetzt. Damit wird der Beton zusätzlich verdichtet und überschüssiges Anmachwasser entzogen.

Den sogenannten **Radialverdichtungsverfahren** (Packerhead-, Schleuderwalz-, Schleuderpreßverfahren u. a.) ist gemeinsam, daß der Beton rechtwinklig zur Rohrachse verdichtet wird. Bei diesen Verfahren wird das Rohr zwischen einer senkrecht stehenden Außenform und einem vertikal bewegten, rotierenden Preßwerkzeug gebildet. Der Frischbeton wird zunächst an die Außenform geschleudert und anschließend mittels Preßbacken oder Preßwalzen verdichtet.

Die Wirkung der Zentrifugalkraft wird beim **Schleuderverfahren** zur Betonverdichtung genutzt. In die horizontal gelagerte, rotierende äußere Rohrform wird Beton eingebracht und gleichmäßig verteilt. Anschließend wird die Drehzahl der Schleudermaschine gesteigert, wodurch der Beton verdichtet und überschüssiges Anmachwasser abgegeben wird.

Beim **Walzverfahren** erfolgt die Rohrfertigung in einem kombinierten Schleuder- und Walzvorgang. Die Rohrform hängt waagerecht auf einer rotierenden Welle, wobei die Rohrwanddicke durch Laufringe bestimmt wird. Die Umfangsgeschwindigkeit der Rohrform ist gerade so groß, daß der kontinuierlich erdfeucht eingebrachte und an die Formwand geschleuderte Beton dort haften bleibt. Durch die rotierende Welle wird der Beton gegen die Form dicht gewalzt. Spannbetonrohre und -druckrohre, $\geqq$ B 55, werden nach unterschiedlichen Verfahren hergestellt:

Beim **Wickel-Verfahren** wird die Ringbewehrung unter Vorspannung auf ein vorgefertigtes Kernrohr aufgewickelt, das u. U. bereits eine Längsvorspannung erhalten hat. Dann wird eine zusätzliche Betondeckschicht aufgebracht, die als Verbundbeton den Korrosionsschutz für die Bewehrung und eine zusätzliche Wandverstärkung darstellt. Das Kernrohr des **Spannbeton-Blechmantel-Rohres** enthält anstelle der vorgespannten Längsbewehrung einen dünnwandigen zylindrischen Blechmantel. Beim **Sentab-Verfahren** wird das Rohr in einem Arbeitsgang hergestellt. Stahlbewehrung und Beton werden zwischen eine dehnbare Außenschalung und eine den Innenkern umgebende Gummihülle eingebracht und durch Rütteln verdichtet. Mit Wasserdruck von innen bis zur endgültigen Härtung des Betons wird das Rohr dann aufgeweitet und die Ringbewehrung vorgespannt. Bild **134**.1 bis **134**.4 zeigen Rohrverbindungen von Stahlbetonrohren. Tafel **134**.5 gibt eine Übersicht der z. Z. gebräuchlichen Betonrohrarten.

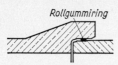

134.1 Glockenmuffe mit Rollring eines Walz-
betonrohres (Dyckerhoff & Widmann)

134.2 Muffe mit Rollring eines Sentabspann-
betonrohres (Dyckerhoff & Widmann)

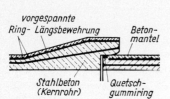

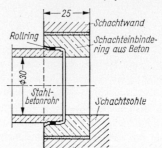

134.3 Muffe mit Quetschgummiring eines
Schleuderbeton-Vorspannrohres
(Züblin)

134.4 Schachtanschluß für ein Stahlbetonrohr
(Hagewe, Ötigheim)

Tafel **134**.5 Übersicht der Betonrohrarten

Rohrart Benennung	Norm	Werkstoff	Nenndruck- bereich in bar	Nennweiten- bereich in mm
Betonrohre kreisförmiger Querschnitt mit und ohne Fuß mit − normaler Wanddicke − verstärkter Wanddicke eiförmiger Querschnitt Sonderquerschnitte und -formen	DIN 4032	Beton nach DIN 4032 und DIN 1045	drucklos	100 bis 800 300 bis 1500 500/750 bis 1200/1800
Stahlbetonrohre kreisförmiger Querschnitt sonstige Formen	DIN 4035	Stahlbeton nach DIN 4035 und DIN 1045	drucklos	250 bis 4000 und größer
Stahlbetondruckrohre	DIN 4035	Stahlbeton nach DIN 4035 und DIN 1045	für den Ein- zelfall zu bemessen	250 bis 4000 und größer
Spannbetonrohre kreisförmiger Querschnitt sonstige Formen	DIN 4035 (als Anhalt)	Spannbeton nach DIN 4227	drucklos	500 bis 4000 und größer
Spannbetondruckrohre	DIN 4035 (als Anhalt)	Spannbeton nach DIN 4227	für den Ein- zelfall zu bemessen	500 bis 4000 und größer
Filterrohre	Richtlinien	haufwerkpo- riger Beton	drucklos	80 bis 400

3.1.5   Mauerwerk

Zur Herstellung von Mauerwerk im Kanalbau verwendet man vorwiegend Kanalklinker (Tafel **135**.1). Die besonderen Steinformen des Schachtklinkers oder des Keilklinkers ergeben sich aus den rund zu mauernden Grundrissen bzw. Gewölben. Neben der Verwendung bei Einsteigschächten und allen anderen Bauwerken der Stadtentwässerung wird Mauerwerk bei größeren Kanalprofilen notwendig. Die Stampf- oder Stahlbetonbaukörper werden innen mit Kanalklinkern ausgemauert oder das Klinkermauerwerk wird hintermauert. Da die Wandrauhigkeit gering sein soll, muß auf glatte Fugen Wert gelegt werden. Während die Hintermauersteine Hartbrandziegel im Normalformat sein können, sind für die Innenflächen wegen der Profilwölbung und Verschleißfestigkeit Kanalklinker nach DIN 4051 erforderlich. Bei Wölbungen mit $r \geqq 1$ m sind auch normale Ziegelformate verwendbar. Die lichte Profilhöhe soll bei gemauerten Profilen (**135**.2) $\geqq$ 1,2 m sein, damit die Verfugung und weitere Nachverfugungen ausgeführt werden können. Als Mörtelmischung verwendet man 1 Raumteil Zement und 2½ Raumteile Sand, als Fugenmörtel eine Mischung von 1:2.

Tafel **135**.1   Kanalklinker nach DIN 4051

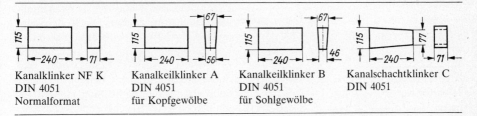

Kanalklinker NF K
DIN 4051
Normalformat

Kanalkeilklinker A
DIN 4051
für Kopfgewölbe

Kanalkeilklinker B
DIN 4051
für Sohlgewölbe

Kanalschachtklinker C
DIN 4051

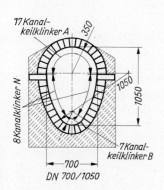
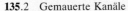

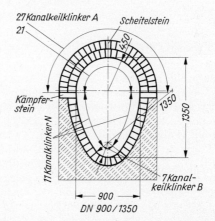

135.2   Gemauerte Kanäle

Ein Traßzusatz ist für die Dichte des Mörtels günstig. Ausgewaschene Fugen müssen neu verstrichen werden. Bei Leitungen mit starkem Gefälle und bei MW-Kanälen schützt man die Sohle durch Steinzeugschalen gegen Abschleifen und chemische Aggression. Gemauerte Kanäle haben wenig Stoßfugen.

3.1.6   Asbestzementrohre (Az)

Das Material wird für Gefälleleitungen, Abwasserdruckrohre und für die Hausentwässerung als Fall- und Erdleitungen (NW 50 bis 2000) verwendet. Hauptbestandteil ist die Asbestfaser und Portland-Zement nach DIN 1164 (Anteil 85 bis 90%). Hohe Verdichtung, glatte Oberfläche, lange Rohrstücke, geringes Gewicht und einfache Rohrverbindungen sind Vorteile der Asbestzementrohre. Sie sind jedoch, ähnlich wie Betonrohre, wegen des Zementgehaltes chemischen Angriffen ausgesetzt, allerdings nicht in dem gleichen Ausmaße. Anstriche aus Steinkohlenteerpech, Bitumen, Epoxidharzbeschichtung oder sulfatbeständige Zemente steigern den Korrosionswiderstand. Die Rohre werden durch Wicklung von 0,1 mm starken Asbestlagen um einen Stahlkern hergestellt. Bei dem Autoklavverfahren bzw. der Hochdruckdampfhärtung wird dem Zement Quarzmehl zugesetzt, das den bei der Zementerhärtung entstehenden freien Kalk bindet. Die Rohre sind durch geringeren Gehalt an freiem Kalk weniger der Aggression ausgesetzt.

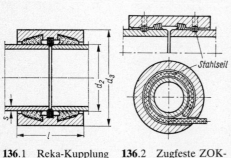

136.1   Reka-Kupplung   **136**.2   Zugfeste ZOK-
(Eternit)   Kupplung
                    (Eternit)

Maßgebende DIN-Vorschriften sind DIN 19800 (Az-Druckrohre), DIN 19850 (Asbestzementrohre und -formstücke für Abwasserkanäle) und für Hausinstallationen DIN 19830, 19831 und 19841 (Az-Abflußrohre und -formstücke). Die Rohrverbindung der Az-Rohre wird entweder durch Überschiebmuffen mit Reka-Dichtungsringen (Fa. Eternit) (**136**.1) oder aber durch Steckmuffen mit Gummirillenring- oder Gummikeilringdichtung mit Kittabschluß (Fa. Eternit) hergestellt. Als zugfeste Rohrverbindung dient die ZOK-Kupplung (**136**.2).

3.1.7   Kunststoffrohre

Kunststoffrohre werden neuerdings für Abwasserleitungen häufiger verwendet. Rohre aus PVC-hart und PE-hart werden in Nennweiten von 100 bis 1200 mm und als Profilwickelrohre bis DN 1800 geliefert. Die Rohrverbindung wird meist durch Steckmuffe mit Gummiring oder geschweißt hergestellt (**137**.2). Besonders in der Hausinstallation ist das PVC-Rohr (Polyvinylchlorid) verbreitet. Andere Kunststoffarten sind das Polyäthylen (PE), Polyester (auch glasfaserverstärkt) und für Muffendichtungen Polyurethan oder Epoxy-Harze. Der Vorteil des Kunststoffes für die Abwassertechnik liegt in seiner chemischen Beständigkeit gegen die meisten hier möglichen Verunreinigungen, in der ausreichenden mechanischen Festigkeit, der leichten Verwendbarkeit, geringem Gewicht ($\approx$ 13,8 kN/m^3) und ausreichender Wärme- und Kältebeständigkeit (Tafel **137**.1). Das Rohr hat eine besonders glatte Wand, die auch nach längerem Gebrauch glatt bleibt. Die Betriebsrauhigkeit (k_b) ist gering = 0,25 bis 0,40 mm. Maßgebend sind DIN 8061, 8062, 19534 (PVC-hart) und DIN 8074, 8075 und 16934 (PE).

Der gelenkige Anschluß der Kunststoffrohre an die Schächte kann durch ein Schachtfutter (**137**.3) erfolgen.

Tafel **137**.1 Widerstandsfähigkeit von Kunststoffen der Abwassertechnik gegenüber chemischen Angriffen (× = beständig, ○ = bedingt widerstandsfähig, − = unbeständig) nach [49].
Dies sind Richtwerte, welche durch veränderte Zusammensetzung der Kunststoffe andere Vorzeichen bekommen können, für $T = 20\ °C$ und Dauereinwirkung

Kunststoffart	Polyester vernetzt	Epoxy	Polyurethan	Polyäthylen	Polyvinylchlorid	
hart	weich					gemacht
Elastizitätsmodul E in 10^5 N/cm²	2,9 bis 4,5 11 bis 40¹)		0,85 bis 1,05	0,1 bis 0,3	2,8 bis 3,4	
	härtbar		thermoplastisch			
Kurzzeichen	UP	EP	PUR	PE	PVC	
Säuren, konzentriert	○	○	−	○	×	○
Säuren, schwach	×	×	○	×	×	×
Laugen, konzentriert	○	○	−	×	×	○
Laugen, schwach	×	×	○	×	×	×
Alkohole	×	×	−	× (−)	×	−
Ester	−	×	×	○	−	−
Ketone	−	○	○	○	−	−
Äther	○	−	×	○	−	−
Chlorkohlenwasserstoffe	−	○	−	−	−	−
Benzol	○	×	○	−	−	−
Benzin	×	×	×	−	×	−
Treibstoff	×	×	○	−	−	−
Mineralöl	×	×	×	○	×	○
Tierische und pflanzliche Öle und Fette	×	×	×	○	×	○

¹) in Matten

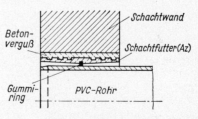

137.2 a) PVC-Rohr-Muffe NW < 250
mit Gummidichtungsring
b) PVC-Rohr-Muffe NW ≥ 250
mit Luftpolsterdichtungsring
(Gebr. Anger, München)

137.3 Schachtanschluß für ein PVC-Rohr
(Gebr. Anger, München)

3.2   Leitungsbau

3.2.1   Offene Bauweisen

Es sind darunter Bauverfahren zu verstehen, die es ermöglichen, Kanäle in einer offenen Baugrube herzustellen. Begrenzt ist die Anwendung durch die maximal zu erreichende Tiefe, durch die Verkehrsbeeinträchtigung in stark befahrenen Stadtstraßen, durch die Setzungsgefahr für Anliegergebäude und durch Platzmangel für die Arbeitsvorgänge. Außerdem besteht immer Abhängigkeit vom Wetter. Geräuschbelästigungen der Umgebung sind unvermeidbar.

Bild **138**.1 zeigt, wie groß der Arbeitsraum ist, den ein verhältnismäßig tiefer Rohrgraben mit größerem Rohrprofil (Ø 1,40 m) schon benötigt. Dabei ist hier der ausgehobene Boden nicht einmal neben der Baugrube gelagert, sondern abgefahren worden, ein Verfahren, das bei Platzmangel immer erforderlich ist. Man fährt den Boden der ersten Haltung ab und füllt dann immer den Boden der nächsten Haltung in die vorherige. Für die letzte Haltung wird der Boden der ersten wieder herbeigeholt.

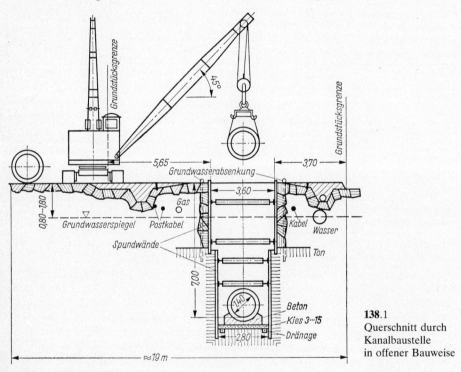

138.1
Querschnitt durch
Kanalbaustelle
in offener Bauweise

3.2.1.1   Vermessungsarbeiten

Vor Beginn der Ausschachtungsarbeiten wird die Leitungsführung in den Straßen bzw. im Gelände abgesteckt. Hierbei wird jeder Schacht auf Grenzsteine, Gebäudeecken usw. mit Winkelspiegel, Bandmaß oder anderen Hilfsmitteln eingemessen und durch Fluchtstäbe gekennzeichnet. Durch Einfluchten weiterer Stäbe zwischen den Schächten wird der genaue Verlauf der Leitung festgelegt. Zu beiden Seiten der Fluchtstäbe, rechtwinklig zum Leitungsverlauf, können dann Pfähle für Peilbretter eingegraben werden, deren Abstand untereinander jeweils so groß sein muß, daß ihre Standfestigkeit bei den Ausschachtungsarbeiten gewährleistet ist. In einen der beiden Pfähle wird ein Nagel geschlagen, dessen Höhe über NN einnivelliert wird. Je nach Tiefe der Leitungspeiltafel werden anschließend Peilbretter waagerecht an die Pfähle genagelt. Sie sollen $\approx$ 1,00 bis 1,50 m über Geländeoberkante liegen. Die Visierlinie verläuft dann zwischen den Visieren (Pfähle mit Peilbrettern) parallel zur Leitungssohle. Diese Arbeiten vereinfachen sich bei Verwendung von Kanalbau-Laser-Geräten (Abschn. 3.2.1.5). Es wird dann an den Schächten nur Lage und Tiefe ausgepflockt. Die gefällegerechte Verlegung der Rohre erfolgt dann mit Hilfe des Laserstrahles.

Beispiel (139.1)

Schacht 1:	Leitungssohle	140,00 m üNN
	Geländeoberkante	142,10 m üNN
	nivellierter Nagel	142,63 m üNN

Schacht 3:	Leitungssohle	140,40 m üNN
	Geländeoberkante	142,80 m üNN
	nivellierter Nagel	143,15 m üNN

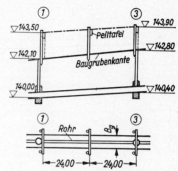

139.1 Setzen der Peiltafeln

Gewählte Visierhöhe der Rohrpeiltafel 3,50 m
(Bei der Grabenpeiltafel muß man einen
Zuschlag = Rohrstärke + Bettungsschicht machen.)

Schacht 1: 140,00 +   3,50 = 143,50 m üNN
                              = Höhe des Peilbrettes
            143,50 − 142,63 =   0,87 m
                              = Höhe des Peilbrettes über dem Nagel

Schacht 3: 140,40 +   3,50 = 143,90 m üNN
                              = Höhe des Peilbrettes
            143,90 − 143,15 =   0,75 m
                              = Höhe des Peilbrettes über dem Nagel

3.2.1.2 Bodenaushub

Nach Beendigung der Vorarbeiten spannt man über die Peilbretter in Leitungsachse einen Draht, von dem aus die Baugrube angerissen wird.

Die Baugrubenbreite ist von dem zu verlegenden Rohrdurchmesser abhängig und so zu bestimmen, daß bei normaler Bauausführung neben dem Rohr in Kämpferhöhe bei übersteigbaren Rohren ($d_a < 400$ mm) ein freier, $\geqq$ 20 cm breiter Arbeitsraum vorhanden ist. Mindestbreite der Baugrube ist jedoch 80 cm, bei größeren Tiefen entsprechend mehr (s. Abschn. 2.8.1).

Bei nicht übersteigbaren Rohren ($d_a \geqq 400$ mm) soll der Arbeitsraum neben dem Kämpfer $\geqq$ 35 cm breit sein.

Die Straßendecke ist sorgfältig aufzuschneiden bzw. zu -brechen. Der Boden wird zweckmäßig auf einer Baugrubenseite gelagert, um die andere für Abtransport und Lagern von Baustoffen freizuhalten. Zwischen Baugrube und ausgehobenem Boden ist ein $\approx$ 60 cm breiter Zwischenraum vorzusehen, damit Rohrverlegekräne eingesetzt werden können und die Gefährdung der Baugrube durch Auflast vermindert wird. Die Baugrube ist sorgfältig abzusperren und zu beleuchten.

Bei geböschten Baugruben (**140**.1a) richtet sich die Böschungsneigung nach der Bodenart, der Bauzeit und den Belastungen der Böschungen. I. allg. können folgende größte Böschungswinkel vorgesehen werden:

a) nichtbindiger oder weicher bindiger Boden $\quad\quad \beta = 45°$
b) steifer oder halbfester bindiger Boden $\quad\quad\quad \beta = 60°$
c) leichter Fels $\quad\quad\quad\quad\quad\quad\quad\quad\quad\quad\quad \beta = 90°$
d) schwerer Fels $\quad\quad\quad\quad\quad\quad\quad\quad\quad\quad\quad \beta = 80°$

Baugruben und Gräben bis zu 1,25 m Tiefe dürfen i. allg. ohne besondere Sicherung mit senkrechten Wänden hergestellt werden.

Bei 1,25 bis 1,75 m hohen Wänden im standfesten, gewachsenen Boden genügt es i. allg., den mehr als 1,25 m über der Sohle liegenden Bereich der Wand abzuböschen (**140**.1b) oder mit Saumbohlen zu sichern (**140**.1c).

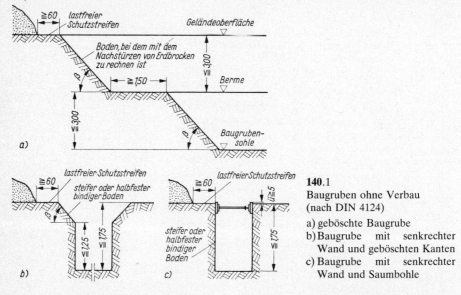

140.1
Baugruben ohne Verbau
(nach DIN 4124)

a) geböschte Baugrube
b) Baugrube mit senkrechter Wand und geböschten Kanten
c) Baugrube mit senkrechter Wand und Saumbohle

3.2.1.3   Einsteifen der Baugrube[1])

Nach den Unfallverhütungsvorschriften der Tiefbau-Berufsgenossenschaft müssen alle Gräben für Leitungen mit $T \geqq 1,25$ m, soweit sie nicht in Fels oder ähnlich standfestem Boden ausgeführt werden, der Bodenart, den Grundwasserverhältnissen und der Straßenbefestigung entsprechend abgeböscht oder sachgemäß verbaut (abgesteift) werden. Die Baugrube ist so zu verkleiden, daß der Arbeitsraum möglichst wenig beschränkt wird und Umsteifungen vermieden werden. Holzbohlen sollen $\geqq 5$ cm dick sein. In Großstädten werden 6 bis 8 cm Dicke erforderlich. Die Bohlen sind 4,5 m lang und 20 cm breit, sollen parallel besäumt und mindestens an der Baugrubenwand scharfkantig sein. Brusthölzer müssen $\geqq 8/12$ cm Querschnitt haben. Weil die Steifen nur durch Reibungskräfte gehalten werden, dürfen sie nicht benutzt werden, um in die Baugrube zu gelangen oder sie zu verlassen; hierfür sind Leitern bereitzuhalten. Die Steifen dürfen nur mit besonderer Vorsicht und in dem Maße beseitigt werden, wie die Baugrube verfüllt wird.

---

[1]) DIN 18303.

Waagerechter Verbau (**141**.1, **142**.2) wird gewählt, wenn der Boden mindestens so stand-fest ist, daß er auf die Tiefe einer Bohlenbreite frei abgeschachtet werden kann, bevor die Bohle eingezogen wird. Ausbohlen und Ausschachten müssen miteinander Schritt halten. Die Schalbohlen müssen durch Brusthölzer verbunden werden, die über 3 bis 4 Bohlen greifen (**141**.1). Der Abstand der Brusthölzer ist von der Tiefe der Baugrube und vom Erddruck abhängig; er beträgt gewöhnlich 1,5 bis 2,5 m. Jedes Bohlenende muß abgesteift werden. Die oberste Bohle ist zum Schutz für die Arbeiter in der Baugrube 5 cm über den stehenden Boden zu ziehen. Steifen sollen am Ende konisch gespitzt werden, damit sie nicht splittern. Auch Schachtbaugruben müssen gut ausgesteift sein. Vernachlässigt werden oft die Stirnwände zu den Kanalbaugruben hin, von denen aus dann der Boden abrutscht.

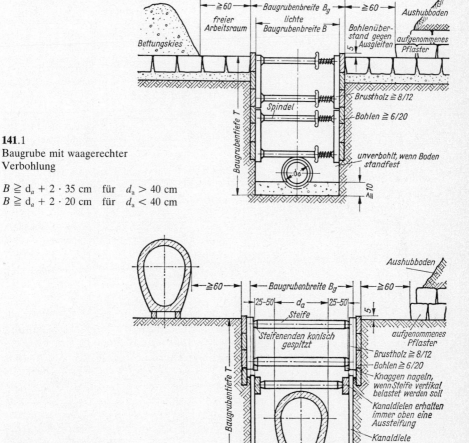

141.1
Baugrube mit waagerechter Verbohlung

$B \geqq d_a + 2 \cdot 35$ cm   für $d_a > 40$ cm
$B \geqq d_a + 2 \cdot 20$ cm   für $d_a < 40$ cm

141.2
Baugrube mit Kanaldielen und waagerechter Verbohlung

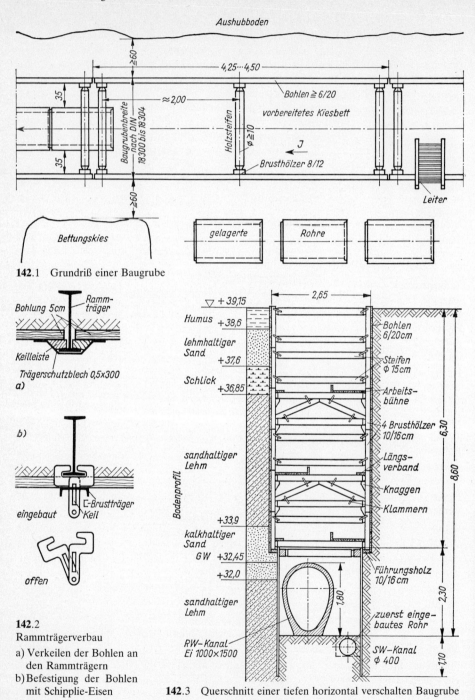

Aushubboden

≧60

35

35

≧60

Baugrubenbreite
nach DIN
18300 bis 18304

≈2,00

Holzsteifen
φ≧10

4,25···4,50

Bohlen ≧ 6/20

vorbereitetes Kiesbett

J

Brusthölzer 8/12

Leiter

Bettungskies

gelagerte   *Rohre*

142.1   Grundriß einer Baugrube

Bohlung 5cm   *Rammt-
träger*

Keilleiste

Trägerschutzblech 0,5x300
a)

b)

eingebaut   L-*Brustträger*
Keil

offen

142.2
Rammträgerverbau

a) Verkeilen der Bohlen an
   den Rammträgern
b) Befestigung der Bohlen
   mit Schipplie-Eisen

▽ +39,15

Humus   +38,6

*lehmhaltiger
Sand*
   +37,6

Schlick
   +36,85

*sandhaltiger
Lehm*

Bodenprofil

   +33,9

*kalkhaltiger
Sand*
GW +32,45

   +32,0

*sandhaltiger
Lehm*

*RW-Kanal
Ei 1000×1500*

2,65

*Bohlen
6/20cm*

*Steifen
Φ 15cm*

*Arbeits-
bühne*

*4 Brusthölzer
10/16cm*

*Längs-
verband*

Knaggen

Klammern

6,30

8,60

*Führungsholz
10/16 cm*

1,80

2,30

*zuerst einge-
bautes Rohr*

*SW-Kanal
Φ 400*

1,10

142.3   Querschnitt einer tiefen horizontal verschalten Baugrube

Baugruben mit Bohlen zwischen I-Trägern (Rammträgerverbau) werden angelegt, wenn Steifen in der Baugrube stören würden oder bei großen Baugrubenbreiten. Die I-Träger müssen 1,5 m, als Mittelstützen sogar 3,0 m unter die Baugrubensohle reichen. Die Bohlen sollen fest gegen das Erdreich gepreßt werden. Hohlräume zwischen Baugrubenwand und Schalung sind auszufüllen (**142**.2).

Bild **142**.3 zeigt eine Baugrube von 8,0 m Tiefe, die nach den Vorschriften der Bauberufsgenossenschaft Hamburg angelegt wurde. Es gelten folgende Abmessungen:

bis 6,0 m Tiefe Bohlen 6/20 cm, Brusthölzer 10/16 cm, Steifen $\varnothing$ 15 cm

über 6,0 m Tiefe Stahlspundwand, Brusthölzer 16/18 cm, Steifen $\varnothing$ 17 cm

Alle Steifen sind gegen Abrutschen durch Knaggen oder Spitzklammern zu sichern. Die Steifenlänge beträgt höchstens 2,40 m.

Die angegebenen Abmessungen gelten nur für Rohrgräben normaler Abmessungen. Wo die Maße in Breite und Tiefe (bis 8,80 m) überschritten werden, ist die behördliche Genehmigung beim Bauaufsichtsamt unter Vorlage von Zeichnungen und statischen Berechnungen zu beantragen. Die Gleitbohlen dienen zur Sicherung der Steifen beim Herablassen schwerer Kanalrohre.

Der Baugrubenquerschnitt ist im Entwurf festzulegen. Er beeinflußt die Bemessung der einzubauenden Rohre. Weichen die örtlichen Gegebenheiten von den Annahmen ab, so muß durch zusätzliche Maßnahmen vor Ort ein Ausgleich erreicht werden.

Senkrechter Verbau wird notwendig, wenn eine lose Bodenart (körnig, wasserhaltig) den waagerechten nicht mehr zuläßt. Die $\approx$ 1,5 bis 5,0 m langen Bohlen sollen mit dem Fortschreiten der Baugrubenausschachtung senkrecht eingetrieben werden. Bei tieferen Baugruben werden sie schräg nach außen gerichtet geschlagen, um den Arbeitsraum nach unten nicht zu verengen. Sie sollen eingebaut $\geqq$ 30 cm unter die Baugrubensohle reichen (**141**.2).

Häufig verkleidet man die Baugrube durch stählerne Kanaldielen. Man kann sie verwenden, wenn die Verkleidung nicht durch ein Schloß gedichtet werden muß. Die Dielen sollen sich seitlich gut überdecken und $\geqq$ 30 cm in den Boden hinabreichen. Sie sind oben immer abzusteifen (Gurte und Steifen). Die stählernen Spreizen sind gegen Herunterfallen durch Hängeeisen oder dgl. zu sichern. Die einzelnen Kanaldielen sollen durch Keile fest an das Erdreich gepreßt werden. Der Verbau muß statisch berechnet und geprüft werden. Als Anhaltswerte gelten bei Verwendung von Breitflanschträgern:

Abstand des obersten Gurtes von Grabenkante $\leqq$ 1,0 m

lotrechter Abstand der horizontalen Gurte $\leqq$ 2,0 m

unterster Gurt $\leqq$ 1,7 m über Grabensohle, wenn Kanaldielen $\geqq$ 0,6 m unter Grabensohle gerammt werden

Stählerne Kanaldielen (Tafel **144**.1) lassen sich wieder verwenden, so daß ihr Einsatz verhältnismäßig wirtschaftlich ist. Sie sind jedoch teurer als ein horizontaler Bohlenverbau. Beim Ziehen hinterlassen sie einen schmalen Hohlraum, der nachträglich leicht zu verdichten ist (Widerlager für Rohrkämpfer muß erhalten bleiben).

Bei tiefen Baugruben wird der Verbau in mehreren Stufen (Gefachen) ausgeführt. Es gibt zwei Verfahren:

Einrammen der Kanaldielen schräg, 10:1 geneigt, gegen die Baugrubenwand (**144**.2). Man spart am Bodenaushub. Man steift auch die so gerammten Dielen mit Spindelsteifen ab und sichert die Gurte und Steifen durch Aufhängen an den Dielen (Kölner Verbau).

Die zweite Möglichkeit ist, senkrecht zu rammen. Man setzt die nächste Bohle immer um ein von der Ramme vorgegebenes Maß nach innen ab. Hier erhält man größeren Bodenaushub (**144**.3).

Tafel **144**.1 Abmessungen von Kanaldielen[1])

Fabrikat	Bezeichnung	Querschnitt	Breite	Höhe	Dicke	Gewicht je m² Wand	Widerstandsmoment	Stahlsorte	übliche Längen
			b in mm	h in mm	t in mm	g in kg	W in cm³/m	St Sp	l in m
Hoesch[2])	HKD 220		220	31	5,5	51,8	32	45	1,3 bis 3,5
	HKD 400		400	50	5	46	85	45	3,5 bis 5,0
Krupp[3])	KD II		330	35	5,5	51	55	37	3,5 bis 4,5
	KD III		375	38	5,5	53	70	37	3,5 bis 4,5
Larssen[4])	UKD II		330	33	6	51	55	37 45	2,5 bis 6,0

[1]) Alle Typen werden auf Wunsch mit einer Lochung ∅ 40 mm, 150 mm von der Oberkante entfernt, geliefert.
[2]) Hoesch AG Westfalenhütte, Dortmund
[3]) Hütten- und Bergwerke Rheinhausen AG, Hüttenwerk Rheinhausen
[4]) Hüttenunion Dortmund

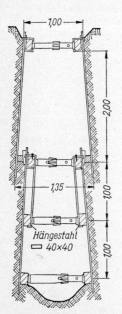

144.2 Kölner Verbau mit Spindelspreizen

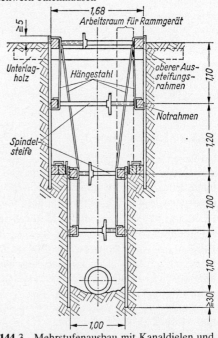

144.3 Mehrstufenausbau mit Kanaldielen und Spindelsteifen

Bei auf größere Tiefe standfesten Boden kann man den Stahltafelverbau verwenden. Darunter sind entweder rahmenartige Konstruktionen zu verstehen, in deren Schutz die Ausbohlung der Baugrube vorgenommen wird, oder Verbauelemente, in deren Schutz die Rohre verlegt werden. Nach der Ausbohlung bzw. Verlegung der Rohre wird das Gerät wieder versetzt. Auch ganze Grabenhaltungen können verbaut werden (**145**.1 und **145**.2).

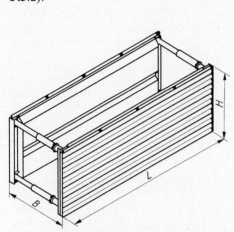

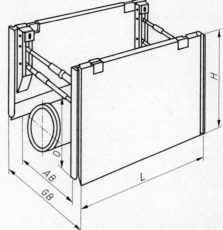

145.1 Graben-Verbau-Box. Stahlelement (Fa. Krings).
Maße in mm: $L = 3500$, $H = 1800$, $O = 950$, Grabenbreite 1150 bis 1520, Arbeitsbreite 980 bis 1350 oder $L = 3500$, $H = 2600$, $O = 1500$, GB 1150 bis 1520, AB 980 bis 1350

145.2 Dielen-Kammer-Element (Fa. Krings) für Einsatz in sandigen Böden. Es setzt sich zusammen aus zwei spiegelgleichen Kammerplatten, die durch Teleskop-Gewinde-Spindeln verbunden sind. Die in die Kammerplatte eingearbeiteten S-förmigen Mittelstege bzw. Abstandhalter übertragen den Bodendruck von der profilierten Außenwand auf die horizontal angeordneten Tragbalken. Die Konstruktion bildet so einen Freiraum zum Einbringen der Dielen. Maße in mm: Länge 3730, B = Einstellbreite 1250 bis 1950, Höhe wahlweise 750 oder 1500

3.2.1.4 Rohrlagerung

Im Bereich der Gründungsfläche der Leitung darf die Sohle nicht aufgelockert werden. Die Gefahr der Lockerung ist beim Einsatz von Grabenbaggern besonders groß. Der letzte Boden sollte möglichst von Hand ausgehoben werden.

Die Lagerungsart der Rohrleitung im Graben beeinflußt ihre Tragfähigkeit wesentlich (s. Bild **112**.1). Bei Rohren mit Fuß verteilt sich der Druck auf die Rohrsohle gleichmäßig, damit ist eine größere Tragfähigkeit des Rohres gegeben. Bei Rohren ohne Fuß ist punktförmiges Auflagern zu vermeiden. Der Auflagewinkel soll $\geqq 90°$ betragen.

Ist der anstehende, gewachsene Boden für die unmittelbare Lagerung der Rohre brauchbar, was für sandigen Boden und Feinkies, aber auch für bindigen Boden oft zutrifft, dann soll die Auflagerfläche entsprechend der Form der Rohraußenwand aus dem Boden so herausgeformt werden, daß das Rohr auf der ganzen Länge satt aufliegt. Unter den Muffen ist die Mulde entsprechend zu vertiefen.

Ist der Boden für unmittelbares Auflagern ungeeignet, dann muß die Grabensohle tiefer ausgehoben und ein Auflager aus Sand, Feinkies oder Beton hergestellt werden. Bei Sand oder Kies soll die Auflagerschicht $\geqq$ 1/10 DN + 10 cm dick sein. Die Schicht ist gut zu verdichten. Besteht die Gefahr, daß Sand als Auflagerschicht ausgespült werden kann, so sollen die Rohre auf Beton gelagert werden. Die Betongüte soll mindestens B 15 sein. Eine Bewehrung kann erforderlich sein. Das Betonauflager wird meist fertig hergestellt, und die Rohre werden in die vorgeformte Oberfläche in Mörtel verlegt.

I. allg. kommt man mit den in Abschn. 2.8.3 gezeigten Lagerungsarten und der Rohrummantelung in Ortbeton für vorgefertigte Rohre aus. Besonders schwierige Bodenarten erfordern jedoch noch weitere Konstruktionen. Bild **146**.1 zeigt ein Walzbetonrohr (Fa. D y w i d a g), das im Seeton des Tegernsees verlegt wurde. Hier hat man sich gegen den im feuchten Zustand auseinanderfließenden Seeton mit einem Maschendrahtgewebe geholfen, welches das Kies-Sand-Auflager zusammenhält. Es wurde in Trogform gebogen. An anderer Stelle mit sehr steinigem, ungleichmäßigem Untergrund hat man die gleiche Rohrart auf ein Betonbankett verlegt, das V-förmig hergestellt wurde (**146**.2). Durch eine 2-Linienlagerung wird die Spannungsspitze in der Rohrsohle abgemindert. Die Zwickel wurden nachträglich ausbetoniert; damit wird ein Auflagewinkel von 120° erreicht. Unter dem Rohr liegt eine Dränleitung zur offenen Grundwasserhaltung (s. Abschn. 3.2.4.1). Das wasserführende Schotterbett geht über die ganze Baugrubenbreite.

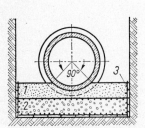 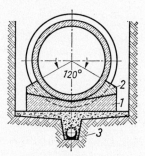

146.1   Dywidag-Walzbetonrohr im Seeton
   1 Sand
   2 Kies
   3 Maschendraht

146.2   Dywidag-Walzbetonrohr   auf   einem Betonbankett
   1 Bankett aus B 25
   2 Zwickelbeton B 25
   3 Dränleitung

Die Tragfähigkeit kann durch eine Betonummantelung gesteigert werden. Das Rohr wird entweder bis über den Kämpfer oder aber ganz in Stampfbeton gehüllt. Man kann im letztgenannten Fall auch noch Baustahlgewebe über Kämpfer und Scheitel einlegen. Die Betongüte soll mindestens B 15 sein. In geeigneten Abständen sind Dehnungsfugen anzuordnen.

Bei nicht tragfähigen Schichten (Torf, Moor, Schlick) kleinerer Mächtigkeit unter der Sohle versucht man, nachträgliches Setzen der Leitung durch Austausch dieser Schichten gegen Sand und Kies zu vermeiden. Bei größerer Tiefenlage und Mächtigkeit der nicht tragenden Schichten ist eine Pfahlgründung mit hölzernen Pfählen oder Stahlbetonpfählen notwendig. Die Pfahlabstände betragen $\approx$ 3 bis 6 m. In größeren Abständen ist ein Pfahlzweibock vorzusehen, um u. U. auftretende horizontale Seitenlasten aufzunehmen. Das Leitungsgewicht wird durch Längsbalken auf die Pfähle übertragen. Holzwerk soll möglichst ganz im Grundwasser stehen. Bei aggressivem Grundwasser muß Beton durch besondere Zusätze verbessert werden.

3.2.1.5   Verlegen von Leitungen und Einrichten der Rohre

Zum Einrichten der Rohre können für jede Leitungshaltung drei Peilbretter gesetzt werden. Eine bewegliche Peiltafel wird auf die Rohrsohle gestellt und über die Peilbretter eingefluchtet (**147**.1a und b). Dieses Einrichten ist für jedes Rohr durchzuführen. Um die Höhe der Grabensohle beim Aushub zu bestimmen, benutzt man Grabenpeiltafeln, die ≈ 10 bis 20 cm länger sind als Rohrpeiltafeln.

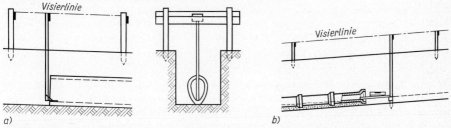

147.1   Einrichten der Rohre

  a) Höhenlage der Rohrsohle, b) Höhenlage der Rohrsohle mit Achspfählen

Die Lage der Leitungen wird durch eine von Peilbrett zu Peilbrett gespannte Schnur und Abloten der Richtung bestimmt. Die Peilbretter wurden vorher so an die Pfähle geschlagen, daß die versetzte Zweifarbenmarkierung die Kanalachse festlegt.

Statt jedes Rohr einzeln in die richtige Lage zu bringen, können auch 3 bis 4 m entfernte Achspfähle in die Baugrubensohle geschlagen und ihre Oberkante wie vorher eingepeilt werden (**147**.1). Nach diesen Pfählen werden dann die Rohre in die geplante Lage und Höhe gebracht. Hierzu wird ein Richtscheit benutzt, das mit einem Ende auf den Pfahl, mit dem anderen Ende in die Rohrsohle gelegt wird. Auf das Richtscheit wird eine Wasserwaage gesetzt und mit der Neigung des Sohlengefälles befestigt. Das untere Ende des Richtscheites und damit das Rohrende wird dann so lange gehoben, bis die Wasserwaage einspielt. Man verlegt grundsätzlich von der tieferen zur höheren Stelle, so daß die Muffen oben liegen. Bei Verlegung größerer Profile wird jedes Rohr einzeln einnivelliert.

Diese Verlegeart spielt nur noch bei kurzen Leitungslängen und in der Grundstücksentwässerung eine Rolle.

Eine für die Genauigkeit der Rohrverlegung sehr vorteilhafte Neuentwicklung stellt der Laser-Strahl dar, welcher als „Kanalbau-Laser" im Leitungsbau Verwendung findet. Die Verlegung mit dem Laser-Gerät wird in der Regel bei Straßenkanälen bzw. langen Kanalstrecken eingesetzt.

Das Gerät hat die Form eines flachen Prismas. Es wird meist so aufgestellt, daß der Laserstrahl die Achse der zu verlegenden Leitung markiert. Zunächst wird die Zielachse durch eine Libelle horizontiert, dann wird die Steigung (Gefälle) direkt auf einer Skala eingestellt. Die Zielscheibe befindet sich im anderen Rohrende. Der Rohrleger verlegt das Rohr so, daß der Laserstrahl durch das Achsenkreuz der Zieltafel geht. Die Reichweite des Lasers beträgt etwa 180 m, automatische Neigungseinstellung, Neigungsbereich bis 25 bis 30%, Arbeitsgenauigkeit 0,01% (**147**.2).

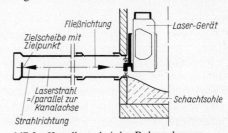

147.2   Kanallaser bei der Rohrverlegung

Kontrollen der Rohrverlegung. Die Kontrolle kann optisch mit einer Lampe und einem Kanalspiegel, mit einem Kanalfernauge oder hydraulisch durch den Druckversuch erfolgen. Die abzudrückende Kanalhaltung wird bei noch offener Baugrube beiderseits durch Verschlußdeckel wasserdicht gemacht. Der obere Verschluß erhält ein Standrohr von $\geqq$ 5 m Höhe über dem tiefsten Sohlpunkt der Prüfstrecke. Die Haltung wird von unten her mit Reinwasser gefüllt, bis der Wasserspiegel im Standrohr 5 m über der Sohle steht. Während einer Dauer von 15 Minuten darf nur eine bestimmte Höchstwassermenge nachgefüllt werden, damit dieser Wasserspiegel nicht absinkt (DIN 4033). Tritt Wasser in der Haltung aus, so ist nachzudichten. Die Prüfstrecke soll 24 Stunden vorher bereits mit Wasser gefüllt sein.

Verfüllen des Rohrgrabens. Besonders sorgfältig ist der Graben beiderseits der Kämpfer und bis zu 30 cm über dem Scheitel (Leitungszone) mit Kies und feinem Sand zu verfüllen. Auch die restliche Baugrube ist lagenweise bei ständigem Verdichten des Bodens zu verfüllen. Schwere Maschinenstampfer oder Rüttelgeräte dürfen erst 1,0 m über Rohrscheitel eingesetzt werden. Beim Verfüllen unter Wasserzugabe (Einschlämmen) ist Vorsicht geboten, weil dabei ganze Bodenschichten ausgespült werden können (Sackungen). Gefrorener Boden darf nicht verfüllt werden. Auf [48] wird verwiesen. Tafel **148**.1 zeigt einen Auszug aus [48, Taf. I].

Tafel **148**.1   Leistungswerte bei der Verdichtung von Baugruben (nach [48] Auszug),
× ≙ empfohlen; ○ ≙ überwiegend geeignet

Geräteklasse	Gerät		Dienst-gewicht in kg	Bodengruppe III (gemischt körnig bis bindig)		
				Eignung	Schütt-höhe in cm	Anzahl der Übergänge
Leichte Ver-dichtungs-geräte (für Leitungszone)	Vibrationsstampfer	leicht	bis 25	×	bis 15	2 bis 4
		mittel	25 bis 60	×	15 bis 30	3 bis 4
	Explosionsstampfer	mittel	bis 100	×	15 bis 25	3 bis 5
	Rüttelplatten	leicht	bis 100	○	bis 15	4 bis 6
		mittel	100 bis 300	○	13 bis 25	4 bis 6
	Vibrationswalzen	leicht	bis 600	○	15 bis 25	5 bis 6
Mittlere und schwere Ver-dichtungsgeräte (oberhalb der Leitungszone)	Vibrationsstampfer	mittel	25 bis 60	×	15 bis 30	2 bis 4
		schwer	60 bis 200	×	20 bis 40	2 bis 4
	Explosionsstampfer	mittel	100 bis 500	×	25 bis 35	3 bis 4
		schwer	500	×	30 bis 50	3 bis 4
	Rüttelplatten	mittel	300 bis 750	○	20 bis 40	3 bis 5
		schwer	750	○	30 bis 50	3 bis 5
	Vibrationswalzen		600 bis 8000	×	20 bis 40	5 bis 6

3.2.2   Geschlossene Bauweisen

Es sind darunter Bauverfahren zu verstehen, mit deren Hilfe die unterirdische Herstellung von Kanalisationsanlagen möglich ist. Wegen der gegenüber der offenen Bauweise höheren Kosten werden sie nur angewandt, wenn einer der folgenden V o r t e i l e dazu Anlaß gibt:

1. Unabhängigkeit von Witterungs- und klimatischen Einflüssen und vom Tageslicht

2. keine Störung des Verkehrsraumes durch die Baustelle

3. Geräuschbelästigungen lassen sich durch die Art der verwendeten Maschinen vermindern.

4. Vorhandene Anlagen auf der Erdoberfläche werden bei sachgemäßer Durchführung der geschlossenen Bauweise nicht gefährdet.

5. Man ist nicht an den Straßenraum als Trasse gebunden und kann nötigenfalls auch vorhandene Bebauung unterfahren.

6. Alle Einflüsse 1 bis 5 zusammen bewirken, daß die Bauzeit allein von dem Arbeitsfortschritt bestimmt wird.

Nachteilig wirken sich die höheren Baukosten aus, die durch den relativ größeren Maschineneinsatz, Einsatz von teuereren Bauhilfsgeräten sowie besonders gutem Rohrmaterial entstehen.

Die heute zur Verfügung stehenden Bauverfahren lassen sich unterteilen nach Vortriebsverfahren, Ausbruchverfahren und Ausbauverfahren (Herstellungsverfahren des Baukörpers).

Vortriebsverfahren. In Frage kommen die Bodenverdrängungs- und Bodenentnahmeverfahren, z. B. die Getriebezimmerung, das Messerverfahren, der Vortrieb im Kölner Verbau, der Schildvortrieb u. a.

Ausbruchverfahren. Es erfolgt durch Handausbruch, mechanischen Ausbruch oder in einer Kombination von beiden.

Ausbauverfahren (Herstellung des Baukörpers). Als wichtigste Verfahren sind hier zu nennen:

1. die ein- oder mehrschichtige Ausmauerung

2. horizontale Ausbohrung kurzer Strecken und nachträgliches Einziehen von Rohren (**149**.1)

3. Herstellen der Tunnelrohre in Ortbeton nach dem Colcrete-Verfahren; der hinter dem Schild verbleibende Hohlraum wird durch Nachpressen des Korngerüstes ausgefüllt

4. Versetzen von Fertigrohren im Ausbruchquerschnitt und die Verfüllung des freibleibenden Hohlraumes zwischen Rohrwand und anstehendem Gebirge (z. B. beim Gefrierverfahren)

5. Versetzen von Stahlbeton- oder eisernen Tübbings, die entweder als endgültiger Ausbau stehenbleiben oder einbetoniert werden; die statische Last wird von den Tübbings allein aufgenommen

6. Herstellung der Tunnelröhre durch Vorpressen von Stahlbetonrohren oder Stahlrohren von einer Preßgrube aus (s. Bild **152**.1). Das Vorpreßrohr kann direkt als Leitungsrohr oder als Mantelrohr für ein nachträglich noch einzuziehendes Leitungsrohr verwendet werden. Dieses Verfahren ist in den letzten Jahren im großstädtischen Kanalbau oft angewandt worden, weil es eine Anzahl von Vorteilen hat:

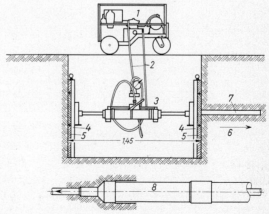

149.1
Hydraulisches Preßbohrgerät
(Maschinenbau-Hafenhütte
P. Lameier, Münster)

1 Motorpumpenaggregat
2 Anschlußschläuche
3 2 Druckzylinder
4 Stahldruckplatte
5 Eichenbohlen
6 Vorpreßrichtung
7 Bohrstange
8 Aufweitekopf

a) Der Baukörper ist von Arbeitsbeginn an bis vor Ort fertig. Insbesondere ist seine statische Sicherheit gewährleistet.

b) Der Rohrbeton kann bei der Herstellung im Werk einwandfrei überwacht und kontrolliert werden.

c) Der Beton hat schon beim Einbau seine volle Druckfestigkeit und Materialdichte.

d) Die Hohlraumbildung zwischen Rohrkörper und anstehendem Gebirge läßt sich bei guter Vortriebseinrichtung (Pressen) weitgehend vermeiden.

3.2.2.1 Horizontal-Bohrgerät zum Unterbohren kurzer Strecken

Diese Bohrgeräte sind seit Jahren im Gebrauch. Nach der Druckübertragung bezeichnet man sie als leichte Preßanlagen. Sie eignen sich zum Unterbohren von Straßen, Bahnen, Gräben, Erdbuckeln o. ä. auf Längen $\leqq$ 70 m (**149**.1). Für den Einbau genügt eine Kopfgrube von 0,75 · 1,45 m im Grundriß. Der größte Bohrlochdurchmesser beträgt 220 mm, in weichen, lehmigen Böden 250 mm. Bohrungen bis 470 mm $\varnothing$ werden mit besonderen Geräteeinsätzen durchgeführt. Bedienung durch 2 Arbeiter. Die Zielgenauigkeit der Bohrung ist groß. Mittels zweier hydraulischer Hochdruckzylinder (3) wird ein massives hochfestes Stahlgestänge (7) nach vorheriger genauer Zieleinrichtung durch den Boden hindurchgedrückt. Hat das Gestänge den Zielschacht erreicht, wird es in entgegengesetzter Richtung wieder zurückgezogen und das Bohrloch mittels eines Aufweitekopfes (8) auf die dem einzuziehenden Rohr entsprechende Größe aufgeweitet. Es wird kein Boden entnommen, sondern nur verdrängt. So sind spätere Bodensenkungen nicht möglich.

Tafel **150**.1   Horizontale Vortriebsverfahren für Leitungen unter DN 800; mögliche Vortriebslängen und Durchmesser

	Verfahren/Gerät	Arbeitsprinzip	max $\varnothing$	maximale Vortriebslänge in m
Bodenverdrängung	1. Erdverdrängungshammer	Verdrängung des Bodens bei selbsttätigem Vortrieb, gleichzeitiges Einziehen der Produktrohre ist möglich.	200	*Erdverdrängungs-Hammer*
	2. Horizontalramme mit geschlossenem Rohr	Verdrängung des Bodens mit gleichzeitigem Eintreiben eines Schutz- oder Produktrohres.	200	*Horizontalramme*
	3. Leichte Preßanlagen	Einpressen eines Gestänges. Beim Ziehen des Gestänges Aufweitung und Einzug des Produktrohres.	220	*leichte Horizontalpreßanlage*
Bodenentnahmeverfahren	4. Horizontalramme mit offenem Rohr	Eintreiben eines offenen Stahlrohres mittels Erdverdrängungshammer, nachträglicher Bodenabbau und -abförderung mittels Spülung oder Bohrschnecke.	800	*Horizontalramme (offen)*
	5. Leichtes Erdbohrgerät	Durchbohren des Bodens mittels Bohrkopf und Förderschnecke; nach Ziehen der Schnecke Einbau des Produktrohres. Bei speziellem Bohrkopf auch gleichzeitiges Einziehen der Rohre möglich.	280	*leichtes Erdbohrgerät*
	6. Bohrpreßgerät	Durchbohren mittels Bohrkopf und Abförderung des Bohrgutes mit Förderschnecken. Gleichlaufendes Einpressen eines Stahlschutzrohres, Bohrkopf läuft vor dem Rohr.	400	*Preßbohranlage*
	7. Preßbohrgerät	Wie 6., Bohrkopf läuft jedoch immer im Rohr bzw. maximal im Bereich der Rohrschneide.	1700	

0   20   40   60   80   100

3.2.2.2 Geschlossene Bauweise im Messervortrieb, Kölner Verbau und Preßbohrverfahren

Man kann keine besondere Norm für die Wahl des Verfahrens setzen, da die Durchführung der Baumaßnahmen sich nach den örtlichen Verhältnissen richtet.

In Hannover wurde ein Betonsammler (Nordstadtsammler) von ≈ 11 km Länge gebaut. Wegen der Verkehrsbelastung der zu unterfahrenden Straßen und aus anderen Gründen wurde dieser Sammler teilweise in geschlossener Bauweise hergestellt.

In einem Bauabschnitt erhielt der Kanal DN 1700, während die Kanalsohle ≈ 7,0 m unter Gelände lag. Der Untergrund bestand aus mittel- bis feinsandigen Böden. Als Vortriebsverfahren wählte man das Messerverfahren und den K ö l n e r V e r b a u. Zunächst legte man Schächte an, von denen aus der Vortrieb beginnen konnte. Die Arbeiten an verschiedenen Abschnitten konnten parallel laufen. Die nächste Kanalstrecke wurde begonnen, während die erste noch nicht fertig war.

Beim M e s s e r v e r f a h r e n (**151**.1) werden über hufeisenförmige, gebogene Stahlprofilträger im Abstand von 1 m (Messergerüst) 4,5 m lange, 20 cm breite Stahldielen (Messer), die in einer Längsnut wie bei Kanaldielen lose ineinandergreifen, mit einer hydraulischen Presse ins Erdreich vorgetrieben. Vor Ort wird der anstehende Boden von Hand gelöst und in Loren zum Förderschacht transportiert. Im hinteren Teil des von den Messern gebildeten Gewölbes wird nach Herstellen einer Betonsohle in Abschnitten von 1 m mit Hilfe einer Stahlinnenschalung das Kanalprofil betoniert. Der Beton B 25 wird mit Rüttlern verdichtet. Nach dem Betonieren werden die Messer wieder um 1 m vorgetrieben. Die Kanalsohle erhält zum Abschluß noch einen 2,5 cm dicken Estrich aus Quarzsandmörtel.

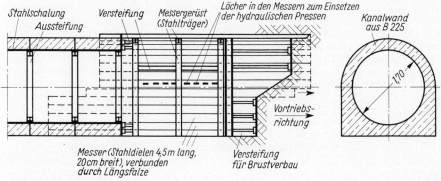

151.1 Messervortrieb

Beim K ö l n e r V e r b a u werden Stahl-Kanaldielen über starre Bögen in Pfändung schräg nach oben und den Seiten vorgetrieben. Bei dem Sammler in Hannover betrug der Abstand der Bögen 1,3 bis 1,4 m. Der Stollen wurde in 70 m Länge aufgefahren und anschließend die Sohle in Abschnitten von 8 bis 12 m Länge sowie mittels Stahl-Innenschalung der Ortbetonkanal in 5-m-Abschnitten hergestellt. Dabei blieben die Kanaldielen als verlorene Schalung im Boden. Da hierbei keine Setzungen entstehen können, eignet sich das Verfahren besonders in setzungsgefährdeten Strecken.

In einem anderen Bauabschnitt dieses Sammlers wurde ein gewerblich genutztes Gelände unterfahren. Teilweise lag die Trasse auch in einer Straße mit 3- bis 5geschosiger Bebauung. Die Kanalsohle lag hier ≈ 6,5 m unter Gelände, der Grundwasserspiegel 3,0 m, Baugrund wasserführender Mittel- und Feinsand. Gewählt wurde das h y d r a u l i s c h e V o r p r e ß v e r f a h r e n mit Einbau von Schleuderbetonrohren (**152**.1). Die Grundwasserabsenkung wurde durch Tauchpumpen in 16 m tiefen Filterbrunnen erreicht, die im Abstand von 20 m erbohrt wurden. Die in großen Abständen angelegten Preßschächte wurden mit Stahlspundbohlen umschlossen, Abmessungen 4,5 m · 7,5 m, 6,5 m tief. Ein Schacht enthält Sohle, Pressen, Widerlager, Lager- und Führungsgerüst für Pressen,

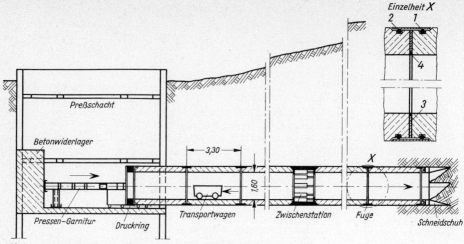

152.1   Hydraulisches Vorpreßverfahren (Längsschnitt)

1 Stahlring   3 Holzring
2 Dichtungsring   4 Nachträgliche Auskittung

Druckring, Rohr, 2 hydraulische Pressen (Druckkraft 6000 kN), Ölpumpe und Mischanlage für ein Gleitmittel zur Minderung des Reibungswiderstandes (Bentonit). Über dem Schacht wurde ein Fördergerüst errichtet, um Rohre hinabzulassen und Ausbauboden fördern zu können. Die verwendeten Schleuderbetonrohre DN 1600 waren 3,3 m lang und hatten eine Wandstärke von 16 cm (Rohrverbindung nach **152**.1). Das erste Rohr trug den Schneidschuh. Er war mit dem Rohr durch Bolzen lose verbunden. Durch Handpressen, die sich gegen die Stirnwand des ersten Rohres abstützten, konnten mit dem Schneidschuh Steuermanöver ausgeführt werden. Das Bentonit konnte über einen Leitungskranz als Gleitmittel im Abstand von $\leqq$ 20 m zwischen Rohraußenwand und Erdreich gedrückt werden. Bei großen Durchpreßstrecken (> 60 m) war zu erwarten, daß die große Reibungskraft von den angesetzten Pressen nicht mehr aufgebracht werden konnte. Es wurden deshalb nach jeweils 66 m statt eines Rohres Zwischenpressen eingesetzt. Sie bestanden aus einem 2,0 m langen Stahlzylinder im Durchmesser des Überschiebringes, in den 10 hydraulische Pressen mit je 700 kN Druckkraft und 55 cm Hub eingebaut waren. Diese Pressen konnten den bis dahin vorgepreßten Rohrstrang vorschieben ohne Betätigung der Pressen im Vorpreßschacht. Der hinter den Zwischenpressen liegende Rohrteil wurde dann um 55 cm nachgeschoben. Die Vortriebsleistung/Tag betrug in 24 h Arbeitszeit im Mittel 6 m, max 12 m. Abstand der Preßschächte 35 bis 165 m.

Die geschlossene Bauweise im Vorpreßverfahren wurde in letzter Zeit auch in Hamburg, Karlsruhe, Köln, Frankfurt (Main), München und anderen Großstädten angewandt. In München-Freimann wurden die Rohre DN 1200 eines Dükers unter der Isar ebenfalls im Vorpreßverfahren (mit Schildvortrieb) eingebracht. Zum Schutz gegen Abrieb erhielten sie eine Klinkerauskleidung. Um die Rohre nicht nach dem Einbau ausklinkern zu müssen, wurden sie im Betonwerk auf der Stirnseite stehend gemauert, bewehrt und betoniert. Die Klinkerung diente innen als Kern. Nach dem Verfugen wurden die Rohre nachbehandelt und im Betonwerk eingelagert.

3.2.3 Steilstrecken

Unter Steilstrecken versteht man Leitungsabschnitte, die wegen ihres steilen Gefälles eine besondere Bauausführung erfordern. Das Gefälle des Geländes ist steiler als das höchstzulässige Sohlgefälle der Kanäle.

Hydraulik. Bei Leitungsgefällen mit $J = 1:55$ wird bei kleineren Rohrquerschnitten (LW < 250) die **kritische Fülltiefe** unterschritten. Es handelt sich dann um den Fließvorgang des „Schießens". Bei geringer Wasserführung kann es hierbei zu Entmischungsvorgängen des Abwassers kommen, die u.U. zu Ablagerungen und Fäulnis im Kanal führen.

In dem Fließquerschnitt treten in Abhängigkeit von der Wassertiefe h' zwei mögliche Fließgeschwindigkeiten auf. Es gibt lediglich eine Tiefe, bei der $\max Q$ abgeführt wird. Dies ist die Grenztiefe t_{gr}. Der Abflußvorgang ist strömend, wenn $h' > t_{gr}$; und schießend, wenn $h' < t_{gr}$. t_{gr} kann zeichnerisch ermittelt werden. Man vergleicht die Energiehöhen

$$H_E = h' + Q^2/(A^2 \cdot 2\,g)$$

bei verschiedenen h' und const. Q. Zu min H_E gehört t_{gr}.

Bild **153**.1 zeigt die Grenztiefen im Kreisquerschnitt bei verschiedenen Q-Werten. Man kann berechnen:

1. Q bei Gerinneeinengung, wenn H_E constant bleibt
2. t_{gr} bei Sohlabstürzen
3. t_{gr}, um zu prüfen, ob Bewegung strömend oder schießend.

Beispiel: $Q = 1\ \mathrm{m^3/s}$, $d = 1{,}0$ m, $k_b = 1{,}5$ mm. Gesucht: t_{gr}, H_E, v_{gr}, J_{gr}

$Q/d^{5/2} = 1{,}0$. Aus **153**.1: $t_{gr}/d = 0{,}58$; $t_{gr} = 0{,}58$ m und $H_E/d = 0{,}82$; $H_E = 0{,}82$ m.

$H_E - t_{gr} = v_{gr}^2/2\,g$; $v_{gr}^2/2\,g = 0{,}24$ m; $v_{gr} = 2{,}16$ m/s

nach Tafel **68**.1 voll $v = v_{gr}/1{,}03 = 2{,}10$ m/s

nach Tafel **66**.1 $J_{gr} = 1:204 = 4{,}9\%o$

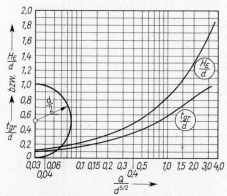
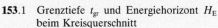
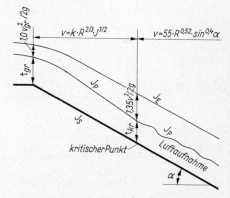

153.1 Grenztiefe t_{gr} und Energiehorizont H_E beim Kreisquerschnitt

153.2 Abfluß in einer Steilstrecke mit schießendem Abfluß

Bei Steilstrecken stellt sich wegen des starken Sohlgefälles oft schon am Anfang der Strecke die Grenztiefe ein. Es folgt nach wenigen Metern die schießende Wasserbewegung (**153**.2). Der Wasserstrahl durchsetzt sich nach dem **kritischen Punkt** (t_{kr}) stark mit Luft. Die Geschwindigkeitsverteilung über den Querschnitt ist sehr ungleichmäßig, deshalb wird $v^2/2\,g$ mit einem Faktor multipliziert, der von 1,0 am Anfang der Strecke auf 1,35 am kritischen Punkt anwächst. Die Wasserbewegung verläuft beschleunigt bis $J_E \approx J_P$. v bis zum kritischen Punkt kann nach den üblichen Formeln berechnet werden, auch z.B. nach $v = k \cdot R^{2/3} \cdot J^{1/2}$ (vgl. Abschn. 2.5.2).

Nach t_{kr} ist

$$v = 55\ R^{0,52} \cdot \sin^{0,4}\alpha$$

zu berechnen. $\alpha \triangleq$ Neigungswinkel der Rinnensohle [64].

Es treten außerdem hohe Fließgeschwindigkeiten auf, die zu einem starken Abrieb des Rohrmaterials führen können. Die Grenze dieser Fließgeschwindigkeit festzustellen ist sehr schwierig. Sie ist vom Rohrmaterial abhängig. Bei Steinzeugrohren sind jedoch schon bei Geschwindigkeiten von 7,0 bis 10,0 m/s keine nachteiligen Folgen festgestellt worden. Als Maßstab sei hier nach der Formel von Prandtl-Colebrook die Geschwindigkeit bei Vollfüllung für $J = 1:5$ angegeben:

DN 150   voll $v = 5,10$ m/s   DN 200   voll $v = 6,11$ m/s

Falls man also in der Lage ist, das Gefälle 1:5 bis 1:4 einzuhalten, können hinsichtlich der max Geschwindigkeiten keine Bedenken bestehen.

Die Abriebbeständigkeit Ab der Rohre wird beeinflußt von der Geschwindigkeit der mitgeführten Geschiebemenge und dem Mischwert des Geschiebes. Sie kann bei Steilstrecken vermindert werden. Die Abhängigkeiten sind etwa folgende:

Ab wird kleiner

a) mit steigender Geschwindigkeit v: $Ab \sim \dfrac{1}{v^2}$

b) mit erhöhter Geschiebemenge G: $Ab \sim \dfrac{1}{G}$

c) mit wachsendem Mischwert α, wobei α groß ist bei Geschiebe mit großem Korndurchmesser und stark unterschiedlicher Körnung: $Ab \sim \dfrac{1}{\alpha}$

Bei Abriebprüfungen am Institut für Wasserbau der Technischen Hochschule Darmstadt (Prof. Kirschmer) wurden für Steinzeugrohre bei praxisnahen, normalen Verhältnissen ($Q = 0,1$ m³/s, Feststoffanteil 50 mg/l) folgende Abriebbeständigkeiten Ab festgestellt:

v m/s	3,0	5,0	10,0
Ab Jahre	> 100	> 100	100

bei extremen Verhältnissen ($Q = 1,0$ m³/s, Feststoffanteil 100 mg/l)

v m/s	3,0	5,0	10,0
Ab Jahre	110	40	10
N Tage/Jahr	365	150	36

N ist die Nutzungsdauer in Tagen/Jahr, der das Rohr diesen extremen Beanspruchungen unterliegen kann, wenn es eine normale Gesamtnutzungsdauer erreichen soll.

Statik. Bei Längsneigungen von etwa 1:8 treten zusätzliche Beanspruchungen auf, die durch Längskräfte hervorgerufen werden. Sie setzen sich zusammen aus:

a) der Komponente des Rohrgewichtes in Rohrlängsrichtung
b) der Wandreibung des fließenden Wassers
c) der Komponente der Erdauflast und Verkehrsauflast in Rohrlängsrichtung

Es ist daher ratsam, bei herkömmlichen Rohrverlegungen (Steinzeug-, Betonmuffenrohre) zugfeste Rohrverbindungen zu wählen, oder bei K-Muffe, Konusdichtung oder Dichtungsring in Abständen von etwa 5 bis 10 m um die Muffen standfeste Betonwiderlager anzulegen. Bei großen Überdeckungshöhen ist außerdem die Vollummantelung vorzusehen mit zweckmäßigerweise horizontalen Sohlabstufungen.

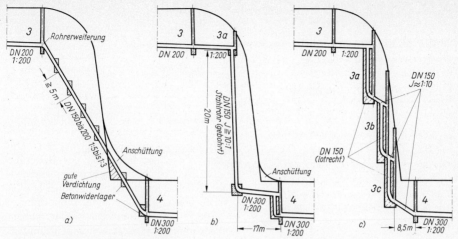

155.1 Verschiedene Möglichkeiten für die bauliche Ausbildung einer Steilstrecke
(10fach überhöht dargestellt)

In dem Beispiel (**155**.1) gibt es unter Berücksichtigung des Vorstehenden folgende Möglichkeiten
für die Ausführung der Haltung 3 bis 4:

Lösung a, Kanäle mit großem Gefälle (**155**.1a). Verlegung der Rohre in einem Gefälle von 1:5 bis
1:3. Ummantelung der Muffen im Abstand von ≧5,0 m, Verwendung von besonders guten Beton-
oder Steinzeugrohren DN 200 bis DN 150 im Bereich der Steilstrecke, Erweiterung des Profils am
Einlauf bei Schacht 3, keine Tosbecken, sondern Vergrößerung des Profils in der Auslaufstrecke
zwischen den Schächten 4 bis 5 auf DN 300, Rohrmaterial besonders guter Beton oder Steinzeug.
Ab Schacht 5 wieder normale Profilgrößen DN 200 und Beton bzw. Steinzeug als Material. Die
Abkrümmung muß wegen der Reinigungsmöglichkeiten in den Schächten selbst liegen. Das Anschneiden des Böschungsfußes wird dadurch umgangen, daß das Rohr in die Anschüttung gelegt
wird. Falls eine Anschüttung in standfester Form möglich ist, wäre diese Lösung anzustreben.

Lösung b, Fallrohr (**155**.1b). Heranziehen des Schachtes 3 oder eines Zwischenschachtes so weit
wie möglich an die Böschungskante und Herstellen einer Falleitung, die möglichst steil liegen sollte
und aus Stahl hergestellt werden müßte, DN 150. Die Leitung ist zweckmäßigerweise durch Bohrung herzustellen. Schwierigkeiten macht das Auffangen der Leitung am Böschungsfuß. Hier müßte
eine Horizontalbohrung in den Böschungsfuß von Schacht 4 her vorgetrieben werden, DN 300.
Auslaufstrecken wie bei Lösung a. Die Reinigung des Fallrohres würde entfallen, und die horizontale Leitung vor dem Schacht 4 könnte von diesem her gereinigt werden.

Lösung c, Kaskaden (**155**.1c). Auflösen der Steilstrecke in 3 Teilhaltungen mit 3 Absturzschäch-
ten. Es handelt sich um die konventionelle und bekannteste Bauweise für Steilstrecken. Die
äußeren Abstürze an den Schächten 3a, 3b und 3c können in Steinzeugrohren DN 150 hergestellt
werden. Sie sind dann mit Stampfbeton B ≧ 15 zu ummanteln. Einfacher ist die Herstellung in
einem Rohrstück aus Stahl oder Eternit, das lediglich am Fuß ein Fundament erhalten müßte. Die
Rohre der Horizontalstrecken sind aus Gründen der Belüftung und der Reinigung bis an die Schächte durchzuführen. Hier scheint das Gefälle 1:10 tragbar zu sein. Äußerste Vorsicht ist geboten bei
Herstellung der Haltung 3c bis 4 durch das Anschneiden des Böschungsfußes. Evtl. ist hier ebenfalls
auf ≈ 8,5 m Länge eine Horizontalbohrung erforderlich. Die Schächte sind am besten unter weitge-
hender Verwendung von Fertigteilen herzustellen, wobei nicht bis zum horizontalen Rohr gemauert
zu werden braucht. Auslaufstrecke wie bei Lösung a.

Die hier beschriebene Steilstrecke führt kleine Wassermengen. Bei großer Wassermenge kann die
Anlage eines Tosbeckens am Fuß der Steilstrecke notwendig werden.

3.2.4   Wasserhaltung

Für die Sicherung von Kanalbauten gegen Grundwasser kommen im wesentlichen folgende Verfahren in Frage:

3.2.4.1   Offene Wasserhaltung

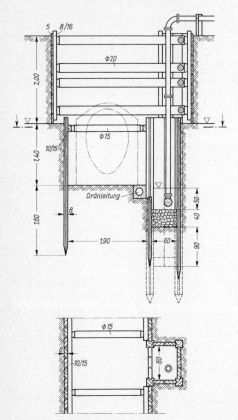

Die offene Wasserhaltung ist in sandigen Böden ≈ 30 bis 60 cm unterhalb des Grundwasserspiegels möglich (**156**.1). Um das Wasser in der Sohle der Baugrube oberflächlich abzuleiten, wird entweder eine grobe Kiesschüttung oder bei stärkerem Wasserandrang eine Längsdränage verlegt, die mit Steinschlag oder grobem Kies umhüllt wird. Aus Pumpensümpfen, die in gewissen Abständen anzulegen sind, wird das Wasser mit Hand- oder Motorpumpen gehoben und abgeleitet. Membran- (Diaphragma-), Kreisel- oder auch Tauchpumpen (Flygt-, Robot- u. ä. Pumpen sind gut geeignet, da sie auch sandhaltiges Wasser fördern).

Bei der offenen Wasserhaltung besteht die Gefahr des Nachströmens feiner Bodenteilchen, wodurch das umgebene Erdreich gelockert werden kann, und zwar besonders dann, wenn Fließsand angeschnitten wird, der unter dem Druck des Grundwassers in Bewegung gerät. Durch Spundwände verhindert man zwar das Fließen von den Seiten her; der gefährliche Auftrieb von unten bleibt dagegen bestehen. Es ist ratsam, die Dränage nach Beendigung der Bauarbeiten dichtzusetzen, um eine dauernde Grundwasserabsenkung zu verhindern.

156.1   Kanalbaugrube mit offener Wasserhaltung

3.2.4.2   Grundwasserabsenkung durch Brunnen

In sandigen Böden mit einem Durchlässigkeitsbeiwert $k_f \geqq 0{,}01$m/s wird eine trockene Baugrube am vollkommensten durch die Grundwasserabsenkung mit Rohrbrunnen erreicht (**157**.1). Der Grundwasserspiegel wird so weit abgesenkt, daß die Baugrube trocken ist und normal ausgesteift werden kann. Es werden meist Filterrohre DN 150 aus Stahl 2 bis 3 mm dick oder Kunststoff mit Filterschlitzen in eine Bohrung DN 200 bis 250 eingesetzt. Stahlrohre sind mit Tressengewebe 0,5 bis 0,9 mm umgeben. Der Abstand der Rohrbrunnen soll etwa der wasserführenden Schicht entsprechen, er beträgt 4 bis 7 m. Man rechnet mit einer Fließgeschwindigkeit im Rohr $v = 0{,}75$ bis 1 m/s. Die

Filterfläche wird je nach Größe der Sandkörnung bemessen. Ist die Hälfte der Sandkörner < 0,25 mm < 0,50 mm < 1,00 mm, so kann die Eintrittsgeschwindigkeit entsprechend $\leq$ 0,5 mm/s $\leq$ 1,0 mm/s $\leq$ 2,0 mm/s sein.

In das Filterrohr hängt man ein Saugrohr DN 100 aus Stahl und schließt es an eine horizontale Saugleitung DN 150 bis 200 an. Diese steigt zur Pumpe hinan. Die Pumpe steht in der Mitte oder am Ende von 6 bis 8 Brunnen. Sie wird zunächst 3 bis 4 m über der vorgesehenen Baugrubensohle aufgestellt. Ist die Saughöhe für Kreiselpumpen zu groß, setzt man Tauchpumpen ein, welche so tief in den Brunnen gehängt werden, daß sie das Wasser nur unter Druck fördern. Ist die Absenkung zu groß, setzt man die Pumpe bei der nächsten Brunnenreihe höher. Wenn die Saugleitungen innerhalb der Baugrube verlegt werden sollen, ist die Baugrube um 30 bis 40 cm zu verbreitern. Der Boden wird zunächst bis auf den Grundwasserspiegel ausgehoben und eingesteift, dann werden die Brunnen gebohrt. Für die Berechnung einer Grundwasserabsenkung wird auf [72] verwiesen.

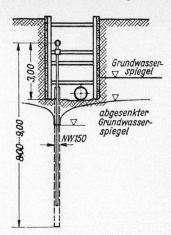

157.1   Grundwasserabsenkung durch Brunnen

3.2.4.3   Grundwasserabsenkung durch das Vakuumverfahren

Für kiesig-sandige Böden mit $k_f = 10^{-3}$ bis 10^{-7} m/s und für feinkörnig-sandige bis lehmige Erdschichten mit $k_f = 10^{-5}$ bis 10^{-7} m/s und mit Korngröße $d_{10} = 0,03$ bis 0,003 mm, hat sich das Spülfilterverfahren − auch Vakuumverfahren genannt bewährt. Bei diesen Böden wird das Wasser durch Adhäsion an den Körnern festgehalten. Es fließt nicht durch die Schwerkraft in das Filterrohr, sondern muß hineingesaugt werden. Dies geschieht jedoch nur zum Teil durch eine Vakuumpumpe. Der Rest des Wassers wird durch den atmosphärischen Überdruck im Boden festgehalten. Gleichzeitig werden die Sandkörner zusammengepreßt, so daß Feinsand bei 1 bis 2 m hoher, steiler Böschung steht (**157.**2).

In geringen Abständen (1 m) werden Kunststoffilter aus PVC-hart $\varnothing$ 1,75″ bis 2,0″ mit eiserner Spülspitze durch Wasser und Druckluft (10 m in 5 min) in den Boden eingespült und an ein Saugrohrnetz angeschlossen. Die Filter sitzen so tief, daß ihre Oberkante $\approx$ 1 m unterhalb der Baugrubensohle liegt. Sie werden über ein Aufsatzrohr mit Gummisaugschläuchen (Spiralschläuche) an eine verzinkte Sammelleitung angeschlossen, die zur Pumpe führt.

Die Pumpen sollen vor Beginn des Bodenaushubs 12 bis 48 h ohne Unterbrechung laufen. Eine Reservepumpe ist bereitzuhalten. Eine Pumpe bedient 50 m Sammelrohr. Es werden doppelt wirkende Membranpumpen oder Kreiselpumpen verwendet. Zum Einspülen braucht man eine Druckpumpe von $\leq$ 25 bar.

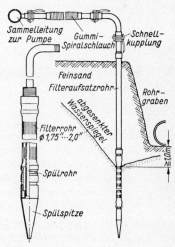

157.2   Vakuumverfahren

3.2.4.4 Grundwasserabsenkung durch Elektro-Osmose-Verfahren

Man kann anstelle des Unterdrucks auch den Wasserspiegel durch elektrischen Gleichstrom, der das Wasser zu einer Kathode zieht, absenken. Als Anode wählt man alte Stahlteile, als Kathode dient das Filterrohr des Brunnens oder Kathodenstäbe, die an die äußere Filterwand gesetzt werden. Als Stromquelle dienen Gleichstromaggregate mit $\leq$ 100 V Spannung. Das Verfahren ist teuer und wird nur bei schwierigsten Bodenarten angewandt.

3.2.4.5 Stabilisierung nicht stehender Böden unter gleichzeitiger Grundwasserhaltung durch das Gefrierverfahren oder durch chemische Verfestigung

Beim Gefrierverfahren wird durch horizontal in den Boden getriebene Gefrierlanzen von 20 bis 30 m Länge eine Eiszone rund um den Ausbaukern geschaffen. Sie stabilisiert den Boden durch Einfrieren des darin enthaltenen Wassers mittels Gefriermittel (z.B. Freon 22) bei 20 bis 25 °C und schützt damit die Arbeitsvorgänge vor Grundwasser. Das Verfahren arbeitet sicher, ist aber teuer. Es ist anwendbar, wenn die Grundwasserabsenkung oder der Schildvortrieb nicht geeignet sind. Es wurde bisher vorwiegend bei senkrechtem Arbeitsgang (Brunnenbau) eingesetzt, eignet sich aber auch für horizontale Bauweisen (Kanalbau). In Frankfurt (Main) und Hamburg hat es sich bei der geschlossenen Kanalbauweise (**158**.1) bewährt. Wegen der beschränkten Gefrierlanzenlänge müssen in Abständen von 40 bis 50 m Vorpreßschächte oder mit 20 bis 30 m Abstand Kavernen als Arbeitsräume angelegt werden.

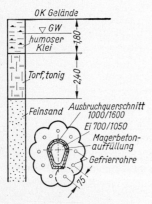

158.1 Gefrierverfahren (Anwendung in Hamburg)

Wenn Bauwerke im Schildvortrieb mit Druckkraft unterfahren werden müssen, kann es zweckmäßig sein, unerwünschte Setzungen durch chemische Bodenverfestigung auszuschalten.

3.3 Bauwerke der Ortsentwässerung

3.3.1 Straßenabläufe

Straßenabläufe führen das von den Straßen abfließende Regenwasser den Straßenleitungen zu und halten in den meisten Fällen außerdem den Sand zurück, der von den Straßen abgespült wird. Der Abstand zweier Abläufe beträgt meist 30 bis 50 m. Man rechnet für einen Straßenablauf mit einem Einzugsgebiet A_E = 300 bis 600 m² Straßen- und Gehwegfläche. Die Abläufe, auch Straßensinkkästen genannt, werden mit Betonrohren DN 150 an die RW- oder MW-Kanäle in Kämpferhöhe angeschlossen.

In Stadtstraßen soll die Rinne für das Oberflächenwasser je nach der Art der Straßenbefestigung ein Mindestgefälle von 0,4 bis 0,6% haben. Die meisten Straßen haben ein ausreichendes Längsgefälle. Dann verläuft die Rinnensohle parallel zur Bordsteinkante.

Bei Straßen ohne oder mit geringerem Längsgefälle muß die Rinnensohle Hochpunkte (Gefällbrechpunkte) und Tiefpunkte (Straßenabläufe) erhalten (**159**.1). An den Hochpunkten ragt die Oberkante Bordstein etwa 9 bis 10, an den Tiefpunkten 18 cm über die Rinnensohle hinaus. Das Gefälle zwischen den beiden Punkten soll ≧ 0,5% sein. Damit ergibt sich ein Ablaufabstand von ≧ 36,0 m.

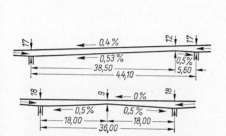

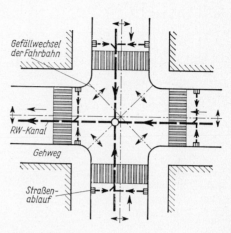

159.1 Mindestgefälle in Straßenrinnen   **159**.2 Straßenkreuzung

Bei Straßenkreuzungen sollen (**159**.2) die Abläufe so angeordnet werden, daß die Fußgängerüberwege wasserfrei bleiben. Die Entwässerung vom Kreuzungen und Plätzen kann schwierig sein. Sie ist jedoch abhängig von den aus fahrdynamischen Gesichtspunkten projektierten Längs- und Quergefällen der Straßen. Man trägt in einen Lageplan M 1:200 oder größer die Höhenschichtlinien der Differenzen 5 oder 10 cm ein und setzt danach die Straßenabläufe. Straßenbahnschienen haben eine eigene Entwässerungsleitung, die in Abständen in den Straßenkanal abwirft.

Straßenabläufe (**160**.1) werden aus Einzelteilen nach DIN 4052 T 3 ohne oder nach DIN 4052 T 4 mit Eimer zusammengesetzt. Die lichte Weite ist 450 mm. Man unterscheidet im wesentlichen zwei Typen. Straßenabläufe mit S c h l a m m e i m e r werden am häufigsten verwendet (**160**.1a und b). Man benutzt sie bei ausreichendem Kanalgefälle und auch dann, wenn in kleineren Gemeinden der Betrieb eines Schlammsaugewagens nicht lohnen würde. Ihre Aufsatzschlitze sollen möglichst quer zur Straßenachse liegen. Zum höhenmäßig richtigen Einbau der Aufsätze dienen Ausgleichringe aus Beton. Oft ist es schwierig, den Höhenunterschied zwischen Ablaufstutzen und Kanalkämpfer mit den genormten, geraden Rohrfertigteilen zu überwinden. Dann sollten Krümmer verwendet werden, um zu vermeiden, daß die Rohre in den Muffen verkantet werden. Geruchverschlüsse werden nicht mehr häufig verwendet, da man erkannt hat, daß die Öffnung des Ablaufes zum Straßenkanal für die Lüftung des unterirdischen Kanalnetzes wertvoll ist.

Die Straßenabläufe unterscheiden sich in der Form des Aufsatzes und in der Tiefe des Schaftes. Bei normalen Abläufen verwendet man die tiefe Ablaufform (langer Eimer, Form A) (**160**.1a), bei kurzen Schäften wird der kurze Eimer (Form B) eingesetzt (s. Bild **160**.2b). Diesen Ablauf verwendet man bei flacher Lage des Straßenkanals. Der

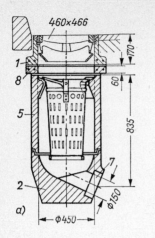
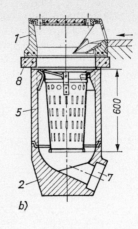
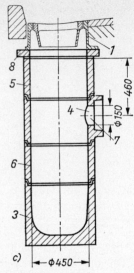

160.1   Straßenabläufe (DIN 4052)

1 Aufsatz
2 Bodenteil
3 Schlammfang
4 Muffenteil

5 Schaft (mit bzw. ohne Tragnocken)
6 Schaftzwischenteil
7 Ablauf d = 150 mm
8 Ausgleichring

Aufsatz bildet den Abschluß des Straßenablaufs nach oben. Er enthält den Rost und bei seitlichem Einlauf des Wassers (**160**.1 b) eine Reinigungsöffnung. Bei Autobahnen und Landstraßen werden Aufsätze mit Scharnierdeckeln verwendet (**160**.2).

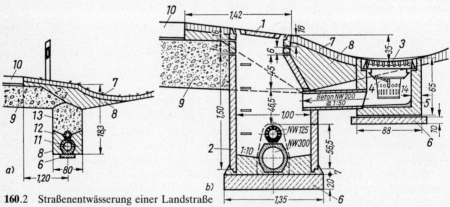

160.2   Straßenentwässerung einer Landstraße

1 Begu-Abdeckung (Klasse D)
2 Schachtelement (Fertigteil)
3 Gußeiserner Autobahnablauf
4 Schlammeimer
   (kurze Form nach DIN 4052)
5 Fertigteilschacht
6 Arbeitssohle B 15

7 Rollrasen
8 bindiger Dammbaustoff
9 Frostschutzschicht
10 Straßendecke
11 Betonrohr mit Doppelfuß
12 Betonfilterrohr
13 Filterkies 0,2 bis 30 mm

Bei steilen Straßen (Längsgefälle $\geq 8\%$) verwendet man Doppelroste, da die höhere Geschwindigkeit des abfließenden Wassers schwieriger in die vertikale Komponente umzulenken ist. Bei Bergstraßen (Längsgefälle wesentlich größer als das Quergefälle) strömt das Wasser schräg über die Fahrbahn. Man verwendet Abläufe in Rinnenform, die quer über die Fahrbahn gehen und mit Gitterrosten aus Stahl abgedeckt sind.

Straßenabläufe mit Schlammfang (**160**.1c) werden periodisch durch Schlammwagen mit Absaugeinrichtung entleert. Sie kommen bei kleinem Gefälle der Straßenleitungen und bei starkem Sandanfall (Kieswege, Streusand) in Frage.

Die Entwässerung der Landstraßen hat neben der Ableitung des Wassers von der Straßenoberfläche auch noch die Entfernung des Sickerwassers aus dem Untergrund der Straße (Frostgefahr) zur Aufgabe. Bei kleineren Wassermengen leitet man das Wasser durch das Quergefälle der Straße in seitliche Rinnen, Gräben oder Mulden ab.

Möglichst oft wird es dann von Quergräben oder -kanälen von der Straße zu Vorflutern abgeführt. Bei größeren Wassermengen ist es erforderlich, längs der Straße in den Randstreifen oder Mulden Entwässerungskanäle anzulegen (**160**.2a). Der Entwässerungskanal aus Beton (*11*) trägt die Dränleitung (*12*) für die Entwässerung des Planums. In Abständen gibt der Drän das Wasser in den Kanal ab. Die Entwässerungsmulde ist mit Abläufen (*3*) versehen, die das Oberflächenwasser in die Kontrollschächte und von dort in den RW-Kanal abgeben (**160**.2b). Die Schächte sind weitgehend unter Verwendung von Fertigteilen hergestellt. Oberhalb des Dräns muß bis zur Frostschutzschicht durchlässiger Filterkies 0,2 bis 30 mm verwendet werden.

3.3.2 Schachtbauwerke

3.3.2.1 Einsteigschächte

Der Einsteigschacht gliedert sich in Schachtunterteil mit Arbeitsraum, Schachtoberteil und Schachtabdeckung. Man unterscheidet vier Typen:

1. Schächte aus Fertigteilen (162.1). Der Schacht besteht nur aus vorgefertigten Betonoder Werkteilen, die örtlich verschieden geformt sein können. Bild **162**.1 zeigt Einsteigschacht der Stadtentwässerung Hamburg. Bild **162**.2 zeigt einen Schacht aus Eternit-Fertigteilen. Hierzu gehören auch Schächte mit vorgefertigten Bau- und Sohlrinnensystemen (Systemschächte − Abschn. 3.3.2.6), s. auch Bild **169**.1.

2. Schächte mit eckig oder rund gemauertem Schachtunterteil und einem Oberteil aus fertig gelieferten Schachtringen. Der Übergang zwischen beiden wird bei großen Unterteilen auch durch eine Stahlbetonplatte hergestellt (**166**.1b und **166**.2).

3. Schächte mit bis zur Geländeoberkante hochgeführtem Mauerwerk (163.3).

4. Schächte aus Ortbeton, Betongüte mind. B 35 (DIN 1045). Bewehrung nach statischen Erfordernissen.

Der Schachtunterteil ist so geräumig anzulegen, daß die dort zu leistenden Arbeiten (s. Abschn. 3.3.7) durchgeführt werden können. Die lichte Weite des Schachtes ergibt sich aus der Zahl und Größe der zu verbindenden Kanäle, soll jedoch $\geq 1,0$ m $\varnothing$ bzw. $\geq$ 1,0 m $\square$ sein. Größere Schächte erhalten stets einen eckigen Grundriß. Das Fundament unter der tiefsten Leitungssohle soll ≥ 20, besser 30 cm dick sein. Die Sohlenrinne ist entweder aus Beton oder Estrich, durch eine Steinzeugsohlschale oder aus Kanalklinkern herzustellen. Sohlschalen kommen nur bei gerader Rinne in Frage. Die Rinne ist

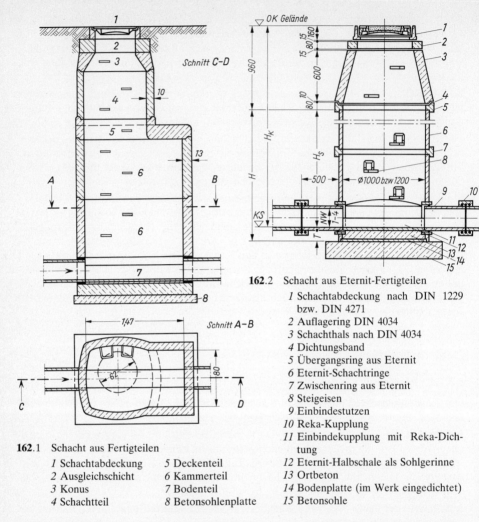

162.2   Schacht aus Eternit-Fertigteilen
1 Schachtabdeckung nach DIN 1229 bzw. DIN 4271
2 Auflagering DIN 4034
3 Schachthals nach DIN 4034
4 Dichtungsband
5 Übergangsring aus Eternit
6 Eternit-Schachtringe
7 Zwischenring aus Eternit
8 Steigeisen
9 Einbindestutzen
10 Reka-Kupplung
11 Einbindekupplung mit Reka-Dichtung
12 Eternit-Halbschale als Sohlgerinne
13 Ortbeton
14 Bodenplatte (im Werk eingedichtet)
15 Betonsohle

162.1   Schacht aus Fertigteilen

1 Schachtabdeckung	5 Deckenteil
2 Ausgleichschicht	6 Kammerteil
3 Konus	7 Bodenteil
4 Schachtteil	8 Betonsohlenplatte

bei Kreisprofilen $\leqq 500$ mindestens bis zum Scheitel, bei größeren Profilen, > 500, und bei Eiprofilen > 50 cm über die Sohle oder bis min h' für $2\,Q_{tr}$ hochzuziehen. Bei starken Höhendifferenzen der Kanäle bestimmt die größte Banketthöhe die Konstruktion der Sohlrinne. Die seitlichen Bankettflächen sollen zur Schachtwand hin $\leqq 1:20$ steigen. Die Sohlrinne soll im Schacht gleichmäßig fallen oder bei größerem Höhenunterschied in Form einer flachliegenden Wendelinie, max Neigung 45°, geführt werden. Gebogene Sohlenrinnen sollen einen Krümmungsradius der Achse von $\geqq 2\,d$ des oder der anschließenden Kanäle haben. Rohre sind voll in das Mauerwerk des Schachtes einzubinden und bis zur Innenwand durchzuführen. Falze sind sauber abzuschlagen. Die Rohre werden mit Keilsteinen überwölbt. Der Scheitelstein soll mittig auf der senkrechten Rohrachse sitzen. Aus Gründen der Sauberkeit sind alle Ecken und Kanten der Fließrinne zu runden.

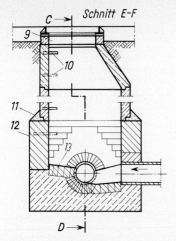

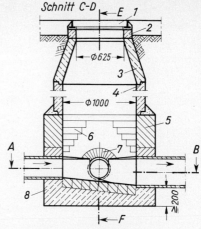

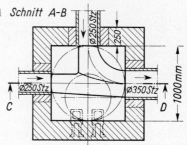

163.1 Normalschacht mit eckigem Schachtunterteil

1 Schachtabdeckung
2 Auflagering
3 Schachthals
4 Schachtring
5 Mauerwerk der Wand, Sohle und Podest
6 verzogenes Mauerwerk
7 Stützschicht
8 Fundamentbeton
9 Schmutzfänger
10 Steigeisen
11 Mörtelschräge
12 3facher Schutzanstrich auf Außenputz
13 Bankett mit Gefälle 1:20

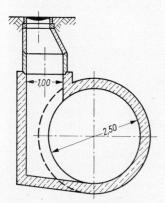

163.2 Einstiegschacht für große Kanalprofile
– Unterteil seitlich angesetzt

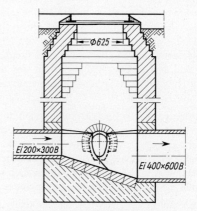

163.3 Gemauerter Schacht

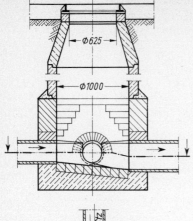

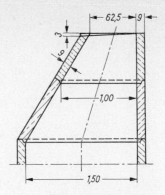

164.2   Schachtabschluß für einen
Schacht ∅ 150 cm

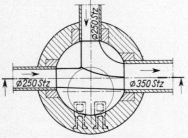

164.1   Normalschacht mit rundem Schachtunterteil

Die Wände des Arbeitsraumes werden meist aus 24 cm oder 36,5 cm dickem Mauerwerk hergestellt, und zwar aus einwandfreien Kanalklinkern nach DIN 4051 und DIN 105. Innen sind die Wände mit möglichst kalkarmem Zement zu verfugen. Bei größeren Schächten empfiehlt es sich, den Arbeitsraum bis zu 2,0 m lichte Höhe über den Bankettflächen hochzumauern; er ist dann begehbar. Die Wände kleinerer Schächte sind ≧ 25 cm über den höchsten Rohrscheitel senkrecht zu mauern und erst dann zu verziehen. Die Kanäle sind damit fest eingebunden. Im Übergang vom Unterteil zum Schachtring kragen die Steine mit mindestens fünf Schichten stufenweise aus. Eine andere Möglichkeit zeigt Bild **164**.2. Die Außenflächen des Schachtunterteils erhalten einen 1 bis 2 cm dicken Rappputz; bei aggressivem Grundwasser kommt darauf ein dreifacher Schutzanstrich aus Bitumen.

Schachtringe und Schachtkonus müssen an der Einstiegwand eine durchgehende Senkrechte bilden. Der Einstieg soll so liegen, daß die Bankettflächen auch erreicht werden können. In der Einstiegsenkrechten werden drei oder vier Steigeisen je m versetzt. Es empfiehlt sich, Schachtringe mit 0,25 m Steigeisenabstand zu wählen, weil auf der Baustelle dann keine Verwechslungen möglich sind. Mauerwerk erhält lange Steigeisen nach DIN 1212. Der Schachthals hat eine obere lichte Weite von 625 mm. Die Schlupfweite der Schachtabdeckung soll ≧ 610 mm sein. Die DIN 1229 klassifiziert die Abdeckungen nach der Einbaustelle. Klasse A für Grünflächen und Flächen, die nicht als Verkehrsflächen gelten, jedoch gelegentlich begangen werden. Klasse B für Gehwege und vergleichbare Flächen, für Pkw-Parkhäuser. Klasse D für Fahrbahnen von Straßen, Parkflächen und vergleichbare Verkehrsflächen. Klasse E für nicht öffentliche Verkehrsflächen mit bes. hohen Radlasten. Klasse F für Flugbetriebsflächen von Verkehrsflughäfen. Bei Schächten mit Betonringen ist die Schachtabdeckung auf Schichten aus Kanalklinkern oder mindestens einem Auflagering, aber < 16 cm Auflageringhöhe insgesamt zu lagern, damit beim Versetzen der Abdeckung auf Straßenhöhe der Konus nicht tiefer gesetzt oder angeschlagen werden muß. Die Abdeckung hat Lüftungsöffnungen und einen herausnehmbaren Schmutzfänger nach DIN 1221. Die Straßenbefestigung soll dicht an die Abdeckung anschließen und hat bei Pflasterstraßen zweckmäßigerweise quadratische, sonst runde Form.

Doppelschächte. Sie fassen beim Trennsystem zwei Einzelschächte zusammen. Es darf keine Verbindung zwischen den Kanälen entstehen. Lediglich Wandteile können beiden gemeinsam sein. Konstruktiv besser ist es, zwei Einzelschächte ohne Verbindung versetzt nebeneinander anzuordnen.

3.3.2.2 Einlaufbauwerke

Sie werden vorgesehen, um Oberflächenwasser in eine Regen- oder Mischkanalisation aufzunehmen. Das Oberflächenwasser muß ohne Überflutung des Geländes aufgenommen werden. Mitgeführte Sinkstoffe (Sand, Geröll) sind vor oder im Bauwerk aufzufangen (Sand-, Geröllfang). Die konstruktiven Lösungen hängen von der Wassermenge, der Tiefe und dem zur Verfügung stehenden Platz ab.

Ausgeführt werden:

– Schächte mit vertiefter Sohle (Sandfangraum zwischen Schachtsohle und Sohle des abgehenden Kanals);
– Bauwerke mit drainierten Sandkammern;
– Bauwerke mit meist offenen Langsandfängen (drainiert und undrainiert);
– Bauwerke mit rundem Sandfang (meist offen zur GOK);
– Bauwerke mit Tiefsandfängen (meist geschlossen).

3.3.2.3 Umleitungs- und Verbindungsbauwerke (165.1)

Bei Richtungsänderungen und zum Zusammenführen mehrerer Kanäle mit großer Wasserführung sind Normalschächte nicht verwendbar. Es sind entsprechende Bauwerke unter besonderer Beachtung des Strömungsvorganges anzulegen. Das Sohlengerinne darf nicht zu stark gekrümmt sein. Der Krümmungsradius der Sohlrinnenachse soll ≧ 3 DN, bei großen Profilen, ≧ DN 1200, > 12 m sein. Meist schließt eine Stahlbetondecke von ≧ 2,0 m lichter Höhe über dem Bankett das Schachtunterteil nach oben ab. Lange Bauwerke erfordern zwei Einstiege.

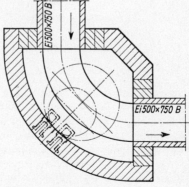

165.1 Umleitungsbauwerk

3.3.2.4   Absturzbauwerke

Ein Schacht wird als Absturzbauwerk ausgebildet, wenn er eine größere Höhendifferenz zwischen zwei Kanälen zu überwinden hat. Man unterscheidet äußere Abstürze (Untersturzbauwerke, **166**.1) und innere Abstürze (**166**.2).

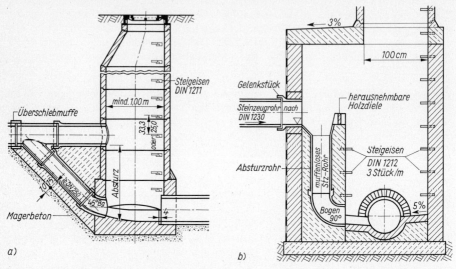

166.1   a) Schacht mit äußerem Absturz (außenliegender Untersturz)
b) Schacht mit innerem Absturz (innenliegender Untersturz)
(nach ATV A 241)

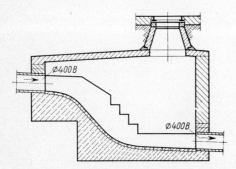

166.2   Schacht mit innerem Absturz

Beim Untersturzbauwerk zweigt in der Sohle des ankommenden Kanals vor dem Schacht eine Falleitung ab, durch die das Wasser zur Schachtsohle und zum abgehenden Kanal geleitet wird. Der ankommende Kanal ist außerdem bis zur Schachtwand weiterzuführen, weil diese Öffnung zur Reinigung dient. Die Fallrohre sollen voll mit Stampfbeton ummantelt werden. Ihr Profil kann kleiner als das der Kanalhaltung, mindestens jedoch DN 200 sein. Ab DN 500 des ankommenden Kanals empfiehlt sich für die Falleitung DN 250. Sie sollte auch bei Betonkanälen aus Steinzeug bestehen. Bei Kanälen mit großer Wasserführung, d. h. ≧ DN 400 (SW) und ≧ DN 800 (MW, RW) sind ein innerer Absturz (**166**.2) und das Sohlengerinne als Parabel mit Wendepunkt auszubilden. Die Schußrinne ist so tief auszubilden, daß bei Kreisprofilen der Scheitel, bei Eiprofilen der Kämpfer erreicht wird. Die Einsteigöffnung soll über der tiefsten Stelle des Podestes angeordnet werden. Seitlich des Podestes sind Halteeisen anzubringen. Daneben verwendet man noch Absturzbauwerke mit Kaskaden, Fallschächte und Wirbelfallschächte (s. ATV A 241).

3.3.2.5 Konstruktionsanleitung für Schachtbauwerke

Normalschächte erfordern keine besonderen Konstruktionspläne. Diese werden bei schwierigen Schächten notwendig. Hier soll eine einfache Schachtgruppe mit eckigem bzw. rundem Grundriß behandelt werden (**167**.1).

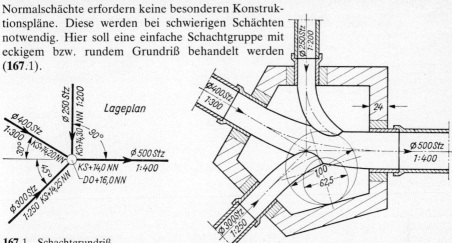

167.1 Schachtgrundriß

Zunächst tägt man Kanalachsen und Kanalbreiten des größeren Schachtes in Kämpferhöhe im Grundriß auf und legt die Fließrinnen im Schacht durch tangentiale Verbindung der Kämpferinnenseiten fest. Um Unstetigkeiten in den Kurven zu vermeiden, benutzt man ein Kreis- oder ein Kurvenlineal. Durch die Abzweigungspunkte der Fließgerinne verlaufen die Innenkanten der Seitenwände des Schachtes, und zwar stets senkrecht zu den jeweiligen Kanalachsen. Es ergeben sich damit die Lichtmaße des Schachtgrundrisses. Die Hauptfließrinne, vom größten ankommenden Kanal zum abgehenden, läuft durch. Die anderen (Nebenfließrinnen) münden darin ein. Unter Umständen fehlende Wände ergänzt man so, daß für die Auftritte der Bankette genügend Breite ≥ 25 cm übrigbleibt. Die anzutragende Wanddicke ist durch die Länge der Kämpfersteine gegeben, denn diese sollten nicht in die Seitenwand hineinreichen. Die kleineren, rund ausgeführten SW-Schächte werden so angeordnet, daß die Achsabstände der Kanäle möglichst klein werden. Hierdurch wird der stark beanspruchte Straßenraum und die Rohrgräben schmal, die statische Beanspruchung der Rohre aus Erdlast klein.

Im Aufriß ist darauf zu achten, daß die Anzahl der zu verziehenden Schichten nicht zu klein ist. Der größte Abstand von einer Schachtecke bis zur Innenkante des untersten Schachtringes ist maßgebend. Man sollte nicht mehr als 5 bis 6 Schichten verziehen.

Ist der Schacht größer, so erhält der untere gemauerte Schachtteil als Abschluß eine Betondecke mit Einstiegsöffnung. Die Anzahl der Schachtringe ist nach dem bis zur Straßenoberfläche zu überwindenden Höhenunterschied auszurechnen. Die Abmessungen von Schachtring (Bauhöhe = 500 mm) und Schachthals (Bauhöhe = 600 mm) sind nach DIN 4034 genormt. Schachtringe mit Bauhöhe = 250 mm werden auf Wunsch geliefert. Für Auflagering und Schachtabdeckung sind 250 mm Höhe zu rechnen. Es empfiehlt sich, bei Muffenrohren dicht an den Außenkanten der Schachtwände Muffen als Bewegungsfugen für den Schacht anzuordnen und erforderlichenfalls die ersten Rohrstücke am Schacht in verkürzter Form einzubauen (**168**.1). Das Ablängen der Rohre erfolgt durch Trennscheiben, Schneidketten oder Schneidringe (Stzg). Für den untersten Schachtring verwendet man auch Fußauflageringe (**168**.2).

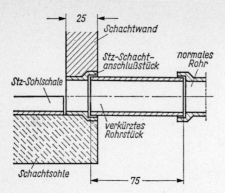

168.1 Bewegungsfuge am Schacht durch besondere Anschlußformstücke (Fachverband Steinzeugindustrie)

168.2 Schachtfußauflagerung für den untersten zylindrischen Schachtring (System
Steinhaus)

Die Bankettflächen der Schachtunterteile (**168**.3) sind meist zu der Hauptfließrinne hin geneigte
Ebenen. Man konstruiert sie mit Hilfe eines Dreiecks (*ABC*), dessen Endpunkte sich höhenmäßig
aus den Sohlhöhen der am Schacht ankommenden und abgehenden Kanäle errechnen lassen.
Nimmt man z. B. Punkt *C* mit ⅔*d* über Sohlhöhe an, ergibt sich 20,07 + ⅔ · 0,50 = 20,41 m. In Bild
168.3 ist das Rohr ∅ 150 mm das Fallrohr eines äußeren Absturzes. Seine Sohlhöhe am Schacht
kann man frei wählen. Sie soll so hoch gewählt werden, daß der aufzunehmende Nebenkanal hoch
in die Hauptfließrinne eingeführt werden kann (bei Punkt 3).

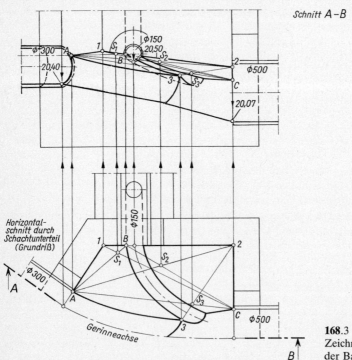

168.3
Zeichnerische Konstruktion
der Bankettfläche

Wenn die Endpunkte des Hilfsdreiecks höhenmäßig festliegen, ergeben sich alle weiteren Konstruktionspunkte, z.B. 1, 2 und 3 durch Hilfsstrahlen, die man auf die Dreiecksebene legt. Z.B. schneidet der Hilfsstrahl von A nach 2 die Dreiecksseite BC im Punkt S_2. Man projiziert S_2 auf die entsprechende Dreiecksseite im Schnitt $A - B$, verbindet mit A und verlängert über S_2 hinaus. Auf diesem freien Strahlende liegt Punkt 2, den man aus dem Grundriß heraufprojiziert. So lassen sich auch punktweise die Kanten der Fließrinnen aus dem Grundriß in den Schnitt $A - B$ projizieren (z.B. Punkt 3). Hat man so die notwendigen Eckpunkte der Bankettfläche A 1 B 2 C 3 gefunden, verbindet man diese im Schnitt $A - B$. Man sollte versuchen die Banketthöhen so anzupassen, daß die Bankettfläche um eine horizontale Achse zur Hauptfließrichtung gekippt werden kann. Die Neigung der Bankettflächen soll 1:20 betragen.

3.3.2.6 Systemschächte

Hierunter versteht man Bausysteme in Fertigbauweise, die für einfache Schächte (Normalschächte) verwendet werden können. Eine Serienherstellung der Einzelteile ist möglich, weil der Verwendungsanlaß sich oft wiederholt. Als ein Beispiel sei hier der Delta-Caus-Schacht, Typ A, angeführt. Er besteht aus vorgefertigten Betonteilen, die unter Verwendung von Zement mit hohem Sulfatwiderstand hergestellt werden und eine hohe Beständigkeit gegen aggressives Wasser haben. Durch ein besonderes Herstellungsverfahren wird wasserdichter Beton B 25 erreicht. Die Wandstärke beträgt 10 cm.

Die Verbindung der einzelnen Schachtteile erfolgt wasserdicht mit Quetschgummiringen. Das Schachtunterteil wird mit dem jeweiligen Gerinneprofil sowie den Zu- und Abläufen in Spezialformen in einem Arbeitsgang gefertigt.

Rohranschlüsse sind für alle Rohrarten der Dimensionen 15, 20, 25 und 30 cm vorgesehen. Die Rollgummiringverbindungen der Rohranschlüsse der Schachtunterteile stellen eine elastische Verbindung her.

Im Schachtboden ist das Gerinne für den Hauptdurchlauf und die Seiteneinläufe mit einem Gefälle von 2% vorgefertigt. Es werden drei Standardausführungen A 1, A 2, A 3 hergestellt, die ständig vorrätig sind. Darüber hinaus werden die Ausführungen A 4 bis A 15 hergestellt, welche andere oft vorkommende Sohlrinnenformen berücksichtigen (**169**.1).

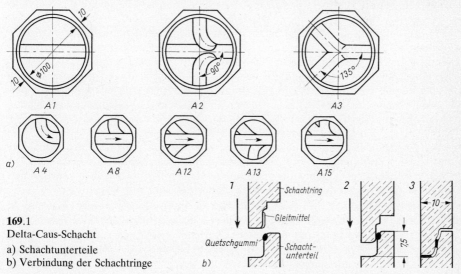

169.1
Delta-Caus-Schacht
a) Schachtunterteile
b) Verbindung der Schachtringe

Die Verbindung zwischen Schachtboden, Schachtringen und Schachthals erfolgt durch eine flexible Quetschgummiringverbindung. Diese ist wasserdicht. Der Quetschgummiring wird über dem ersten Absatz aufgelegt. Der Falz des aufzusetzenden Teiles wird mit einem Gleitmittel bestrichen und dann gleichmäßig aufgesetzt.

Eine andere Entwicklung stellt der BKK-Kompaktschacht (**B**eton-**K**eramik-Steckmuffe **K**) der Steinzeug-Gesellschaft dar.

Durch die in die Schachtwand werksmäßig einbetonierten Dichtelemente können sichere Verbindungen mit den Rohrleitungen hergestellt werden. Die Rohre werden nur eingesteckt. Die Schachtunterteile können mit geradem oder gewinkeltem Durchlauf, die Sohlgerinne und die Bankette ebenfalls im Werk aus Sohlschalen und -platten hergestellt werden (**170**.1).

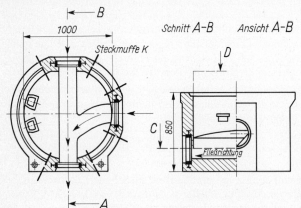

170.1
Schachtunterteil eines BKK-Kompaktschachtes

3.3.3   Regenüberläufe

Die beim Mischverfahren abzuleitenden Regenwassermengen übertreffen den Trockenwetterabfluß um ein Vielfaches. Würde die gesamte Mischwassermenge Q_{MW} dem Hauptsammler, der Kläranlage oder dem Pumpwerk zugeführt, so müßten diese außerordentlich groß bemessen werden, und die Bau- und Betriebskosten würden hoch sein. Zur Entlastung des Mischwassernetzes sind an möglichst vielen geeigneten Stellen Regenüberläufe vorzusehen. Sie leiten bei Erreichen einer bestimmten Verdünnung des Schmutzwassers durch Regenwasser, der kritischen Mischwassermenge $Q_{krit} = Q_s + m \cdot Q_s = (1 + m)Q_s$, den darüber hinaus abfließenden Teil des Mischwassers $Q_{RÜ}$ einem Wasserlauf zu. Das Maß dieser Verdünnung richtet sich im wesentlichen nach der Aufnahmefähigkeit des Vorfluters und wird von der Wasseraufsichtsbehörde festgesetzt. Vor Kläranlagen ist häufig die Verdünnung 1 + 1 anzutreffen. Nur bei Anlagen mit Langzeitbelüftung und ausreichend bemessenen Nachklärbecken kann $m > 1$ sein.

Das Entlastungsbauwerk wird zweckmäßig nach der Vereinigung mehrerer Leitungen an Stellen angeordnet, die dem Vorfluter naheliegen. Es besteht aus dem Überfallbauwerk und dem Entlastungskanal zum Vorfluter. Überfallbauwerke, die nur dann in Aktion treten, wenn Betriebseinrichtungen (z.B. Pumpen) ausfallen oder in anderen Notfällen geöffnet werden, nennt man Notauslässe.

Q_o $= Q_{MW} = Q_S$ bis max Q_{MW}
Q_u $= Q_S$ bis Q_{krit} bis max Q_u
$Q_{RÜ}$ $= 0$ bis $(Q_{MW} - Q_{krit})$
        bis $(max\ Q_{MW} - max\ Q_u)$

171.1 Regenüberlauf (schematisch)

Auf das Arbeitsblatt A 128 der ATV [1g] wird hingewiesen. Diese Richtlinien gelten für Regenentlastungen im Kanalnetz und im Klärwerk. Als Entlastungsanlagen kommen Regenüberläufe, Regenüberlaufbecken und Kanalstauräume mit Überlauf in Frage. Bei Abflüssen, die kleiner oder gleich dem kritischen Mischwasserabfluß sind, tritt keine Entlastung ein. Dieser Abfluß ist in der Regel die größte weiterzuführende Mischwassermenge.

3.3.3.1 Berechnungswassermengen

Trockenwetterabfluß Q_t. Er setzt sich zusammen aus dem Anteil aus Wohngebieten und Kleingewerbe (Q_x), dem gewerblichen und industriellen Anteil (Q_g) und dem Fremdwasser (Q_F) (vgl. Abschn. 1.2):

$$Q_t = Q_x + Q_g + Q_F = Q_S + Q_F$$

Die kritische Regenspende r_{krit}. Dies ist die Regenspende in l/(s · ha), bei der ein Regenüberlauf rechnerisch noch nicht anspringt [1g]. Bei größerem MNQ des Vorfluters kann r_{krit} abgemindert und damit die Anzahl der Entlastungen vergrößert werden. Ein $r_{krit} >$ 15 l/(s · ha) trägt im allgemeinen nicht mehr wesentlich zur Verbesserung der Vorfluterqualität bei. Ergeben sich Verhältnisse $Q_{krit}/Q_S \leq 4$, so sollte als Mischungsverhältnis 4 gewählt werden. Die Ermittlung in Abhängigkeit vom Verhältnis MNQ/Q_S kann nach Tafel **171**.2 durchgeführt werden. Zwischenwerte können interpoliert werden, r_{krit} kann erhöht werden.

Tafel **171**.2

MNQ/Q_s	0,5	1	2	3	4	5	7	10	20	30	
r_{krit} in l/(s · ha)	15	14,8	14,3	14	13,7	13,5	13,1	12,7	11,7	11,2	
MNQ/Q_s	40	50	70	100	200	300	400	500	700	1000	ab 1300
r_{krit} in l/(s · ha)	10,8	10,5	10	9,4	8,5	8,1	7,7	7,6	7,3	7,1	7,0

Eine a n d e r e Ermittlung berücksichtigt zusätzlich die Wassergüte, die Fließgeschwindigkeit im Vorfluter, Speicherraum im Kanalnetz und Niederschlagshöhe [39].

r_{krit} = kritische Regenspende in l/(s · ha)

$$r_{krit} = f\left(\frac{A}{B}\right)$$

mit A = $\dfrac{N}{400}$ (N = mittlere örtliche Niederschlagshöhe in mm)

$$B = f\left(\frac{Q}{Q_S}\right) \cdot s \cdot k$$

Q = langjähriges mittleres Sommerniedrigwasser in l/s des Vorfluters
s = Beiwert, der die Selbstreinigungskraft des Vorfluters ausdrückt:

Tafel **172**.1   Beiwert s in Abhängigkeit von der Wassergüteklasse und der Fließgeschwindigkeit v des Vorfluters

Wassergüteklasse	s im Vorfluter		
	v groß, Wassertiefe klein	v mittelgroß	v klein, Stau
I, II wenig o. mäßig verschmutzt	1,2	0,8	0,6
III stärker verschmutzt	0,9	0,6	0,4
IV stark verschmutzt (nach Saprobiensystem)	0,6	0,4	0,3

k = Beiwert, der Speichervermögen des Kanalnetzes berücksichtigt; ohne Speicherung $k = 1$

$$k = \frac{S}{300 \cdot Q_0}$$

S = Volumen aller Speicherräume in m³
Q_0 = max Abfluß vor dem Überlaufbauwerk in m³/s
300 = Speicherzeit in s eines normalen Kanalnetzes = 5 min

Beispiel: Gegeben $N = 500$ mm   Vorfluter Wassergüte III v mittelgroß $s = 0,6$ m/s
$\quad\quad\quad\quad$ $S = 600$ m³ $\quad\quad\quad\quad\quad\quad$ $Q_0 = 1,0$ m³/s $\quad\quad\quad\quad\quad\quad$ $k = 2$

$\quad\quad\quad\quad$ $Q = 5$ m³/s $\quad\quad\quad\quad\quad\quad$ $Q_S = 0,1$ m³/s $\quad\quad\quad\quad\quad$ $\dfrac{Q}{Q_S} = 50$

Nach **172**.2 ergibt sich rechtsherum, ausgehend von der Abszisse mit $\dfrac{Q}{Q_S}$ $r_{krit} = 4$ l/(s · ha)

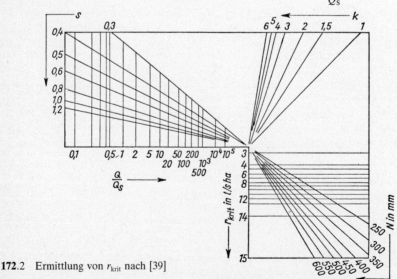

172.2   Ermittlung von r_{krit} nach [39]

Der kritische Regenwasserabfluß $Q_{r\,krit}$. Es ist die mit r_{krit} ermittelte Regenwasserabfluß-menge des Einzugsgebietes A_E eines Entlastungsbauwerkes

$$Q_{r\,krit} = r_{krit} \cdot z \cdot A_{E,\,bef} \quad \text{in l/s}$$

$A_{E,\,bef} \triangleq$ befestigter Flächenanteil von A_E in ha oder die mit Ψ_m multiplizierte Fläche A_E (Abschn. 1.4).

$z \triangleq$ Abminderungsfaktor. Berücksichtigt wird die mögliche Verminderung der kritischen Regen-wassermenge bei langen Fließzeiten ($t_f > 200$ min), weil die Mischwassermenge durch Abflachung der Ganglinie geringer wird.

$$z = 1 - t_f/200; \quad z \geqq 0,5$$

$t_f \triangleq$ Fließzeit bis zum Entlastungsbauwerk in min. Sind weitere Entlastungen vorgeschaltet, so ist die Fließzeit vom letzten Bauwerk ab einzusetzen. Für Regenüberlaufbecken und Kanalstauräume ist $z = 1$ zu setzen.

Der kritische Mischwasserabfluß Q_{krit}

$$Q_{krit} = Q_t + Q_{r\,krit} + Q'_{r\,krit} \quad \text{in l/s}$$

$Q'_{r\,krit} \triangleq$ im Kanal zugeführter kritischer Mischwasserabfluß aus oberhalb liegenden Regenüber-läufen.

3.3.3.2 Berechnung der Regenüberläufe

Als Regenüberläufe werden eingesetzt:

Überläufe mit hochgezogenem Wehr (Berechnungsbeispiel 1)

Überläufe mit Bodenöffnungen (Springüberlauf, Leaping Weir) im schießenden Abfluß-bereich

Streichwehre mit seitlich angeordneten, niedrigen Wehrschwellen, deren Wehrhöhe auf Abflußhöhe von Q_{krit} liegt (Berechnungsbeispiel 2)

Zungenüberläufe mit Trennblechen in Höhe des Wasserspiegels von Q_{krit} mit $h \geqq 0,25$ m.

Hydraulik. Je nach Lage der Schwellenhöhe zum Unterwasserspiegel unterscheidet man zwischen vollkommenem oder unvollkommenem Überfall, je nach Richtung der Über-laufschwelle zur Fließrichtung zwischen senkrechtem Überfall und Streichwehr. Die Aufgabe stellt sich dem Ingenieur entweder so, daß er mit angenommener Wehrhöhe die Länge der Drosselstrecke, die Stauhöhe und die Wehrlänge L berechnet (bei hoher Wehrschwelle) oder daß er bei angenommener Länge der Staustrecke l und errechneter Wehrhöhe, Stauhöhe und Wehrlänge L berechnet.

Die Abwassertechnische Vereinigung [1 g] empfiehlt die durch Beiwerte ergänzte Formel von Poleni:

$$L = \frac{\eta \cdot Q_{R\ddot{U}}}{2/3 \cdot c \cdot \mu \sqrt{2g} \cdot h_m^{3/2}} \quad \text{in m} \tag{173.1}$$

$Q_{R\ddot{U}}$ in m³/s; $g = 9,81$ m/s²

η = Sicherheitsbeiwert = 1,5 für Streichwehre ohne Stau vor Q_u oder unvollkommenem Überfall
$\quad\quad$ = 1,0 für Wehre senkrecht zur Fließrichtung und Streichwehre mit Stau
μ = Überfallbeiwert, der die Form der Wehrkrone berücksichtigt (**174**.1)
c = Beiwert, der den unvollkommenen Überfall berücksichtigt (Tafel **174**.2)
h_m = rechnerischer Mittelwert für die Höhe des Wasserspiegels im Mischwasserkanal über der Wehrkrone in m (**174**.3 und **174**.4). Oft wird $h_m = h_u$ gesetzt.

$$\text{Bei Streichwehren } h_\mathrm{m} = \frac{h_\mathrm{o} + h_\mathrm{u}}{2} \tag{174.1}$$

mit $h_\mathrm{o} = t_\mathrm{o} - p_\mathrm{o}$;   für $t_\mathrm{o} \leqq p_\mathrm{o}$ ist $h_\mathrm{o} = 0$ und $h_\mathrm{m} = 1/2\, h_\mathrm{u}$

und $h_\mathrm{u} = t_\mathrm{u} - p_\mathrm{u}$;   für $t_\mathrm{u} \leqq p_\mathrm{u}$ ist $h_\mathrm{u} = 0$ und $h_\mathrm{m} = 1/2\, h_\mathrm{o}$

Bei $t_\mathrm{u} > d_\mathrm{u}$ steht der weiterführende Kanal (Q_u, v_u) unter Stau. Man kann dann t_u berechnen nach

$$t_\mathrm{u} = d_\mathrm{u} + \frac{v_\mathrm{u}^{2}}{2\,g}\,(1 + \lambda_\mathrm{e}) + l(J_\mathrm{p} - J_\mathrm{s}) \tag{174.2}$$

t_u = Stauhöhe vor dem weiterführenden Kanal in m. Sie muß angenommen werden und soll nicht höher liegen als der Wasserspiegel des Oberwassers.

d_u = Durchmesser des weiterführenden Kanals in m

λ_e = Beiwert für Eintrittsverlust $\geqq 0{,}35$

l = Länge der Staustrecke in m

174.1 μ-Werte für Überfallkanten

Tafel **174**.2   Beiwerte c für unvollkommenen Überfall

h^*/hm	0	0,1	0,2	0,3	0,4	0,5	0,6	0,7	0,8	0,9	1,0
c	1,0	0,99	0,98	0,97	0,96	0,94	0,91	0,86	0,78	0,62	0

h^* = Höhe des Wasserspiegels im Entlastungskanal über der Wehrkrone (**174**.3). Beim vollkommenen Überfall ist $h^* = 0$ und $c = 1$.

J_p = Gefälle der dynamischen Drucklinie. Sie läßt sich ermitteln aus Tafel 61.2 oder 66.1 als das Sohlgefälle, in das der weiterführende Kanal gelegt werden müßte, um die erforderliche Wassermenge abzuführen.

J_s = Sohlgefälle der Staustrecke

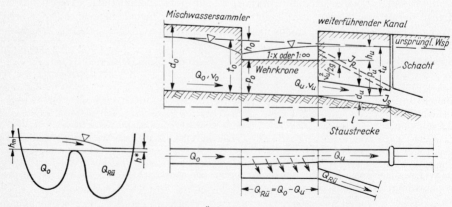

174.3   (Querschnitt (schematisch)   **174**.4   Überlaufbauwerk (Bezeichnungen)

3.3.3.3 Bauliche Gestaltung (175.1)

Allgemein gelten die gleichen Baugrundsätze wie für Schachtbauwerke (s. Abschn. 3.3.2). Das Durchlaufgerinne ist zügig zu führen. Die Übergänge vom Mischwassersammler zum weiterführenden Kanal (min d_u = 20 cm) sind sorgfältig auszubilden.

Die Sohle des weiterführenden Kanals am Bauwerk soll einige Zentimeter unterhalb der Sohle des Mischwassersammlers liegen. Der Wehrkrone soll möglichst hoch liegen, mindestens jedoch 25 cm über der Sohle des Durchlaufgerinnes. Das Wehr ist fest einzubauen.

In besonderen Fällen ist auch ein Dammbalkenwehr zulässig, wenn bei fortschreitendem Ausbau des Kanalnetzes erst später die endgültige Wassermenge aus dem Einzugsgebiet zufließt.

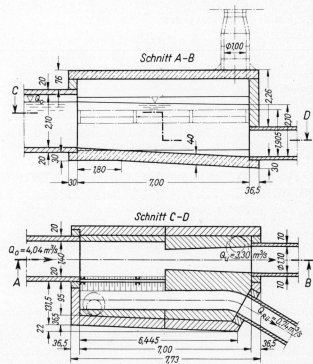

175.1
Streichwehr (Bauzeichnung)

Beispiel 1: Regenüberlauf mit hochgezogenem Wehr. Dieser liegt vor, wenn die Wehrhöhe höher ist als die Fülltiefe bei Q_{krit}. Wehrhöhe bei $v \geqq 0,5$ m/s für Q_t im Zulaufkanal so hoch wie möglich, $\geqq$ 0,6 d_o. Abfluß von Q_{krit} soll strömend sein. Dies ist durch Beruhigungsstrecken mit geringerem Sohlgefälle erreichbar. Die Wehroberkante soll über dem Bemessungswasserspiegel des Vorfluters liegen. Die Drosselstrecke sollte einen Durchmesser $d_u \geqq 0,20$ m haben. Sie soll Q_t ohne Rückstau abführen. Bei Q_{krit} darf der Stau höchstens bis zur Wehrhöhe reichen. Die Wehrkrone soll waagerecht und $\geqq 0,05$ m über dem Scheitel des weiterführenden Kanals liegen. Verschiedene Ausbaustufen lassen sich durch Drosselschieber oder durch Veränderung der Wehrhöhe erreichen.

$Q_S = Q_t = 20$ l/s; max $Q_{MW} = 1600$ l/s; $Q_{krit} = 120$ l/s. Es soll ein Überlauf mit hochgezogenem Wehr berechnet werden.

1. Zulaufkanal

$J_S = 1{:}600$; $k_b = 1{,}5$ mm; MW-Kanal $d_o = 1400$ mit voll $Q = 2353$ l/s und voll $v = 1{,}51$ m/s;

bei max $Q_{MW} = 1600$ l/s:

$$\frac{\text{vorh } Q}{\text{voll } Q} = \frac{1600}{2353} = 0{,}68 \rightarrow \frac{h'}{h} = 0{,}61 \qquad h' = 0{,}61 \cdot 1400 = 854\,\text{mm}; \quad \frac{\text{vorh } v}{\text{voll } v} = 1{,}06;$$

$$\text{vorh } v = 1{,}06 \cdot 1{,}51 = 1{,}6\,\text{m/s} \qquad \text{bei } Q_S = 20\,\text{l/s:} \frac{20}{2353} = 0{,}0085 \rightarrow \frac{h'}{h} = 0{,}0625;$$

$h' = 87{,}5$ mm

$$\frac{\text{vorh } v}{\text{voll } v} = 0{,}32; \text{ vorh } v = 0{,}32 \cdot 1{,}51 = 0{,}483 \text{ m/s}$$

Energiehöhe am Bauwerkseinlauf

$$h_{E,o} = h' + \frac{v^2}{2\,g} = 0{,}0875 + \frac{0{,}483^2}{2\,g} = 0{,}099 \text{ m}$$

Bei max Q_{MW} herrscht strömender Fließzustand [1g].
Schwellenhöhe am Wehranfang

$$p_o = 0{,}6 \cdot 1400 = 840 \text{ mm}$$

Sie wird so festgelegt. Der Rückstau soll nicht über Rohrscheitel steigen.

2. Drosselstrecke. Wegen der kurzen Länge gewählt:

$$k_b = 1{,}5 \text{ mm } (k_b = 0{,}25 \text{ mm möglich)}; J_S = 1{:}200 = 0{,}005$$

Um $Q_{krit} = 120$ l/s in freiem Gefälle abzuführen ist ein Durchmesser $d_u = 400$ mm erforderlich. Damit bei Q_{krit} ein Stau entsteht, wird $d_u = 250$ mm gewählt.
bei Q_S: voll $Q = 42{,}6$ l/s; voll $v = 0{,}87$ m/s

$$\frac{\text{vorh } Q}{\text{voll } Q} = \frac{20}{42{,}6} = 0{,}47 \rightarrow h' = 0{,}48 \cdot 250 = 120 \text{ mm} \quad \text{vorh } v = 0{,}99 \cdot 0{,}87 = 0{,}86 \text{ m/s}$$

$$h_{E,u} = 0{,}120 + \frac{0{,}86^2}{2\,g} = 0{,}16 \text{ m}$$

Die Sohlhöhendifferenz zwischen Ein- und Auslauf sollte mindestens betragen
$$\Delta h = h_{E,u} - h_{E,o} = 0{,}16 - 0{,}099 = 0{,}061 \text{ m}$$

Δh wird mit 0,10 m angenommen.
Schwellenhöhe am Wehrende

$$p_u = 840 + 100 = 940 \text{ mm}$$

Länge der Drosselstrecke (aus Q_{krit})

$$v_u = \frac{Q_{krit}}{A} = \frac{0{,}120}{0{,}049} = 2{,}45 \text{ m/s}$$

$$\text{mit}\quad A = \frac{\pi \cdot d^2}{4} = \frac{\pi \cdot 0{,}25^2}{4} = 0{,}049 \text{ m}^2 \quad \text{erf } J_p = 1{:}25{,}32 = 0{,}0395 \text{ aus Tafel } \textbf{66}.1$$

$$\text{aus}\quad t_u = d_u + \frac{v_u^2}{2\,g}\,(1 + \lambda_e) + l(J_p - J_S) \tag{176.1}$$

mit $\lambda_\varepsilon = 0{,}35 \rightarrow \dfrac{v_u^2}{2\,g}\,(1 + \lambda_e) = \dfrac{2{,}45^2}{2\,g}\,(1 + 0{,}35) = 0{,}41\ \text{m}$

$l = \dfrac{t_u - d_u - 0{,}41}{J_p - J_S} = \dfrac{0{,}94 - 0{,}25 - 0{,}41}{0{,}0395 - 0{,}005} = 8{,}12\,\text{m} > \min l = 20 \cdot d_u = 20 \cdot 0{,}25 = 5{,}0\,\text{m}$

Nachweis des selbständigen Füllens der Drosselstrecke beim kritischen Abfluß (**177**.1)

$\dfrac{Q_{krit}}{1000 \cdot \sqrt{g} \cdot d_u^{5/2}} = \dfrac{120}{1000\,\sqrt{g} \cdot 0{,}25^{5/2}}$

$= \dfrac{120}{97{,}9} = 1{,}23$

Parameter $\dfrac{J_S \cdot l}{d_u} = \dfrac{0{,}005 \cdot 8{,}12}{0{,}25} = 0{,}1624$

Drosselstrecke füllt sich selbständig.

3. Überfallwehr

Überschlägliche Wehrlänge

$L = \dfrac{4}{1000} \cdot \dfrac{\max Q_{MW}}{d_o}$

$L = \dfrac{4}{1000} \cdot \dfrac{1600}{1{,}4} = 4{,}6\ \text{m}\quad$ gew. $5{,}0\ \text{m}$

$Q_{RÜ} = Q_{max} - Q_{krit} = 1600 - 120 = 1480\ \text{l/s}$

aus $L = \dfrac{\eta \cdot Q_{RÜ}}{\tfrac{2}{3} \cdot c \cdot \mu \cdot \sqrt{2\,g} \cdot h^{3/2}}$

mit

$\mu = 0{,}64;\ c = 1{,}0;\ \eta = 1{,}0$ (Stirnwehr)

$h = \left(\dfrac{1{,}0 \cdot 1{,}48}{\tfrac{2}{3} \cdot 1{,}0 \cdot 0{,}64 \cdot \sqrt{2\,g} \cdot 5{,}0} \right)^{2/3}$

$h = 0{,}29\ \text{m}$

$t_u = p_u + h = 0{,}94 + 0{,}29 = 1{,}23\ \text{m},\ \triangleq 1{,}13\ \text{m}$ über Sohle Zulauf $< 1{,}4\ \text{m} =$ Scheitel Zulaufkanal

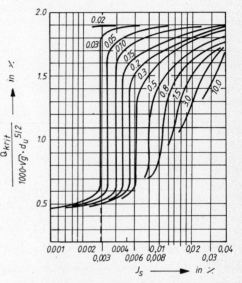

177.1 Selbsttätiges Füllen des Ablaufs. Es liegt der Widerstandsbeiwert $\lambda = 0{,}02$ zu Grunde.

Anwendung z.B. bei Vollfüllung, Rechenpunkt links vom Parameter $\dfrac{J_s \cdot l}{d_u}$ bedeutet Vollfüllung

Beispiel 2: Streichwehr mit niedriger Überfallschwelle und unvollkommenen Überfall. Das Bauwerk soll bei der Verdünnung $Q_{krit} = (1 + 4)\,Q_S$ beginnen Mischwasser abzuwerfen.

Gegeben $\max Q_{MW} = 1000\ \text{l/s}\qquad Q_s = 15\ \text{l/s}\qquad Q_{krit} = (1 + 4)\,Q_S = (1 + 4)\,15 = 75\ \text{l/s}$
$d_u = 0{,}35\ \text{m}\qquad l = 20\ \text{m}\qquad J_s = 1{:}250\qquad \lambda_e = 0{,}25$ Höhen und Gefälle nach Bild **177**.2.

1. Die Höhe der Wehrkrone richtet sich nach der Füllhöhe h' des MW-Kanals bei Q_{krit} vor dem Wehr. Zunächst wird der MW-Kanal bemessen für $\max Q_{MW}$.

$Q = 1000\ l/\text{s}\qquad J = 1{:}800$

nach Tafel **62**.1 erf $z = 1{,}0\,\sqrt{800} = 28{,}3$

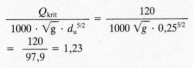

177.2 Lageplan zum Beispiel

Gewählt nach Tafel **62**.1: Ei 900/1350 mit voll $Q = 30{,}4/\sqrt{800} = 1{,}073$ m³/s = 1073 l/s

Füllhöhe h' bei Q_{krit}:

$$\frac{\text{vorh } Q}{\text{voll } Q} = \frac{75}{1073} = 0{,}07 \quad \text{nach Tafel } \mathbf{70}.1 \; \frac{h'}{h} = 20\% \quad h' = 0{,}2 \cdot 1{,}35 = 0{,}27 \,\text{m} = p_{\text{o}}$$

Die Wehrkrone liegt nach Bild **177**.2 auf 14,00 + 0,27 = 14,27 m NN.

2. Die **Stauhöhe** t_{u} vor dem weiterführenden Kanal (Q_{u}) richtet sich nach der möglichen Stauhöhe und der Länge des Wehres, d. h. nach dem für das Bauwerk zur Verfügung stehenden Platz.

Wenn beim Anwachsen von $Q_{\text{MW}} < Q_{\text{krit}} < \max Q_{\text{MW}}$ der Wasserspiegel vor dem weiterführenden Kanal nicht über die Wehrkrone hinaussteigt ($t_{\text{u}} = p_{\text{u}}$, $h_{\text{u}} = 0$), so fließt $\max Q_{\text{Rü}} = \max Q_{\text{MW}} - Q_{\text{krit}}$ im Entlastungskanal ab. Ist $h_{\text{u}} > 0$, dann wird Q_{u} größer und $Q_{\text{Rü}}$ kleiner. Bei $h_{\text{u}} = 0$ ist die erforderliche Wehrlänge L am größten. Da dann oft überlange Bauwerke entstehen, nimmt man gleich eine Stauhöhe $t_{\text{u}} > p_{\text{u}}$ an. Der Stau t_{u} sollte nicht über den Scheitel des MW-Kanals hinausgehen.

t_{u} wird errechnet für $\max Q_{\text{u}} > Q_{\text{krit}}$ aus Gl. (176.1), indem man v_{u} und J_{p} einsetzt.

Angenommen: $\max Q_{\text{u}} = 150$ l/s = 0,150 m³/s > 0,075 m³/s = Q_{krit}

$$d_{\text{u}} = 0{,}35 \text{ m}; \text{ nach Tafel } \mathbf{61}.2 \text{ wird } n = 2{,}31/0{,}15^7 = 102{,}5 \qquad J_{\text{p}} = \frac{1}{103} - 0{,}0098$$

Nach Tafel **61**.2 ist

$$v_{\text{u}} = \frac{Q_{\text{u}}}{A_{\text{u}}} = \frac{0{,}15}{0{,}096} = 1{,}56 \text{ m/s} \qquad \frac{v_{\text{u}}^2}{2\,g} = \frac{1{,}56^2}{2 \cdot 9{,}81} = 0{,}124 \text{ m}$$

$$l = 20 \text{ m } J_{\text{s}} = 1{:}250 = 0{,}004 \; \lambda_{\text{e}} = 0{,}25$$

Mit Gl. (176.1) erhält man

$$t_{\text{u}} = 0{,}35 + 0{,}124 \,(1 + 0{,}25) + 20 \,(0{,}0098 - 0{,}004) = 0{,}621 \text{ m} \approx 0{,}62 \text{ m}$$

Nach Bild **177**.2 liegt t_{u} auf 13,95 + 0,62 = 14,57 m üNN.

3. Die **Füllhöhe im Entlastungskanal** errechnet sich aus der dort bei $\max Q_{\text{MW}}$ anfallenden Wassermenge unter Berücksichtigung von 2. $Q_{\text{Rü}} = \max Q_{\text{MW}} - \max Q_{\text{u}} = 1000 - 150 = 850$ l/s. Zunächst wird der Entlastungskanal bemessen für $Q_{\text{Rü}}$.

$$Q = 850 \text{ l/s } J = 1{:}400 \; (\mathbf{177}.2) \quad \text{nach Tafel } \mathbf{61}.2 \quad z = 0{,}850 \sqrt{400} = 19$$

Gewählt nach Tafel **61**.2 NW 1000 mit voll $Q = 24{,}9/\sqrt{400} = 1{,}245$ m³/s = 1245 l/s

Füllhöhe h': $\quad \dfrac{\text{vorh } Q}{\text{voll } Q} = \dfrac{1000}{1245} = 0{,}80 \quad$ nach Tafel **68**.1 $\quad \dfrac{h'}{h} = 67\% \quad h' = 0{,}67 \cdot 1{,}0 = 0{,}67$ m

Der Wasserspiegel liegt nach Bild **177**.2 auf 13,80 + 0,67 = 14,47 m üNN.

$$h^* = 14{,}47 - 14{,}27 = 0{,}20 \text{ m} \quad \text{(vgl. Bild } \mathbf{174}.3)$$

Da $h^* > 0$, handelt es sich um einen unvollkommenen Überfall.

4. Die **Füllhöhe** t_{o} **im MW-Kanal** bei $\max Q_{\text{MW}} = Q_0$ errechnet sich unter Berücksichtigung von 1.

$$Q = 1000 \text{ l/s } J = 1{:}800 \; (\mathbf{177}.2) \quad \frac{\text{vorh } Q}{\text{voll } Q} = \frac{1000}{1073} = 0{,}93 \quad \text{nach Tafel } \mathbf{70}.1 \; \frac{h'}{h} = 81\%$$

$$h' = 0{,}81 \cdot 1{,}35 = 1{,}09 \text{ m} = t_{\text{o}}$$

Der Wasserspiegel liegt nach Bild **177**.2 auf 14,00 + 1,09 = 15,09 m üNN.

5. Die Länge des Wehres L wird für den Mischwasserzufluß max Q_{MW} bestimmt.

$$h_u = t_u - p_u = 14{,}57 - 14{,}27 = 0{,}30 \text{ m} \quad h_o = t_o - p_o = 15{,}09 - 14{,}27 = 0{,}82 \text{ m}$$

Nach Gl. (174.1) wird $h_m = \dfrac{0{,}30 + 0{,}82}{2} = 0{,}56$ m

$$\frac{h^*}{h_m} = \frac{0{,}20}{0{,}56} = 0{,}357; \quad \text{nach Tafel } \mathbf{174}.2 \text{ ist } c = 0{,}96$$

μ gewählt nach Bild **174**.1 zu $\mu = 0{,}52$ $\quad \eta = 1{,}5$ (Streichwehr) $Q_{Rü} = 850$ l/s $= 0{,}850$ m³/s
Nach Gl. (173.1)

$$L = \frac{1{,}5 \cdot 0{,}85}{2/3 \cdot 0{,}96 \cdot 0{,}52 \sqrt{2 \cdot 9{,}81} \cdot 0{,}56^{3/2}} = 2{,}06 \text{ m}; \quad \text{gewählt } L = 2{,}10 \text{ m}$$

3.3.4 Regenwasserbecken

Man unterscheidet nach [39] Regenwasserrückhaltebecken, Regenüberlaufbecken und Regenklärbecken (**179**.1).

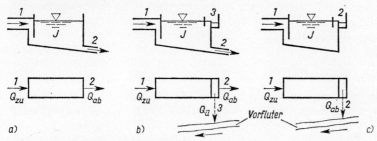

179.1 Regenwasserbecken nach [39]
a) Regenwasserrückhaltebecken, b) Regenüberlaufbecken, c) Regenwasserklärbecken
1 Zufluß
2 Abfluß
3 Überlauf

Regenwasserrückhaltebecken speichern bei starkem Regen einen Teil der ankommenden Wassermenge Q_R auf und geben sie langsam wieder ab. Der unterhalb liegende Kanal, das Pumpwerk oder die Kläranlage sind durch die Abminderung der Abflußspitze entlastet. Diese Becken haben keinen Überlauf zum Vorfluter und können das Wasser nur in das Netz weitergeben. Durch die Füllung des Beckens verlängert sich die Abflußzeit t insgesamt, und damit verteilt sich die abfließende Wassermenge über einen längeren Zeitraum, die Spitze wird abgebaut.

Das Regenüberlaufbecken hat zusätzlich noch einen Überlauf zum Vorfluter. Die Regenwasserspitze wird hier nach Vorklärung in den Vorfluter abgegeben. Die zufließende Wassermenge Q_R wird durch Verzögerung und durch Verminderung um $Q_ü$ verkleinert. Bis zum Beginn des Überlaufs wirkt dieses Becken wie ein Rückhaltebecken. Der Überlauf tritt bei einer bestimmten kritischen Regenspende (r_{krit}) in Funktion.

Regenwasserklärbecken sollen das Regenwasser durch Absetzen der Schmutzstoffe vor Ablauf in den Vorfluter mechanisch reinigen. Sie kommen in Kläranlagen und vor Ausläufen in Frage.

3.3.4.1 Anwendung

Rückhalte-, Überlauf- und Klärbecken kommen vor

1. Beim Bau neuer Kanalnetze für Randgebiete mit bestehenden langen Vorflutsammlern. Man muß berücksichtigen, daß die Becken eine gewisse Speicherhöhe und damit einen Höhenverlust benötigen

2. Beim Bau insgesamt neuer Kanalnetze, um Baukosten, Pumpkosten usw. zu ersparen. Es werden hier natürliche Geländemulden als Teiche angelegt und in die städtebauliche Planung mit einbezogen

3. Zur Sanierung überlasteter Kanalnetze. Man erspart den Neubau von Sammlern. Da hier meist kein Gefälle zur Verfügung steht, müssen die Becken flach sein oder die Pumpen die verlorene Speicherhöhe wieder ausgleichen

4. Zur Entlastung des Vorfluters meist als Regenüberlaufbecken (s. Bild **182**.1). Daneben erreicht man beim Mischsystem eine Vorklärung des ersten stark verschmutzten Abwasserzuflusses

5. Zur Entlastung der Mischwasser-Kläranlage. Das Becken sammelt einen Teil des Mischwassers und gibt es bei Trockenwetter meist über Pumpen an die Kläranlage weiter. Außerdem kann es bei Trockenwetter als Ausgleichbecken für den Schmutzwasserzufluß dienen. Regenwasserbecken werden im Zuge eines Kanalnetzes meist als geschlossene Anlagen, in Kläranlagen und in Randgebieten als offene Beton- oder Erdbecken angelegt.

3.3.4.2 Bauliche Ausführung

Diese hängt von den örtlichen Bedingungen ab. Die zur Verfügung stehende Höhe entscheidet über die Art der Leerung: Gefälleabfluß oder Leerung durch Pumpwerk.

Bei geringer Höhe steht im ungünstigsten Falle nur die Differenz zwischen Wasserspiegel Trockenwetterzufluß und der zulässigen Rückstauebene als Stauhöhe zur Verfügung. Die Staukurve für das oberhalb liegende Netz ist zu ermitteln. Im Einstaubereich treten Ablagerungen und der längste Rückstau auf.

Müssen die Becken durch Abwasserpumpen entleert werden, so wachsen die Bau- und Betriebskosten. Diese Becken sollten dann vor ohnehin notwendige Hebewerke gelegt werden.

Offene Becken sollte man nur anlegen, wenn keine hygienische Gefährdung besteht, in der Regel nur bei reinem Regenwasser (Trennsystem). Dann sollte die ständige Füllhöhe $\geq 1{,}0$ m sein, Ufer $< 1{:}1{,}5$, Teichform möglich. Tauchwände, Rampen zur besseren Reinigung, und Umzäunung sind zweckmäßig.

Geschlossene Becken sind bei Mischkanalisation und in Wohngebieten üblich. Langgestreckte Becken in Kammern aufteilen. Runde Becken erhalten tangentialen Einlauf.

3.3.4.3 Bemessung

Regenwasserrückhaltebecken. Die Bemessung ist deshalb schwierig, weil der für das Kanalnetz maßgebende Regen nicht für die Beckenbemessung gilt. Der max Inhalt läßt sich durch Vergleichsrechnung für Regen verschiedener Dauer T und Häufigkeit n ermitteln. Es gibt aber auch verschiedene Iterationsverfahren, z.B. nach Müller-Neuhaus [53], Randolf [59] und Malpricht [44].

Annen und Londong [2] benutzen die Differenzfläche zwischen Zu- und Abflußganglinie zur Ermittlung des Speicherraumes für verschiedene Regenspenden.

Richtlinien für die Bemessung, die Gestaltung und den Betrieb gibt das Arbeitsblatt
A 117 der ATV [1h].

Der erforderliche Beckeninhalt ergibt sich häufig aus länger anhaltendem Regen, deren
$Q_R <$ als das Q_R für die Bemessung der Kanäle (**181**.1).

$$Q_{zu} = r_{x,n=y} \cdot A_{E,bef} \quad \text{oder} \quad Q_{zu} = r_{x,n=y} \cdot \Psi_m \cdot A_E$$

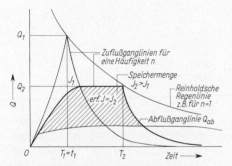

181.1 Ermittlung des Speicherinhalts aus verschiedenen Regenereignissen

181.2 Ermittlung des Bemessungswertes *BR*
für Regenrückhaltebecken

Für die Becken werden geringere Regenhäufigkeiten *n* als bei Kanälen gewählt, weil die
Becken nur selten überstaut werden dürfen. *n* = 0,5 bis 0,2 bei Rohrzuläufen und *n* = 0,1
bei offenen Zuläufen sind üblich. Bei Abflußverhältnissen $\eta = Q_{ab}/Q_{zu} > 0{,}2$ wächst die
Sicherheit gegen Überstauungen. Nachfolgend wird ein Näherungsverfahren nach [1h]
beschrieben.

Es bedeuten:

A_E = Fläche des Einzugsgebietes in ha für das Regenwasserbecken
Ψ = mittlerer Abflußbeiwert
t = Fließzeit in min
$r_{x,n=y}$ = Regenspende in l/(s · ha)
Q_{ab} = Ablaufmenge des Rückhaltebeckens in l/s, bei Speicherbecken mit anschließender Drossel-
strecke ist Q_{ab} nicht konstant. Es hat sein Minimum bei Beginn der Speicherung und sein
Maximum bei max Stauhöhe (**181**.1). Man rechnet mit dem Mittelwert

$$Q_{ab} = \frac{1}{2} \left(\min Q_{ab} + \max Q_{ab} \right)$$

Q_{zu} = zufließende Wassermenge in l/s

$$Q_{zu} = Q_{r15} = r_{15,n=y} \cdot A_E \cdot \Psi_m \quad \text{in l/s} \tag{181.1}$$

$$\eta = \frac{Q_{ab}}{Q_{r15}}$$

Aus Bild **182**.2 wird der Bemessungswert *BR* abgelesen. Erforderlicher Beckeninhalt

$$\text{erf } J = BR \cdot \frac{Q_{zu}}{1000} \quad \text{in m}^3 \tag{181.2}$$

Beispiel: Der Ablaufkanal hat eine Leistung von $Q_{ab} = 300$ l/s. Es soll ein Gebiet von 40 ha mit $\Psi = 0,30$ und einer Fließzeit von $t = 30$ min angeschlossen werden. Berechnung für $n = 1,0$ und alternativ für $n = 0,2$.

1. $r_{15,n=1} = 100$ l/(s · ha) $\varphi = 0,615$ nach Tafel **14**.1

$Q_R = 100 \cdot 40 \cdot 0,3 \cdot 0,615 = 738$ l/s [nach Gl. (28.1)] = Berechnungswassermenge für das Kanalnetz

$Q_R > Q_{ab}$ Es ist ein Rückhaltebecken erforderlich

2.   Für die Überstauungshäufigkeit $n = 1,0$

$Q_{zu} = Q_{r15,n=1} = 100 \cdot 40 \cdot 0,3 = 1200$ l/s

$$\eta = \frac{Q_{ab}}{Q_{zu}} = \frac{300}{1200} = 0,25 \qquad t = 30 \text{ min}$$

Nach Bild **181**.2 ergibt sich $BR = 450$ s   erf $J = 450 \dfrac{1200}{1000} = 540$ m^3 nach Gl. (181.2)

3.   Für die Überstauungshäufigkeit $n = 0,2$

$n = 0,2 \rightarrow \varphi = 1,783$ $Q_{zu} = 1,783 \cdot 1200 = 2140$ l/s $= Q_{r15,n=0,2}$

$$\eta = \frac{300}{2140} = 0,14; \, t = 30 \text{ min nach } \mathbf{181}.2 \quad BR = 700; \quad \text{erf } J = 700 \frac{2140}{1000} = 1498 \text{ m}^3$$

3.3.4.4 Ausführungsbeispiel

Auch bei Regenwasserableitung von Bundes- und Landesstraßen spielen Regenwasserrückhaltebecken eine erhebliche Rolle. Bei dem in Bild **182**.1 gezeigten Becken handelt es sich um die Aufgabe, das Regenwasser der Straße sowie das einer Tank- und Rasthofanlage zurückzuhalten. Das in Stahlbeton ausgeführte Becken ist normalerweise ≈ 70 cm hoch gefüllt, so daß etwa auslaufendes Öl zwischen tief herabgezogenen Tauchwänden festgehalten wird. Bei Regenwetter füllt sich der Speicherraum J, weil die Leistung der 6 Abflußrohre NW 50 begrenzt sind. Das Wasser läuft dann unter Staudruck ab. An der Ablaufseite befindet sich quer zur Durchflußrichtung eine Schlammrinne mit einem Schlammsumpf, aus dem von Zeit zu Zeit der Schlamm abgesaugt wird. Zu diesem Zweck öffnet man vorher den Grundablaß $\varnothing$ 50 und läßt das Wasser abströmen, bis sich Öl oder Schlamm im Ablauf zeigen. Dann wird geschlossen, der Rest durch Schlammsaugewagen entfernt. Dieses Rückhaltebecken erfüllt zugleich die Aufgabe eines Öl- und Benzinabscheiders.

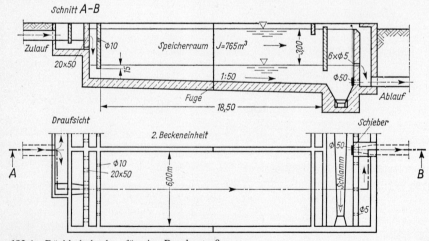

182.1   Rückhaltebecken für eine Bundesstraße

Regenüberlaufbecken und Kanalstauräume

Nach dem Arbeitsblatt A 128 der ATV [1 g] gelten auch sie als Entlastungsbauwerke. Man unterscheidet:

Fangbecken, welche den Spülstoß (erste Phase des Mischwasserabflusses nach Regenbeginn) aufnehmen. Sie werden danach wieder entleert oder nur von Q_t durchflossen. Einsatz bei nicht vorentlasteten Einzugsgebieten, wenn $t_f = 15$ min.

Im Nebenschluß werden sie über ein Trennbauwerk beschickt, Q_t und Q_{ab} gehen am Becken vorbei zum Klärwerk. Nach Füllung des Beckens tritt der Beckenüberlauf in Aktion. Es entsteht kein Gefälleverlust. Bei Trockenwetter und kleinen Regen mit $Q_R = Q_{ab}$ kein Zufluß zum Becken. Entleerung durch Pumpe mit konstanter zusätzlicher Beschickung des Klärwerkes.

Im Hauptschluß geht der Klärwerkszufluß durch das Becken. Einfache Anordnung, kein Trennbauwerk, eventuell Gefälleverlust, Entleerung ohne Pumpe, Abfluß schwankend ohne Steuervorrichtung.

Durchlaufbecken haben zusätzlich einen Überlauf für geklärtes Wasser (Klärüberlauf), der vor dem Beckenüberlauf anspringt und das im Becken mechanisch geklärte Mischwasser zum Vorfluter leitet.

Bemessung

Man erhält einen den Regenüberläufen vergleichbaren Schutz durch Bemessung nach Bild **183**.1. Die kritische Regenspende r_{krit} sollte $\geqq 10$ l/(s · ha) sein. Das Stauvolumen berechnet sich zu:

$$V = V_{SR} \cdot a \cdot A_{E, bef} \quad \text{in m}^3$$

Die zum Klärwerk abgeführte Regenspende beträgt dann

$$r_{ab} = \frac{Q_{ab}}{A_{E, bef}}$$

Mit wachsender Fließzeit im Kanalnetz = t_f gelangt immer mehr, aber nach dem ersten Spülstoß geringer verschmutztes Wasser ins Becken. Den Abmindersfaktor a kann man wie folgt berücksichtigen:

Fließzeit t_f in min	5	10	15	20	25	30	>30
Fließzeit-faktor a	1,0	1,25	1,48	1,63	1,74	1,82	1,92

Durchlaufbecken im Kanalbereich sollen $\geqq$ 100 m³, Fangbecken $\geqq$ 50 m³ Inhalt haben. In Durchlaufbecken sollen mindestens folgende Durchflußzeiten t_{DB} eingehalten werden:

r_{krit} in l/(s · ha)	30	15	10
t_{DB} in min	10	17	20

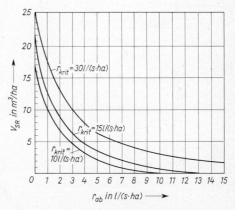

183.1 Bemessungsdiagramm für Regenüberlaufbecken ohne Vorentlastung

Beispiel 1: Fangbecken im Hauptschluß

$A_{E, bef} = 15$ ha z. B. $\psi \cdot A_E$
  $t_f = 12$ min (keine Vorentlastung)
  $r_{krit} = 10$ l/(s · ha)
  $Q_S = 18$ l/s

$Q_F = 7$ l/s
$Q_t = Q_S + Q_F = 25$ l/s;
$Q_{ab} = 25$ l/s (konstant)
max $Q_{MW} = 1500$ l/s

1. Volumen

$$r_{ab} = \frac{Q_{ab}}{A_{E,\,bef}} = \frac{25}{15} = 1,67 \text{ l/(s · ha)} \qquad V = V_{SR} \cdot a \cdot A_{E,\,bef}$$

$V_{SR} = 8 \text{ m}^3/\text{ha} \quad \text{nach } \mathbf{183}.1; \qquad a = 1,34 \quad (\text{für } t_f = 12 \text{ min})$

$V = 8 \cdot 1,34 \cdot 15 = 160,8 \text{ m}^3$

2. Wehrlänge des Beckenüberlaufs

$$L = \frac{\eta \cdot Q_{B\ddot{U}}}{\dfrac{2}{3} \cdot c \cdot \mu \cdot \sqrt{2g} \cdot h_{B\ddot{U}}{}^{3/2}} \qquad c \text{ und } \eta = 1,0; \quad \mu = 0,6 \text{ gewählt} \quad h_{B\ddot{U}} = 0,2 \text{ m gewählt}$$

$\max Q_{MW} \sim 1,0 \cdot 100 \cdot 15,0 = 1500 \text{ l/s}$

$Q_{B\ddot{U}} = \max Q_{MW} - Q_{ab} - Q_t = 1500 - 25 - 25 = 1450 \text{ l/s}$

$$\text{erf } L = \frac{1,45}{\dfrac{2}{3} \cdot 0,6 \cdot \sqrt{2g} \cdot 0,2^{3/2}} = 9,15 \text{ m} \rightarrow 9,2 \text{ m}$$

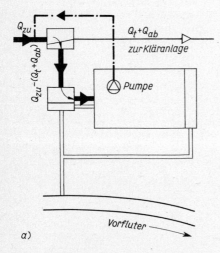

a)

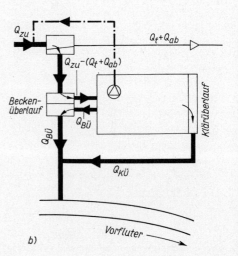

b)

184.1 Durchlaufbecken im Nebenschluß
a) Füllphase
b) Überlaufphase

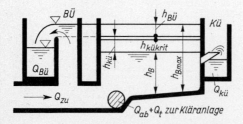

184.2
Durchlaufbecken im Hauptschluß,
Überlaufphase

Beispiel 2: Durchlaufbecken im Nebenschluß

$A_{E,bef} = 30$ ha $t_f = 30$ min $r_{krit} = 15$ l/(s · ha) $Q_S = 40$ l/s $Q_F = 10$ l/s

$Q_t = Q_S + Q_F = 50$ l/s; $Q_{ab} = 50$ l/s (konstant) $maxQ_{MW} = 3400$ l/s

$Q_{krit} = 15 \cdot 30 + 50 = 500$ l/s

Bild **184**.1 zeigt das Becken a) während der Füllung b) in gefülltem Zustand mit Überläufen

1. Volumen

$$r_{ab} = \frac{Q_{ab}}{A_{E,bef}} = \frac{50}{30} = 1,67 \text{ l/(s · ha)} V = V_{SR} \cdot a \cdot A_{E,bef} = 10 \cdot 1,82 \cdot 30 = 546 \text{ m}^3$$

gewählte Beckenabmessungen: $L = 26,0$ m; $B = 6,0$ m; $h = 3,5$ m

2. Stauhöhen

Als größte Stauhöhe werden 0,8 m angenommen. $max h = 3,5 + 0,8 = 4,3$ m

Der größte Klärüberlauf $maxQ_{KÜ}$ ergibt sich bei einer max horizontalen Fließgeschwindigkeit im Becken von $max v = 0,05$ m/s überschläglich zu $maxQ_{KÜ} = 1000 \cdot B \cdot max h \cdot max v$

$maxQ_{KÜ} = 1000 \cdot 6,0 \cdot 4,3 \cdot 0,05 = 1290$ l/s

Der max Beckenabfluß $Q_{Bü}$ ergibt sich zu $Q_{BÜ} = maxQ_{MW} - maxQ_{KÜ} - Q_t - Q_{ab}$

$$Q_{BÜ} = 3400 - 1290 - 50 - 50 = 2010 \text{ l/s}$$

3. Überfallhöhe des Beckenüberlaufs = $h_{BÜ}$

$$B = L \text{ (Wehrlänge)} h_{BÜ} = \left(\frac{Q_{BÜ}}{\frac{2}{3} \cdot \mu \cdot \sqrt{2g} \cdot B}\right)^{2/3}$$

mit $Q_{BÜ} = 2010$ l/s $h_{BÜ} = \left(\dfrac{2,01}{\frac{2}{3} \cdot 0,6 \cdot \sqrt{2g} \cdot 6,0}\right)^{2/3} = 0,33$ m

Die Höhe der Überlaufkante für $Q_{BÜ}$ liegt dann bei $h = 4,30 - 0,33 = 3,97$ m über Beckensohle. Die Stauhöhen für $Q_{KÜ}$ bis zum Anspringen vom Beckenüberlauf liegen zwischen 3,97 und 3,50 = 0,47 m

Schlitzhöhe für den Klärablauf $e = \dfrac{maxQ_{KÜ}}{L \cdot \mu \cdot \sqrt{2g h}}$; e mit 0,085 m angenommen

$$e = \frac{1,29}{6,0 \cdot 0,65 \sqrt{2g (0,8 - 0,043)}} = 0,086 \approx 0,085 \text{ m}$$

4. $Q_{KÜ}$ vor dem Anspringen des Beckenüberlaufs

$$Q_{KÜ} = e \cdot L \cdot \mu \cdot \sqrt{2g \cdot h} Q_{KÜ} = 0,085 \cdot 6,0 \cdot 0.65 \cdot \sqrt{2g\left(0,47 - \frac{0,085}{2}\right)}$$

$$Q_{KÜ} = 0,960 \text{ m}^3/\text{s}$$

Regenspende beim Anspringen des Beckenüberlaufs:

$$Q_r = Q_{KÜ} + Q_{ab} = 960 + 50 = 1010 \text{ l/s}$$

$$r_{BÜ} = \frac{Q_r}{A_{E,bef}} = \frac{1010}{30} = 33,7 \text{ l/(s · ha)} > r_{krit} = 15 \text{ l/(s · ha)}$$

Kanalstauräume

Es ist zweckmäßig, Kanalstauräume wie ein Fangbecken im Hauptschluß anzulegen. Man unterscheidet oben und unten liegende Entlastungen (**186**.1 und **186**.2). Ein Kanalstauraum sollte nur dann angeordnet werden, wenn beim Trockenwetterabfluß eine ausreichende Schleppspannung zur Beseitigung von Ablagerungen vorhanden ist ($v \geqq$ 0,8 m/s). Bei automatischen Spülhilfen genügt $v \geqq 0,5$ m/s. Das Stauprofil sollte $\geqq$ das Profil des ankommenden Kanals sein. Am Stauende werden gesteuerte Schieber oder Drosseleinrichtungen vorgesehen, die den Abfluß im Staufalle begrenzen. Die Entlastungspunkte liegen soweit oberhalb des Stauraumes, wie es unter Hinblick auf das Rückstauniveau möglich ist.

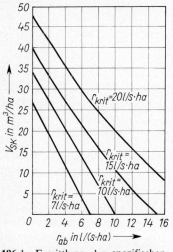

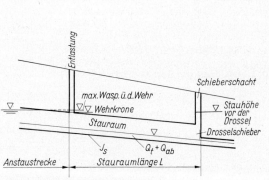

186.1 Ermittlung des spezifischen Speichervolumens für Kanalstauräume mit unten liegender Entlastung nach [1g]

186.2 Schema eines Kanalstauraumes mit oben liegender Entlastung

Bemessung

Kanalstauraum mit **unten liegender Entlastung** (**186**.1)

$$\text{erf } V = V_{SK} \cdot b \cdot A_{E,\,bef} \quad \text{in m}^3$$

$V_{SK} \triangleq$ spezifischer Beckeninhalt in m³/ha nach **186**.1

$b \triangleq$ Fließzeitfaktor, abhängig von der Fließzeit t_f bis zum Stauraum. b berücksichtigt die Verringerung der Überlaufmenge mit wachsender Fließzeit.

t_f in min	0	15	30
b	1,2	1,1	1,0

Beispiel: Kanalstauraum mit **obenliegender Entlastung** (**186**.2):

$A_{E,\,bef}$ = 10 ha; t_f = 15 min
r_{krit} = 30 l/(s · ha); Q_t = 30 l/s
$\max Q_{MW}$ = 1000 l/s; Q_{ab} = 30 l/s

$$r_{ab} = \frac{Q_{ab}}{A_{E,\,bef}} = \frac{30}{10} = 3 \text{ l/(s} \cdot \text{ha)}$$

Volumenbemessung wie beim Fangbecken im Hauptschluß nach **183**.1:

$$V = V_{SK} \cdot a \cdot A_{E,\,bef} = 10 \cdot 1,48 \cdot 10 = 148 \text{ m}^3$$

als Stauprofil gewählt zusammengesetztes Profil nach **72**.1 mit J_S = 3‰ und k_b = 1,5 mm nach Prandtl-Colebrook

r = 1,0 m; b = 2,0 m
voll Q = 0,87 · 7,94 = 6,91 m³/s; A = 2,933 · 1,0² = 2,933 m²
voll v = 0,932 · 2,53 = 2,36 m/s

$$\frac{Q_t + Q_{ab}}{\text{voll } Q} = \frac{60}{6910} = 0,0087 \rightarrow \frac{h'}{h} \cdot 100 \approx 10\%$$

$$v = 0,45 \cdot 2,36 = 1,062 \text{ m/s mit einer durchflossenen Fläche von } A = \frac{0,060}{1,062} = 0,057 \text{ m}^2$$

Für den Stauraum steht der Querschnittsanteil ΔA = 2,933 − 0,057 = 2,876 m² zur Verfügung.
Erforderliche **Stauraumlänge**

$$L = \frac{148}{2,876} = 51,5 \text{ m}$$

Der weiterführende Kanal erfordert mit J_S = 3‰, k_b = 1,5 mm nach Prandtl-Colebrook für $Q_t + Q_{ab}$ = 60 l/s ein Kreisprofil mit d_u = 0,35 m.

Die Entlastung (Beckenüberlauf) liegt im oberen Bereich der Staustrecke. Die Wehroberkante liegt etwa 2,0 m (Profilhöhe) über der Kanalsohle.

Größte Stauhöhe über dem Drosselschieber h max $\approx$ 2,0 + 3‰ · 51,5 = 2,16 m

v hinter dem Drosselschieber = $\sqrt{2g \cdot h\,\text{max}}$ $v = \sqrt{2g \cdot 2,16}$ = 6,51 m/s

erf. Abflußquerschnitt $A = \dfrac{Q_t + Q_{ab}}{\mu \cdot v}$ $A_d = \dfrac{0,060}{0,6 \cdot 6,51} = 0,015$ m²

bei Drosselschieber DN 300 mm $\dfrac{A_d}{A} = \dfrac{0,015}{0,071} = 0,22$

Bei Verstopfungen muß sich dieser Schieber automatisch öffnen.
Wehrlänge beim Beckenüberlauf

$$\text{erf}L = \frac{4 \cdot \text{max}Q_{B\ddot{U}}}{d_o} = \frac{4\,(1,0 - 0,060)}{2,0} = 1,88 \text{ m}$$

gewählt L = 2,0 m

$$\text{max}Q_{B\ddot{U}} = \text{max}Q_{MW} - Q_t - Q_{ab}$$

Überfallhöhe $h_{B\ddot{U}} = \left(\dfrac{\text{max}Q_{B\ddot{U}}}{\frac{2}{3} \cdot \mu \cdot \sqrt{2g} \cdot L} \right)^{2/3} = \left(\dfrac{1,0 - 0,060}{\frac{2}{3} \cdot 0,65 \cdot \sqrt{2g} \cdot 2,0} \right)^{2/3} = 0,39$ m

Wehrhöhe und Fülltiefe im Kanal: $\dfrac{\text{max}Q_{MW}}{\text{voll}Q} = \dfrac{1000}{6910} = 0,145 \rightarrow \dfrac{h'}{h} \cdot 100 \approx 30$

h' = 0,3 · 2,0 = 0,6 m < 2,0 m. Der Wasserspiegel beim Füllvorgang liegt unterhalb der Überlaufkante. Überlauf tritt erst nach Füllung des Stauraumes ein.

Regenwasserklärbecken. Diese werden nach klärtechnischen Gesichtspunkten bemessen (Abschn. 4.1.2 und 4.4.4).

3.3.5   Kreuzungsbauwerke

3.3.5.1   Düker

Wenn eine Entwässerungsleitung Wasserläufe, Untergrundbahnen, Kanäle oder andere Tiefbauten kreuzen muß und dabei die Sohllinie der Leitung nicht beibehalten werden kann, dann muß man die Kanäle „dükern". In Abwasserdükern sind Sinkstoffe und fäulnisfähige Stoffe mitzuführen. Das erfordert eine größere Geschwindigkeit zur Erzielung einer guten Schleppspannung. Je größer die Fließgeschwindigkeit v, desto größer ist aber auch der Reibungsverlust h_r und damit der Wasserspiegelhöhenunterschied zwischen Ober- und Unterwasser, d. h. zwischen Dükereinlauf und -auslauf. Der Bemessung eines Schmutzwasserdükers für das Trennverfahren ist der größten Schmutzwassermenge max Q_s die Geschwindigkeit $v = 1{,}50$ m/s zugrunde zu legen. Dann werden in den meisten Fällen auch in den Stunden geringen Schmutzwasseranfalles nicht zu kleine Geschwindigkeiten auftreten. Bei Regenwasserdükern des Trennverfahrens ist zu berücksichtigen, daß besonders stark wechselnde Durchflußmengen möglich sind. Bei größtem Abfluß max Q ist eine Geschwindigkeit $v = 3{,}0$ bis $4{,}0$ m/s vorzusehen, damit auch bei kleinen Regenfällen die Geschwindigkeiten noch so groß sind, daß sich kein Sand ablagert.

Beim Mischverfahren empfiehlt es sich, die Entwässerungsleitung bei der Dükerung in zwei oder mehr Leitungen aufzuteilen, und zwar so, daß der Trockenwetterabfluß durch ein kleines Rohr geleitet wird. Durch einen oder mehrere in dem Einlaufbauwerk nacheinander angeordnete Überfälle werden dann die Regenwassermengen einem bzw. mehreren Dükerrohren zugeführt. Denselben Zweck erreicht man, wenn die Einläufe zu den einzelnen Dükerrohren auf verschiedenen Höhen liegen (**188**.1). Auch wenn bei konstanter Wassermenge ein Rohr genügt, sollte aus Gründen der Unterhaltung und des Betriebes bei längeren Dükern ein zweites Dükerrohr angeordnet werden. Für jedes Rohr sind in der Einlauf- und Auslaufkammer Verschlüsse vorzusehen (min $d_1 = $ 150 mm).

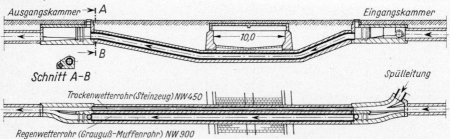

188.1   Abwasserdüker

I. allg. kann die Neigung des Dükers auf der Einlaufseite steiler sein als auf der Auslaufseite ($\approx 1{:}6$). Sieht man von vornherein eine regelmäßige Reinigung vor oder besteht Raummangel, so wird der aufsteigende Teil des Dükers senkrecht angeordnet. Die auf dem Grunde des senkrechten Dükerschenkels sich ablagernden Stoffe können dann nach Leerpumpen des Schachtes oder während des Betriebes durch Schlammsaugewagen unschwer entfernt werden. Man kann auch durch Zugabe von Druckluft (Druckluftpolster über dem Wasserspiegel) den Fließquerschnitt verkleinern und damit bei kleineren Durchflußmengen die Fließgeschwindigkeit erhöhen.

Baustoffe für Abwasserdüker sind hauptsächlich Grauguß, Stahl oder Stahlbeton, duktiler Guß, Asbestzement oder Kunststoff. Zur Sicherung der Rohrlage werden die Dükerrohre häufig in Beton verlegt, mindestens am Ein- und Auslauf. Bei der Kreuzung von Wasserläufen wird die Rinne zur Aufnahme des Rohres in der Flußsohle so tief ausgehoben, daß darin das Dükerrohr mit ≈ 0,60 bis 1,00 m Überdeckung verlegt werden kann. Eine Steinschüttung als Schutz ist häufig angebracht.

Schmutzwasserdüker müssen regelmäßig gereinigt werden. Dazu dienen meistens hölzerne Kugeln, deren Durchmesser etwas kleiner ist als die LW des Dükerrohres. Die Kugel wird durch den Druck des Wassers bewegt und treibt abgelagerte Stoffe vor sich her. Auch durch vorübergehenden Aufstau des ankommenden Wassers und plötzliches Freigeben läßt sich ein Wasserstoß erzeugen, der abgelagerte Stoffe mitreißt.

Bauverfahren. Beim Bau von Flußdükern, dem hauptsächlichen Anwendungsgebiet, kommen folgende Bauverfahren in Frage:

1. Absenken der vormontierten (verbundenen) Dükerrohre von einem Gerüst. Die Rinne ist vorher ausgebaggert, durch Schrapperwinden hergestellt oder ausgespült (Spülbagger).

2. wie 1., jedoch Absenkung von Schwimmkranen

3. Absenken von Stahlrohren mit Kugelgelenk (Bewegungswinkel zwischen zwei Rohren) rohrweise. Das folgende Rohr *2* wird über Wasser mit dem vorigen *1* verbunden und dann die Gelenkstelle abgesenkt. Dabei wird Rohr *1* verlegt, während Rohr *2* schräg im Flußquerschnitt liegt mit dem freien Ende über Wasser. Die Montage des nächsten Rohres beginnt. Man benötigt jedoch Stahlrohre großer Länge (abhängig von der Wassertiefe). Die Schiffahrt ist nicht behindert.

4. Einschwimmen der luftgefüllten, verschlossenen, fertigen Dükerrohre und Versenken in die vorher ausgebaggerte Rinne durch Einfüllen von Wasser.

5. Einziehen des am Ufer fertig montierten Dükers durch Winden oder Zugmaschinen in die ausgebaggerte Rinne (große Montagelänge quer zum Fluß ist am Ufer erforderlich).

6. Durchpressen von Rohren (s. Abschn. 3.2.2). Eine Wasserhaltung wird entweder offen, durch Druckluft oder durch Einfrierverfahren erforderlich.

7. Einspülen der Rohre. Es müssen flexible Rohre (Kunststoff) verwendet werden. Die Rinne in der Flußsohle wird durch ein stabiles Spülgerät geöffnet, die Rohre (oft mehrere übereinander) eingezogen und durch Spülen sofort wieder geschlossen.

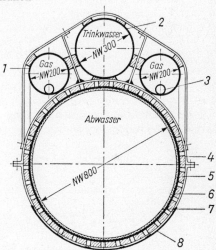

189.1   Rohrbündel eines Dükers

1 Stahlrohr, innen Leinölanstrich, außen 3,5 mm Polyäthylen-Isolierung
2 nahtloses Stahlrohr, innen 5 mm Zementmörtel, außen 4,5 mm Polyäthylen-Isolierung
3 Kondensatsammeltöpfe
4 Stahlbänder
5 Latten 2,5/5,0 cm
6 Stahlrohr
7 Zementmörtel-Auskleidung mit 2 Deckanstrichen aus Epoxyharz, außen Rostschutz-Deckanstrich aus Epoxyharz und
8 Blechhülle

Es sind Rohre LW $\leq$ 300 verwendbar. Das Verfahren eignet sich besonders bei starker Strömung und rolligem Boden, wenn sich eine Baggerrinne schwer offen halten läßt (Vibro-Einspülverfahren Fa. Harmstorf).

8. Herstellen einer Tunnelröhre unter Druckluft und deren Ausbau. Dies ist die älteste Bauweise (s. Abschn. 3.2.2). Sie ist bei großen Profilen geeignet oder bei mehreren Dükerleitungen, die dann in dem Tunnelrohr verlegt werden.

Abwasserdüker werden oft mit anderen Dükerrohren zu einem Dükerbündel verbunden (**189**.1).

Hydraulik. Die Durchflußmenge ist

$$Q = A \cdot v \text{ in m}^3/\text{s} \tag{190.1}$$

$$J = \lambda \cdot \frac{1}{d} \cdot \frac{v^2}{2\,g} \qquad h_\mathrm{r} = \lambda \cdot \frac{L}{d} \cdot \frac{v^2}{2\,g} \quad \text{für das gerade Rohr} \tag{190.2}$$

A = Querschnittsfläche des Dükerrohres in m^2
v = Fließgeschwindigkeit in m/s
d = Rohrdurchmesser in m
L = Dükerlänge in m
Gl. (190.2) ist in der Tafel **66**.1 für k_b = 1,5 mm ausgewertet
λ = Reibungsbeiwert nach Prandtl-Colebrook

Alle übrigen Reibungsverluste durch Geschwindigkeitsänderung am Dükereinlauf v, durch Eintritt e und Austritt a des Wassers, durch Krümmer k, Schieber s und sonstige Formstücke F werden berücksichtigt durch:

$$\Sigma h_\mathrm{i} = \Sigma \lambda_\mathrm{i} \cdot \frac{v^2}{2\,g} \quad \text{und} \quad h_\mathrm{v} = \frac{1{,}1}{2\,g}\,(v_1^2 - v_2^2) \quad \text{(bei Geschwindigkeitsänderung)} \tag{190.3}$$

Die Summe aller Verlusthöhen ergibt dann

$$h_\mathrm{ges} = \left(\lambda_\mathrm{e} + \lambda_\mathrm{a} + \lambda_\mathrm{Kr} + \lambda \cdot \frac{L}{d}\right) \frac{v^2}{2\,g} + h_\mathrm{v}$$

λ_e = 0,5 bei scharfer Kante, = 0,1 bis 0,01 bei Ausweitung, 0,25 bis 0,1 bei durchgehender Sohle
λ_a = 1,0 bei Austritt unter Wasser, 0 = bei freiem Austritt
λ_Kr = abhängig vom Krümmungsradius und vom -winkel
λ_F = abhängig vom Formstück, λ_F = 0,25 bis 0,15 für Schieber ohne Einschnürung

1. Gebogene Krümmer λ_Kr:

Winkel	$R = d_\mathrm{i}$	$R = 2d_\mathrm{i}$	$R = 4d_\mathrm{i}$
45°	0,14	0,09	0,08
90°	0,21	0,14	0,11

2. Geschweißte Krümmer (geknickte Verbindungen): λ_Kr

$$15° = 0{,}02 \quad 30° = 0{,}1 \quad 45° = 0{,}15 \quad 60° = 0{,}4 \quad 90° = 1{,}0$$

Beispiel: Eine Schmutzwasserleitung mit $J = 1:500$, max $Q_s = 110$ l/s und Eiquerschnitt 500/750 ist auf $L = 50$ m Länge zu dükern. Die Sohlenhöhe der Entwässerungsleitung liegt am Dükereinlauf auf + 30,00 m üNN, am Dükerauslauf auf + 29,90 m üNN, der Scheitel am Einlauf + 30,75 m üNN. Der Düker ist aus Betonrohren zu bauen; er hat einen 30°- und einen 45°-Krümmer.

1. Welche lichte Weite muß der Düker haben?
2. Welcher Aufstau des Wasserspiegels in der Zulaufleitung ergibt sich dann bei größter und bei mittlerer Wasserführung?
3. Welche Füllhöhe ergibt sich bei dem geringsten SW-Abfluß min $Q = 42$ l/s?

Zu 1. Da für den Größtabfluß im Düker die Geschwindigkeit $v = 1,50$ m/s gewählt werden kann, ergibt sich ein kreisförmiger Dükerquerschnitt mit

$$A = \frac{0,11}{1,5} = 0,073 \text{ m}^2 \quad \text{und} \quad d = 1,13 \sqrt{0,073} = 0,305 \text{ m}$$

Gewählt wird ein Betonrohr NW 300 mit $A = 0,0707$ m^2.

Zu 2. Der Aufstau des Wasserspiegels vor dem Düker muß einen so großen hydraulischen Druck erzeugen, daß die Reibungsverluste h_{ges} im Düker ausgeglichen werden.

Reibungsverlust im geraden Rohr h_r:

$$J = 1:80 \text{ voll } v = 1,55 \text{ m/s} \quad \text{nach Tafel } \mathbf{66}.1$$

$$h_r = J \cdot L = \frac{1}{80} \cdot 50 = 0,625 \text{ m} \quad \text{nach Gl. (190.2)}$$

Profilberechnung des Eiprofils:

Die Füllhöhe h' im Ei-Querschnitt 500/750 vor bzw. hinter dem Düker bei $Q = 110$ l/s und $J = 1:500$ beträgt nach Tafel $\mathbf{66}.1$ und $\mathbf{70}.1$ mit

$$\text{voll } Q = 0,271 \text{ m}^3/\text{s} \quad \text{voll } v = 0,94 \text{ m/s} \quad \frac{\text{vorh } Q}{\text{voll } Q} = \frac{0,110}{0,271} = 0,406$$

$$\frac{h'}{h} = 0,49 \quad \text{und} \quad \frac{\text{vorh } v}{\text{voll } v} = 0,95$$

$$h' = 0,49 \cdot 0,75 = 0,37 \qquad \text{vorh } v = 0,95 \cdot 0,94 = 0,89 \text{ m/s}$$

$$h_v = \frac{1,1}{19,62} (1,55^2 - 0,89^2) = 0,09 \text{ m}$$

$$\Sigma h_i = (\lambda_e + \lambda_{Kr30} + \lambda_{Kr45}) \cdot \frac{v^2}{2\,g} \quad \text{nach Gl. (190.3)}$$

$$= (0,1 + 0,1 + 0,15) \cdot \frac{1,55^2}{19,62} = 0,043 \approx 0,05 \text{ m}$$

Gesamtverlusthöhe im Düker

$$h_{ges} = h_r + h_v + \Sigma h_i \qquad h_{ges} = 0,625 + 0,09 + 0,05 = 0,765 \text{ m} \approx 0,77 \text{ m}$$

Der Wasserspiegel am Dükerauslauf stellt sich also auf 29,90 + 0,37 = 30,27 m üNN ein. Wenn die volle Reibungshöhe von 0,77 m geodätisch zur Verfügung stünde, ergäbe sich vor dem Dükereinlauf ebenfalls eine Füllhöhe von 0,37 m. Hier muß sich jedoch der Wasserspiegel wegen des nötigen hydraulischen Überdrucks auf 30,27 + 0,77 = 31,04 üNN aufstauen. Der Scheitel des Rohres auf + 30,75 m üNN wird also um 31,04 − 30,75 = 0,29 m überstaut.

Zu 3. Es sei der Fall des geringsten SW-Abflusses mit min $Q_s = Q = 42$ l/s untersucht. Die Geschwindigkeit im Düker beträgt jetzt

$$v = \frac{Q}{A} = \frac{0{,}042}{0{,}0707} = 0{,}6 \text{ m/s}$$

Die Reibungsverluste ergeben sich zu

$$J = 1 : 512 \text{ voll } v = 0{,}61 \text{ m/s} \quad \text{nach Tafel } \mathbf{66}.1 \quad h_r = J \cdot L = \frac{1}{512} \cdot 50 = 0{,}098 \text{ m}$$

Profilberechnung des Eiprofils

$$\frac{\text{vorh } Q}{\text{voll } Q} = \frac{0{,}042}{0{,}271} = 0{,}155 \quad \text{und} \quad \frac{h'}{h} = 0{,}295 \quad \frac{\text{vorh } v}{\text{voll } v} = 0{,}77 \text{ nach Tafel } \mathbf{70}.1$$

$$h' = 0{,}295 \cdot 0{,}75 = 0{,}22 \text{ m} \quad \text{vorh } v = 0{,}77 \cdot 0{,}94 = 0{,}723 \text{ m/s}$$

$$h_v = \frac{1{,}1}{19{,}62} (0{,}723^2 - 0{,}61^2) = 0{,}0084 \text{ m}$$

$$\Sigma h_i = (0{,}1 + 0{,}1 + 0{,}15) \frac{0{,}61^2}{19{,}62} = 0{,}0066 \text{ m}$$

$$h_{ges} = 0{,}098 + 0{,}0084 + 0{,}0066 = 0{,}113 \text{ m} \approx 0{,}11 \text{ m}$$

Der Wasserspiegel am Dükerauslauf stellt sich auf $29{,}90 + 0{,}22 = 30{,}12$ m üNN ein, während der Wasserspiegel vor dem Düker ohne Stau auf $30{,}00 + 0{,}22 = 30{,}22$ m üNN stehen würde. Der Reibungsverlust im Düker $h_{ges} = 11$ cm entspricht etwa dem geodätischen Höhenunterschied der beiden Wasserspiegel von 10 cm.

Sind bei einem Dükerbau die anschließenden Leitungsstrecken noch nicht vorhanden und hat man die Möglichkeit, deren Höhen- und Gefällverhältnisse zu bestimmen, dann wird man diese und den Düker so bemessen, daß kein Rückstau auftritt. Bei Mischwasserdükern unter Flußläufen wird man häufig vor dem Dükereinlauf eine Entlastung durch Regenwasser-Überlaufbauwerke vorsehen, um die Abmessungen des Dükers zu verringern.

3.3.5.2 Heber

Ein Heber ist eine geschlossene Leitung, die einen tiefer gelegenen Wasserspiegel mit einem höher gelegenen verbindet. Dabei liegt der Scheitel der Leitung höher als die obere Wasserspiegellinie. Der Höhenunterschied der zu verbindenden Wasserspiegel muß jedoch mindestens so groß sein wie die durch die Bewegung des Wassers in der Heberleitung verbrauchte Reibungshöhe. Die größte Hubhöhe h = Höhenunterschied zwischen dem Ausgangswasserspiegel und dem höchsten Punkt der Heberleitung ist durch den Luftdruck bestimmt. Sie beträgt zwar theoretische 10,33 m, praktisch wird man jedoch weit darunter bleiben müssen. Zum Anspringen eines Hebers muß entweder ein Unterdruck (Evakuierungsanlage, Vakuumpumpe) erzeugt werden, oder der Heber muß zunächst im freien Zulauf anlaufen und später erst mit Unterdruck gefahren werden. Für Abwasseranlagen sollte man wegen der mitgeführten Schmutzstoffe Heber vermeiden.

3.3.5.3 Rohrbrücken

Rohrbrücken mit der alleinigen Aufgabe der Wasserüberführung sollten nur über Geländemulden gebaut werden. Man kann Rohre aus Stahl oder Stahlbeton verwenden Stahl-

betonrohre (nach Abschn. 3.1.4) werden aus statischen Gründen immer bei 1/5 *L* unterstützt. Als Rohrverbindung wählt man Muffen mit Roll- oder Quetschgummidichtung
(elastisch). Die Stützen haben oben Gabeln zur Rohrlagerung. In Abständen sind zwei
Schrägstützen (Stützenjoch) zu setzen, um horizontale Kräfte aufzunehmen (**193**.1). In
bebauten Gegenden sollte man diese Nur-Rohrbrücken vermeiden.

Kasten- oder Rohrprofile können jedoch auch als Tragkonstruktion für Fußgängerbrük-
ken o.ä. dienen. Man kombiniert die Aufgabe einer Abwasserleitung mit der einer
Brücke (**193**.3). Die Isolierung eines Stahlrohres zeigt **193**.2.

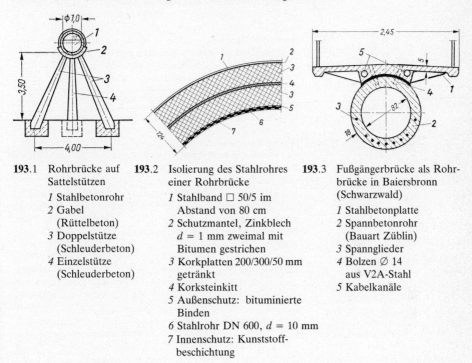

193.1 Rohrbrücke auf
Sattelstützen

1 Stahlbetonrohr
2 Gabel
(Rüttelbeton)
3 Doppelstütze
(Schleuderbeton)
4 Einzelstütze
(Schleuderbeton)

193.2 Isolierung des Stahlrohres
einer Rohrbrücke

1 Stahlband □ 50/5 im
Abstand von 80 cm
2 Schutzmantel, Zinkblech
d = 1 mm zweimal mit
Bitumen gestrichen
3 Korkplatten 200/300/50 mm
getränkt
4 Korksteinkitt
5 Außenschutz: bituminierte
Binden
6 Stahlrohr DN 600, *d* = 10 mm
7 Innenschutz: Kunststoffbeschichtung

193.3 Fußgängerbrücke als Rohrbrücke in Baiersbronn
(Schwarzwald)

1 Stahlbetonplatte
2 Spannbetonrohr
(Bauart Züblin)
3 Spannglieder
4 Bolzen ∅ 14
aus V2A-Stahl
5 Kabelkanäle

Eine dritte Möglichkeit ist das Anhängen von Rohren an Brücken.

Beiderseits einer Rohrbrücke sind in jedem Fall zur Überwachung und Reinigung des
Rohrabschnitts Einsteigschächte anzulegen.

3.3.5.4 Bahnkreuzungen

Unterführungen von Kanälen durch Bahnanlagen sind am besten im Vorpreßverfahren
(s. Abschn. 3.2.2.2) herzustellen. Man kann auch stählerne Mantelrohre durchpressen
und dann das eigentliche Kanalrohr einziehen. Beiderseits der Bahnkreuzung sind außerhalb der Bodendrucklinien des Bahnkörpers Einsteigschächte zur Überwachung und
Reinigung des Kanals anzulegen (siehe auch Arbeitsblatt W 305-DVGW und Richtlinien
der Deutschen Bundesbahn über Kreuzungen von Wasserleitungen mit DB-Gelände
(WasserleitungskrRichtl.)).

3.3.6   Abwasserhebung

3.3.6.1   Pumpen und Antriebsmaschinen

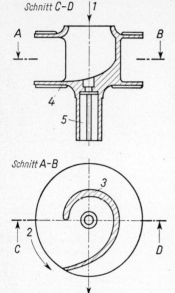

Schnitt C–D

Schnitt A–B

194.1   Einkanalrad, Schnitte

1 Zulauf
2 Drehrichtung
3 Leitwand des Laufrades
4 Randscheiben
5 Antriebswelle

Man unterscheidet zwischen Heben mit Druckluft und Heben durch eine Fördermaschine (Pumpen, Schnecken). Als Abwasserpumpen waren früher wegen ihrer Unempfindlichkeit und ihres guten Wirkungsgrades meist Kolbenpumpen in Gebrauch. Heute hat die Kreiselpumpe bei der normalen Abwasserförderung den Vorzug, weil sie wenig Raum fordert, geringe Anschaffungs- und Unterhaltungskosten verursacht und durch die direkte Kupplung mit den Antriebsmaschinen im Betrieb billiger wird. Abwasserpumpen verlangen unter Verzicht auf den gewohnten Wirkungsgrad der Reinwasserpumpen einen großen Durchgangsquerschnitt für das Laufrad; denn als Verunreinigungen können Sperrstoffe, wie Lumpen und Stricke, Schwerstoffe, wie Kies und Steine, Schwimmstoffe wie Öl und Fäkalien auftreten. Bei gewerblichem Abwasser kommt noch die chemische Aggressivität hinzu. Kanalrad-Kreiselpumpen und Freistromräder erfüllen am besten die Forderungen der Abwasserhebung mit großem Durchgang. Bei normalem häuslichen Abwasser sind Rechen bereits entbehrlich, wenn der Pumpendurchgang $\geqq$ 100 mm ist. Die Laufradweite muß dann der Nennweite von Saug- und Druckstutzen entsprechen. In Bild **194**.1 ist ein abgeschirmtes, geschlossenes Einkanalrad dargestellt. Der Wasserstrom wird ungeteilt durch das Laufrad (Einkanal-) geleitet. Dieses hat zwei Aufgaben. Einmal soll der Wasserstrom aus der zentralen Zufließrichtung in die tangentiale Abgangsrichtung umgeleitet werden. Zum anderen muß der Wasserstrom die nötige Zentrifugalbeschleunigung bekommen, um die im Druckrohr vorhandene Wassersäule weiterbewegen zu können. Die Pumpe hat je einen Reinigungsdeckel am Gehäuse und am Saugstück; das Laufrad ist beiseitig durch Dichtungsringe abgedichtet (s. auch Bild **195**.1). Die Stopfbüchse besitzt eine Sperrung zum An-

schluß von Sperrwasser oder Fett. Diese Pumpenart kann mit 1, 2 oder 3 Kanalrädern ausgerüstet werden (Teilung des Wasserstromes in 1, 2 oder 3 Teile). Nicht abgeschirmte Laufräder haben weniger Randscheibenreibung und kleineren Rotationsschub. Sie sind für breiige Flüssigkeiten und Schlamm mit sandigen Beimengungen geeignet. Abgeschirmte Laufräder haben Randscheiben und sind besonders für die Förderung von Rohabwasser geeignet. Sie sind gegen Faserstoffe gut geschützt. Bei der Förderung von vorgereinigtem Abwasser (durch Rechen, Sandfang, Siebkessel und evtl. kleine Absetzbecken in Form vergrößerter Pumpensümpfe) verwendet man Kanalräder mit mehreren Durchgängen oder Laufradformen mit flacherer Kennlinie und höherem Wirkungsgrad. Die steilere Pumpen-Kennlinie in Verbindung mit einer flachen Rohrkennlinie macht den Einsatz bei Parallelbetrieb mehrerer Pumpen wirtschaftlich. Ebenso kann man bei vorgereinigtem Abwasser erwägen, ob die Pumpe nicht selbstansaugend aufgestellt werden kann (Baukostenersparnis, weil der Pumpenraum flach unter- oder oberhalb der Geländeoberfläche liegt). Bei selbstansaugenden Pumpen hat man auch eine Laufradzellenspülung (**195**.1) entwickelt. Der im Zentrum entstehende Luft-Wasserstrom wird durch eine Fangdüse (*6*) zum Druckstutzen befördert. Ein Wasserstrahl des Abwassers wird durch eine Führungsfläche (*3*) dicht an dem Laufrad (*1*) unter Einengung der Strömung vorbeigeführt und nimmt die in den Laufradzellen vorhandene Luft mit auf. Damit können auch stark verschmutztes Abwasser und breiige Stoffe (Industrieabwasser) gefördert werden. Bei Tauchmotorpumpen bilden Kanalradpumpe und Motor einen Tauchkörper, der im Abwasser steht oder hängt (**195**.2). Sie können absolut betriebssicher hergestellt werden

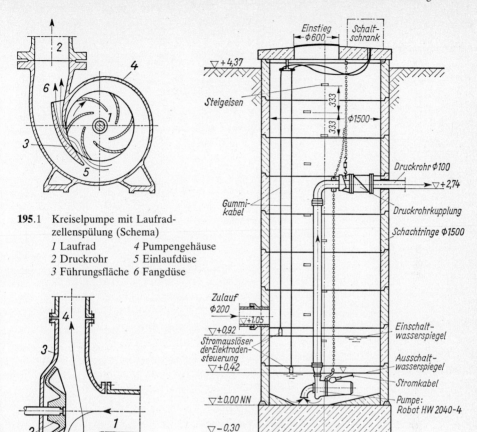

195.1 Kreiselpumpe mit Laufradzellenspülung (Schema)

1 Laufrad   *4* Pumpengehäuse
2 Druckrohr   *5* Einlaufdüse
3 Führungsfläche *6* Fangdüse

195.2   SW-Tauchmotorpumpstation für ein Wochenend-
hausgebiet, Längsschnitt

195.3   Schnitt durch Freistrom-
pumpe (schematisch)

1 Zufluß   *3* Gehäuse
2 Wirbelrad *4* Druckrohr

und haben sich bei vielen Anlagen, auch als Baustellenpumpen, gut bewährt. Bei den Wirbelrad-
oder Freistrompumpen ist das Laufrad durch ein Freistromrad ersetzt; Verstopfungen können
nicht auftreten, da das Abwasser dieses nicht durchfließt. Das Freistromrad erzeugt durch höhere
Drehzahl einen rotierenden Förderstrom (**195**.3), der das Abwasser in das tangential abgehende
Druckrohr drückt. Eine Förderhöhe bis zu 100 m kann erreicht werden.

Schneckenhebewerke (**196**.1) sind für geringe Förderhöhen und -längen sowie für große Wassermengen und stark verschmutztes Abwasser besonders geeignet. Wesentlicher Bestandteil ist eine
langsam laufende Förderschnecke von 40 bis 2000 l/s Leistung. Sie läuft in einem Trog aus Stahl-
blech oder Beton. Das Abwasser wird in dünner Schicht auf den Spiralflächen der Schnecke nach
oben geschraubt. Bei Förderhöhen $\geqq$ 4 bis 7 m schaltet man zwei Schnecken hintereinander. Der
Antrieb liegt oben und ist durch Untersetzungs- oder auch Winkelgetriebe mit der Schnecke gekop-

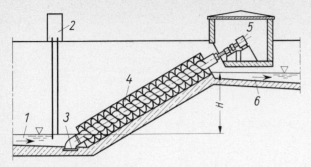

196.1   Schneckenhebewerk

1 Zulauf	*5* Motor
2 Elektrodensteuerung	*6* Ablauf
3 Fußlagerung	H Förderhöhe
4 Schnecke	

196.2   Rohrschraubenradpumpe, Längsschnitt

1 Zulauf	*11* Lagerstern
2 Druckrohr, Auslauf	*12* Hülsenkupplung
3 Einlaufstück	*13* Antriebswelle
4 Diffusor	*14* Steigrohrkrümmer
5 Laufrad	*15* Motorlaterne
6 Lagerkörper	*16* Zwischenlager
7 Pumpengehäuse	*17* Segmentdrucklager
8 Wellenschutzrohr	*18* elastische Kupplung
9 Pumpenwelle	*19* Elektromotor
10 Steigrohr	

pelt. Die Drehzahlen der Schnecke betragen 20 bis 85 U/min. Die Motordrehzahlen liegen bei 1000 bis 1400 U/min. Der Fuß taucht nur wenig in das Abwasser ein. Die Anlage wird durch Elektroden automatisch gesteuert. Schnecken eignen sich auch sehr gut zur Schlammförderung. Die Wirkungsgrade für das Gesamtaggregat liegen bei 60 bis 70%. Schneckenhebewerke werden in Kläranlagen häufig zur Abwasser- und Schlammhebung eingesetzt. Bei der Sanierung des Tegernsees (Bayern) hat man in die SW-Ringleitung in Abständen Schneckenhebewerke eingeschaltet, um wieder auf normale Kanaltiefen zurückzugelangen.

Ein besonderes Problem bildet die Förderung von Regenwasser. Die Regenwettermenge ist erheblich größer als die Trockenwettermenge. Beim Mischsystem kann diese ≦ 2% des Regenwetterabflusses betragen. Regenwasserpumpen werden jedoch nur zeitweise (30 bis 60 Tage/Jahr) eingesetzt, während Schmutzwasserpumpen durchgehend fördern. Die Anforderungen an RW-Pumpen lassen sich mit großer Leistung bei verhältnismäßig kleinen Förderhöhen umreißen. Als Laufräder verwendet man Propeller- oder Schraubenräder. Sie haben eine hohe Drehzahl. Man stellt die Pumpen in vertikaler Naßaufstellung auf (**196**.2).

Bemerkenswert sind Abwasser- und Regenwasserhebewerke mit stufenlos selbstregulierendem Förderstrom nach Stähle Prerotations-System.

Eine vertikal aufgestellte Abwasserpumpe mit dem Schneckenkanalrad taucht in einen Pumpensumpf. Das Abwasser kann bei Normalförderstrom unbeeinflußt zufließen, bei sinkendem Zuflußstrom erfolgt eine geringe Niveausenkung und gleichzeitig durch die Form des Pumpensumpfes eine Vordrallbewegung (Prerotation) im Drehsinne des Pumpenrades. Dadurch verringert sich der Pumpenförderstrom. Er paßt sich dem Zufluß an.

In Bild **197**.1 fließt Wasser auf Niveau A durch einen konzentrisch zur Pumpenachse ausgebildeten zylindrischen Pumpensumpf in den Saugtrichter. Es wird durch die Pumpe in den Steigschacht und den Abflußkanal oder in ein Druckrohr gefördert. Der Förderstrom entspricht der Pumpencharakteristik.

Ist der Zufluß geringer als der Normalförderstrom der Pumpe, so sinkt das Niveau im Zuflußkanal auf Niveau B, wobei das Wasser über die Überfallkante in den Pumpensumpf fällt.

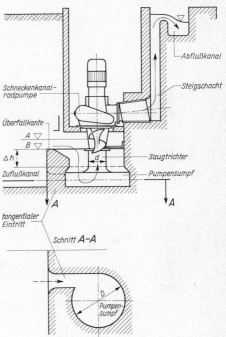

Durch den Normalförderstrom der Pumpe senkt sich der Wasserspiegel im Pumpensumpf, so daß ein Niveauunterschied Δh zwischen Zuflußkanal und Pumpensumpf entsteht. Dadurch fließt Wasser durch einen tangentialen Eintritt in Richtung des gestrichelten Pfeiles vom Zuflußkanal in den Pumpensumpf mit einer Geschwindigkeit von annähernd $v = \sqrt{\Delta h \cdot 2g}$. Im Pumpensumpf entsteht eine Drallbewegung mit etwa der gleichen Umfangsgeschwindigkeit an der Zylinderwand. Am Saugtrichter herrscht eine Rotationsgeschwindigkeit

$$v_R = \frac{\sqrt{\Delta h\, 2g \cdot D}}{d}$$

im Drehsinn des Schneckenkanalrades. Die Relativgeschwindigkeit des Schneckenkanalrades zur Rotationsgeschwindigkeit des Wassers verringert sich und der Förderstrom der Pumpe, wie auch ihre Leistungsaufnahme, sinken.

Bei rechenlosen Abwasserpumpwerken wird die Schneckenkanalradpumpe besonders bei Textilien und Dickstoffen aller Art eingesetzt. Der Prerotations-Pumpensumpf ist dann als offener Kanal ausgebildet.

197.1   Pumpwerk nach dem Prerotations-System

Bei der Schlammförderung verwendet man vorwiegend Freistromrad- oder Einkanalrad-pumpen. Bei Faulschlamm (Schlamm aus den Faulbehältern) kann mit einem Nachentgasen gerechnet werden, so daß sich im Laufrad Gasblasen bilden, die den Förderstrom unterbrechen. Man verwendet die horizontale Aufstellung mit oben offenen Laufrädern. Das Gas kann dann über ein Entlüftungsrohr am Saugstutzen entweichen. Zur Schlammförderung werden auch Kolbenmembran-Pumpen verwendet. Sie sind selbstansaugend und haben keine Stopfbuchse. Das Fördergut gelangt nicht wie bei den Kolbenpumpen früherer Bauart in den Arbeitsraum des Zylinders, sondern wird durch eine Membrane aus beständigem Werkstoff (Gummi oder Kunststoff) von diesem ferngehalten. Der Zylinder-Arbeitsraum ist mit Öl oder Reinwasser gefüllt. Die Membrane überträgt die Kolbenbewegung und damit die Druckveränderungen auf die Förderflüssigkeit. Es ist möglich, auf große Förderhöhen zu pumpen. Die Fördermenge kann durch Verstellen des Kolbenhubes während des Betriebes (mit Handrad) verändert werden. Schließlich sei die Gruppe der rotierenden Verdrängerpumpen (Mohno-Pumpen) erwähnt. Sie wirken selbstansaugend bis zu 8 m Höhe, fördern bis auf 150 m Druckhöhe und Fördermengen bis 350 m³/h (**198**.1). Die Drehzahl kann geregelt werden. Das Fördergut wird durch einen wulstförmigen rotierenden Verdränger kontinuierlich bis in das Druckrohr (2) gefördert. Die Pumpen können hochviskose Schlämme mit einem Feststoffgehalt bis zu 40% fördern.

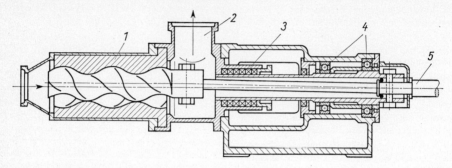

198.1   Verdrängerpumpe (Mohno-Pumpe), Längsschnitt
   1 Stator
   2 Druckrohr
   3 Stopfbüchse
   4 Kugellager
   5 Antriebswelle

Wenn Abwasser oder Schlamm mit hohem Gehalt an Schmutzstoffen oder Sand aus tiefen Schächten, Sandfang- oder Schlammtrichter gefördert werden soll, werden Druckluftheber (Mammutpumpen) verwendet (**198**.2). Vor der Förderung wird der Pumpenfuß (5) durch Druckwasser (3) freigespült. Dann wird durch Rohr (2) von einem Gebläse (1) Druckluft (3 bis 5 bar) in den Pumpenfuß (5) gegeben. Diese Druckluft mischt sich mit Wasser im Förderrohr (4) und verringert hier das spezifische Gewicht. Der Gegendruck der Wasserfüllung im Silo auf die Mündung des Förderrohres ist so groß, daß das Wasser-Sand-Luft-Gemisch im Förderrohr über die Wasserspiegelhöhe im Sandsilo hinaussteigt. Dieses Maß nennt man die Förderhöhe. Je nachdem wieviel Luft (2) eingegeben wird, läßt sich die Höhe der Förderung über den Wasserspiegel hinaus beeinflussen.

Es werden benötigt: 2 bis 3 l Luft zur Förderung von 1 l Wasser auf 15 m Förderhöhe, 5 l Luft zur Förderung von 1 l Wasser auf 60 m Förderhöhe.

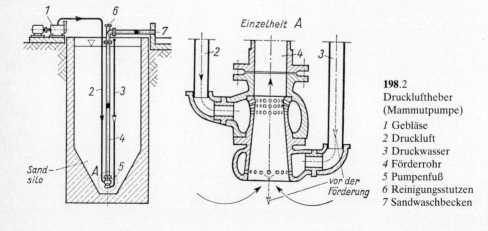

198.2
Drucklufteber
(Mammutpumpe)

1 Gebläse
2 Druckluft
3 Druckwasser
4 Förderrohr
5 Pumpenfuß
6 Reinigungsstutzen
7 Sandwaschbecken

Die Eintauchtiefe des Förderrohres muß das 0,7 bis 1,5fache der Förderhöhe betragen. Mammutpumpen fördern alle Stoffe, welche der Querschnitt des Förderrohres hindurchläßt. Das Förderrohr muß in einen offenen Behälter ausmünden, damit die Luft entweichen kann. Die Leistung der Mammutpumpe beträgt 0,5 bis 75 l/s auf 15 m Förderhöhe bei stark verschmutztem Abwasser.

Antriebsmaschinen sind hauptsächlich Elektromotoren. Sie haben Drehzahlen von ≈ 485 bis 2850 U/min und werden direkt mit der Welle der Kreiselpumpe gekoppelt oder über einen Keilriemen angeschlossen. Sie brauchen nur wenig Wartung, erfordern aber Niederspannung und damit eine Umspannanlage. Drehzahlregelung ist bei den üblichen Drehstrommotoren schlecht möglich, wird aber in besonderen Fällen zur Anpassung an wechselnde Fördermengen vorgenommen. Sie werden durch einen Motorschutzschalter (Schütz) eingeschaltet.

Dieselmotoren sind von der Stromzufuhr unabhängig und werden oft als Notaggregat verwendet. Sie haben Drehzahlen von 500 bis 1500 U/min und werden durch Riemen- oder Zahnradgetriebe mit den Pumpen verbunden. Sie müssen regelmäßig gewartet und mit Treibstoff versorgt werden.

Gasmotoren werden zur energiemäßigen Ausnutzung des Faulgases auf Kläranlagen eingesetzt. Dieses Gas hat einen Heizwert von ≈ 25 000 kJ/m³. Von den Gasmotoren können Generatoren zur Stromerzeugung, Pumpen oder Gebläse (zur Drucklufterzeugung) angetrieben werden. Ihre Drehzahlen liegen zwischen 400 bis 1800 U/min. Man setzt zwei Typen ein. Otto-Gasmotoren sind ohne flüssigen Kraftstoff zu betreiben. Das Gas-Luft-Gemisch wird in den Zylindern verdichtet, die Zündung wird durch eine Zündkerze zeitlich gesteuert. Bei mangelnder oder ausbleibender Gaszufuhr aus dem Faulraum muß auf elektrischen Strom oder Stadtgas zurückgegriffen werden. Diesel-Gasmotoren werden ebenfalls mit einem Gemisch von Gas und Luft betrieben, aber zur Zündung wird flüssiger Kraftstoff eingespritzt, der sich an dem heißen Gemisch entzündet und damit die ganze Zylinderladung zündet. Die Motoren können während des Betriebes bei Gasausfall automatisch auf Dieselbetrieb umgeschaltet werden. Durch eine Veränderung des Dieselkraftstoffanteils kann man sich der verfügbaren Klärgasmenge anpassen. In größeren Kläranlagen kann es vorteilhaft sein, beide Typen nebeneinander einzusetzen. Die Entscheidung für eine der beiden Typen ist von der Verbindung zur Fremdenergie, vom Faulbehälterbetrieb u. a. abhängig.

3.3.6.2 Pumpwerksarten

Das Pumpwerk wird nach der Aufstellungsart der Kreiselpumpen bezeichnet.

Pumpwerke mit Kreiselpumpe in horizontaler Aufstellung (**199**.1) haben bei mittelgroßem Grundriß eine kleine Bauwerkshöhe und sind für flachen Zulauf geeignet. Der E-Motor ist bei Hochwasser gefährdet. Es entfällt die motortragende Decke. Die Pumpen sind nicht selbstansaugend. Bei Aufstellung oberhalb des Einschaltwasserspiegels muß am Saugstutzen eine Entlüftung vorgesehen werden. Alle Maschinen sind leicht zugänglich.

Pumpwerke mit Kreiselpumpen in vertikaler Trockenaufstellung (**200**.1) kommen weniger häufig vor. Der Grundriß ist klein. Eine Zwischendecke ist erforderlich, um den Motor aufzustellen, der bei langer Welle hochwasserfrei stehen oder aber auch direkt auf der Pumpe sitzen kann (aufständern).

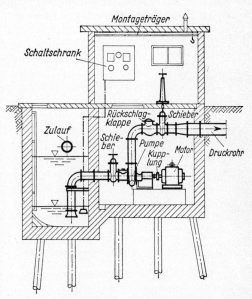

199.1 Kreiselpumpe in horizontaler Aufstellung

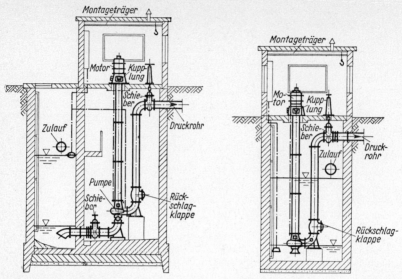

200.1 Kreiselpumpe in vertikaler Trockenaufstellung

200.2 Kreiselpumpe in vertikaler Naßaufstellung

Pumpwerke mit Kreiselpumpen in vertikaler Naßaufstellung (**200**.2) kommen
für kleinere Anlagen in Frage. Sie benötigen einen kleinen Grundriß. Der Motor steht
hochwasserfrei im Maschinenhaus, die Pumpe befindet sich darunter im Pumpensumpf;
damit entfällt das Nebeneinander von Pumpenraum und Pumpensumpf. Bei Störungen
ist die Pumpe nur zu erreichen, wenn der Pumpensumpf geleert wird. Siebkessel-
pumpwerke arbeiten vollautomatisch und sind sehr betriebssicher. Das zulaufende
Schmutzwasser wird durch einen Kessel mit horizontalem Sieb gefiltert bevor es den
Pumpensumpf erreicht und läuft den Kreiselpumpen als vorgereinigtes Abwasser zu. Die
Gefahr der Verstopfung ist gering. Es werden meist zwei Siebkessel mit je einer Kreiselpumpe vorgesehen. Während die eine das Schmutzwasser aus dem Pumpensumpf durch
ihren Siebkessel ins Druckrohr fördert und dabei die Schmutzstoffe mit herausdrückt,
läuft das Abwasser über den anderen Kessel zu. Die Pumpen fördern abwechselnd. Bei
großem Abwasseranfall arbeitet eine dritte Pumpe mit und fördert direkt ins Druckrohr.
Diese Pumpwerke erfordern einen großen Grundriß, arbeiten aber besonders hygienisch, da das Abwasser keine offenen Rechen und Pumpensümpfe durchfließt.

Pneumatische Hebeanlagen arbeiten mit Druckluft. Ein Kompressor saugt die Luft
aus dem Druckkessel, der sich mit Abwasser füllt. Dann drückt er den gefüllten Kessel
mit Druckluft leer, und das Abwasser strömt ins Druckrohr. Maschinenteile werden nicht
vom Abwasser berührt. Die Umschaltung von Saug- auf Druckstellung erfolgt automatisch.

3.3.6.3 Bau von Abwasserpumpwerken

Es gilt die allgemeine Entwurfsregel, Form und Größe des Bauwerkes nach den Be-
triebseinrichtuingen, also von innen nach außen zu konstruieren. Wichtigste Unterlage ist
die Einbauzeichnung der Maschinenteile. Hauptbestandteile eines Pumpwerkes sind
Pumpen-, Motoren- und Schaltraum, Pumpensumpf, Traforaum und die Betriebsräume.

Die Stationen des Abwassers in einem Pumpwerk sind Zulaufkanal − Rechen (falls erforderlich) − Sandfang (falls erforderlich) − Pumpensumpf − Saugrohr − Pumpe − Druckrohr − Auslaufschacht des Druckrohres − Vorflutkanal des Druckrohres.

Zu einem Abwasserpumpwerk gehören auch die verschiedensten Steuereinrichtungen: Handschaltung, wasserstandsabhängige Steuerungen, wie Schwimmschalter, Wasserstandsschalter und pneumatische Schaltung, weiterhin die elektrische Schaltung, die druckabhängige Steuerung, wie Druckschalter oder Kontaktmanometer, und schließlich die Zeitsteuerung. Die Absperrschieber (meist Gehäuseschieber) erlauben ein Absperren der Pumpen gegen Druckrohr und Pumpensumpf. Normalerweise sind sie geöffnet und werden entweder von Hand, hydraulisch oder pneumatisch geschlossen. Die Rückschlagklappe soll druckseitig zwischen Schieber und Pumpe liegen. Bei mehreren Pumpen erhält jede einen Schieber und eine Rückschlagklappe. Abwasserpumpstationen erfordern gute Lüftung durch Lüftungsrohre oder künstliche Belüftungsanlage. Da die am häufigsten vorkommende vertikale Pumpenaufstellung tiefe Gebäude erfordert, muß schon im Grundriß für Treppen und Podeste Platz vorgesehen werden, die die Station nicht nur besteigbar machen, sondern auch einfache Montagen und Besichtigungen von Besuchergruppen ermöglichen. Auch der Pumpensumpf soll durch eine Leiter zugängig sein.

Montageträger und -öffnungen sind unentbehrlich. Für größere Montagen, z.B. Ein- und Ausbau von Maschinenteilen, ist meist an der obersten Decke des Bauwerkes ein Träger mit Laufkatze und in jeder Zwischendecke eine Montageöffnung vorzusehen. Schließlich ist der Pumpenraum mit einer Lenzpumpe auszustatten, die aus einer Sammelrinne das Schwitz- und Reinigungswasser des Pumpenraumes in den Pumpensumpf fördert. Bei kleinen Anlagen genügt eine Handpumpe. Reinwasseranschluß ist immer zu empfehlen.

Bei der bautechnischen Gestaltung des Innern eines Abwasserpumpwerkes ist sowohl ästhetischen als auch hygienischen Forderungen Rechnung zu tragen. So sind z.B. Platten für Wände und Fußböden ein wichtiges Bauelement.

Kleine Pumpstationen. Wesentlichen Einfluß auf den einwandfreien Betrieb haben Wahl und Aufstellung der Pumpen, die sich ihrerseits wiederum auf die Konstruktion des Bauwerks auswirken.

Bei kleinen Stationen finden besonders Tauchmotor- mit Freistromrädern oder Kanalrädern ihr bevorzugtes Einsatzgebiet (s. Abschn. 3.3.6.1).

Der Pumpenraum ist wegen der Betriebssicherheit für zwei Pumpen auszulegen. Diese sollten durch Relaisumschaltung abwechselnd betrieben werden. Das Ein- und Ausschalten wird üblicherweise wasserspiegelgesteuert und die zweite Pumpe wird bei Erreichen des Eichpegels zugeschaltet.

Die leichtere Wartung, das schnellere Erkennen von Störungen und Verstopfungen spricht für eine Trockenaufstellung der Pumpen. Die kostengünstigere Bauausführung für eine Naßaufstellung mit wenig Platzbedarf und ohne Berücksichtigung der Überflutungssicherheit. Die moderne ex-geschützte Tauchpumpe ist heute so funktionssicher und wartungsarm (halbjährliche Inspektionen), daß die wirtschaftliche Ausführung mittels Tauchpumpen in kompakten, vorgefertigten Pumpenschächten oft bevorzugt wird.

Eine künstliche Lüftungsanlage, die etwa einen Luftwechsel von 10 l/h ermöglicht, ist für Kleinpumpwerke unwirtschaftlich. Die natürliche Belüftung über die Lüftungshaube im Schachtdeckel reicht für eine Durchlüftung des Schachtes vor dem Einsteigen aus. Verstopfungen können auch ohne Einstieg beseitigt werden, wenn die Pumpe über ein Spühlrohr, das an einen Hydranten angeschlossen werden kann, freigespült wird.

Die feuchtigkeitsgesättigte Luft im Schacht verlangt, daß alle Aggregate, Leitungen und Stahlkonstruktionen korrosionsgeschützt sind. Die Schächte sind durch Sicherheitssteigeisen oder stationäre Leitern besteigbar. Um Verschmutzungen und Unfälle zu vermeiden, sollten die Auftritte nicht bis in den Staubereich hineinreichen.

Das einfachste Kleinpumpwerk ist eingeschossig mit etwa ebenerdiger Abdeckung. Es wird immer bei geringer Schachttiefe oder bei Verwendung nur einer Pumpe zur Anwendung kommen.

Bei zweigeschossiger Ausführung brauchen die Tauchpumpen am Gestänge nur bis über die Zwischendecke gehoben zu werden, wofür Montagehaken in der Deckenplatte vorgesehen sind. Auf dem Gitterrost der Zwischendecke abgestellt, kann der Ölstand bequem kontrolliert, und die Pumpen abgespritzt werden.

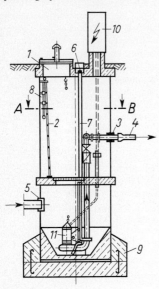

Schnitt A-B

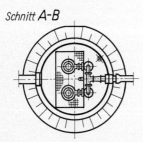

202.1   Zweigeschossiges Kleinpumpwerk

   1 Einstieg
   2 Leiter
   3 Asbestzement-Hülsen
   4 Druckleitung
   5 Asbestzement-Einbindekupplung
   6 Anschluß für C-Schlauch
   7 Spülleitung
   8 Ausziehbare Haltestange
   9 Fundamentplatte mit
      Auftriebssicherung
  10 Schaltschrank
  11 Tauchmotorpumpe

Die Ausführung mit Betriebshaus und Tür erleichtert das Begehen, ermöglicht die überflutungssichere Unterbringung des Schaltschrankes und das Aufbewahren von Werkzeugen und Ersatzteilen. Sanitäre Einrichtungen können installiert werden. Die Einbindungen der Rohre werden bauseits vorgenommen: für Beton- und Steinzeugrohre mit Asbestzement-Stutzen und Übergangskupplungen oder Beton- bzw. Steinzeugstutzen direkt eingebunden; für Stahlrohre mit Stahl- oder Asbestzement-Hülsen und Roll-, Stemm- oder Quetschgummidichtungen; für Asbestzement-Rohre mit Reka-Einbindekupplung.

Die Pumpensumpfsohle sollte um 10 bis 15 cm über die Sohlplatte aufbetoniert werden, um den Pumpen-Fußkrümmer ohne Schwächung der Bodenplatte verankern zu können. Die Trichterwände werden unter einem Neigungswinkel von 60° hochgezogen. Einen ausreichenden Speicherraum erzielt man wegen der Trichterausbildung weniger durch große Schachtquerschnitte als durch eine größere Schachttiefe. Zusätzlich kann auch der Zulaufkanal mit überdimensioniertem Querschnitt als Speicherraum genutzt werden.

Der Schachtdurchmesser richtet sich damit ausschließlich nach Aufstellung der Pumpen und der Leistungsführung. Als Platzbedarf kann für zwei Pumpen etwa ein Durchmesser von 1,5 bis 2,5 m angesetzt werden (maximale Förderleistung etwa 80 m^3/h). Asbestzement-Pumpen-Schächte können in der gewünschten Bauhöhe (bis 5 m) in einem Stück an die Baustelle geliefert werden. Sie können direkt auf das Betonfundament abgesetzt werden. Betonfertigteile werden bis zur erforderlichen Tiefe fugendicht aufeinandergesetzt. In diesen Bauweisen ist auch ein zweigeschossiger Pumpenschacht mit Fundament, Zwischendecke und vorgefertigter Abdeckung an einem Tag aufzustellen (**202**.1). Bei hohem Grundwasserstand wird zur Auftriebssicherung auf das Fundament oder die dann auskragende Zwischendecke ein Betonkranz aufgesetzt, der den Schacht $\geq$ 1,1fach gegen Auftrieb schwerer macht.

In besonderen Fällen können Betonringe, vertikale Walzbetonrohre oder Asbestzement-Schächte auch in Brunnengründung abgesenkt werden. Die Einbindungen und die Sohle werden dann nachträglich von innen oder außen eingesetzt.

Für besondere Betriebsarten oder Pumpenaggregate können z. B. Asbestzement-Behälter als Serienschächte hergestellt werden. Das Niederdruck- und Saugdrucksystem (Abschn. 3.3.6.8), die die Förderung von Abwasser unabhängig von der Topographie erlauben, benötigen Sammel- und Pumpenschächte (**203**.1). In Gebieten mit schlecht tragfähigen Böden, hohem Grundwasserstand, unzureichender Vorflut oder Streubesiedlung werden dann viele gleichartige Schächte erforderlich, so daß sich eine Standardausführung lohnt.

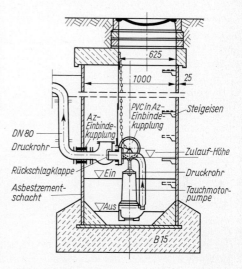

Im allgemeinen werden bei schlechten Vorflutverhältnissen und kleinen Gemeinden mit konventioneller Gefälleentwässerung mehrere kleine Pumpwerke erforderlich. Durch den weiteren Ausbau der Abwassernetze ist somit auch mit einer Zunahme der Hebe- und Pumpwerke zu rechnen. Hinzu kommt das Bestreben, unrentable oder unbefriedigend arbeitende kleine Kläranlagen stillzulegen und statt dessen das Abwasser zu größeren Zentralkläranlagen zu pumpen. Hierbei entsteht das Problem der langen Abwasserdruckleitungen (z. B. Anfaulung des Wassers).

203.1 Vertikalschnitt durch Kleinpumpwerk (Standardausführung bei Niederdruckentwässerungen)

3.3.6.4 Berechnung von Abwasserpumpwerken

Förderstrom. Der Förderstrom Q_p in l/s muß gleich oder größer als die Zulaufmenge Q_z in l/s sein ($Q_p \geqq Q_z$). Wenn Erweiterungen des Einzugsgebietes zu erwarten sind, macht man Zuschläge. Bei Stationen mit mehreren Pumpen wählt man den wechselnden Wassermengen entsprechend Pumpen verschiedener Leistung. Die Leistung der einzelnen Kreiselpumpe wird durch ihrer Charakteristik ausgedrückt. Der Betriebspunkt liegt in der Nähe des Wirkungsgradmaximums. Jede Änderung des Förderstromes, z. B. durch Drosseln des Druckrohres oder Ändern der Drehzahl n, verschlechtert den Wirkungsgrad.

Pumpensumpf. Kreiselpumpen arbeiten mit konstanter Leistung und können sich an wechselnde Wassermengen nur durch die Größe der Arbeitspause anpassen. Aufgabe des Pumpensumpfes ist es, die in der Pumppause zufließende Wassermenge zu speichern. Seine nutzbare Größe V wird zwischen Ein- und Ausschaltwasserspiegel gemessen. V ist abhängig von Q_p, Q_z und dem größtzulässigen Schaltspiel max i. Als Erfahrungsformel gilt

$$V \geqq \frac{0{,}9 \; Q_p}{\max i} \quad \text{in m}^3 \tag{203.1}$$

mit Q_p = Förderstrom in l/s, Q_z = zufließende Wassermenge
und i = Anzahl der Ein- bzw. Ausschaltungen je Stunde, für Abwasserpumpen, maximal 6 1/h $\leqq i \leqq$ 10 1/h. Man kann i auch schon bis auf 20 1/h erhöhen.

Die Formel der Gl. (203.1) wird aus dem Betriebsablauf bei Kanalradpumpen mit Pumpzeit und Pausenzeit abgeleitet. Es betragen:

die Füllzeit oder die Zeit der Pumppause $t_{Pause} = \dfrac{V}{Q_z}$; die Pumpzeit $t_p = \dfrac{V}{Q_p - Q_z}$;

Die Schaltzeit (Periode zwischen 2 Einschaltungen) $t_s = t_{Pause} + t_p = 3600/i$ in s.

Daraus erhält man: $i\,(t_{Pause} + t_p) = 3600$; $i\left(\dfrac{V}{Q_z} + \dfrac{V}{Q_p - Q_z}\right) = 3600$

$$i \cdot V\left(\frac{Q_p}{Q_z\,(Q_p - Q_z)}\right) = 3600; \quad i = \frac{3600 \cdot Q_z\,(Q_p - Q_z)}{Q_p \cdot V} \tag{204.1}$$

Hierin ist Q_p die konstante Förderleistung.

Das Schaltspiel i ist von Q_z abhängig. Es liegt zwischen 0 und einem Maximum:

$$\frac{di}{dQ_z} = \frac{3600}{Q_p \cdot V}\,(Q_p - 2\,Q_z) = 0; \quad Q_p = 2\,Q_z; \quad Q_z = \frac{Q_p}{2}$$

eingesetzt in Gl. (204.1)

$$V = \frac{3600 \cdot Q_p}{4 \cdot \max i} = \frac{900 \cdot Q_p}{\max i} \ \text{in l oder} \ \frac{0,9 \cdot Q_p}{\max i} \ \text{in m}^3 \ \text{mit } Q_p \text{ in l/s}$$

Da der nutzlose Absturz des Abwassers in den Pumpensumpf einen geodätischen Höhenverlust bedeutet, der durch einen Kosten erfordernden Energieaufwand wieder ausgeglichen werden muß, ist stets sorgfältig die Notwendigkeit eines Pumpwerkes zu prüfen.

Druckrohr. Während des Pumpens wird der Förderstrom Q_p ständig ins Druckrohr geschoben, während die gleiche Wassermenge am Auslauf das Rohr verläßt. Beim Abschalten der Pumpe belastet die Wassersäule im Druckrohr die sich schließende Rückschlagklappe. Bei großen Förderhöhen kann dies einen Rückstoß auf das Pumpwerk bewirken. Man hilft sich in diesen Fällen mit Schwungrädern, deren Trägheit die Pumpe langsam auslaufen läßt, mit Druckausgleichbehältern, oder Entlüftungsventilen. Das Druckrohr soll wegen des großen Volumens der ruhenden Wassersäule nicht zu groß bemessen sein. Stehendes Abwasser im unbelüfteten Durckrohr fault leicht. Deshalb muß die Fließgeschwindigkeit während der Förderung so groß sein, daß sich keine Schmutzstoffe ablagern, und während der Pumppause abgesetzte Stoffe wieder aufgenommen und weiterbefördert werden. Der Rohrquerschnitt darf wegen der Reibungsverluste aber auch nicht zu klein sein.

Man wählt die Fließgeschwindigkeit in den Grenzen $v = 0,8$ bis $2,4$ m/s. Für das Druckrohr gilt

$$A = \frac{Q_p}{v} \ \ \text{m}^2 = \frac{\text{m}^3/\text{s}}{\text{m/s}} \qquad\qquad d = \sqrt{\frac{4A}{\pi}} = 1,13\,\sqrt{A} \ \ \text{m} = \sqrt{\text{m}^2}$$

Druckrohre sollen mit wenig Krümmungen verlegt werden und möglichst stetig vom Tiefpunkt bis zum Auslauf steigen. An Leitungshochpunkten sind Entlüftungen, an Leistungsstiefpunkten Entleerungsstutzen vorzusehen. In Abständen von 200 bis 300 m sollten in Schächten Reinigungsflansche zwischen Schiebern vorgesehen werden. Als Rohrbaustoffe sind Stahl, Grauguß, Stahlbeton und bei kleineren Stationen Asbestzement und Kunststoffe geeignet (**209**.1).

Manometrische Förderhöhe h_D. Man versteht darunter die am Manometer ablesbare Flüssigkeitssäule. Sie setzt sich zusammen aus der geodätischen Förderhöhe H_{geo} = Höhenunterschied zwischen Ausschaltwasserspiegel im Pumpensumpf und, falls keine Hochpunkte dazwischen liegen, dem inneren Rohrscheitel am Druckrohrauslauf. Dazu kommt die Verlusthöhe h_r infolge Rohrreibung bei der Förderung, so daß $h_D = H_{geo} + h_r$. An sich gehören noch Ein- und Austrittsverluste, Krümmerverluste usw. dazu. Jedoch genügt es, bei Abwasserdruckrohren nur die Energieverluste im geraden Rohr anzusetzen. Man benutzt zur Ermittlung der Verlusthöhe die Formel von D'Aubisson und Weisbach mit λ nach Prandtl-Colebrook (s. Abschn. 2.5.3).

$$h_r = \lambda \; \frac{L}{d} \cdot \frac{v^2}{2\,g} \quad m = \frac{m}{m} \cdot \frac{(m/s)^2}{m/s^2}$$

λ = Verlustbeiwert, er fällt mit steigendem d
$\lambda \approx 0{,}03$ bis $0{,}025$ bei $d \leqq 500$ mm
$\lambda \approx 0{,}025$ bis $0{,}020$ bei $d > 500$ mm
d = Durchmesser des Druckrohres in m

genauere Ermittlung nach Moody-Diagramm (**205**.1)

L = Länge des Druckrohres in m
v = Fließgeschwindigkeit im Druckrohr in m/s
g = Erdbeschleunigung = 9,81 m/s^2

205.1
Moody-Diagramm

A = Kurve des **glatten** Verhaltens:

$$1/\sqrt{\lambda_o} = 2 \lg \left(\frac{Re \cdot \sqrt{\lambda_o}}{2{,}51} \right)$$

B = Bereich des **rauhen** Verhaltens:

$$1/\sqrt{\lambda} = 2 \lg \left(\frac{3{,}71 \cdot d}{k} \right)$$

C = **Übergangs**bereich:

$$1/\sqrt{\lambda} = -2 \lg \left(\frac{2{,}51}{Re \cdot \sqrt{\lambda}} + \frac{k}{3{,}71 \cdot d} \right)$$

—--   interpolierte Kurven nach Nikuradse
      zwischen $d/k = 30$ und $d/k = 1000$

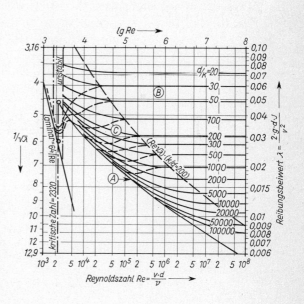

Motorleistung. Man benutzt die Formeln

$$P = \frac{\gamma \cdot Q_p \cdot h_D}{102\,\eta_p \cdot \eta_M}\,1{,}2 \quad \text{in kW} \quad \text{oder} \quad P = \frac{\varrho \cdot g \cdot Q_p \cdot h_D}{1000\,\eta_p \cdot \eta_M}\,1{,}2 \quad \text{in kW} = \frac{\text{kg} \cdot \text{m} \cdot \text{m}^3 \cdot \text{m} \cdot \text{kW}}{\text{m}^3 \cdot \text{s}^2 \cdot \text{s} \cdot \text{Watt}}$$

$$(205.1)$$

$m^2 \cdot kg/s^3 = \text{Watt aus } F \cdot g \cdot m/s = kg \cdot m/s^2 \cdot m/s = \text{Watt}$

Hierin bedeuten:

ϱ = Dichte der Förderflüssigkeit in kg/m³ Hilfsgrößen:
g = Normalfallbeschleunigung in m/s²   1 N = 1 kg · m/s²
h_D = manometrische Förderhöhe in m   1 Watt = 1 N · m/s
Q_p = Förderstrom in m³/s
η_p = Wirkungsgrad der Pumpe (überschläglich) η_M = Wirkungsgrad der Antriebsmaschine ein-
geschlossenes, mehrfach   schließlich Kraftübertragung (überschläg-
beschaufeltes Kanalrad   = 0,8 bis 0,9   lich) Drehstrommotor mit Riementrieb
2- bis 3-Kanalrad   = 0,75 bis 0,85 oder mit direkter Kupplung und
Ein-Kanalrad   = 0,5 bis 0,8   vertikaler Welle   = 0,85
Mammutpumpen   = 0,3 bis 0,4   Drehstrommotor
Schneckenhebewerke $\approx$ 0,6   mit direkter Kupplung
Freistromrad   = 0,45 bis 0,6   und horizontaler Welle   = 0,85
Siebkesselanlagen   = 0,3   Dieselmotor   = 0,35
pneumatische Hebeanlagen   = 0,3 bis 0,4   Gasmotor   = 0,3

Die genauen Wirkungsgrade sind abhängig von der Förderleistung

Falls die Maschinenbaufirma die Leistungsberechnungen nicht selbst durchführt, sind die genauen η-Werte dort zu erfragen.

Bei Motoren von Schlammpumpen schlägt man 50 bis 60% zum errrechneten Leistungsbedarf hinzu. Man berücksichtigt damit die Zähflüssigkeit des Schlammes und hat einen Leistungsüberschuß zum periodischen Freispülen der Leitungen.

3.3.6.5 Berechnungsbeispiel (206.1 und 206.2)

Ein Siedlungsgebiet mit 8000 E soll an eine Pumpstation angeschlossen werden. Wasserverbrauch Q_d = 160 l/(E · d) einschließlich Fremdwasser, Trennsystem.

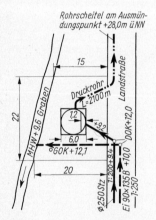

206.1 Lageplan einer Pumpstation

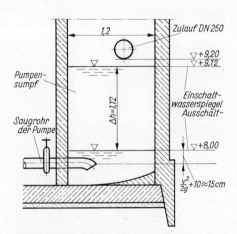

206.2 Längsschnitt durch den Pumpensumpf

Wassermengen

$$\max Q_z = Q_{14} = \frac{8000 \cdot 160}{14 \cdot 3600} = 25{,}4 \text{ l/s} \quad \text{und nachts} \quad Q_z = Q_{37} = \frac{8000 \cdot 160}{37 \cdot 3600} = 9{,}6 \text{ l/s}$$

Zahl der Pumpen

Gewählt: 2 Pumpen mit je $Q_{p1,2} = 30$ l/s $= 108$ m³/h und 1 Pumpe mit $Q_{p3} = 15$ l/s $= 54$ m³/h

Pumpensumpfgröße für $Q_{p1,2} = 30$ l/s und max $i = 6$ 1/h

$$\text{erf. } V = \frac{0,9 \cdot 30}{6} = 4,5 \text{ m}^3$$

Grundfläche = Kreisabschnitt des Senkbrunnens mit $d = 6$ m, Pfeilhöhe 0,4 $r = 1,2$ m; entspricht nach Tafel **69**.1 der Füllhöhe von 20%.

$$\text{Grundfläche } A = 0,447 \, r^2 = 0,447 \cdot 3^2 = 4,0 \text{ m}^2$$

$$\Delta h = \frac{4,5}{4,0} = 1,12 \text{ m} = \text{Wasserspiegeldifferenz im Pumpensumpf}$$

Druckrohr

Gewählt: $v = 1,0 \dfrac{\text{m}}{\text{s}}$ $A = \dfrac{0,03}{1,0} = 0,03$ m² $d = 1,13 \sqrt{0,03} = 0,196$m

Gewählt: $d = 0,2$ m   mit $A = 0,0314$ m²   vorh $v = \dfrac{Q_{p1}}{A} = \dfrac{0,030}{0,0314} = 0,96$ m/s

bei Q_{p3}: vorh $v = \dfrac{Q_{p3}}{A} = \dfrac{0,015}{0,0314} = 0,48$ m/s

Diese Geschwindigkeit ist nicht ausreichend. Bei $v \leqq 0,6$ m/s besteht die Gefahr der Schmutzstoffablagerung im Druckrohr. Man kann aber annehmen, daß beim Tagesbetrieb mit $v = 0,96$ m/s Ablagerungen wieder aufgenommen und weitertransportiert werden. Zur Spülung kann man die Pumpen 1 und 2 parallel laufen lassen.

Manometrische Förderhöhe h_D

bei $Q_{p1,2}$

$H_{geo} = 28,0 - 8,0$ $= 20,0$ m

$h_r = 0,03 \dfrac{2100}{0,2} \cdot \dfrac{0,96^2}{2 \cdot 9,81}$ $= 14,8$ m

h_D $= 34,8$ m

bei Q_{p3}

H_{geo} $= 20,0$ m

$h_r = 0,03 \dfrac{2100}{0,2} \cdot \dfrac{0,48^2}{2 \cdot 9,81}$ $= 3,7$ m

h_D $= 23,7$ m

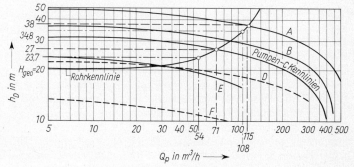

207.1
Ausschnitt aus einem
Diagramm von
Pumpenkennlinien

Nach dieser Vorberechnung muß mit Hilfe der Pumpenkennlinien (**207**.1) der Pumpentyp gewählt und die Rechnung ggf. wiederholt werden. Es würde sich für $Q_{p1,2}$ der Pumpentyp A mit $Q_p = 115$ m³/h = 32 l/s > 108 m³/h und $h_D = 38$ m > 34,8 m eignen. Für Q_{p3} käme Typ C mit $Q_p = 71$ m³/h = 19,7 l/s > 54 m³/h und $h_D = 27$ m > 23,7 m in Frage.

Wenn man nicht die volle Rohrkennlinie zeichnen will, genügt es, einen Punkt vor und einen hinter dem Schnittpunkt mit der Pumpenkennlinie zu berechnen und zu verbinden (eingabeln).

Motorleistung. (Kanalradpumpe mit vertikaler Welle und direkter Kupplung, einschließlich 20% Leistungszuschlag.) Gl. (205.1)

$$P_{1,2} = \frac{\varrho \cdot g \cdot Q_p \cdot h_D}{1000\, \eta_p \cdot \eta_M} \cdot 1,2 = \frac{1000 \cdot 9,81 \cdot 0,032 \cdot 38}{1000 \cdot 0,85 \cdot 0,7} \cdot 1,2 = 24,1 \text{ kW}$$

$$P_3 = \quad = \frac{1000 \cdot 9,81 \cdot 0,0197 \cdot 27}{1000 \cdot 0,85 \cdot 0,7} \cdot 1,2 = 10,5 \text{ kW}$$

Wegen der eingesetzten η-Werte nur überschläglich.

Vorhandenes Schaltspiel

$$V + Q_z \cdot t_p = Q_p \cdot t_p \tag{208.1}$$

Inhalt des Pumpensumpfes und die über die Pumpzeit t_p zufließende Wassermenge Q_z muß der während der Pumpzeit t_p geförderten Wassermenge Q_p entsprechen.

bei $Q_z = Q_{14}$ bei $Q_z = Q_{37}$

$t_{p1,2}$ = Pumpzeit während einer Schaltung in s für Pumpe 1 oder 2

$$t_{p1,2} = \frac{V}{Q_p - Q_{14}} = \frac{4500}{32 - 25,4} \qquad t_{p3} = \frac{4500}{19,7 - 9,6} = 446 \text{ s} = 7,4 \text{ min}$$

$$= 682 \text{ s} = 11,4 \text{ min} \qquad V = Q_{14} \cdot t_{Pause} \quad t_{Pause} = \text{Dauer der Pumppause in s}$$

$$\tag{208.2}$$

$$t_{Pause} = \frac{V}{Q_{14}} = \frac{4500}{25,4} = 177 \text{ s} = 2,95 \text{ min} \quad t_{Pause} = \frac{V}{Q_{37}} = \frac{4500}{9,6} = 469 \text{ s} = 7,8 \text{ min}$$

$$t_s = t_{p1,2} + t_{Pause} = 11,4 + 2,95 = 14,35 \text{ min} \qquad t_s = t_{p3} + t_{Pause} = 7,4 + 7,8 = 15,2 \text{ min}$$

t_s = Dauer zwischen 2 Einschaltungen = Schaltzeit

$$i = \frac{60}{14,35} = 4,2 \text{ 1/h} < 6 \text{ 1/h} \qquad i = \frac{60}{15,2} = 3,95 \text{ 1/h} < 6 \text{ 1/h}$$

Die Berechnung der Pump- und Pausenzeiten spielen bei Stationen, die in ein gemeinsames Druckrohr fördern eine besondere Rolle. Die Zeitperioden werden dann wechselseitig zur Förderung ausgenutzt.

3.3.6.6 Abwasserdruckrohrleitungen (209.1)

Bei der Wahl der Rohrleitungstrasse wird es nur selten möglich sein, die kürzeste Verbindung zwischen Pumpstation und Ausmündungsschacht zu wählen. Die Nutzung des Geländes zwingt zur Anlehnung an Straßen, Wasserläufe, Flurgrenzen usw. Die Trasse sollte außerhalb der Straßenkörper liegen, notwendigenfalls im Gehweg. Fremde Geländestreifen sind durch eine Grunddienstbarkeit zu sichern. Spätere Verwendung des Geländes ist zu prüfen, weil sonst ggf. Umlegungen erforderlich werden. Überbauung der Druckleitung ist nicht erlaubt. Wenn Kreuzungen mit Verkehrswegen unvermeidlich sind, empfiehlt es sich, die Bundesbahn-Vorschrift über Kreuzungen von Wasserleitungen mit Bundesbahngelände (DVGW-Regelwerk [17]) bzw. örtl. Straßenbauvorschriften anzuwenden. Schutzrohre mit entsprechendem Differenzquerschnitt und beiderseitigen Kontrollschächten sind erforderlich. Die Punkte horizontaler Richtungs-

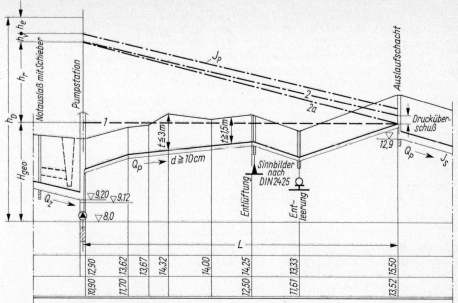

209.1 Längsschnitt einer Druckrohrleitung

  1   hydrostatische Drucklinie
  2   tatsächliche hydrodynamische Drucklinie
  2a   gerechnete hydrostatische Drucklinie
  h_v Geschwindigkeitshöhe = $v^2/2g$
  h_e Eintrittsverluste (durch Armaturen in der Pumpstation) = $\lambda \cdot v^2/2g$
  h_D, Hgeo, h_r s. S. 207

änderung sind bei nicht zugfesten Rohrverbindungen durch Widerlager gegen Verschieben zu sichern.

Beim Entwurf der Druckleitungen im Längsschnitt sollte eine von der Pumpstation zum Auslauf steigende Höhenlage angestrebt werden. Dies ist nur selten, bei kurzen Leitungen, möglich. Unvermeidliche Hochpunkte erhalten Entlüftungsvorrichtungen, welche kurz hinter dem Hochpunkt angelegt werden. Tiefpunkte erhalten Entleerungsvorrichtungen, welche durch eine Vorflut oder ein Sammelbecken ergänzt werden können. Eine innere Frostgefahr besteht für Abwasserdruckrohre bei großen Pumppausen. Da auch Grund- und Sickerwasser außen gefrieren und damit das Rohr zerstören können, ist es notwendig, die frostfreie Verlegung anzustreben, d. h. $\geqq 1,5$ m Rohrüberdeckung. Zu große Überdeckungshöhen, $\geqq 3,0$ m, erschweren notwendige Instandsetzungsarbeiten.

Am Ende des Druckrohres ist ein Auslaufbauwerk vorzusehen. Es ist grundsätzlich mit überschüssiger Druckenergie an der Druckrohrmündung zu rechnen. Diese ist unschädlich zu machen. Bei kleinen Wassermengen genügt eine vertikale Abkrümmung des Rohres, bei größeren ist ein Tosbecken erforderlich. Die Art des Auslaufbauwerkes hängt von der weiteren Vorflut des Abwassers ab. Bei anschließenden Gefälleleitungen wählt man einen (evtl. vergrößerten) Schacht; vor Kläranlagen und kleineren Wasserläufen mündet man in einem Tosbecken mit Vorflut zu den offenen Gerinnen bzw. zum Wasserlauf aus; bei größeren Gewässern geschieht die Einleitung direkt, jedoch mit überdeckendem Wasserpolster und Sicherung der Einleitungsstelle (Strömung).

Bei der Auswahl des Rohrmaterials ist die Beanspruchung zu berücksichtigen. Die normalen Betriebsdrücke in den Abwasserdruckrohren sind meist so gering, daß der Nenndruck des verwendeten Rohres nicht ausgenutzt wird. Kritisch sind Druckstöße, die beim Ausschalten der Pumpen durch das Zurückfallen der Wassersäule auftreten können. Diese werden durch Abreißen des Wasserkörpers an Hochpunkten infolge entstandener Lufteinschlüsse gefördert. Es treten zunächst Unterdrücke auf, denen Druckstöße im unteren Ende des Rohres folgen. Diese können mehrfach so hoch wie die hydrostatische Druckhöhe sein. Man sollte dies bei der Nenndruck-Auswahl für die Rohre beachten. Diese Drücke sind auch von den Widerlagern der Rohrkrümmungen und den Festflanschen der Rohreinführung in der Pumpstation aufzunehmen.

Die äußeren Kräfte entstehen durch Erddruck und Verkehrslast (vgl. Abschn. 2.8). Hier kann die Verkehrslast bei flach verlegten Rohren große Spannungen hervorrufen. Die Rohre sind ggf. zusätzlich zu sichern. Der Erddruck wird i. allg. aufnehmbar sein. Biegezugspannungen und Längskräfte können durch Rohrdehnungsstücke in ihrer Wirkung verringert werden.

Der Werkstoff der Rohre hängt von Durchmesser, Länge, Verlegebedingungen, Druckhöhen, Pumpenart, der chemischen Angriffsfähigkeit des Abwassers u. a. ab. Zur Auswahl stehen Gußeisen, duktiles Gußeisen, Stahl, Schleuderbeton, Stahlbeton, Asbestzement und Kunststoff-Rohre.

Stahl- und auch Gußrohre müssen innen durch Bitumen, Steinkohlenteerpech, Epoxyharze oder Zement; außen durch Wicklungen von Glasvliesbahnen mit Teerpech oder Bitumen und Kathodenschutz gegen chemische Angriffe gesichert werden. Beton und Asbestzement erhalten erforderlichenfalls gleiche Anstriche. Polyäthylen ist durch Chlor-Kohlenwasserstoffe, Benzin, Mineralöle, Äther u. a. gefährdet (Tafel **136**.1).

Druckstöße. Beim plötzlichen Absperren oder Drosseln des Wasserstromes, aber auch beim Abstellen einer fördernden Pumpe können, insbesondere bei langen Rohrleitungen, Wasserschläge (plötzliche, starke Drucksteigerungen) auftreten, die für die Armaturen, für die Rohrleitung und die Pumpe selbst gefährlich werden können.

Die in einer Rohrleitung fließende Wassermasse besitzt eine Geschwindigkeitsenergie. Diese kann nicht vernichtet, sondern nur in Arbeitsleistung umgewandelt werden. Beim plötzlichen Abbremsen der bewegten Wassermassen wird sie in Druckenergie verwandelt, die bis zum Bruch führen kann. Die Größe der Drucksteigerung hängt von der Zeit ab, in welcher Dehnarbeit zu leisten ist, und von der Dehnfähigkeit des Materials. Je elastischer das Material, desto geringer die Drucksteigerung.

Wasserschläge beim Drosseln oder Sperren können durch langsames Schließen des Absperrorganes verhindert werden.

Beim Abstellen einer Pumpe hört ihre Förderung sofort auf, weil der Förderdruck quadratisch mit der Drehzahl zurückgeht und die Drehzahl der rotierenden Teile von Pumpe und Motor mangels Schwungmasse rasch abnimmt. Die in der Saug- und Druckleitung in Bewegung befindliche Wassermasse wird durch den an der Auslaufstelle vorhandenen Gegendruck, den statischen Gegendruck und Rohrwiderstand abgebremst. Je kleiner diese Gegenkräfte sind, um so länger dauert die Bremsung.

Bei langen Druckleitungen mit großer Wassersäule wird diese nicht gleichzeitig mit dem Aufhören der Pumpenförderung zum Stillstand kommen. Die bewegten Massen saugen Wasser durch die Pumpe und die Saugleitung nach, und es kann sich in der Druckleitung ein Unterdruck bilden, der zum Abreißen der Wassersäule führt. In der Druckleitung treten Druckschwingungen auf. Nach dem Stillstand der Massen bricht das Vakuum zusammen, und es entsteht ein starker Schlag durch die plötzliche Druckerhöhung und die zurückfallende Wassersäule.

Druckschwingungen können auch entstehen, wenn von mehreren laufenden Pumpen eine abgeschaltet wird.

Wasserschläge und -schwingungen können auch durch nicht geeignete Rückschlagklappen oder Rückschlagventile verursacht werden. Wenn diese nicht gleichzeitig mit dem Stillstand der Druckwassersäule schließen, fließt aus der Druckleitung Wasser in den Brunnen zurück. Dabei wird dann das Ventil oder die Klappe zugerissen, und es entsteht ein kräftiger Schlag, verbunden mit länger anhaltenden Schwingungen. Zur Vermeidung solcher Schläge sind bezüglich ihres Querschnittes reichlich bemessene Ventile zu verwenden. Rückschlagventile oder Klappen sollen möglichst federbelastet sein. Die praktisch masselose Gegenkraft der Feder bewirkt ein rasches Schließen.

Zur Vermeidung von Wasserschlägen beim Abstellen von Pumpen gibt es mehrere Möglichkeiten:

1. Drosseln der Fördermenge vor dem Abstellen der Pumpe so weit, daß nur noch eine geringe Fließgeschwindigkeit herrscht.

Die Drosselung der Fördermenge kann auch mittels Elektroventilen vorgenommen werden. Diese schließen dann, bevor die Pumpe abschaltet. Wenn für die Schließzeit das 20- bis 40fache der Reflexionszeit μ der Druckwelle gewählt wird, entsteht in der Regel kein Wasserschlag.

2. Wenn ein Abreißen der Wassersäule beim Abstellen der Pumpe zu erwarten ist, empfiehlt sich der Einbau eines möglichst federbelasteten Rückschlagventiles mit Umführungsleitung knapp oberhalb der Stelle, an welcher das Abreißen der Wassersäule zu erwarten ist. Auch Gegengewichte und Hydraulikdämpfer sind möglich.

3. Anordnung eines Windkessels nahe der Pumpe und dessen Verbindung mit der Druckleitung durch eine Stichleitung. Die Größe des Kessels muß berechnet werden.

4. Einbau von schweren Massen (Schwungrädern) zwischen Motor und Pumpe, die ein langsames Auslaufen der Pumpe bewirken.

Druckstoßberechnung (überschläglich): Die Zeit für die Fortbewegung der Druckwelle von der Pumpe zum Druckleitungsende und zurück bezeichnet man als Reflexionszeit μ

$$\mu = \frac{2 \cdot L}{a} \qquad\qquad s = \frac{m \cdot s}{m}$$

L = Länge der Rohrleitung in m
a = Geschwindigkeit der Druckwelle (Schallgeschwindigkeit) in m/s. Sie ist abhängig vom Rohrdurchmesser:
    1200 bis 1300 m/s bei Stahlrohren
    1000 bis 1200 m/s bei Gußeisenrohren
     300 bis   400 m/s bei PVC-Rohren
     200 bis   300 m/s bei PE-Rohren

Die Größe eines Wasserschlages ist abhängig vom Betriebspunkt der Pumpe und vom Rohrleitungssystem. Den theoretischen Höchstwert für den Wasserschlag kann man nach folgender Formel berechnen:

$$\max H = \frac{a \cdot v}{g} \qquad\qquad m = \frac{m \cdot m \cdot s^2}{s \cdot s \cdot m}$$

v = Fließgeschwindigkeit im Druckrohr in m/s
g = Normalfallbeschleunigung = 9,81 m/s^2

Um die Druckstoßgefahr abschätzen zu können, sollte man folgende Fragen prüfen:

1. Ist die nach Formel $\max H = \dfrac{a \cdot v}{g}$ ermittelte Wasserschlaghöhe größer als die manometrische Förderhöhe der Pumpe im Betriebspunkt oder größer als der maximal zulässige Rohrleitungsdruck?

2. Schließt irgendein Ventil in der Rohrleitung in kürzerer Zeit als der Reflexionszeit μ?

3. Verläuft die Rohrleitung über ausgeprägte Hochpunkte?

Falls einer dieser Punkte zutrifft, sollte man Vorkehrungen gegen Druckstöße treffen.

3.3.6.7   Ausführungsbeispiele größerer Abwasserpumpwerke

Abwasserpumpwerk   Gladbeck-Hahnenbach (212.1). Dieses Pumpwerk ist eine der vielen Anlagen der Emschergenossenschaft im Ruhrgebiet und steht im Tiefpunkt eines Senkungsgebietes. Die Antriebsmotore liegen hochwasserfrei, die Zwischenwellen sind $\approx$ 12 m lang.

Die Pumpen haben folgende Leistungen:

Nr.	Pumpe		Motor		
	Q_p l/s	h_D m	kW	Volt	n U/min
1	500	12	105	380	730
2	500	12	105	380	730
3	1000	16	245	5000	580
4	2000	16	445	5000	485
5	2000	16	445	5000	485
6	2000	16	445	5000	485

Mischwasserpumpwerk Lübeck-Burgtor (212.2). Es ist ein Rundbau. Der Einlaufkanal mündet in den Pumpensumpf, der den Pumpenkeller im Halbkreis umschließt. Trommelrechen mit Unterwasserzerkleinerung und hochfahrbaren Gittertafeln sind vorgeschaltet. Am Ende des Pumpensumpfes sind für den Wasseranfall bei Starkregen drei Propellerpumpen aufgestellt. Der Trockenwetterzufluß wird von Kanal- und Schraubenradpumpen gefördert, die im Pumpenkeller stehen und wasserstandsabhängig mit einer Maelger-Druckschaltung gesteuert werden. Die runde Bauform fordert eine radiale Vereinigung der Druckstutzen. Die Hauptdruckleitung verläßt hinter einem Sammelbehälter in Form von drei Leitungen (DN 600) das Pumpwerk.

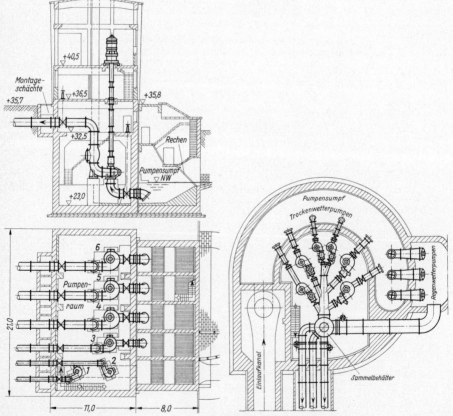

212.1   Abwasserpumpwerk   **212**.2   Mischwasserpumpwerk

Mischwasserpumpwerk Hamburg-Hafenstraße (213.1). Das Abwasser wird diesem Pumpwerk aus drei Stadtteilen zugeleitet. Grobe Schwimmstoffe hält eine Rechenanlage zurück; das übrige Rechengut wird unter Wasser zerkleinert und durchströmt die Pumpen. In Sandfängen wird der mitgeführte Sand ausgeschieden, um die Pumpen vor Abrieb zu schützen. Das Abwasser wird aus dem Pumpensumpf über Druckausgleichs-Entlüftungsturm, Druckrohrleitung und Elbdüker zum Klärwerk Köhlbrandhöft gefördert. Bei Trockenwetter fallen 350000 m³/d Abwasser an.

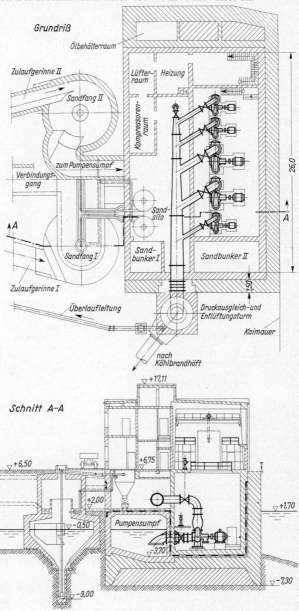

213.1
Mischwasserpumpwerk

3.3.6.8   Entwässerungssysteme im Druck- oder Saugverfahren

Druckentwässerung. Sie besteht aus einem Druckrohrnetz, möglichst in Ringanordnung mit Anschluß-Druckrohrleitungen und Schmutzwasserförderanlagen für jeden Anschlußnehmer (**214**.1). Die Regenwasserableitung muß in konventioneller Bauweise erstellt werden oder entfällt. Ablagerungen werden durch automatische Spülstationen beseitigt. Als Förderaggregate werden pneumatische (Druckluftheber = Hochdruckentwässerung) oder hydraulische (Tauchmotor-Pumpen = Niederdruckentwässerung wegen der geringeren erreichbaren Förderdrücke) eingesetzt.

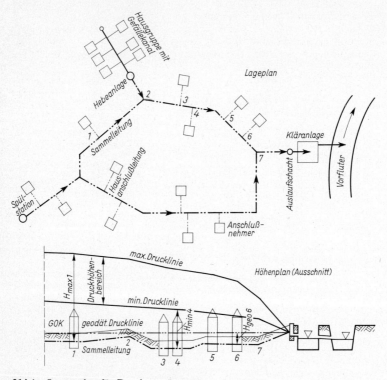

214.1   Systemplan für Druckentwässerung

Eine gleichzeitige Verwendung beider Aggregatgruppen in einem System ist nur nach Angleichung der Fördercharakteristiken möglich [88].

Die Druckentwässerung wird im wesentlichen aus wirtschaftlichen Gründen angewandt. Folgende örtliche Bauverhältnisse begünstigen ihren Einsatz:

1. Weitläufige Bebauung (Streusiedlung oder Wohnblocks in großem Abstand);

2. Fehlendes Geländegefälle (Gefälleleitungen würden sehr große Tiefen erreichen, z.B. Siedlungen in der Marsch);

3. Ungünstiger Baugrund (flach verlegte Druckrohre erfordern keine Gründung oder Bodenaustausch);

4. Hoher Grundwasserstand (entscheidende Kostenfrage, meist kann die Grundwasserhaltung bei flachen Druckrohren vermieden werden);

5. Bebauung in Tiefgebieten (Teilgebiete einer Ortsentwässerung werden an das hochliegende Hauptgebiet angeschlossen);

6. Vorteile bei der Baudurchführung (größere Schnelligkeit beim Leitungsbau, geringere Verkehrsbehinderung, schmale Rohrgräben, Durchpressung der Hausanschlüsse);

7. Kein Fremdwasser.

Die Nachteile liegen in der Kostenverlagerung vom öffentlichen in den privaten Bereich mit den höheren Kosten für die Förderaggregate gegenüber einer normalen Grundstücksentwässerung.

Die Bemessung der Druckentwässerung erfolgt nach Einwohnerzahl oder Wassermenge (**215**.1). Rohrnennweite $\geqq$ 100 mm für die Sammelleitung, Hausanschlüsse $\geqq$ 80 mm. Es wird für den gewählten Rohrdurchmesser der Reibungsverlust entlang der ganzen Rohrleitung errechnet. Verlusthöhe zuzüglich der geodätischen Förderhöhe darf die max. manometrische Förderhöhe der Förderaggregate nicht übersteigen ($\approx$ 40 m), sonst erneute Dimensionierung mit größeren Rohrdurchmessern.

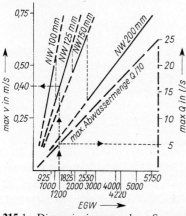

215.1 Dimensionierung der Sammeldruckrohrleitungen nach Einwohnerzahl oder Abwassermenge. Für so dimensionierte Strecken sind Rohrreibungsverluste zu ermitteln nach Prandtl-Colebrook mit $k = 0,007$ mm und 25% Aufschlag für Abwasser und mit gegenüber dem Diagramm verdoppelten max. Q-Werten [88]

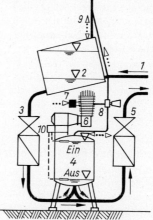

215.2 Schema einer pneumatischen Druckanlage [88]

1 Schmutzwasserzulauf
2 Vorbehälter mit Alarmschaltung
3 Umlauf mit Absperrschieber und Rückflußverhinderer
4 Arbeitsbehälter mit Ein-Aus-Schaltung
5 Druckrohrleitung mit Absperrschieber und Rückflußverhinderer
6 Luftkompressor
7 Ansaugfilter und Schalldämpfer
8 Druckluft- und Entspannungsleitung mit Magnetventil
9 Be- und Entlüftungsleitung
10 Schaltkasten

Die Förderaggregate (**215**.2) werden in Wohngebäuden durch den Badablauf am stärksten belastet. In Standardausführungen reichen pneumatische Druckanlagen für 10 EGW und 1 Badewanne, bei Saugdruckanlagen für 20 EGW und 2 Badewannen aus. Bei größeren Leistungen werden die Kompressoren verstärkt oder vermehrt, die Sammelbehälter vergrößert oder Doppelanlagen verwendet. Hydraulische Aggregate (Tauchmotorpumpen) werden nach Pumpen- und Rohrkennlinien bemessen (Abschn. 3.3.6.4).

Saugentwässerung (Vakuumentwässerung). Das System beruht auf dem Prinzip der Vakuumerzeugung in Transportleitungen für Abfälle und Abwasser. Luft dient anstelle von Wasser als Transportmittel. Das Leitungssystem erhält durch eine Vakuum-Pumpe Unterdruck. Die Schmutzwassermenge wird als Pfropfen in die Leitung gezogen. Der Transport in Kunststoffleitungen DN 65 bis DN 150, NP 10 endet in einem Sammelbehälter. Von dort kann das Abwasser dann konventionell, durch SW-Pumpe, weitertransportiert werden.

Die Rohre werden mit Hoch- und Tiefpunkten versehen, damit sich Abwasserpfropfen bilden, die dann vom Luftdruck gegen das Vakuum bewegt werden.

Die Hausinstallationen werden normal, wie bei Gefälleentwässerung, ausgeführt. Der Anschluß der Hausanschlußleitung an das Vakuum-Transportnetz erfolgt entweder im Keller des Gebäudes oder in einem Schacht davor. Er besteht aus einem Rohrstauraum von $\geq$ 30 cm Höhe, einem Steuerkasten, einem Revisionsstück und dem Absaugventil. Zu einem Transportpfropf stauen sich etwa 8 bis 12 l Schmutzwasser vor dem Ventil. Diese Menge öffnet über den Steuermechanismus das Ventil. Der atmosphärische Luftdruck schiebt die Fracht in das Transportrohr. Es folgt eine weitere Luftmenge für den Transport, bevor das Ventil wieder schließt.

Regenwasser wird konventionell abgeleitet. Jede Wohneinheit bzw. jede Hauseinheit sollte einen eigenen Anschluß haben.

Die Saugentwässerung kann auf kleinere SW-Gebiete ausgedehnt werden, max. Länge der Hauptsammelleitung $\approx$ 2 km. Die Vorteile entsprechen denen der Druckentwässerung mit wesentlich geringerem Aufwand für den Hausanschluß. Die Bebauung sollte nicht zu weitläufig sein. Anwendungsgebiete: kleinere Wohngebiete, Campingplätze, Sommerhausgebiete, komplexe Grundstücksentwässerungen (Krankenhäuser, Kasernen u. a.).

3.3.7 Unterhaltung und Betrieb der Entwässerungsanlagen

Unter „Kanalbetrieb" versteht man die funktionelle (betriebliche) und die bauliche Unterhaltung aller Anlagen der Ortsentwässerung. Seine Einrichtungen sind stark von der Größe der Ortschaft abhängig. In der Regel ist es in den Städten Aufgabe der Entwässerungsämter, die Überwachung, Reinigung und Unterhaltung durch eigenes ortskundiges Personal durchzuführen. Lediglich Neubauten im Rahmen des Betriebes werden i. allg. an private Unternehmen vergeben.

Abwasserleitungen sind von Zeit zu Zeit zu reinigen. Dies wäre nicht notwendig, wenn bei der Planung stets die Mindestforderungen der Hydraulik erfüllt werden könnten. Gefälle und Querschnitt der Leitungen lassen sich jedoch nicht immer so wählen, daß Verschlammung, Sandablagerung oder Rückstau vermieden werden.

Eine Kanalstrecke ist zu reinigen, wenn

1. Ablagerungen so stark werden, daß das Abwasser nicht mehr ungehindert ablaufen kann und Rückstau bereits Ablagerungen im Oberlauf erzeugt,

2. Ablagerungen die Hausanschlüsse verstopfen und das Abwasser von den Grundstücken nur mühsam abfließt,

3. Ablagerungen faulen oder das abfließende Abwasser zum Faulen bringen und dadurch Gerüche entstehen.

Die Häufigkeit der Reinigung muß sich als wirtschaftlich und städtehygienisch vertretbares Optimum ergeben.

Die wirtschaftlichste Art der Reinigung ist die Verstärkung der Schleppspannung des Abwasserstromes durch Spülen, entweder durch vorübergehenden Aufstau von Abwasser oder Zuführung von Fremdwasser. Bevorzugtes Instrument ist der Hochdruckspülwagen.

Die Spüleinrichtung wird zweckmäßig mit einer Schlamm-
saugeeinrichtung kombiniert. Die Hochdruckspülpumpe hat
einen eigenen Kraftantrieb und meist auch einen Spülwasser-
behälter von 1000 bis 5000 l Inhalt. Man verwendet Mehrkol-
benhochdruckpumpen mit 80 bis 120 bar Wasserdruck. Der
Druckschlauch hat eine Länge von 80 bis 100 m und endet in
einem Spülkopf, aus dem das Wasser durch ringförmig ange-
brachte Bohrungen nach rückwärts austritt. Der Rückstoß
treibt den Spülkopf (**217**.1) vorwärts und zieht den Schlauch
nach. Ist der Endpunkt der zu reinigenden Strecke, meist ein
Schacht, erreicht, wird der Schlauch mit einer auf dem Fahrzeug befindlichen Haspel zurückgeholt, wobei der Schlamm
vor dem Spülkopf hergetrieben wird. Bei diesem Verfahren
wird nur von der Straßenoberfläche aus gearbeitet. Die Kanal-
schächte brauchen nicht mehr bestiegen zu werden. Es entfällt
damit die Anwendung der Sicherheitsvorschriften für Kanalar-
beiter. Für die Reinigung der Schächte verfügen die Hochdruckspülwagen zusätzlich über eine Spritzpistole.

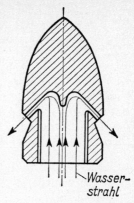

217.1 Reinigungsdüse
für   Hochdruck-
Spülgeräte

Der Nachteil aller Spülverfahren ist jedoch, daß sie die Ablagerungen nicht aus den
Kanälen entfernen, sondern nur verlagern. Gelingt es, die Schmutzstoffe in Kanäle mit
größerer Wasserführung zu bringen, werden sie dort weitertransportiert; meist bleiben
sie aber unterhalb der Spülstelle wieder liegen. Ziel der Spülung sollte es sein, die
Ablagerungen, meist Sand, an die Schächte zu transportieren und aus dem Kanal herauszuholen.

Als Gerät für hartnäckige Ablagerungen werden Ziehgeräte benutzt wie Schlammeimer,
Wurzelschneider (**217**.3), Kanalreinigungsbürsten (**217**.4), Rohrschaber (**217**.5), Kanal-
spiralen (**217**.6) und Kanalpflüge (**217**.7).

Fremdwasser fernzuhalten, ist ebenfalls eine Aufgabe des Kanalbetriebes. Fremdwasser
(s. Abschn. 1.2.2) ist alles Wasser, das eigentlich nicht in das Kanalnetz gehört, oder

217.2 Gummischeibenbürste

217.3 Wurzelschneider

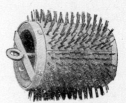

217.4 Kanalreinigungsbürste

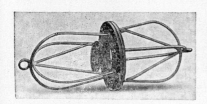

217.5 Rohrschaber

217.6 Kanalspirale

217.7 Kanalpflug

z. B. Regenwasser, das beim Trennsystem in die falschen Kanäle (Schmutzwasserkanäle) fließt. Falschanschlüsse, deren Suche erhebliche Mühe bereitet, sind die Ursache. Ein sicheres Zeichen dafür ist die erhöhte Belastung der SW-Kanäle bei Regenwetter. Man spült dann die Hausanschlüsse mit gefärbtem Wasser, um die Fehler zu finden. Oft werden bei Kanalneubauten Grundstücke falsch an die vorsorglich eingebauten Abzweige angeschlossen. Um dies zu vermeiden, werden z. B. rote (SW) und blaue (RW) Plastikbänder bei gleichem Rohrmaterial oder eingefärbte Verschlußstopfen verwendet.

Auch Grundwasser, das über undichte Stellen in die Kanäle gelangt, ist als Fremdwasser anzusehen. Es senkt den Grundwasserstand im Gelände und belastet die Entwässerungsleitungen, Pumpen und Kläranlagen; außerdem kommen häufig große Mengen Sand mit, und oft entstehen Straßensackungen und -einbrüche. In verdächtigen Gebieten muß man die Wassermenge in den SW-Kanälen nachrechnen. Bei Grundwasserzustrom ist die Tagesabflußkurve parallel nach oben verschoben, und der Abwasseranfall je Einwohner und Tag erhöht.

Größte Schwierigkeiten für den Kanalbetrieb bereitet immer wieder das örtlich genaue Auffinden von undichten Stellen oder Verstopfungen. Man benutzt heute vielfach das Kanalfernauge. Das Aufnahmegerät wandert durch die Leitung und wirft sofort ein Bild auf den Bildschirm im Beobachtungswagen auf der Straße.

Die zur Unterhaltung des Netzes in die Kanäle absteigenden Arbeiter sind durch giftige Gase und Schmutzstoffe gesundheitlich gefährdet. Leider ist die Feststellung solcher vielfältig vorkommenden Gase immer noch nicht einwandfrei möglich. Die Davysche Lampe, das wichtigste Sicherheitsgerät, zeigt durch ihr Flackern den Mangel an Sauerstoff an. Sie darf jedoch nicht als Arbeitsleuchte, sondern nur vor dem Besteigen als Testlampe benutzt werden. Bei allen Unglücksfällen ist schnellste Hilfe geboten. Die Kanalkolonnen sind dazu mit Sicherheitsgeräten auszurüsten, wie Preßluftatemgeräte, bestehend aus Preßluftflasche, Atemschlauch und Gesichtsmaske, sowie Frischluftgebläse, mit denen man Frischluft in die Kanäle drückt oder Gase absaugt, und schließlich Brustgurte mit Karabinerhaken und Leinen.

Geruchsbelästigungen aus Straßenkanälen können verschiedene Ursachen haben:

1. Ablagerungen, welche faulen. Sie entstehen durch schwaches Spiegelgefälle, Fremdkörper, fehlerhafte Ausbildung der Rohrverbindungen und Hausanschlüsse, Rückstau, zeitweise Nichtbenutzung, z. B. bei Anfangshaltungen oder in Gewerbe- und Industriebezirken, fehlerhafte Ausbildung der Schächte, z. B. der äußeren und inneren Abstürze mit nicht geführtem Wasserfluß, Umleitung, zu flach angelegter Trockenwetterrinnen im Mischsystem, zu niedrige, zeitweise überstaute Bankette.

2. Einleitung von anaerob angefaultem Abwasser, z. B. aus zeitweise nicht benutzten Hauskläranlagen oder zeitweise (mehrere Tage) nicht benutzten Abscheidern und Sandfängen.

3. Zu lange Fließzeiten und zu geringe Belüftung des fließenden Abwassers (z. B. Hauptsammler ohne Hausanschlüsse mit großen Schachtabständen, Vorflutkanäle langer, zu groß bemessener Druckrohre).

Die bauliche Unterhaltung des Kanalnetzes umfaßt als häufigste Arbeiten:

1. Ausbessern der Schächte (z. B. Verfugung, Steigeisenersatz, Schmutzfängerersatz, Sohlenausgleich bei Setzungen).

2. Ersatz zerstörter Kanalstrecken (z. B. als Folge von Grundwasserwirkung, Setzungen, gesteigerter Verkehrslasten, Korrosion, betrieblich nicht zu beseitigender Verstopfungen).

3. Einbau zusätzlicher Schächte und höhengerechter Versatz von Schachtabdeckungen (bei Setzungen und bei Straßendeckenerneuerungen).

4 Abwasserreinigung

4.1 Grundlagen der Abwasserreinigung

Der Vorfluter für städtisches Abwasser ist ein öffentliches Gewässer, ein Fluß, ein See oder das Meer. Bevor das Abwasser dahin gelangt, muß es soweit geklärt werden, daß für Menschen, Tiere und Pflanzen kein Schaden entstehen kann. Es darf auch in ästhetischer Hinsicht das Bild der Landschaft nicht stören. Die häufigsten Abwasserschäden sind Geruch, Schlammablagerungen, Versalzung oder Vergiftung durch Chemikalien. Die immissionsbedingten Folgen sind z.B. Fischsterben, Trinkwasserverseuchung, Gefährdung des Menschen beim Baden, Trübung von großen Gewässerabschnitten und Gefährdung der Schiffahrt durch Schaumberge.

Zum Reinigen des Abwassers dienen künstliche oder natürliche Reinigungsverfahren, die es gestatten, durch Intensivierung den Reinigungsvorgang auf wirtschaftliche Weise durchzuführen.

4.1.1 Zusammensetzung des Abwassers

Abwasser enthält ungelöste und gelöste Schmutzstoffe. Ein Teil der ungelösten Stoffe hat die Fähigkeit, sich abzusetzen. Mit absetzbar bezeichnet man in der Abwassertechnik jedoch nur diejenigen Stoffe, die sich innerhalb von 2 Stunden in ruhigem Wasser zu Boden schlagen; sie machen $\approx \frac{2}{3}$ der gesamten Schwebestoffe aus.

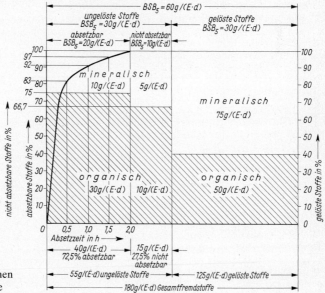

219.1
Zusammensetzung städtischen
Abwassers mit Absetzkurve

Nach der chemischen Beschaffenheit wird ferner zwischen anorganischen und organischen Stoffen unterschieden. Die letztgenannten bestimmen vor allem den Charakter des häuslichen Abwassers. Faulige Zersetzung organischer Reste entsteht durch Eiweißgehalt und Fäulnisbakterien. Der dabei entstehende Schwefelwasserstoff ist die Ursache für den üblen Geruch. Bild **219**.1 zeigt die Zusammensetzung normalen städtischen Abwassers für deutsche Verhältnisse.

Ferner enthält städtisches Abwasser unzählige kleinste Lebewesen, vor allem Bakterien. Diese nutzen die organischen Reste als Nahrungsquelle und vermehren sich sehr schnell. Man rechnet mit etwa 70 Millionen Keimen (Protocyten) je cm^3 Abwasser. Unter den Keimen befinden sich neben fäulniserregenden Bakterien auch Krankheitserreger, die als pathogene Keime sehr gefährlich werden können. Ein erheblicher Anteil der Bakterienmasse (etwa 6 bis 30%) ist beim Zufluß in die Kläranlage noch biologisch aktiv.

4.1.2 Vorgänge bei der Abwasserreinigung

Die Stoffwechsel-Endprodukte von Mensch und Tier sind Rückstände der aufgenommenen Nahrungsmittel. Harnstoff und Eiweiß sind unter ihnen wegen ihres Gehalts an Stickstoff und Kohlenstoff von besonderer Bedeutung. Alle diese Stoffe zerfallen durch chemische oder biochemische Umwandlungen rasch.

Sauerstoff spielt dabei die entscheidende Rolle. Ohne seine Mitwirkung kann eine Reinigung des Abwassers nicht vor sich gehen. Im Stoffwechsel der Bakterien werden zunächst die unbeständigen Schmutzstoffe in beständige Oxyde umgewandelt. Diese Oxydation ist also ein biologischer Prozeß, der nur unter Zufuhr von Sauerstoff stattfinden kann. Man spricht daher vom aeroben Reinigungsvorgang und von aeroben Bakterien. Da sich die Bakterien unter günstigen Lebensbedingungen, d.h. bei ausreichender Feuchtigkeit sowie bei Vorhandensein von Sauerstoff und Schmutzstoffen sehr schnell vermehren, kann der Verbrauch an Sauerstoff als Maßstab für die Verschmutzung des Wassers dienen. Verschmutztes Wasser hat einen „biochemischen Sauerstoffbedarf",

Tafel **220**.1 BSB erster Stufe im lufthaltigen Wasser bei verschiedenen Temperaturen, bezogen auf den fünftägigen Sauerstoffbedarf BSB_5, bei 20°, nach Fair = 1,0. Z.B.: $BSB_5 = 300$ mg/l; voller BSB bei 5°C = 1,02 · 300 = 306 mg/l

Zeit in Tagen	Temperaturen in °C					
	5°	10°	15°	**20°**	25°	30°
1	0,11	0,16	0,22	0,30	0,40	0,54
2	0,21	0,30	0,40	0,54	0,71	0,91
3	0,31	0,41	0,56	0,73	0,93	1,17
4	0,38	0,52	0,68	0,88	1,11	1,35
5	0,45	0,60	0,79	**1,00**	1,23	1,47
6	0,51	0,68	0,88	1,10	1,31	1,56
8	0,62	0,80	1,01	1,23	1,45	1,66
10	0,70	0,90	1,10	1,32	1,52	1,71
14	0,82	1,02	1,21	1,40	1,58	1,74
20	0,92	1,10	1,28	1,45	1,61	–
25	0,97	1,14	1,30	**1,46**	–	–
voller Sauerstoff-bedarf erster Stufe	0,7 · 1,46 = 1,02	0,8 · 1,46 = 1,17	0,9 · 1,46 = 1,32	1,0 · 1,46 = **1,46**	1,1 · 1,46 = 1,61	1,2 · 1,46 = 1,76

abgekürzt BSB. Er gibt die Sauerstoffmenge (O_2) in mg/l an, die notwendig ist, um die im Abwasser enthaltenen organischen Stoffe mit Hilfe von Bakterien abzubauen. Ohne künstliche Intensivierung verteilt sich dieser Sauerstoffbedarf und damit die Reinigung über $\approx$ 25 Tage (Tafel **220**.1).

Die Abnahme des BSB an einem Tage beträgt bei T = 20°C immer $\approx$ 20,6% des Restbedarfs, d. h. für den ersten Tag $\dfrac{0,3}{1,46} \cdot 100 = 20{,}6\%$ usw.

Bei niedrigen Temperaturen verläuft der Abbau langsamer, bei höheren Temperaturen schneller. Zum Vergleich verschiedenen Abwassers benutzt man den biochemischen Sauerstoffbedarf nach 5 Tagen, den BSB_5. Er beträgt 68,4% des Gesamt-BSB. Die BSB_5-Angabe charakterisiert den Grad der Abwasserverschmutzung, jedoch nur für die Schmutzstoffe, die sich biologisch abbauen lassen, nicht etwa für Chemikalien anorganischer Art. Den BSB_5 = 54 g(E · d) oder **60 g/(E · d)** bezeichnet man auch als „Einwohnergleichwert" (EGW) des BSB_5.

Wenn z. B. in einem Industriewerk täglich 340 kg Phenol mit dem Abwasser abgeleitet werden und bekannt ist, daß 1,0 g Phenol 1,7 g BSB_5 hat, dann belastet dieses Werk die Stadtentwässerung mit Schmutzwasser, das

$$\frac{340 \cdot 1000 \cdot 1{,}7}{60} = 9633 \text{ EGW}$$

gleichzusetzen ist. Das Werk verursacht also eine ebenso große Verschmutzung wie 9633 Einwohner.

Neben der aeroben Reinigungsphase gibt es noch die anaerobe Phase, die vornehmlich in den Faulbehältern der Kläranlage eine Rolle spielt. Die hier lebenden Bakterien kommen ohne Luft aus, brauchen aber ebenfalls Sauerstoff, den sie aus den Verbindungen des Schlamms abspalten. Chemisch betrachtet nennt man diesen Prozeß deshalb „Reduktion". Die organischen Feststoffe des Frischschlamms setzen sich dabei zum größten Teil in Faulgas um, das hauptsächlich aus Methan und Kohlendioxyd besteht.

Tafel **221**.1 Gebräuchliche Mittelwerte des BSB_5[1])

Abwasserinhaltsstoffe Stoffgruppen	Sauerstoffbedarf in 5 Tagen			
	$gBSB_5/(E \cdot d)$		$gBSB_5/m^3$ Abwasser	
	a)	b)	mit a) bei Q_d = 150 l/(E · d)	mit b) bei Q_d = 200 l/(E · d)
Absetzbare Schwebestoffe	19 oder **20**		130	**100**
Nicht absetzbare Schwebestoffe	12 }35	**10** }**40**	80 }230	**50** }**200**
Gelöste Stoffe	23	**30**	150	**150**
	54	**60**	360	**300**

[1]) Die Werte sollen vor Neuplanungen möglichst gemessen werden.

Man bezeichnet den Sauerstoffverbrauch von Mikroorganismen, der sich unmittelbar auf die physiologische Verwertung der von außen an die Zelle herangeführten Nährstoffe bezieht, als S u b s t r a t a t m u n g. Es ist ausschließlich der Sauerstoffbedarf für die Substratatmung, der als proportionale Größe die Konzentration an umsetzbarer Substanz darstellt. Stehen den Organismen keine Nährstoffe zur Verfügung, sind sie gezwungen, zur Deckung ihres Energiebedarfes zellintern gespeicherte, sog. Reservestoffe abzubauen. Den daraus resultierenden Sauerstoffverbrauch bezeichnet man als e n d o g e n e Atmung.

Diese schließt an die Substratatmung an. Sie wird durch die während der Substratatmung stattfindende Reservestoffbildung angeregt und hat die Bedeutung einer Folgereaktion. Die Fähigkeit zur physiologischen Verwertung gelöster organischer Substanz ist weitgehend auf Bakterien beschränkt. Höhere Organismen, Protozoen, sind auf Teilchennahrung angewiesen.

Da jedoch nur für die gelöste organische Substanz eine Meßzahl gesucht wird, darf der Sauerstoffbedarf der höheren Organismen in der BSB-Probe (Bakterien- und Phytoplanktonfresser) eigentlich nicht in die Analyse mit einbezogen werden.

Ebenfalls auszuklammern wäre der Sauerstoffverbrauch infolge Nitrifikation. Diese spielt für den Sauerstoffhaushalt von Oberflächengewässern eine sehr wichtige Rolle, die Überlagerung zweier, in der Regel streng aufeinanderfolgend ablaufender biologischer Reaktionen, führt zu einem verfälschten Bild.

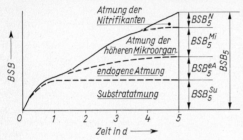

222.1   Schematische Aufteilung der BSB-Kurve für 0 bis 5 Tage

Der BSB_5 setzt sich aus der Summe der vier Teilreaktionen zusammen (**222**.1), vergleiche auch Tafel **314**.1, Zeile 20 bis 23.

1. Substratatmung der Bakterien bei der physiologischen Verwertung der gelösten organischen Substanz,

2. Endogene, innere Atmung der Bakterien nach Abschluß der Substratatmung,

3. Atmung höherer Mikroorganismen wie Bakterienfresser etc. und

4. Atmung der Nitratbakterien.

Erklärt werden sollte, daß der BSB_5 in der biologischen Abwasseranalyse als der wichtigste Verschmutzungsparameter gilt. Er dient zur Bestimmung der Konzentration an gelöster organischer, biologisch abbaubarer Substanz. Er wird dieser Aufgabe nur mit großen Einschränkungen gerecht.

Der BSB_5 ist vielmehr als Ergebnis eines Entwicklungsprozesses anzusehen, in dessen Verlauf die Zusammensetzung der Lebensgemeinschaft in der Probe eine qualitative und quantitative Änderung erfährt.

Der Vorgang mag der Selbstreinigung in einem Fließgewässer entsprechen. Der momentane Zustand der Schmutzstoffkonzentration ist verfälscht.

Diese Kritik am BSB_5 wird bereits seit vielen Jahren geübt. Wenn dieser Parameter in der Abwasseranalyse bisher weiterverwendet wurde, so deshalb, weil eine entsprechende Alternative fehlte.

Mit Einführung des sogenannten Pollumaten als Meßinstrument wird die Konzentration an organischer Substanz direkt proportional zum Sauerstoffbedarfswert innerhalb einer kurzen Analysenzeit (< 30 Minuten) erfaßt.

Neben dem BSB_5 ist der **CSB = Chemischer Sauerstoffbedarf** ein wichtiger Meßwert. Der CSB gibt die Menge an gelöstem Sauerstoff in mg/l an, die zur völligen chemischen Oxidation organischer Stoffe im Abwasser benötigt wird. Als Oxidationsmittel wird Kaliumpermanganat ($KMnO_4$) oder Kaliumdichromat ($K_2Cr_2O_7$) verwendet. Das Verhältnis CSB/BSB_5 gibt einen Anhalt für die Abbaubarkeit der org. Inhaltsstoffe. Leicht abbaubares häusliches Abwasser hat ein CSB/BSB_5-Verhältnis von 1 bis 2, schwerer abbaubares oder Industrieabwasser ein solches von > 2.

4.2 Anforderungen an die Abwasserbehandlung

4.2.1 Grenzwerte für Abwassereinleitungen

4.2.1.1 Mindestanforderungen

Nach § 7a Absatz 1 des Wasserhaushaltsgesetzes in der Fassung vom 16. Okt 1976 (BGBl. I S. 3017) wurde die Erste Allgemeine Verwaltungsvorschrift über Mindestanforderungen an das Einleiten von Schmutzwasser aus Gemeinden in Gewässer – 1. Schmutzwasser VwV – vom 24. Jan 1979 erlassen [18].

Diese allgemeine Verwaltungsvorschrift gilt für in Gewässer einzuleitendes Schmutzwasser, das in Kanalisationen gesammelt wird und im wesentlichen aus Haushaltungen oder Haushaltungen und Anlagen stammt, die gewerblichen Zwecken dienen, sofern die Schädlichkeit dieses Schmutzwassers mittels biologischer Verfahren mit gleichem Erfolg wie bei Schmutzwasser aus Haushaltungen verringert werden kann; oder das von einzelnen eingeleitet wird und im wesentlichen aus Haushaltungen oder Einrichtungen wie Gemeinschaftsunterkünften, Hotels und Gaststätten oder Anlagen stammt, die anderen als den vorher genannten gewerblichen Zwecken dienen, sofern es gleichartiges Schmutzwasser ist. Außerdem für Schmutzwasser, das in einer Flußkläranlage behandelt worden ist, sofern es nach seiner Herkunft dem vorgenannten Abwasser entspricht.

Diese Vorschrift gilt nicht für Kleineinleitungen im Sinne des § 8 in Verbindung mit § 9 Absatz 2 Satz 2 des Abwasserabgabengesetzes und für befristete Zwischenlösungen zur Sanierung der Abwasserverhältnisse aufgrund von Planungen des Landes.

Folgende Mindestanforderungen werden an das Einleiten von Schmutzwasser, das in Anlagen behandelt worden ist, mit deren Bau nach dem 31. Dez 1978 begonnen wurde, gestellt:

Tafel **223**.1   Mindestanforderungen nach der 1. Schmutzwasser VwV vom 24.1.1979

Proben nach Größenklassen	Absetzbare Stoffe in ml/l	Chemischer Sauerstoffbedarf (*CSB*) in mg/l	Biochemischer Sauerstoffbedarf (*BSB*$_5$) in mg/l
Größenklasse 1 < 60 kg/d *BSB*$_5$ (roh)			
Stichprobe	0,3	–	–
2-h-Mischprobe	–	180	45
24-h-Mischprobe	–	120	30
Größenklasse 2 60 bis 600 kg/d *BSB*$_5$ (roh)			
Stichprobe	0,3	–	–
2-h-Mischprobe	–	160	35
24-h-Mischprobe	–	110	25
Größenklasse 3 > 600 kg/d *BSB*$_5$ (roh)			
Stichprobe	0,3	–	–
2-h-Mischprobe	–	140	30
24-h-Mischprobe	–	100	20

Bis zum 31.12.1984 gilt für vorhandene Kläranlagen eine Übergangsregelung.

CSB und BSB_5 werden aus der abgesetzten Probe ermittelt. Ein Wert gilt als nicht eingehalten, wenn das arithmetische Mittel aus den letzten fünf Untersuchungen diesen Wert überschreitet. Nur bei Einhaltung kann die Abwasserabgabe halbiert werden. Die Werte erhalten eine rechtsverbindliche Bedeutung, weil damit die allgemein anerkannten Regeln der Technik (a. a. R. d. T.) hinsichtlich der Gewässereinleitungen vorgegeben sind.

4.2.1.2 Wasserrechtlicher Bescheid

Folgende Kriterien sind im Bescheid nach Bundes- und Landesrecht zu beachten:
- Die ordnungsgemäße Erfüllung der Abwasserbeseitigungspflicht,
- die sich aus den Mindestanforderungen nach § 7a WHG ergebenden Grenzen,
- mögliche Verschärfungen aus internationalen oder nationalen Emissionsnormen,
- mögliche Verschärfungen aus Notwendigkeiten der Gewässerbewirtschaftung.

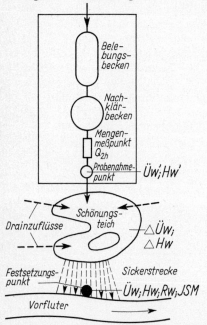

Die Grenzwerte für die Abwassereinleitung folgen aus den Mindestanforderungen und ihren evtl. Verschärfungen, also allein aus wasserrechtlichen Kriterien und nicht aus Kalkulationen im Zusammenhang mit der Abwasserabgabe.

§ 7a WHG fordert, daß in der Erlaubnis Menge und Schädlichkeit des Abwassers so gering gehalten werden, wie dies den a. a. R. d. T.[1] entspricht. Für die Inhaltsstoffe im Abwasser ergibt sich daraus die Forderung nach Schmutzfrachtbegrenzung. Sie soll gewässerrelevant bei vernünftigem Überwachungsaufwand erfolgen.

In der Regel werden folgende Grenzwerte festgelegt:
- die Abwasserhöchstmenge in 2 h,
- die einzuhaltenden Konzentrationen für die verschiedenen Summenparameter (absetzbare Stoffe, CSB, BSB_5) oder Einzelsubstanzen,
- Probeentnahmepunkt,
- Art der Probeentnahme (geschöpfte Probe, 2-h-Mischprobe),
- Bestimmungsverfahren für die Proben,
- Art der Begrenzung (absoluter Höchstwert, 4 von 5 Wert, i. d. R. Überwachungswert: Er ist einzuhalten; er gilt auch als eingehalten, wenn das arithmetische Mittel der letzten 5 Untersuchungen diesen Wert nicht übersteigt),

224.1 Wasserrechtliche Meßpunkte bei einer Kläranlage mit Schönungsteich

Q_{2h} = 2-h-Wassermenge, $Üw$ = Überwachungswert, Hw = Höchstwert, JSM = Jahresschmutzwassermenge, Rw = Regelwert, $\Delta Üw$, ΔHw = Wirkung des Schönungsteiches. $Üw$ und Hw gelten als eingehalten, wenn $Üw'$ = $Üw$ + $\Delta Üw$ und Hw' = Hw + ΔHw eingehalten werden

[1] allgemein anerkannte Regeln der Technik

zusätzlich schärfere Begrenzung der Schmutzfracht, als sie dem Produkt aus Abwasser-menge und Konzentration entspricht.

§ 7a WHG fordert eine Schmutzfrachtreduzierung, die den a. a. R. d. T. entspricht. Diese beziehen sich auf den Abwasserstrom von der Entstehung des Abwassers bis zum Ablauf der letzten Behandlungsstufe vor Einleitung in das Gewässer. In öffentlichen Kläranla-gen ist Festsetzungspunkt für die Grenzwerte i. allg. der Kläranlagenablauf.

Bei Abwassereinleitungen aus Industriebetrieben wird die Schmutzfracht vor Vermi-schung des Abwassers mit nicht behandlungsbedürftigen Teilströmen (gering ver-schmutztes Niederschlagswasser, Kühlwasser) begrenzt.

Erfordert die Immissionsbetrachtung eine größere Schmutzfrachtreduzierung, als dies den Mindestanforderungen entspricht, folgt daraus eine Verschärfung der Werte, nicht aber eine Verschiebung der Festsetzungspunkte.

Die abgabenrechtlichen Festsetzungspunkte für Jahresschmutzwassermenge, Regel- und Höchstwerte der Abgabeparameter sind identisch mit den wasserrechtlichen Festset-zungspunkten für die Überwachungswerte. Bild **224**.1 zeigt die Problematik für den Fall des nachgeschalteten Schönungsteiches.

4.2.2 Belastung des Vorfluters

Die Mindestanforderungen an die Abwasserreinigung können darüber hinaus erhöht werden. Dies hängt von der Art des Vorfluters ab, insbesondere von dessen Wasserfüh-rung und Beschaffenheit an der Einleitungsstelle. Ein natürliches Gewässer mit seiner natürlichen Lebensgemeinschaft verhält sich wie ein Organismus, der Abwehrbereit-schaft und Selbstreinigungsvermögen besitzt. Ist die Belastung mit Schmutzstoffen zu groß, dann reicht die Selbstreinigungskraft nicht aus, den gesunden Zustand wiederher-zustellen. Fäulnis und Tod beherrschen dann das Gewässer.

Entscheidend für den erforderlichen Reinigungsgrad des Abwassers ist die Wasserfüh-rung des Vorfluters. Ebenfalls ausschlaggebend sind vor allem Größe und Dauer der Niedrigwasserführung. Auch das Wasserlaufgefälle und damit die Wassergeschwindig-keit sind von Bedeutung, denn bei $v < 0.3$ m/s sinken die Schwebstoffe zu Boden und bilden Schlammbänke, die sich an der Flußsohle allmählich zersetzen. Neben Wasser-menge und -geschwindigkeit interessiert es, ob der Vorfluter schon mit Schmutzstoffen vorbelastet ist. In diesem Fall kann er weniger Schmutzstoffe ohne Schaden aufnehmen.

4.2.3 Selbstreinigung des Vorfluters

Alle Vorgänge biologischer und physikalisch-chemischer Art, die im Wasserlauf den Abbau der Schmutzstoffe bewirken, bezeichnet man als Selbstreinigung des Gewässers. Anorganische (mineralische) Stoffe führen zu einer „Versalzung" des Vorfluters. Diese chemischen Verbindungen können das biologische Leben beeinflussen besonders wenn sie giftig sind. Von überragender Bedeutung sind die im städtischen Abwasser reichlich enthaltenen organischen Schmutzstoffe. Sie werden im Flußlauf durch Kleinlebewesen ab-gebaut, die man allgemein als „Saprobien" (Schmutzfresser) bezeichnet. Dazu gehören vor allem Bakterien und niedere Lebewesen. Sie ernähren sich von organischen Resten des Abwassers und dienen selbst wieder höheren Organismen als Nahrung. Man ordnet die Gewässer nach ihrem Verschmutzungsgrad verschiedenen Güteklassen zu (Tafel **226**.1).

Tafel **226**.1   Gütegliederung der Fließgewässer (LAWA-Vorschlag Okt 1975)

Güteklasse	Grad der organischen Belastung	Saprobitat (Saprobiestufe)	Chemische Parameter		
			BSB_5 in mg/l	Ammonium in mg/l	Sauerstoff in mg/l
I	unbelastet bis sehr gering belastet	Oligosaprobie	1	Spuren	> 8
I bis II	gering belastet	Oligosaprobie mit beta-mesosaprobem Einschlag	1 bis 2	um 0,1	> 8
II	mäßig belastet	ausgeglichene Betamesosaprobie	2 bis 6	0,3	> 6
II bis III	kritisch belastet	alpha-betamesosaprobe Grenzzone	5 bis 10	1	> 4
III	stark verschmutzt	ausgeprägte Alphamesosaprobie	7 bis 13	0,5 bis mehrere mg/l	> 2
III bis IV	sehr stark verschmutzt	Polysaprobie mit alpha-mesosaprobem Einschlag	10 bis 20	mehrere mg/l	< 2
IV	übermäßig verschmutzt	Polysaprobie	15	mehrere mg/l	< 2

Unter normalen Verhältnissen ist ein Gewässer mit Sauerstoff gesättigt, d. h. es ist so viel Sauerstoff im Wasser gelöst, wie es dem Sättigungswert bei der herrschenden Temperatur entspricht. Wasser nimmt Sauerstoff sowohl aus der Luft als auch durch die Photosynthese der Wasserpflanzen auf. Dieser Sauerstoffvorrat ermöglicht den luftbedürftigen, im Wasser schwebenden Kleinlebewesen (Plankton), die organischen Stoffe des eingeleiteten Abwassers zu oxydieren und zu „mineralisieren".

Man spricht vom Sauerstoffhaushalt des Gewässers. Bei angemessenen Abwassermengen reicht der Sauerstoffvorrat eines Gewässers für eine aerobe Reinigung durch „luftbedürftige" Bakterien $\approx$ 25 Tage. Erst wenn Vorrat und Nachschub an Sauerstoff zu gering sind, um den Bedarf zu decken, kommt es zu unerwünschten anaeroben Prozessen, bei denen „Fäulnisbakterien" mitwirken. Es bildet sich Bodenschlamm, der bis auf die oberste Schicht von $\approx$ 4 mm Dicke in Fäulnis übergeht. Die hierbei entstehenden Gase bestehen zu 70% aus Stickstoff-Verbindungen. Der Sättigungswert des Wassers an gelöstem Sauerstoff ist abhängig von der Temperatur und dem Luftdruck (Tafel **226**.2).

Tafel **226**.2   Sauerstoff-Sättigungswert von Wasser in mg/l

Wassertemperatur °C	0	5	10	15	20	25	30
salzfreies Wasser	14,6	12,8	11,3	10,2	9,2	8,4	7,6
Meerwasser	11,3	10,0	9,0	8,1	7,4	6,7	6,1

Der Sauerstoff-Fehlbetrag ist derjenige Teil des Sättigungswertes, der dem Wasser zu einer bestimmten Zeit fehlt, den es aber möglichst schnell wieder zu ersetzen bestrebt ist. Je mehr Sauerstoff fehlt, desto schneller nimmt das Wasser ihn wieder auf. Die Aufnahme hängt vom Fließvorgang im Gewässer und seiner Oberfläche ab (Tafel **227**.1).

Tafel **227**.1   Sauerstoffaufnahme von Gewässern bei $T = 20°C$ nach [19]

Sauerstoffaufnahme	der durchfließenden Wasser-menge in % des Fehlbetrages, wenn der Fehlbetrag		der Wasseroberfläche (ohne Mit-wirkung der Wasserpflanzen) in g/(m² · d)					
					Sättigungsgrad in %			
Gewässer	abnimmt	gleichbleibt	100	80	60	40	20	0
kleiner Teich	10,9 bis 20,6	11,5 bis 23,0	0	0,3	0,6	0,9	1,2	1,5
großer See	20,6 bis 29,2	23,0 bis 34,5	0	1,0	1,9	2,9	3,8	4,8
langsam fließender Fluß	29,2 bis 36,9	34,5 bis 46,0	0	1,3	2,7	4,0	5,4	6,7
großer Fluß	36,9 bis 49,9	46,0 bis 69,0	0	1,9	3,8	5,8	7,6	9,6
rasch fließendes Gewässer	49,9 bis 68,4	69,0 bis 115	0	3,1	6,2	9,3	12,4	15,5
Stromschnelle	> 68,4	> 115	0	9,6	19,2	28,6	38,4	48,0

Fair [19] hat ein Schätzungsverfahren (Tafel **227**.2) entwickelt, mit dem ermittelt werden kann, wie stark Abwasser bei der Einleitung in ein Gewässer verdünnt werden muß, wenn ein bestimmter Mindestgehalt G an Sauerstoff im Gewässer nicht unterschritten werden soll. Zu unterscheiden sind dabei der

untere Grenzfall a), bei dem der Sauerstoffgehalt im Gewässer unterhalb der Einleitungsstelle von Abwasser gleich dem Mindestbetrag G ist, und der

obere Grenzfall b), bei dem das Gewässer mit Sauerstoff voll (= 100%) gesättigt ist.

Die Ausgangsgleichung ist

$$\text{zul } BSB_5 = F \cdot z \qquad\qquad (227.1)$$

zul BSB_5 = zulässiger biochemischer Sauerstoffbedarf im Gewässer in mg/l
F = Sauerstoff-Fehlbetrag im Gewässer in mg/l
z = Belastungsziffer; sie hängt einmal von der Wassertemperatur und zum anderen davon ab, ob der untere oder der obere Grenzfall gegeben ist.

Tafel **227**.2 gibt ferner für den oberen Grenzfall b) die kritische Fließzeit t an, in welcher der Sauerstoffgehalt des Gewässers auf den Mindestgehalt G absinkt.

Tafel **227**.2   Belastungsziffer z nach [19]

Gewässer	a) unterer Grenzfall			b) oberer Grenzfall			kritische Fließzeit t in Tagen bis zum Absinken auf dem Mindestsauerstoff-gehalt G bzw. bis zum Erreichen des größten Sauerstoff-Fehlbetrages max F		
	15°C	20°C	25°C	15°C	20°C	25°C	15°C	20°C	25°C
kleiner Teich	0,6	0,5	0,4	2,1	1,6	1,3	5,9	5,0	4,3
großer See	1,1	0,9	0,7	2,7	2,1	1,6	4,5	3,9	3,3
langsam fließender Fluß	1,6	1,2	0,9	3,2	2,5	2,0	3,8	3,2	2,8
großer Fluß	2,2	1,7	1,3	4,0	3,2	2,5	3,0	2,6	2,3
rasch fließendes Gewässer	3,5	2,7	2,1	5,4	4,3	3,3	2,3	2,0	1,8
Stromschnelle	220	17,0	13,0	25,0	20,0	15,0	0,6	0,6	0,5

4.2.4 Berechnungsbeispiele

Beispiel 1: Eine Stadt mit 60 000 EGW will das Schmutzwasser in einer Kläranlage behandeln und dann einem kleineren Fluß zuleiten, der in einen großen Fluß mündet. Dieser soll in der Lage sein, die Schmutzstoffe weiter abzubauen. Das Selbstreinigungsvermögen des kleineren Flusses ist zu prüfen (**228**.1).

$$Q = v_m \cdot A_m = v_m \cdot t_m \cdot b_m = 0,6 \cdot 2,50 \cdot 14,0 = 21 \text{ m}^3/\text{s}$$

v_m = mittlere Fließgeschwindigkeit
$A_m = t_m \cdot b_m$ = mittlerer Flußquerschnitt
t_m = mittlere Tiefe
b_m = mittlere Breite
Q_s = 150 l/(E · d)

228.1 Lageplan

Das nach mechanisch-biologischer Klärung täglich, zeitlich gleißmäßig verteilt, einzuleitende Schmutzwasser hat einen $BSB_5 = 25$ mg/l (s. Abschn. 4.2.1)

Der kleine Fluß hat bis zur Mündung eine Fließzeit

$$t = \frac{L}{v_m} = \frac{40000}{0,6 \cdot 60 \cdot 60} = 18,5 \text{ h}$$

Diese Zeit steht ihm zum teilweisen Abbau des BSB zur Verfügung. Nach Tafel **220**.1 werden 30% des BSB_5 am 1. Tag gedeckt. Nach 18,5 h Fließzeit beträgt näherungsweise, wenn man in Bild **228**.2 im unteren Bereich die Kurve durch eine Gerade ersetzt, der

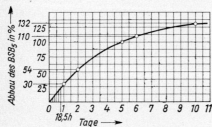

$$BSB_{18,5\,h} = \frac{18,5}{24} \cdot \frac{30}{100} \cdot 25 = 5,78 \text{ mg/l}$$

Dieser Wert würde nur für das vor 18,5 h eingeleitete Abwasser gelten. Da jedoch laufend eingeleitet wird, liegt der mittlere BSB des in 18,5 h eingeleiteten Abwassers zwischen 0−5,78 mg/l. Er beträgt wiederum näherungsweise

228.2 Abbau des BSB, bezogen auf den BSB_5
= 100% (Summenlinie)

mittlerer $BSB = 0,6 \cdot 5,78 = 3,47$ mg/l

Während der Fließzeit von 18,5 h befindet sich nur der entsprechende Anteil der täglichen Abwassermenge mit dem entsprechend verringerten BSB im Fluß

$$BSB = \frac{18,5}{24} \cdot \frac{150 \cdot 60000 \cdot 3,47}{1000} = 24073 \text{ g}$$

Dies wäre etwa der Gesamt-BSB bis zur Einmündung in den großen Fluß. Diesem Sauerstoffbedarf ist das Angebot A gegenüberzustellen.

Die Oberfläche des Flusses ist

$$O = b \cdot L = 15,0 \cdot 40000 = 600\,000 \text{ m}^2$$

Während 18,5 h beträgt die notwendige Sauerstoffaufnahme

$$A_{18,5} = \frac{24.073}{600000} = 0,04 \text{ g/m}^2$$

bzw. umgerechnet auf den Tag

$$A_{24} = \frac{24}{18,5}\,0,04 = 0,052\ \text{g/(m}^2\ \text{d)}$$

In Tafel **227**.1 liest man in Zeile 4 durch Interpolieren den Sättigungsgrad 99,45% ab. Das entspricht nach Tafel **226**.2 bei T = 20°C dem Sauerstoffgehalt von 0,9945 · 9,2 = 9,15 mg/l, der ausreicht, um das Fischleben mit dem Bedarf von 3 bis 4 mg/l zu erhalten, auch wenn Bodenschlamm noch Sauerstoff verbrauchen sollte.

Bei stoßweiser Einleitung würde sich ein höherer *BSB* ergeben.

Beispiel 2: Ein in 2 Tagen durchflossener See mit O = 100000 m^2 Oberfläche und t_m = 3,0 m mittlerer Tiefe soll mechanisch und biologisch vorgereinigtes Schmutzwasser einer Stadt am Seezufluß aufnehmen. Mit welcher Einwohnerzahl E darf die Stadt den See beanspruchen, wenn 8 mg/l gelöster Sauerstoff erhalben bleiben sollen?

Nach Abschn. 4.2.1 ist der Rest-*BSB*$_5$ = 30 mg/l. Q_s = 200 l/(E · d)

Der See ist bei 20°C mit 9,2 mg/l gesättigt (Tafel **226**.2). Bei 8 mg/l Restsauerstoffgehalt beträgt der Sättigungsgrad

$$\frac{8,0}{9,2}\,100 = 87\%$$

Aus Tafel **227**.1, erhält man hierfür eine Sauerstoffaufnahme von 0,65 g/(m^{2}d). Dann beträgt die Gesamtaufnahme unter der Bedingung des gleichmäßig verteilten Durchflusses

$$A = \frac{0,65 \cdot 100000}{1000} = 65\ \text{kg/d}$$

Der Bedarf für 2 Tage Durchflußzeit ist nach Tafel **228**.2

$$BSB\ \text{im Mittel} = 0,6 \cdot 0,54 \cdot 30 = 9,72\ \text{mg/l}\quad \text{und}\quad \text{Gesamt-}BSB = \frac{9,72 \cdot 200 \cdot 2 \cdot E}{1000 \cdot 1000} = 0,0039 \cdot E\ \text{in kg}$$

Wenn man $A = BSB$ setzt, ergibt sich

$$E = \frac{65 \cdot 2}{0,0039} = 33330\ \text{Einwohner}$$

Es sind aber $\dfrac{1,0 - 0,54}{1,0}\,100 = 46\%$ des BSB$_5$ oder $\dfrac{1,46 - 0,54}{1,46}\,100 = 63\%$

des Gesamt-*BSB* von den Gewässern unterhalb des Sees aufzubringen.

Beispiel 3: Eine Stadt mit E = 30000 Einwohnern leitet Q_S = 150 l(E · d) im Mittel in einen langsam fließenden Fluß bei 15°C Wassertemperatur. Dessen Sauerstoffgehalt soll nicht unter 7 mg/l sinken. Das Abwasser wird nach mechanisch-biologischer Klärung mit *BSB*$_5$ = 20 mg/l eingeleitet. Nach Tafel **227**.2 sind für den unteren und oberen Grenzfall zu schätzen:
1. zulässiger Sauerstoffbedarf zul *BSB*$_5$ in mg/l
2. erforderliche Verdünnung des Abwassers
3. erforderliche Wasserführung des Flusses Q in m^3/s
4. zulässige Abwasserlast AL in E/(l · s)
5. kritische Fließzeit t in Tagen im oberen Grenzfall
6. zul *BSB*$_5$, wenn der Fluß einen Eigenbedarf von *BSB*$_5$ = 1 mg/l hat

Lösung
1. Zulässiger Sauerstoffbedarf mit z nach Tafel **227**.2
   Fall a): z = 1,6   und   zul *BSB*$_5$ = $F \cdot z$ = 3,2 · 1,6 = 5,12 mg/l; F = 10,2 − 7 = 3,2 mg/l
   Fall b): z = 3,2   und   zul *BSB*$_5$ = $F \cdot z$ = 3,2 · 3,2 = 10,24 mg/l
2. erforderliche Verdünnung V
   Fall a): 20/5,12 = 3,9fach   Fall b): 20/10,24 = 1,95fach

3. erforderliche Wasserführung $Q = Q_S \cdot E \cdot V$

Fall a): $Q = \dfrac{150 \cdot 30000}{24 \cdot 60 \cdot 60} \, 3,9 = 52,2 \cdot 3,9 = 204 \text{ l/s} = 0,204 \text{ m}^3/\text{s}$

Fall b): $Q = 52,2 \cdot 1,95 = 102 \text{ l/s} = 0,102 \text{ m}^3/\text{s}$

4. Abwasserlast $AL = E/Q$

Fall a) $AL = 30000 : 204 = 147 \dfrac{E}{(\text{l/s})}$ Fall b): $AL = 30000 : 102 = 294 \dfrac{E}{(\text{l/s})}$

5. Nach Tafel **227**.2 ist $t = 3,8$ d

6. zul BSB_5 bei Eigenbedarf des Flusses von $BSB_5 = 1,0$ mg/l

Fall a): zul $BSB_5 = 5,12 - 1 = 4,12$ mg/l   Fall b): $BSB_5 = 10,24 - 1 = 9,24$ mg/l

Beispiel 4 (**230**.1): Die Berechnung der Abwasserlast eines Flusses (s. a. Beispiel 3) ist ein altes, oft angewandtes Verfahren zum Aufstellen eines Reinhalteplanes für ein Flußsystem. Man bezieht die Selbstreinigung des Flusses auf die im Augenblick belastenden Einwohnergleichwerte. Diese nehmen durch die Selbstreinigung mit der Fließzeit ab. Als Hilfsmittel dient die Selbstreinigungskurve, die für jeden Fall aufgestellt werden kann, wenn bekannt ist, um wieviel Prozent der BSB_5 mit der Fließzeit abnimmt (**230**.2). Die Auswertung erfolgt zweckmäßig in Tabellenform (Tafel **231**.1).

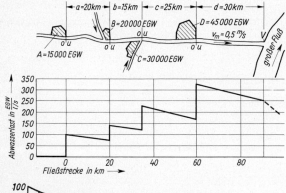

230.1
Lageplan und Linie der Abwasserlast zum Beispiel 4

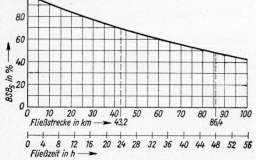

230.2
Selbstreinigungslinie für $v = 0,5$ m/s Fließgeschwindigkeit und 30% tägliche Abnahme des Sauerstoffbedarfs

Im Beispiel 3 war für einen langsam fließenden Fluß bei 15 °C Wassertemperatur und dem geforderten Restsauerstoffgehalt 7 mg/l bei mechanisch-biologischer Vorreinigung die Höchstwasserlast im Fall a) mit 147 E/(l · s) errechnet worden. Aus dem Vergleich mit Spalte 10 der Tafel **231**.1 ist nun zu folgern, daß mindestens mechanisch-biologische Kläranlagen mit Rest-$BSB_5 = 20$ mg/l für alle Orte zu fordern sind. Teilweise sind die Werte > 147 E/(l · s). Hier müßten noch höhere Reinigungsleistungen gefordert werden.

Tafel **231**.1   Abwasserlastberechnung

1	2	3	4	5	6	7	8	9	10	11
Station	NNW des Flusses	Nebenfluß; Ort oder Industrie	EGW = E + EGW der Industrie	Abschnitt	Vorbelastung	Beiwert nach (**230**.2)	örtl. Zugang	Gesamtbelastung	EGW-Abwasserlast Sp. 9 Sp. 2	BSB_5-Abwasserlast 0,0347 · Sp. 10
	l/s		EGW	km	EGW	EGW	EGW	EGW	$\dfrac{\text{EGW}}{\text{l/s}}$	$\dfrac{\text{mg } BSB_5}{\text{l}}$
A_u	150	Ort A	15000		0			15000	15000	100	3,47
B_o	160	–	–	a	20	15000	0.83	12400	–	12400	78	2,71
B_u	230	Ort B	20000			12400			20000	32400	141	4,89
C_o	230	–	–	b	15	32400	0,87	28300	–	28300	123	4,27
C_u	260	Ort C	30000			28300			30000	58300	225	7,81[1]
D_o	270	–	–	c	25	58000	0,79	46200	–	46200	172	6,0
D_u	273	Ort D	45000			46200			45000	91200	333	11,6[1]
V	280	–	–	a	30	91200	0,77	70000	–	70000	250	8,7[1]

[1]) Zu hoch, die Zehrung könnte Fischbestand gefährden, Reinigungsleistungen erhöhen.

Würden alle Orte in Bild **230**.1 mechanisch-biologische Kläranlagen mit einem Ablauf BSB_5 von = 20 g/m³ erhalten, dann wäre die Abwasserlast in mg BSB_5/l Wasserführung des Flusses zu berechnen (Spalte 11, Tafel **231**.1) aus:

$$\frac{1000}{150} = 6,67 \qquad \frac{l \cdot EGW \cdot d}{m^3 \cdot l} = \frac{EGW \cdot d}{m^3} = \frac{EGW}{m^3 \text{ Schmutzwasser/d}}$$

$$\frac{20}{6,67} = 3 \qquad \frac{g\, BSB_5 \cdot m^3}{m^3 \cdot EGW \cdot d} = \frac{g\, BSB_5}{EGW \cdot d} = \text{Einleitung}$$

$$\frac{3 \cdot 1000}{3600 \cdot 24} = 0,0347 \qquad \frac{g\, BSB_5 \cdot mg \cdot d}{EGW \cdot d \cdot g \cdot s} = \frac{mg\, BSB_5}{EGW \cdot s} \quad \text{und für eine Abwasserlast von}$$

$$1\frac{EGW}{l/s} : 0,0347 \cdot 1 = 0,0347 \frac{mg\, BSB_5 \cdot EGW}{EGW \cdot s \cdot l/s} = \frac{mg\, BSB_5}{l} = BSB_5\text{-Abwasserlast}$$

Faktor 0,0347 wird mit den Werten der Spalte 10 multipliziert, z.B. Zeile A_u:

$$0,0347 \cdot 100 = 3,47 \frac{mg\, BSB_5}{l} \quad \text{(Spalte 11).}$$

4.2.5 Einleiten von Abwasser in Seen und Küstengewässer

Abwasser vermischt sich mit dem Wasser eines Sees oder des Meeres nur sehr langsam. Diese für die Selbstreinigung nachteilige Tatsache hat folgende Gründe:

1. die Fließbewegung des Vorflutwassers ist klein

2. das gegenüber der Vorflut meist wärmere Abwasser breitet sich als obere Schicht in der Umgebung der Einleitungsstelle aus

3. die höhere Wichte des Meerwassers unterstützt diese Schichtung

Einige hydraulische Gegebenheiten können entlastend wirken, wie die Gezeitenströmung, die Strömung in Küstengewässern überhaupt und der Wind. Durch die Ausbildung der Einleitung läßt sich der Mischvorgang ebenfalls wirkungsvoll begünstigen, indem man z.B. das Abwasser an mehreren Stellen einleitet oder den Rohrauslaß möglichst tief legt.

Für die Ausbreitung der Abwasserzone Z im Meer bei nicht vorgereinigtem Abwasser ist in [19] folgende Beziehung angegeben

$$Z = E\,(11{,}5 - 3{,}5\lg E)\quad \text{in km}^2 \tag{232.1}$$

mit E = Zahl der angeschlossenen Einwohner in Tausend $\leqq$ 1000. Mit dieser Gleichung läßt sich die Entfernung r der Einleitungsstelle von der Küste ermitteln, wenn diese von lästigen Verunreinigungen frei bleiben soll.

Es gilt auch nach [20]:

$$Q' = 1000\,Q/(11{,}5 - 3{,}5\lg E)\quad \text{mit } Q \text{ in l/d}\quad \text{und } Q' = \text{l/(d}\cdot\text{km}^2)$$

Beispiel: Für eine Stadt von 400 000 Einwohnern, die das Abwasser geklärt in die See leitet, erhält man bei Rest-BSB_5 = 20 mg/l und 3 g BSB_5/EGW · d einen fiktiven Wert

$$E = \frac{3}{60}\cdot 400\,000 = 20\,000 \qquad Z = 20\,(11{,}5 - 3{,}5\lg 20) = 20{,}3\text{ km}^2 = 20\,300\,000\text{ m}^2$$

$$r = \sqrt{\frac{20\,300\,000}{\pi}} = 2542\text{ m}$$

4.2.6   Reinigungswirkung von Kläranlagen

Kläranlagen können aus Abwasser kein Trinkwasser machen; sie sollen jedoch eine möglichst große Reinigungswirkung erzielen. Selbst wenn wenig Schmutzstoffe verbleiben, belasten diese den Vorfluter, meist ein öffentliches Gewässer, oft sehr stark, Die ungeklärte Einleitung von Schmutzwasser in Gewässer ist nicht erlaubt. Die Gewässer würden damit eine Aufgabe erhalten, der sie nicht gewachsen sind. Beim Neubau von Kläranlagen wird daher von den Aufsichtsbehörden für Binnengewässer mit Recht die vollbiologische Reinigung gefordert. Rechen, Sandfänge und Absetzbecken bilden dann lediglich deren mechanisch wirkende Vorstufe. Auch bei Städten am Meer kann man sich nicht auf den mechanischen Teil allein beschränken. Bild **232**.1 stellt die Reinigungswirkung der am häufigsten vorkommenden künstlichen Verfahren einander gegenüber.

232.1
Reinigungswirkung von
Kläranlagen, bezogen
auf den BSB_5

4.2.7 Abwasserreinigungsverfahren

Bestimmte Verfahren werden häufig, andere dagegen seltener angewandt, obwohl ihre Reinigungswirkung ebensogut oder besser ist. Platzmangel und Wirtschaftlichkeit sind dann für die Wahl des Verfahrens ausschlaggebend.

Natürliche Verfahren

1. Absetzen des Abwassers in Geländemulden oder Erdbecken mit Ausfaulen der am Boden lagernden Sinkstoffe
2. Versickern des Abwassers auf Rieselwiesen oder Rieselfeldern
3. Versickern des Abwassers in dränierten Bodenfiltern
4. Aufenthalt des Abwassers in Fischteichen unter Verdünnung durch Bachwasser
5. Verregnung des Abwassers
6. Natürlich belüftete Oxidationsteiche
7. Pflanzenanlagen

Künstliche Verfahren

1. Flach- oder Trichterbecken mit daneben gelagertem selbständigem Faulraum und zweistöckige Absetzbecken mit unten liegendem Faulraum
2. Fällungsbecken
3. Tropfkörperverfahren
4. Belebungsverfahren
5. Belüftete Teichanlagen (Simultanteiche)

Künstliche Verfahren kommen in der Regel mit kleinem Raum aus. Da sich bei ihnen (außer bei offenen Faulräumen) der gerucherzeugende anaerobe Teil der Reinigung in geschlossenen Behältern oder unter dem Wasserspiegel abspielt, sind sie im wesentlichen geruchlos. Sie erfordern fachmännische Bedienung.

4.3 Bestandteile und Kosten einer Kläranlage

4.3.1 Bestandteile

Die Bauwerke einer konventionellen, künstlichen Kläranlage für vorwiegend kommunales Abwasser bilden ihrem Zweck nach vier Gruppen (**234**.1 bis **241**.1):

1. Mechanische Reinigung: Einlauf, Rechen, Sandfang, Vorklärbecken
2. Biologische Reinigung: biologische Stufe, Nachklärbecken, Auslauf
3. Chemische Reinigungsstufe: Fällungsstufen, selbständig oder simultan; Denitrifizierungen (nicht generell)
4. Schlamm- und Gasbehandlung: Faulbehälter, Betriebsgebäude, Eindicker, Gasbehälter, Schlammtrockenbeete, thermische Schlammbehandlung, künstliche Trocknung, Schlammverbrennung.

Hinzu kommt das umfangreiche unterirdische Netz von Druckrohren, Dükern, Schlamm-, Luft- und Gasleitungen und Kanälen. Während die Faultürme ihr eigenes Betriebsgebäude haben, sollte man versuchen, im übrigen für Pumpen und Kompressoren mit einem Maschinenhaus auszukommen. Dessen Standort muß sorgfältig geplant werden. Soweit höhenmäßig möglich, wird das Abwasser in oberirdischen Gerinnen durch die Anlage geleitet. Hat das vorgesehene Gelände brauchbares Gefälle, ist zu überlegen, ob eine oder mehrere Abwasserhebungen eingespart werden können, auch wenn dafür Erdarbeiten erforderlich sind. Der ausgefaulte Schlamm braucht nicht in unmittelbarer Nähe der Anlage weiterbehandelt zu werden, sondern kann auch über längere Strecken in Polder, Trockenbeete, Deponien oder zur landwirtschaftlichen Verwertung gepumpt werden.

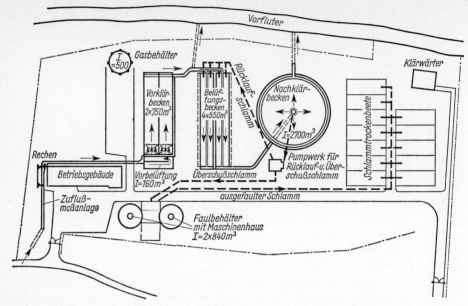

234.1   Belebtschlamm-Kläranlage

Größere Kläranlagen erhalten feste Straßen, um mit Transport- und Betriebsfahrzeugen an die Bauwerke heranzukommen. Zeckmäßig ist es, dem Klärmeister ein Wohnhaus auf dem Gelände oder in desen Nähe zu erstellen. Alarmvorrichtungen müssen ihn schnell herbeirufen können. Die gesamte Anlage ist möglichst mit einem breiten Grünstreifen (Baumbewuchs) zu umgeben. In der Kläranlage sollen gut gepflegte Grün- oder Blumenflächen, Strauch- und Baumbepflanzungen für ein gefälliges Bild sorgen.

Das Planen und Bauen von abwassertechnischen Anlagen, meist in der Nähe von Flüssen, unterhalb von Städten und Gemeinden, ist immer ein Eingriff in das Landschaftsbild und damit in die Natur. Abwassertechnische Anlagen sind städtebaulich, verkehrstechnisch und landschaftspflegerisch in die Umgebung einzubinden. Vorgabe ist der abwassertechnische Entwurf. Planungsziel ist es, den Eingriff in die Natur möglichst gering und schadlos zu gestalten. Die Mitwirkung eines Architekten ist u. U. empfehlenswert. Diese Arbeiten sind zeitlich vor Beginn der Planfeststellung einzuordnen. Der Vorentwurf für die gesamte Kläranlage muß aufgestellt, in den Lageplan eingetragen, und dann den Trägern öffentlicher Belange vorgelegt werden.

Schon bei der städtebaulichen Lösung sollte die Anlage bei vorgegebener Verfahrenstechnik für den geringsten Flächenbedarf entwickelt werden, damit Grundstückskosten und Baukosten der Außenanlagen niedrig bleiben. Hochbauten mit ihrer Höhenstaffelung und Ausdehnung werden konzentriert und minimiert, damit möglichst geringer umbauter Raum entsteht. Man erreicht so geringe Außen- und Dachflächen.

Der Architekt hätte für den Hochbau die Planung im Maßstab 1:100 herzustellen und gemeinsam mit dem Klärwerksplaner den Bauantrag, die Berechnungen, die Bau- und Betriebsbeschreibung anzufertigen und der Bauaufsicht einzureichen. Die weitere Ausführungsplanung etwa im Maßstab 1:50 Ausschreibung und Bauleitung kann vom Pla-

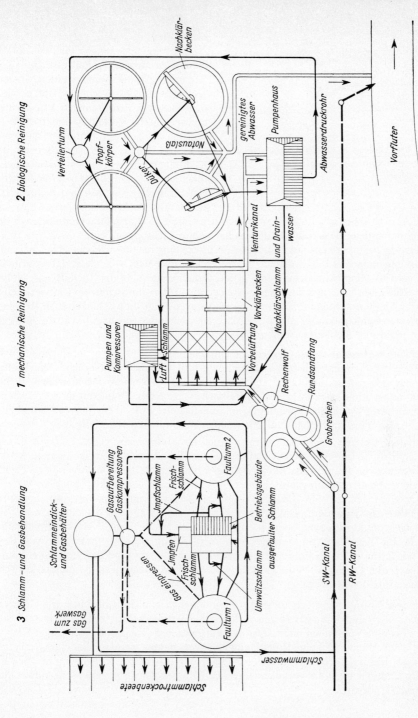

2 *biologische Reinigung*

Nachklär-becken

Verteilerturm

Tropf-körper

Düker

Notauslaß

gereinigtes Abwasser

Pumpenhaus

Abwasserdruckrohr

Vorfluter

1 *mechanische Reinigung*

Pumpen und Kompressoren

Luftschlamm

Vorbelüftung

Vorklärbecken

Nachklärschlamm

Venturikanal

und Drain-wasser

Rechenwolf

Rundsandfang

Grobrechen

Betriebsgebäude

3 *Schlamm- und Gasbehandlung*

Schlammeindick-und Gasbehälter

Gasaufbereitung Gaskompressoren

Impfschlamm

Frisch-schlamm

Faulturm 2

Impfen

Frisch-schlamm

Gas einpassen

Umwälzschlamm

ausgefaulter Schlamm

Faulturm 1

Gas zum Gaswerk

Schlammtrockenbeete

Schlammwasser

SW-Kanal

RW-Kanal

235.1 Tropfkörper-Kläranlage

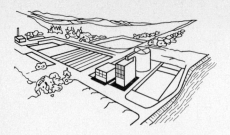

236.1   Kläranlage nach städtebaulichem Planungskonzept in der Nähe einer Wohnbebauung

nungsbüro selbst oder vom Architekten durchgeführt werden, Jedoch sollten die Ausführungszeichnungen und Details des Hochbaues in jedem Fall auch mit dem Architekten abgestimmt werden. In diesem Bereich des Hochbaus gibt es viele neue Gesetze, Verordnungen, Vorschriften und technische Verfahren, die in die Ausführungszeichnungen einfließen müssen.

Während früher Bau und Betrieb der Kläranlagen im wesentlichen von wasserrechtlichen und abwassertechnischen Grundsätzen sowie von den Anforderungen des Gewässerschutzes bestimmt waren, so verstärken sich die Forderungen des Immissionsschutzes, besonders hinsichtlich Geräusch (Lärm) und Geruch, sowie der Landschaftspflege. Das Schutzbedürfnis hat sich in Richtung auf eine verschärfte Beurteilung von Immissionen entwickelt. Diese Entwicklung hat ihren Niederschlag im heutigen Immissionsschutz. Während das Wasserrecht grundsätzlich die a.a.R.d.T. zugrundelegt, geht das Immissionsschutzrecht grundsätzlich vom Stand der Technik aus. Neben den technischen Lösungen für einen ausreichenden Immissionsschutz im Klärwerk selbst gehören zu den wichtigen Maßnahmen des passiven Immissionsschutzes auch Regelungen in der Bauleitplanung mit Ausweisung ausreichender Schutzabstände zwischen Klärwerken und Siedlungsgebieten.

Kann man Geräusche (Lärm) mit Hilfe technischer Meßmethoden quantitativ und qualitativ bewerten, so fehlen jedoch vergleichbare Möglichkeiten für Gerüche. Hier stehen z. Z. nur sensorische Methoden zur Verfügung. Die Bewertung von Gerüchen richtet sich in erster Linie nach ihrer Wahrnehmbarkeit, nach der Häufigkeit ihres Auftretens wie nach der notwendigen Verdünnung mit unbelasteter Luft bis zur Wahrnehmbarkeitsgrenze, also mehr nach quantitativen, weniger nach qualitativen Maßstäben.

Immissionen setzen Emissionen voraus. Auch für Maßnahmen gegen Emissionen sind jeweils kritische Immissionen der Maßstab. Es gebührt daher den Vermeidungstechnologien des aktiven Immissionsschutzes mit der Minimierung der Emissionen der Vorrang vor einem passiven Immissionsschutz. Dabei ergibt sich als System, daß Gerüche in Abwasseranlagen nur zum Teil aus primären Quellen (mit dem Abwasser eingeleiteten Osmogenen), sondern nicht zuletzt aus sekundären Quellen stammen, vor allem als Folgeprodukte aus anaeroben, reduzierenden Prozessen; daß die Wirkungsmechanismen für das Austreten von Osmogenen Aerosolbildung, Stripp-Effekte oder Ausgasen, hier wiederum besonders durch Turbulenzen, sein können; und daß sich dabei häufig große freie Oberflächen, wie z.B. von Belebungsbecken als besonders kritische Emissionsquellen erweisen.

Geeignete Vermeidungstechnologien sollten daher primär das Entstehen von Geruchskomponenten und deren Freisetzen verhindern. Demgegenüber sind das Erfassen, Binden, Fixieren, Verdünnen oder Zerstören entstandener Osmogene nachrangig. Hier ist noch hinzuzufügen, daß eine Beseitigung von Osmogenen, wenn sie erst einmal entstanden sind, nur durch chemische Fixierung oder durch oxidative Zerstörung möglich ist. Beides sind, wie auch das vorher notwendige Erfassen der Osmogene, sehr aufwendige technische Vorgänge.

Für die Minimierung von Geräusch-Emissionen gelten im Prinzip gleichartige Grundsätze. Hier liegen die Quellen immer in den Klärwerken selbst, selten in der Abwasserzuführung. Abschirmende und geräuschdämmende technische Einrichtungen stehen zur Verfügung. Als Beispiel seien einzeln aufgestellte gekapselte Gebläse oder einzeln gekapselte Antriebsaggregate für mechanische Belüfter genannt.

Kläranlagen verschiedener Verfahren und Größenordnungen. Die Bilder **237**.1 bis **241**.1 zeigen die Lagepläne und Betriebsschemata einiger ausgeführter Kläranlagen unterschiedlicher Größenordnungen und Reinigungsaufgaben.

Bild **237**.1 stellt eine Kläranlage für 2000 EGW und Trennsystem dar. Auf die Vorklärung wurde verzichtet. Der Belebungsgraben reinigt das Abwasser und stabilisiert aerob den Schlamm. Da der Vorfluter ein Binnensee mit Neigung zur Eutrophierung ist, sollen Phosphate und Nitrate mit zurückgehalten werden. Die Phosphate werden durch Zugabe von Fällmitteln simultan zur Klärung im Belebungsgraben und Nachklärbecken gefällt. Der Stickstoff wird in einem Denitrifikationsbecken entfernt. Zur Sauerstoffanreicherung dient ein Naturbecken als Nachklärteich. Der Klärschlamm wird im Schlammsilo und auf Trockenbeeten entwässert. Die Anlage gibt eine sehr geringe Restschmutzmenge an den Vorfluter ab. Platzbedarf etwa 0,2 ha.

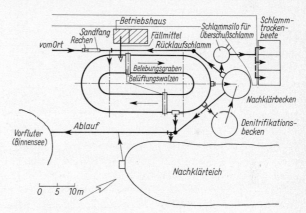

237.1
Kleine Kläranlage für
2000 EGW

Bild **238**.1 stellt die Kläranlage der Stadt Nierstein für Trennsystem dar. Der Grundriß ist besonders klar gegliedert. Das Vorklärbecken ist ein Rundbecken, Belebungs- (innen) und Nachklärbecken (außen) sind in einer baulichen Einheit zusammengefaßt. Die Schlammtrockenbeete sind als Rundbeete mit je einem Rundräumer ausgeführt. Der Schlamm wird lediglich auf diesen Beeten natürlich getrocknet, eine Lösung, die bei dieser Größe gerade noch vertretbar erscheint. Platzbedarf etwa 0,5 ha (18 000 EGW).

Bild **238**.2 zeigt die Kläranlage der Stadt Schüttorf für Trennsystem. Die biologische Stufe wird mit der Absicht eine besonders hohe Reinigungswirkung zu erreichen wiederholt (zweistufige biologische Anlage).

1. Stufe: Belebungsbecken und Zwischenklärbecken,

2. Stufe: Tropfkörper und Nachklärbecken.

Der Klärschlamm wird aerob (in einem getrennten, offenen Stabilisierungsbecken) behandelt: durch Nahrungsentzug erfolgt der bakterielle Abbau der organischen Substanz. Platzbedarf etwa 1,2 ha (38 000 EGW).

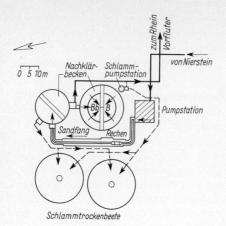

238.1
Lageplan einer Kläranlage
für 18000 EGW

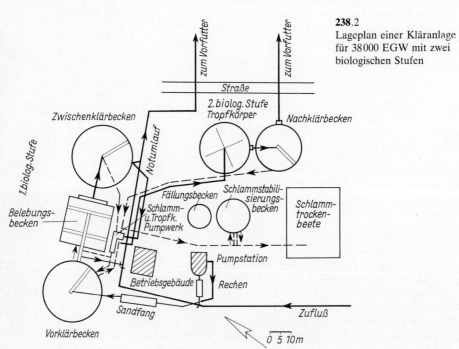

238.2
Lageplan einer Kläranlage
für 38000 EGW mit zwei
biologischen Stufen

Bild **239**.1 zeigt die Kläranlage Duisburg-Huckingen für Mischsystem. Belebungs- und
Nachklärbecken sind baulich bereits in mehrere Einheiten aufgelöst. Bei Regenwetter
fließt eine bis 20fache Wassermenge zu. Um die Kläranlage zu entlasten, ist ein Regenklärbecken vorgeschaltet. Bei lang anhaltendem, stärkerem Regen wird ein Teil des
Abwassers nur mechanisch gereinigt. Der Klärschlamm wird anaerob ausgefault (Faulbehälter), eingedickt, und zusammen mit Hausmüll im benachbarten Kompostwerk
kompostiert. Bemessungswerte: 120000 EGW, $Q_s = 375$ l/s, $Q_r = 6875$ l/s.

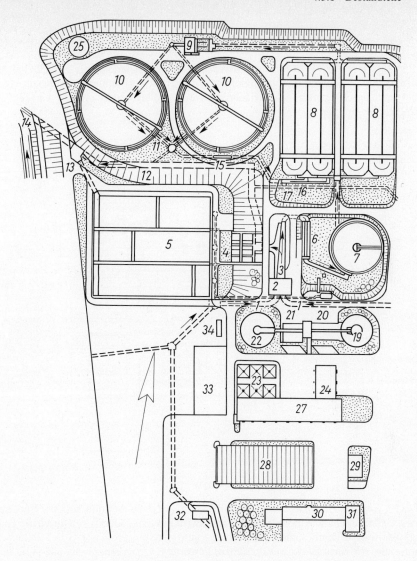

239.1 Lageplan einer Kläranlage für 120000 EGW, kombiniert mit einem Kompostwerk

1 Zulaufkanal	12 verrohrte Vorflut (vorh.)	23 Vor-/Nacheindicker
2 Rechengebäude	13 Hochwasserabsperrbauwerk/Regenauslaß	24 Schlammentwässerungsanlage
3 Regenüberlauf	14 Auslauf in den Angerbach (vorh.)	25 Gasbehälter
4 Hochwasser-Regenwasserhebewerk	15 Mengenmessung Rücklaufschlamm	27 Garagen
5 Regenklärbecken	16 Rücklaufschlammzuleitung	28 Kompostwerk
6 Sandfang	17 Überschußschlammablaufschacht	29 Garagen
7 Vorklärbecken (vorh.)	18 Rohschlammhebewerk	30 Garagen, Fuhrpark
8 Belebungsbecken	19 Faulbehälter (vorh.)	31 Sozialgebäude
9 Zwischenhebewerk	20 Betriebsgebäude (vorh.)	32 Müllgrube
10 Nachklärbecken	21 Betriebsgebäude	33 Kompostfilter
11 Ablaufschacht	22 Faulbehälter	34 Propangasbehälter

Bild **240**.1 stellt die Großkläranlage der Stadt Düsseldorf dar. Der Lageplan zeichnet sich durch eine besonders klare räumliche Gliederung aus. Zulaufhebewerk mit 6 Schnecken, Rundsandfang, quer gestellte Vorklärbecken, Belebungsbecken, Nachklärbecken als Rechteckbecken und Verteilerrinne. Anaerobe Schlammbehandlung in 3 Faulbehältern, Nacheindicker, mechanische Schlammentwässerung und Verbrennung. Bei Rhein-Hochwasser muß der Kläranlagenablauf gehoben werden. Platzbedarf etwa 17 ha (1 300 000 EGW).

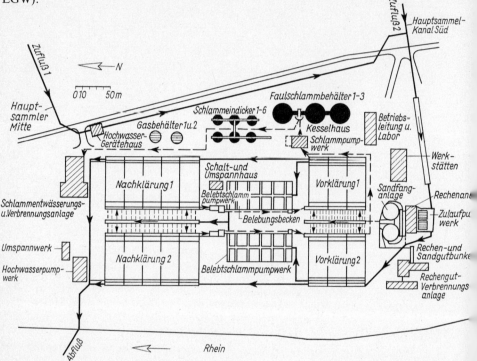

240.1 Lageplan einer Kläranlage für 1 300 000 EGW

Bild **241**.1 stellt als Besonderheit die Flußkläranlage Emschermündung der Emschergenossenschaft dar. Der Flußlauf der Emscher wird mit max. 30 m³/s voll durch die Kläranlage geleitet. Im dichtbesiedelten Emschergebiet, $\approx 768 \text{ km}^2$ groß, waren die Flußläufe zu Hauptsammlern eines Entwässerungsnetzes geworden. Die mechanische Klärstufe liegt tief. Danach wird das Abwasser durch 3 Pumpwerke in die Belebungsbecken gehoben. Diese bestehen aus 12 Beckengruppen mit je 5 = 60 Simplex-Kreiseln. Schlammbelastung $B_{TS} = 0,5 \text{ kg } BSB_5/(\text{kg } TS \cdot \text{d})$. Die Nachklärung hat 6 Beckengruppen mit je 12 = 72 Rechteckbecken, welche hinter dem Beckeneinlauf eine Flockungszone haben, in der durch Rührpaddeln die Bildung von Flockenhaufen des Belebtschlamms bewirkt wird. Der Rücklaufschlamm wird durch Schneckenhebewerke in die Belebung gebracht. 2 Voreindicker für Vorbeckenschlamm und 3 für Überschußschlamm verringern das Schlammvolumen. 5 Wirbelradpumpen fördern den Schlamm $\approx 18 \text{ km}$ weit nach Bottrop in die zentrale Schlammbehandlungsanlage. Dort wird der Schlamm weiter entwässert und verbrannt. Der Platzbedarf der Anlage beträgt 75 ha bei etwa 5 Mio. EGW.

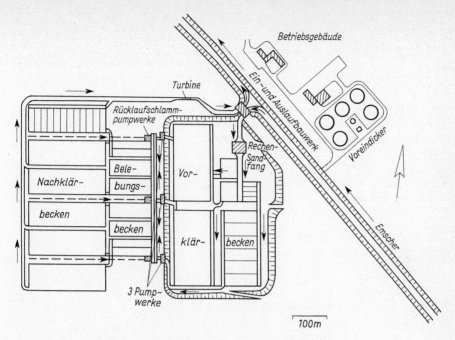

241.1   Lageplan für Flußkläranlage Emschermündung für 5 Mio EGW

4.3.2   Kosten der Kläranlagen

Sie setzen sich zusammen aus den Bau- und Betriebskosten.

4.3.2.1   Baukosten

Die Baukosten werden bestimmt durch:

1. Die Größe der Anlage, bezogen auf die Zahl der angeschlossenen Einwohner oder die zufließende Abwassermenge.

2. die Art des vorgeschalteten Kanalisationssystems (Misch- oder Trennsystem).

3. den geforderten Reinigungsgrad.

4. spezifische Faktoren, wie örtliche Planungsverhältnisse, örtliche Preisentwicklungen, Ausstattung der Anlage.

Über den Einfluß der A u s b a u g r ö ß e liegen mehrere Untersuchungen vor. Bild **242**.1 zeigt eine Kostenrelation, bezogen auf die EGW (Einwohnergleichwerte). Die vollbiologische Anlage von 100000 EGW hat den Faktor 1. Andere Größenordnungen sind darauf bezogen. Es handelt sich um Mittelwerte, welche Abweichungen von ≈ ± 50% erfahren können [14]. Man kann davon ausgehen, daß die spezifischen Baukosten der 100000 EGW-Anlage im Jahre 1970 etwa 70 DM/EGW betragen haben. Dieser Wert wäre mit dem Bauindex i auf den Zeitstand der Ermittlung zu bringen.

Der Anstieg der Baukosten, bezogen auf die Wassermenge, ist geringer als der auf die Einwohnergleichwerte (EGW) bezogene. Dies ist wohl aus der geringeren Verschmutzung des Abwassers und der steigenden Abwassermenge beim Größerwerden der Anlagen zu erklären. Die auf die Abwassermenge bemessenen Teile der Anlage sind weniger kostenaufwendig als die auf den Verschmutzungsgrad (Belebungsbecken, Faultürme) bemessenen.

Größere Kläranlagen sind mit geringeren, spezifischen Baukosten zu erstellen als kleinere. Tropfkörperanlagen können etwa mit 20% höheren Baukosten angesetzt werden als Belebungsanlagen. Dieser Kostenunterschied vermindert sich mit zunehmender Ausbaugröße.

Bei Anlagen über 25000 EGW ist er gering. Die Baukosten von Kompaktanlagen (Kombinationsbauweise) in ihrer bezeichnenden Größenordnung von 3000 bis 15000 EGW sind geringer als die der Anlagen in aufgelöster Bauweise gleicher Größe. Eine Ausnahme bilden Oxydations- und Belebungsgräben. Diese können nach [14] bis zu 5000 EGW etwa 30% unter der Mittelkostenkurve nach Bild **242**.1 angesiedelt werden.

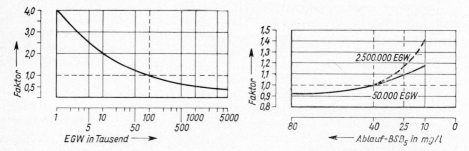

242.1 Spezifische Baukosten K'_A in DM/EGW bezogen auf eine Kläranlage von 100000 EGW = 1,0 nach [73]

242.2 Baukosten in Abhängigkeit vom Reinigungsgrad nach von der Emde

Der in der Kläranlage zu erzielende Reinigungsgrad hat ebenfalls Einfluß auf die Baukosten. Bild **242**.2 zeigt den Vergleich für zwei Kläranlagen von 50000 und 2500000 EGW bezogen auf den BSB_5 im Ablauf (nach v. d. Emde).

Um bei der Anlage für 50000 EGW den Ablaufwert von 40 mg/l auf 25 mg/l zu verbessern, erhöhen sich die Baukosten um 10%. Bei der Anlage für 2500000 EGW beträgt der Mehraufwand bei gleichem Effekt 18%. Man kann allgemein sagen, daß die Steigerung des Reinigungsgrades sich bei kleinen Anschlußwerten geringer auswirkt als bei größeren. Der Kostenanteil, welcher nicht zum Reinigungsprozeß gehört, ist bei kleinen Anlagen größer (z.B. Erschließung, Betriebsgebäude). Der spezifische Kostenaufwand, für den klärtechnischen Teil, ist bei großen Anlagen größer.

Die Art des vorgeschalteten Kanalisationssystems wirkt sich besonders auf die zufließende Wassermenge aus. Beim Mischsystem beträgt diese ein Mehrfaches (2, 3, 4faches) der Schmutzwassermenge. Der Bau von Regenwasserrückhaltebecken oder -überlaufbecken wirkt hier kostensparend, weil der max. Zufluß stark vermindert wird. Die auf die Wassermenge bemessenen Kläranlagenteile werden jedoch beim Mischsystem größer als beim Trennsystem.

Der Einfluß aller anderen spezifischen Faktoren kann erheblicher für die Baukosten sein als die bisher aufgeführten. Bucksteeg [14] hat die Gesamtbaukosten in 16 Einzelpositionen unterteilt und für jede untere, mittlere und obere Kostenwerte in % der Gesamtkosten ermittelt (**243**.1). Die Summenlinie ergibt dann den Gesamtkostenfaktor für die drei Kostenbereiche. Diese Linien sind auch für Kläranlagen anderer Reinigungsverfahren aufgestellt worden.

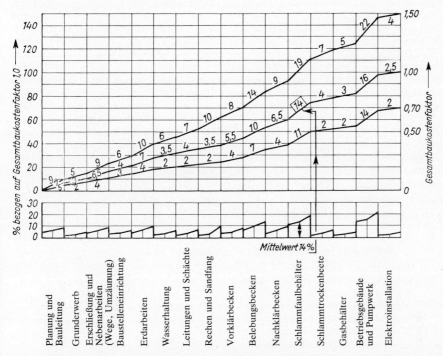

243.1   Kostenfaktoren für Einzelpositionen einer Belebungsanlage in aufgelöster Bauweise und die Summenlinie zum Gesamtkostenfaktor einer Kläranlage nach [14]

Folgende kostenbestimmende Einflüsse für die einzelnen Positionen kann man feststellen: Planungs- und Bauleitungskosten sind abhängig von der Größe der Kläranlage und dem Schwierigkeitsgrad des Entwurfs. Sonderfachleute (Baugrund) und Gutachten verteuern diese Positionen. Grunderwerbskosten hängen von der Lage und der bisherigen Nutzung des Kläranlagengeländes ab. Außerdem sind die Grundstückspreise abhängig vom dem Siedlungsbereich (Großstadt, ländl. Bereich). Erschließung und vorbereitende Nebenarbeiten bedingen große Preisunterschiede durch den Aufwand an Erschließung (Strom, Wasser, Gas, Straßenbau). Nebenarbeiten sind Rodung, Vorfluterausbau, Aufspülungen, Verlegung von Straßen und Versorgungsleitungen, notwendige zusätzliche Abwasserhebungen außerhalb der Kläranlage. Baustelleneinrichtung. Abhängig von Lage, Zufahrt für Bauverkehr, Bodenbewegungen, Hochwassergefahr. Erdarbeiten und Grundwasserhaltung sind ein sehr unsicherer Kostenfaktor, dessen Anteil von 4 bis 10% bzw. von 2 bis 6% reichen kann, manchmal noch weit darüber hinaus. Grundwasserstand, Baugrund, Bodenbewegungen, Auftriebssicherung, sind Faktoren, welche auch die Standortplanung entscheidend beeinflussen können. Leitungen und Schächte auf dem Kläranlagengelände sind durch die Leitungstrassen und den Einbau kostenvariabel. Rechen und Sandfang, Hand-

oder automatisch geräumte Rechen, Rechengutzerkleinerung, -verpackung, Sandfangart, -belüftung, -räumung, Sandwäsche.

Vorklär- und Nachklärbecken. Bauweisen wie Rechteck-, Rund- oder Kombinationsbecken; Konstruktion und Auftriebssicherung. Belebungsbecken. Belüftungssystem und Beckenkonstruktion, Anzahl der selbständigen Einheiten. Tropfkörper. Art und Qualität des Füllmaterials, der Bauweise der Umfassungswände, Überdachung u. a. Schlammfaulbehälter. Behälterform, -material, -bauweise und -größe. Einfluß haben auch Art der Isolierung, Beheizung und der angestrebte Betriebszustand (Stufenbetrieb). Schlammtrockenbeete. Diese können auch durch Polder, Geländeauffüllung, maschinelle oder thermische Trocknung u. a. ersetzt werden. Kosten sind abhängig vom Verfahren, von der Ausbildung der Anlage und der Betriebseinrichtung (Räumer). Gasbehälter. Behälterbauweise und -material. Betriebsgebäude und Pumpwerke. Ausstattung mit Pumpen, Kompressoren, Heizungseinrichtungen, Stromerzeugung, Gaswäsche; Anzahl, Art und Größe der Räume, z. B. Schaltzentrale, Labor, Werkstatt, Garagen, Geräteräume, Sozialräume, Heizöllager u. a.; baulicher Aufwand und Innenausstattung. Elektroinstallation. Ausrüstungsgrad mit Maschinen, Automatisierung, z. B. der Schaltzentrale. Zu berücksichtigen ist die regionale Baupreisbildung und der Ausschreibungszeitpunkt. Hieraus können $\approx \pm 15\%$-Differenzen auf den bautechnischen Teil entstehen. Dieser umfaßt etwa 2/3 der Gesamtkosten, so daß $2/3 \cdot 15 = 10\%$ auf die Gesamtkosten entfallen können.

Beispiel: für eine überschlägige Baupreisermittlung (**242**.1 und **243**.1). Belebungsanlage für 100 000 EGW, normale Bauverhältnisse und Ausstattung, jedoch Grundwasserhaltung für alle Bauteile notwendig. Zum Zeitpunkt der Kostenermittlung soll der Index für den Stahlbetonbrückenbau gegenüber 1970 um 25% erhöht sein ($i = 1,25$).

Spezifische Ausbaukosten $K'_A = 70,0 \cdot 1,30 \cdot 1,10 \cdot 1,25 = 125,- $ DM/EGW.

Gesamtbaukosten $K_A = 125 \cdot 100 000 = 12 500 000$ DM

Spezifischer Kostenwert	$= 70,-$ DM/EGW
Gesamtbaukostenfaktor (**243**.1):	
Planung und Bauleitung	0,07
Grunderwerb: minderwertiger Acker	0,02
Erschließung und Nebenarbeiten:	
Strom, Wasser, Straße in der Nähe, kleiner Hochwasserdeich gegen extreme Hochwasser	0,09
Baustelleneinrichtung: keine Erschwernisse	0,04
Erdarbeiten: flachgründige Bauwerke, standfester, kiesiger Boden	0,05
Wasserhaltung: erheblich für alle Bauwerke	0,06
Leitungen und Schächte	0,06
Rechen und Sandfang: automatisch geräumter Rechen mit Rechengutzerkleinerung und belüfteter Sandfang	0,09
Vorklärbecken	0,06
Belebungsbecken	0,13
Nachklärbecken	0,08
Schlammfaulbehälter: zwei Einheiten, aufwendige Isolierung und Verkleidung	0,19
Schlammtrockenbeete: Betonsohle und seitliche Dränage	0,07
Gasbehälter	0,03
Betriebsgebäude	0,22
Elektroinstallation: weitgehende Automatisierung der Anlage	0,04
Gesamtbaukostenfaktor	1,30
Auslastungsfaktor der Bauindustrie $= p$	
Durch gute Auftragslage ist die Bauindustrie stark ausgelastet. $p = 1,10$	
Baukostenindex $= i$	

4.3.2.2 Betriebskosten

Die Betriebskosten lassen sich unterteilen in:

1. Personalkosten
2. Sachkosten (Unterhaltungskosten der baulichen Anlagen, Maschinen, Miete, usw.)
3. Stromkosten

Mittlere Werte zeigt Bild **245**.1. Kleinere Anlagen haben höhere spezifische Betriebskosten als große. Das Diagramm ist wieder auf die Anlage mit 100000 EGW = 1 bezogen. Die Angaben stammen aus Hamburg [73]. Die Kostenbasis ist 1970. Die Jahreskosten K_E betragen 18,50 DM/(EGW · a). Die Betriebskosten davon 47% ≈ 8,70 DM/(EGW · a). Kapitaldienst war 8%.

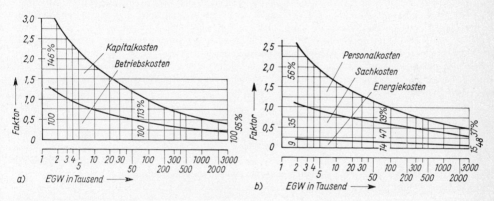

245.1 a) spezifische Jahreskosten K_E in DM/(EGW · a) } bezogen auf eine Kläranlage von
b) spezifische Betriebskosten K'_B in DM/(EGW · a) } 100000 EGW = 1 nach [73]

Einfluß auf die Betriebskosten haben: Art und Umfang der Reststoffbeseitigung, Abwasserbeschaffenheit, Reinigungsverfahren, ggf. in Verbindung mit topographischen Gegebenheiten (z.B. Freigefälletropfkörperanlagen, Reinigungsgrad, Ausrüstung, Auslastung und Alter der Anlage, Betriebsorganisation, Qualifikation des Personals, besondere örtliche Verhältnisse.

Die Personalkosten sind steigend und werden bei gleichbleibendem Anstieg die beiden anderen Kostenanteile überflügeln. Der Personalaufwand läßt sich aufgliedern nach Arbeiten in Verbindung mit dem Klärprozeß = P (Steuern von Maschinen, manuelle Arbeiten, Überwachung) und Instandhaltungsarbeiten = J (Inspektion, Wartung, Reparatur). Der Anteil der Prozeßarbeiten ist bei größeren Anlagen wegen der größeren Mechanisierung und Automatisierung kleiner als bei kleinen. Die Instandhaltung nimmt entsprechend der Schwierigkeit der Maschinen zu. Das Verhältnis beträgt etwa bei

	Kläranlage mit Schlammstabilisierung 3000 EGW	Kläranlage mit Energieerzeugung 200000 EGW	Kläranlage mit Energieerzeugung 2000000 EGW
J	36%	46%	67%
P	64%	54%	33%

4.3.2.3 Möglichkeiten zur Kostensenkung

Diese Möglichkeiten sind vorwiegend bereits im Planungsstadium für eine Ortsentwässerung und im Entwurf der Kläranlage zu berücksichtigen. Sie betreffen die Bauausführung, die betriebliche Organisation und den Maschineneinsatz.

Planung. Eine große Kläranlage arbeitet wirtschaftlicher als mehrere kleine. Wenn wegen der schrittweise baulichen Entwicklung, der Ortsentwässerung oder wegen zu teurer Verbindungsleitungen oder Pumpwerke die Konzentration nicht möglich ist, sollte man gemeinsame Einrichtungen betreiben, z. B. Schlammbehandlung (Schlammtransport durch Pumpen); zentrale Schaltwarte und Labor bei gleichem Automationsstand der Anlagen; Zentralwerkstatt mit Fachpersonal; möglichst Konzentration aller Baueinheiten (auch Pumpwerke, Rechen, Sandfang) auf dem Kläranlagengrundstück.

Entwurf (vgl. Abschn. 4.3.2.1). Vereinfachung auf dem Bau- und Maschinensektor, z. B. einfache Baukonstruktionen (Fertigteile); Bau von wenigen großen Becken und Behältern; Kombinationsbauweise (vgl. Abschn. 4.5.2.4), Vorklär-/Belebungsbecken, Belebungs-/Nachklärbecken, bei kleinen Anlagen Blockbauweise aller Einheiten des Klärprozesses möglich (vgl. Abschn. 4.7); Maschineneinheiten gering halten, dafür große Leistung der Einheit, möglichst ein Fabrikat, betriebssichere Konstruktionen, leichte Auswechselmöglichkeit der Aggregate zu Reparaturzwecken; elektrische Schalteinrichtungen in trockenen Schaltzentralen unterbringen (Verringerung der Störungen, Verlängerung der Betriebsdauer); Ausschaltung von Entwurfsmängeln durch Beteiligung des Betriebes am Entwurf (bei größeren Anlagen).

Betriebsorganisation. Austauschbarkeit des Personals (Ausnahme; Spezialisten) wegen 24-h-Betrieb; vorbeugende Instandhaltung der Maschinen (kein Betriebsausfall, Kosten geringer als Reparatur); Automatische Analysengeräte im Labor; Zentralwerkstatt auf einer Anlage; Schulung des Personals; automatische Meß- und Steuergeräte.

Bei kleinen Kläranlagen wird der Personalaufwand zu hoch, wenn die Anlage dauernd besetzt sein soll. Hier sollte so geplant werden, daß eine tägliche (z. B. 2 h) Wartungszeit für den Klärwärter ausreicht. Vertretungen und technische Hilfen können durch „Kläranlagen-Nachbarschaften" erfolgen. Es besteht auch die Möglichkeit für Maschinenteile oder für die ganze Anlage Wartungsverträge mit erfahrenen Firmen abzuschließen.

4.3.2.4 Jährlicher Kostenaufwand

Die laufenden jährlichen Kosten einer Kläranlage setzen sich zusasmmen aus:

1. Kapitaldienst (Abschreibung und Verzinsung des Anlagekapitals = K_A)

2. Betriebskosten = K_B

Die Kosten einschl. derjenigen für alle übrigen Anlagen der Stadtentwässerung werden durch Geführen gedeckt. Die Veranlagung ist örtlich verschieden. Sie kann als Festbetrag je Einwohner und Jahr oder je Abortsitz und Jahr erhoben werden. In letzter Zeit setzt sich die Veranlagung nach dem Wasserverbrauch mehr und mehr durch. Der Abschreibungszeitraum n für Kanäle beträgt 50 bis 100, für Kläranlagen 30 bis 50, für Maschinen 5 bis 20 Jahre. Man erhält als jährliche Kosten, bezogen auf die Abwassermenge = K_Q

$$K_Q = K_B + \left(\frac{p}{100} + \frac{1}{n} \right) \frac{K_A}{Q_a} \quad \text{in} \quad \frac{DM}{m^3} = \frac{DM}{m^3} + \left(\frac{1}{a} \right) \frac{DM}{m^3/a}$$

oder, bezogen auf die Anzahl der angeschlossenen Einwohner = K_E

$$K_E = K'_B + \left(\frac{p}{100} \cdot \frac{1}{n} \right) \cdot K'_A \quad \text{in} \quad \frac{DM}{E \cdot a} = \frac{DM}{E \cdot a} + \left(\frac{1}{a} \right) \frac{DM}{E}$$

Es bedeuten

$$Q_a = \frac{Q_s \cdot 365 \cdot E}{1000} = \text{Abwassermenge in m}^3/\text{Jahr}$$

Q_d = tägliche Abwassermenge je Einwohner $l/(E \cdot d)$
E = Einwohnerzahl (oder EGW = Anzahl der Einwohnergleichwerte)
K_B = Betriebskosten in DM/m³
K'_B = Betriebskosten in DM/(E $\cdot$ a)
p = Zinssatz in % pro Jahr
n = Abschreibungszeitraum in Jahren
K_A = Anlagekosten in DM
K'_A = Anlagekosten in DM/E

Beispiel: Die Kläranlage einer Stadt mit $E = 120000$ arbeitet mechanisch-biologisch nach dem Trennsystem mit einem Schmutzwasseranfall $Q_d = 200$ $l/(E \cdot d)$. Für 8% Verzinsung und 50 Jahre Abschreibung ist die Belastung K_Q in DM/m³, K_E in DM/(E $\cdot$ a) und die jährlichen Gesamtkosten K_a in DM/a zu errechnen. Die spezifischen Baukosten sollen im Jahre 1970 betragen haben

$$0,98 \cdot 100 = 98 \text{ DM/E}(0,98 \text{ aus Bild } \mathbf{242}.1; 100 = \text{Richtwert} \cdot \text{Kostenfaktor} \cdot \text{Index})$$

Die Gesamtbaukosten betrugen

$$K_A = 98 \cdot 120000 \approx 12000000 \text{ DM}$$

Die jährliche Abwassermenge beträgt

$$Q_a = \frac{200 \cdot 120000 \cdot 365}{1000} = 8760000 \text{ m}^3/\text{a}$$

Die Betriebskosten sollen betragen (nach **245**.1a) (sicherheitshalber werden die Werte für 100000 EGW eingesetzt)

$$K'_B = \left(\frac{8}{100} + \frac{1}{50}\right) \cdot 98 \cdot \frac{110}{113} \cdot 1,0 = 8,7 \text{ DM/(E} \cdot \text{a)}   \text{(Faktor 1,0 aus } \mathbf{245}.1a)$$

$$K_b = \frac{8,7}{0,200 \cdot 365} = 0,119 \text{ DM/m}^3   \text{mit } p = 8\% \text{ und } n = 50 \text{ Jahre}$$

$$K_Q = 0,119 + \left(\frac{8}{100} + \frac{1}{50}\right)\frac{12000000}{8760000} = 0,256 \text{ DM/m}^3$$

$$K_E = 8,7 + \left(\frac{8}{100} + \frac{1}{50}\right) \cdot 98 = 18,5 \text{ DM/(E} \cdot \text{a)} = 100\% + 113\% \text{ (nach } \mathbf{245}.1a)$$

Die jährlichen Gesamtkosten betragen

$$K_a = 0,256 \cdot 8760000 \approx 2230000 \text{ DM/a}   \text{oder}   K_a = 18,5 \cdot 120000 \approx 2230000 \text{ DM/a}$$

davon beträgt der Betriebskostenanteil K_{Ba}

$$K_{Ba} = 0,119 \cdot 8760000 = 1040000 \text{ DM/a}   \text{oder}   K_{Ba} = 8,7 \cdot 120000 = 1040000 \text{ DM/a}$$

Dieser läßt sich nach **245**.1b aufschlüsseln in etwa

14% Energiekosten	=	146000 DM/a	
47% Sachkosten	=	488000 DM/a	
39% Personalkosten	=	406000 DM/a	
zusammen	=	1040000 DM/a	

4.4   Mechanische Abwasserreinigung

4.4.1   Absetzen und Flotation

Teilchen, deren Wichte größer ist als die des Wassers, setzen sich ab. Andere, die sich erst nach Zugabe von Chemikalien zusammenballen, bezeichnet man als ausgeflockte Teile. Entstehen durch den Zusatz von Chemikalien unlösliche Stoffe, die sich absetzen, so spricht man von Fällung. Diese Vorgänge des Absetzens finden in den Sandfängen und Absetzbecken einer Kläranlage statt.

Das Aufschwimmen und Ausscheiden von Schwebestoffen, die leichter als Wasser sind, nennt man auch Flotation. Das Aufschwimmen kann durch fein verteilte Luftbläschen, die sich ihnen anlagern, und durch die Zugabe von Chemikalien (Flotationsmittel) beschleunigt werden.

4.4.1.1   Absetzen von körnigen Stoffen

Ein Teilchen, das Gewicht und Form während des Absetzens oder Aufsteigens nicht verändert, wird so lange beschleunigt, bis der Widerstand der Flüssigkeit dem Ab- oder Auftrieb des Teilchens entspricht. Sobald sich Gleichgewicht zwischen diesen Kräften einstellt, fällt oder steigt das Teilchen mit konstanter Geschwindigkeit.

Im Laboratorium kann man die Absetzzeit von körnigen Teilchen mit einem Absetztrichter messen, der mit verunreinigtem Wasser gefüllt wird und so lange stehen bleibt, bis das Wasser klar ist. Das Ergebnis läßt sich auf den Absetzraum einer Kläranlage übertragen.

Die Sinkgeschwindigkeit v_s des kleinsten Teilchens ist

$$v_s = h/t \quad \text{m/h} \tag{248.1}$$

h = Trichterhöhe in m t = Absetzzeit in h
Q = Wassermenge in m^3/h O = Oberfläche in m^2

oder bei kontinuierlich durchfließender Wassermenge

$$v_s = Q/O \text{ m/h} \tag{248.2}$$

Aus Gl. (248.2) erkennt man, daß die Tiefe des Beckens bedeutungslos ist; das Teilchen ist in Sicherheit, sobald es sinkend den Durchflußbereich verlassen hat.

Gleichgültig ist auch, ob der Absetzraum horizontal oder vertikal durchflossen wird. Da die Tiefe keinen Vorteil bietet, bevorzugt man aus konstruktiven Gründen den horizontalen Durchfluß. Bei diesem wirken auf das Teilchen zwei Geschwindigkeitskomponenten: horizontal die Fließgeschwindigkeit und vertikal die Sinkgeschwindigkeit. Die Resultierende bestimmt den Weg des Teilchens im Absetzraum.

Aus Bild **249**.1 ist ablesbar

$$\frac{v_s}{v} = \frac{h}{L} \qquad L = h\,\frac{v}{v_s}$$

Man könnte so die Länge eines Sandfanges berechnen, verwendet aber Gl. (249.1) und erhält das gleiche Ergebnis

249.1

Schema eines Langsandfangs

v = Fließgeschwindigkeit
v_s = Sinkgeschwindigkeit
v_R = resultierende Geschwindigkeit
— ·· — ·· Weg der nichtabsetzbaren Teilchen
— — — — Weg der kleinsten ⎱
— · — · — · Weg der größeren ⎰ absetzbaren Teilchen

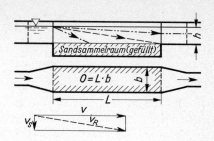

$$v_s = \frac{Q}{O} = \frac{v \cdot A}{b \cdot L} = \frac{v \cdot b \cdot h}{b \cdot L} \qquad L = \frac{v}{v_s} h \qquad (249.1)$$

Je größer Wichte und Volumen eines Teilchens sind, um so größer ist seine Sinkgeschwindigkeit (s. Tafel **256**.2).

Bei horizontalem Durchfluß darf die Fließgeschwindigkeit eine gewisse Grenze nicht überschreiten, damit die Teilchen am Boden liegen bleiben. Sie beträgt für Sand v_{gr} = 0,3 bis 0,6 m/s.

Bei senkrecht aufsteigendem Durchfluß muß $v_{gr} < \min v_s$ sein; andernfalls wird das kleinste Korn aufwärtsgeschwemmt.

Gl. (249.1) kann man sich anschaulich etwa so vorstellen, daß stündlich eine Wassersäule von Q/O m Höhe je m² Oberfläche von oben durch den Wasserspiegel gedrückt wird. Nur körnige Teilchen, deren Sinkgeschwindigkeit größer ist als die Durchdrückgeschwindigkeit, eilen der Wassersäule voraus und bleiben im Absetzraum zurück. Auf dieser Vorstellung beruht der häufig an Stelle von Sinkgeschwindigkeit verwendete Ausdruck „Flächenbelastung" oder „Oberflächenbeschickung".

4.4.1.2 Absetzen von Flocken

Organische Schwebestoffteilchen und Flocken, die aus chemischen Flockungsmitteln entstehen, bilden beim Zusammenstoßen Gruppen von verschiedener Größe, Gewicht und Form. Die Sinkgeschwindigkeit ist um so größer, je größer die Teilchengruppe ist. v_s wächst also, wenn sich neue Teilchen anlagern, was z.B. geschieht, wenn Flocken mit großer Sinkgeschwindigkeit kleinere einholen. Auch Turbulenz kann diese Flockung fördern. Man erkennt, daß beim Absetzvorgang derjenige Absetzraum überlegen ist, der den Flocken die beste Möglichkeit zur Zusammenballung gibt. Bei Räumen gleichen Volumens V ist dies der mit der größeren Tiefe. Die Tiefe des Beckens und damit die Länge der Durchflußzeit t_R spielen hier also eine Rolle. Absetzräume für flockige Bestandteile berechnet man deshalb mit der Gleichung

$$V = Q \cdot t_R \qquad (249.2)$$

Die Durchfließzeit t_R ist hier eine rechnerische; die tatsächliche ist stets kürzer, da infolge von Gewichts- und Temperaturunterschieden nicht alle Teile des Beckens gleichmäßig durchflossen werden. Deshalb läßt sich auch das Meßergebnis in einem 0,4 m hohen Versuchsglase nicht auf ein Absetzbecken übertragen. Die aufsteigende Wasserbewegung ist bei flockigen Bestandteilen besonders vorteilhaft: das Wasser wird beim Aufsteigen durch die fallenden Flocken gefiltert, und das Zusammengehen der Teilchen gefördert.

Absetzbare Schwebstoffe in normalem häuslichem Abwasser sinken in ≈ zwei Stunden zu Boden; damit liegt die obere Grenze für die Größe von Absetzbecken fest. Bild **219**.1 zeigt die Absetzwirkung für verschiedene Durchflußzeiten.

4.4.2 Siebe und Rechen

Die mechanische Abwasserbehandlung schließt normalerweise Rechen, Sandfang und Vorklärung ein. Diese mechanischen Reinigungsstufen erfüllen folgende Funktionen:

Rechen   = Schutzfunktion gegenüber Pumpen

Sandfang   = Schutzfunktion gegenüber Pumpen und Sandablagerungen

Vorklärung = Einfache Behandlungsstufe zur Feststoffentfernung gleichzeitige Entlastung der biologischen Stufe und *BSB*-Reduzierung

Die mechanische Vorbehandlung hat somit zwei Aufgaben zu erfüllen:

1. Schutz der nachfolgenden Ausrüstungen

2. Reduzierung von Feststoffen und *BSB*

Einfachste Anlagen einer Abwasserreinigung sind Siebe oder Rechen. Sie kommen als selbständige Reinigungsanlagen vor Regen- und Notauslässen in Frage. In Kläranlagen bilden sie das erste Reinigungselement. Sie sind hier notwendig wegen der groben Schwimmstoffe (Lumpen, Holzstücke, Faserstoffe, Mullbinden). Diese Stoffe würden den Betrieb des Sandfangs oder des Vorklärbeckens erschweren. Wegen des groben Zustandes der Stoffe verwendet man in den Kläranlagen bevorzugt Rechen. Grobrechen sind vor dem Sandfang, Feinrechen, meist in Form von maschinellen Rechen, hinter dem Sandfang angeordnet.

4.4.2.1 Siebe

Die Reinigungswirkung von Sieben ist, verglichen mit Absetzbecken, verhältnismäßig gering. Man unterscheidet Fang- und Spülsiebe oder Siebscheiben und Siebtrommeln.

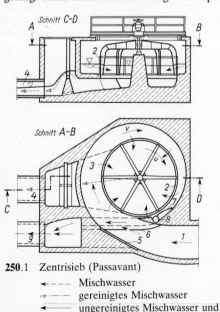

Am gebräuchlichsten ist die Siebtrommel. Sie dreht sich um eine waagerechte oder vertikale Achse. Das Abwasser strömt von außen zu und fließt, von den Siebstoffen befreit, im Innern ab. Durch eine verhältnismäßig große Umfangsgeschwindigkeit der Trommel werden die außen haftenden Siebstoffe abgespült. Da die hohe Drehzahl einen entsprechenden Aufwand an Antriebskraft erfordert, ist man dazu übergegangen, Siebtrommeln mit geringerer Geschwindigkeit zu betreiben, die Siebstoffe durch besonders zugeführtes Druckwasser zu beseitigen und das Abwasser im Innern der Trommel zuzuführen.

Vor Regenauslässen des Mischsystems, aber auch des Trennsystems, ist verhältnismäßig oft das Zentrisieb (Fa. Passavant) (**250.**1) ausgeführt worden. Es besteht aus einer senkrecht angeordneten Trommel (*2*) an mehreren radial angeordneten Trägerrahmen, welche mit der senkrechten Hauptwelle fest verbunden sind.

250.1 Zentrisieb (Passavant)

- - - - Mischwasser
- · - · - gereinigtes Mischwasser
────── ungereinigtes Mischwasser und Siebrückstände

Diese Welle ist mit ihrem Fuß auf einem Betonsockel in wasserdichtem Wälzlager gelagert. Das obere Wälzlager der Welle liegt in der Betondecke oder in einem Stahlrahmen. Die Welle wird durch Elektromotor mit Untersetzungsgetriebe bewegt. Das Sieb der Trommel besteht aus gelochten Blechen mit großer, freier Siebfläche. Runde Löcher 3 bis 4 mm $\emptyset$ haben sich als vorteilhaft erwiesen. Die Siebtrommel hängt in einem Umlaufkanal (3), dessen Breite sich immer weiter verringert. Er hat durch die Siebtrommel hindurch Verbindung zum Auslaßkanal (4). Durch ein Schütz (5) und eine Überlaufschwelle (6) wird die Trommel zufließende Wassermenge je nach festgelegtem Verdünnungsverhältnis zugeleitet. Kurz vor Überflutung der Schwelle wird das Zentrisieb über eine Schwimmer- oder Elektrodenschaltung, die in Verbindung mit dem Zulaufkanal steht, in Bewegung gesetzt. Es bewegt sich mit einer Umfanggeschwindigkeit u, welche gleichgerichtet, aber größer ist als die Fließgeschwindigkeit v im Umlaufkanal. v bleibt während des Umlaufs etwa konstant. Durch diese Geschwindigkeitsdifferenz wird am Sieb eine Wirbelzone erzeugt, die verhindert, daß sich leichte Stoffe (Papier, Textilien) festsetzen. Schwere Stoffe werden nach außen abgedrängt. In gleichem Sinne wirkt eine verstellbare Düsenklappe (7) vor der Ablauföffnung (8) (senkrecht). Sie bildet zusammen mit dem Siebmantel eine düsenförmige Einengung und unterstützt so das Ablösen von klebenden Stoffen. Durch (8) tritt das nicht vorgereinigte Abwasser mit allen Siebrückständen in den SW-Kanal zur Kläranlage (9).

Die Weite der Siebmaschen beträgt allgemein 1 bis 5 mm. Siebanlagen mit $\approx$ 1-mm-Öffnungen können 30% der Gesamtschwebestoffe des Abwassers beseitigen, mit 15 mm Schlitzweiten nur $\approx$ 16%. Ihrer geringen mechanischen Klärwirkung und ihrer Betriebsempfindlichkeit wegen finden Siebanlagen zur mechanischen Klärung städtischen Schmutzwassers in Kläranlagen kaum Verwendung; sie sind jedoch für Gewerbe- und Industrieabwasser von Bedeutung. Die Menge des Siebgutes beträgt 15 bis 25 l/(E · Jahr).

Eine weitergehende Entwicklung stellen die Bemühungen dar, das Vorklärbecken durch eine leistungsfähigere Siebung des Abwassers zu ersetzen. Nach diesen Gesichtspunkten wurden die ersten Kläranlagen Anfang der 70er Jahre mit Hydrosieben ausgerüstet, mit denen man gute Erfahrungen sammelte. Die allgemeinen Vor- und Nachteile zwischen Siebung und Vorklärung können wie folgt zusammengefaßt werden.

Vorteile:
Baulich sehr kompakte Reinigungsstufe,
Äußerst geringe Bauarbeiten (besonders wichtig bei Überdachung der Anlage),
Guter Rückhalt von Grobstoffen,
Gute Schutzfunktion für die Ausrüstung der nachfolgenden Kläranlagenteile,
Keine anaeroben Verhältnisse oder Schlämme,
Keine Feinrechen erforderlich.

Nachteile:
Geringe *BSB*- und Feststoffreduzierung,
Druckverluste 1 bis 3 m,
Verstopfungsgefahr bei höheren Fettgehalten.

4.4.2.2 Stabrechen

Es sind dies meist Grobrechen mit fest eingebauten, 1:2 bis 1:3 geneigten Stäben aus Flach-, Rund- oder Profilstahl mit Durchgangsweiten von 2 bis 5 cm. Zu geringe Durchgangsweiten sind unzweckmäßig, weil Papierreste und Kotstoffe am Durchgang gehindert würden. Der Rechen wird oft von Hand gereinigt. Bei großen Anlagen ist eine automatische und maschinelle Abräumung des Rechengutes vorteilhaft. Dies kann anschließend durch eine Zerkleinerungsmaschine zerkleinert und ins Abwasser zurückgegeben werden.

Jeder Rechen verursacht einen Stau und einen Gefälleverlust des strömenden Wassers. Die Durchflußgeschwindigkeit soll $v \geqq 0,6$ m/s sein, damit sich kein Sand absetzt. Jeder Rechen erhält einen Stauumlauf, der einen besonderen Rechen mit ≈ 10 cm Durchgangsweite hat. Die Rechengutmenge hängt von der Durchgangsweite ab und beträgt bei 4 bis 5 cm lichter Weite (Grobrechen) 2 bis 3 l/(E · Jahr), bei 2 bis 3 cm (Feinrechen) 5 bis 10 l/(E · Jahr).

Da die Arbeit am handbedienten Rechen unhygienisch ist, sollte man immer eine maschinelle Räumung anstreben. Beim Handrechen (**252**.1) sollte man nicht durch Konstruktionsfehler dem Klärwärter die Aufgabe erschweren. Wichtig ist eine glatte Führung der Rechenharke, alle Rechenstäbe (*1*) voll in die Sohle einzulassen [vorbereitete Aussparung mit Winkeleisen (*4*) und Sohlsprung], Abschluß der Stäbe ≈ 20 cm über den Bedienungspodest (*3*), ausreichende Breite des Podestes 0,8 bis 1,5 m, Anordnung eines Tropfbleches in Muldenform (*2*) oder eines horizontalen Gatters vor dem Podest. Die Länge der Stäbe soll $\leqq 2,0$ m sein, da sonst die Rechenharke nicht sicher geführt werden kann. Der Neigungswinkel der Stäbe zur Sohle beträgt 20 bis 40°, d.h. max Rinnenhöhe 0,70 bis 1,30 m. Bei größeren Höhen ordnet man einen zweistufigen Rechen an (DIN 19554, T 1).

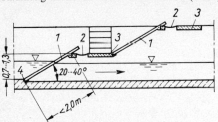

252.1 Längsschnitt durch zweistufigen Handrechen

1 Rechenstäbe
2 Abtropfrinne
3 Bedienungspodest
4 Winkeleisen

4.4.2.3 Maschinell bediente Rechen

Man sollte maschinell arbeitende Rechen bei jeder größeren Anlage vorsehen. Sie haben hygienische und betriebliche Vorteile. Der Stababstand kann 1,0 cm oder sogar kleiner sein. Die Rechen werden durch eine Wasserspiegel-Differenzschaltung automatisch eingeschaltet, die bei einem bestimmten Stau vor dem Rechen anspringt. Das Rechengut wird meist abtransportiert und dem Faulturm wegen der Schwimmdeckenbildung nicht zugeführt. Bild **253**.1 zeigt einen Greiferrechen (Fa. Passavant) mit einem Rotorzerkleinerer für das Rechengut (*8*). Dieses wird hier zerkleinert dem Abwasser wieder zugegeben. Rechenbreiten = Kammerbreite *b*, Rostlänge(Stab-) = *l* und lichter Stababstand *e* sind nach DIN 19554, T 1, folgende:

b in m	0,8; 1,0; 1,2 bis 2,4; 2,8; 3,2 bis 4,8
e in m	0,015; 0,02; 0,025; 0,04; 0,06; 0,08; 0,1
l in m	0,6; 0,8; 1,0 bis 2,8

Die Stabneigung beträgt 75%.
Weitere Maßangaben s. DIN 19554, T 1

Eine gute Alternative stellt der sehr betriebssichere Gegenstromrechen (z.B. Fa. W. Röder) dar. Der Rechenkamm greift hier von hinten, gegen die Fließrichtung, in den Rechen ein, nimmt das Rechengut auf und wirft es nach oben über eine Schurre ab. Schaltung durch Füllstandsmesser bei erhöhtem Wasserstand vor dem Rechen. Lichte Stababstände 8 bis 12 mm Feinrechen, 13 bis 100 Grobrechen (**253**.2). Maße s. DIN 19554, T 3.

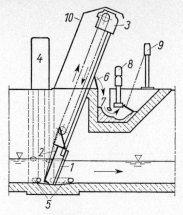

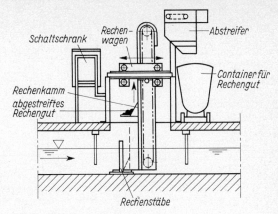

253.1 Greiferrechen

1 Rechen
2 Greifer
3 Antrieb
4 Wasserspiegel-Differenzschaltung
5 Verbindungskanäle zu den
   Schwimmerschächten
6 Abstreifblech für Rechengut
7 Schwemmrinne
8 Rotorzerkleinerer
9 Hubwinde
10 Verkleidung

253.2 Gegenstromrechen

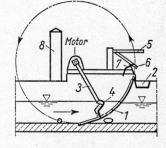

253.3 Bogenrechen

1 Rechenrost
2 Abtropfrinne
3 Harkenarm
4 Harkenschaufel
5 Lenker
6 Abstreifarme
7 Abstreifer
8 Staumeßgerät und
   Wasserspiegeldifferenz-
   schaltung

Bild **253**.3) zeigt einen B o g e n r e c h e n. Die vertikalen Rechenstäbe sind bogenförmig gekrümmt. Das Rechengut wird zweckmäßig aus der Abtropfrinne (*2*) durch Reinwasser weggespült und anschließend abgefahren oder maschinell zerkleinert (DIN 19554, T 2). Nennradien $r = 1,2; 1,6; 2,0$ m, Kammerbreiten $b = 0,3$ bis $2,0$ m.

Der R a d i a l r e c h e n (**255**.1 und Tafel **256**.1) hat gebogene, horizontale Stäbe, einen um eine vertikale Achse laufenden Abstreifer und ggf. einen Rechengutzerkleinerer. Das Rechengut wird dann zerkleinert dem Abwasser vor dem Rechen wieder zugesetzt. Besser ist die direkte Beseitigung.

Außerdem gibt es noch R e c h e n t r o m m e l n (**268**.1) mit Zerkleinerungsvorrichtungen, wie Messerwellen oder Zerreißkämmen, die zwischen die ringförmigen Rechenstäbe greifen und mit Hilfe der Rotationsbewegung das Rechengut zerkleinern. Abwasserzulauf von außen in das Innere der Trommel.

Der C o n d u x - K a n a l h a i ist ein Unterwasser-Schneidzerkleinerer mit vertikaler Antriebswelle. Er wird in die Abwasserleitungen eingebaut. Kernstück ist der rotierende Messerkorb mit schräg stehenden Roststäben, Drehzahl 530 l/min, Durchsatzleistungen 30 bis 100 m³/h.

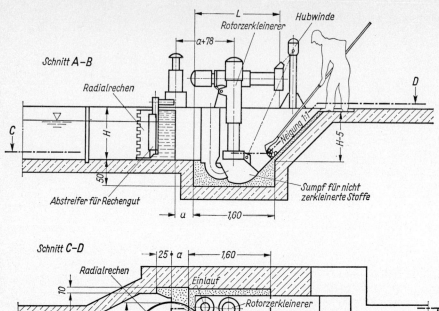

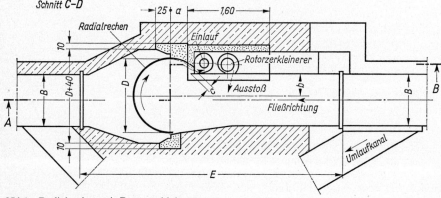

254.1   Radialrechen mit Rotorzerkleinerer

Tafel **254**.2   Radialrechen (Fa. Passavant), Maße in cm

Rechendurchmesser D		50	80	100	120	140	160	180	200
a		25	30	30	30	35	40	43	46
b		17,5	25	30	33	41	48	59	69
Richtwert für c und			6			7		8,5	
Kanalbreite B		40	50	70	80	100	110	120	130
Winden-abstand L	Gehäuse-höhe H	Mindest-Einbaulänge E							
135	60	435	470	490	510	535	560	583	606
155	80	455	490	510	530	555	580	603	626
175	100	475	510	530	550	575	600	623	646

4.4.2.4 Berechnung von Stabrechen

Die Bemessung der Rechenanlagen hängt von der Abwassermenge und der Menge des mitgeführten Rechengutes ab.

Überschläglich kann man die Gerinnebreite im Rechenbereich (Kammerbreite) b durch die Kontraktionsziffer K ermitteln, welche die Kontraktion des Wassers und die größte Stabbelegung zusammen berücksichtigt.

$$b = b_1/K$$

b_1 = Gerinnebreite vor dem Rechen
K = kann bei maschinell gereinigten Grobrechen mit 0,75 für Trockenwetterabfluß, und mit 0,85 für Regenwetterabfluß angenommen werden.

Der Rechenstau ist nach der Formel von Kirschmer zu errechnen.

$$\Delta h = \beta \left(\frac{s}{e} \right)^{4/3} \cdot \frac{v^2}{2\,g} \cdot \sin \delta$$

Δh = Stauverlust
s = Stabdicke
e = lichter Stababstand
$v^2/2\,g$ = Geschwindigkeitshöhe vor dem Rechen
δ = Neigungswinkel der Stäbe
β = Formfaktor für Stabquerschnitt (255.1).

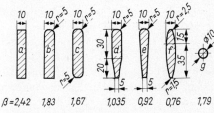

$\beta = 2{,}42 \quad 1{,}83 \quad 1{,}67 \quad 1{,}035 \quad 0{,}92 \quad 0{,}76 \quad 1{,}79$

255.1   Formfaktoren β für Rechenstäbe

Beispiel: Für die Kläranlage einer Stadt mit 120 000 *EGW*, $w = 180$ l/(*EGW* · d), Trennsystem ist ein maschineller Grobrechen zu bemessen.

$$Q_{14} = 1540 \text{ m}^3/\text{h} = 430 \text{ l/s}$$

Rechteck-Gerinne vor dem Rechen $b_1 = 600$ mm, $J = 1{:}400$, $h'_{14} = 0{,}55$ m, $v = 1{,}27$ m/s

erf. $B = 600/0{,}75 = 800$ mm

gew.: $s = 15$ mm, $e = 40$ mm, $\beta = 1{,}67$, $\delta = 60°$, $v^2/2\,g = 0{,}082$ m

$$\Delta h \text{ (unverschmutzt)} = 1{,}67 \cdot \left(\frac{15}{40} \right)^{4/3} \cdot 0{,}082 \cdot \sin 60° = 0{,}032 \text{ m}$$

bei max. Verschmutzung soll angenommen werden:

$s = 45$ mm, $e = 10$ mm

$$\Delta h \text{ (verschmutzt)} = 1{,}67 \cdot \left(\frac{45}{10} \right)^{4/3} \cdot 0{,}082 \cdot \sin 60° = 0{,}88 \text{ m}$$

Es wird das obere Drittel des eingetauchten Stabes als verschmutzt, die unteren zwei Drittel als unverschmutzt angenommen.

$$\Delta h = \tfrac{2}{3} \cdot 0{,}032 + \tfrac{1}{3} \cdot 0{,}88 = 0{,}315 \text{ m}$$

Man sollte die offenen Fließrinnen mindestens doppelt so tief machen als die größte Fülltiefe beträgt, d. h. hier $h \geqq 1{,}10$ m.

Die Stabanzahl n beträgt:

$$n = \frac{B - e}{s + e} = \frac{800 - 40}{15 + 40} = 13{,}8 = 14$$

Rechengutmenge $R =$ etwa 3 l/(*EWG* · a) jährlich $R = 3 \cdot 120 000/1000 = 360$ m³/a

4.4.3 Sandfänge

Sandfänge findet man vor selbständigen maschinellen Einrichtungen der Abwassertechnik, wie Sieben, Rechen, Pumpstationen, Hebeanlagen und in Kläranlagen. Vor den Anlagen des Mischsystems sind Sandfänge unbedingt erforderlich. Beim Trennsystem findet man Sandfänge im Regenwassernetz und in den Schmutzwasser-Kläranlagen. Sie können hier zwar in verkleinerter Form angelegt werden, aber entbehrlich sind sie nicht, denn auch im SW-Netz werden körnige Bestandteile (von Küchenabfällen, Falschanschlüssen, Schadstellen usw.) mit abgeführt.

Die Fließgeschwindigkeit im Sandfang wird so weit vermindert, daß körnige Sinkstoffe (nach Tafel **256**.1) z. B. Sand von $d = 0,1$ bis 0,2 mm in einen besonderen Raum ohne Durchfluß, den Sandsammelraum, absinken können.

Sand hat eine hohe Verschleißwirkung auf Maschinen, stört im Zulauf der Absetzbecken und würde in den Schlammtrichtern der Becken und im Faulraum feste, sedimentierte Massen bilden, welche nur mit besonderen Hilfen gefördert werden könnten.

Sand lagert sich bei horizontalem Durchfluß ab, wenn die Fließgeschwindigkeit $v = 0,3$ bis 0,6 m/s beträgt. Offene Fließgerinne in den Kläranlagen sollen deshalb ein $v \geqq 0,6$ m/s haben. Die Schwierigkeit der Sandfangbemessung liegt in der Anpassung der Fließquerschnitte an die verschiedenen Wassermengen (s. Abschn. 1.2 und 1.3). Der große Unterschied zwischen Q_{37} und Q_{MW} bei Mischwassersandfängen ist hier besonders unangenehm. Der Sandanfall beträgt nach [24] 5 bis 12 l/(E · Jahr).

Tafel **256**.1   Sinkgeschwindigkeit v_s in m/h absetzbarer Teile nach [24]

Korndurchmesser d mm	1,0	0,5	0,2	0,1	0,05	0,01	0,005
Quarzsand $v_s = 2412 \cdot d^2$ für $d < 0,1$ mm	502	258	82	24	6,1	0,3	0,06
Kohle	152	76	26	7,6	1,5	0,08	0,015
Schwebestoffe des häuslichen Abwassers	122	61	18	3	0,76	0,03	0,008

4.4.3.1 Langsandfang

Diese Ausführung wurde früher sehr häufig gebaut. Man bemißt seine Fließgerinne für $v = 0,30$ bis 0,60 m/s. Dies erreicht man durch Verbreiterung des Zuflußgerinnes. Um diese Fließgeschwindigkeit bei den wechselnden Wassermengen des Trennverfahrens, insbesondere aber beim Mischverfahren einhalten zu können, werden mehrere Fließrinnen nebeneinander angeordnet. Wegen der Räumung sind mindestens zwei Rinnen vorzusehen. Der Sandfang soll $\leqq 30$ m lang sein. Die bauliche Ausbildung richtet sich nach der Art der Sandräumung. Bei kleineren Anlagen wird die waagerechte Sohle des Sandfangs mit einer in Kies gebetteten Dränleitung versehen, die geschlossen bleibt, solange der Sandfang in Betrieb ist (**257**.1). Nach dem Absperren einer Rinne wird der darin abgesetzte Sand durch diese Sickeranlage entwässert und dann von Hand, bei größeren Anlagen maschinell, herausgenommen. Der Sandsammelraum ist so zu bemessen, daß der Sand von mehreren Tagen in einer Kammer Platz findet. Man kann die Sandsammelräume auch als tiefe, unten geschlossene, trapezförmige oder ausgerundete Rinnen ausbilden, in denen sich ein Sand-Wasser-Gemisch sammelt, das durch Düsen angesaugt und durch Druckluftheber gefördert wird (**262**.2). Häufig sinken unerwünscht auch leichtere organische Stoffe mit zu Boden. Um diesen Schlamm zu entfernen, kann in die

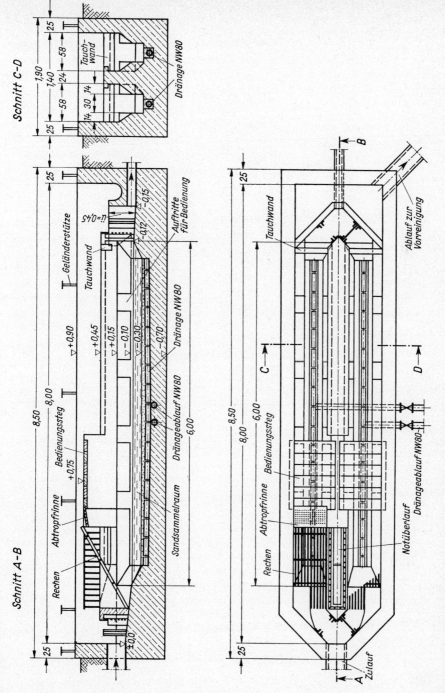

257.1 Langsandfang für kleinere Kläranlage nach Schreiber

Sandfangsohle eine Belüftungsvorrichtung eingebaut werden. Vor dem Ausräumen des Sandes bläst man von unten her Druckluft ein. Der aufgewirbelte feine Schlamm wird dann von dem darüberfließenden Abwasser mitgeführt. Das ausgebaggerte Sand-Schlamm-Gemisch kann auch außerhalb des Sandfangs in einer besonderen Sandwäsche behandelt werden. Dies ist empfehlenswert, wenn der Sand anschließend als Streu- oder Bausand verwendet werden soll.

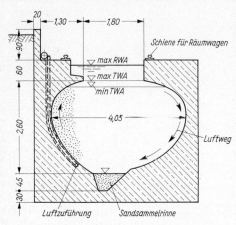

258.1   Querschnitt eines belüfteten Sandfangs in einer Kläranlage für Mischsystem (Heilbronn)

Ständig belüftete Sandfänge (**258**.1 und **259**.1) dienen auch der Vorbelüftung des Abwassers.

Durch einen einmal richtig eingestellten Lufteintrag im Sandfang wird eine von der zufließenden Wassermenge fast unabhängige Umwälzung des Abwassers erreicht. Die hierdurch erzeugte Turbulenz muß dabei so g e r i n g sein, daß der Sand zu Boden sinkt, aber auch so g r o ß, daß Schlammteilchen nicht im Sandfang zurückgehalten werden.

Daneben wird das Einblasen der Luft zum Flotieren von Fett und Öl genutzt. Seitlich neben dem Sandfang wird eine Fettfangzelle angeordnet, in der das flotierte Fett und Schwimmstoffe zurückgehalten werden. Bemessungswerte sind beim Berechnungsbeispiel 2 aufgeführt.

Bild **259**.1 zeigt den Sandfang einer großen Kläranlage. Das Abwasser fließt nach Förderung durch ein Schneckenhebewerk zu. Durch ein elektrisch angetriebenes Drehtor kann die Rinnenbeschickung geregelt werden. Die Sohlen der Fließrinnen sind parabolisch geformt und haben in der Mitte eine Sammelrinne für den Sand, aus welcher der Drucklufttheber direkt und ständig fördert. Beim Abfluß für Überlaufwasser trennt sich das mitgeförderte Abwasser vom Sand, welcher durch die Sandförderanlage in den Transportkübel gebracht wird. Das Abwasser verläßt den Sandfang durch den Ablauf. Die Abflußregelung erfolgt wieder durch ein Drehtor und ein Schütz. Dieser Sandfang ist außerdem belüftet. Durch das Belüftungssystem wird Druckluft (max 1800 m³/h) zugeführt, welche in den Fließrinnen für eine ständige Umwälzung mit einer Randgeschwindigkeit $v = 25$ bis 30 cm/s sorgt. Der Drucklufteintrag wird gerade so groß gehalten, daß sich nur mineralische, aber keine organischen Sinkstoffe absetzen können. Die Belüftung der Sandfänge empfiehlt sich, um angefaultes Abwasser aufzufrischen. Dies kann auch mit der Absicht geschehen, in dem anschließenden Vorklärbecken eine biologische Teilreinigung zu erzielen. Durch geringere Luftzufuhr läßt sich im Sandfang ein schnelles Aufschwimmen von Öl und Fett erreichen.

Beispiel 1: Für die Kläranlage einer Stadt mit 120000 EGW, Abwasseranfall $Q_d = 180$ l/(E · d) und Trennsystem ist für einen Sandanfall von 10 l/(E · Jahr) ein L a n g s a n d f a n g zu bemessen.

$$Q_{14} = \frac{120000 \cdot 180}{14 \cdot 1000} = 1540 \text{ m}^3/\text{h} = 430 \text{ l/s}$$

$$Q_{37} = \frac{120000 \cdot 180}{37 \cdot 1000} = 584 \text{ m}^3/\text{h} = 162 \text{ l/s}$$

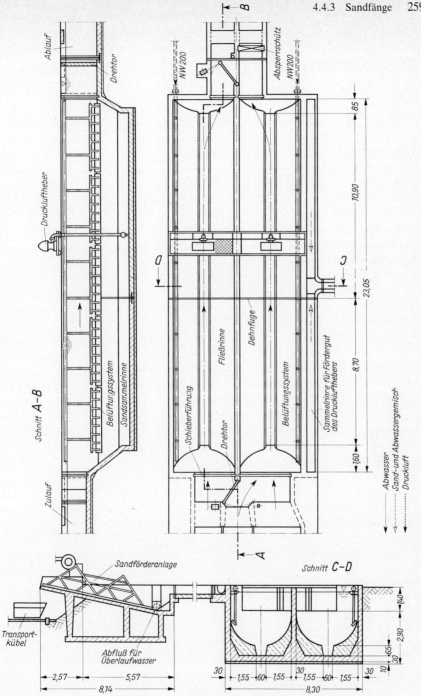

259.1 Belüfteter Langsandfang einer großen Kläranlage (Emschergenossenschaft)

Querschnittsberechnung mit $v = 0,3$ m/s $= 3$ dm/s

$$\text{für } Q_{14} \quad A = \frac{Q_{14}}{v} = \frac{430}{3} = 144 \text{ dm}^2 = 1,44 \text{ m}^2$$

Mit einer Füllhöhe $h'_{14} = 0,58$ m im Zulaufgerinne ergibt sich

$$b_{14} = \frac{A}{h'_{14}} = \frac{1,44}{0,58} = 2,48 \text{ m} \quad \text{für } Q_{37} \quad A = \frac{162}{3} = 54 \text{ dm}^2 = 0,54 \text{ m}^2$$

Mit einer Füllhöhe $h'_{37} = 0,365$ m im Zulaufgerinne ergibt sich

$$b_{37} = \frac{0,54}{0,365} = 1,48 \text{ m}$$

Gewählt: 2 Rinnen mit $b = 0,75$ m und 1 Rinne mit $b = 1,00$ m (nachts außer Betrieb)

Sandfanglänge L: Es wird gefordert, daß sich Sand mit 0,1 mm Korndurchmesser noch absetzt. Seine Sinkgeschwindigkeit beträgt nach Tafel **256**.2 $v_s = 24$ m/h

Damit ergibt sich die Sandfangoberfläche

$$O_{14} = \frac{Q_{14}}{v_s} = \frac{1540}{24} = 64 \text{ m}^2$$

Tagsüber werden alle 3 Rinnen beschickt. Daher ist $b = 2 \cdot 0,75 + 1,0 = 2,5$ m. Man erhält eine wirksame Sandfanglänge

$$L = \frac{O_{14}}{b} = \frac{64}{2,5} = 25,6 \text{ m} \quad \text{gewählt } 26,0 \text{ m}$$

Nachts werden 2 Rinnen mit $b = 2 \cdot 0,75 = 1,50$ m beschickt. Man erhält ein absetzbares Kleinstkorn für

$$v_s = \frac{Q_{37}}{O_{37}} = \frac{584}{1,50 \cdot 26,0} = 15 \text{ m/h}$$

nach Tafel **256**.1 für Quarzsand

$$v_s = 2412 \, d^2 \quad \text{oder} \quad d = \sqrt{\frac{v_s}{2412}} \quad d = \sqrt{\frac{15}{2412}} = 0,079 \text{ mm}$$

Sandsammelraum (**260**.1)

$$2 \, A_1 = 2 \, \frac{0,75 + 0,40}{2} \, 0,75 = 0,86 \text{ m}^2$$

$$A_2 = \frac{1,0 + 0,40}{2} \, 0,75 = 0,52 \text{ m}^2$$

$$\overline{\Sigma \, A \qquad\qquad = 1,38 \text{ m}^2}$$

Sandvolumen $= A \cdot L = 1,38 \cdot 26,0 = 35,8 \text{ m}^3$

Für den Sandanfall $= 10$ l/(E $\cdot$ Jahr) wird

$$V_{\text{Sand}} = \frac{10 \cdot 120\,000}{1000} = 1200 \text{ m}^3/\text{Jahr}$$

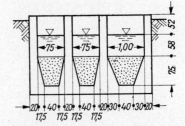

260.1 Querschnitt der Sandsammelrinnen

Anzahl der Räumungen $n = \dfrac{1200}{35,8} = 33,5$ je Jahr, d.h. 365/33,5 jeden 11. Tag ist auszuräumen. Diese Berechnung ist nur erforderlich, wenn der Sandfang von Hand oder durch Greifer geräumt wird. Die Anordnung eines Sammelraumes bei Drucklufthebern hat nur betriebliche Bedeutung.

Beispiel 2: Für 120000 EGW, $Q_d = 180$ l/(E · d) und Mischsystem ist ein belüfteter Langsandfang zu bemessen.

Bemessungswerte für belüftete Langsandfänge ($Q_{TW} \triangleq$ Trockenwetterzufluß, $Q_{RW} \triangleq$ Regenwetterzufluß)

a) Sandfang:	**b) Fettfang:**

Aufenthaltszeit	$t_R = 10$ bis 15 min für Q_{TW}		$t_R \geqq 3$ min für Q_{TW}
	$t_R = 3$ bis 4 min für Q_{RW}		$t_R \geqq 1$ bis 1,5 min für Q_{RW}
Fließgeschwindigkeit	$v_L \leqq 0,07$ bis 0,12 m/s für Q_{TW}		
	$v_L \leqq 0,2$ bis 0,25 m/s für Q_{RW}		Oberflächenbeschickung
Umwälzgeschwindigkeit	$v_Q = 0,3$ bis 0,4 m/s		$q_A = 6$ bis 12 m/h für Q_{TW}
Luftmenge	$Q_L = 10$ bis 14 m³/(lfdm · h)		$q_A = 18$ bis 25 m/h für Q_{RW}

$Q_{14} = 1540$ m³/h $= 430$ l/s $= Q_{TW}$; $Q_{RW} = 3600$ m³/h $= 1000$ l/s

Sandfang: gew. 2 Rinnen mit $b = 1,8$ m, mittlere Tiefe $t_m = 2,6$ m, Länge $L = 30$ m

$O = 2 \cdot 1,8 \cdot 30 = 108$ m²; $V = 108 \cdot 2,6 = 281$ m³; $A = 2 \cdot 1,8 \cdot 2,6 = 9,36$ m²

bei $Q_{14} = Q_{TW}$:

$$q_A = \frac{1540}{108} = 14,26 \text{ m/h} \qquad v_L = \frac{Q_{14}}{A} = \frac{0,43}{9,36} = 0,046 \text{ m/s}$$

$$t_R = \frac{281}{0,43} = 653 \text{ s} \approx 11 \text{ min}$$

Absetzwirkung = 90% Korn $\varnothing$ 0,125 bis 0,16; 100% Korn $\varnothing$ 0,16 bis 0,2 nach Tafel **262**.1

bei Q_{RW}:

$$q_A = \frac{3600}{108} = 33,3 \text{ m/h} \qquad v_L = \frac{Q_{RW}}{A} = \frac{1,0}{9,36} = 0,107 \text{ m/s}$$

$$t_R = \frac{281}{1,0} = 281 \text{ s} = 4,7 \text{ min}$$

Absetzwirkung = 75% Korn $\varnothing$ 0,125 bis 0,16; 82% Korn $\varnothing$ 0,16 bis 0,2; 95% Korn $\varnothing$ 0,2 bis 0,25

Luftmenge $Q_L \sim 10 \cdot 2 \cdot 30 = 600$ m³/h

Fettfang: gew. 2 Rinnen mit $b_4 = 1,8$ m, mittlere Tiefe $t_m = 1,3$ m, Länge $L = 30$ m

$O_F = 2 \cdot 1,8 \cdot 30 = 108$ m²; $V_F = 108 \cdot 1,3 = 140,4$ m³; $A_F = 2 \cdot 1,8 \cdot 1,3 = 4,68$ m²

bei Q_{TW}: $t_R = \dfrac{140,4}{0,43} = 326$ s $= 5,44$ min; $q_A = 1540/108 = 14,26$ m/h

bei Q_{RW}: $t_R = \dfrac{140,4}{1,0} = 140,4$ s $= 2,34$ min; $q_A = 3600/108 = 33,33$ m/h

Nach **262**.1 kann die Aufenthaltszeit abhängig vom abgesetzten Korn-$\varnothing$ des Sandes gewählt werden.

Bild **262**.1 zeigt die Abmessungen des berechneten Sandfangs nach DIN 19551, T 3 mit Saugräumer.

$$b = b_1 - b_4 = 3,6 - 0,8 = 1,8 \text{ m}; \ c = 0,25 \text{ m}; \ t = 3,2 \text{ m}; \ m = 0,2 \text{ m}.$$

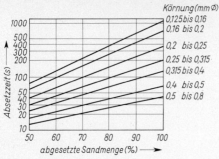

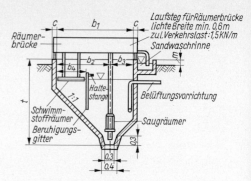

262.1   Korngröße und Anteil der abgesetzten Sandmenge im belüfteten Sandfang, abhängig von t_R. Umwälzgeschwindigkeit 0,3 m/sec (nach Kalbskopf)

262.2   Querschnitt durch einen belüfteten Sandfang nach DIN 19551, T 3, Maße in m

Tafel **262**.3   Rechteckbecken als Sandfang mit Saugräumer nach DIN 19551, T 3, Hauptmaße

b_1	0,8; 1,0; 1,2 bis 2,6	2,8; 3,2; 3,6 bis 6	7; 8; 9 bis 16
b_2, b_3, b_4	0,4; 0,5; 0,6 usw.	0,4; 0,6; 0,8 usw.	
$c \geqq$	0,25		0,3
t	0,6; 0,8; 1,0 bis 4; 4,4; 4,8 bis 6		
$m \geqq$	0,2; bei zeitweise leerem Becken 0,6		

Zur Einhaltung der konstanten Durchflußgeschwindigkeit bei wechselnder Füllhöhe h', hier h gesetzt, in den Fließrinnen kann man bei unbelüfteten Langsandfängen

Stauprofile am Sandfangauslauf oder Venturimeßstrecken verwenden. Die hydraulische Funktion der Stauprofile ist nur bei schießendem Abfluß gegeben. Man kann sie dann zur Wassermengenmessung benutzen. Der Sandsammelraum verändert den Fließquerschnitt je nach Sandfüllung. Dies erschwert das Einhalten einer konstanten Geschwindigkeit durch Stauprofile.

Das Berechnungsverfahren stützt sich auf die Bedingung, daß die durchfließende Wassermenge im Sandfang und am Stauauslauf bei einem bestimmten Wasserstand jeweils gleich bleibt, obwohl für beide Fließstationen verschiedene hydraulische Bedingungen vorliegen.

Es gilt der allgemeine Ansatz für Stauprofile

$$\underset{\text{für Stauprofil}}{Q(h) = K \cdot h^n} = v \underset{\substack{0 \\ \text{für Sandfang}}}{\overset{h}{\int}} b(h)\,\mathrm{d}h \tag{262.1}$$

Die Gleichung ist erfüllt, wenn

$$b(h) = \frac{n}{v}\,K \cdot h^{n-1} \tag{262.2}$$

Es bedeuten

K, n = Konstante
v = Fließgeschwindigkeit im Sandfang
$b(h)$ = Breite der Sandfangfließrinne, abhängig von h
h = Fülltiefe im Sandfang und am Staublech

Es ergeben sich z.B. folgende Kombinationen:

1. Die Wassermenge ist linear zur Füllhöhe h am Stauprofil (lineare Charakteristik); $n = 1$

$$Q(h) = K \cdot h = v \cdot b \cdot \int_0^h dh = v \cdot b \cdot h$$

$$b = \frac{K}{v} = K_1$$

d.h. konstante Breite der Fließrinne, oder Rechteckprofil.

2. Der Stau wird durch ein Venturigerinne erreicht

$$Q(h) = K \cdot b_1 \cdot h^{3/2} = v \int_0^h b \cdot dh$$

$n = 3/2$; b_1 = Breite des Venturigerinnes

$$b = \frac{3}{2} \cdot \frac{K \cdot b_1 \cdot h^{1/2}}{v} = K_2 \cdot h^{1/2}$$

oder $h = K'_2 \cdot b^2$, d.h. die Fließrinne des Sandfangs hat Parabelform.

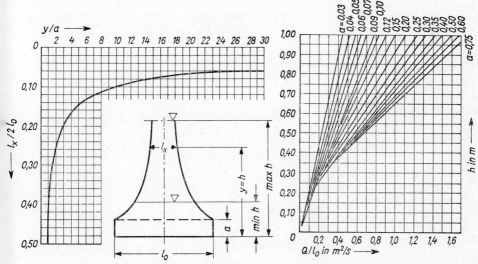

263.1 Querschnittsbezeichnungen und Hilfstafeln zur Berechnung eines linearen Sandfangauslaufs nach Di Ricco [13]

3. Das Stauprofil ist parabelförmig mit $n = 2$

$$Q(h) = K \cdot h^2 = v \int_0^h b \cdot dh \qquad b = \frac{2}{v} K \cdot h = K_3 \cdot h$$

d. h. die Fließrinne verbreitert sich linear = dreieckförmiger Sandfangquerschnitt.

Di Ricco [13] schlägt für den Sandfang mit einem Auslauf linearer Charakteristik folgende Gleichungen vor (**263**.1):

$$Q = \mu_0 \sqrt{2a \cdot g}\left(h - \frac{1}{3}a\right) l_0 \quad \text{in m}^3/\text{s} \tag{264.1}$$

$$l_x = \frac{2}{\pi} \cdot l_0 \cdot \arcsin\sqrt{y/a} \quad \text{in m} \tag{264.2}$$

μ_0 = Verlustbeiwert
g = Fallbeschleunigung
l_0, l_x, a (s. **263**.1)

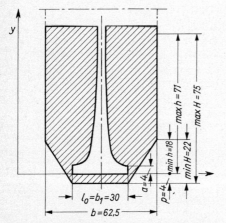

Experimentelle Untersuchungen haben ergeben, daß die Fließgeschwindigkeiten im Sandfang nicht gleichmäßig sind, sondern in der Nähe der Sohle und Wände kleiner als in der Mitte des Fließquerschnitts. Gegenüber anderen Auslaufformen treten für $v = 0,3$ m/s die geringeren Abweichungen beim Auslauf nach Di Ricco im Verhältnis zur Berechnung auf. Die Verlustbeiwerte μ_0 ändern sich mit der Füllhöhe y. Als Ergebnis wurde festgestellt, daß sich die Gleichungen für eine Entwurfsbearbeitung eignen. Wegen der Sandsammlung wurde für den Sandfang ein Trapezquerschnitt gewählt (**264**.1).

264.1 Auslaufquerschnitt zum Berechnungsbeispiel [13]

Gegenüber dem Rechteckprofil ergibt sich damit eine Ergänzungsbedingung

$$\max h = \max H - p \quad (\text{s. } \textbf{264}.1)$$

Aus Gl. (264.1) ergibt sich

$$\max Q = \mu_0 \sqrt{2g \cdot a}\left(\max h - \frac{1}{3}a\right) l_0 \quad \text{und}$$

$$\min Q = \mu_0 \sqrt{2g \cdot a}\left(\min h - \frac{1}{3}a\right) l_0$$

beide Gleichungen dividiert, ergibt

$$\frac{\max Q}{\min Q} = \frac{\max h - \dfrac{a}{3}}{\min h - \dfrac{a}{3}}$$

mit $\quad M = \dfrac{\max Q}{\min Q}\quad$ ergibt sich $\quad M\left(\min h - \dfrac{a}{3}\right) = \max h - \dfrac{a}{3}$

$$a = 3\,\frac{M \cdot \min h - \max h}{M - 1} \qquad\qquad (265.1)$$

Für die hydraulische Wirksamkeit der Größe von a ist notwendig, daß

$$M \min h \geqq \max h \quad \text{d.h. } M \geqq \frac{\max h}{\min h} \geqq \frac{\max H - p}{\min H - p}$$

$$p \leqq \frac{M \min H - \max H}{M - 1} \qquad\qquad (265.2)$$

Die lineare Charakteristik des Auslaufs tritt ein, wenn

$$\min h \geqq a, \quad \text{d.h.} \quad a \leqq \min H - p \qquad\qquad (265.3)$$

Man muß bei der Bemessung des Auslaufprofils die Größe von p zunächst wählen, um a nach der Bedingung Gl. (265.1) zu bekommen. Eine schnelle Entwurfsbearbeitung ermöglichen die Diagramme (**263**.1).

Beispiel: Gegeben $\min Q = 0,06\ \text{m}^3/\text{s}$, $\quad \max Q = 0,25\ \text{m}^3/\text{s}$, $\quad v_\text{s} = 40\ \text{m/h} = 0,0111\ \text{m/s}$
Durchflußzeit $t = 60\ \text{s}$, $v = 0,30\ \text{m/s}$

Lösung: $\max A = \dfrac{\max Q}{v} = \dfrac{0,25}{0,30} = 0,834\ \text{m}^2 \qquad \min A = \dfrac{\min Q}{v} = \dfrac{0,06}{0,30} = 0,20\ \text{m}^2$

$\text{erf. } \max O = \dfrac{\max Q}{v_\text{s}} = \dfrac{0,25}{0,0111} = 22,5\ \text{m}^2$

$\text{erf. } L = 0,30 \cdot 60 = 18\ \text{m} \qquad\qquad \text{erf. } b = \dfrac{22,50}{18} = 1,25\ \text{m}$

Gewählt: 2 Sandfangrinnen mit $b = 0,625\ \text{m}$, Beschickung je $Q/2$. Für die Sohlenbreite b_1 wird $0,30\ \text{m}$ gewählt.

$\min H = \dfrac{\min F \cdot 2}{(b + b_1)2} = \dfrac{0,20 \cdot 2}{(0,625 + 0,30)2} = 0,216\ \text{m, aufgerundet} = 0,22\ \text{m}$

$\max H = \min H + \dfrac{\max A - \min A}{2\,b} = 0,22 + \dfrac{0,834 - 0,20}{2 \cdot 0,625} = 0,73\ \text{m,}$

aufgerundet $= 0,75\ \text{m}$

$M = \dfrac{0,25}{0,06} = 4,17 \qquad p \leqq \dfrac{4,17 \cdot 0,22 - 0,75}{4,17 - 1} \leqq 0,053\ \text{m} \qquad \text{gewählt } p = 0,04$

$\max h = 0,75 - 0,04 = 0,71 \qquad \min h = 0,22 - 0,04 = 0,18\ \text{m}$

Aus Gl. (265.1) erhält man

$$a = 3\,\frac{4,17 \cdot 0,18 - 0,71}{4,17 - 1} = 0,038 \sim 0,04\ \text{m}$$

Nach Bild **263**.1 ergeben sich für $a = 0,04\ \text{m}$ und $\min h = 0,18\ \text{m}$

$Q/l_0 = 0,10$. Mit $Q = \min Q = 0,06/2 = 0,03\ \text{m}^3/\text{s}$ errechnet sich $l_0 = \dfrac{0,03}{0,10} = 0,30\ \text{m}$.
Für $a = 0,04\ \text{m}$ und $\max h = 0,71\ \text{m}$ ergibt sich $Q/l_0 = 0,37$.
Mit $Q = \max Q = 0,25/2 = 0,125\ \text{m}^3/\text{s}$ errechnet sich $l_0 = \dfrac{0,125}{0,37} = 0,338\ \text{m}$.
Gewählt wird $l_0 = 0,30\ \text{m}$.

Die übrigen Werte l_x des Auslaufschlitzes berechnet man mit der Gl. (264.2) oder mit Hilfe von **263**.1. Es ergeben sich in m:

y	0,04	0,05	0,08	0,10	0,20	0,30	0,50	0,70
l_x	0,30	0,211	0,15	0,131	0,089	0,072	0,054	0,046

4.4.3.2 Tiefsandfang

Für größere Kläranlagen wird bei Platzmangel auch der Tiefsandfang verwendet. Er besteht aus einem runden Betonzylinder mit unten angesetztem Kegelstumpf (**266**.1).

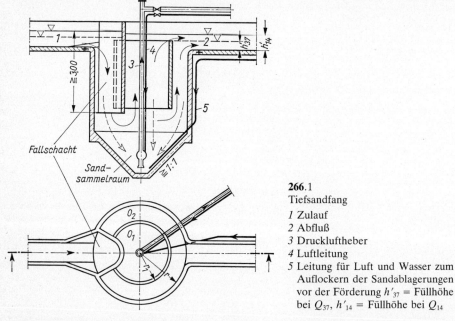

266.1
Tiefsandfang

1 Zulauf
2 Abfluß
3 Drucklufheber
4 Luftleitung
5 Leitung für Luft und Wasser zum Auflockern der Sandablagerungen vor der Förderung h'_{37} = Füllhöhe bei Q_{37}, h'_{14} = Füllhöhe bei Q_{14}

Oben ist er offen oder teilweise abgedeckt. Das Abwasser fällt zunächst in einem Schacht abwärts, wobei die schwersten Sandteile bereits zum Sandsammelraum weitersinken. Das Abwasser mit dem Restsandanteil unterströmt eine oder mehrere Tauchwände und steigt wieder auf. Dies ist die entscheidende Phase des Absetzvorgangs. Die Aufwärtsgeschwindigkeit v ist durch den großen Querschnitt ($O_1 + O_2$) sehr verringert, so daß man größenmäßig in den Bereich der Sinkgeschwindigkeiten v_s von Quarzsand kommt. Sandteile und andere Schwebestoffe, deren $v_s > v$, sinken langsam in den Sandsammelraum ab. Von hier wird durch Drucklufheber (*3*) das Sand-Abwasser-Gemisch gefördert. Durch die Leitung (*5*) können die Ablagerungen im Sandsammelraum vor der Förderung mit Hilfe von Druckluft und Wasser gelockert und flockige Bestandteile entfernt werden. An verschiedene Wassermengen Q_x paßt man sich durch ringförmige Tauchwände an, welche den Fließquerschnitt der steigenden Wassermenge verringern. Die oberen Kantenhöhen der Tauchwände entsprechen den Füllhöhen im Ablaufgerinne (*2*).

Beispiel: Ein Tiefsandfang soll berechnet werden für

$$Q_{14} = 1540 \text{ m}^3/\text{h} \qquad h'_{14} = 0,58 \text{ m}$$

und

$$Q_{37} = 584 \text{ m}^3/\text{h} \qquad h'_{37} = 0,365 \text{ m}$$

Es soll sich ein Korn mit dem Durchmesser $d = 0,2$ mm absetzen. Gesucht ist die wirksame Oberfläche (= Fließquerschnitt des steigenden Abwassers).

$v_s = 82$ m/h für Korn-$\varnothing$ 0,2 mm nach Tafel **256**.2

$$O = \frac{Q}{v_s} \qquad O_{14} = O_1 + O_2 = \frac{1540}{82} = 18,8 \text{ m}^2 \qquad O_{37} = O_2 = \frac{584}{82} = 7,13 \text{ m}^2$$

Macht man für den Fallschacht einen Abzug von ⅟₇ der gesamten lichten Sandfangoberfläche, dann erhält man

$$O_1 + O_2 = \frac{6}{7} \, \pi \cdot r^2 = 18,8 \text{ m}^2$$

$$r = \sqrt{\frac{7 \cdot 18,8}{6 \cdot \pi}} = 2,64 \text{ m} \quad d = 2 \cdot 2,64 = 5,28 \text{ m}$$

$$O_1 = O - O_2 = 18,8 - 7,13 = 11,67 \text{ m}^2$$

$$O_1 = \frac{11}{12} \cdot \pi \cdot r_1^2 = 11,67 \text{ m}^2 \left(\frac{1}{12} = \text{Abzug von } O_1 \text{ für Anteil des Fallschachtes} \right)$$

$$r_1 = \sqrt{\frac{12 \cdot 11,67}{11 \cdot \pi}} = 2,0 \text{ m} \qquad d_1 = 2 \cdot 2,0 = 4,0 \text{ m}$$

4.4.3.3   Rundsandfang

Das Abwasser wird tangential in einen flachen Trichter geleitet und durchströmt ihn horizontal (**268**.1). Durch die rund geleitete Strömung entsteht jedoch ähnlich wie bei Flußkrümmungen eine Querströmung, die außen abwärts gerichtet ist und Sinkstoffe mit abwärts nimmt. Das Spiegelgefälle fällt zum Mittelpunkt des Kreises, während die Fließgeschwindigkeit v (horizontal) des Abwassers außen etwas geringer ist als innen. Der Sand wird in den inneren Trichterbereich angeschwemmt und kann von dort durch Druckluftheber gefördert werden. Da auch hier nur ein Sand-Abwasser-Gemisch gefördert werden kann, muß in einem besonderen Sandsammelraum das Abwasser abgetrennt werden. Vor der Sandförderung können durch Druckluft und Wasser die Ablagerungen gelockert und organische, flockige Bestandteile entfernt werden. Bei größeren Anlagen wird das Sand-Wasser-Gemisch in hochliegende Absetztrichter gefördert, aus denen das Abwasser zurückfließt und der Sand durch ein Kegelventil in der Trichterspitze direkt auf Lastwagen abgelassen werden kann. Rundsandfänge werden vor Pumpstationen oder in Kläranlagen verwendet. Es können mehrere Rundsandfänge nebeneinander angelegt werden. Die Sohle des Ablaufgerinnes soll etwas höher als die Sohle des Zulaufs liegen. Der Ablauf führt in etwa radialer Richtung aus dem Sandfang heraus und liegt an derselben Seite wie der Zulauf, damit das Abwasser möglichst eine fast volle Kreisbewegung ausführt. Die Fließgeschwindigkeit im Zulaufgerinne soll $v \approx 0,75$ m/s sein. Nach G e i g e r berechnet sich die theoretische Absetzzeit im Rundsandfang mit

$$a = \frac{\text{Absetzraum } V}{\text{Abwassermenge } Q_x} = \frac{\text{m}^3}{\text{m}^3/\text{s}}$$

$a = 30$ bis 45 s

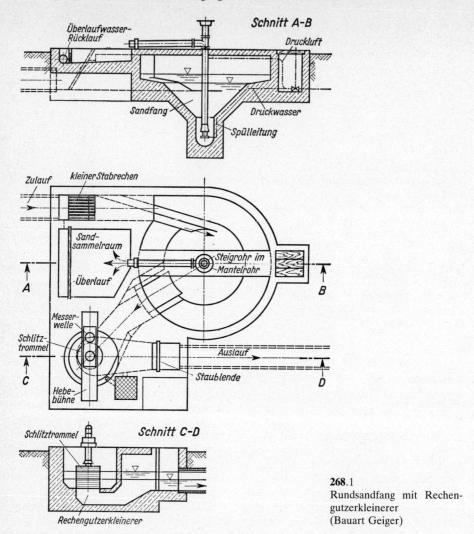

268.1
Rundsandfang mit Rechen-
gutzerkleinerer
(Bauart Geiger)

Vergleichsweise beträgt die Absetzzeit in einem Langsandfang von 15 m Länge 50 s.
Man wählt also a und errechnet V

$$V = a \cdot Q_x$$

$Q_x = Q_R$ bei Regenwetter (Mischsystem)
$Q_x = Q_8$ bis Q_{18} bei Trennsystem

Die Fa. Geiger hat auch Flach-Sandfänge, $d = 2$ bis 16 m, für Ring- oder Bogenströmung
entwickelt. Sie dienen zur Abscheidung von Sinkstoffen aus großen Wassermengen.

Beispiel: Ein Rundsandfang soll berechnet werden für $Q_{12} = 0,334$ m³/s. a wird gewählt mit 30
$$V = 30 \cdot 0,334 = 10,02 \text{ m}^3 \approx 10 \text{ m}^3$$

Die Fülltiefe h'_{12} im offenen Zulaufgerinne beträgt 0,50 m. Als Absetzraum V soll nur der Teil oberhalb des oberen Trichterrandes angesehen werden. Es sollen zwei Rundsandfänge gewählt werden. Die mittlere Tiefe des Absetzraumes beträgt 0,65 m

$$O = \frac{10}{0,65} = 15,4 \text{ m}^2, \text{ je Sandfang } 7,7 \text{ m}^2$$

$$r = \sqrt{\frac{O}{\pi}} = \sqrt{\frac{7,7}{\pi}} = 1,57 \text{ m} \quad d = 3,14 \text{ m} \quad \text{gewählt } d = 3,20 \text{ m}$$

Eine besonders gute Trennung von Sand und Flocken wird durch den belüfteten Rundsandfang erreicht. (**269**.1). Das Abwasser wird durch den Einlauf tangential in den Sinkraum geleitet, die schweren Stoffe sinken in den Sandsammelraum ab und das Abwasser verläßt zusammen mit den Schwebestoffen über den Steigraum den Sandfang. Eine Mammutpumpe fördert das Sand-Wasser-Gemisch in den Sandbehälter, das Schaltspiel der Pumpe kann durch Zeitschaltung dem Betrieb angepaßt werden. Ein Gebläse versorgt die Ring- und die Dauerbelüftung mit Luft.

Ein Kompressor mit Druckkessel versorgt die Druckbelüftung und die Mammutpumpe mit Druckluft bis 8 bar. Wichtigstes Element für die Trennschärfe zwischen Sand und Flocken ist die Ringbelüftung am unteren Rand der Tauchwand. Sie unterstützt den Austritt der Schwebestoffe in den Steigraum (Flotationswirkung) und besteht aus zwei Halbkreisrohren mit Düsenabstand 10 cm. Durch die ständige Belüftung des Sandsammelraumes wird der Sand gut ausgewaschen und Flocken entfernt. Der Sandfang arbeitet bis auf die Maschinen wartungsfrei.

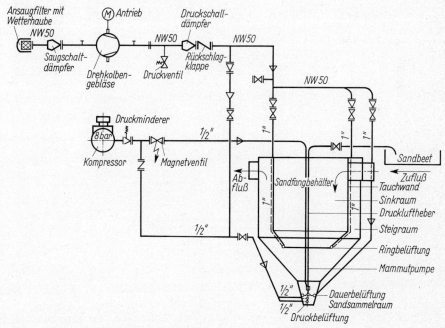

269.1   Schema des belüfteten Rundsandfangs System Strate

4.4.3.4 Quersandfang (270.1)

Der Quersandfang wurde von Stengel entwickelt und von der Fa. Passavant zu der heute gebräuchlichen Form weiterentwickelt. Man geht davon aus, daß in einem Abwasserkanal die schweren Sinkstoffe im unteren Teil des Fließquerschnitts mitgeführt werden. Fängt man nun mit Hilfe einer Stauklappe diesen Abwasseranteil ab, dann müßte man auch den größten Teil der Sinkstoffe mitgefaßt haben. Die Stauklappe (3) liegt rechtwinklig zur Fließrichtung, ist verstellbar und leitet das Abwasser-Sand-Gemisch in eine Querrinne (2). Von dort fließt es in einen Sandsilo. Diese Sandsilos können rechteckförmig mit umlaufender Fließrinne (für Gerinnebreiten B = 0,4 und 0,5 m, Fa. Passavant) oder rund mit Spiralrinne (für B > 0,5 m) sein. Der Sand rutscht durch schmale Schlitze in der Rinnensohle in den Sandschlammraum (14). Der Silo erfüllt die Aufgabe, den Sand einschließlich der organischen Schmutzstoffe aufzunehmen und mit Hilfe eines Drucklufthebers (9) das Abwasser-Sand-Gemisch in eine Sandwaschrinne (12) zu heben, in welcher das Abwasser mit den flockigen Schwebestoffen vom Sand getrennt wird und in die Fließrinne (1) zurückfließt. Die Stauklappe soll möglichst unter

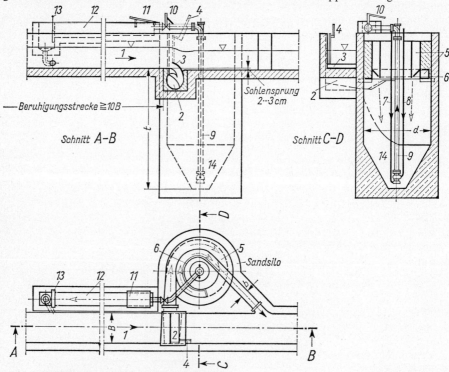

270.1 Quersandfang nach Stengel (Passavant)

1 Zulauf	6 Sohlschlitze	10 Schnellschlußschieber
2 Querrinne	7 Druckwasser	DN 100
3 Stauklappe	8 Druckluft	11 Spritzdeckel
4 Feststellhebel für die Stau-	(Q = 100 m³/h	12 Sandwaschrinne
klappe	p = 3 bis 6 m WS)	13 Absensteckschieber
5 Spiralrinne	9 Druckluftheber DN 100	14 Sandsammelraum

einem Anstellwinkel von 15 bis 30° gegen die Horizontale geneigt sein. Bei sehr geringer Wasserführung kann die Klappe ganz umgelegt und damit der Zufluß zur Querrinne unterbrochen werden. Man verhindert dadurch, daß bei Trockenwetterzufluß z. B. die ganze Abwassermenge in den Sandsilo geleitet wird und dieser als Absetzbecken für organische Stoffe und Sand dient. Im Sandsilo kann der abgelagerte Sand durch Druckwasser (p = 3 bis 5 bar, Q = 3 bis 6 l/s) aufgelockert werden, damit er leichter den Weg in den Stutzen des Drucklufthebers findet. Vor der Stauklappe soll die Fließrinne (*1*) eine Beruhigungsstrecke von $L \geqq 10\,B$ mit einer Fließgeschwindigkeit v = 0,3 bis 0,8 m/s haben.

Die firmenseitig lieferbaren Größen (in mm) bezieht man auf die Breite der Fließrinne vor dem Sandfang (B):

Sandsilo	rund (s. Bild **270**.1)				rechteckig	
B	800	1000	1250	1500	400	500
b	225	280	350	420	90	110
t	3200	3800	4000	5300	2500	3200
d	1840	2290	2840	3440	1000	
l			–		3200	4000

d = lichte Breite des Silos, quer zur Fließrinne gemessen
l = lichte Länge des Silos, parallel zur Fließrinne gemessen

4.4.4 Absetzbecken

Im Absetzbecken vollziehen sich die in Abschn. 4.4.1 beschriebenen physikalischen Vorgänge. Vornehmlich werden dort die flockigen Bestandteile des Abwassers zurückgehalten, ferner aber auch körnige Teilchen mit kleinerem Korndurchmesser, die von dem vorgeschalteten Sandfang nicht zurückgehalten wurden. Die bauliche Ausbildung der Becken muß folgende Bedingungen erfüllen (**271**.1):

1. schnelle Beruhigung des einfließenden Wassers und Vernichtung der kinetischen Energie im Einlaufbereich,
2. Ruhe im Hauptteil, dem Absetzbereich des Beckens, damit der Absetzvorgang gefördert wird,
3. möglichst wenig Störung im Auslaufbereich,
4. besonders stabile und ruhige Strömungen im Schlammbereich an der Sohle, damit der abgesetzte Schlamm nicht wieder aufgewirbelt wird,
5. störungsarme Räumung des Schlammes und Weiterleitung in den Schlammsammelraum,
6. Zurückhalten des Schwimmschlammes.

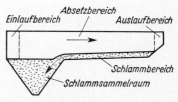

271.1 Absetzbecken (Schema der verschiedenen Beckenbereiche)

Die Absetzwirkung richtet sich nach der tatsächlich vorhandenen Absetzzeit. Die rechnerische Absetzzeit wird als Grundlage der Bemessung eines Beckens gewählt. Man erkennt aus der Absetzkurve (**219**.1), daß die absetzbaren Schwebestoffe sich in der Vorklärung bei 2,0 h Absetzzeit mit 100% absetzen. Man erkennt jedoch, daß bei einer Absetzzeit von 1,5 h schon ≈ 95%, bei 1,0 ≈ 90% und bei 0,5 h ≈ 83% der Stoffe sich absetzen. Trotzdem bemißt man manchmal für $t_R = 2,5$ h oder mehr und berücksichtigt dabei, daß die tatsächliche Absetzzeit geringer ist als die rechnerische. Man bezeichnet das Verhältnis von beiden Absetzzeiten als den hydraulischen Wirkungsgrad eines Absetzbeckens. In England hat man den Verteilungsindex eingeführt. Er ist das Verhältnis der Zeit, in der 90% der Zulaufwassermenge den Auslauf passieren, zu der Zeit, in der 10% durchfließen. Die Messungen sind schwierig. Man hat es mit Färbeversuchen, Salzlösungen, Isotopenmessungen u. a. versucht. Der hydraulische Wirkungsgrad hängt von mehreren Faktoren ab. Die größte Rolle spielen Form und Ausbildung des Ein- und Auslaufes, Beckenform, spezifisches Gewicht und Temperatur des zulaufenden Abwassers und des Beckeninhaltes, Außenluft-Temperatur und Wind, Salzgehalt des Abwassers, unterschiedliche Verschmutzungsgrade u. a. Bestehen beim Mischsystem keine besonderen Regenwasserbecken, dann reduziert sich die Absetzzeit bei Regenwetter erheblich. Beim Ruhrverband bemißt man mit $t_R = 0,75$ h beim 5fachen Trockenwetterzufluß. Dann erhält man für den Trockenwetterzufluß Absetzzeiten von $t_R = 3$ bis 4 h.

Mindestens sollte jedoch die Absetzzeit für den Regenwetterzufluß 20 min betragen. In anderen Kläranlagen wird etwa die 3fache Menge des Regenwetterzuflusses ins Vorklärbecken und etwa die 2fache Menge zum biologisch gereinigten Abwasser ins Nachklärbecken geleitet.

Entgegen den verbreiteten, optisch bedingten Annahmen muß festgestellt werden, daß in Absetzbecken üblicher Bauart der Fließvorgang, durch Errechnen der Reynoldschen Zahl $Re = \dfrac{v \cdot R}{\nu}$ (v = Fließgeschwindigkeit, ν = kinematische Zähigkeit von Wasser = $1,31 \cdot 10^{-6}$ m²/s) nachgewiesen, immer turbulent ist [28]. Der hydraulische Radius $R = A/U$ (s. Abschn. 2.5), als Maßstab für die hydraulische Brauchbarkeit des Fließquerschnitts, ist bei Rundbecken 1,6 bis 1,8mal so groß wie bei Rechteckbecken mit vergleichbarer Tiefe. Die Froudesche Zahl $Fr = \dfrac{v^2}{R \cdot g}$, als Maßstab für die Stabilisierung eines Fließvorgangs nach Störungen, wächst mit kleinerem R. Man kann also sagen, daß als Absetzbecken das mit kleinerem R brauchbarer ist. Es ist aber auch anschaulich erkennbar, daß beim radialen Durchfluß des Rundbeckens ungeordnete Strömungen begünstigt werden.

Der Schlamm wird in Flachbecken zum Trichter geräumt und dann abgelassen, in Trichterbecken direkt aus den Trichtern abgelassen. Die Trichtergröße wird für ½ oder 1 Tag Aufenthaltszeit bemessen (Schlammengen nach Tafel **369**.1). Während dieser Zeit dickt der Schlamm noch ein, d. h. er gibt Schlammwasser nach oben in den Absetzraum ab. Die Neigung der Trichtersohlen soll min 1,2:1, besser steiler sein. Der Schlamm wird durch einfache Steigrohre DN ≧ 150 abgelassen. Damit alle Schlammteile zum Rohreinlauf gelangen, soll die Grundfläche des Trichters nicht größer als 1,20 · 1,20 m bzw. ⌀ 1,20 m sein.

Der hydraulische Überdruck zwischen dem Wasserspiegel des Beckens und der Höhe des Auslaßschiebers am Steigrohr muß immer größer sein als der Reibungsverlust beim Schlammfluß, so daß der Schlamm ohne Hebeanlagen gefördert werden kann. Der Auslaßschieber sitzt 1,0 bis 1,5 m unter dem Wasserspiegel. Vom Schlammablaßschacht am Beckenrand fließt der Schlamm (Wassergehalt > 90%) meist in freiem Gefälle ab. Beim Ablassen durch Betätigung eines Handschiebers kann man Farbe und Konsistenz des Schlammes beobachten. Neben dem Auslaßstutzen hat das Steigrohr einen 2. blind abgeflanschten Stutzen, von dem aus das Rohr zu reinigen ist. Beim automatisch gesteuerten Schlammabzug wird ein magnetischer Durchflußmesser in der Steigleitung betätigt, der auf die Schlammdichte geeicht ist. Die Unterschiede in der Schlammdichte (-viskosität) sind so groß, daß dadurch ein Doppelschütz vor dem Auslauf des Schlammablaßschachtes gesteuert werden kann. Der Schwimmschlamm wird durch einen besonderen Schild des Räumers auf der Wasseroberfläche des Beckens abgeräumt und im Schlammablaßschacht mit dem Sinkschlamm zusammengegeben.

Die gelösten und halbgelösten Stoffe kann man im Absetzbecken auch durch Fäll-mittel entfernen. Es entstehen in kurzer Zeit große, schwere Flocken, die sich absetzen. Man benutzt zusätzliche Reaktionsbecken mit Aufenthaltszeiten von $\leqq$ 20 min und fördert die Durchmischung mit Hilfe von Rührwerken. Das nachgeschaltete Absetzbecken hat eine 2- bis 3fache Schlammenge aufzunehmen. Die Aufenthaltszeit t muß um das 1,5- bis 2fache erhöht werden. Als Fällmittel sind z. B. geeignet

> 20 bis 30 g Ferrichlorid/m^3 Abwasser
> 40 bis 50 g Ferrisulfat/m^3 Abwasser

4.4.4.1 Flachbecken

Flachbecken haben waagerechten Durchfluß und bei großer Oberfläche eine Tiefe von 1,0 bid 4,0 m. Man unterscheidet nach der Grundrißform Rechteckbecken, Langbecken und Rundbecken. Der Absetzvorgang oder die vertikale, nach unten zunehmende Konzentration des Schlammes sind die baulich maßgebenden Faktoren.

Rechteckbecken (273.1, **274.**1, **275**.1). Das Verhältnis von Breite : Länge soll max 1 : 4 sein, Mindestbreite 5 m. Maßgebend für die Hauptmaße ist das Normblatt DIN 19551 (**273**.1). Es wurde versucht, darüber hinaus Abmessungen festzulegen (**274**.1).

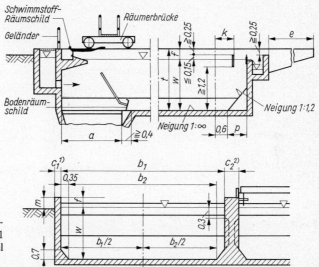

273.1
Rechteckbecken mit Schildräumer nach DIN 19551, T 1
Maßbezeichnungen der Tafel
276.1

Bild **274**.1 zeigt zwei nebeneinanderliegende Beckeneinheiten mit je 2 Schlammtrichtern. Dieser Entwurf ordnet bei normaler Beckentiefe den Nennbreiten von 5 bis 12 m je einen Typ Längsräumer zu, dessen Maß auf die Abmessungen des Beckens, Lage der Tauchwand, Länge des Schlammtrichters, Versetzraum am Beckenende von Einfluß sind. Hat der Räumer ein Schwimmschlammschild mit Räumrichtung zur Beckeneinlaufseite, dann sollen zweckmäßig die Endpunkte für Boden- und Schwimmschlammschild zeitlich zugleich erreicht werden, um den automatischen Steuervorgang zu vereinfachen. Andererseits haben die Rohre des Sinkschlammschildes einen max Neigungswinkel zur Beckensohle, so daß sich daraus bei gegebener Rohrlänge und max Beckentiefe die Länge des Schlammtrichters ergibt. Es sollten hier lediglich die Zusammenhänge der Abmessungen aufgezeigt werden. Es ist erkennbar, daß die erforderliche Betriebseinrichtung des Räumers im

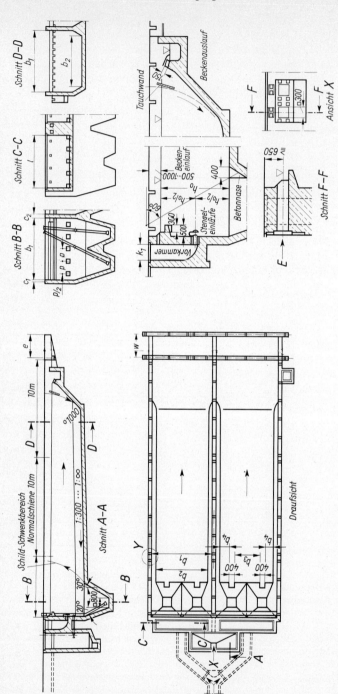

274.1 Rechteckbecken (Entwurf nach DIN 19551)

w = Wassertiefe
b_3 = lichter Abstand der Betonüberstände
b_4 = lichter Abstand der Betonüberstände von der Beckenschräge
Bei 2 Schlammtrichtern: $b_2 = b_3 + 2 \cdot 0{,}4 + 2 \cdot b_4$

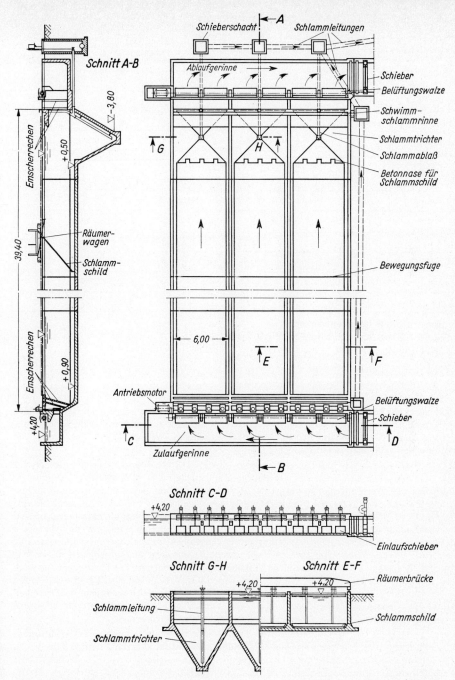

275.1 Rechteckbecken mit Vorbelüftung und vor dem Ablauf liegenden Schlammtrichtern

Tafel **276**.1   Maße für Rechteckbecken mit Schildräumer nach DIN 19551, T 1 (**273**.1 und **274**.1)

b_1	4	5	6	7	8	10	12	14	16
b_2	3,3	4,3	5,3	6,3	7,3	9,3	11,3	13,3	15,3
b_3	1,6	2,1	2,6	3,1	3,6	2,6	3,6	3,1	3,6
b_4	0,45	0,7	0,95	1,2	1,45	1,45	1,45	1,2	1,45
$c_1$min. [1])	0,25					0,3			
c_2 min. [2])	0,7					0,9			
e	3					4			
f	0,4; 0,6; 0,8; 1; 1,2								
m min.	0,2; bei zeitweise leeren Becken (z.B. Regenbecken) 0,6								
t	2,4	2,6	2,8	3	3,2	3,4	3,6	3,8	4
a[3])	2,45	2,6	2,75	2,9	3,05	3,2	3,35	3,5	3,65
k min.	1,1	0,95	0,8	0,7	0,55	0,4	0,25	0,15	0
p min.	0,8	0,85	0,9	0,95	1	1,05	1,1	1,15	1,2
r	2,9	3,15	3,4	3,65	3,9	4,15	4,4	4,65	4,9

[1]) Fahrbahnbreite für einen Räumer
[2]) Fahrbahnbreite für zwei benachbarte Räumer
[3]) Maße a für b_1 = 14 und 16 m nach Angaben des Schildräumerhersteller

Falle seiner Normung die Beckenmaße mit beeinflussen mußte. Früher wurde jeder Räumer seinem Becken angepaßt (mitunter auch heute noch). Die Norm kam in Zusammenarbeit zwischen den Herstellern der Maschinen und den Bauwerksplanern zustande. Wenn nicht ganz besondere Gründe vorliegen, sollte man sie verwenden.

R ä u m e r der Rechteckbecken haben Räumgeschwindigkeiten von ≈ 0,25 m/min. Der Räumschild mit Gummimanschette gleitete auf der Beckensohle entlang bis zum Trichterrand. Dort ist der Endpunkt auf zwei Betonnasen, welche das Abrutschen des Schlammes ohne Restrand und mit einem gewissen Spiel in den Schlammtrichter gestatten. Danach wird der Schild mit seinen Rohren hochgeklappt. Nach jeder Räumfahrt gibt es eine Leerfahrt. Hierin besteht gegenüber der Rundbeckenräumung ein Nachteil. Die Räumerbrücke kann, mit mehreren Räumschilden nebeneinander ausgerüstet, mehrere nebeneinanderliegende Beckeneinheiten zugleich räumen. Der Einzelräumer einer Beckeneinheit kann aber auch eine zweite danebenliegende mitbedienen. Er läuft im Wechsel für Becken 1 und 2. Das zeitliche Verschieben am Beckenende (**274**.1) erfolgt automatisch. Die B e c k e n s o h l e ist horizontal, Gefälle 1:∞, wegen des Wasserablaufs bei Reparaturen jedoch besser schwach geneigt (≈ 1:300). Meist liegt der Schlammtrichter gleich unter dem Beckeneinlauf; in Bild **275**.1 jedoch am Beckenende, weil hier eine Vorbelüftung in dem Zulaufgerinne angeordnet ist und das eintretende Abwasser erst einmal wieder beruhigt werden muß.

Diese V o r b e l ü f t u n g ist ein übliches Mittel, um nicht mehr frisches Abwasser (Dükertransport, lange Fließwege) mit Luft anzureichern. Die Belüftungszeit ist sehr kurz und beträgt 5 bis 20 min. Als Belüftungsaggregat werden meist Oberflächenbelüfter (Kessener Bürsten, Kreisel) benutzt. Bei stark fetthaltigem Abwasser (Anlagern der Luftblasen an Fetteile und dadurch verstärktes Auftreiben) empfiehlt sich eine längere Belüftung von 20 bis 30 min (s. Abschn. 4.5.2).

Gut bewährt, besonders in Nachklärbecken von Belebungsanlagen, hat sich der Pendelschild-räumer. An der Räumerbrücke sind zwei Räumschilde an je zwei unterschiedlich langen Drahtseilen aufgehängt. Die Schilde nehmen durch den Gleitwiderstand eine schräge Stellung zur Bewegungsrichtung ein. Der Schlamm gleitet an ihnen entlang in eine flache Bodenrinne, die in der Längsachse des Beckens verläuft. Die Brücke führt außerdem eine Schlammpumpe mit, welche laufend den Schlamm abzieht. Die Schilde pendeln mit der Fahrtrichtung. Es gibt keine Leerfahrten.

Langbecken unterscheiden sich von Rechteckbecken nur durch das Seitenverhältnis. Etwa ab Breite:Länge ≈ 1:8 bis zu Verhältnissen von 1:20 und kleiner bezeichnet man ein Becken als Langbecken. Bei diesen Becken ist wegen der langen Leerfahrt eine Bandräumung vorteilhaft. Der Bandräumer besteht aus zwei endlos umlaufenden Kettenbändern an jeder Beckenlängsinnenseite. Im Abstand von 3 bis 5 m sitzen darauf die festmontierten Schlammschilde, welche auf dem Beckenboden Sinkschlamm, an der Wasseroberfläche Schwimmschlamm abräumen. Die Schlammentnah-men für beide Schlammarten liegen entgegenge-setzt (**334**.1). Es sind auch Langbecken ausge-führt worden, deren Länge dadurch reduziert wurde, daß man die beiden Hälften übereinan-der anordnete (Kläranlage Hamburg-Stellinger Moor). In jedem Beckenteil läuft ein Bandräu-mer. Beide Räumer befördern den Schlamm in einen gemeinsamen Schlammtrichter.

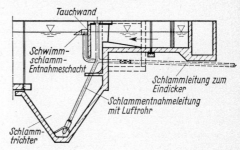

Flachbecken unterscheiden sich voneinan-der durch verschiedene Ein- und Aus-laufkonstruktionen. Hier werden immer wieder neue Vorschläge angeboten.

Die üblichsten Beckeneinläufe sind der Stengeleinlauf (**274**.1) aus Rohren mit im Abstand von 5 bis 10 cm davorgesetzten Kugelschalen, die Schlitzwand (**278**.4) von der Emschergenossenschaft entwickelt, der Beruhigungsrechen (**280**.1 und **334**.1), die tiefe Tauchwand (**277**.1), der Geiger-einlauf aus T-förmigen Rohrstücken, de-ren Ausläufe gegeneinander gerichtet sind, die Rückwärtseinläufe bei Rechteck-becken als vorgezogene Querrinnen, aus denen das Abwasser seitlich oder nach un-ten, aber zunächst entgegen der eigentli-chen Fließrichtung austritt und schließlich die normale Überlaufkante mit geschlitz-ter Tauchwand. Alle Konstruktionen sol-len die Einlaufzone verkürzen und die Energie des ankommenden Abwassers zerstören.

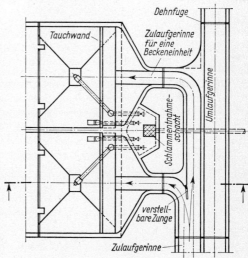

277.1 Einlaufbauwerk für ein Rechteckbecken
(Emschergenossenschaft)

Die üblichsten Beckenausläufe sind die glatte Überlaufkante und die gezackte Über-laufkante (**278**.1 und **278**.2) mit durch Schrauben an der Blechwand befestigten Blechen oder PVC-Platten, welche höhenverstellbar sind. Beide haben bei Vorklärbecken eine davorgesetzte Tauchwand. Der Beruhigungsrechen (Emscherrechen) (**280**.1), der hori-

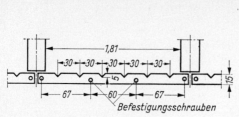

278.1 Gezackte Überlaufbleche an einer Überlaufrinne

278.2 Auslauf eines Rechteckbeckens mit horizontalem Schrägschlitz

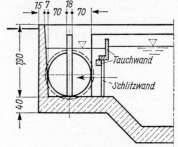

278.3 Auslauf eines Rechteckbeckens mit Tauchwand und gezackten Blechen

278.4 Auslauf eines Rechteckbeckens mit Schlitzwand (Emschergenossenschaft)

zontale Schrägschlitz (**278**.3) und die Schlitzwand (**278**.4) werden ohne Tauchwand bei größeren Becken verwendet. Die Konstruktionen sollen den Auslaufbereich verkürzen und das Übertreten von Schlammteilchen in die Auslaufrinne verhindern.

Rundbecken (**279**.1) haben meist radialen, von innen nach außen gerichteten Durchfluß, bei großer Oberfläche und einer Tiefe zwischen 1,2 bis 4,0 m. Der Grundriß ist rund. Das Verhältnis von Beckendurchmesser:mittlerer Beckentiefe liegt bei 10:1 bis 50:1. Es nimmt mit steigendem Durchmesser zu. Die Durchmesser liegen bei 12 bis 60 m. Die Normalausführung richtet sich nach DIN 19552 (**279**.2). Hier sind die gebräuchlichsten Nenngrößen d_1 und Laufkreisdurchmesser d_3 des Räumers von 12 bis 60 aufgeführt. Damit der abgesetzte Schlamm vom Räumerschild in den Schlammtrichter gefördert werden kann, muß der Schlammschild über den Trichterinnenrand hinausragen. Das Maß e schreibt vor, wie weit der Trichterrand von der Außenkante des Mittelbauwerks mindestens entfernt sein soll. Weitere Maße sind für Rundbecken aus DIN 19552, Teil 1 und 2 zu entnehmen.

Der Räumer mit Schlammschild ist ständig in kreisender Bewegung. Der Schlamm wandert an dem Schild entlang zum Schlammtrichter in der Mitte. Da sich die Schlammmenge zur Mitte hin vergrößert, hat der Schlammschild eine Spiralform mit stets gleichem Winkel α zwischen Tangente und Verbindungslinie zum Mittelpunkt. Damit wird die Sohlenneigung entlang dem Schlammschild stetig größer. Die Beckensohle eines Rundbeckens muß ohnehin stärker als beim Rechteckbecken geneigt sein, weil die Räumung nicht in Richtung der Sohlenneigung erfolgt, sondern etwa rechtwinklig dazu. Der Schlamm muß durch seine Schwerkraft am Räumschild entlang rutschen. Man wählt

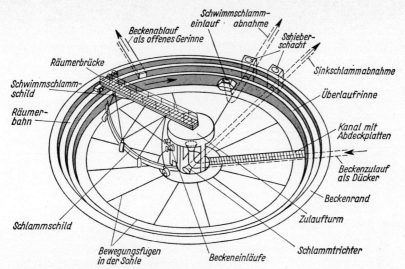

279.1 Rundbecken (Schema der Betriebseinrichtungen)

Tafel **279**.2 Rundbecken mit Räumerbrücke nach DIN 19552, T 1 Hauptmaße in m, teilweise

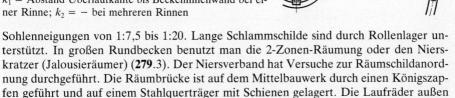

d_1	12	13	14	15	16	17	18	20	22	24	26	28	30	32	35	40	45	50	60
$c \geqq$				0,25						0,3				0,4			0,5		
d_2	2; 3						3; 4							4; 6					
$e \geqq$					0,2									0,3			0,4		
$k_1 \leqq$					1									1,5			2		
$k_2 \leqq$					1,8									2,5			3,2		

Wasserspiegel bis Beckenrand $f = 0,4$ bis 1,6
Beckenüberstand $m \geqq 0,2$;
Wassertiefe am Beckenaußenrand $w = 1,2$ bis 4
(Vergleiche **273**.1).
k_1 = Abstand Überlaufkante bis Beckeninnenwand bei einer Rinne; $k_2 = -$ bei mehreren Rinnen

Sohlenneigungen von 1:7,5 bis 1:20. Lange Schlammschilde sind durch Rollenlager unterstützt. In großen Rundbecken benutzt man die 2-Zonen-Räumung oder den Nierskratzer (Jalousieräumer) (**279**.3). Der Niersverband hat Versuche zur Räumschildanordnung durchgeführt. Die Räumbrücke ist auf dem Mittelbauwerk durch einen Königszapfen geführt und auf einem Stahlquerträger mit Schienen gelagert. Die Laufräder außen auf dem Beckenrand sind meist aus Gummi. Die Stromzuführung erfolgt in der Mitte durch Schleifring (Aussparungen für Kabelrohr in Beckensohle und Mittelbauwerk).

279.3
Formen von Räumschilden
a) Spiralform
b) Zweizonenräumer
c) Nierskratzer

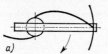

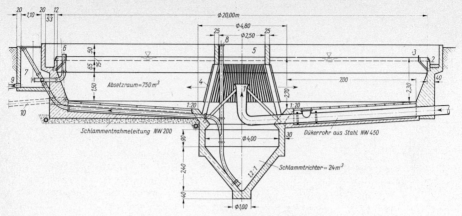

280.1   Schnitt durch ein Rundbecken mittlerer Größe (d = 20,0 m)

1 Zulauf	*6* Schwimmschlammentnahme
2 Ablaufrinne mit Gefällebeton	*7* Schlammentnahmeschacht
3 Tauchwand aus PVC-Material	*8* Blindflansch mit Druckluftanschluß
4 Beruhigungsrechen	*9* Schlammleitung zum Eindicker
5 Mittelbauwerk	*10* Grundablaßleitung

Schwieriger als beim Rechteckbecken ist die Schwimmschlammabnahme. Der Schwimm-schlammschild ist nicht genau radial, sondern zur Außenwand nach rückwärts ver-schwenkt, so daß der Schlamm nach außen am Schild entlang wandert. Er wird am Beckenrand durch einen Einlauftrichter abgenommen, an dem sich das letzte Ende des Schildes durch Schanierdrehung vorbeiklappt (**280**.1). Der Rücklaufschlamm von Bele-bungsanlagen soll nach dem Absetzen im Nachklärbecken möglichst schnell wieder in das Belebungsbecken zurückgebracht werden. Gut bewährt hat sich hier der **Saugräumer** (**280**.2). Der gezackte Räumschild bildet Schlammtaschen, aus denen der Schlamm durch

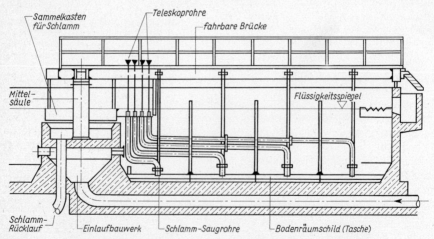

280.2   Saugräumer in einem Rundbecken (Schnitt durch die Mittelachse)
(Maße nach DIN 19552, T 2) − Rechteckbecken mit Saugräumer nach DIN 19551, T 4

Saugrohre abgezogen wird. Die Rohre entleeren in einen Sammelkasten über dem Einlaufbauwerk. Von dort fließt der Schlamm über das Rücklauf-Rohr ab. Die Menge des abgesaugten Schlammes wird durch Teleskoprohre gesteuert (**280**.2). Das Abwasser läuft bei Beschickung in der Mitte durch einen Düker zu und verläßt das Becken am Rand durch Überlaufkanten, bei Vorklärbecken mit vorgesetzter Tauchwand oder ähnlichen Abnahmevorrichtungen. Wegen des großen Beckenumfanges ist es leicht möglich, auch lange Überlaufkantenlängen zu schaffen, evtl. durch Vorsetzen einer weiteren Rinne. Da die Überlaufbelastung q_l der Kanten bei Nachklärbecken wegen des Übertretens von Sinkstoffen nicht sehr groß sein darf, $q_l = Q_{18}/l_{ü} \leqq 5$ m³/(h · m) ($l_{ü} \triangleq$ Kantenlänge der Rinnen), bieten sich hier gegenüber dem Rechteckbecken die besseren Möglichkeiten. In der konstruktiven und statischen Lösung ist das Rundbecken vorteilhaft. Auch die Rundbeckensohle benötigt gewöhnlich Dehnungsfugen. Es sind jedoch schon Rundbecken mit $d \leqq 50$ m ohne Fugen in Vakuumbeton hergestellt worden. Der Schlammtrichter mit Mittelbauwerk erfordert oft andere grundbautechnische Maßnahmen als der übrige Beckenteil (Senkbrunnen, Auftriebssicherung). Verhältnismäßig selten sind Rundbecken mit transversalem Durchfluß, auch Gleichstrombecken genannt. Der Abwasserdurchfluß geht hier von einer Beckenseite zur anderen. Man versucht die hydraulischen Vorteile des Rechteckbeckens trotz runder Form mit den Vorteilen bei der Schlammräumung des Rundbeckens zu verbinden.

Normalerweise jedoch werden Rundbecken durch Einlaufdüker beschickt. Das Einlaufbauwerk, auch Mittelbauwerk genannt, bedarf besonderer konstruktiver Überlegungen, die sich nach der Menge und der Art des Abwassers richten. Bild **281**.1 zeigt einen Einlauf für große Wassermengen. Das Abwasser wird nach Verlassen des Dükerrohres direkt in die horizontale Fließrichtung überführt. Der Schlamm gelangt nur durch Räumung in den Trichter. Bild **280**.1 zeigt ein Rundbecken mittlerer Größe.

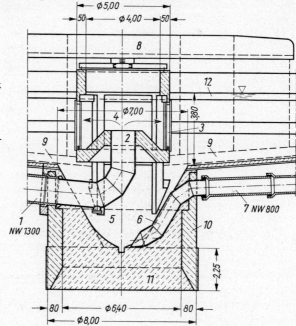

281.1
Schnitt durch das Mittelbauwerk
eines großen Rundbeckens
($d = 50{,}40$ m)
(Emschergenossenschaft)

 1 Zulaufdücker aus Schleuderbetonrohren DN 1300
 2 Steigrohr aus Stahl
 3 Schlitzwand
 4 Mittelturm
 5 Schlammtrichter
 6 Schlammablaßsteigerohr aus
  Stahl
 7 Schlammablaßrohr aus
  Schleuderbeton DN 800
 8 Räumerbrücke
 9 Räumschilde
 10 Senkbrunnen
 11 Unterwasserbeton
 12 Ablaufrinne

Die Schlammteile können hier auch auf direktem Weg, durch Absinken, in den Trichter gelangen. Diese Möglichkeit ist nur vorzusehen, wenn nicht die Gefahr besteht, daß der Wasserstrom den Trichter auskolkt und damit dem Schlamm keine Möglichkeit zum Absetzen läßt. Bild **282**.1 zeigt den Einlauf eines kleinen Rundbeckens mit Stengeleinläufen. Das teilweise Abwärtsströmen des Wassers ist erwünscht. Es soll soviel Schlamm wie möglich direkt durch den Blechtrichter in den darunterliegenden Schlammtrichter abrutschen.

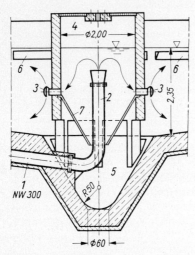

282.1   Schnitt durch das Mittelbauwerk eines
        kleinen Rundbeckens ($d = 13,0$ m)

 1 Zulaufdüker aus Stahl *DN* 300
 2 Steigrohr
 3 Stengel-Einläufe
 4 Mittelturm
 5 Schlammtrichter
 6 Beckenauslauf (horizontale Schräg-
   schlitze)
 7 Blechtrichter

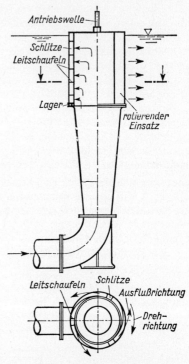

282.2   Einlauf eines Rundbeckens
        mit drehbarem Zylinder [45]

Besondere Überlegungen hat man auch immer wieder dem Dükerauslauf selbst gewidmet, teilweise mit der Absicht, das Abwasser besser über die Tiefe des Beckens zu verteilen. In Bild **283**.1 sind Kreisringplatten mit kleiner werdenden Durchlässen übereinandergesetzt, die ein abgestuftes horizontales Austreten des Abwassers bewirken. In Bild **282**.2 ist über das konisch erweiterte Zuflußrohr ein rotierender Blechmantel mit 3 senkrechten Schlitzen von 150 mm Breite und je 5 waagerechten Leitschaufeln aufgesetzt. Der Blechmantel rotiert durch den Wasseraustritt (Rückstoß), und das Wasser fließt tangential zum Zylinder in das Becken. G e i g e r hat ein Patent angemeldet (**283**.2), durch das die in 2 Ebenen angeordneten Einlauföffnungen (*4*) im Mittelturm mit gleichgroßen Abwassermengen versorgt werden sollen. Es wird um den Dükerauslauf (*1*) eine durch Spindeln (*3*) höhenverstellbare, ringförmige Tauchwand (*2*) angeordnet, die auf die Wassermengen eingestellt werden kann und damit die obere Einlaufebene vor zu starkem Abwasserstrom schützt.

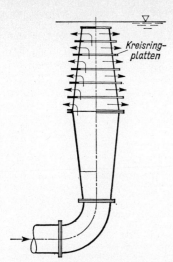

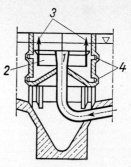

283.2 Einlaufvorrichtung für
Rundbecken

1 Zulauf
2 ringförmige Tauch-
wand
3 Spindeln
4 Einlauföffnungen im
Mittelturm

283.1 Einlauf eines Rundbeckens mit Kreisringplatten [45]

4.4.4.2 Berechnungsbeispiele für Flachbecken

Beispiel 1: Die Kläranlage einer Stadt mit 120000 EGW und einem Abwasseranfall $Q_d = 180\,l/(E \cdot d)$
soll ein Rechteckbecken als Vorklärbecken erhalten. Die Aufenthaltszeit soll $t_R = 1,5$ h für Q_{18}
betragen. Der Nachbeckenschlamm (hochbelastete Tropfkörper) wird in das Vorklärbecken zurückgegeben. Die Hauptmaße des Vorklärbeckens sind zu bestimmen.
Falls aus der Schlammbehandlung Schlammwasser o. a. zugegeben wird ist dies besonders zu berücksichtigen.

$$Q_{18} = \frac{120000 \cdot 180}{18 \cdot 1000} = 1200 \text{ m}^3/\text{h} = 333 \text{ l/s}$$

Beckeninhalt $V = Q_{18} \cdot t_R = 1200 \cdot 1,5 = 1800 \text{ m}^3$
Die mittlere Beckentiefe wird zu $h_m = 3,20$ m gewählt

$$\text{Oberfläche} \quad O = \frac{V}{h_m} = \frac{1800}{3,2} = 562 \text{ m}^2$$

Gewählt werden 2 Becken mit je 280 m² (8 m · 35 m) mit
$O = 560 \text{ m}^2$

283.3 Schlammtrichter

$$v_s = \frac{Q_{18}}{O} = \frac{1200}{560} = 2,14 \,\frac{\text{m}}{\text{h}} \,\hat{=}\, \text{Korndurchmesser } d = 0,05 \text{ bis } 0,01 \text{ mm (Tafel } \mathbf{256}.1)$$

Sohlenneigung $J_s = 1:300$

Schlammtrichter (**283**.3)
Schlammenge $s = 1,48\,l/(E \cdot d)$ (Tafel **369**.1)

$$\text{Gesamte Schlammenge} \quad S = s \cdot E = \frac{1,48 \cdot 120000}{1000} = 178 \text{ m}^3/\text{d}$$

Volumen des Schlammtrichters (h wird mit 5,0 m gewählt):

$$V = \frac{h}{3} (A + \sqrt{A \cdot a} + a) = \frac{5,0}{3} (7,3^2 + \sqrt{7,3^2 \cdot 0,8^2} + 0,8^2) =$$

$$1,67 \ (53,3 + 5,84 + 0,64) = 100 \ \text{m}^3$$

Bei 2 Trichtern ergeben sich 2 V = 200 m^3

Max Aufenthaltszeit $\quad t = \dfrac{2 \ V}{S} = \dfrac{200}{178} = 1,12$ Tage

Sohlenneigung des Schlammtrichters

$$n{:}1 = 5{,}0{:}\frac{7{,}3 - 0{,}8}{2} = 5{,}0{:}3{,}25 = 1{,}54{:}1 > 1{,}2{:}1$$

Beispiel 2: Das Nachklärbecken einer Belebungsanlage soll berechnet werden (**285**.1).

$$Q_{18} = 1200 \ \text{m}^3/\text{h} \quad t_R = 3,5 \ \text{h} \qquad \text{erf. } V = Q \cdot t_R = 1200 \cdot 3,5 = 4200 \ \text{m}^3$$

Dies ist die Formel nach der V und t_R definiert sind. Tatsächlich ist die zufließende Wassermenge $Q = Q_{18} + Q_ü + Q_{rü}$ (von $Q_ü$ nur das Schlammwasser), vgl. auch Abschn. 4.5.2.

Gewählt: 1 Rundbecken mit h_m = 2,70 m und bei Abzug einer Schlammschicht von 20 cm h_m = 2,50 m

$$\text{erf. } O = \frac{V}{h_m} = \frac{4200}{2,50} = 1680 \ \text{m}^2$$

Gewählt: d_1 = 45,0 m nach Tafel **279**.2

$d_3 = d + c = 45,0 + 0,5 = 45,5$ m $\quad J_s = 1{:}15 \quad$ gewählt $r_i = 22,50$ m $\quad$ vorh $O = 1590$ m^2

Die mittlere Tiefe h_m liegt im Abstand $\dfrac{2}{3} \ r_i$ von der Mittelachse entfernt.

$$h_o = 2,70 + \frac{1}{15} \cdot \frac{2}{3} \cdot 22,50 = 3,70 \ \text{m}$$

$$w = h_u = 2,70 - \frac{1}{15} \cdot \frac{1}{3} \cdot 22,50 = 2,20 \ \text{m}$$

Volumenberechnung

$$V_1 = \frac{\pi \cdot d_1^2}{4} \cdot h_1 = \frac{\pi \cdot 45^2}{4} \cdot 1,52 \qquad = 2417 \ \text{m}^3$$

$$V_2 = \frac{\pi \cdot h}{12} (D^2 + D \cdot d + d^2)$$

$$= \frac{\pi \cdot 0,70}{12} (45^2 + 45 \cdot 44,3 + 44,3^2) = 1096 \ \text{m}^3$$

$$V_3 = \frac{\pi \cdot 1,31}{12} (44,3^2 + 44,3 \cdot 5,0 + 5,0^2) = 758 \ \text{m}^3$$

vorh $\overline{V = 4271 \ \text{m}^3}$; ohne Vouten am Beckenrand
$V = 4294 \, \text{m}^3$ nach DIN 19552, T1

$$\text{vorh } t_R = \frac{\text{vorh } V}{Q} = \frac{4271}{1200} = 3,56 \ \text{h}$$

Der anfallende Rücklauf- und Überschußschlamm wird laufend ins Belebungsbecken zurückgefördert. Der Schlammtrichter hat also nur fördertechnische Bedeutung.

$$V_S = \frac{\pi \cdot 2{,}52}{12} \, (5{,}0^2 + 5{,}0 \cdot 0{,}8 + 0{,}8^2) = 19{,}6 \text{ m}^3$$

Die Schlammenge für eine hochbelastete Belebungsanlage beträgt nach Tafel **369**.1 $s = 1{,}67\,\mathrm{l(E \cdot d)}$ (frischer Überschußschlamm)

Die tägliche Schlammenge beträgt $S = \dfrac{1{,}67 \cdot 120000}{1000} = 200 \text{ m}^3/\text{Tag}$

die Speicherzeit nötigenfalls $t_S = \dfrac{19{,}6}{200} = 0{,}098 \text{ d} = 2{,}35 \text{ h}$

Überlaufkanten. Ihre Belastung soll nicht höher als $q_1 = 5 \dfrac{\mathrm{m}^3}{\mathrm{h\,m}}$ sein, damit keine Schlammteile mitgerissen werden. Die erforderliche Überfalllänge $l_\ddot{u}$ beträgt

$$l_\ddot{u} = \frac{Q_{18}}{q_1} = \frac{1200}{5} = 240 \text{ m}$$

285.1   Längsschnitt durch Rundbecken zu Beispiel 2 (zweifach überhöht gezeichnet)

Hier wird nicht die zufließende Wassermenge Q, sondern die abfließende Wassermenge Q_{18} eingesetzt. In Q ist ein Mengenanteil für den Rücklauf- und Überschußschlamm enthalten.

Gewählt wird eine 0,4 m breite, zum Beckenmittelpunkt hereingezogene Rinne mit den beiden Kantenabständen $r_1 = 20{,}85$ m und $r_2 = 21{,}25$ m von der Mittelachse (**285**.1).

Es ergibt sich vorh $l_\ddot{u} = 2\pi\,(20{,}85 + 21{,}25) = 265 \text{ m} > 240 \text{ m}$

Falls diese Lösung nicht ausreicht, kann man zwei Rinnen mit kurzen Verbindungsrinnen nach Bild **285**.2 wählen. Bei dem hier abgebildeten Beckengrundriß würde sich bei 3 Überlaufkanten ergeben

$$l_\ddot{u} = 2\pi\,(22{,}0 + 20{,}4 + 20) = 392 \text{ m}$$

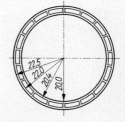

285.2
Überlaufrinnen (Kantenlänge verdreifacht)

Bild **286**.1 zeigt ein Rundbecken mit vorgesetzter, zweiter Ablaufrinne. Hier dient die Betonrinne e nur noch als Sammelrinne ohne Überlauf. Die Überlaufkanten b ziehen das geklärte Abwasser aus dem Becken ab.

4.4.4.3 Trichterbecken

Der Unterschied zu den Flachbecken liegt in der Sammlung des Schlammes. Bei Trichterbecken ist die Sohle in einen oder mehrere Trichter aufgegliedert, die den sinkenden Schlamm unmittelbar aufnehmen. Kein Räumer stört die Schlammsammlung. Die Becken eignen sich besonders gut für leichten Schlamm, z. B. als Nachklärbecken einer Belebtschlammanlage. Jeder Trichter braucht ein Schlammförderrohr. Es gibt horizontal (**286**.2) und vertikal (**286**.3) durchflossene Trichterbecken. Die Trichter haben die gleichen steilen Wände wie bei den Flachbecken. Die vertikale Wasserbewegung mit ihren Vorteilen (vgl. Abschn. 4.4.1.2) kann bei dieser Beckenform besonders gut ausgenutzt werden. Bei Flächenbelastungen $q_A \geqq 1{,}2$ m/h bildet sich in Nachklärbecken von Belebungsanlagen ein Flockenfilter. Die Gefahr des Schlammverlustes durch Übertreiben der Schlammteile ist dann verringert. Ein konstruktiver Nachteil ist bei größeren Durchmessern bzw. Rechteckabmessungen die porportional wachsende Tiefe der Trichterbecken. Hierfür gilt auch das in Abschn. 4.4.4.4 für zweistöckige Anlagen Gesagte.

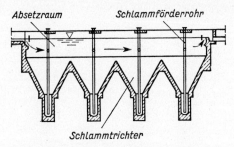

286.2 Horizontal durchflossenes Trichterbecken

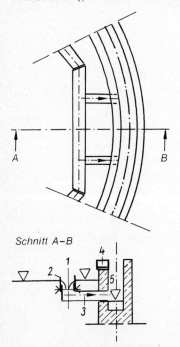

Schnitt A–B

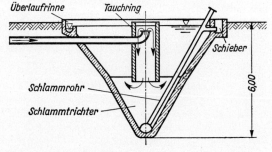

286.1 Ablauf von Nachklärbecken mit vorgesetzter Rinne
1 Rinne aus Blech oder Kunststoff
2 Zahnwehr (höhenverstellbar)
3 Rohrstutzen mit Vorschweiß-flanschen
4 Fahrbahn für Räumer aus Betondielen
5 Ablaufrinne aus Ortbeton

286.3 Rundes Trichterbecken (Dortmundbrunnen)

4.4.4.4 Zweistöckige und kombinierte Absetzanlagen

Diese Absetzanlagen sind vorwiegend aus wirtschaftlichen Gründen entwickelt worden.

Als Vorteile kann man ansehen:
Kurze Fließwege des Schlammes; Einsparung eines selbständigen, beheizten Faulraumes durch einen zwar unbeheizten aber dennoch durch das Darüberwegströmen des Abwassers wärmetechnisch verhältnismäßig optimal gehaltenen Faulraum; bei schlechtem Untergrund Ausnutzung des Gründungsraumes oder bei tiefster Gründung nur einmalige Ausführung der Gründungskonstruktion (Pfähle, Senkbrunnen, usw.); Einsparung eines Eindickbehälters, da Schlammwasserabgabe in dem Absetzraum ständig möglich ist.

Als Nachteile gelten:
Strömungstechnische Mängel im Absetzraum wegen der als Rutschflächen für den Schlamm schrägen Rinnensohlen; sehr große Faulräume und u. U. keine vollkommene Ausfaulung des Schlammes wegen zu geringer Temperaturen durch fehlende Heizung; meist keine Schlammumwälzung; Anfaulung des Abwassers durch Gärprodukte aus dem Faulraum und damit Beeinträchtigung der biologischen Stufe; bei gutem Baugrund tiefe Gründung, die durch eine teure Wasserhaltung noch erschwert werden kann.

Die aufgeführten Gesichtspunkte schränken die Verwendung der zweistöckigen Anlagen auf kleine Kläranlagen i. allg. $\leqq$ 15 000 EGW ein.

Emscherbrunnen (vgl. Bemessungsbeispiel S. 417). Der konstruktiv einfachste Typ ist der Emscherbrunnen (rund) oder das Emscherbecken (rechteckig) (**287**.1). Eine Fließrinne mit überlappter offener Sohle nennt man Emscherrinne. Der Schlamm des Absetzbeckens rutscht auf den schrägen Sohlflächen, Neigung $\geqq$ 1,2:1, durch horizontale Schlitze mit einer Schlitzweite von $\geqq$ 20 cm in den Faulraum. Aufsteigen kann durch diese Schlitze nur das Schlammwasser. Weder Schlammteile noch Gasblasen gelangen wegen des vertikalen Steigweges durch die überdeckte Öffnung nach oben. Es sollen für den Schlammablaß aus den Trichtern des Faulraumes Steigrohre LW $\geqq$ 150 und für das Gas besondere Gasentnahmevorrichtungen (**287**.2) vorgesehen werden. Die Aufenthaltszeit des Schlammes im Faulraum kann nach Bild **375**.1 bestimmt werden. Imhoff [24] bezieht die Faulraumgröße auf die Anzahl der angeschlossenen Einwohner (Tafel **288**.1). Als Faulraum gilt der Raum unterhalb der Schlammschlitze. Schwierig ist bei den Emscheranlagen die Abnahme des Schwimmschlammes und die Zerstörung der Schwimmschlammdecke. Dies geschieht durch Öffnungen des Schlammraumes oder neben den Emscherrinnen. Um die Wärmeabgabe des Faulraumes an das kalte Grundwasser zu

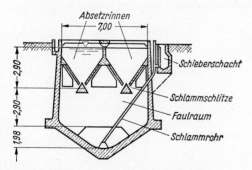

287.1 Querschnitt eines Emscherbeckens

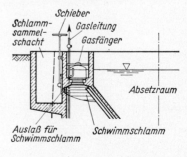

287.2 Gasabnahme am Emscherbecken

Tafel **288**.1   Faulraumgrößen für Emscherbek-
ken nach [24] in l/EGW a) und
mögliche zusätzliche Belastung
mit Fäkalschlamm nach ATV A
123 [1c] in l/(EGW · Woche) b)

	Absetz-anlage	Tropfkörperanlage schwach-	hoch-belastet		Belebungsanlage schwach-	hoch-belastet	
		schwach-	hoch-belastet	schwach-	hoch-belastet
a)	50	75	100	150	100
b)		1	2	3	2

verringern, verwendet man besondere
Auskleidungen und Anstriche mit geringer
Wärmeleitzahl. Es gibt auch über oder
teilweise über die Erde gesetzte zweistök-
kige Anlagen, welche dann geringere Baukosten, dafür jedoch das Verlegen der Abwasserhebung vor den Emscherbrunnen
erfordern. Diese Anordnung ist nur dann
von Vorteil, wenn die 2. Abwasserhebung
zum Tropfkörper eingespart werden kann.

Bei kleinen Kläranlagen in Kombinations-
bauweise (s. Abschn. 4.7) rüstet man die
Faulräume und die Absetzbecken auch mit
Schlammräumern (**279**.3) und mit Umwälzeinrichtungen aus (**289**.1).

Kombinierte Emscherbrunnen. B ö h n k e [9] schlägt für kleine Kläranlagen kombinierte
Emscherbrunnen vor. Er verbindet die Emscherrinne und den Schlammfaulraum mit
einem Dortmundbrunnen und erhält damit Vor-, Nachklärbecken und den Faulraum in
e i n e m Bauwerk (**288**.2) mit rundem Grundriß. In der Mitte befindet sich der Dortmundbrunnen, welcher als Nachklärbecken (*N*) dient. Das Vorklärbecken ist als ringförmige Emscherrinne (*V*), die in beiden Richtungen beschickt werden kann, wodurch man
eine gleichmäßige Schlammbelastung des Faulraumes (*F*) erhält, darumgesetzt. Zur Vermeidung eines direkten Wasserflusses vom Ein- zum Auslauf des Vorklärteiles wird in
den Brunnen unterhalb der Pumpenkammer eine Trennwand (*6*) eingesetzt. Nachdem

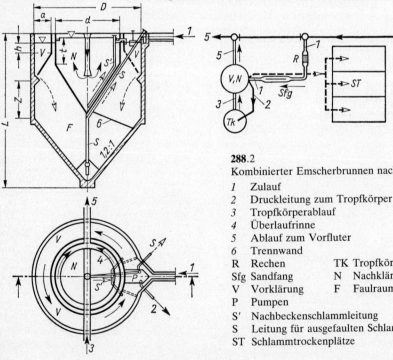

288.2
Kombinierter Emscherbrunnen nach [9]

1   Zulauf
2   Druckleitung zum Tropfkörper
3   Tropfkörperablauf
4   Überlaufrinne
5   Ablauf zum Vorfluter
6   Trennwand
R   Rechen   TK Tropfkörper
Sfg Sandfang   N   Nachklärung
V   Vorklärung   F   Faulraum
P   Pumpen
S'   Nachbeckenschlammleitung
S   Leitung für ausgefaulten Schlamm
ST   Schlammtrockenplätze

das Abwasser die Vorreinigung (*V*) durchflossen hat, sammelt es sich in der Pumpen-kammer und wird durch die Pumpe (*P*) auf den Tropfkörper (*TK*) gefördert. Der Tropf-körperablauf fließt dem Dortmundbrunnen im offenen Gerinne (*3*) und Fallrohr zu und wird hier nachgeklärt. Der Wasserspiegel in der Nachklärung (*N*) liegt etwa 50 cm höher als der in der Vorreinigung. Dadurch wird es möglich, den Nachklärschlamm (*S'*) durch Wasserüberdruck laufend in die Vorreinigung (*V*) zu geben. Er setzt sich zusammen mit dem Frischschlamm ab und wird auch mit diesem zusammen im Faulraum (*F*) des Emscherbrunnens ausgefault. Eine Mammutpumpe fördert ihn mit Druckluft durch die Leitung (*S*) auf die Schlammtrockenplätze (*ST*).

Diese Anlage läßt sich in Ortbeton herstellen. Sie kann jedoch aus Beton- oder Stahl-fertigtcilen vorgefertigt werden. Für den kombinierten Emscherbrunnen sind folgende Bemessungsannahmen zugrunde gelegt worden (**288**.1):

Vorklärung (*V*): t_R = 1,5 h; Pumpensumpf (*P*) = ⅛ des Ringumfangs (*V*): Sohlneigung von (*V*) und (*N*) = 1,5:1; Breite *a* von (*V*) = 1,0 oder 1,5 m

Nachklärung (N): t_R = 2,0 h; ⅓ des Trichterinhalts bleibt bei Volumenberechnung außer Ansatz

Faulraum (Fr): B_{Fr} = 60 l/*EGW*; Sohlneigung = 1,2:1; obere Begrenzungslinie = Verbindungslinie der Wandvorsprünge. Als Wasserverbrauch *w* liegt 100 oder 150 l/ (*EGW* · d) zugrunde.

Es ergeben sich z. B. für 3000 *EGW* und *w* = 150 l/(*EGW* · d) folgende Abmessungen:

$$a = 1,0 \text{ m} \quad d = 5,22 \text{ m} \quad D = 7,76 \text{ m} \quad h = 2,08 \text{ m}$$
$$t = 2,22 \text{ m} \quad Z = 2,33 \text{ m} \quad L = 11,87 \text{ m} \quad 153 \text{ l umbauter Raum/}EGW$$

Maschinell geräumte zweistöckige Absetzanlagen. Als ausgeführte Beispiele für diese Anlagen sollen das Üdemer Becken, die Kremer-Absetzbecken (Kremer Klärgesell-schaft, Bonn) und die Anlagen der Fa. Dorr-Oliver, Wiesbaden, genannt werden. Man verzichtet hier auf die steile Anordnung der Sohlen des Absetzraumes und auch des Faulraumes und räumt den Schlamm auf flach nach innen oder nach außen geneigten Sohlflächen durch meist kombinierte Räumgeräte ab.

Durch bauliche Vorteile wegen der geringen Tiefe gegenüber dem Emscherbrunnen herkömmlicher Bauart ergeben sich wirtschaftlichere Ausführungen.

Bild **289**.1 zeigt den maschinell geräumten Emscherbrunnen der Firma Dorr-Oliver. Diese Anlage ist für eine mechanische Abwasserreinigung vorgesehen. Das Bauwerk ist

289.1
Maschinell betriebener Emscher-brunnen nach Dorr-Oliver (Quer-schnitt durch Rundbecken)

1 Zulauf
2 Überlaufrinnen
3 Schlammabzug
4 Schwimmdecken-Zerstörer
5 Schlammverschluß
6 Räumschild
7 Bodenkratzer
8 Schwimmschlammbeseitiger in *V*
V Vorklärbecken

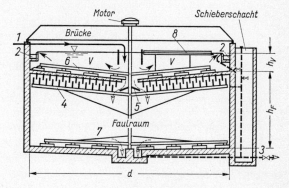

rund, sein oberer Teil ist als Klärbecken (V) ausgebildet, während der darunter liegende Raum als Schlammfaulraum dient. Beide Räume sind durch Öffnungen in der Mitte der Zwischendecke in Verbindung. Ein besonderer Schlammverschluß (5) verhindert das Eindringen von Faulgas und Schwimmschlamm in das Klärbecken. Die Sohle des Faulraumes ist ebenfalls schwach geneigt und hat in der Mitte eine Vertiefung, in die der Faulschlamm durch den Räumer (Bodenkratzer) (7) gelangt. Von dort wird er in freiem Gefälle oder durch Pumpen auf die Trockenplätze weiterbefördert.

Gewisse Vorteile dieser Anlage bestehen in der Schlammräumung (3 Räumer) durch eine Antriebsvorrichtung, in der systematischen Zerstörung der Schwimmschlammdecke und in der möglichen Einsparung eines Sandfangs, da der Sand im Faulraum mit abgeräumt werden kann. Diese Absetzanlagen werden normalerweise über Gelände errichtet. Das Abwasser muß dann vor der Anlage gehoben werden. Man kann das Bauwerk jedoch auch in den Boden einlassen, muß dann aber u. U. den Schlamm abpumpen.

Bemessungsgrundlagen (s. auch Tafel **290**.1)

t_R = 1,5 bis 2,0 h q_A = 1,25 bis 1,50 m/h B_{Fr} = 50 bis 70 l/EGW

(B_{Fr} = Faulraumbelastung, s. Abschn. 4.6.2.3)

Tafel **290**.1 Maße von maschinell geräumten Emscherbrunnen (Dorr-Oliver)

EGW	Q in m³/h	d in m	h_v in m	h_F in m	Fr in m³
2500	35	6	2,5	5,5	156
5000	63	8		5,5	277
7000	97	10		5,5	432
10000	139	11		5,5	522
15000	208	14		6	796
20000	275	16		6	1206
26000	361	19		6	1698

In einer anderen Ausführung der Firma wird der obere Teil in Vor- und Nachklärbecken unterteilt. Diese Absetzanlage dient dann als kombinierter Bestandteil einer vollbiologischen Reinigungsanlage durch Tropfkörper oder Belebungsbecken. Das Betriebsschema ähnelt dem der in Bild **288**.1 dargestellten Anlage.

4.4.5 Flotationsbecken

Unter Flotation versteht man das Auftreiben von ungelösten Schmutzstoffen aus dem Abwasser bis an die Oberfläche mit Hilfe von kleinen Luftblasen. Die flotierten Schmutzstoffe bilden hierbei einen Schwimmschlamm, der durch geeignete Räumvorrichtungen aus dem Flotationsraum entfernt wird.

Die verschiedenen Flotationsverfahren unterscheiden sich durch die Art und Weise der Erzeugung möglichst kleiner Luftblasen. Die älteste Art ist das Aufschwemmen von mineralischen Stoffen mit Hilfe von Schaum. Eine andere Möglichkeit ist die Elektroflotation, bei der Wasser durch Elektrolyse in Wasserstoff- und Sauerstoffgas zerlegt wird.

Ein sehr wirtschaftliches Verfahren ist die Entspannungs-Flotation.

Sie beruht auf dem physikalischen Gesetz, daß die Menge der in Flüssigkeiten lösbaren Gase sich proportional zu dem Druck verhält, unter dem die Flüssigkeit steht. Bei der Erzeugung eines niederen Druckes (Entspannung) tritt die Luftmenge aus dem Abwasser aus, welche zuvor bei höherem Druck zusätzlich gelöst werden konnte.

Die aus dem gelösten in den gasförmigen Zustand übergehende Luft wird in kleinsten, gleichmäßig verteilten Bläschen frei, ähnlich dem Entweichen des Kohlendioxyds beim

Öffnen von Brauseflaschen. Diese Luftblasen sind stabil und vereinigen sich schlecht miteinander. Sie steigen langsam auf und bekommen mit den absinkenden und schwebenden Schmutzteilen und Schlammflocken Kontakt. Durch Adhäsion bleiben sie an diesen Teilen hängen und tragen sie nach oben. Dort treten sie nicht sofort aus der Wasseroberfläche aus, sondern bilden eine Blasenschicht. Diese hat große Auftriebskräfte, welche die an die Oberfläche mitgenommenen Schmutzstoffe eindickt.

Die Abwasserreinigung durch das Abtrennen der flotierbaren Inhaltsstoffe und das Eindicken des entstehenden Schwimmschlamms erfolgen zugleich. Die Eindickung ist weitergehender als bei der Schwerkraft-Eindickung. Man kann diese vorteilhafte und zusätzliche Nebenwirkung der Flotation auch als Hauptverfahren anwenden, wie z.B. bei der Flußkläranlage Emschermündung (**241**.1) für den Schwimmschlamm. Gut eignet sich auch der belebte Schlamm für die Eindickung (*TS*-Gehalt bis 6% ohne, 8 bis 12% mit Flockungsmitteln).

Hauptanwendungsgebiet ist die Reinigung von flotierbarem Industrieabwasser (Verunreinigung mit flockigen, faserigen, fett- und eiweißhaltigen Stoffen), z.B. Schlachthöfe, Seifenfabriken, fleischverarbeitende Betriebe, Papier- und Tuchfabriken, Gerbereien, Brauereien.

Die Reinigungsleistung wird noch gesteigert, wenn außer den Sink- und Schwebestoffen auch Stoffe entfernt werden, die mit Hilfe von Chemikalien ausgeflockt werden können. Menge und Art der Flockungsmittel werden nach wirtschaftlichen Gesichtspunkten festgelegt.

Die Flotation dient meist zur Vorreinigung mit dem Ziel der Stoffausscheidung und BSB_5-Reduzierung. Manche Industrie-Abwässer werden durch die Flotation für eine biologische Nachreinigung vorbereitet.

Aber nicht nur in der mechanischen Stufe kann die Flotation anstelle von Vorklärung und Voreindickung eingesetzt werden, sondern auch in der biologischen Stufe anstelle der konventionellen Nachklärbecken. Die großen Absetzbecken können dann durch kleinere, ohne Flockungsmittelzugabe betriebene Flotationsbecken mit etwa 30 Minuten Durchflußzeit ersetzt werden. Durch Zugabe von Fällungsmitteln läßt sich auch die dritte Reinigungsstufe durchführen.

Eine weitere Anwendung ist die Entschlammung des Faulwassers.

Auf die Bemessung der Kläranlagenteile hat die Flotation folgende Einwirkung: Bei herkömmlichen Vorklärbecken mit 2stündiger Aufenthaltszeit liegt die Oberflächenbelastung bei etwa 1,5 bis 2 $m^3/(m^2 \cdot h)$. Bei der Flotation kann man mit sehr hohen Oberflächenbelastungen von 4 bis 8 $m^3/(m^2 \cdot h)$ und Aufenthaltszeiten von nur 10 bis 30 Minuten arbeiten. Dies bedeutet, daß nur 1/4 bis 1/8 des beim Absetzverfahren erforderlichen Beckenvolumens benötigt wird.

Während beim Absetzvorgang nur die absetzbaren Stoffe, bis etwa 35% der Gesamtverschmutzung, beseitigt werden können, werden bei der Flotation auch nicht absetzbare Stoffe entfernt und so die Schmutzstoffe ohne Flockung um etwa 40%, mit Flockung um etwa 60% verringert. Die biologische Stufe wird dadurch entlastet und kann kleiner bemessen werden.

In den konventionellen Kläranlagen fällt der Primärschlamm mit 4 bis 5% Trockensubstanz und der Sekundärschlamm mit 0,5 bis 1,5% an. Durch die Flotation werden die Schlämme ohne Flockung auf etwa 6%, mit Flockung bis auf 16% Trockensubstanz eingedickt.

Man kann also in wirtschaftlicher Weise Vorklärung und Schlammeindickung auch durch ein Flotationsbecken ersetzen. In überlasteten Kläranlagen erspart die Umfunktionierung auf Flotation den Neubau der entsprechenden Anlagenteile.

Der Energiebedarf der Entspannungs-Flotation liegt bei 0,11 bis 0,16 kWh/m³ Abwasser. Der untere Wert gilt für größere Anlagen mit einem Stundendurchsatz von etwa 150 bis 300 m³/h = 3600 bis 7200 m³/d und der obere Wert für kleinere Anlagen mit einem Stundendurchsatz von etwa 40 bis 150 m³/h = 960 bis 3600 m³/d. Bei Anwendung einer chemischen Flockung kommen an Betriebskosten etwa 3 bis 8 Dpf/m³ hinzu, davon entfallen etwa 1 bis 6 Dpf/m³ auf die Flockungsmittelkosten und 1 bis 2 Dpf/m³ auf die Energiekosten für die zusätzliche Belüftung des Flockungsbeckens. Bild **292**.1 zeigt das Betriebsschema einer Entspannungsflotation.

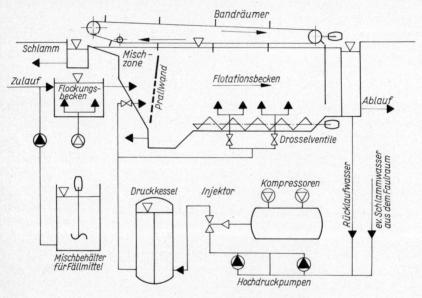

292.1   Schema der Entspannungsflotation mit Fällmittelzugabe

Technologie des Verfahrens. Die Anreicherung der Schlammsuspension mit Luftbläschen erfolgt dadurch, daß ein Teil des geklärten Abwassers als Rücklaufwasser einem Druckkessel zugeführt wird. Hier geht die dem Betriebsdruck entsprechende Luftmenge in Lösung. Das luftgesättigte Wasser wird dann dem Flotationsbecken über Drosselventile entspannt zugeführt. Dabei soll eine hydraulisch wirkungsvolle Verteilung des Druckwassers erreicht werden. Einleitungsstellen sind unterhalb des Beckeneinlaufs und in der Sohle des Flotationsraumes zweckmäßig. Besonders im Einlaufbereich wird eine wirksame Mischzone zwischen Luftblasen und Schlammteilen geschaffen. Das von den aufsteigenden flotierten Teilen abgetrennte Schlammwasser läuft über dem Boden durch eine Tauchwand ab. Der flotierte Schlamm wird durch einen Bandräumer (v = 25 bis 35 cm/min, Tauchtiefe der Räumschilde 1,5 bis 2,5 m) gegen die Fließrichtung des Abwassers abgeräumt. Das Blasenluftvolumen wird durch die Aufenthaltszeit des Wassers im Druckkessel bei dem gewählten Betriebsdruck bestimmt. Der Kessel wird für t_R = 1,0 bis

2,5 min ausgelegt. Der Sättigungsgrad beträgt dann etwa 80 bis 95%. Der Kessel hat Zwischen- oder Etagenwände, die einen Kurzschlußstrom verhindern.

Die Flotationswirkung ist von der Entspannungsdruckdifferenz abhängig. Man wählt einen Druck von 3 bis 4 bar und entspannt auf 1 bar (Normaldruck). Unter 3 bar geht die flotierte Schlammenge zurück, über 4 bar reißt die Schlammdecke auf. Bei Polyelektrolyten als Fällmittel 3,6 bis 4 bar Druck. Das Flotationsbecken wird für 20 bis 30 min, die Misch- oder Anlagerungszone für 0,5 bis 1 min Durchflußzeit bemessen. Die Rücklaufwassermenge kann ein mehrfaches der Abwassermenge (30 bis 250%) ausmachen. Sie ist bei den Durchflußzeiten zu berücksichtigen.

Meist werden die Becken als längsdurchflossene Rechteckbecken (Länge/Breite = 2:1 bis 4,6:1, Tiefe entsprechend 1,8 bis 3,1 m) ausgebildet.

Die Betriebsparameter für die Schlammeindickung werden im allgemeinen aus Erfahrungswerten abgeleitet. Ohne Flockungsmittel wählt man $B_A \leqq 12$ kg $TS/(m^2 \cdot h)$ und $q_A \leqq 3$ $m^3/(m^2 \cdot h)$, mit Polyelektrolyten als Fällmittel $B_A \leqq 18$ kg $TS/(m^2 \cdot h)$ und $q_A \leqq 3$ $m^3/(m^2 \cdot h)$, für Bemessung $q_A \leqq 2,3$ $m^3/(m^2 \cdot h)$ [35].

4.5 Biologische Abwasserreinigung

Die Betriebsstufe der biologischen Abwasserreinigung stellt nach den mechanischen Kläreinrichtungen die zweite Gruppe der Bauwerke einer Kläranlage dar. Man rechnet dazu den eigentlichen Träger der biologischen Reinigung, Tropfkörper oder Belebungsbecken sowie Nachklärbecken und deren Wiederholungen bei zweistufigen Anlagen. Die Wirkung der verschiedenen Klärverfahren zeigt Bild **232**.1.

Man kann davon ausgehen, daß bei den gebräuchlichsten biologischen Verfahren, dem Tropfkörper- und dem Belebungsverfahren die Reinigung von heterotrophen Organismenarten durchgeführt wird. Beim Tropfkörper bilden die Organismen den auf dem Füllmaterial haftenden biologischen Rasen, über welchen das Abwasser rieselt. Beim Belebungsverfahren schweben sie als belebte Flocken im Abwasser. Hier ist die Menge der Organismen durch betriebliche Vorgänge zu verändern, der Prozeß ist steuerbar. Beim Tropfkörperverfahren ist dies nur auf dem Weg der unterschiedlichen Belastung beschränkt möglich. Die Bakterienzelle besteht aus der äußeren Schleimhülle, der Zellwand, der cytoplasmatischen Membran, dem Protoplasma und dem Zellkern. Die Nährstoffe des Abwassers gelangen durch Diffusion oder aktiven Transport in das Zellinnere und unterliegen hier den Stoffwechselvorgängen. Bei hochmolekularen Stoffen erfolgt durch Enzyme außerhalb der Zelle eine Spaltung in niedermolekulare Teile, welche dann die Zellwand und die cytoplasmatische Membran passieren können. Die Anzahl der chemischen Verbindungen, welche von den Bakterien verarbeitet werden können, ist sehr groß, sofern die Lebensgrundlagen erhalten bleiben. Technologisch können folgende Voraussetzungen genannt werden:

1. Ausreichende Sauerstoffmenge

2. Ausreichende Nahrungsmenge

3. Keine Bakteriengifte

4. Günstige Lebensbedingungen, wie Temperatur, Feuchtigkeit, ggf. Ansiedlungsflächen, pH-Wert (~ 2 bis ~ 9) u. a.

4.5.1 Tropfkörperverfahren

Tropfkörper bestehen im wesentlichen aus grobkörnigem, porösem Material, das durch seine Beschaffenheit dem biologischen Rasen viele und gute Ansiedlungsflächen bieten soll. Der Rasen bildet sich nach einer Einarbeitungszeit von $\approx$ 2 bis 3 Wochen und besteht aus Bakterien und niederen Lebewesen, den Protozoen. Diese wandeln die organischen Schmutzstoffe in absetzbare, zum Teil mineralische Stoffe um. Der biologische Rasen stellt also eine organische Substanz dar, die entweder im Tropfkörper selbst abgebaut oder hinausgespült und als Schlamm weiter behandelt wird.

4.5.1.1 Klärtechnische Berechnung von Tropfkörpern

Man berechnet Tropfkörper nach dem täglichen BSB_5.

Im schwachbelasteten Tropfkörper werden die Schmutzstoffe und der abgestorbene biologische Rasen abgebaut. Die in der oberen Zone des Tropfkörpers abfallenden Rasenfetzen werden in das Innere gespült und faulen dort aus. Im Innern des Tropfkörpers spielen sich also nicht nur aerobe, sondern auch anaerobe Vorgänge ab. Zwischen beiden stellt sich ein Gleichgewicht ein. Damit der Tropfkörper gut arbeitet, muß jedoch die aerobe Phase ein starkes Übergewicht haben.

Die Raumbelastung B_R drückt die Aufnahmefähigkeit des Tropfkörpers in g BSB_5 je m^3 Tropfkörper (m^3_{TK}) und Tag (d) aus.

L_{0m} = mittlere Zulaufkonzentration des Abwassers vor dem Tropfkörper in g BSB_5/m^3

Damit ergibt sich für die Volumenberechnung des Tropfkörpers

$$V = \frac{L_{0m} \cdot Q_d}{B_R} \qquad m^3_{TK} = \frac{\dfrac{g\ BSB_5}{m^3} \cdot \dfrac{m^3}{d}}{\dfrac{g\ BSB_5}{m^3_{TK} \cdot d}} \qquad (294.1)$$

Für normale Verhältnisse Q_d = 150 l/(E $\cdot$ d) oder 200 l/(E $\cdot$ d) und BSB_5 = 54 g/(E $\cdot$ d) oder 60 g/(E $\cdot$ d) kann man die Raumbelastung B_R auch auf die Einwohnerzahl beziehen. Nach mechanischer Vorreinigung bleibt ein BSB_5 = 35 g/(E $\cdot$ d) oder 40 g/(E $\cdot$ d) vom Tropfkörper aufzubringen (s. Tafel **221**.1).

Außerdem spricht man wiederum von einer Flächenbelastung

$$q_A = \frac{Q}{O_{TK}} \qquad \frac{m}{h} = \frac{\dfrac{m^3}{h}}{m^2} \qquad (294.2)$$

verursacht von der Abwassermenge und bezogen auf die Oberfläche des Tropfkörpers. Aus Gl. (294.1) und (294.2) errechnet sich unter Berücksichtigung der Zulaufkonzentration die Tropfkörperhöhe H (18-h-Mittel)

$$H = \frac{18 \cdot q_A \cdot L_{0m}}{B_R} \qquad m_{TK} = \frac{\dfrac{h}{d} \cdot \dfrac{m}{h} \cdot \dfrac{g\ BSB_5}{m^3}}{\dfrac{g\ BSB_5}{m^3_{TK} \cdot d}} \qquad (294.3)$$

oder bei besonderer Berücksichtigung von Fremdwasser ($Q_{18}' = Q_{18} + Q_F$)

$$H = \frac{q_A \cdot L_{om} \cdot Q_d}{B_R \cdot Q_{18}'} \qquad m_{TK} = \frac{\dfrac{m}{h} \cdot \dfrac{g\ BSB_5}{m^3} \cdot \dfrac{m^3}{d}}{\dfrac{g\ BSB_5}{m^3_{TK} \cdot d} \cdot \dfrac{m^3}{h}} \qquad (295.1)$$

Man unterscheidet beim Tropfkörper mit Mineralstoffüllung folgende Belastungsstufen:

Vollreinigung

Teilweise Schlammstabilisierung

Schwachbelasteter Tropfkörper
Raumbelastung: $B_R < 200$ g $BSB_5/(m^3 \cdot d)$
Oberflächenbeschickung: $q_A < 0{,}2$ m^3/m$^2 \cdot$ h (im zeitlichen Mittel)
BSB_5-Abbau: $\eta \geq 85\%$, im Mittel 90%
Ablaufkonzentration: $L \approx 20$ mg BSB_5/l im Mittel

Oxidation der gelösten Stickstoffverbindungen (Nitrifikation)

Normal belasteter Tropfkörper
$200 \leq B_R \leq 400$ g $BSB_5/(m^3 \cdot d)$ $\qquad 0{,}4 \leq q_A \leq 0{,}8$ m/h
$\eta \quad \geq 80\%$, im Mittel 85% $\qquad L \approx 30$ mg BSB_5/l

Teilreinigung (als selbständige Reinigungsstufen nicht ausreichend im Sinne der Mindestanforderungen)

Geringere Oxidation der gelösten Stickstoffverbindungen

Hochbelasteter Tropfkörper
$400 \leq B_R \leq 700$ g $BSB_5/(m^3 \cdot d)$ $\qquad 0{,}6 \leq q_A < 1{,}2$ m/h
$\eta \quad \geq 73\%$ im Mittel 80% $\qquad L \approx 40$ mg BSB_5/l

Weitgehende Oxidation der Kohlenstoffverbindungen

Hochbelasteter Tropfkörper
$700 \leq B_R \leq 1100$ g $BSB_5/(m^3 \cdot d)$ $\qquad 0{,}7 < q_A < 1{,}5$ m/h
$\eta \quad \geq 65\%$, im Mittel 75% $\qquad L \approx 50$ mg BSB_5/l

Da die schwachbelasteten 1 bis 4 m hohen Tropfkörper neben ihrer Hauptaufgabe, Abwasserschmutzstoffe abzubauen, auch noch den abgestorbenen biologischen Rasen zu mineralisieren haben, ist ihre Leitung beschränkt.

Beim höherbelasteten Tropfkörper sind demgegenüber die Bakterienhäute dünner (≈ 2 bis 3 mm) und werden laufend abgespült, bevor sie faulen. Dazu ist ein Spülstrom erforderlich, d. h., die Flächenbelastung des Körpers muß hoch sein. Sie kann auch wegen Fortfall des anaeroben bakteriellen Abbaus gegenüber dem schwachbelasteten Körper noch gesteigert werden.

Als obere Grenze für die Raumbelastung gilt nach [24] und nach [8a] für das Einhalten der Mindestanforderungen nach Abschn. 4.2.1.1

$$B_R = 400 \frac{g\ BSB_5}{m^3_{TK} \cdot d} \quad \text{für hochbelastete;} \qquad (295.1)$$

$$B_R = 200 \frac{g\ BSB_5}{m^3_{TK} \cdot d} \quad \text{für schwachbelastete Tropfkörper}$$

q_A soll bei wechselnden Zuflüssen möglichst gleich bleiben. Daher wird bei geringem Abwasseranfall (nachts) gereinigtes Wasser aus dem Nachklärbecken zurückgepumpt (Rücklauf). Die Raumbelastung kann vorübergehend bis auf das 1,5fache gesteigert werden.

Je größer die Verschmutzung des Abwassers, desto höher werden die Tropfkörper. Ferner ist für die Belüftung der Temperaturunterschied zwischen Abwasser und Außenluft von großer Bedeutung. Halverson gibt für $\Delta t = 4°$ C eine Luftstromgeschwindigkeit 18 m/h an. Bei normaler Flächenbelastung $q_A = 0,8$ m/h und $\Delta t = 4°$ C wird damit $\approx$ 20mal soviel Sauerstoff zur Verfügung gestellt, als das Abwasser zur Reinigung braucht. Der größte Teil des Sauerstoffs bleibt also ungenutzt. Die Luft strömt normalerweise von unten nach oben hindurch; ist jedoch die Außentemperatur höher als die des Abwassers, kann sich die Richtung ändern.

4.5.1.2 Bau und Betrieb der Tropfkörper

Der vom Abwasser berieselte Tropfkörper kann aus harter Koksschlacke, Klinkerbrokken, wetterfestem Gesteinsschotter oder Kunststoffelementen bestehen. Bewährt hat sich als mineralische Füllung Lavaschlacke (s. DIN 19557). Als Korngrößen werden 16/40 und 40/80 empfohlen. Eine massive Umschließung u. U. beim schwachbelasteten Tropfkörper nicht notwendig. Hochbelastete Tropfkörper sind zweckmäßig mit massiven Stein- oder Betonwänden zu umgeben, die vor dem Zutritt kalter Luft schützen und den Austritt von Fliegen verhindern. Zur guten Durchlüftung müssen in den senkrechten Wänden und in der Sohle Luftschlitze vorhanden sein. Ihr Querschnitt soll $\geqq 1\%$ der Tropfkörperoberfläche betragen. Zur gleichmäßigen Verteilung des Abwassers empfiehlt es sich, die Deckschicht des Tropfkörpers $\approx$ 25 cm dick aus feinerem Material

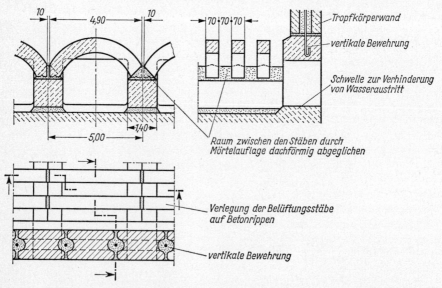

296.1 Tropfkörpersohle (Passavant)

($\approx$ 20 mm Korndurchmesser) herzustellen. Über der Sohle ist eine gröbere Stützschicht 80 bis 150 mm erforderlich, damit die Bodenlöcher für den Abzug des Wassers und den Zutritt der Luft frei bleiben (**296**.1). Das Abwasser wird durch Drehsprenger auf der Oberfläche verteilt, deren Drehbewegung durch den Rückstoß des austretenden Wasserstrahls entsteht. Sie haben 2 bis 8 Sprengerarme. Man kann auch mit einem Spülarm (großer Wasserstrom) und den anderen als Verteilerarmen (kleiner Wasserstrom) fahren. In dem Drehsprenger muß ein bestimmter Überdruck vorhanden sein, um den Rückstoß zu erzeugen. Seine Höhe ist von dem Durchmesser des Zulaufrohres abhängig, s. Tafel zu Bild **300**.1. Die Drehsprengerarme sind um eine Mittelsäule gruppiert, den Verteilerkörper. Er ist so ausgebildet, daß sich das Abwasser auf die einzelnen Rohre bei guter Umlenkung mit möglichst kleinem Druckverlust verteilt. Besonders wichtig ist die Abdichtung zwischen dem stehenden und dem beweglichen Teil.

Die Herstellerfirmen verwenden meist Edelstahlmembrane und eine elastische Gummidichtung. Der Anpreßdruck zwischen den Dichtflächen ist durch eine im Kopf des Verteilerkörpers angeordnete, zugängliche Hubschraube so einstellbar, daß eine vollständige Abdichtung erzielt wird. Das Gewicht der umlaufenden Teile wird am Drehsprengerkopf durch Wälzlager aufgenommen, die in einer fettgefüllten Kammer sitzen und durch eine Staufferbüchse mit Fett versorgt werden. Die Verteilerrohre sind durch Stahlseile mit Spannschlössern gegen die Drehsprengersäule und untereinander abgespannt. Die Austrittsöffnungen der Verteilerrohre sind auf diesen so verteilt, daß die auf 1 m^2 entfallende Rohwassermenge überall gleich groß ist. Diese Öffnungen sind Bohrlöcher mit $d \geqq$ 8 mm. Bei sehr geringen Flächenbelastungen $q_A \leqq$ 0,15 m/h erhalten die Austrittsöffnungen zusätzlich Verteilerschaufeln, die das Rohwasser fächerförmig auf die Tropfkörperoberfläche verteilen. Die Rohre haben am Ende eine Gummiringdichtung, die bei der Rohrreinigung leicht zu öffnen ist. Der Drehsprenger kann durch Wasserrücklauf vollständig entleert werden. Ähnlich wie ein Pumpen-Druckrohr hat auch der Drehsprenger eine Kennlinie, die, mit der Kennlinie der Beschickungspumpe zum Schnitt gebracht, den Betriebspunkt liefert. Die Pumpe fördert die entsprechende Wassermenge auf die dazugehörige Förderhöhe. Oft bevorzugt man jedoch die Beschickung durch ein Verteilerbauwerk. Das Zuführungsrohr führt man mit seinem letzten aufsteigenden Teilstück bei kleinen Tropfkörpern direkt durch das Tropfkörpermaterial, bei größeren erhält das Rohr einen Mittelschacht. Die DIN 19553 empfiehlt Maße für die Dimensionierung von Tropfkörpern, vergl. auch **300**.1. In Höhe der Drehsprengerarme erhält die Außenwand des Tropfkörpers eine Reinigungsöffnung. Die Rohre können durch Bürsten gereinigt werden. Bei großen Tropfkörpern treten am oberen Rand infolge der großen Temperaturdifferenzen zwischen warmem Abwasser und evtl. kalter Außenluft zusätzliche Biegemomente auf, die in Form verstärkter Bewehrung aufgenommen werden müssen, wenn keine vertikalen Risse entstehen sollen.

Es gibt auch überdachte Tropfkörper, die eine künstliche Luftzuführung erhalten müssen. Meist sind ihre Hauben aus Beton. Der Ruhrverband hat eine glasfaserverstärkte Kunststoffhaube aus Sektor-Elementen entwickelt, die einfach zu montieren und ebenso wie die Schaumstoffkuppel sehr viel leichter als eine massive Ausführung ist.

Der Abbauaufwand einer biologischen Kläranlage wird in kwh/kg $\eta \cdot BSB_5$ (Kilowattstundenbedarf je abgebautem kg BSB_5) ausgedrückt. Dieser Aufwand ist bei Tropfkörpern i. allg. geringer als bei Belebungsanlagen, jedoch ist bei den letzteren die Raumbelastung B_R oft wesentlich größer. Die Begrenzung von B_R nach oben wird einmal durch die bei zu großen Werten geringe Abbauleistung und andererseits durch die Verstopfungsgefahr gegeben. Man hat deshalb verschiedenes Füllmaterial erprobt, um hier Verbesserungen zu erzielen. Auf Kunststofftropfkörper (Abschn. 4.5.1.5) und Tauchtropfkörper (Abschn. 4.7.7) wird an dieser Stelle besonders hingewiesen. Man kann auch durch Versuche im großtechnischen Maßstab das optimale Füllmaterial ermitteln.

Für die Beschickung der Tropfkörper gibt es mehrere Lösungen (**298**.1 bis **298**.3). Beim schwachbelasteten wendet man auch Beschickungsbehälter an, wenn eine genügende Höhendifferenz vorhanden ist. Meist werden jedoch Pumpen eingesetzt, die bei einem Tropfkörper direkt oder bei mehreren über einen Verteilerturm oder einen Druckkessel fördern.

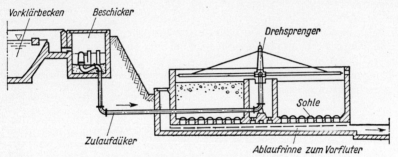

298.1   Schwachbelasteter Tropfkörper mit Beschickungsbehälter

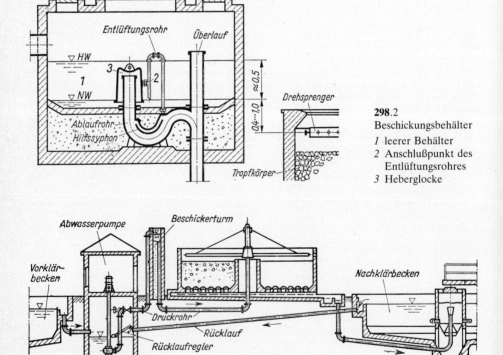

298.2
Beschickungsbehälter
1 leerer Behälter
2 Anschlußpunkt des
    Entlüftungsrohres
3 Heberglocke

298.3   Hochbelasteter Tropfkörper mit Beschickerturm

Schwachbelastete Tropfkörper beschickt man intermittierend, d. h. zeitweilig aussetzend. Ein Nachklärbecken ist nicht unbedingt erforderlich. Hochbelastete Tropfkörper werden dagegen ununterbrochen beschickt. Die abgespülten Schlammteile sind noch organisch faulfähig und müssen in einem Nachklärbecken zurückgehalten werden.

Aus dem Beschickungsbehälter (**298**.2) wird mit dem zeitlichen Abstand einer Füllzeit immer nur die Wassermenge seines Volumens auf den Tropfkörper geschickt. Das vorgeklärte Abwasser fließt in den leeren Behälter (*1*), und der Wasserspiegel steigt. Vom Anschlußpunkt des Entlüftungsrohres (*2*) an der Heberglocke (*3*) ab kann die Luft nicht mehr entweichen. Das Abwasser steigt jedoch weiter und drückt die restliche Luft in der Glocke zusammen, bis es den Rand des Ablaufrohres erreicht hat. Inzwischen hat die zusammengedrückte Luft sich durch den Hilfssyphon schon bis zu seinem Tiefpunkt einen Ausweg gesucht. Plötzlich wandert sie durch seinen rechten aufsteigenden Ast nach oben und reißt jetzt durch Unterdruck das Abwasser nach, das so lange abfließt, bis Luft unter dem Rand der Heberglocke hindurch eintritt und den Abfluß unterbindet. Die Kammer ist dann leer; die Füllung beginnt von neuem. Bei der Beschickung mittels Verteilerturm (**298**.3) fördert eine Pumpe das Abwasser in diesen. Vom Turm aus läuft das Abwasser im freien Gefälle den Tropfkörpern zu. Jeder Tropfkörper erhält eine gleich große Wassermenge, wenn die Zulaufleitungen zwischen Turm und Tropfkörper den gleichen Druckverlust haben. Das bedeutet auch gleiche Anschlußlängen. Es ergibt sich folglich immer eine Symmetrie in der Anordnung der Tropfkörper um den Beschickerturm. (**235**.1). Daraus folgen wieder bestimmte Tropfkörperzahlen bei der Anordnung vieler Tropfkörper, z. B. bei einem Turm 2, 3, 4, höchstens 5, bei zwei oder mehr Türmen immer ein Vielfaches dieser Zahlen, also z. B. 6, 8, 9, 10, 12.

4.5.1.3 Berechnungsbeispiel

Das Beispiel von S. 283 wird hier fortgesetzt. 120 000 EGW $Q_d = 180$ l/(E · d) die Abwasseranalyse ergab $BSB_5 = 340$ mg/l, Trennsystem. Es sollen normalbelastete Tropfkörper für Vollreinigung gebaut werden.

Der BSB_5 nach der mechanischen Vorklärung beträgt nur noch $L_{0m} \approx \frac{2}{3} 340 = 227 \frac{mg}{l}$ (**212**.1).

$$B_R = 400 \frac{g\ BSB_5}{m^3_{TK} \cdot d} \qquad Q_d = \frac{180 \cdot 120\,000}{1000} = 21\,600\ m^3/d$$

$$Q_{18} = \frac{21\,600}{18} = 1200\ m^3/h \qquad Q_{37} = \frac{21\,600}{37} = 584\ m^3/h$$

$$V = \frac{227 \cdot 21\,600}{400} = 12\,258\ m^3_{TK} \text{ nach Gl. (294.1)}$$

Gewählt

$$q_A = 0,6\ m/h, \quad \text{damit} \quad O_{TK} = \frac{Q_{18}}{q_A} = \frac{1200}{0,6} = 2000\ m^2 \quad \text{nach Gl. (294.2)}$$

$$H = \frac{V}{O_{TK}} = \frac{12\,258}{2000} = 6,13\ m \quad \text{oder} \quad H = \frac{18 \cdot 0,6 \cdot 227}{400} = 6,13\ m \quad \text{nach Gl. (294.3)}$$

Gewählt werden $H = 6,10$ m und 4 Tropfkörper mit Innendurchmesser $d_i = 26,0$ m mit $O_{TK1} = 530$ m^2 (nach Bild **300**.1)

$$\text{vorh } O_{TK} = 4 \cdot 530 = 2120\ m^2 \qquad \text{vorh } q_A = \frac{Q_{18}}{\text{vorh } O_{TK}} = \frac{1200}{2120} = 0,57\ m/h$$

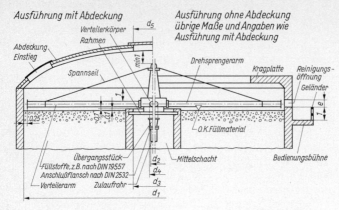

Ausführung mit Abdeckung

Ausführung ohne Abdeckung
übrige Maße und Angaben wie
Ausführung mit Abdeckung

300.1
Hauptmaße eines Tropf-
körpers mit Drehsprenger
nach DIN 19553

Rückpumpmenge nachts $= Q_{18} - Q_{37} = 1200 - 584 = 616$ m³/h

Q_{37} + Rückpumpmenge $= 584 + 616 = 1\ Q_{37} + 1,05\ Q_{37}$

Man sagt: Das Rücklaufverhältnis beträgt 105%. Wenn vor den Tropfkörpern das Abwasser gehoben werden muß (Normalfall), berechnet man trotzdem $O_{TK} = \dfrac{Q_{18}}{q_A}$

Durchmesser d_1 m	4,0 und um je 1,0 steigend					
Drehsprenger Anschlußweite d_2 mm	DN 80, 100, 125, 150, 200	DN 250, 300, 350	DN 400, 500, 600	DN 700, 800, 900	DN 1000, 1100	DN 1200
Mittelschacht Durchmesser d_3 m	1,5	2,0	2,5	3,0	3,5	4,0
Reinigungsöffnung e m	0,5	0,5	0,5	0,6	0,8	1,0

Die Zuordnung der Maße d_2, d_3 und e stellt einen Vorschlag der DIN 19553 dar.

4.5.1.4 Weitere Überlegungen zur Bemessung und Ausbildung von Tropfkörpern

Die in den Abschnitten 4.5.1.1 und 4.5.1.3 angegebenen Werte zur Bemessung von Tropfkörpern mit der Einteilung nach der Raumbelastung, haben zur überschläglichen Ermittlung des Körpervolumens ihre Bedeutung. Man ist in den letzten Jahren jedoch dazu übergegangen, statt der Belastung immer mehr den Reinigungsgrad als Kriterien der Bemessung anzusehen. In der Praxis betreibt man sowohl Tropfkörper mit einer Raumbelastung $B_R \geqq 4000$ g $BSB_5/(m^3_{TK} \cdot d)$ als auch solche mit $B_R = 100$ g $BSB_5/(m^3_{TK} \cdot d)$. Die in Abschn. 4.7.3 genannten Schreiber-Klärwerke haben ein $B_R = 350$ bis 450 g $BSB_5/(m^3_{TK} \cdot d)$ und dabei eine gute Abbauleistung. Es handelt sich hierbei um Werte, welche die danach berechneten Anlagen nicht in das lange Zeit übliche Schema „Hoch- und Schwachbelastet" einfügen lassen. Als Anforderung für die Reinigungsleistung einer vollbiologischen Anlage gilt ein BSB_5 im Ablauf 20 bis 45 mg/l je nach Kläranlagengröße; oder als untere Grenze ein BSB_5-Abbau von 80%. Außer der BSB_5-Raumbelastung setzen die Flächenbelastung $q_A = Q/O_{TK}$ (zu hoher Durchsatz $\triangleq$ zu kurze Kontaktzeit; zu geringer Durchsatz $\triangleq$ Verstopfung), die Abwassertemperatur oder starke Verschmutzungen das Maß für den Abbau. Man versucht, alle diese Einflüsse zur Bemessung mit heranzuziehen.

Nach Rumpf läßt sich die Abbauleistung η in % durch die folgende Formel ausdrücken (**301**.1)

$$\eta = 93 - 0,017\, B_R \qquad (301.1)$$

für $100 < B_R < 1200$ g $BSB_5/(m^3{}_{TK} \cdot d)$

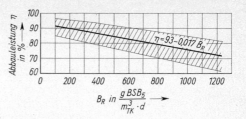

$$B_R \ in \ \frac{g\,BSB_5}{m^3_{TK} \cdot d} \longrightarrow$$

301.1 Abbaukurve für Tropfkörper nach Rumpf

Der Kaliumpermanganatverbrauch ($KMnO_4$-Verbrauch) nimmt i. allg. mit dem BSB_5-Abbau ebenfalls ab. Sein Abbau liegt zwischen 60 bis 80%, die Keimzahlen verringern sich um 70 bis 95%. Der $KMnO_4$-Verbrauch im Auslauf der Kläranlage bleibt bei vollbiologischer Reinigung fast immer unter 100 mg/l.

Während die Bakterien zunächst die organischen Kohlenstoff- und Stickstoffverbindungen angreifen und in Kohlendioxyd (CO_2) und Ammoniak (NH_3) umwandeln, folgt in einer zweiten Phase die Nitrifizierung, die Oxydation der Nitrite in Nitrate, welche dann im Tropfkörper-Ablauf verbleiben. In hoch belasteten Anlagen findet die Nitrifizierung nur in geringem Umfange statt. Sie wird durch niedrige Abwassertemperaturen ungünstig beeinflußt. Durch Rückpumpen kann man die Nitratmengen im Zulauf erhöhen. Sie dienen beim Abbau der Kohlenstoffverbindungen als Sauerstoffspender, während Stickstoff frei wird.

Man hat festgestellt, daß bei einer Raumbelastung von 600 bis 750 g $BSB_5/(m^3{}_{TK} \cdot d)$ der für die Vorflut meist unangenehme Nitratanfall (Förderung des Pflanzenwachstums) gering bleibt, aber die Mindestanforderungen für den BSB_5 und den $KMnO_4$-Verbrauch im Ablauf der Kläranlage werden nicht mehr erfüllt. Belastet man die Tropfkörper höher als mit 400 g $BSB_5/(m^3{}_{TK} \cdot d)$, kommt man in den Bereich der biologischen Teilreinigung.

Die Flächenbelastung q_A [m/h] hat sowohl ihre Bedeutung für das Freispülen des Tropfkörpers von mineralisiertem biologischen Rasen als auch für die Länge der Kontaktzeit zwischen Abwasser und den Bakterien. Es gilt

$$\frac{t}{H} = \frac{k}{q_A^{\delta}} \qquad (301.1)$$

t = Kontaktzeit in h
H = Höhe der Tropfkörperfüllung in m
k = konstanter Beiwert

q_A = Flächenbelastung = $\dfrac{Q}{O_{TK}}$ in m/h

δ = Exponent in der Größe 0,408 bis 0,82 (empirisch ermittelt)

Daraus ergibt sich für z.B. $\delta = \dfrac{2}{3}$:

1. Die doppelte Wassermenge Q, z.B. $q_A = 1,6$ statt 0,8 m/h bedeutet eine Verringerung von t um 37%.

2. Behält man t bei und verdoppelt die Wassermenge Q, dann verdoppelt sich entweder O_{TK}, oder die Tropfkörperhöhe H nimmt um 60% zu.

3. Bei gleichem V, aber doppelter Höhe H ist bei gleichem Q die Kontaktzeit t um 25% verlängert.

Bei höherer Kontaktzeit t verbessert sich auch die Reinigungsleistung.

Wesentlichen Einfluß auf den Betrieb eines Tropfkörpers hat das Rückpumpen. Es bietet folgende verfahrenstechnische Vorteile: Verdünnung des Zulaufs bei normalem Zufluß, Abschwächung von besonderen Belastungsstößen in der Abwasserverschmutzung, Erhalten der gewünschten Flächenbelastung q_A bei geringerem Zufluß (z.B. nachts), Sauerstoffanreicherung des Abwassers durch die Nitrate des Ablaufs.

Hingenommen werden müssen dafür evtl. Vergrößerung von Vor- und Nachklärbecken, der Pumpenleistung und der Verteilereinrichtungen sowie der höhere Energieaufwand, verkürzte Kontaktzeit des normalen Durchlaufs und Temperaturverminderung der Zulaufwassermenge durch die schon kühlere Rücklaufwassermenge (bei niedrigen Temperaturen besonders unangenehm).

Es überwiegen jedoch die Vorteile, dies um so stärker, je verschmutzter das Abwasser ist.

Da bei Temperaturen von $\leq 10°\text{C}$ die im Tropfkörper vorhandenen höheren Organismen (höher stehend als Bakterien), welche für die Auflockerung des biologischen Rasens maßgebend sind, ihre Tätigkeit einstellen, verschlechtert sich die Abbauleistung. Aber auch die bei 0 bis 35°C lebensfähigen Bakterien verringern ihre biologische Arbeit. Die Wärme im Tropfkörper wird zuerst von der Abwassertemperatur und dann erst von der Temperatur der Außenluft bestimmt. Z.B. beträgt die Abbauleistung bei 10°C Abwassertemperatur nur 62% der Leistung bei 20°C. In den USA wird die in den Richtlinien geforderte Reinigungsleistung der Tropfkörper von der geographischen Breite ihrer Lage abhängig gemacht.

Die Kurventafel (302.1) berücksichtigt in einfach zu handhabender Form die verschiedenen Einflüsse für die Tropfkörperbemessung. Wenn für die Ermittlung der Raumbelastung B_R die BSB_5-Werte des Abwasserzuflusses nicht aus genauen Untersuchungen bekannt sind, kann dem 18-h-Mittel der Abwassermenge (Tagesmittel) ein 15-h-Mittel des BSB_5-Wertes zugeordnet werden. Die Kurventafel berücksichtigt bereits eine erhöhte Abwasserkonzentration am Tage gegenüber dem 24-h-Mittel. Das Verhältnis 1,2:1 liegt zugrunde. Die Kurventafel (302.1) gilt für Tropfkörper mit Lavaschlacke. Bei anderem Füllmaterial ist eine Korrektur vorzunehmen.

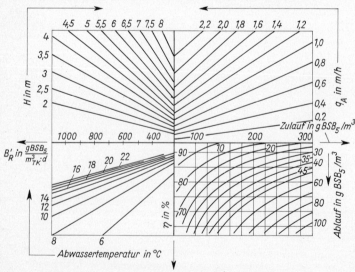

302.1
Bemessungstafel für Tropfkörper mit Lavaschlackenfüllung

Beispiel: Einer Tropfkörperanlage wird $Q_{18} = 70$ l/s mit 240 g BSB_5/m^3 zugeleitet. Nach Vorklärung verbleibt ein Wert von 160 g BSB_5/m^3. Dieser enthält den Konzentrationsfaktor von 1,2. Die Temperatur beträgt $T \geqq 16°$ C. Der Ablauf soll eine Konzentration von 25 g BSB_5/m^3 erreichen. q_A soll normal 1,0 m/h betragen, jedoch nötigenfalls auf 1,5 m/h gesteigert werden können.

Benutzung der Kurventafel: Man geht vom Zulauf-$BSB_5 = 160$ g BSB_5/m^3 nach unten auf die Kurve 25 g BSB_5/m^3, dann nach links, schneidet die Ordinate bei $\eta = 84\%$ (Abbauleistung) und trifft auf die Temperaturlinie $T = 16°$ C. Von dort zeichnet man einen Strahl nach oben, der die Abszisse bei der fiktiven Raumbelastung $B'_R = 570 \dfrac{\text{g } BSB_5}{m^3_{TK} \cdot d}$ schneidet.

Im 1. Quadranten geht man ebenfalls vom Zulauf-$BSB_5 = 160$ g BSB_5/m^3 aus, jedoch jetzt nach oben. Man trifft auf die Gerade $q_A = 1,0$ und zeichnet einen Strahl nach links. Der Strahl aus dem 3. und der aus dem 1. Quadranten treffen sich im 2. auf der Geraden für die Tropfkörperhöhe $H = 4,0$ m.

Es ergeben sich durch Rechnung

$$\text{bei } Q_{18}: \quad B_R = \frac{q_A \cdot 18 \cdot L_o}{H \cdot 1,2} \; \frac{\text{g } BSB_5}{m^3_{TK} \cdot d} = \frac{\dfrac{m^3}{m^2_{TK} \cdot h} \cdot \dfrac{h}{d} \cdot \dfrac{\text{g } BSB_5}{m^3}}{m_{TK}} \qquad \text{s. Gl. (294.3)}$$

$$B_R = \frac{1,0 \cdot 18 \cdot 160}{4,0 \cdot 1,2} = 600 \; \frac{\text{g } BSB_5}{m^3_{TK} \cdot d} \qquad V = \frac{L_o \cdot Q_d}{B_R} = \frac{\dfrac{\text{g } BSB_5}{m^3} \cdot \dfrac{m^3}{d}}{\dfrac{\text{g } BSB_5}{m^3_{TK} \cdot d}} \qquad \text{s. Gl. (294.1)}$$

$$Q_d = \frac{70 \cdot 3600 \cdot 18}{1000} = 4530 \text{ m}^3/\text{d}$$

BSB_5 im 24-h-Mittel vor dem Tropfkörper $= \dfrac{160}{1,2} = 133 \; \dfrac{\text{g } BSB_5}{m^3}$; 1,2 $\triangleq$ Konzentrationsfaktor

$$V = \frac{133 \cdot 4530}{600} \approx 1000 \text{ m}^3$$

bei $q_A = 1,5$ m/h und Q_{18}: $\quad BSB_5 = \dfrac{Q_{18} \cdot BSB_5 \text{ (Zulauf)} + Q_{18/2} \cdot BSB_5 \text{ (Rücklauf)}}{Q_{18} + Q_{18/2}}$

$$\frac{\text{mg } BSB_5}{1} = \frac{\text{l/s} \cdot \dfrac{\text{mg } BSB_5}{1} + \text{l/s} \cdot \dfrac{\text{mg } BSB_5}{1}}{\text{l/s}} \qquad BSB_5 = \frac{70 \cdot 160 + 35 \cdot 25}{105} = 114,5 \; \frac{\text{g } BSB_5}{m^3}$$

In der Kurventafel (**302**.1) von 114,5 g BSB_5/m^3 = Zulauf-BSB_5 ausgehend, erhält man links umlaufend einen Ablauf-BSB_5 von 20 $\dfrac{\text{g } BSB_5}{m^3}$.

Das Diagramm ermöglicht eine verhältnismäßig schnelle vergleichende Überprüfung von Tropfkörperleistungen bei verschiedenen Betriebsverhältnissen. Es liefert bei gering verschmutztem Abwasser brauchbare Werte, sonst sollte der Ablauf-BSB_5 nach Bild **301**.1 korrigiert werden.

4.5.1.5 Kunststofftropfkörper

Man versteht darunter Tropfkörper mit synthetischem Füllmaterial.

In den USA und Großbritannien haben sich Kunststoffplatten durchgesetzt. Sie bestehen aus Polystyrol, Polyurethan, PVC, Polyäthylen, Cloisonyle o.a., haben ein Hohlraumvolumen von 94 bis 97% und wiegen im Einbauzustand 40 bis 75 kg/m³. Die wirksame Oberfläche ist bis dreifach größer als bei Lavabrocken $\varnothing$ 40 bis 80 mm. Die Durchlaufzeit ist geringer. Auf der IFAT (Internationale Fachmesse für Abwassertechnik) in München 1966 hat eine englische Firma erstmals Füllmaterial aus PVC mit $\gamma = 32$ kg/m³ (Lavaschlacke wiegt 960 bis 1440 kg/m³) unter dem

Namen „Flocor" angeboten. In Deutschland hat man bei gewerblichem Abwasser mit Kunststoff Versuche gemacht und bei $B_R = 4000$ g $BSB_5/(m^3 \cdot d)$ noch eine Teilreinigung erzielt. Während bei brockengefüllten Tropfkörpern ein Aufwand von

$$0{,}20 \text{ bis } 0{,}50 \text{ kWh/kg } BSB_5$$

erforderlich ist, kam man bei kunststoffgefüllten Körpern mit 0,08 bis 0,15 kWh/kg BSB_5 aus. Bei der Hydropak-Füllung mit einer spez. Oberfläche von 200 m^2/m^3 (Lava 70 m^2/m^3) kann man mit $B_R = 3{,}0$ bis 15 kg $BSB_5/(m^3 \cdot d)$ und $B_A = 15$ bis 75 g $BSB_5/(m^2 \cdot d)$ rechnen. Bei der Verwendung von PVC-Material ergeben sich auch konstruktive Vorteile (leichte Tropfkörperwand, hohe Tropfkörper möglich).

Tafel **304**.1   Vergleich verschiedener Tropfkörperfüllstoffe nach [8a]

Füllstoff Bezeichnung	Material	Dichte in kg/m³	Volumenbezogene Oberfläche in m²/m³$_{TK}$	Hohlraumanteil in Vol.-%
Surfpac (DOW)	Polystyren	64	82	94
Flocor (ICI)	PVC	37	85	98
Mini-Flocor	PVC	45	180	98
Cloisonyl	PVC	80	220	94
Bioprofil (VKW) 32 mm Abstand	PVC	40	160	98
Bioprofil 42 mm Abstand	PVC	32	120	99
Hydropak (Uhde)	PVC	—	200	96
Lavaschlacke 5 cm Durchmesser		1350	105	50

Synthetische Füllkörper haben den Vorteil der vergrößerten Oberfläche und erfüllen gleichzeitig die prozeßbedingten Forderungen. Dabei ist die für die substratführende Abwassermenge tatsächlich erreichbare Netto-Fläche A_n um den Ausnutzungsfaktor a kleiner als die installierte Oberfläche A_o

$$A_n = a \cdot A_o$$

a ist für jedes Füllmaterial empirisch zu ermitteln. Die Tafel **304**.2 enthält die benetzbaren Flächenanteile und a für verschiedene Füllkörperformen. Vernachlässigt wurden der Bewuchs, die Flächenberührungen, hydromechanische Faktoren und Profilierungen der Einzelkörper.

Tafel **304**.2   Benutzbare Flächenanteile und q für verschiedene Füllkörperformen

Körperform	Ausführung	%-uale Benetzung der Flächenteile		Ausnutzungsfaktor a
Kugel	Massivkörper	obere Kugelhälfte	100%	
		untere Kugelhälfte	40%	0,7
Zylinder	Hohlkörper (liegend)	obere Hälfte außen	100%	
		untere Hälfte außen	40%	
		Innenfläche	0%	0,35
	(stehend)	Außenfläche	30%	
		Innenfläche	30%	0,3
	(geneigt)	Außenfläche	60%	
		Innenfläche	20%	0,4
Platte	dünnwandig (vertikal)	Vorderseite	30%	
		Rückseite	30%	0,3

Z. B.: Berechnung von a für Hohlkörper, liegend:

$$a = \frac{100 \cdot 0,25 + 40 \cdot 0,25 + 0 \cdot 0,5}{100} = 0,35$$

Der Ausnutzungsfaktor sagt nichts über den flächigen Bewuchs aus, der sich durch kapillare Ausbreitung des Abwassers und das feuchte Milieu in weiteren Bereichen bildet. Die Begrenzung ergibt sich durch die Kontaktmöglichkeit der Abwassermenge mit den Organismen. Die Flüssigkeit nimmt den widerstandsärmsten Weg durch den Füllstoff. Profilierungen und Ablagerungen führen zu Richtungswechseln, ohne eine ideale Verteilung bewirken zu können. Die Flächenausnutzung kann durch die hydraulische Beaufschlagung q_A in $m^3/(m^2 \cdot h)$ geändert werden. Der Ausnutzungsfaktor a steigt mit höherer Oberflächenbeschickung q_A. Die für die Reinigung möglichst optimal geformten Füllelemente mit großer spezifischer Oberfläche erfordern ein $q_A = 0,8$ bis $1,2$ $m^3/(m^2 \cdot h)$, über $\geqq$ 20 h/d. Wenn dazu Abwasser zurückgeführt werden muß, so kann dies direkt vom Tropfkörperauslauf abgenommen werden.

Wenn für ein Füllmaterial die Größe der spezifischen Oberfläche durch a abgemindert wird, erweist sich auch die Flächenbelastung $B_A = B_R/A_n$ in g $BSB_5/(m^2 \cdot d)$ als geeignete Größe zur Ermittlung des Tropfkörpervolumens, z. B.:

$$B_R = 0,5 \text{ kg } BSB_5/(m^3_{TK} \cdot d); \quad A_o = 250 \text{ m}^2/m^3_{TK}; \quad a = 0,4$$
$$A_n = 0,4 \cdot 250 = 100 \text{ m}^2/m^3_{TK}$$
$$B_A = {,}500/100 = 5 \text{ g } BSB_5/(m^2 \cdot d)$$

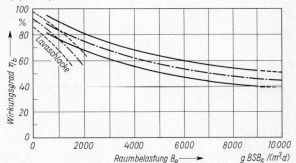

305.1
Leistungsdiagramm für
Tropfkörper mit Kunststoff-
Füllung nach Seyfried

Die nachfolgende Gegenüberstellung der Raumanteile eines mineralischen mit einem synthetischen Tropfkörper beruht auf Durchschnittswerten (Tafel **305**.2).

Tafel **305**.2

	TK mit mineralischer Füllung		TK mit synthetischer Füllung	
Füllvolumen	500 m³	100 %	500 m³	100%
Füllstoff-Volumenanteil	250 m³	50 %	25 m³	5%
biologischer Rasen, 0,5 mm dick	22,5 m³	4,5%	50 m³	10%
Ü-Schlamm	15 m³	3 %	40 m³	8%
Schlammalter	5 d		15 d	
Abwasserinhalt	40 m³	8%	20 m³	4%
bei q_A	0,8		1,2	
Kontaktzeit, Durchtropfzeit	15 min		5 min	
Stoffmenge	327,5 m³	65,5%	135 m³	27%
Freiraum	172,4 m³	34,5%	365 m³	73%

In England und Amerika wurden kunststoffgefüllte Tropfkörper mit Raumbelastungen bis etwa 9 kg $BSB_5/(m_{TK}^3 \cdot d)$ für die Teilreinigung hochkonzentrierter gewerblicher Abwässer mit Erfolg eingesetzt. Aufgrund hoher Anschaffungskosten für Kunststoff-Füllungen liegen in Deutschland wenige Erfahrungen über den Betrieb mit Kunststoff-Tropfkörperanlagen vor.

Untersuchungen des Ruhrverbandes haben gezeigt, daß die Abbauleistung mit Zunahme der nutzbaren Oberfläche des Füllmaterials gesteigert werden kann. Der Wirkungsgrad nimmt ebenfalls mit steigender BSB_5-Belastung bis zu einer Grenze zu.

Mit dem Anstieg der Belastung ist auch eine Zunahme der optimalen Abwasserbeschikkung verbunden. Als Ursache gelten die bei höheren Konzentrationen sich stärker ausbildenden Bewuchsflächen und die längere Durchdringung des Rasens. Es hat sich auch gezeigt, daß eine Änderung der Oberflächenbeschickung q_A bei konstanter BSB_5-Flächenbelastung B_A keinen wesentlichen Einfluß auf die Abbauleistung ausübt. Damit wäre der Leistungsgrad weitgehend unabhängig von der Konzentration des Abwassers.

Die glatte Oberfläche des Kunststoffmaterials wirkt sich auf den Schlammaustrag positiv aus. Die abgestorbenen Organismen werden schnell ausgetragen. Es kommt nicht zu Faulprozessen innerhalb des Tropfkörpers, und der belebte Schlamm kann sich laufend neu bilden. Hierdurch wird die Abbauleistung ebenfalls gefördert.

Tafel **306**.1 Bemessungswerte für Tropfkörper und Tauchtropfkörper zur Einhaltung der Mindestanforderungen nach [8a] (Übersicht für alle Tropfkörperarten)

Bemessungswert	brocken-gefüllter Tropf-körper	Kunststoff-Tropfkörper mit einer spezifischen Oberfläche A_n von			Tauchtropf-körper[1]
		$100\,m^2/m_{TK}^3$	$150\,m^2/m_{TK}^3$	$200\,m^2/m_{TK}^3$	
Raumbelastung B_R in kg/(m³d)	0,4	0,4	0,6	0,8	–
Flächenbelastung B_A in g/(m²d)	–	4	4	4	8
Oberflächenbeschickung q_A in m/h	0,5 bis 1,0	0,8 bis 1,0	1,0 bis 1,5	1,2 bis 1,8	–
Rücklaufverhältnis RV	1 + 1	1 + 1	1 + 1	1 + 1	1 + 0
Überschußschlammanfall $ÜS_R/B_R$ in kg/kg	0,8	0,8	0,8	0,8	0,8
bei weitgehender Nitrifikation					
Raumbelastung B_R in kg/(m³d)	0,2	0,2	0,3	0,4	–
Flächenbelastung B_A in g/(m²d)	–	2	2	2	4
Oberflächenbeschickung q_A in m/h	0,4 bis 0,8	0,6 bis 1,0	0,8 bis 1,2	1,0 bis 1,5	–
Rücklaufverhältnis RV	1 + 1	1 + 1	1 + 1	1 + 1	1 + 0
Überschußschlammanfall $ÜS_R/B_R$ in kg/kg	0,6	0,6	0,6	0,6	0,6

[1]) nach Abschn. 4.7.7

4.5.1.6 Tropfkörper bei zwei biologischen Reinigungsstufen

Unter einer zweistufigen biologischen Abwasserreinigung versteht man die Wiederholung der normalen biologischen Stufe, i. allg. mit dem Träger der Reinigung (Tropfkörper oder Belebungsbecken) und dem erforderlichen Absetzbecken. Man kann also kombinieren:

a) Tropfkörper 1 – Absetzbecken 1 – Tropfkörper 2 – Absetzbecken 2

b) Belebungsbecken 1 – Absetzbecken 1 – Belebungsbecken 2 – Absetzbecken 2

c) Belebungsbecken – Absetzbecken 1 – Tropfkörper – Absetzbecken 2

d) Tropfkörper – Absetzbecken 1 – Belebungsbecken – Absetzbecken 2

Bei der zweistufigen Tropfkörperanlage zu a) oder zu c) muß man meist vor die zweite Stufe wieder eine Abwasserhebung einschalten. Bei a) kann das Absetzbecken 1 auch entfallen. Hier sollen besonders bei der Verbindung zweier schwachbelasteter Tropfkörper die Tropfkörpergrößen so ausgeglichen sein, daß man die erste Stufe mit der zweiten auswechseln kann. Man spricht dann von Wechseltropfkörpern. Bei diesem Verfahren erhält der Tropfkörper 1 eine so hohe Raumbelastung B_R, daß er nach einer gewissen Zeit verschlammen würde. Schon vor diesem Zeitpunkt schaltet man jedoch um, so daß dann der Tropfkörper 2 die große Belastung bekommt und der Tropfkörper 1 das vorgereinigte Wasser mit einem niedrigen BSB_5-Wert. Er hat dann Zeit, neben der Abwasserreinigung auch noch den in ihm befindlichen Schlamm abzubauen.

Kehr und Möhle [30] berichten über Versuchsergebnisse mit Tropfkörpern in der zweiten Reinigungsstufe bei hochbelasteten Belebungsbecken in der ersten Stufe. Durch die erste Stufe ist es möglich, bei hohem B_R den größten Teil der organischen Verunreinigungen, insbesondere die leicht abbaubaren, zu entfernen. Tropfkörper besorgen dann in der zweiten Stufe die Nachreinigung. Man stellte fest, daß auch bei einem kleinen B_R = 110 bis 640 g $BSB_5/(m^3 \cdot d)$ und $q_A \geqq 0,8$ m/h die Tropfkörper einwandfrei arbeiten, ohne daß der biologische Rasen aus Nahrungsmangel teilweise abstarb. Man kann die Raumbelastung B_R aber auch erheblich steigern, ohne daß die Abbauleistung leidet. So wird von einem Tropfkörper der zweiten Stufe mit

$$B_R = 4300 \text{ g } BSB_5/(m^3 \cdot d) \quad \text{und} \quad q_A = 1,4 \text{ m/h}$$

berichtet, der funktionierte. Man kann daraus schließen, daß sich Tropfkörper in der zweiten Stufe anders verhalten als in der ersten, bei der erhöhte Verschlammungsgefahr durch nicht zurückgehaltene Schwebestoffe der Vorklärung besteht. Außerdem führen die leicht abbaubaren Schmutzstoffe des mechanisch gereinigten Abwassers zu einem vermehrten Schlammanfall in der oberen Tropfkörperzone. Beide Dinge entfallen für den Tropfkörper der zweiten Stufe. Ein BSB_5 im Ablauf von $\leqq 20$ g/m^3 läßt sich durch die zweite Stufe fast immer erreichen.

Mit kunststoffgefüllten Tropfkörpern ergeben sich Vorteile gegenüber anderen Verfahren, wenn eine Vorreinigung hochkonzentrierter Abwässer angestrebt wird. Die Tropfkörper (TK) bieten gleichzeitig einen Schutz gegen Überlastung der nachgeschalteten Reinigungsstufen. Die angestrebte Reinigungsleistung kann durch eine einstufige Tropfkörperanlage, ggf. mit Rückpumpen, oder mit mehreren hintereinandergeschalteten Stufen erreicht werden. Bei Abwasser mit hoher BSB_5-Konzentration kann die hydraulische Belastung des TK durch Rückführen von bereits gereinigtem Abwasser erhöht werden. Zur biologischen Vollreinigung kann ein Belebungsverfahren oder ein konventioneller Tropfkörper nachgeschaltet werden. Wird eine Belebungsanlage gewählt, so kann auf die Nachklärung des TK u. U. verzichtet werden. Durch die Kombination Kunststoff-TK als Hochlaststufe mit nachgeschalteter Schwachlast-Belebungsstufe ergibt sich eine kostengünstige Lösung zur Reinigung organisch hochkonzentrierter Abwässer, wobei die Vorteile beider Verfahren ausgeschöpft werden können. Durch Reihenschaltung unterschiedlicher Verfahren wird eine hohe Unempfindlichkeit gegen Belastungsschwankungen und bessere Absetzeigenschaften des Schlammes erreicht. Bei Abwässern, die zur Bildung von Blähschlamm neigen, empfiehlt sich ebenfalls eine Vorbehandlung durch Kunststoff-TK. Wenn die Investitionskosten für TK mit Kunststoffelementen auch noch hoch sind, so bedeuten die niedrigen Betriebskosten jedoch einen wirtschaftlichen Vorteil.

Eine andere Verfahrensvariante der 2stufigen biologischen Abwasserreinigung mit *TK* ist die Vorschaltung einer Höchstlaststufe als Adsorptions-Belebungsbecken. Es entsteht das System der Adsorptions-Tropfkörperanlage (**230**.1). Gegenüber dem konventionellen einstufigen *TK*-Verfahren wird der Raumbedarf geringer. Wegen der hohen hydraulischen Belastung des *TK* kann auf das Rückpumpen verzichtet werden. Dies hat Auswirkungen auf die Nachklärung, welche hydraulisch entlastet wird. Ein weiterer Vorteil dieser Lösung ist die Ausnutzung des Überschußschlammes der Adsorptionsstufe zur Denitrifikation in einem der Nachklärung vorgeschaltetem Mischbecken.

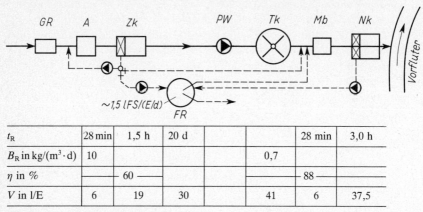

t_R	28 min	1,5 h	20 d			28 min	3,0 h
B_R in kg/(m³·d)	10				0,7		
η in %	— 60 —				— 88 —		
V in l/E	6	19	30		41	6	37,5

308.1 Adsorptions-Tropfkörperanlage

Q_d = 200 l/(E · d); q_t = 200/16 = 12,5 l/(E · h); B_B = 60 g BSB_5/(E · d) nach Böhnke

GR = grobmechanische Vorreinigung   PW = Pumpwerk
A = Adsorptionsstufe   Tk = Tropfkörper
Zk = Zwischenklärung   Mb = Mischbecken
FR = Faulbehälter   Nk = Nachklärung

4.5.2 Belebungsverfahren

Im Gegensatz zum Tropfkörper wird hier der Träger der biologischen Reinigung, der mit Bakterien und Protozoen belebte Schlamm, als Rücklaufschlamm vom Nachklärbecken in das Abwasser des Belebungsbecken hineingegeben. Außerdem wird Luft eingeblasen oder mechanisch eingetragen und damit Sauerstoff zugeführt. Es ist wichtig, alle Teile des Abwassers und den Sauerstoff an die einzelnen belebten Schlammflocken heranzubringen. Es hätte keine Sinn, den Schlamm allein besonders hoch zu konzentrieren, weil dann Teile der flockigen Bakterienkolonien keinen Sauerstoff erhalten würden. Die technische Aufgabe besteht darin, in den Belebungsbecken den Sauerstoff gut zu verteilen und die Flocken in der Schwebe zu halten. Die Bakterien würden absterben, wenn sich der Schlamm auf dem Boden des Beckens absetzt. Jedes Belüftungsverfahren erfordert einen besonders angepaßten Beckenquerschnitt, damit diese Bedingungen erfüllt werden. Es empfiehlt sich eine enge Zusammenarbeit mit den Herstellern der Belüftungssysteme.

Die organischen Stoffe des zugeführten Abwassers werden vom Belebtschlamm adsorbiert und oxydiert oder zu neuer Zellsubstanz aufgebaut. Ein Teil des belebten Schlammes verzehrt sich selbst. Der Sauerstoffbedarf richtet sich nach dem BSB_5-Abbau und der belüfteten Schlammenge. Wenn so viel Luft vorhanden ist, daß sich die Abbaufähigkeit des belebten Schlammes voll entfalten kann, dann ist der Sauerstoffverbrauch von der Schlammbelastung abhängig. Bei geringer Schlammbelastung überwiegt die Oxydation der Zellsubstanz. Es wird mehr Sauerstoff je kg BSB_5 benötigt als bei höherer Schlammbelastung. Je höher die Schlammbelastung, desto mehr neue Zellsubstanz wird erzeugt, so daß ein Teil davon als Überschußschlamm aus dem Schlammumlauf entfernt werden muß.

Während ungelöstes Material durch physikalische oder physikalisch-chemische Vorgänge in der Vorklärung aus dem Abwasser entfernt werden kann, läßt sich dies bei gelösten Substanzen nur durch Umwandlung in eine ungelöste Form mit nachfolgender Sedimentation erreichen. In dieses Verfahrensschema gehört auch das Belebtschlammverfahren mit den hintereinander geschalteten, durch den Organismenrücklauf verknüpften Verfahrensschritten:

Bioreaktor, in dem die gelöste, von Saprobien verwertbare organische Substanz in sedimentierbare Organismenmasse überführt wird, und Nachklärbecken, das dazu dient, die gebildete Bakterienmasse als Rücklauf- und Überschußschlamm aus dem Abwasser zu entnehmen, welches damit als biologisch gereinigt gilt (309.1).

Das Nachklärbecken dient zur Sammlung des Überschuß- als Endprodukt, sowie des Rücklaufschlammes als Zwischenprodukt. Beides ist notwendig, um den Durchfluß im Bioreaktor im richtigen Verhältnis zu den Belebtschlammorganismen halten zu können.

Die Festsetzung der gelösten organischen Substanz als Biomasse ist ein anabolischer Vorgang, der Energie erfordert, die von heterotrophen Organismen aus der Oxidation von Nährstoffen gewonnen wird. Diese werden dabei bis in ihre mineralischen Grundbausteine CO_2, H_2O usw. zerlegt. Man bezeichnet diesen Vorgang als Abbau.

Eine vollständige Umwandlung der gelösten organischen Substanz in absetzbare Biomasse (Aufbau) wäre ideal, ist aber nicht möglich. Ein gewisser Substratanteil wird zur Energieerzeugung verwendet, d.h. abgebaut, wobei gelöste Stoffwechselendprodukte entstehen und in das Abwasser gehen. Gelöste Substanz wird also teilweise in gelöste Substanz umgewandelt, ein Vorgang, welcher der Abwasserreinigung widerspricht, wenn die entstehenden Produkte den Kläranlagenablauf verschlechtern. Als Beispiel wäre das Ammonium zu nennen, das entsteht, wenn Eiweiß oder Aminosäuren abgebaut werden. Es trägt über die Nitrifikation zur Eutrophierung des Vorfluters bei.

Das Bestreben muß sein möglichst viel auf-, und möglichst wenig abzubauen. Dazu ist im Abwasser ein ausreichendes Angebot an Substanzen nötig, die die gespeicherte Energie leicht abgeben und dabei zu harmlosen Abbauprodukten wie CO_2 und H_2O zerfallen. Das Angebot an solchen Substanzen sollte so groß sein, daß die für den Aufbau geeigneten Nährstoffkomponenten vollständig diesem Zweck zugeführt werden können.

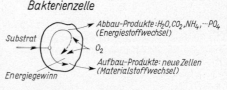

309.1 Prinzip des bakteriellen Stoffwechsels und der Verfahrensschritte in der biologischen Stufe einer Belebungsanlage nach [88]

Als Richtzahl für eine in diesem Sinne optimal zusammengesetzte Nährlösung gilt ein Kohlenstoff-Stickstoff-Verhältnis C:N von > 12 und ein Kohlenstoff-Phosphor-Verhältnis C:P von etwa 30 bis 50. Diese optimalen Verhältnisse liegen im Abwasser praktisch nie vor. Meist besteht ein Defizit an

Kohlenstoffverbindungen, so daß N- und P-haltige Verbindungen abgebaut werden müssen. Stickstoff und Phosphor erscheinen folglich in gelöster Form im Ablauf der Kläranlage.

Für die Berechnung einer Belebungsanlage ist der BSB_5-Abbau maßgebend. Man unterscheidet hinsichtlich der Belastung und der Abbauleistung verschiedene Leistungsgrade des Belebungsverfahrens:

Reinigungsgrad	Ablauf-BSB_5	Biochemische Abbauleistung
Vollreinigung	$\leqq$ 12 mg/l $\leqq$ 15 mg/l $\leqq$ 20 mg/l	Stabilisierung des Schlammes Oxydation der gelösten Stickstoffverbindungen Oxydation der Kohlenstoffverbindungen
Teilreinigung für Größenkl. 2 und 3	$\leqq$ 30 mg/l	Oxydation der Kohlenstoffverbindungen

Unter Belastung versteht man das Mengenverhältnis der Nährstoffe (Schmutzstoffe des Abwassers) zu den Bakterien des belebten Schlammes. Die im Abwasser enthaltenen Nährstoffe werden durch den biochemischen Sauerstoffbedarf B_R in g $BSB_5/(m^3_{Bb} \cdot d)$ erfaßt ($m^3_{Bb} \triangleq 1 m^3$ des Belebungsbeckens). B_R wird auch die **Raumbelastung** des Belebungsbeckens genannt. Die Bakterienmenge des belebten Schlammes im Belebungsbecken wird durch das **Trockengewicht des Schlammes** TS_R in g TS/m^3_{Bb} näherungsweise angegeben. Das Verhältnis beider Werte ergibt die **Schlammbelastung** B_{TS} in g $BSB_5/(g\ TS \cdot d)$.

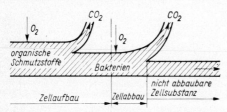

310.1 Schema der bakteriellen Zellenentwicklung beim Belebungsverfahren mit Substratmangel (aerobe Schlammineralisierung)

Zellaufbau:

Organische Schmutzstoffe + $O_2 \xrightarrow[\text{Bakterien}]{\text{durch}}$

Zellsubstanz + CO_2 + H_2O + Energie

Zellabbau:

Zellsubstanz + $O_2 \xrightarrow[\text{Bakterien}]{\text{durch}} CO_2 + H_2O$ + Energie

Die Schlammflocken im Becken bestehen aus einer schleimigen Masse, in welcher Bakterien und Protozoen (niedere Tierformen) leben. Diese nehmen bei ausreichendem Nährstoffangebot die organischen Stoffe des Abwassers auf und bilden durch Zellaufbau und Zellteilung neue Zellsubstanz. Diese ist mit den Flocken absetzbar. Sind nicht mehr genügend organische Stoffe zum weiteren Zellaufbau vorhanden, dann verzehren (oxydieren) die Bakterien ihre eigene, organische Zellsubstanz. Alle Prozesse sind nur möglich, wenn stets genügend Sauerstoff für die Zellatmung zur Verfügung steht. Grob vereinfacht kann das folgende Schema angegeben werden (**310**.1).

Kurzzeichen und Definition der Kennwerte des Belebungsverfahrens
vgl. DIN 4045 und Abschn. 4.7

A	kWh/d	Arbeitsaufwand je Tag
A_a	kWh/(EGW $\cdot a$)	Arbeitsaufwand je Einwohner bzw. Einwohnergleichwert und Jahr
A_B	kWh/kg BSB_5	Arbeitsaufwand, bezogen auf den zugeführten BSB_5
A'_B	kWh/kg BSB_5	Abbauaufwand, bezogen auf den abgebauten BSB_5

B_B	kg BSB_5/d	BSB_5-Anfall je Tag
B_A	kg TS/(m^2 · h) bzw.	Oberflächenbelastung des Nachklärbeckens bzw.
	kg BSB_5/(m$^2_{TK}$ · d) bzw.	BSB_5-Flächenbelastung von Scheibentropfkörpern
	kg BSB_5/(m^2 · d)	bzw. BSB_5-Flächenbelastung von Abwasserteichen
B_V	m^3/(m^2 · h)	Schlammvolumenbelastung des Nachklärbeckens
B_R	kg BSB_5/(m$^3_{Bb}$ · d)	BSB_5-Raumbelastung, bezogen auf den Inhalt des Belebungsbeckens
B_{TS}	kg BSB_5/(kg TS · d)	Schlammbelastung
C_x	mg O$_2$/l	Sauerstoffgehalt im Belebungsbecken
J_{SV}	ml/g TS oder l/kg TS	Schlammindex
m	–	Zuschlag für Regenwetterabfluß
P	W oder kW	Installierte Maschinenleistung
P_E	W/EGW oder kW/EGW	Spezifische installierte Maschinenleistung
P_R	W/m^3 oder kW/m^3	Installierte Maschinenleistung, bezogen auf den Inhalt des Belebungsbeckens
O_B	kg O$_2$/kg BSB_5	OC load im Tagesmittel = $\alpha OC/B_R$
O_N	kg O$_2$/kWh	Sauerstoffertrag = $\alpha OC/P_R$
OC	kg O$_2$/(m^3 · d)	Sauerstoffzufuhr im Reinwasser, bezogen auf den
	oder kg O$_2$/(m^3 · h)	O$_2$-Gehalt = 0
q_R	m^3/(m$^3_{Bb}$ · d)	Raumbeschickung des Belebungsbeckens
q_A	m^3/(m^2 · h) = m/h	Oberflächenbeschickung
q_d	l/(EGW · d)	spezifischer Schmutzwasseranfall
Q_d	m^3/d	Schmutzwassermenge pro Tag
Q_{12}	m^3/h	12-h-Mittel der SW-Menge
Q'_{12}	m^3/h	12-h-Mittel der SW-Menge mit Fremdwasser
Q_F	m^3/h	Fremdwassermenge
Q_R	m^3/h	maximale Regenwettermenge
$Q_{rü}$	m^3/h	Rücklaufschlammenge
$Q_ü$	m^3/h	Überschußschlammenge
SV	ml/l oder l/m^3	Schlammabsetzvolumen oder Schlammvolumen $SV = J_{SV} \cdot TS_R$
t_{Bb12}	h	Durchflußzeit im Belebungsbecken für das 12-h-Mittel
t_{Nk12}	h	Durchflußzeit im Nachklärbecken für das 12-h-Mittel
t_{NkR}	h	Durchflußzeit im Nachklärbecken für die max. Regenwettermenge
$ÜS_R$	kg TS/(m$^3_{Bb}$ · d)	Überschußschlammerzeugung im Belebungsbecken
TS_R	kg TS/m$^3_{Bb}$	Schlamm-Trockensubstanz, bezogen auf den Inhalt des Belebungsbeckens
$TS_{rü}$	kg TS/m^3	Schlamm-Trockensubstanz im Rücklaufschlamm
TS_e	g TS/m^3	Trockensubstanzgehalt im Ablauf der Kläranlage
$ü$	÷	Überschußschlammverhältnis z. B. $Q_ü/Q'_{12}$
V_{Bb}	m^3	Nutzinhalt des Belebungsbeckens
V_{Nk}	m^3	Nutzinhalt des Nachklärbeckens
y oder RV	÷ oder %	Schlamm-Rücklauf-Verhältnis z. B. $Q_{rü}/Q'_{12}$, allgemein $Q_{rü}/Q$
y' oder RV'	÷ oder %	Schlamm-Rücklauf-Verhältnis bei Regenwetterzufluß z. B. $Q_{rü}/(1 + m) Q'_{12}$
z	÷	Verhältnis der Schlamm-Trockensubstanz-Mengen je m^3 Wassermenge in Belebungsbecken zum Rücklaufschlamm = $TS_R/TS_{rü}$

Bei der Belebung mit Schlammmineralisation besteht ein akuter Nahrungsmangel, so daß die Bakterien sich selbst verzehren und organische Zellsubstanz oxydieren. Der Stickstoffgehalt des Ablaufs steigt im Gegensatz zu den anderen Verfahren. Die Schlammbelastung ist sehr gering. Demgegenüber besteht bei der normalbelasteten Belebung ein Gleichgewicht zwischen dem Nährstoffangebot und den abbauenden Kräften. Der Abbau verläuft schneller. Durch eine weitere Steigerung der Nahrungszufuhr, ein Überangebot, würde man zwar die Vermehrung der Bakterien weiter beschleunigen, diese würde aber nicht der Vermehrung der Nahrungszufuhr standhalten, und eine Teilreinigung der Schmutzstoffe wäre das Ergebnis. Es unterscheiden sich stark voneinander BSB_5-Belastung und BSB_5-Abbau. Die schwachbelastete Belebung kommt der Schlammmineralisation sehr nahe; im Ablauf sind bei beiden Verfahren Nitrate zu finden.

Es ist weiter nachgewiesen worden, daß die Abbauleistung einer Belebungsanlage von der Einwirkzeit t und der Menge der belebten Substanz g $TS/\text{m}^3_{\text{Bb}}$ abhängt. Das konstante Produkt aus beiden Werten g $TS/\text{m}^3_{\text{Bb}} \cdot t$ bedeutet auch etwa konstante Abbauleistungen. Die Einwirkzeit wird auch Belüftungszeit genannt. Wenn t geändert wird, ändert sich auch die BSB_5-Raumbelastung des Belebungsbeckens [g $BSB_5/(\text{m}^3_{\text{Bb}} \cdot \text{d})$]. Große Belüftungszeiten bedeuten große Aufenthaltszeiten des Abwassers im Belebungsbecken und damit große Beckenvolumen. Eine geringere Belüftungszeit könnte man durch eine größere Schlammkonzentration ausgleichen. Die Dichte des Belebtschlammes im Nachklärbecken soll jedoch nicht größer werden als beim Mohlmann-Index, das ist das Volumen in cm^3, das 1 g Trockensubstanz des Belebtschlammes nach einhalbstündiger Absetzzeit einnimmt, kurz Schlammindex genannt. Der Schlammindex schwankt stark. Ausgeflockter belebter Schlamm hat einen Index von 50 bis 100 $\text{cm}^3/\text{g } TS$. Der Feststoffgehalt $TS_{\text{rü}}$ wäre z.B. bei 50 $\text{cm}^3/\text{g } TS$

$$\frac{1}{50} = 0{,}02 \quad \text{oder} \quad \frac{100}{50} = 2\% \quad \text{oder} \quad 20 \text{ g } TS/\text{l} = 20\,000 \text{ g } TS/\text{m}^3$$

Durch Belastungsstöße oder Sauerstoffmangel steigt der Schlammindex schnell auf $\geqq 100$ $\text{cm}^3/\text{g } TS$ an. Steigt der Schlammindex auf $\gg 200 \text{ cm}^3/\text{g } TS$ an, dann spricht man von Blähschlamm. Dieser entsteht bei übermäßiger Entwicklung von fadenförmigen Bakterien und Pilzen („sperrigen Lebewesen"). Für die Ermittlung der Rücklaufschlammmenge empfiehlt es sich, die Werte

J_{SV} = 100 bis 150 $\text{cm}^3/\text{g } TS$ für Stabilisierung,
J_{SV} = 150 bis 200 $\text{cm}^3/\text{g } TS$ für Reinigung mit Nitrifikation,
J_{SV} = 150 bis 200 $\text{cm}^3/\text{g } TS$ für Vollreinigung

zugrunde zu legen. Bei nur häuslichem Abwasser verringern sich die Werte um 50 $\text{cm}^3/\text{g } TS$, in der Stabilisierung auf min J_{SV} = 75 $\text{cm}^3/\text{g } TS$. Der Feststoffgehalt des Rücklaufschlammes wird gegenüber der Laborformel $1000/J_{\text{SV}}$ in g TS/l unter Berücksichtigung des Absetzverhaltens manchmal mit $1200/J_{\text{SV}}$ in g TS/l oder kg TS/m^3 angenommen. Der belebte Schlamm wird aus dem Schlammtrichter des Nachbeckens in das Belebungsbecken zurückgeführt. Das Verhältnis von Rücklaufschlammmenge $Q_{\text{rü}}$ zu zufließender Abwassermenge Q nennt man Rücklaufverhältnis.

$$RV = Q_{\text{rü}}/Q \quad (= y \text{ in Abschn. } 4.7.8)$$

Man kann die vom Nachklärbecken abgeführte Menge an Trockensubstanz mit der zugeführten Menge vergleichen, wenn keine Vermehrung der Trockensubstanz im Nachklärbecken eintreten soll (**313**.1).

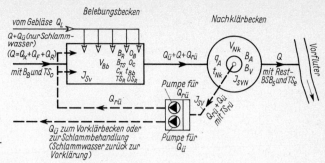

313.1
Kurzzeichen des Belebungsverfahrens

$$(Q_{rü} + Q_{ü}) \cdot TS_{rü} = (Q + Q_{rü} + Q_{ü}) \cdot TS_R$$

erweitert mit Q/Q:

$$\frac{Q_{rü} + Q_{ü}}{Q} \cdot Q \cdot TS_{rü} = \left(Q + \frac{Q_{rü}}{Q} \cdot Q + \frac{Q_{ü}}{Q} \cdot Q \right) TS_R$$

hieraus entfällt $Q_{ü}/Q =$ Überschußschlammenge/zufließende Wassermenge wegen geringer Größe. Mit $RV = Q_{rü}/Q$ ergibt sich

$$RV \cdot Q \cdot TS_{rü} = (1 + RV) \cdot Q \cdot TS_R$$

$$RV = \frac{TS_R}{TS_{rü} - TS_R} = \min RV \tag{313.1}$$

mit $TS_R =$ kg TS/m^3_{Bb} und $TS_{rü} =$ kg TS/m^3 Rücklaufschlamm

Das Rücklaufverhältnis ist jedoch außerdem vom Eindickungsgrad (Schlammindex) abhängig. Dieser hängt von der Durchflußzeit im Nachklärbecken ab [57].

Das Rücklaufverhältnis RV beträgt z. B. $TS_R = 5{,}0$ kg TS/m^3_{Bb} und $J_{SV} = 100$ cm³/g $TS = 71\%$; bei
$TS_R = 3{,}3$ kg TS/m^3_{Bb} und $J_{SV} = 150$ cm³/g $TS = 70\%$. Um auch bei zeitweiligen Belastungskonzen-
trationen mit hohem Schlammindex ($\geqq 200$ cm³/g TS) die notwendige Reserve zu haben, wählt man
oft das $RV = 100\%$ (vgl. Tafel **314**.1). Kleinere RV bei schwerem (z. B. minderalisiertem) Schlamm,
größere RV bei sehr leichtem Schlamm. Bei zuverlässigen TS-Werten kann man RV nach Gl.
(313.1) verwenden, jedoch als min RV.

Man strebt an, einen bestimmten Schlammgehalt im Belebungsbecken einzuhalten. Der
Zuwachs an belebtem Schlamm wird als Überschußschlamm beseitigt. Er wird meist
mit dem Frischschlamm der Vorklärung gemischt und vom Vorklärbecken zur Schlammbehandlung abgegeben.

Für die Ermittlung der Überschußschlammenge benutzt man die Überschußschlammproduktion in kg TS pro kg BSB_5 im Belebungsbecken $= ÜS_R/B_R$ (Bemessungswerte vgl.
Tafel Zeile 7).

Zugrunde liegt die Formel von Kayser für $ÜS_R$

$$ÜS_R = q_R \cdot [0{,}6 \cdot (BSB_5 + TS_0) - TS_e] - b \cdot TS_R \tag{313.2}$$

d. h. 1 kg BSB_5-Abbau liefert ≈ 1 kg TS Überschußschlamm/d
Bedeutung der Kurzzeichen vgl. Tafel **314**.1 Zeilen 13 bis 16; $b = 0{,}04$.

Tafel **314.1** Bemessungsgrößen für Kläranlagen des Belebungsverfahrens mit > 10000 *EGW*, vergl. Bild **315.1**
Ausgangswerte $q_d = 200$ l/(E · d), $BSB_5 = 60$ g/(E · d), $BSB_5 = 40$ g/(E · d) abgesetzt, Schlammstabilisierung ohne Vorklärung

lfd. Nr.	Bemessungsgrößen	Kurzzeichen	Einheiten oder abgeleitete Einheiten	Schlammstabilisierung	Vollreinigung mit		
					Nitrifikation	Rest-BSB_5 20 mg/l Mindestanf.	Rest-BSB_5 30 mg/l[4] Teilreinigung
1	BSB_5-Raumbelastung	B_R	kg BSB_5/(m³$_{Bb}$ · d)	0,20 bis 0,25	0,34 bis 0,5	0,75 bis 1,0	1,65 bis 2,0
2	Schlammbelastung	B_{TS}	kg BSB_5/(kg TS·d)	0,05	0,15	0,3	0,6
3	Schlamm-Trockengewicht	TS_R	kg TS/m³$_{Bb}$	4 bis 5	2,5 bis 3,3	2,5 bis 3,3	2,5 bis 3,3
4	Belüftungszeit bei Trockenwetter	$\min t\} = V_{Bb}/Q$	h	–	4,0	2,0	1,0
5	Belüftungszeit bei Regenwetter	$\min t\}$	h	–	2,0	1,0	0,5
6	Rücklaufverhältnis	$RV = y$	– oder %	100	100	100	100
7	Überschußschlammproduktion	$ÜS_R/B_R$	kg TS/kg BSB_5	1,0 bis 2,8	0,9	1,0	1,1
8	Überschußschlammproduktion	$ÜS_R/ÜS_R$	kg TS/(m³$_{Bb}$ · d)	0,20 bis 0,7	0,34 bis 0,45	0,75 bis 1,0	1,65 bis 2,2
9	Schlammalter	$TS_R/ÜS_R$	d	$\geqq 20$	9	4	2
10	Schlammindex Belebtschlamm[5]	J_{SV}	ml/g TS	100 bis 150	150 bis 200	150 bis 200	150 bis 200
11	Schlammvolumen des Belebtschlammes	SV	l/m³	500	500	500	500
12	Schlamm-Trockengewicht des Rücklaufschlammes, Mittelwerte	$TS_{rü}$	kg TS/m³	6 bis 12	6,6	6,6	6,6
13	Raumbeschickung des Belebungsbeckens	q_R	m³$_{Abwa}$/(m³$_{Bb}$ · d)	0,83	2,5	5,0	10,0
14	ungelöste Stoffe im Zulauf	TS_0	g TS/m³$_{Abwa}$	450[1][2]	150[2]	150[2]	150[2]
15	ungelöste Stoffe im Ablauf	TS_e	g TS/m³$_{Abwa}$	20[3]	20[3]	20[3]	20[3]
16	BSB_5 im Zulauf zur Kläranlage	BSB_5	g BSB_5/m³$_{Abwa}$	–	300	300	300
17	BSB_5 im Zulauf zum Belebungsbecken	BSB_5	g BSB_5/m³$_{Abwa}$	300[1]	200	200	200
18	BSB_5 im Ablauf des Nachklärbeckens	BSB_5	g BSB_5/m³$_{Abwa}$	12	15	30	30
19	BSB_5-Abbaugrad im Belebungsbecken	η	–	0,96	0,925	0,9	0,85
20	O$_2$-Verbrauch für Substratatmung	$0,5 \cdot \eta \cdot B_R$	kg O$_2$/(m³$_{Bb}$ · d)	0,1 bis 0,12	0,18 bis 0,23	0,34 bis 0,45	0,64 bis 0,85
21	O$_2$-Verbrauch für Grundatmung	$0,1 \cdot TS_R$	kg O$_2$/(m³$_{Bb}$ · d)	0,4 bis 0,5	0,25 bis 0,33	0,25 bis 0,33	0,25 bis 0,33
22	O$_2$-Verbrauch für N-Oxydation	$3,4 \cdot OV_N$	kg O$_2$/(m³$_{Bb}$ · d)	0,05	0,23	0,34	0,26
23	O$_2$-Verbrauch insg. (Zeile 20 + 21 + 22)	OV	kg O$_2$/(m³$_{Bb}$ · d)	0,55 bis 0,67	0,66 bis 0,79	0,93 bis 1,12	1,15 bis 1,44
24	O$_2$-Gehalt im Belebungsbecken	C_x	mg O$_2$/l	1,0	2,0	2,0	2,0
25	O$_2$-Sättigung im Belebungsbecken	C_s	mg O$_2$/l	9,0	9,0	9,0	9,0
26	Reziproker Wert des O$_2$-Sättigungsdefizits = Zeile 25/(Zeile 25 – Zeile 24)	$C_s/(C_s - C_x)$	–	1,13	1,28	1,28	1,28
27	O$_2$-Zufuhr im Betriebszustand	$\alpha \cdot OC$	kg O$_2$/(m³$_{Bb}$ · d)	0,5	1,01	1,43	1,84
28	O$_2$-Last im Betriebszustand	$O_B = \alpha OC/B_R$	kg O$_2$/kgBSB_5	2,0 bis 2,8	2,0 bis 2,8	1,43 bis 2,1	0,92 bis 1,6
29	O$_2$-Last für Bemessung	$O_B = \alpha OC/B_R$	kg O$_2$/kgBSB_5	2,5 bis 3,5	2,5 bis 3,5	2,0 bis 3,0	1,5 bis 2,5
30	Konzentrations- und Zeitfaktor = Zeile 29/Zeile 28	γ	–	1,25	1,25	1,4	1,6

[1] ohne Vorklärung   [2] unter Berücksichtigung des Rücklaufschlammes   [3] angenommener Wert
[4] als 24-h-Mischprobe nicht ausreichend für Kl-Anlagen der Größenklasse 2 u. 3 im Sinne d. Mindestanforderungen
[5] für Abwasser mit hohen organisch-gewerblichen Anteilen; bei nur häuslichem Abwasser verringern sich die Werte um etwa 50 ml/g TS, in der Stabilisierung auf min J_{SV} = 75 ml/g TS

Das Schlammalter ist das rechnerische Verhältnis der im Belebungsbecken vorhandenen Schlammtrockensubstanz TS_R in kg TS/m^3_{Bb} zur täglichen Überschußschlammerzeugung im Belebungsbecken $ÜS_R$ in kg TS/m^3_{Bb} · d. Es drückt aus, wie lange rechnerisch die Trockensubstanz im Kreislauf Belebungsbecken/Nachklärbecken/Belebungsbecken verbleiben kann, bevor sie als Überschußschlamm abgeführt wird.

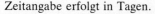

$$\frac{TS_R}{ÜS_R} = \frac{kg\,TS \cdot m^3_{Bb} \cdot d}{m^3_{Bb} \cdot kg\,TS} = d$$

Zeitangabe erfolgt in Tagen.

315.1 BSB_5-Abbau in Abhängigkeit von der Schlammbelastung und Zuordnung von Überschußschlammenge und Schlammalter nach Betriebsergebnissen

Zur Umformung der organischen Verunreinigungen des Abwassers in belebten Schlamm benötigen die Mikroorganismen Energie. Ein Teil der organischen Schmutzstoffe wird oxydiert und liefert diese für den Zellaufbau erforderliche Energie. Der hierfür notwendige Sauerstoffverbrauch wird als Substratatmung bezeichnet.

Außerdem wird ein Teil der gebildeten Bakterien-Substanz ständig oxydiert und damit aufgezehrt. Die hierfür notwendige Sauerstoffmenge wird endogene oder Grundatmung genannt (vgl. Abschn. 4.7).

Aus dem von Versuchen bekannten Sauerstoffeintragsvermögen der verschiedenen Belüftungssysteme unter Betriebsbedingungen und der rechnerisch erforderlichen Sauerstoffzufuhr erfolgt die Wahl des Belüftungssystems (s. Tafel **314**.1). Der Sauerstofflastwert $O_B = α \cdot OC/B_R$ in kg O_2/kg BSB_5 stellt eine Beziehung zwischen dem Sauerstoffeintrag und der Verschmutzung des Abwassers her. Man bezeichnet ihn auch mit OC/load. Darunter versteht man das Verhältnis des tatsächlich eingetragenen Sauerstoffs (Oxygenation Capacity) zur BSB_5-Belastung (load). Wegen der Grundatmung des Schlammes muß der O_2-Eintrag stets größer sein als der BSB. Die Sauerstoffeintragskapazität eines Belüftungsaggregates wird durch Versuche mit Reinwasser oder Abwasser bei bestimmten physikalischen Bedingungen ermittelt. Die auf das 18-h-Mittel umgerechnete BSB_5-Raumbelastung und der OC/load-Wert bestimmen den erforderlichen Sauerstoffeintrag der Belüftung je Stunde in gO_2/(m$^3_{Bb}$ · h). Der Sauerstofflastwert wird berechnet und den Erfahrungswerten der Praxis gegenübergestellt. Die angenäherte Gleichung für den Sauerstoffverbrauch der Mikroorganismen einschl. der Stickstoff-Oxydation lautet

$$OV = 0,5 \cdot B'_R + 0,1 \cdot TS_R + 3,4 \cdot OV_N \quad \text{in kg}\,O_2/(m^3_{Bb} \cdot d)\,(s.\,Tafel\,\textbf{314}.1) \qquad (315.1)$$

OV = Sauerstoffverbrauch der Mikroorganismen in kg Sauerstoff/m^3 Belebungsbecken · Tag = kg O_2/(m$^3_{Bb}$ · d)

B'_R = BSB_5-Abbau der Raumeinheit in kg BSB_5-Abbau/m^3 Belebungsbecken · Tag = $η \cdot B_R$ in kg BSB_5-Abbau/(m$^3_{Bb}$ · d)

TS_R = Schlammtrockengewicht des belebten Schlammes in kg TS/m^3_{Bb}

OV_N = Stickstoff-Oxydation der Raumeinheit in (Ammoniak-Konzentration-Zulauf − Ammoniak-Konzentration-Ablauf) · Abwasserbeschickung = $(N_{zu} − N_{ab}) \cdot Q$ in O_2/(m$^3_{Bb}$ · d)

Die Sauerstoffzufuhr ist umgekehrt proportional dem Sauerstoffdefizit = Fehlbetrag des gelösten Sauerstoffs im Verhältnis zum Sättigungswert, d.h. bei einem geringen Sauerstoffgehalt C_x (großes Defizit) ist die Sauerstoffzufuhr pro Zeiteinheit klein. Bei großem C_x ist sie groß, es geht dann weniger Sauerstoff in Lösung. Wenn bei gleichem Sauerstoffverbrauch ein Belebungsbecken mit einem hohen Sauerstoffgehalt gefahren werden soll, ist die erforderliche O_2-Zufuhr hoch, weil wenig O_2 in Lösung geht. Oder, wenn in einem Belebungsbecken ein hoher O_2-Gehalt C_x gemessen wird, heißt dies, daß sich das Gleichgewicht zwischen O_2-Verbrauch und O_2-Aufnahme des Abwassers auf einem unwirtschaftlichen Gleichgewichtsniveau eingestellt hat. Eine geringere und wirtschaftlichere O_2-Zufuhr αOC würde den O_2-Gehalt C_x senken. Die erforderliche Sauerstoffzufuhr unter Betriebsbedingungen $= \alpha \cdot OC$ berechnet sich deshalb aus dem reziproken Sättigungsdefizit nach der Sauerstoffhaushaltsgleichung zu

$$\alpha \cdot OC = \frac{C_s}{C_s - C_x} \cdot OV \qquad (316.1)$$

darin bedeuten

OC = Sauerstoffzufuhr = kg $O_2/(m^3$ Reinwasser $\cdot$ d), durch Versuch in Reinwasser ermittelt, nachdem das Wasser durch Stickstoff oder Chemikalien O_2-Gehalt = 0 hatte.
C_s = angenommener Sauerstoff-Sättigungswert in mg O_2/l
C_x = angestrebter Sauerstoffgehalt im Belebungsbecken in mg O_2/l
α = Sauerstoffübertragungsfaktor $\approx$ 0,3 bis 1,0; auch > 1,0 von Reinwasser auf Abwasser. Die höheren Werte gelten für biologisch gereinigtes Abwasser. α ist auch von der Intensität der Umwälzung abhängig.
α $= \dfrac{OC \text{ Belebtschlammgemisch}}{OC \text{ Reinwasser}}$

Tafel **314**.1 nennt zwei Werte für die O_2-Last $\alpha \cdot OC/B_R$ in kg $O_2/$kg BSB_5. Zeile 29 gilt für die Bemessung und berücksichtigt den Wechsel in der BSB_5-Konzentration am Tage und über die Tage der Woche. Zeile 28 nennt den O_2-Last-Wert im Betrieb. Der Konzentrations- und Zeitfaktor γ (Zeile 20) stellt die Beziehung her.

$$O_2\text{-Last (Bemessung)} = \gamma \cdot O_2\text{-Last (Betrieb)}$$

Wenn die Ganglinie der BSB_5-Fracht bekannt ist, kann man von dem Betriebswert ausgehen und ein entsprechendes Stundenmittel wählen (vgl. Berechnungsbeispiel Abschn. 4.5.2.2b).

4.5.2.1 Berechnung von Belebungsbecken

In der Literatur findet man Formeln und Richtwerte für die Bemessung von Belebungsanlagen. Diese werden auch hier angegeben (Tafel **314**.1). Man hat sie aus dem Betrieb von Kläranlagen, Versuchsanlagen oder im Labor ermittelt. Allgemein ist jedoch zu sagen, daß zwischen komplizierten mathematischen Formeln und den komplexen Reinigungsvorgängen keine ausreichend genauen Beziehungen hergestellt werden können. Man handelt deshalb nicht ungenau, wenn man einfache Bemessungsformeln und Erfahrungswerte verwendet. Bei größeren Anlagen oder solchen mit besonderer Zusammensetzung des Abwassers sollte man Versuche im technischen Maßstab durchführen. Immer ist es zweckmäßig, Sicherheitszuschläge mit einzurechnen. Einflüsse auf die Bemessungsgrößen haben:

1. Der Grad der Abwasserreinigung (vgl. Tafel **314**.1).

2. Die Größe der Anlage. Kleine Anlagen sind gegen unregelmäßige Belastungen empfindlicher als große.

3. Die Abwasserart. Erfahrungswerte gelten nur für häusliches Abwasser. Industrieabwasser ist zu unterschiedlich (vgl. Abschn. 4.8).

4. Die unterschiedliche Verteilung und Konzentration des häuslichen Abwassers über lange Zeiträume (Jahr, Monate) oder über kürzere (mehrere Wochen, Woche, Tage). Hierzu gehört auch die Berücksichtigung von Mischwasserbelastungen oder anderen schubartigen Belastungen.

5. Die Frage, ob eine Phosphatfällung oder Nitrifizierung erreicht werden soll.

Wie beim Tropfkörperverfahren geht man auch hier von der BSB_5-Raumbelastung B_R aus. Man kann jedoch nicht so einfach wie dort Richtwerte der Belastung angeben, weil diese in großen Spannen schwanken.

Falls es wirtschaftlich vertretbar ist, macht man mit dem vorhandenen Abwasser und dem vorgesehenen Belüftungssystem Versuche, um die optimale Belastung festzustellen. Wenn dies nicht möglich ist, wählt man die Raumbelastung B_R je m^3 Belebungsbecken (m^3_{Bb}) und Tag (d), z.B. für eine Vollreinigung mit 20 mg/l Rest-BSB_5 nach Tafel **314**.1

$$B_R = 1{,}0 \quad \text{kg } BSB_5/(m^3_{Bb} \cdot d)$$

Bei normal verschmutztem Abwaser [$Q_d = 200$ l/(E · d) und $BSB_5 = 300$ g/m^3 oder 60 g/(E · d)] kann man auch hier die Raumbelastung B_R auf die Einwohnerzahl beziehen. Nach mechanischer Vorreinigung bleibt ein $BSB_5 = 40$ g/(E · d) (s. Tafel **221**.1)

$$\text{z.B.} \quad B_R = \frac{1000}{40} = 25 \text{ E/m}^3_{Bb} \quad \frac{\text{g } BSB_5/(m^3_{Bb} \cdot d)}{\text{g } BSB_5/(E \cdot d)} = \text{E/m}^3_{Bb}$$

Die Beckengröße ergibt sich zu

$$V_{Bb} = \frac{BSB_5 \cdot Q_d}{B_R} \quad m^3_{Bb} = \frac{\dfrac{g}{m^3} \cdot \dfrac{m^3}{d}}{\text{g } BSB_5/(m^3_{Bb} \cdot d)} \tag{317.1}$$

Die Belüftungszeit t in Stunden ergibt sich als Aufenthaltszeit des Abwassers im Becken zu z.B.

$$t_{18} = \frac{V_{Bb}}{Q_{18}} \quad h = \frac{m^3_{Bb}}{\dfrac{m^3}{h}} \tag{317.2}$$

Der Schlammgehalt TS_R wird durch Versuch ermittelt oder nach Tafel **314**.1 gewählt. Aus der Raumbelastung B_R und dem Schlammgehalt TS_R errechnet man die Schlammbelastung

$$B_{TS} = \frac{B_R}{TS_R} \quad \frac{g \ BSB_5}{g \ TS \cdot d} = \frac{\text{g } BSB_5/(m^3_{Bb} \cdot d)}{\text{g } TS/m^3_{Bb}} \tag{317.3}$$

Der Schlammindex J_{SV} wird nach dem Reinigungsverfahren ermittelt. Er liegt zwischen 100 bis 200 cm^3/g TS. Die Trockensubstanz im Rücklaufschlamm ergibt sich mit

$$TS_{rü} = \frac{1200}{J_{SV}} \quad \text{in} \quad g \ TS/l$$

Das Rücklaufverhältnis RV errechnet sich aus

$$RV = y = \frac{TS_R}{TS_{rü} - TS_R} \quad \text{in} \div \text{ oder } RV \cdot 100 \text{ in } \%$$

Die Rücklaufwassermenge beträgt

$$Q_{rü} = RV \cdot Q \quad \text{in} \quad m^3/h$$

Hat man durch Laboruntersuchung, nach Belüftungsversuch, durch Rechnung nach Gl. (313.2) oder aus dem Verhältnis $ÜS_R/B_R$ nach Tafel **314**.1, Zeile 7, den Wert $ÜS_R$ in kg $TS/(m^3_{Bb} \cdot d)$, dann ermittelt man die täglich anfallende Überschußschlammenge

$$ÜS = ÜS_R \cdot V_{Bb} \quad \text{in kg } TS/d$$

Die Menge des Überschußschlammes ergibt sich zu

$$Q_ü = \frac{ÜS}{TS_{rü}} \quad \text{in} \quad \frac{\text{kg } TS \cdot m^3}{d \cdot \text{kg } TS} = \frac{m^3}{d}$$

Die Sauerstoffzufuhr aus dem OC/load-Wert für die Bemessung nach Tafel **314**.1

$$O_B = \alpha \cdot OC/B_R \quad \text{in} \quad \text{kg } O_2/\text{kg } BSB_5$$

$$O_2\text{-Zufuhr/d} = O_B \cdot BSB_5 \text{ pro Tag} \quad \text{in} \quad \frac{\text{kg } O_2}{d} = \frac{\text{kg } O_2 \cdot \text{kg } BSB_5}{\text{kg } BSB_5 \cdot d}$$

Unter Berücksichtigung des gewählten Belüftungssystems wird die O_2-Zufuhr im Betriebszustand aus Tafel **318**.1 ermittelt

$$O_2\text{-Zufuhr in} \quad \frac{\text{g } O_2 \cdot \text{m Einblastiefe}}{m^3_L \cdot \text{m Einblastiefe}} = \frac{\text{g } O_2}{m^3_L}$$

Tafel **318**.1   Richtwerte für die Sauerstoffzufuhr bei verschiedenen Belüftungssystemen nach [40].

Belüftungssystem	bei Reinwasser = R im Betrieb = B	günstige Bedingungen		mittlere Bedingungen	
		O_2-Zufuhr $\frac{\text{g } O_2}{m^3_L \cdot m}$[1])	O_2-Ertrag $\frac{\text{kg } O_2}{\text{kWh}}$	O_2-Zufuhr $\frac{\text{g } O_2}{m^3_L \cdot m}$[1])	O_2-Ertrag $\frac{\text{kg } O_2}{\text{kWh}}$
feinblasige Belüftung	R	12	2,2	10	1,7
	B	10	1,8	8	1,3
tiefliegende mittelblasige Belüftung	R	7	1,4	6	1,1
	B	5,5	1,1	4,5	0,8
hochliegende mittelblasige Belüftung	R	9	1,8	8	1,5
	B	7,5	1,5	6,5	1,2
grobblasige Belüftung	R	6	1,2	5	0,9
	B	4,5	0,9	4	0,7
Stabwalze	R	$-$[2])	1,9	$-$[2])	1,9
	B	$-$[2])	1,6	$-$[2])	1,4
Kreiselbelüfter	R	$-$[2])	2,2	$-$[2])	1,8
	B	$-$[2])	1,8	$-$[2])	1,3

[1]) m = m Einblastiefe
[2]) nach Angabe der Lieferfirma

Luftmenge

$$Q_L = \frac{O_2\text{-Zufuhr/d}}{O_2\text{-Zufuhr/m}^3_L} = \frac{\text{kg } O_2 \cdot \text{m}^3_L}{\text{d} \cdot \text{kg } O_2} = \frac{\text{m}^3_L}{\text{d}}$$

oder Ermittlung der O_2-Zufuhr/($\text{m}^3_{Bb} \cdot$ h)

$$O_2\text{-Eintrag} = OC/load \cdot B_{R18} \quad \text{in} \quad \frac{\text{g } O_2}{\text{m}^3_{Bb} \cdot \text{h}} = \frac{\text{g } O_2}{\text{g } BSB_5} \cdot \frac{\text{g } BSB_5}{\text{m}^3_{Bb} \cdot \text{h}}$$

Der Energiebedarf wird mit Hilfe des Arbeitsaufwandes A für den Eintrag von 1 m^3 Luft je m Einblastiefe für das betreffende Belüftungssystem ermittelt.

$$A' = A \cdot \text{m Einblastiefe in Wh/m}^3_L$$

Die erforderliche Leistung beträgt

$$P_{18} = \frac{Q_{L18} \cdot A'}{1000} \quad \text{in} \quad \text{kW} = \frac{\text{m}^3_L \cdot \text{Wh} \cdot \text{kW}}{\text{h} \cdot \text{m}^3_L \cdot \text{W}}$$

4.5.2.2 Berechnungsbeispiele

Für das Beispiel auf S. 299 soll ein hochbelastetes Belebungsbecken berechnet werden: Die Ausgangswerte waren: 120000 EGW $\quad q_d = 180$ l/(E · d) $\quad BSB_5 = 340$ mg/l $\quad$ Trennsystem.

Diese Werte sollen gemessen worden sein. Sie weichen von den Grundwerten der Tafel **314**.1 [200 l/(E · d) und 60 g BSB_5/(E · d)] ab.

Der BSB_5 beträgt nach der mechanischen Vorklärung nur noch $\frac{2}{3} \cdot 340 = 227$ mg/l.

Der Endwert der Reinigung soll 20 mg BSB_5/l sein. Damit wäre eine Reinigungsleistung von $\frac{340 - 20}{340} \cdot 100 = 94\%$ erreicht.

a) Bemessung des Belebungsbeckens mit Druckbelüftung. Als Raumbelastung B_R wird durch Versuch ermittelt oder gewählt nach Tafel **314**.1. Hier aus Sicherheitsgründen gegenüber Spalte 7, Zeile 1

$$B_R = 900 \frac{\text{g } BSB_5}{\text{m}^3_{Bb} \cdot \text{d}} < 1000 \frac{\text{g } BSB_5}{\text{m}^3_{Bb} \cdot \text{d}}$$

$$Q_d = \frac{180 \cdot 120000}{1000} = 21600 \text{ m}^3/\text{d} \quad Q_{18} = \frac{21600}{18} = 1200 \text{ m}^3/\text{h} \quad Q_{37} = \frac{21600}{37} = 584 \text{ m}^3/\text{h}$$

tägl. $BSB_5 = \frac{227}{1000} \cdot 21600 = 4900$ kg BSB_5/d $\quad V_{Bb} = \frac{227 \cdot 21600}{900} = 5448 \text{ m}^3 = \frac{4900 \cdot 1000}{900}$

Dieser Bemessung liegt eine gleichmäßige BSB_5-Fracht-Verteilung über den Tag zugrunde. Wenn die Ganglinien der BSB_5-Fracht und der Abwassermenge bekannt sind, läßt sich eine genauere Bemessung über das Stundenmittel durchführen.

z.B.: $\quad$ Tagesmittel $- BSB_5 = 4900/16 = 307$ kg BSB_5/h
$\qquad$ Tagesmittel $- Q = Q_{18} \qquad = 1200 \text{ m}^3/\text{h}$

$$BSB_5 = \frac{307 \cdot 1000}{1200} = 256 \text{ g/m}^3 \qquad \text{erf. } V_{Bb} = \frac{256 \cdot 1200 \cdot 24}{900} = 8200 \text{ m}^3$$

Dieser Wert ist $> 5448 \text{ m}^3$ wegen der größeren BSB_5-Konzentration. Der Konzentrationsfaktor beträgt $\frac{24}{16} = 1,5$. Die weitere Berechnung wird hier mit $V_{Bb} = 5448 \text{ m}^3$ durchgeführt.

Gewählt wird eine Belüftungsrinne mit dem Querschnitt $A = 16\ \text{m}^2$

Länge der Belüftungsrinne $\quad L = \dfrac{V_{\text{Bb}}}{A} = \dfrac{5448}{16} = 340\ \text{m}$

Gewählt werden vier nebeneinanderliegende Rinnen mit je $\dfrac{340}{4} = 85\ \text{m}$ Länge.

$$\text{vorh } V_{\text{Bb}} = 4 \cdot 85 \cdot 16 = 5440\ \text{m}^3 \quad \text{vorh } B_{\text{R}} = \frac{4900 \cdot 1000}{5440} = 901\ \frac{\text{g } BSB_5}{\text{m}^3_{\text{Bb}} \cdot \text{d}}$$

Belüftungszeit

$$t_{18} = \frac{5440}{1200} = 4{,}53 \text{ im Tagesmittel} \quad t_{37} = \frac{5440}{584} = 9{,}32 \text{ im Nachtmittel}$$

Rücklaufschlammenge. Der Schlammgehalt TS_{R} im Belebungsbecken wird durch Versuch ermittelt oder gewählt nach Tafel **314**.1

$$TS_{\text{R}} = 3300 \text{ g } TS/\text{m}^3_{\text{Bb}}$$

Mit diesem Wert ergibt sich die Schlammbelastung

$$B_{\text{TS}} = \frac{B_{\text{R}}}{TS_{\text{R}}} = \frac{901}{3300} = 0{,}27\ \frac{\text{g } BSB_5}{\text{g } TS \cdot \text{d}}$$

Schlammindex $J_{\text{SV}} = 150$ ml/g TS Schlammtrockensubstanz im Belebtschlamm

$$TS_{\text{rü}} = \frac{1200}{\text{Schlammindex}} = \frac{1200}{150} = 8 \text{ g } TS/\text{l} = 8000 \text{ g } TS/\text{m}^3$$

$$\min RV = y = \frac{TS_{\text{R}}}{TS_{\text{rü}} - TS_{\text{R}}} = \frac{3300}{8000 - 3300} = 0{,}7 = 70\%, \text{ gewählt } 100\%$$

erforderliche Rücklaufwassermengen

$$Q_{\text{rü}18} = 1{,}0 \cdot 1200 = 1200\ \text{m}^3/\text{h} \qquad Q_{\text{rü}37} = 1{,}0 \cdot 584 = 584\ \text{m}^3/\text{h}$$

gewählt 3 Pumpen mit je 600 m³/h Leistung, davon 1 Pumpe in Reserve.

Überschußschlammproduktion

Annahme: 1 kg BSB_5 liefert 0,85 kg Überschußschlamm (vgl. Tafel **314**.1, Zeile 7)

$$\ddot{U}S_{\text{R}}/B_{\text{R}} = 0{,}85 \text{ kg } TS/\text{kg } BSB_5 \qquad \ddot{U}S = 4900 \cdot 0{,}85 = 4165 \text{ kg } TS/\text{d}$$

$$\ddot{U}S_{\text{R}} = \ddot{U}S/V_{\text{Bb}} = 4165/5440 \qquad\qquad = 0{,}77 \text{ kg } TS/(\text{m}^3_{\text{Bb}} \cdot \text{d})$$

Überschußschlammenge $\quad Q_{\text{ü}} = \dfrac{\ddot{U}S}{TS_{\text{rü}}} = \dfrac{4165}{8} = 521\ \dfrac{\text{kg } TS \cdot \text{m}^3}{\text{d} \cdot \text{kg } TS} = 521\ \dfrac{\text{m}^3}{\text{d}}$

bezogen auf den Zufluß zur Kläranlage

$$\frac{Q_{\text{ü}}}{Q_{\text{d}}} \cdot 100 = \frac{521 \cdot 100}{21\,600} = 2{,}41\% \triangleq \text{geringe Menge}$$

Das Schlammalter beträgt im Mittel

$$TS_{\text{R}}/\ddot{U}S_{\text{R}} = 3{,}3/0{,}77 = 4{,}29 \text{ d} \qquad\qquad \text{d} = \frac{\text{kg } TS \cdot \text{m}^3_{\text{Bb}} \cdot \text{d}}{\text{m}^3_{\text{Bb}} \cdot \text{kg } TS}$$

Sauerstoffzufuhr

Sauerstofflast OC/load für Bemessung angenommen mit

$$O_B = 2{,}0 \text{ kg } O_2/\text{kg } BSB_5 \text{ (nach Tafel } \mathbf{314}.1)$$

erf O_2-Zufuhr unter Bemessungsbedingungen

$$2{,}0 \cdot 4900 = 9800 \text{ kg } O_2/\text{d}$$

Bei gleichbleibender BSB_5-Konzentration, aber wechselnden Wassermengen ergeben sich

im 18-h-Mittel (tagsüber) im 37-h-Mittel (nachts)

$$\frac{9800}{18} = 544 \text{ kg } O_2/\text{h} \qquad \frac{9800}{37} = 265 \text{ kg } O_2/\text{h}$$

oder $\quad \dfrac{544 \cdot 1000}{5440} = 100 \dfrac{\text{g } O_2}{\text{m}^3_{Bb} \cdot \text{h}} \qquad \dfrac{265 \cdot 1000}{5440} = 49 \dfrac{\text{g } O_2}{\text{m}^3_{Bb} \cdot \text{h}}$

anderer Berechnungsweg:

tagsüber $\quad B_{R18} = \dfrac{901}{18} = 50 \dfrac{\text{g } BSB_5}{\text{m}^3_{Bb} \cdot \text{h}} \qquad$ OC/load $= 2{,}0 \dfrac{\text{g } O_2}{\text{g } BSB_5} \qquad$ (nach Tafel $\mathbf{314}.1$)

erf $\qquad O_2$-Eintrag $= 2{,}0 \cdot 50 = 100 \dfrac{\text{g } O_2}{\text{m}^3_{Bb} \cdot \text{h}}$

nachts $\quad B_{R37} = \dfrac{901}{37} = 24{,}4 \dfrac{\text{g } BSB_5}{\text{m}^3_{Bb} \cdot \text{h}} \qquad$ OC/load wie oben

erf $\qquad O_2$-Eintrag $= 2{,}0 \cdot 24{,}4 = 48{,}8 \dfrac{\text{g } O_2}{\text{m}^3_{Bb} \cdot \text{h}}$

Der O_2-Eintrag schwankt also zwischen den Werten 48,8 bis 100 g $O_2/(\text{m}^3_{Bb} \cdot \text{h})$.

Belüftungssystem. Gewählt wird eine feinblasige Belüftung. Nach Tafel $\mathbf{318}.1$ beträgt die O_2-Zufuhr für 1 m³ Luft und 1 m Einblastiefe 10 g $O_2/(\text{m}^3_L \cdot \text{m})$, bei 3 m Einblastiefe $3 \cdot 10 = 30$ g $O_2/\text{m}^3_L \cdot$ max stündliche Luftmenge:

tagsüber $\quad Q_{L18} = \dfrac{544\,000}{30} = 18\,133 \text{ m}^3_L/\text{h} \qquad$ nachts $\quad Q_{L37} = \dfrac{265\,000}{30} = 8833 \text{ m}^3_L/\text{h}$

Filterrohrbelüftung mit 20 m³ Luft/(m Rohrbelüfter $\cdot$ h).

Länge der Belüfter $L = 18\,133/20 = 907$ m

Bei einer Beckenlänge von 340 m entfallen $907/340 = 2{,}7$ m Rohrbelüfter/m Becken, erhöht auf 3,0 m. Dies bedeutet bei 1,0 m langen Luftverteilern einen Abstand von 0,33 m.

Wenn man berücksichtigt, daß 280 g O_2/m^3 Luft enthalten sind, wird die eingetragene Luft nur zu $30/280 = 0{,}107 = 10{,}7\%$ für den bakteriellen Abbau ausgenutzt.

Die Luftmenge errechnet sich auch aus dem O_2-Eintrag mit dem Ausnutzungsfaktor 10,7%

tagsüber $\quad Q_{L18} = 100 \dfrac{5440}{280 \cdot 0{,}107} = 18\,158 \text{ m}^3_L/\text{h} \approx 18\,133 \text{ m}^3_L/\text{h}$

nachts $\quad Q_{L37} = 48{,}8 \dfrac{5440}{280 \cdot 0{,}107} = 8861 \text{ m}^3_L/\text{h} \approx 8833 \text{ m}^3_L/\text{h}$

Die Luftmenge Q_{LB} in m³ Luft/kg BSB_5-Abbau errechnet sich bei einem mittleren Sauerstofflastwert im Betrieb von $O_B = 1{,}43$ (s. Tafel $\mathbf{314}.1$) zu tagsüber $Q_{LB18} = 18158 \; \dfrac{1,43}{2,0} = 12983 \; m^3_L/h$

$$Q_{LB} = \frac{12983 \cdot 1000}{0,91 \cdot 50 \cdot 5440} \approx 52 \; in \; \frac{m^3_L}{kg \; BSB_5\text{-Abbau}} = \frac{m^3_L \; m^3_{Bb} \cdot h \cdot g}{h \cdot g \; BSB_5\text{-Abbau} \cdot kg \cdot m^3_{Bb}}$$

Dieser Wert würde mit den Vergleichswerten der Praxis etwa übereinstimmen.

Nach Tafel **314**.1 und Gl. (315.1) kann man den Sauerstoffverbrauch der Mikroorganismen bestimmen.

$$OV = 0,5 \cdot 0,91 \cdot 0,9 + 0,33 + 0,34 = 1,08 \; kg \; O_2/(m^3_{Bb} \cdot d)$$

$$0,91 = \eta = \frac{227 - 20}{227} = \text{Abbaugrad des } BSB_5 \text{ im Belebungsbecken}$$

Hieraus läßt sich die Sauerstoffzufuhr unter Betriebsbedingungen errechnen

$$\alpha \cdot OC = 1,28 \cdot 1,08 = 1,38 \; kg \; O_2/(m^3_{Bb} \cdot d) \quad \text{vgl. Gl. (316.1) 1,28 aus Tafel } \textbf{314}.1, \text{Zeile 26}$$

Dieser Wert stimmt mit dem Wert der Tafel **314**.1 für Rest-BSB_5 = 20 mg/l etwa überein.

Energiebedarf. Der Bruttoenergiebedarf beträgt z.B. nach Firmenangaben für das vorgesehene Belüftungssystem $\approx$ 5,5 Wh/($m^3_L \cdot$ m Einblastiefe)[1]). Bei 3 m Einblastiefe 3 · 5,5 = 16,5 Wh/m^3_L

tagsüber $P_{18} = \dfrac{18158 \cdot 16,5}{1000} = 300 \; kW$ Vergleich mit Tafel **318**.1, Zeile 2 ergibt:
1,8 kg O_2/kWh und 544/1,8 = 302,2 kW

nachts $P_{37} = \dfrac{8861 \cdot 16,5}{1000} = 146 \; kW$

Der Energieaufwand/kg BSB_5-Abbau im Betriebszustand beträgt mit

$$Q_{LB} = 52 \; m^3_L/kg \; BSB_5\text{-Abbau} \quad A_B = \frac{52 \cdot 16,5}{1000} = 0,86 \; kWh/kg \; BSB_5\text{-Abbau}$$

oder reziprok = 1,16 kg BSB_5-Abbau/kWh

Die Luftmenge/m^3 Abwasser beträgt bei Q_{18}

$$Q_{L18} = \frac{Q_L}{Q_{18}} = \frac{12983}{1200} = 10,82 \; m^3_L/m^3 \text{ zufließendem Abwasser}$$

Der Wert A_B läßt sich auf einem anderen Weg errechnen. Z.B. beträgt die Leistung für den Lufteintrag im Tagesmittel

$$P_{18} = 300 \; kW$$

Dieser Wert wurde mit dem Bemessungs-O_B = 2,0 g O_2/g BSB_5 ermittelt.

Für den stündlichen Nachweis müßte der Betriebs-O_B = 1,43 g O_2/g BSB_5 herangezogen werden.

Die Luftmenge beträgt dann Q_{LB18} = 12983 m^3_L/h und $N'_{18} = \dfrac{16,5 \cdot 12983}{1000} = 214 \; kWh/h$

Der BSB_5 beträgt 4900 kg BSB_5/d

Der BSB_5-Abbau = 0,91 · 4900 = 4459 kg BSB_5-Abbau/d

oder im Tagesmittel 4459/18 = 248 kg BSB_5-Abbau/h = $(\eta \cdot BSB_5)_{18}$

$$P'_{18}/(\eta \cdot BSB_5)_{18} = 214/248 = 0,86 \; in \quad \frac{kWh \cdot h}{h \cdot kg \; BSB_5\text{-Abbau}} = \frac{kWh}{kg \; BSB_5\text{-Abbau}}$$

---

[1]) Statt m^3_L wird häufig $Nm^3_L \triangleq$ Normalkubikmeter Luft (Luft bei 0 °C, 760 Torr., trocken) verwendet.

b) Bemessung des Belebungsbeckens mit Kreiselbelüftung

(alternativ zu Abschn. 4.5.2.2 a), jedoch mit BSB_5-Frachtganglinie Volumenermittlung wie bei a):
erf V_{Bb} = 5448 m³.

Die stündliche Sauerstoffzufuhr (Tafel **323**.1) richtet sich nach der BSB_5-Frachtganglinie. Bei geringer BSB_5-Belastung, vor allem in den Nachtstunden, muß überprüft werden, ob für die erforderliche Umwälzung oder für die Grundatmung des belebten Schlammes keine höheren Sauerstoffeinträge notwendig werden, als sich aus der BSB_5-Frachtganglinie ergeben.

Die Grundatmung beträgt nach Tafel **314**.1, Zeile 21: $0,1 \cdot TS_R$, im Mittel also $0,1 \cdot 3,3 = 0,33$
kg $O_2/(m^3_{Bb} \cdot d) = 0,33 \cdot 5448 = 1798$ kg O_2/d und $1798/24 = 74,9$ kg O_2/h

Es sind erforderlich

$$\frac{74,9 \cdot 1000}{3,3 \cdot 5448} = 4,16 \text{ g } O_2/(\text{kg } TS \cdot h) \quad \text{aus} \quad \frac{\text{kg } O_2 \cdot m^3_{Bb} \cdot \text{g } O_2}{h \cdot \text{kg } TS \cdot m^3_{Bb} \cdot \text{kg } O_2}$$

Dem entspricht eine Schlammbelastung von

$$\frac{4,16 \cdot 24}{1000 \cdot 2} = 0,05 \frac{\text{kg } BSB_5}{\text{kg } TS \cdot d} \quad \text{aus} \quad \frac{\text{g } O_2 \cdot h \cdot \text{kg } O_2 \cdot \text{kg } BSB_5}{\text{kg } TS \cdot h \cdot d \cdot \text{g } O_2 \cdot \text{kg } O_2}$$

Zum Vergleich beträgt die Schlammbelastung aus Grund- und Substratatmung

$$\text{mit} \quad B_R = \frac{4900}{5530} = 0,886 \frac{\text{kg } BSB_5}{m^3_{Bb} \cdot d} \quad B_{TS} = \frac{0,886}{3,3} = 0,269 \frac{\text{kg } BSB_5}{\text{kg } TS \cdot d}$$

Als Belüftungssystem werden Kreiselbelüfter eingesetzt mit einem O_2-Ertrag = 1,8 kg O_2/kWh (s. Tafel **318**.1: unter günstigen Betriebsbedingungen im Klärwerk).

Beckenabmessung für erf. V_{Bb} = 5448 m^3_{Bb}; 6 quadratische Einheiten mit je 5448/6 = 908 m^3_{Bb}; Nutzinhalt, z.B.: B = 16 m, Tiefe T = 3,6 m; T/B = 1:4,4 vorh V_{Bb} = 5530 m^3_{Bb} > 5448 m^3_{Bb}; Durchmesser des Kreiselbelüfters 2,3 m; 6 Einheiten mit polumschaltbaren Motoren und variablen Eintauchtiefen; vorh. V_{Bb1} = 5530/6 = 922 m^3_{Bb} > 908 m^3_{Bb}

Tafel **323**.1   Leistungsverteilung entsprechend des BSB_5-Ganglinie mit $\alpha OC/B_R$ = 2,0 kg O_2/kg
BSB_5 (Spalte 3) und O_2-Ertrag = 1,8 kg O_2/kWh (Spalte 4):

1	2	3	4	5	6	7
		Spalte 2·2,0	Spalte 3:1,8			Leistung
Tageszeit	BSB_5-Fracht	O_2-Bedarf	erforderlich			erforderlich je Becken
h	kg/h	kgO_2/h	KW	kgO_2/h	KW	Eintauchtiefe in cm
0 bis 8	132 (1/37)	264	147	44	24,5 | 20	um O_2-Bedarf
8 bis 12	272 (1/18)	544	302	91	50,3 | 37	abzudecken,
12 bis 16	322 (1/15,2)	644	358	107	59,7 | 45	abhängig
16 bis 20	204 (1/24)	408	227	68	37,8 | 29	vom
20 bis 24	163 (1/30)	326	181	54	30,2 | 24	Kreiseltyp
Tageswerte 24	4900[1])	9800[2])	5448[3])			

[1]) 4900 = $132 \cdot 8 + 272 \cdot 4 + 322 \cdot 4 + 204 \cdot 4 + 163 \cdot 4$ in kg/d
[2]) 9800 = $2,0 \cdot 4900$ in kg O_2/d
[3]) 5448 = $147 \cdot 8 + 302 \cdot 4 + 358 \cdot 4 + 227 \cdot 4 + 181 \cdot 4$ in kWh/d

Alle Werte in Spalte 3 sind größer als der O_2-Bedarf der Grundatmung. Diese bedarf deshalb keiner weiteren Berücksichtigung.

Umwälzung im Bb-Becken bei min BSB_5-Belastung von 24,5 kW (Spalte 6)
24500/922 = 26,6 Watt/m^3_{Bb} > 15 Watt/m^3_{Bb} ist ausreichend.

Nachklärbecken. Auf S. 284 war das Nachklärbecken für die Kläranlage des Berechnungsbeispiels schon im wesentlichen berechnet worden. Es wird hier noch durch den Nachweis weiterer Belastungswerte ergänzt.

Die unter Abschn. 4.4.4 aufgeführten hydraulischen Wirkungsgrade und die daraus entstehenden Verhältnisse von Tiefe zu Länge bzw. Durchmesser bei Rundbecken haben für Nachklärbecken von Belebungsanlagen keine entscheidende Bedeutung. Die Aufgabe der Nachklärung ist hier Klärung des Abwassers, Eindickung und Speicherung des Schlammes. Diese Funktion ist nur unter Beachtung der Abhängigkeiten von Belebungs- und Nachklärbecken, des Rücklaufverhältnisses und der Absetzeigenschaften des Schlammes zu erfüllen [57], [40]. Die Dichteströmungen und die vertikale Schichtung des Schlammes bestimmen das Fließbild. Die Schlammtrichter haben nur die Aufgabe der Schlammsammlung. Sie tragen zur Eindickung wegen der geringen Oberflächen wenig bei (Ausnahme Trichterbecken).

Folgende Grenzwerte sollte man etwa einhalten:

Durchflußzeit	nur SW	$t_R \geqq 3{,}5$ h für Q_{18}
	SW + RW	$t_R \geqq 1{,}5$ h
Oberflächenbeschickung	nur SW	$q_A \leqq 0{,}8$ m/h für Q_{18}
	SW + RW	$q_A \leqq 1{,}5$ m/h
Feststoff-	nur SW	$B_{A18} = TS_R \cdot q_{A18} \leqq 2{,}5$ kg $TS/(m^2 \cdot h)$ für Q_{18}
Oberflächenbelastung	SW + RW	$B_{AR} = TS_R \cdot q_{AR} \leqq 5{,}5$ kg $TS/(m^2 \cdot h)$ für max Q_R
Schlammvolumenbelastung		$B_{V24} = q_{A24} \cdot TS_R \cdot J_{SV200} \leqq 0{,}4$ m³/(m² · h)
Überfallkantenbelastung		$q_1 = Q_{18}/l_{\ddot{u}} = 5{,}0$ bis $10{,}0$ m³/(m · h)

J_{SV200} = Schlammvolumenindex des Belebtschlammes, verdünnt gemessen oder errechnet auf ein Schlammvolumen von 200 ml/l. Verdünnung erforderlich, wenn SV der entnommenen Probe > 250 ml/l, weil Absetzvorgang durch gegenseitige Behinderung der Flocken und durch Gefäßwand gestört sein kann. Man verdünnt die Probe mit Schlammwasser auf das 2- oder 3fache Volumen und multipliziert das erhaltene Schlammvolumen mit dem Verdünnungsfaktor, z.B.: $SV = 480$ ml/l (160 ml · 3).

Erscheint in Literatur auch als SVJ_V in ml/g.

Nach Merkel läßt sich J_{SV200} aus dem vorhandenen Schlammvolumen SV und dem vorh. Schlammindex berechnen:

$$J_{SV200} = \left(\frac{300}{SV}\right)^{0{,}6} \cdot J_{SV}$$

Z.B. $SV = 500$ ml/l; $J_{SV} = 150$ ml/g

$$J_{SV200} = \left(\frac{300}{500}\right)^{0{,}6} \cdot 150 = 110 \text{ ml/g}$$

oder $SV = 500$ ml/l; $J_{SV} = 200$ ml/g

$$J_{SV200} = \left(\frac{300}{500}\right)^{0{,}6} \cdot 200 = 147 \text{ ml/g}$$

allgemein gilt: $J_{SV} = SV/TS_R$ für den Belebtschlamm im Belebungsbecken

Es waren $Q_{18} = 1200$ m³/h   vorh $t_R = 3{,}47$ h   vorh. $V_{Nk} = 4170$ m³
                                    vorh $O = 1560$ m² $TS_R = 3{,}3$ kg $TS/m³_{Bb}$

Es wird ein leichter Belebtschlamm angenommen

        max $J_{SV200} = 200$ ml/g   (z.B. bei $SV = 500$ ml/l und $J_{SV} = 270$ ml/g)

vorhandene Überlaufkantenlänge $l_{\ddot{u}} = 265$ m oder 392 m.

Die Bedingung Aufenthaltszeit $t_R \gtreqless 3,5$ h (bei max $Q_R \gtreqless 1,5$ h) ist erfüllt.

vorh $t_R = 3,47$ h $\approx 3,5$ h

Die Bedingung Oberflächenbeschickung $q_A \leqq 0,8$ m/h (bei gewerblichem Abwasser, das zur Blähschlammbildung neigt 0,5 bis 1,0 m/h) ist erfüllt.

$$\text{vorh } q_{A18} = \frac{Q_{18}}{O} = \frac{1200}{1560} = 0,77 \text{ m/h}$$

Die Oberflächenbelastung B_A in kg $TS/(m^2 \cdot h)$ (vgl. Abschn. 4.7.8) wird dann von Bedeutung, wenn hohe Feststoffgehalte des Schlammes vorliegen, z. B. bei der Schlammstabilisierung. B_A soll für $Q_{18} \leqq 2,5$ kg $TS/(m^2 \cdot h)$ und für max $Q_R \leqq 5,5$ kg $TS/(m^2 \cdot h)$ betragen.

hier   vorh $B_{A18} = TS_R \cdot q_{A18} = 3,3 \cdot 0,77 = 2,54$ kg $TS/(m^2 \cdot h) \approx 2,5$ kg $TS/(m^2 \cdot h)$

Die Schlammvolumenbelastung beträgt

$$B_V = q_A \cdot TS_R \cdot J_{SV200} \qquad \frac{m^3}{m^2 \cdot h} = \frac{m}{h} \cdot \frac{kg\ TS}{m^3_{Bb}} \cdot \frac{m^3_{Bb}}{kg\ TS}$$

$$B_{V18} = 0,77 \cdot 3,3 \cdot 0,2 = 0,51 \text{ m}^3/(m^2 \cdot h)$$

oder $B_{V24} = \dfrac{18}{24} \cdot 0,51 \approx 0,38$ m$^3/(m^2 \cdot h) <$ zul B_{V24}

Die Überfallkantenbelastung q_l soll bei 5 bis 10 m$^3/(m \cdot h)$ liegen, bei feinem belebtem Schlamm bei 3 bis 5 m$^3/(m \cdot h)$. Mit $l_ü = 392$ m beträgt $q_l = \dfrac{1200}{392} = 3,06$ m/h. Dieser Wert ist ausreichend.

Parallelplattenabschneider (Lamellenseparator). Durch Einbau schräg liegender Ebenen in ein Absetzbecken ist es möglich, die verfügbare Absetzfläche zu vervielfachen. Die Neigung dieser Ebenen sollte so stark sein, daß die abgetrennten Feststoffe auf ihnen nach unten gleiten können. Die effektive Absetzfläche A_{eff} wird durch die Plattenfläche A, die Plattenzahl und deren Neigung bestimmt (**325**.1).

$$A_{eff} = n \cdot A \cdot \cos \alpha$$

Die Absetzfläche umfaßt eine errechenbare Anzahl von geneigten Platten, die zu einer Einheit zusammengefaßt werden. Unter Lamelle wird die Flüssigkeitsschicht zwischen zwei Platten verstanden. Gegenüber konventionellen Anlagen erzielt man eine 10- bis 20fache Oberflächenvergrößerung.

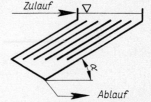

325.1 Schematischer Vertikalschnitt durch einen Lamellenseparator

Diese Abscheidetechnik wird bisher insbesondere in der Industrie und bei kleineren, kommunalen Kläranlagen mit flockigen Schlämmen aus der Phosphatfällung in der dritten Reinigungsstufe eingesetzt. Der Abscheider kann im Gleichstrom oder im Gegenstrom (Abwasser strömt gegen die Absetzrichtung der Schlammteile) betrieben werden.

Beispiel für Parallelplattenabscheider. Es ist der Abscheider für eine Schlammstabilisierungsanlage als Nachkläreinheit zu bemessen.

650 EGW; $q_s = 150$ l/$(E \cdot d)$; $BSB_5 = 60$ g/$(E \cdot d)$; $Q_d = 650 \cdot 0,150 = 97,5$ m^3/d;

$$TS_R = 4 \text{ kg } TS/m^3_{Bb}; \quad Q_{12} = \frac{97,5}{12} = 8,13 \text{ m}^3/h; \quad V_{Bb} = 50 \text{ m}^3$$

Lamellenseparator (Nachkläreinheit):

$$V_{NK} = Q_{12} \cdot t_{NK} = 8{,}13 \cdot 1{,}0 = 8{,}0 \text{ m}^3; \text{ gew. Becken mit } B \cdot L \cdot h = 2{,}0 \cdot 2{.}3 \cdot 2{,}0 = 9{,}2 \text{ m}^3; \alpha = 45°; \text{ Anzahl der Lamellen } n = 12;$$

Lamellenlänge $l = 1{,}30$ m, Lamellenfläche $1{,}3 \cdot 2 = 2{,}6 \text{ m}^2$

$$A_{eff} = 12 \cdot 2{,}6 \cdot 0{,}707 = 22 \text{ m}^2; \ q_A = Q_{12}/A_{eff} = 8{,}13/22 = 0{,}37 \text{ m}^3/(\text{m}^2 \cdot \text{h}) < 0{,}5; \ B_A = q_A \cdot TS_R = 0{,}37 \cdot 4{,}0 = 1{,}48 \text{ kg } TS/(\text{m}^2 \cdot \text{h}) < 2{,}5$$

4.5.2.3   Bau und Betrieb der Belebungsbecken

Von der Art des Lufteintrags her unterscheidet man zwischen der Oberflächenbelüftung, der Belüftung mit Druckluft und der Kombinierten Belüftung. Ein Betriebsschema zeigt Bild **329**.1.

Oberflächenbelüftung. Die mechanischen Belüfter (Oberflächenbelüfter) führen dem Abwasser den Sauerstoff aus der Luft über dem Wasserspiegel zu. Diese wird in Blasen in das Wasser eingetragen oder das Abwasser wird in die Luft versprützt. In beiden Fällen entsteht eine große Kontaktfläche Luft/Abwasser, die durch das schnelle Umwälzen ständig erneuert wird.

Ein mögliches Verfahren ist die Walzenbelüftung (**326**.1). Das Belebungsbecken ist in Belüftungsrinnen aufgeteilt, die Längen bis zu 150 m haben können. Aus betrieblichen Gründen (nur eine Leitung für zwei Rinnen) wählt man möglichst eine gerade Anzahl. An den Längsseiten der Rinnen sind auf Konsolen die Stabwalzen gelagert. Eine Walze hat eine Länge von 3 bis 6 m; 4 bis 5 Walzen werden von einem Getriebemotor bewegt. Die Kraftübertragung auf die Welle erfolgt über einen Keilriemen. Die Walzenachse ist mit Bürstenmaterial oder Metallstäben besetzt. Hier ist eine ständige Entwicklung festzustellen, die mit Piassavaborsten und federnden Stahlkämmen begann, über Winkelstäbe zu Flachstahlstäben verlief und sicher noch nicht abgeschlossen ist. Bei parallel zur Walzenachse angeordneten Rundstäben spricht man von Käfigwalzen. Der Walzendurchmesser beträgt 40 bis 60 cm, geht aber bei den Käfigwalzen und dem Mammut-Rotor der Fa. Passavant bereits darüber hinaus. Die Walzen drehen sich zur Beckenwand hin, die Drehzahl beträgt etwa 100 bis 120 U/min. Der Beckenquerschnitt betrug bei dem Kessener Becken zunächst $\approx 16 \text{ m}^2$, wurde später jedoch wesentlich verkleinert und beträgt bei den jetzt üblichen Pasveerschen Becken 3 bis 8 m², die Rinnenbreite 3 bis 4 m (**326**.1). Das Abwasser und der Rücklaufschlamm können entweder an der Stirnseite der Rinnen punktförmig oder je an einer der Längswände eingegeben werden. In den Belüftungsrinnen entsteht neben der Längsströmung eine rotierende Querströmung, die von der Oberfläche her die Luftblasen in das Becken mitnimmt.

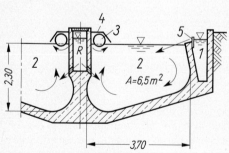

326.1   Pasveersches Becken
1 Abwasserzulauf
2 Belüftungsrinne
3 Stabwalze
4 Abdeckhaube
5 Gezahnte Überfallkante
R Rücklaufschlamm

Diese Art der Walzenbelüftung wird in letzter Zeit häufiger abgelöst durch die Rotorenbelüftung.

Der Mammutrotor wirkt rechtwinkelig zur Hauptfließrichtung. Er dient zur Belüftung in Umlauf- oder Durchlaufbecken (**327**.1).

Durch den rotierenden Rotor wird Luft in das Abwasser eingetragen, eine Fließbewegung, und die Durchmischung im Bekken erzeugt und damit die Grundbedingungen für die biologische Reinigung geschaffen: Turbulenz und Sauerstoffzufuhr. Der Mammutrotor besteht aus folgenden Teilen:

A n t r i e b mit zweistufigem Kegel-Stirnradgetriebe, aufgeflanschtem Drehstrommotor in V1-Bauart und Kupplung zwischen Motor und Getriebe. Ein auf dem Getriebe angeordneter Luftausgleichsfilter verhindert den Eintritt feuchter Luft.

Der R o t o r mit Flansch-Rohrwelle trägt die aufgeklemmten 7,5 cm breiten, radial im 30°-Abstand und seitlich versetzt angeordneten Belüftungsstähle und die beiden Endbegrenzungsscheiben als Spritzschutz.

327.1   Schnitt durch Mammutrotor (Fa. Passavant) in einem Belebungsgraben

Eine e l a s t i s c h e   K u p p l u n g verbindet Getriebe-Antriebszapfen und die Rotor-Flanschwelle. Sie nimmt den Anfahrstoß, im Betrieb auftretende Schwingungen und etwaige Fluchtungsungenauigkeiten auf.

Die E n d l a g e r ruhen lose in einem festen Lagerkörper mit elastischer Stützschale und können Längenausdehnungen und geringe Verlagerungen des Rotors kompensieren.

Zum Schutz gegen eindringendes Spritzwasser in Lager und Getriebe sind an den Wellenein- und -austrittsstellen Labyrinth-Abdichtungen vorgesehen, die mit Sperrfett gefüllt werden. Getriebe- und Endlager werden auf Betonfundamenten montiert. Diese werden durch einen bauseits zu erstellenden Betonlaufsteg mit Geländer und Gitterrostabdeckung verbunden. Es empfiehlt sich, den Mammutrotor mit einem leicht abnehmbaren Spritzschutz zu versehen.

In den letzten Jahren hat sich die Oberflächenbelüftung mit K r e i s e l n gut eingeführt. In Deutschland sind verschiedene Systeme vertreten: der BSK-Kreisel (**328**.2) (oder BSK-Turbine), der Vortair-Kreisel, der Gyrox-Kreisel, der Koppers-Hochleistungskreisel (auch Simplex-Kreisel), der Simcar-Kreisel (**328**.5), der Otto-Oberflächenbelüfter, der Hamburg-Rotor (**328**.4), der Biorotor, der HD-Belüfter (Fa. Passavant), der OS-Kreisel (Fa. O. Schulze), Kreisel-System Bischoff (**328**.1), Kreiselbelüfter (Fa. Landustrie Sneek, **328**.3) und schwimmende Aggregate wie Speedair-Aerator und Aqua-Lator u. a. Die Kreisel sind in der Mitte von runden oder quadratischen Becken an einer vertikalen Welle drehbar angebracht. Der Antrieb durch Getriebemotor sitzt auf einer Stahlbrücke. Die Kreisel sind so ausgebildet, daß das Abwasser von der Beckensohle aus in einem Strudel angesaugt und dann vom Kreisel radial flach über die Wasseroberfläche nach außen geschleudert wird. Durch Ansaugöffnungen wird dem durchströmenden Wasser im Kreisel Luft zugeführt. Die auftreffenden Wasserstrahlen rauhen die Wasser-

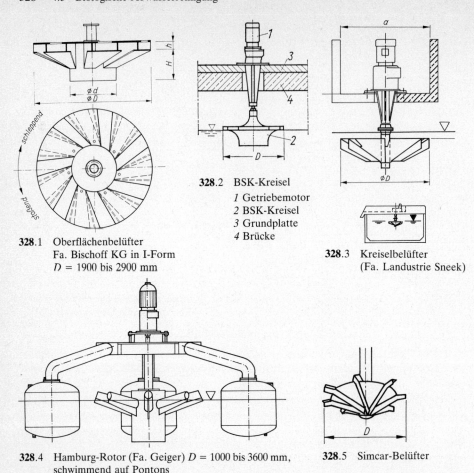

328.1 Oberflächenbelüfter
Fa. Bischoff KG in I-Form
D = 1900 bis 2900 mm

328.2 BSK-Kreisel
1 Getriebemotor
2 BSK-Kreisel
3 Grundplatte
4 Brücke

328.3 Kreiselbelüfter
(Fa. Landustrie Sneek)

328.4 Hamburg-Rotor (Fa. Geiger) D = 1000 bis 3600 mm,
schwimmend auf Pontons

328.5 Simcar-Belüfter

oberfläche stark auf und vergrößern dadurch die Oberfläche und den Lufteintrag. Außerdem entsteht eine intensive Umwälzung des Beckeninhalts und damit eine gute Verteilung der mitgerissenen feinen Luftbläschen. Unter der Kreiselachse entsteht im Becken eine sich drehende Wassersäule. Die Fließgeschwindigkeit an der Beckensohle von 0,2 bis 0,5 m/s verhindert jede Schlammablagerung. Der Antrieb ist so ausgebildet, daß man den Kreisel in beiden Drehrichtungen, stoßend (vorwärts) oder schleppend (rückwärts), betreiben kann. Außerdem können Drehzahl und Eintauchtiefe des Kreisels zwecks Anpassung an den erforderlichen Sauerstoffeintrag verändert werden. Bei größeren Kläranlagen kann man mehrere Kreisel hintereinanderschalten. Die Kreisel sind in Größen von d = 500 bis 4000 mm mit Eintragswerten von 5 bis 200 kg O_2/h lieferbar. Der Kraftbedarf je kg abgebauten BSB_5 beträgt $\approx$ 0,4 kWh. Die Kreisel können auf Schwimmern auch zur Belüftung von Gewässern eingesetzt werden. Für das Becken eines Kreisels gelten folgende Richtwerte: Tiefe/Breite = 1:3 bis 1:8; Tiefe 2,5 bis 4,5 m; Umfanggeschwindigkeit v_u = 3 bis 5 m/s; Wurfweite = 0,3 · v_u^2, z. B. bei v_u = 5m/s = 0,3 · 5^2 = 7,5 m; Leistungsdichte 20 bis 100 W/m^3.

Belüftung mit Druckluft. Für den Lufteintrag im Belebungsbecken sind zwei Faktoren wesentlich: die Blasengröße und die Turbulenz. In Druckluftbecken werden Sauerstoffeintrag und Turbulenz durch die Blasen der unter Druck eingetragenen Luft bewirkt. Im allg. liefert die feinblasige Belüftung bessere Abbauergebnisse; bei hochbelasteten Belebungsanlagen oder bei der Teilreinigung kann aber die grobblasige Belüftung vorteilhaft sein. **329**.2 zeigt verschiedene Möglichkeiten des Drucklufteintrages. Druckluftbecken sind in Rinnen aufgelöst, die etwa quadratische Querschnittsform haben, $A = 10$ bis 20 m^2. Der Lufteintrag erfolgte früher durch Luftkästen mit durchlässigen Abdeckplatten (**331**.2), heute i. allg. durch Rohrsysteme (**329**.1, **329**.2, **330**.3 u. **330**.4). Man verwendet gelochte Stahlrohre 1 bis 1½″ mit Bohrungen, geschlitzte Kunststoffrohre, Düsen, Filterrohre aus Metall oder Kiesfilterrohre, Körnung 60 bis 80. In Bild **330**.3 sind Rohrbelüfter von 1 m Länge verwendet, die in einem Abstand von 25 cm quer zur Längsrichtung eingebaut wurden. Durch Ausrundung oder Abschrägung der Innenkanten sowie durch Leitwände soll eine möglichst störungsfreie Querströmung in der Rinne entstehen. Die Beschickung der Rinnen mit Abwasser, Rücklaufschlamm und Luft kann von den Längsseiten der Becken aus gleichmäßig erfolgen. Man kann aber das Abwasser und den Rücklaufschlamm auch stufenförmig in Längsrichtung einleiten. Im letzten Drittel der Belüftungsrinnen sollte jedoch wegen der zu geringen Einwirkzeit des Belebtschlammes kein Abwasser mehr zugegeben werden (**329**.1). Die Rücklauf- und Überschußschlammförderung erfolgt oft durch Schneckenhebewerke (**330**.1) oder Schöpfräder, um die Schlammflocken nicht zu zerstören. Bild **330**.2 zeigt verschiedene betriebliche Möglichkeiten der Beckenbeschickung mit dem über die Beckenlänge verlaufenden Reinigungsverlauf. Die Wahl des Verfahrens wird durch Abwasserart und Belüftungssystem bestimmt.

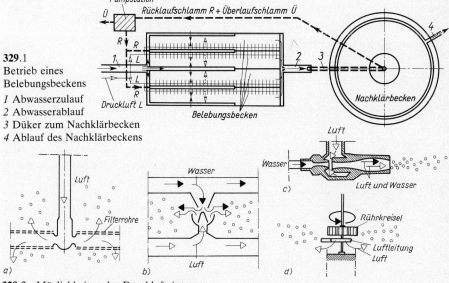

329.1
Betrieb eines
Belebungsbeckens

1 Abwasserzulauf
2 Abwasserablauf
3 Düker zum Nachklärbecken
4 Ablauf des Nachklärbeckens

329.2 Möglichkeiten des Drucklufteintrages
a) Filterrohre (Lochfilter, keramische Filter, Düsenrohre) als Verteiler
b) Gegenstrom-Prinzip (Mischvorgang intensiviert)
c) Ejektor-Prinzip (Strahl-Unterdruckwirkung)
d) Verteilerring für Luft mit Rührkreisel zur Raumverteilung

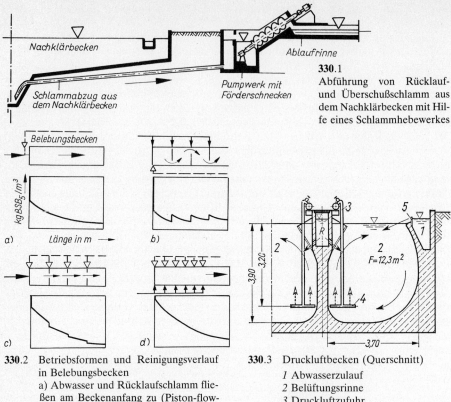

330.1
Abführung von Rücklauf-
und Überschußschlamm aus
dem Nachklärbecken mit Hilfe eines Schlammhebewerkes

330.2 Betriebsformen und Reinigungsverlauf
in Belebungsbecken
a) Abwasser und Rücklaufschlamm fließen am Beckenanfang zu (Piston-flow-
Beschickung)
b) verteilte Abwasserzugabe (Gould),
mit zum Beckenende abnehmender
Luftzugabe = Schumacher (Bioxon)
c) verteilte Rücklaufschlammzugabe
d) verteilte Abwasser- und Rücklaufschlammzugabe

330.3 Druckluftbecken (Querschnitt)
1 Abwasserzulauf
2 Belüftungsrinne
3 Druckluftzufuhr
4 Rohrbelüfter
5 Gezahnte Überfallkante
R Rücklaufschlamm

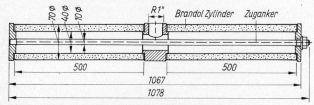

330.4 Schumacher-Rohrbelüfter 70 mm ⌀, 1 m lang
Ausrüstung: 2 Brandol-Zylinder 70/40 mm ⌀, 500 mm lang, zusammengespannt mit Zugan-
ker aus rostfreiem Stahl, 2 Deckplatten und Mittelteil aus Grauguß, einbrennlackiert, Mut-
ter aus Messing, Gummidichtungen mit Gewebeauflage. Gewicht etwa 7 kg.
Luftdurchsatz: 3 bis 15 m³/h pro Belüfter bei wirtschaftlichstem Einsatz. In diesem Bereich
ist der Sauerstoffertrag 3,8 bis 2,5 kg O_2/kWh. Luftdurchsatz bis 50 m³/h möglich.

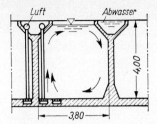

331.1 Hurdbecken

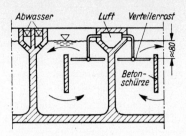

331.2 Inka-Belüftung

Die Druckluft wird aus betrieblichen Gründen möglichst von mehreren Gebläsen erzeugt. Beim Ausfall eines Gebläses fördern die anderen gleichmäßig weiter, so daß es wegen fehlender Turbulenz nicht zu einer Schlammablagerung kommt. Durch das Einschalten verschiedener Gebläse kann man sich dem erforderlichen Lufteintrag, der tagsüber mit der Belastung schwankt, anpassen. Die Steuerung kann durch Zeitschaltung oder durch Schaltung nach dem Sauerstoffgehalt im Abwasser automatisiert werden. Die Gebläse können elektrisch oder direkt durch Faulgas-Motoren betrieben werden. Die Gebläse sind in einem massiv gebauten Raum vor Nässe und Kälte geschützt aufzustellen. Die Anlage muß übersichtlich und gut zu kontrollieren sein. Oft bringt man die Gebläse zusammen mit Transformatoren, Pumpen, Gasmotoren und der Schaltzentrale in einem gemeinsamen Betriebsgebäude unter.

Bei Druckluft-Belebungsbecken empfiehlt es sich, für größere Planungen eine Versuchsanlage zu bauen. Diese kann als Teil der geplanten Gesamtanlage im Maßstab 1:1 oder in verkleinertem Maßstab 1:2 bis 1:10 betrieben werden. Es werden Belüftungsversuche mit verschiedenen Systemen durchgeführt, die dem speziell anfallenden Abwasser angepaßt werden.

Neuerdings setzen sich Doppelbelüftungsrinnen ohne Mittellängswand durch (**331**.3). Allgemein kann man bei f e i n b l a s i g e r B e l ü f t u n g von folgenden Richtwerten für das B e c k e n ausgehen (vgl. **331**.3): $b/t \approx 1{:}1$; $t_e = 3$ bis 6 m; Luftmenge 1 bis 3 m_L^3/m_{Bb}^3; Belüfter 5 bis 15 m^3 Luft/(m · h); Leistungsdichte > 10 W/m^3.

331.3
Belebungsbecken ohne Mittellängswand (Bemessungsvorschlag; Abzug für Bekkenabschrägungen $\approx 7\%$; $F_{netto} = 3{,}75^2 - 0{,}07 \cdot 3{,}75^2 = 13$ m^2)

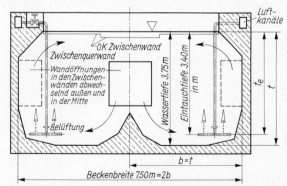

Durch Zwischenquerwände kann der Strömungsweg verlängert werden. Bild **331**.3 gibt Verhältniswerte für Beckenquerschnitte mit Bandbelüftung an. Die Eintauchtiefe t_e sollte $\geqq 1{,}0$ m sein. Größte Beckentiefe liegt etwa bei 6,0 m.

Für industrielles Abwasser wird, bisher vereinzelt, eine Tiefstrombelüftung eingesetzt, bei der eingetragene Druckluft in große Wassertiefen vom Abwasser mitgenom-
men wird, wodurch die Kontaktzeit auf $\geq$ 3 min erhöht wird (15 bis 20 s bei horizontal
durchströmten Becken). Die Anlagen haben kleinen Platzbedarf und u. U. geringe Baukosten (**332**.1). Das ICI(Imperial Chemical Industries Ltd.)-Tiefschachtverfahren wurde
1974 in England entwickelt.

Es ist ein Belebungsverfahren, daß sich durch hohe Sauerstoffeintragswerte ($\leq$ 3 kg
O_2/m^3), einem Sauerstoffertrag von 3 bis 4 kg O_2/kWh und einer Sauerstoffausnutzung bis
80% von anderen Verfahren unterscheidet. Der zur biologischen Reinigung erforderliche Luftsauerstoff wird in großer Tiefe (Kl A Leer 30 m) in den Abströmer (*2*) eingetragen. Die Luftblasen werden durch die abströmende Wassermenge mit in die Tiefe
genommen und gehen infolge des wachsenden Wasserdruckes in Lösung. Nach Eintritt
in den Aufströmer (*3*) vermindert sich der Druck und die überschüssige Luft tritt in
Blasen wieder aus. Sie bilden zusammen mit dem belebten Schlamm ein Flotat.

Auch die modernen Turmbiologie-Anlagen der chemischen Industrie arbeiten mit
großen Eintragstiefen ($\geq$ 10 m) und erreichen sehr wirtschaftliche O_2-Einträge.

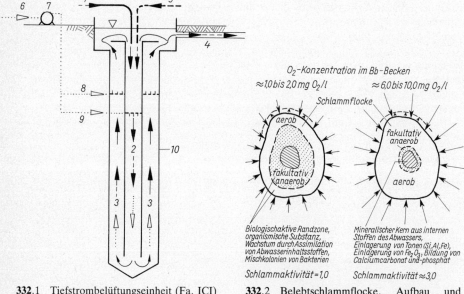

332.1 Tiefstrombelüftungseinheit (Fa. ICI)

1 Abwasser-Zulauf   6 Luft
2 Abströmer   7 Kompressor
3 Aufströmer   8 Start-Luft
4 Ablauf   9 Prozeß-Luft
5 Schlammrücklauf   *10* Schacht
   vom Nachklärbecken

332.2 Belebtschlammflocke, Aufbau und
Schlammaktivität als Funktion der O_2-
Konzentration. Organischer Anteil etwa
70% (davon org. N 6 bis 8%, org. C ~
30%); Anorganischer Anteil etwa 30%
(davon Ca 0 ~ 23%, Al_2O_3 ~ 18%,
Fe_2O_3 ~ 7%, SiO_2 ~ 32%, P_2O_5 ~ 13%)

Kombinierte Belüftung. Bei der kombinierten Belüftung sind mechanisch wirkende Vor-
richtungen zur Umwälzung und Druckluft eintragende zusammen wirksam. Man versucht, den großen Anteil der Druckluft, welcher in Druckluftbecken allein die Umwälzung bewirkt, funktionell durch mechanische Umwälzung zu ersetzen. Der Prototyp sind
Paddelräder. Beim Turbinenbelüfter sitzt im unteren Beckenteil ein Belüftungs-

rohrring, über den die Druckluft grobblasig zugeführt wird und über den Luftaustrittsöffnungen rotiert, um eine vertikale Welle ein Rührkreisel, der die Blasen fein verteilt und für die Umwälzung sorgt. Diese Kombination wird auch beim Aero-Accelator (**426**.1) eingesetzt. Bei beweglichen Belüftungseinrichtungen strömt das Abwasser meist im G e g e n s t r o m über die an der Beckensohle wandernden Luftaustrittsrohre. Sauerstoffzufuhr und Umwälzung sind durch Luftmenge bzw. Fahrgeschwindigkeit getrennt zu regulieren (**413**.1).

Als eine alternative Betriebsform gilt die Sauerstoffbegasung des Belebungsbeckens. Der Einsatz der Sauerstoffbegasung ist insbesondere für eine Erweiterung oder Erhöhung des Wirkungsgrades einer überlasteten mit atmosphärischer Luft betriebenen Belebungsanlage geeignet. Bei unveränderten Raumbelastungen bringt die Sauerstoffbegasung gegenüber der Luftbegasung im Belebungsbecken folgende Vorteile (**332**.2):

– Erhöhung des gelösten Sauerstoffgehaltes im Belebungsbecken,
– Aktivitätssteigerung des Belebtschlammes,
– Verringerung des Schlammindexes,

und dadurch Erhöhung des Trockensubstanzgehaltes im Belebungsbecken bei gleichem Rücklaufverhältnis und folglich Verringerung der ursprünglichen Schlammbelastung.

4.5.2.4   Kombinierte Belebungsbecken

Schachtelbecken nach Schmitz-Lenders. Dieses Becken kombiniert Vor- und Nachklärbecken mit dem Belebungsbecken (s. Abschn. 4.5.2). Ein horizontal durchflossenes Rundbecken bildet den Zentralkörper, an welchen ringförmig das Belebungsbecken in Form einer Belüftungsrinne und als zweiter Ring das senkrecht durchflossene Nachklärbecken angefügt sind. Man erhält einen komplexen Baukörper, dessen Einheiten durch kurze Fließ- oder Förderwege miteinander verbunden sind (**333**.1).

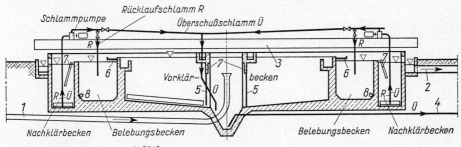

333.1   Schachtelbecken nach [71]

1 Zulauf	*5* Rechen
2 Ablauf	*6* Tropfbleche
3 Räumerbrücke	*7* Tauchwand
4 Schlammablaß	*8* Druckluftleitung

Das Abwasser tritt über einen Düker zentral in das Vorklärbecken ein, durchfließt den Beruhigungsrechen des Einlaufbauwerks und regnet am Beckenumfang über ein Tropfblech in den Belüftungsring. Bei Störungen, die ein Ausschalten des Belüftungsbeckens erfordern, kann der Wasserspiegel im Vorklärbecken bis zu einer zweiten Rinnenkante, die normal überstaut ist, mechanisch vorgereinigt abgelassen werden. Die Belüftung geschieht durch eine Luftringleitung mittels Druckluft. Aus dem Belüftungsraum tritt das Abwasser wiederum am ganzen Umfang in den Nachklärraum und unterströmt hier eine mit 4:1 geneigte Tauchwand, um anschließend aufwärts zu steigen. Das Schlammfilter steigt dabei nicht höher als bis Unterkante Tauchwand; Absetzzeit im Nachklärbecken t_R = 1,5 h. Über dem Schachtelbecken fährt kreisend eine Räumbrücke, an welcher die Schlammschilde für Vor- und Nachklärbecken befestigt sind. Nötigenfalls kann auch der Belüftungsring ausgeräumt werden, um dort abgelagerten Schlamm aufzuwirbeln. Der Vorbeckenschlamm wird im Mitteltrichter gesammelt und abgelassen, während die Schlammschilde im Nachklärbecken einen liegenden Winkel bilden, aus dessen Scheitel der Schlamm von Pumpen auf der Räumerbrücke abgesaugt wird. Aus der Pumpendruckleitung fließt der Rücklaufschlamm in den Belüftungsring und der Überschußschlamm in den Schlammtrichter des Vorbeckens. Die Leistung eines Schachtelbeckens kann durch Vorschalten eines Ausgleichsbeckens bzw. einer Vorbelüftung noch gesteigert werden. Diese Anlagen eignen sich besonders für kleine und mittelgroße Klärwerke. Es wurden bereits Schachtelbecken mit Belastungen von 2000 bis 45 000 EGW gebaut. Folgende Vorteile werden erreicht:

1. gleichmäßige Beschickung des Belüftungsraumes auf seiner ganzen Länge
2. Unterdrückung des im Belüftungsraum sich bildenden Schaumes durch Beregnung
3. gleichmäßige Beschickung des Nachklärraumes vom Belüftungsraum her am ganzen Umfang
4. senkrechte Wasserbewegung im verhältnismäßig flachen Nachklärraum
5. Betrieb der Schaber aller Klärräume durch eine Drehbrücke
6. Verhinderung von Schlammablagerungen im Belüftungsraum, in dem gegebenenfalls von der Brücke aus ein Schaber durch den Belüftungsraum gezogen wird
7. kurze Aufenthaltszeit des Belebtschlammes im Nachklärraum. Nach einer halben Umdrehung der Brücke wird der abgelagerte Schlamm entfernt
8. erleichterte Bedienung durch Zusammenfassung aller Klärvorgänge in einer Einheit
9. gleichmäßige Verteilung des Rücklaufschlammes im Belüftungsraum, unabhängig von der Rücklaufmenge

Das Schachtelbecken kann zusätzlich mit einem darunterliegenden Faulraum kombiniert werden. Man erhält dann die Kombination von vier Klärelementen in einem Bauwerk.

Hamburg-Becken (334.1). Dieses schaltet drei Beckeneinheiten hintereinander und vereinigt sie zu einer sehr langen Einheit. Die Übergänge sind durch die Einrichtung von einem Beruhigungsrechen bzw. von Schlammtrichtern räumlich markiert. Das Abwasser wird nach Vorbehandlung in Rechen, Sandfang und Vorklärbecken mit Vorbelüftung eingeleitet. Es durchfließt zwei Belüftungszonen, dann eine Absetz- und schließlich eine Nachklärzone. Das Hamburg-Becken wurde durch Kehr [28] und v. d. Emde nach umfangreichen Versuchen entwickelt und zum ersten Mal in Hamburg-Köhlbrandhöft, später in Kassel gebaut.

Das Becken hat eine mittels Kessener Bürsten belüftete Vorkammer (t_R = 5 min) als Belüftungszone 1. In der Belüftungszone 2, die aus Belüftungsrinnen mit Kessener Bürsten besteht (t_R = 25 min), wird der Bodenschlamm durch einen Schlammräumwagen in den Schlammtrichter 1 abgeräumt. Der Schwimmschlamm wird in die Absetzzone weitergegeben. Diese und die Belüftungszone 2 sind durch einen Emscherrechen (Beruhigungsrechen) getrennt. Die Absetzzone ist für t_R = 2 h berechnet, mittlere Geschwindigkeit $v_m \geqq 0,01$ m/s. In ihr erfolgt die Schlammräumung durch Bandräumer

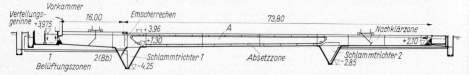

334.1 Längsschnitt durch das Hamburg-Becken (Stadtentwässerung Hamburg)

(Schildabstand 3 m) in den Schlammtrichter 1. Beim Rückgang an der Wasseroberfläche nehmen die Räumschilde den Schwimmschlamm mit zur Nachklärzone, wo er von einem weiteren Räumwagen übernommen und in die Fettrinne am Ende des Beckens gegeben wird. Dieser Räumwagen räumt zugleich den Bodenschlamm der Nachklärung in den Schlammtrichter 2. Eine Nebenaufgabe der Räumschilde, die besonders bei so langen Becken erwünscht ist, besteht darin, Windstau an der Oberfläche zu verhindern. Der Rücklaufschlamm wird aus dem Schlammtrichter 1 in den Zulauf zur Belüftungszone 1 gegeben. Der Schlamm im Trichter 2 wird als Überschußschlamm behandelt und zusammen mit dem Schlammüberschuß aus dem Trichter 1 in den Faulraum gegeben. Immer vier der 6,0 m breiten Einzelbecken sind bei der Schlammabnahme zusammengefaßt. In Hamburg wird häusliches Abwasser von 1 120 000 Einwohnern und gewerbliches Abwasser von 330 000 EGW (Q_{20} = 16 000 m³/h) eingeleitet. In Kassel können max 400 000 EGW angeschlossen werden, z. Z. sind es 300 000 (Q_{18} = 2600 m³/h).

Die Anlage in Hamburg kann insgesamt ohne Belüftung als Absetzbecken, bei kurzer Belüftungszeit in der Vorkammer und in der Belüftungszone 2 als mechanische Reinigungsanlage mit Vorbelüftung und Flockung und schließlich als hochbelastete Belebungsanlage gefahren werden.

Trichterbecken mit Belebungs- und Nachkläreinheiten. Ebenso wie das Schachtelbecken vereinigt dieses in Rundbauweise Vor-, Belebungs- und Nachklärbecken zu einem Bauwerk. Das Vorklärbecken ist hier jedoch ein Trichterbecken, an das die anderen beiden Funktionen in wechselnder Folge – Belebung und Nachklärung – ringförmig und in flacher Bauweise angehängt wurden. Es wurde beim Lübecker Klärwerk ausgeführt (**335**.1). Auf die Wahl des etwa 17 m tiefen Trichterbeckens kam man hier nicht nur wegen der hervorragenden Absetzwirkung, sondern auch wegen des ohnehin sehr tief anstehenden tragfähigen Bodens.

335.1 Trichterbecken mit Belebungs- und Nachkläreinheiten

4.5.2.5 Mehrstufige Belebungsanlagen

Man versteht darunter Anlagen, in denen sich die Belebungsstufe ein oder mehrfach, auch in verschiedenen Formen wiederholt. Verfahrenstechnisch am weitesten entwickelt ist das **Adsorptions-Belebungsverfahren (A-B-Verfahren)** [10]. Es ist ein zweistufiges Belebungsverfahren mit einer höchstbelasteten 1. A-Stufe und einer normalen schwachbelasteten 2. B-Stufe (**336**.1). Kennzeichnend ist die Trennung der beiden Schlammkreisläufe und die sehr hohe Schlammbelastung der A-Stufe. Der normale Betriebsbereich der A-Stufe sollte bei Schlammbelastungen B_{TS} = 3 bis 6 kg BSB_5/(kg TS · d) liegen, höhere Belastungen sind möglich. Die 2. schwachbelastete Stufe arbeitet mit Schlammbelastungen $B_{TS} \leq 0{,}30$, besser um 0,15 kg BSB_5/(kg TS · d). Ein höherer Wirkungsgrad der BSB_5-Eliminierung in der A-Stufe als 70% sollte nicht angestrebt werden, um noch ausreichend abbaubare Substanz in der 2. Stufe zu erhalten, dort auch wichtig für die Vorgänge der Nitrifikation und Denitrifikation.

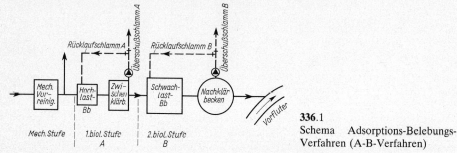

336.1
Schema   Adsorptions-Belebungs-Verfahren (A-B-Verfahren)

Seit über 6 Jahren führt das Institut für Siedlungswasserwirtschaft der RWTH Aachen Versuche im halb- und großtechnischen Maßstab durch. Die Reinigungsleistung der A-Stufe wies starke Unterschiede in der BSB_5-Abbauleistung von

$$\eta = 72 \text{ bis } 14\% \text{ auf.}$$

Bemerkenswert war, daß trotz der geringen Leistung der A Stufe die Reinigungsleistungen der B-Stufe für die Parameter BSB_5, CSB und TOC sehr gut waren.

Die A-Stufe kann über den Sauerstoffgehalt gesteuert werden. Ausreichende Sauerstoffversorgung (C_x = 1 bis 2 mg O_2/l) bedeutet eine aerobe Betriebsform, eine Sauerstoffunterversorgung eine fakultativ anaerobe Betriebsform. Für jede Betriebsform bildet sich eine eigene selbständige Biozönose aus, die in Abhängigkeit vom Sauerstoffdefizit unterschiedliche Wirkungsmechanismen entwickelt. Dabei wird der Belebtschlamm der A-Stufe nahezu ausschließlich von Bakterien (Prokaryonten) gebildet. Diese können bei ausreichender Sauerstoffversorgung durch aerobe Atmung einen intensiven Abbauprozeß betreiben, für die Bakterien die höchste Form der Energiegewinnung. Bei Unterversorgung mit Sauerstoff kann diese anpassungsfähige Gruppe der Prokaryonten auf eine Ersatzform ausweichen. Es bildet sich eine Lebensgemeinschaft, die den Abbauprozeß nur zum Teil durchführt. Entsprechend wenig Energie wird gewonnen. Bei diesem Prozeß entstehen durch Nährstoffspaltung neue Verbindungen, die diese Mikroorganismen nicht weiter verarbeiten können. Dafür stehen die spezialisierten Mikroorganismen (Eukaryonten) der B-Stufe zur Verfügung. Entscheidend ist, daß bei diesem Verfahren die angebotene Nahrungsmenge voll angegriffen wird, darunter auch schwer abbaubare Substanzen.

Verfahrenstechnisch entstehen folgende Vorteile: Die A-Stufe ist relativ unempfindlich gegenüber Belastungsstößen, starken Schwankungen des pH-Wertes, der Leitfähigkeit und der Temperatur. Sie besitzt eine hohe Pufferkapazität.

Wird die A-Stufe wegen toxischer Abwasserqualität unwirksam, so regeneriert sie sich in wenigen Stunden. Die hohe Wachstumsrate und das niedrige Schlammalter von 0,2 bis 0,6 Tagen bewirken dies. Durch Anpassung der Betriebsform der A-Stufe an die Abwasserzusammensetzung können optimale Voraussetzungen für den Abbauprozeß geschaffen werden. Bietet ein Abwasser aus biologischer Sicht keine Schwierigkeiten (kommunales Abwasser oder Abwässer mit leicht abbaubaren organischen Inhaltsstoffen), so kann bei aerober Betriebsweise bereits ein hoher Eliminationsgrad in der A-Stufe erreicht werden. Bei fakultativ anaerober Betriebsweise können dagegen schwerer abbaubare Verbindungen aufgeschlossen werden, so daß sie in einer weiteren biologischen Stufe eliminiert werden können.

Die B-Stufe kann unter günstigen Abbaubedingungen arbeiten. Es werden BSB_5-, CSB- und TOC-Ablaufkonzentrationen erreicht, wie bei einer einstufigen Anlage mit sehr niedriger Schlammbelastung. Dies gilt auch für Nitrifikation und Denitrifikation.

Neben diesen verfahrenstechnischen Vorteilen entstehen Kostenersparnisse durch Raum- und Energieersparnis.

Insgesamt ist erwiesen, daß sich die zweistufige Verfahrenskombination nach dem A-B-Verfahren durch hohe Prozeßstabilität, große Pufferkapazität, hohe Eliminationsleistung und stabile Ablaufqualität auszeichnet. Ein weiterer Schritt wäre der Übergang vom Eintrag atmosphärischer Luft zu einer **Sauerstoffbegasung in der 2. biologischen Stufe** (337.1). Diese Verfahrenstechnik ist nach [16] z. B. für die 2. Stufe des Klärwerkes Krefeld vorgesehen. Um den Vorfluter vor Aufdüngung zu schützen und um die Denitrifikation und damit eine teilweise O_2-Rückgewinnung möglichst sicher zu erreichen, werden die Belebungsbecken nach dem Carrousel-prinzip gebaut. Zusätzlich wird eine Trennung von Umwälzung und Belüftung eingerichtet, wodurch die Verbesserung der Denitrifikation erreicht werden soll.

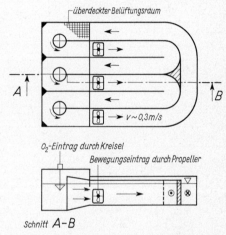

337.1 Trennung von Bewegung und Belüftung beim Einsatz der O_2-Begasung nach [16]

Die Belüftungsräume der Carrouselbecken wurden überdeckt ausgebildet, so daß später eine Sauerstoffbegasung in diesen Kammern möglich wird. Durch die Umstellung würde ohne nennenswerte Erweiterungsbauten die Kapazität des Klärwerks von 800000 auf 1,2 Mio EGW erhöht.

Das Prinzip eines Belebungsbeckens mit Sauerstoffbegasung nach dem Unox-Verfahren beruht darauf, daß vorgeklärtes Abwasser in ein geschlossenes Becken aus mehreren Kammern geleitet wird, in denen reiner Sauerstoff durch Kreisel eingetragen wird. Die Abwasser-, die Rücklaufschlamm- und die Sauerstoffzugabe erfolgt in die erste Kammer mit dem Vorteil, daß dem höchsten Sauerstoffbedarf des Abwassers auch die höchste Sauerstoffkonzentration zur Verfügung steht.

Danach fließt das Abwasser in eine konventionelle Nachklärung. Die Vorteile der mit reinem Sauerstoff betriebenen Belebungsanlagen sind durch zahlreiche Betriebsergebnisse belegt. Ebenso sind einige Schwierigkeiten bekannt, die besonders in der Ansäuerung des Abwassers durch das beim biologischen Abbau entstehende CO_2 entstehen.

Dies führt dazu, daß der pH-Wert des zufließenden Abwassers erhöht werden muß, um in der Belebung die Lebensbedingungen der Mikroorganismen zu verbessern und die Reinigung des Abwassers zu sichern.

Da nach den vorliegenden Versuchsergebnissen bei A-B-Anlagen die Schmutzkonzentrationen und insbesondere die CO_2-erzeugenden C-Verbindungen in der Adsorptionsstufe zu mehr als 50% eliminiert werden, stellt die Adsorptions-Sauerstoffanlage eine vorteilhafte Kombination der beiden Reinigungsstufen dar. In der nachfolgenden O_2-Stufe wird entsprechend weniger CO_2 gebildet und eine mögliche Ansäuerung des Abwassers verringert. Die Adsorptionsstufe bewirkt eine CO_2-Entlastung der Sauerstoffstufe. Außerdem wird durch die Vorschaltung der A-Stufe ein erheblicher Teil der Gesamtverschmutzung eliminiert, wodurch der relativ teure Raumbedarf des Sauerstoffbegasungsbeckens verringert wird.

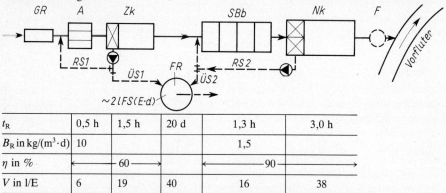

t_R	0,5 h	1,5 h	20 d	1,3 h	3,0 h
B_R in kg/(m³·d)	10			1,5	
η in %		← 60 →		← 90 →	
V in l/E	6	19	40	16	38

338.1 Verfahrensschema und spezifischer Raumbedarf einer Adsorptions-Sauerstoff-Anlage mit
$B_{TS} = 0,3$ kg BSB_5/(kg TS · d) in der Sauerstoffbegasungsstufe
Q_d = 200 l/(E · d); q_h = 200/16 = 12,5 l/(E · h); B_B = 60 g BSB_5/(E · d) nach [16]
GR = grobmech. Vorreinigung SBb = Sauerstoffbe- RS = Rücklaufschlamm
A = Adsorptionsstufe   gasungsbecken $ÜS$ = Überschußschlamm
Zk = Zwischenklärung Nk = Nachklärung FR = Faulbehälter
                                                                F = Filtration

In **338**.1 ist das Verfahrensschema und der spezifische Raumbedarf für eine Adsorptions-Sauerstoffbegasungsanlage mit einer Schlammbelastung $B_{TS} = 0,3$ kg BSB_5/(kg TS · d) in der Sauerstoffstufe dargestellt. Da der Schlamm in der Sauerstoffstufe meist schwerer als bei luftbegasten Anlagen ist ($I_{SV} \approx 100$ ml/g) liegt der Trockensubstanzgehalt in dieser Stufe im Mittel bei $TS_R = 5$ kg TS/m³. Die Raumbelastung ergibt sich daraus zu $B_R = 1,5$ kg BSB_5/(m³ · d). Wegen des guten Schlammabsetzverhaltens wird der spezifische Raumbedarf der Nachklärung geringer. Insgesamt entsteht bei diesem Verfahren der geringste Raumbedarf. Die Herstellungskosten des Sauerstoffbeckens und der erforderlichen Sauerstofferzeugungsanlage aber brauchen die so erzielten Einsparungen teilweise wieder auf. Böhnke stellt für eine Anschlußgröße von 100000 EGW die Lösungen gegenüber, wobei die 2. Stufe des AB-Verfahrens ungünstigerweise für eine Schlammbelastung von $B_{TS} = 0,15$ bemessen wurde (Tafel **339**.1).

Es stellen sich bei der einstufigen luftgegasten als auch bei der einstufigen sauerstoffbegasten Belebungsanlage fast die gleichen Kosten und Energiebedarfswerte ein. Dagegen sind die zweistufigen Verfahren von den Kosten und vom Energiebedarf her den einstufigen Verfahren überlegen.

Tafel **339**.1 Kosten, Personal- und Energieaufwand von Abwasserreinigungsverfahren für eine Anschlußgröße von 100000 EG nach [16]

Position	Konventionelle Kläranlage $B_{TS} = 0,15$	Adsorptions- Belebungs- Verfahren $B_{TS} = 0,15$	O_2-Begasung $B_{TS} = 0,3$	Adsorptions- O_2-Begasungs- verfahren $B_{TS} = 0,3$
geschätzte Baukosten in Mio DM	15,0	13,6	15,1	13,9
Jahreskosten in DM/(E·a)	27,01	24,49	27,75	25,29
Aufenthaltszeit in der Kläranlage (h)	13,5	8,8	6,8	5,6
Personalaufwand, Anzahl der Betreuer	8	9	9	9
spezifischer Energieaufwand kWh/(E · a)	15,2	9,0	15,2	9,4

Böhnke [11] versucht **Teichsysteme mit konventionellen Anlagenteilen** zu verbinden um damit die Qualitäten der Abwasserteiche für höhere Anschlußwerte (bis 40000 EGW) zu erhalten.

Eine Raumersparnis gegenüber Nur-Teichsystemen ist möglich, wenn

a) ein Großteil der gelösten organischen Belastung vorweg in einer biologischen Vorstufe in absetzbare Substanz umgewandelt wird und

b) dieser vermehrt anfallende Schlamm in den nachfolgenden Teichen gespeichert und weitgehend stabilisiert werden kann.

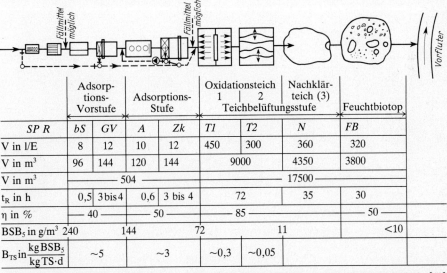

SP R	bS	GV	A	Zk	T1	T2	N	FB
V in l/E	8	12	10	12	450	300	360	320
V in m³	96	144	120	144	9000		4350	3800
V in m³	— 504 —				— 17500 —			
t_R in h		0,5	3 bis 4	0,6	3 bis 4	72		35	30
η in %	— 40 —		— 50 —		— 85 —			— 50 —	
BSB₅ in g/m³	240		144		72		11		<10
B_{TS} in $\dfrac{kg\,BSB_5}{kg\,TS \cdot d}$	~5		~3		~0,3	~0,05			

339.2 Kombination einer Adsorptionsstufe mit einer Teichanlage für 12000 *EGW* nach Böhnke [11]

SP = Schneckenpumpwerk	*GV* = Grobvorklärung	*T* = Teiche (1, 2, 3)
R = Rechen	*A* = Adsorptionsstufe	*N* = Nachklärteich
bS = belüfteter Sandfang	*Zk* = Zwischenklärung	*FB* = Feuchtbiotop

Drei Möglichkeiten einer kombinierten, mehrstufigen Anlage werden aufgezeigt:

1. Vorschaltung einer hochbelasteten Adsorptions-Stufe,

2. Vorschaltung eines belüfteten Sandfanges als Adsorptionsstufe-Vorstufe sowie einer ebenfalls hochbelasteten Adsorptions-Stufe und

3. Vorschaltung eines belüfteten Sandfanges als Adsorptions-Stufe mit nachfolgendem hochbelasteten Tropfkörper.

Bei der 2. Lösung, z.B. für 12000 *EGW*, werden durch die Vorschaltung der hochbelasteten Stufe zwar rund 500 m^3 Raum erforderlich, dafür aber 23650 m^3 Teichraum eingespart. Durch Änderung der Vorstufe ist auf derselben Fläche eine Erweiterung um 100% möglich. Weiterhin ist ein Schönungsteich als Feuchtbiotop nachgeschaltet. Der spezifische Energiebedarf sinkt von 1,14 kWh/kg *BSB₅* auf 0,64 bis 0,85 je nach Wahl des Systems. Der erforderliche Wartungsaufwand einer solchen kombinierten Teichbelüftungsanlage ist größer als bei einer reinen Teichanlage, aber geringer als bei einer entsprechenden konventionellen Kläranlage mit Faulbehälter.

4.5.2.6 Anaerobe Abwasserbehandlung

Die wesentlichen Unterschiede zum aeroben Abbauprozeß liegen in der z.T. erheblich größeren Generationszeit (langsameres Wachstum) der fakultativ und obligat anaeroen Mikroorganismen sowie in dem mehrstufigen Abbau durch verschiedene Bakteriengruppen mit sehr unterschiedlichen z.T. gegensätzlichen Forderungen in bezug auf Temperatur, pH-Wert, Wasserstoffpartialdruck, Stofftransport etc. Die aus der aeroben Prozeßtechnik übliche Bemessung von Anlagen, z.B. nach der Schlammbelastung, ist beim anaeroben Prozeß nicht möglich. Durchflußzeit bzw. Raumbelastung sind z.Z. noch unbefriedigende Hilfsgrößen zur Auslegung der Reaktionsräume.

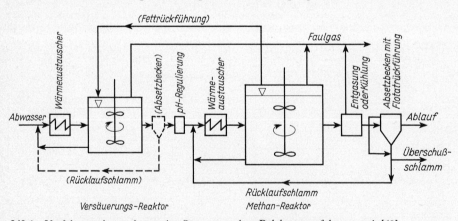

340.1   Verfahrensschema des zweistufigen anaeroben Belebungsverfahrens nach [69]

Die anaerobe Abwasser- und Schlammbehandlung ist ein bewährtes Verfahren, organisch hochverschmutztes Abwasser vorzubehandeln und verwertbares Biogas zu gewinnen. Auf eine durchdachte Prozeßtechnik ist dabei zu achten. Die Wirtschaftlichkeit der anaeroben Vorbehandlung ist in jedem Einzelfall zu untersuchen. Tafel **341**.1 stellt den aeroben und den anaeroben Abbauprozeß gegenüber (s. auch Abschn. 4.6.5.4).

Tafel **341**.1   Gegenüberstellung der wesentlichen Unterschiede zwischen dem aeroben und dem anaeroben Abbauprozeß nach [69]

Parameter	Aerober Abbauprozeß	Anaerober Abbauprozeß
Temperatur	je nach Temperatur des Abwassers etwa 5 bis 20 °C	Optimum der mesophilen Bakterien 30 bis 37 °C (oftmals Beheizung erforderlich)
pH-Wert	neutral	je nach Bakterienart sauer bzw. neutral
Abbau	im Regelfall setzt ein Organismus die Inhaltsstoffe zu CO_2, H_2O und Biomasse um	Stufenweiser Abbau der Verbindungen durch mehrere Bakteriengruppen zu CO_2, CH_4 und Biomasse
Generationszeiten, Wachstum	sehr schnelles Wachstum, geringe Generationszeiten (i. M. etwa 2 h); dadurch hohe Produktion an Biomasse (Oberschußschlamm)	relativ langsames Wachstum (besonders der methanogenen Bakterien, abhängig vom Substrat) Generationszeiten zwischen 12 h und 15 d; dadurch sehr geringe Produktion an Biomasse (Oberschußschlamm)
Prozeßtechnik, Verfahrenstechnik	einstufige Prozeßführung möglich; technische Gestaltung des Reaktionsraumes hat keine entscheidende Bedeutung für den Abbau.	mehrstufige Prozeßführung aus mikrobiologischer Sicht vorteilhaft; Prozeßführung und Reaktortechnik haben entscheidenden Einfluß auf die Leistungsfähigkeit des Verfahrens; mehrstufige Prozeßführung ist aufwendiger als einstufiger Betrieb
Bemessung, Dimensionierung	nach der Raumbelastung, Schlammbelastung oder Durchflußzeit möglich, da im Regelfall eine Bakterienart mit kurzen Generationszeiten für den Abbau ausreicht; Schlammbelastung ist definierbar, relativ geringes Schlammalter ist ausreichend	nach üblichen Kriterien nicht möglich, da verschiedene Bakterien mit sehr unterschiedlichen Generationszeiten beteiligt sind. Das erforderliche, hohe Schlammalter macht eine Schlammrückführung erforderlich. Bisher üblicher Bemessungswert: Raumbelastung

4.5.3   Natürlich-biologische Verfahren und Abwasserteiche

Maßgebende Richtlinien für die landwirtschaftliche Anwendung sind DIN 19650 und DIN 19655.

Die hier beschriebenen Verfahren fordern nur teilweise eine mechanische Vorreinigung durch Rechen, Siebe, Sandfänge und Absetzbecken (vgl. Abschn. 4.4.2, 4.4.3, 4.4.4).

Die in Abschn. 4.1.2 dargestellten biochemischen Vorgänge finden im Boden bzw. im Wasser der Fischteiche statt. Bei der Anwendung dieser Verfahren sind besondere Grundsätze der Pflanzenphysiologie, Fischbiologie, Bewässerungsgaben und -zeitpunkt, Frostschutz und Klima zu berücksichtigen.

Häusliches Abwasser kann z. B. zur landwirtschaftlichen Nutzung (vgl. Tafel **344**.1) verwendet werden für:

1. Nutzholzerzeugung im Walde

2. Futter-/Zuckerrüben, Industriekartoffeln, Ölfrüchte, Faserpflanzen bis 4 Wochen vor der Ernte

3. Speisekartoffeln und Getreide bis zur Blüte

4. Grünland und Grünfutterpflanzen bis 14 Tage vor dem Schnitt oder der Beweidung

4.5.3.1 Rieselverfahren

Auf geneigten Flächen wird die Fließbewegung des Abwassers mengenmäßig und zeitlich geregelt. Das Rieselverfahren wird nur noch selten angewandt.

Als geeigneter Boden kommt Sand in Frage. Die feinen Schwebestoffe werden in den Poren zurückgehalten und zusammen mit den gelösten organischen Schmutzstoffen abgebaut. Der erforderliche Sauerstoff wird von der Oberfläche her durch Dränleitungen zugeführt, die mit $\approx$ 4 bis 10 m Abstand und $\approx$ 1,20 tief verlegt werden.

Ihre Hauptaufgabe ist es jedoch, das gereinigte Wasser abzuleiten. Der Boden darf nicht zu stark mit Abwasser belastet werden, weil sonst seine Reinigungskraft schnell nachläßt. Bei 150 l/(E $\cdot$ d) kann man auf 1 ha Grünland das Abwasser von 500 bis 1000 Einwohnern unterbringen, wenn dies mechanisch vorgeklärt wurde.

Ackerflächen dürfen höchstens mit Abwasser von 100 E/ha beschickt (überstaut) werden. Dabei ist die Reinigung des Abwassers Hauptaufgabe, die landwirtschaftliche Nutzung Nebenzweck. Soll jedoch diese im Vordergrund stehen, so handelt es sich um eine weiträumige Landbewässerung mit der Begrenzung der Abwassermenge auf 30 E/ha.

Meistens wird das Abwasser durch Druckrohre an die Rieselfelder herangeführt und nach der Vorklärung in offenen Gräben auf die Felder verteilt. Diese können, je nach der Beschaffenheit des Geländes, als „Horizontalstücke" oder als „Hangstücke" hergerichtet werden. Horizontalstücke sind rings mit Gräben umgeben und werden von dort aus gleichmäßig überstaut (Stauberieselung). Den geneigten Hangstücken fließt das Abwasser vom Randgraben der oberen Seite aus zu, überrieselt sie gleichmäßig und versickert dabei (Hangberieselung). Von dem zugeführten Abwasser verdunsten etwa 3/12, weitere 4/12 fließen in den Dränrohren ab, und 5/12 werden von den Pflanzenwurzeln aufgenommen oder versickern ins Grundwasser.

Landwirtschaftliche Nutzung und die Unterbringung des Abwassers im Winter erfordern besondere Stauflächen. Auf ihnen wird das Abwasser für längere Zeit bei geringer Wassertiefe (10 bis 50 cm) gespeichert, um die eigentlichen Rieselflächen zu schonen.

Bei der Verrieselung wird ein meist völlig klarer Abfluß erzielt, der jedoch nicht immer den Mindestanforderungen entspricht; die Abnahme des BSB_5 beträgt 70 bis 80%. Die im Abwasser enthaltenen pathogenen Keime werden bis zu 99% vermindert. Die Kosten für Betrieb und Unterhaltung der Rieselfelder werden teilweise durch die Erträge des landwirtschaftlichen Betriebes gedeckt.

4.5.3.2 Bodenfilter

Man erreicht eine gute biologische Reinigung mit geringerem Flächenbedarf als beim Rieselverfahren. Bei 150 l/(E $\cdot$ d) beträgt die Belastung 2000 bis 5000 E/ha. Eine landwirtschaftliche Nutzung ist jedoch nicht möglich. Gute Vorklärung ist wichtig, damit die obere Bodenschicht nicht verstopft. Boden aus mittelfeinem sandigen Kies ist am besten geeignet; tonige oder lehmige Einlagerungen und die Humusschicht müssen entfernt werden. Der Korndurchmesser d_{10} soll zwischen 0,2 und 0,5 mm liegen, der Ungleichkörnigkeitsgrad $U = d_{60}/d_{10}$ zwischen 5 und 7.

Die einzelnen Flächen werden zweckmäßig quadratisch in einer Größe von etwa 1/2 ha angelegt und gut planiert, damit sie von Randgräben aus gleichmäßig überstaut werden können. In etwa 1,50 m Tiefe liegt eine Dränung. Bis die einzelnen Körner dieses natürlichen Bodenfilters sich mit der biologisch wirksamen Haut überziehen, vergehen mehrere Wochen (Einarbeitszeit).

d_{10} mm	Flächenbelastung $q_A = \dfrac{Q}{A}$ m/h
0,2	0,8 bis 2,1
0,3	2,1 bis 4,2
0,4	4,2 bis 8,4
0,5	8,4 bis 12,5

Während des Betriebes wird die Fläche 4 bis 8 cm hoch überstaut. Das Wasser ist nach 2 bis 4 Stunden versickert, so daß bis zur Beschickung am nächsten Tag eine Ruhepause eintritt, die zur Durchlüftung des Bodens nötig ist. Nach einer gewissen Betriebsdauer muß die Schlickschicht an der Oberfläche beseitigt werden. Der Abfluß aus Bodenfiltern ist klar und fäulnisunfähig, jedoch reich an Pflanzennährstoffen, die im Vorfluter das Pflanzenwachstum fördern. Die Bodenfilter eignen sich gut für kleine Abwassermengen; der Platzbedarf ist gegenüber den künstlichen biologischen Verfahren verhältnismäßig groß.

4.5.3.3 Pflanzenanlagen

In Pflanzenanlagen wird Abwasser einem mit besonderen Sumpfpflanzen besetzten Bodenkörper zugeführt, um diesen in horizontaler Richtung zu durchfließen. Es zeichnen sich derzeit mehrere Entwicklungsrichtungen ab, die aufgrund der jeweiligen Auffassung über die Pflanzen- und Bodenmechanismen zu unterschiedlichen Konstruktions- und Betriebsweisen führen. Am bekanntesten ist die „Wurzelraumentsorgung" nach Kickuth [15]. Folgende Wirkungen werden den Pflanzenanlagen zugeordnet: Sumpfpflanzen (emerse Limnophyten) dringen in den Boden mit ihrem Wurzelgeflecht bis zu etwa 1,0 bis 1,2 m tief ein, lockern ihn auf und erhöhen seine Wasserdurchlässigkeit. Sie besitzen ein luftleitendes Röhrensystem, über das Sauerstoff von den Wurzeln in den umgebenden Bodenkörper abgegeben wird, so daß biochemische Abbauvorgänge vollzogen werden. Im Abwasser enthaltene Kohlenstoffverbindungen werden u. U. nicht vollständig abgebaut. Es kommt im Boden zu einer Zunahme an organischer Masse. Der Verbleib des mit dem Abwasser in den Boden eingetragenen Stickstoffs ist noch ungeklärt. Gegenüber dem dreiwertigen Phosphor haben lehmige Böden ein hohes Bindevermögen. Die Bodenfiltration ist sehr wirksam zur Verminderung pathogener Keime aus dem Abwasser. Wegen der langsamen Entwicklung der Sumpfpflanzen ist die Einfahrphase besonders zu beachten. Um der Verschlammung eines Pflanzenbeetes entgegenzuwirken, sowie aus Gründen der Hygiene und der Ästhetik sollte eine Absetzstufe sowie eine Schlammbehandlung vorgeschaltet werden. Außerdem ist die Frage zu lösen, wie das Abwasser auf den Boden, den es durchfließen soll, gebracht und gleichmäßig verteilt werden kann. Auch der Winterbetrieb erscheint problematisch.

Der Flächenbedarf von Pflanzenanlagen ist etwa so groß wie der für unbelüftete Teiche. Die Baukosten sind gegenüber Teichanlagen oder konventionellen technischen Kläranlagen nicht generell niedriger. Die Betriebskosten sind gegenüber unbelüfteten Teichanlagen etwa gleich. Die Erfahrungen mit den bisher vorhandenen Anlagen, die durch ortstypische Besonderheiten gekennzeichnet sind, reichen noch nicht aus, um die Methode den a.a.R.d.T. zuzurechnen. Ein Anwendungsbereich könnte in der weitergehenden Reinigung nach mechanisch-biologischen Behandlungsstufen von Kläranlagen zur Nährstoffreduzierung und zur Keimzahlverminderung liegen.

4.5.3.4 Beregnungsverfahren

Die Verregnung städtischen Abwassers auf landwirtschaftlichen Flächen kann nicht als selbständiges biologisches Reinigungsverfahren angesehen werden, da sie ohne Ergänzung durch andere natürliche oder künstliche biologische Verfahren während des ganzen Jahres nicht möglich ist. Regen- und Frostperioden sowie die Reifezeit der Feldfrüchte erzwingen Betriebspausen. Die wertvolle, düngende Beregnung durch das vorgeklärte Abwasser steigert die landwirtschaftlichen Erträge. Jede Überlastung der Fläche verringert den Erfolg.

Das Verfahren ist für jede Geländeform geeignet. Der Wasserbedarf ist gering. Damit ergibt sich ein großer Anwendungsbereich für leichte bis schwere Böden mit durchlässigem Untergrund. Die jährlichen Beschickungshöhen liegen bei 120 bis 250 mm/a, d. h. bei $w = 150$ l/(E $\cdot$ d) 25 bis 60 E/ha; bei Verwertung auf Grünland $\leqq$ 500 mm/a oder $\leqq$ 90 E/ha. Die Kulturflächen werden nicht besonders hergerichtet. Man unterscheidet:

Ortsfeste Anlagen, bei häufiger Beregnung wertvoller Kulturen, nicht sehr häufig;

teilbewegliche Anlagen bei großen Flächen, die von einer Stelle versorgt werden; am häufigsten vollbewegliche Anlagen, bei Verwendung von Oberflächenwasser aus Wasserläufen, Seen usw.

Meist benutzt man Drehstrahlregner mit einem Strahlanstiegswinkel von $\approx$ 30°. Wurfweite und Beregnungsdichte können durch Auswechseln der Düsen geändert werden. Betriebsdruck 3 bis 3,5 bar.

Eine ergänzende Beregnung der Verwertungsfläche mit Frischwasser (Oberflächen- oder Grundwasser) ist möglichst vorzusehen. Entlastungsflächen, z.B. intermittierende Bodenfilter, Ödlandflächen oder Waldflächen, die an Stelle der Nutzflächen das Abwasser aufnehmen können, $\geqq$ 1,5% der Nutzfläche, sollen angelegt werden.

Tafel **344**.1 zeigt eine Übersicht der landwirtschaftlich zweckmäßigen Flächenbelastungen.

Tafel **344**.1   Übersicht der landwirtschaftlich zweckmäßigen Flächenbelastungen bei den natürlich-biologischen Verfahren der Landbewässerung nach [24]

Verfahren	Zulässige Flächenbelastung für städtische Abwasser bei 150 l/(E $\cdot$ d)		
	E/ha	m³/(ha $\cdot$ d)	mWS/a
Weiträumige Landbewässerung	30	4	0,15
Rieselfeld mit Ackerland	200	30	1,10
Rieselfeld mit Graswirtschaft	500 bis 1000	75 bis 150	2,74 bis 5,5
Rieselwiese mit Oberflächen-Reinigung	500 bis 1500	75 bis 225	2,74 bis 8,2
Bodenfilter	2000 bis 5000	300 bis 750	11 bis 27,4

4.5.3.5 Abwasserteiche

Die verschiedenen Methoden und Verfahrenstechniken, Bau- und Betriebsweisen von Abwasserteichen nehmen in den Diskussionen und in der Literatur über moderne Klärtechnik einen zunehmend breiteren Raum ein.

Es lohnt sich dieses Verfahren gründlicher zu betrachten. Es ist ebenso alt wie aktuell, wurde im Mittelmeerraum schon vor der Zeitwende, und in den letzten Jahren in Ländern mit sehr unterschiedlichen Klimaverhältnissen eingesetzt, z.B. Australien, Indien, Kanada, Alaska. Man versucht die günstigen Durchmischungsverhältnisse im Epilimnion eines natürlichen Staugewässers durch die Anlage künstlicher Teiche für die Abwasserreinigung auszunutzen.

Auch in Deutschland nimmt die Anwendung in den letzten Jahren stark zu, gefördert durch intensive Forschung und Verwendung neuer Verfahren und Installationen. Schließlich führen auch niedrige Bau- und Betriebskosten bei sinkenden Investitionshilfen und der aktuell werdende Anwendungsbereich der kleinen Gemeinden vermehrt zu Teichanlagen. Man unterscheidet einige Typen von Einzelteichen:

Der kleinere und tiefere an a e r o b e Teich dient meist der Vorreinigung oder als Provisorium. Die in Bayern gebauten Erdbecken gehören dazu. Weil der Ablauf oft noch eine hohe Sauerstoffzehrung hat, die Anlage u. U. nicht geruchsfrei arbeitet, ist sie zur alleinigen Behandlung des Abwassers nicht geeignet. Häufig eingesetzt wird der Teich jedoch als Vorstufe einer großräumigen oder einer konventionellen Anlage.

Aerobe Teiche, auch Oxydationsteiche genannt, haben große Flächen und werden durch den Zufluß sauerstoffreichen Verdünnungswassers oder durch den Eintrag des Luftsauerstoffes über die Oberflächen belüftet. In dieser Form werden sie bevorzugt in klimatisch günstigen Gebieten verwendet. Ihre Funktion hängt besonders von der Symbiose der Bakterien und Algen ab. Eine ganzjährig gleichmäßige Abbauleistung wird nicht immer erreicht, weil thermische Schichtungen nachteilig wirken. Als Schönungs- oder Nachklärteiche für den Ablauf aller Anlagenarten werden sie häufig eingesetzt.

In fakultativen Teichen finden sowohl aerobe (im Wasser), als auch anaerobe Vorgänge (an der Sohle) statt. Die in Deutschland gebräuchliche Form des Simultanteiches vereinigt beide Vorgänge. Dieses großräumige Klärverfahren kommt den natürlichen Selbstreinigungsvorgängen stehender und fließender Gewässer am nächsten. In beiden Fällen werden aerobe Abbauleistungen im freien Wasser und an der Sohle erzielt. Außerdem wird der Schlamm auf der Sohle aerob und nach etwa 4 mm Schlammtiefe anaerob weiter stabilisiert.

Natürlich belüftete Abwasserteiche. In ländlichen Bereichen bis etwa 1000 *EGW* ist der Einsatz von natürlich belüfteten Abwasserteichen mit verhältnismäßig großem Flächenbedarf möglich. In den meist vorgeschalteten Faulteichen finden überwiegend Reduktionsvorgänge statt. Der Faulprozeß sollte im alkalischen Bereich gehalten werden (Geruchsbelästigung). In den dann folgenden Oxidationsteichen befindet sich nur der Bodenschlamm in Faulung. Im übrigen besteht ein Kreislauf zwischen heterotrophen und autotrophen Vorgängen. Besonders in Bayern (Bay) und in Schleswig-Holstein (SH) wurden Teiche gebaut.

Bei natürlich belüfteten Abwasserteichen mit Vorreinigung, die mindestens die absetzbaren Stoffe beseitigen sollte, geht man möglichst von einem Teichsystem mit mindestens drei Oxydations-Teichen aus. Die Flächenanteile der drei Oxydations-Teiche sollen sich etwa (SH) wie 30:40:30 verhalten. Als Flächenbelastung B_A werden $\geq 4\,\mathrm{g}\,BSB_5/(\mathrm{m}^2 \cdot \mathrm{d})$ empfohlen, d. h. 10 bis 15 m^2/EGW (SH) und 5 bis 10 m^2/EGW (Bay). Teichtiefe: Absetz-Teich 2 bis 4 m, die weiteren Oxydations-Teiche 1,50 bis 0,8 m. Bei Beschickung durch Überfallschwellen $q_l \leq 5\,\mathrm{m}^3/(\mathrm{m} \cdot \mathrm{h})$. Ein Nachteil entsteht durch Einfrieren der Teiche im Winter. Die Reinigungsleistung wird durch lange Frostperioden u. U. drastisch verringert. Kurze Frostzeiten sind unschädlich (**346**.1).

In den letzten Jahren wurde bei behördlichen Untersuchungen eine Vielzahl von Daten an zahlreichen natürlich belüfteten Abwasserteichanlagen gewonnen, die die Reinigungsleistung der Teiche am *CSB, BSB₅*, Stickstoff und Phosphor im praktischen Betrieb nachweisen. Bei Bemessung auf 5 m^2/EGW können die *CSB*-Mindestanforderungen für Kläranlagen der Größenklasse 1 (< 60 kg *BSB₅*/d) von 180 mg/l für das arithmetische Mittel aus fünf 2-h-Mischproben und mit 100 mg/l für die filtrierte Probe eingehalten werden. Für die Ergebnisse der *BSB₅*-Untersuchungen gilt, daß die Mindestanforderungen von 45 mg/l für die 2-h-Mischprobe mit spezifischen Oberflächen von 5 m^2/EGW bei den unfiltrierten und bei den filtrierten Ablaufproben eingehalten werden können.

Bei Teichgrößen von 10 m^2/EGW können NH_4-N-Ablaufkonzentrationen von 15 mg/l und PO_4-P-Ablaufkonzentrationen von 5 mg/l erreicht werden. Bei den ausgewählten Teichen trat Nitratstickstoff im Ablauf kaum auf. Bei Trocken- und Regenwetter sind die

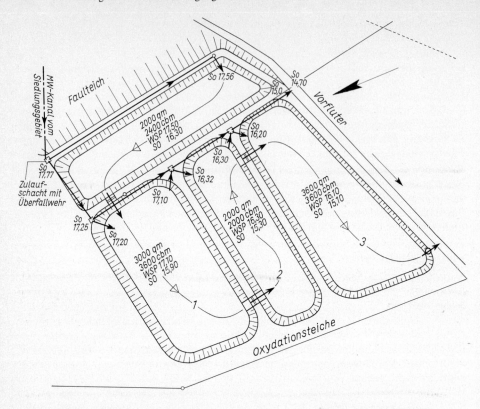

346.1 Grundriß einer natürlich belüfteten Teichanlage für 600 EGW

→   *Umlaufkanäle*

▷   *Hauptströmungsrichtung*

⊤⊥   *Überfallwehre*

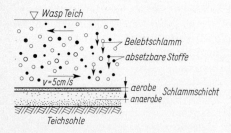

346.2 Reaktionszonen in einer Teichanlage

Ablaufwerte für Teiche > 5 m^2/EGW etwa gleich. Es ist jedoch erforderlich, daß natürlich belüfteten Teichen mit Oberflächen von < 5 m^2/EGW keine Mischwassermenge $>$ das 30 bis 40fache des Trockenwetterzuflusses zugeführt wird. Im Winterbetrieb stiegen die mittleren Ablaufwerte gegenüber dem Sommerbetrieb beim *CSB* von 54 mg/l auf 59 mg/l und beim *BSB*$_5$ von 10 mg/l auf 17 mg/l [15].

Künstlich belüftete Abwasserteiche. Diese Teiche sind Bioreaktoren, in denen folgende Vorgänge ablaufen [81]:

1. Sedimentation der absetzbaren Stoffe,

2. Aerober Abbau der absetzbaren Stoffe in der aeroben Schlammschicht,

3. Aerober Abbau durch schwebenden Belebtschlamm,

4. Aerober Abbau der gelösten Stoffe und der Schwebstoffe in den aeroben Schlammschichten durch seßhafte Bakterien,

5. Anaerober Abbau des Bodenschlammes unterhalb der aeroben Schlammschicht.

Für die Reinigungsleistung ist der aerobe Abbau maßgebend. Es gibt Teichsysteme, bei denen der Abbau durch die aerob aktiven Schlammschichten, und solche, bei denen der Abbau mit Hilfe des schwebenden Belebtschlamms überwiegt.

Bei belüfteten Abwasserteichen ohne Schlammrückführung überwiegt meist der Abbau durch die seßhaften Organismen. Belüftete Teiche mit Schlammrückführung können als großvolumige Belebungsanlagen bemessen werden.

Esser hat ermittelt, daß beim Abbau durch seßhafte Organismen eine Abhängigkeit von der Größe der benetzten Fläche und der Geschwindigkeit des darüberströmenden Wassers besteht. Die günstigste Geschwindigkeit beträgt 5 cm/s. Bei der hydraulischen Gestaltung belüfteter Abwasserteiche mit seßhaften Organismen sollte eine gleichmäßige Überströmung der benetzten Flächen durch sauerstoffreiches Wasser angestrebt werden. Turbulenzen behindern die Absetzvorgänge. Die Umwälzung des Wasserkörpers ist für den Sauerstoffhaushalt des Teiches von Bedeutung.

Der Abbau der organischen Verschmutzung durch den schwebenden Belebtschlamm hängt von der Schlammbelastung ab. Wenn kein Rücklaufschlamm zugeführt wird und aller Schlamm sich als Überschußschlamm absetzt, sind die gemessenen Trockensubstanzgehalte im freien Wasserkörper gering. Diese lassen sich wegen des fehlenden Rücklaufschlammes nicht erhöhen. Bei festgelegtem Teichvolumen und vorgegebener Teichtiefe ist mit Erhöhung der Belastung keine Vergrößerung der aerob aktiven Fläche möglich.

Man geht davon aus, daß sich die Menge der Biomasse nicht wesentlich mit der Raumbelastung ändert. Damit ist die Grenze der Schlammbelastung $B_{TS} \leqq 0,5$ kg BSB_5/(kg $TS \cdot$ d) festgelegt. Bei höheren Werten sinkt die Reinigungsleistung. In belüfteten Teichen treten im allgemeinen für den schwebenden Belebtschlamm Trockensubstanzgehalte bis 50 mg/l auf. Bis zu 400 mg/l sollen erreichbar sein, wenn die Belüftungseinrichtungen dafür ausgelegt sind. Die Trockensubstanzgehalte in der aeroben Schlammzone sind wesentlich höher.

Annahme 32 kg TS/m³.

Bei z. B. einer aeroben Schlammzone von 5 mm Dicke, und einer Teichtiefe von 2,0 m, TS_R-Gehalt des schwebenden Schlammes 0,04 kg TS/m³ erhält man einen mittleren Trockensubstanzgehalt

$$TS_R = \frac{0,04 \cdot 2,0 + 32,0 \cdot 0,005}{2,005} = 0,120 \quad \text{kg } TS/\text{m}^3$$

mit max $B_{TS} = 0,5$ kg BSB_5/(kg $TS \cdot$ d)

max $B_R = 0,5 \cdot 0,120 = 0,06$ kg BSB_5/(m³ · d)

Dies ist auch aus Erfahrungen der Grenzwert der Raumbelastung bei belüfteten Teichen.

Daraus ergibt sich die max BSB_5-Flächenbelastung mit

$$B_A = 0,06 \cdot 2,0 = 0,12 \text{ kg } BSB_5/(\text{m}^2 \cdot \text{d})$$

(Teichtiefe 2,0 m)

Bei Aufteilung in 2 hintereinandergeschaltete Teiche kann davon ausgegangen werden, daß die übliche Schlammbelastung des ersten Teiches mit etwa $B_{TS} = 0{,}30$ und die des 2. Teiches mit $B_{TS} = 0{,}05$ angenommen werden kann.

Es ist empfehlenswert eine Grobentschlammung vorzuschalten. Flächenbelastung dieser Teiche bei Bemessung im Mittel $B_A = 10$ bis 30 g $BSB_5/(m^2 \cdot d)$ mit einem Wirkungsgrad $\eta \geqq 90\%$ für die absetzbaren Stoffe. Wassertiefe 2 bis 4 m. Nutzinhalt 3 bis 6 m³/EGW. Danach folgen Oxydations-Teiche mit $t_R \geqq 5$ d und $B_A \geqq 4$ bis 6 g $BSB_5/(m^2 \cdot d)$.

Teichsysteme werden mit Hilfe von BSB_5-Abbaudiagrammen und über die Flächenbelastung bemessen. Sie bestehen etwa aus einem Schlammteich (nicht immer), aus 2 bis 3 belüfteten Teichen und einem Nachklärteich.

Zum Lufteintrag kann man Injektorbelüfter, schwimmende Kreisel, Druckluftbänder oder Linien-belüfter (**351**.2) mit Druckluft benutzen. Der Lufteintrag dient der Umwälzung des Teichinhalts. Darüber hinaus soll der aerobe Sauerstoffbedarf gedeckt werden.

Abwasserteiche sollten undurchlässig sein. Der abgelagerte Schlamm hat selbst eine deutliche Dichtwirkung. Dieser muß sich jedoch erst bilden. Bei durchlässigem Untergrund empfehlen sich Dichtungen aus Folien, Lehm oder Bentonit. Wenn Untergrund und Grunderwerb günstig ist, liegen die Anlagekosten im unteren Bereich. Dies gilt auch für die Betriebskosten.

Der Reinigungsverlauf durch biologische Prozesse in der ersten Stufe wird durch die Formel von **Streeter** und **Phelps** beschrieben. Sie kann auch für die Vorgänge in unbelüfteten und belüfteten Teichen benutzt werden.

$$L_t = L_o \cdot e^{-k_1 \cdot t} \quad \text{oder} \quad L_t = L_o \cdot 10^{-k'_1 \cdot t} \quad \text{mit} \quad k'_1 = 0{,}4343 \cdot k_1$$

und $$B_t = B_o \cdot (1 - e^{-k_1 \cdot t}) \quad \text{oder} \quad B_t = B_o \cdot (1 - 10^{-k'_1 \cdot t})$$

Es bedeuten:

L_o, B_o = Anfangskonzentration bzw. voller BSB der ersten Stufe

L_t, B_t = Konzentration bzw. BSB nach der Zeit t

k_1, k'_1 = ein von der Temperatur und anderen Einflüssen abhängiger Beiwert:

$k_{1,T} = k_{1,20°} \cdot 1{,}047^{(T-20°)}$, der die Abbaugeschwindigkeit beschreibt

Tafel **348**.1   Abbaugeschwindigkeiten $k'_{1,T}$ und BSB-Werte B_o in Abhängigkeit von der Temperatur

Temperatur in °C	5	10	15	**20**	25	30
Täglicher Bruchteil des Abbaus in %	10,9	13,5	16,7	**20,6**	25,2	30,5
$k'_{1,T}$ in 1/Tag	0,050	0,063	0,079	**0,100**	0,126	0,158
B_o in % bezogen auf B_o bei 20° = 100%	70	80	90	**100**	110	120

Die Abbaugeschwindigkeit ist von der Art des Abwassers, der Temperatur und den hydraulischen Verhältnissen abhängig. Es wurden an belüfteten Abwasserteichen Abbaugeschwindigkeiten $k_1 = 0{,}2$ bis $0{,}7$ 1/d, das ist $k'_1 = 0{,}087$ bis $0{,}31$ 1/d gemessen. Vorsichtige Ansätze wären Werte $k'_1 = 0{,}05$ bis $0{,}1$ 1/d. k'_1 hat keinen Modellwert, sondern sollte möglichst nach Messungen an ähnlichen Anlagen gewählt werden.

Bei der Ermittlung der rechnerischen Abbauzeit = Aufenthaltszeit = t_R gilt bei Trennkanalisation der Zufluß $Q_d + Q_F$ bzw. $Q_{24} + Q_F$, bei Mischkanalisation der Regenwetter-zufluß Q_{RW}.

Tafel **349**.1 Bemessungsgrößen von Abwasserteichen (Mittelwerte bei mehreren nacheinander angeordneten Teichen)

Bemessungsgröße	Absetz-teiche	unbelüftete Ox.-Teiche	belüftete Ox.-Teiche	Schönungs-teiche
Aufenthaltszeit (Durchflußzeit) in d	> 1	20 bis 50	> 5	1 bis 5
Einwohnerbezogene Oberfläche in m²/E mit vorgeschaltetem Absetzbecken BSB_5-Ablauf 30 bis 40 mg/l BSB_5-Ablauf 20 bis 30 mg/l ohne vorgeschaltete Absetzteiche zusätzl. bei Regenwasserbehandlung		5 bis 10 10 15 5	> 2,0 > 2,5 > 1	möglichst > 0,5
Einwohnerbezogenes Volumen in m³/E davon Schlammraum in m³/E	0,5 0,15			möglichst > 0,4
Raumbelastung in g/(m³d) Sauerstofflast der Belüfter kg/kg Energieaufwand für Umwälzung in W/m³			20 bis 30 1 bis 1,5 0,7 bis 3	
Wassertiefe in m Freibord über höchstem Wasserspiegel in m	> 1,5 ~ 0,3	0,8 bis 1,5 ~ 0,3	> 1,5 ~ 0,3	0,8 bis 2,0 ~ 0,3

Der O_2-Bedarf für Nitrifizierung (2. Stufe) und der O_2-Eintrag durch Assimilation der Wasserpflanzen wurden vernachlässigt.

Bemessungsbeispiel (350.1). Belüftete Teichanlage für Trennsystem 1300 *EGW*

$q = 150$ l/(E · d) einschl. Fremdwasser

$Q_d = 0,150 \cdot 1300 = 195$ m³/d

$BSB_5 = 60$ g BSB_5/(E · d); $B_B = 0,06 \cdot 1300 = 78$ kg BSB_5/d

1. Teichstufe (belüftet):

1 Teich, Tiefe nach Schlammablagerung = 1,6 m; Länge = 55 m; Breite 22,5 m; Teichfläche $A_1 = 1237,5$ m²; Volumen $V_1 = 1237,5 \cdot 1,6 = 1980$ m³; Zulauffracht = 78 kg BSB_5/d

BSB_5-Flächenbelastung $B_A = 78000/1237,5 = 63$ g BSB_5/(m² · d) Abbauleistung nach Abbaukurven des Herstellers des Belüftungssystems. Hier ersatzweise nach Streeter-Formel.

Durchflußzeit $t_R = \dfrac{1980}{195} = 10,15$ d; $k'_1 = 0,063$ 1/d $\triangleq T = 10°$ C

$L_t = 1,17 \cdot 78 \cdot 10^{-0,063 \cdot 10,15} = 20,93$ kg BSB/d

2. Teichstufe (belüftet):

1 Teich, Abmessungen wie in der 1. Teichstufe
Zulauffracht = 20,93 kg BSB/d
$B_A = 20930/1237,5 = 16,91$ g BSB/(m² · d)
$t_R = 1980/195 = 10,15$ d; $k'_1 = 0,063$ 1/d $\triangleq T = 10°$ C
$L_t = 20,93 \cdot 10^{-0,063 \cdot 10,15} = 4,8$ kg BSB/d = 4,1 kg BSB_5/d

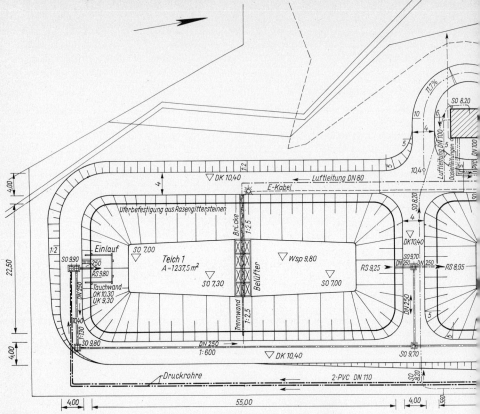

350.1   Grundriß einer künstlich belüfteten Teichanlage für 1300 *EGW*

3. Teichstufe (unbelüftet) = Schönungsteich

1 Teich,   Teichfläche A_3 = 475 m^2
Zulauffracht = 4,8 kg *BSB*/d
B_A = 4800/475 = 10,11 g *BSB*/(m^2 · d)
t_R = 475/195 = 2,44 d; k'_1 = 0,05 1/d gewählt
L_t = 1,02 · 4,1 · 10$^{-0,05 · 2,44}$ = 3,16 kg *BSB*/d = 3,1 kg *BSB$_5$*/d
Ablaufkonzentration L = 3100/195 = 15,9 g BSB$_5$/m^3

Sauerstoffbilanz

B_B = 78 kg BSB$_5$/d B_{Ablauf} = 3,1 kg *BSB$_5$*/d
Abgebaute Schmutzfracht 78 − 3,1 = 74,9 kg *BSB$_5$*/d = 96%
OC/load = 1,5 kg O$_2$/kg *BSB$_5$*
erf. O$_2$-Eintrag = 1,5 · 74,9 = 112,35 kg O$_2$/d
Zus. O$_2$-Eintrag durch Teichoberflächen der Teiche 1 und 2 = 5 g O$_2$/(m^2 · d) daraus
natürlicher O$_2$-Eintrag = 0,005 · (2 · 1237,5 + 457) = 14,75 kg O$_2$/d

erf. O$_2$-Eintrag durch künstliche Belüftung 112,35 − 14,75 ≈ 100 kg O$_2$/d
Eintragsleistung der Belüfter ≈ 20 g O$_2$/Nm^3
erf. Lufteintrag 100 : 0,02 = 5000 Nm^3/d Q_{L24} = 5000/24 = 208 Nm^3/h

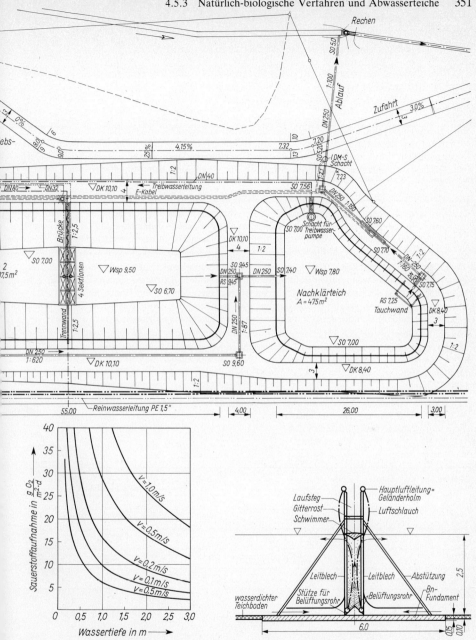

351.1 Sauerstoffaufnahme aus der Wasseroberfläche in Abhängigkeit von der Fließgeschwindigkeit und der Wassertiefe bei 20°C und 100% O_2-Defizit nach Edwards und Gibbs.

351.2 Linienbelüfter (System Universal)

Energiebedarf

gewählt 2 Drehkolbengebläse, davon 1 Grundlast und 1 Reserve.
Leistungsaufnahme je Gebläse = 3,2 kW
O_2-Ertrag = 100/(3,2 · 24) = 1,3 kg O_2/kWh
η-BSB_5 = 74,9 kg/d bei 3,2 · 24 = 76,8 kWh/d
A_B = 76,8/74,9 ~ 1,0 kWh/kg BSB_5-Abbau

Nach Böhnke [11] sind etwa 3 m³ Behandlungsraum/E und rund 2,2 m² Teichfläche/E erforderlich, so daß für Anschlußwerte ≈ 10000 EGW die erforderlichen Flächen meist nicht bereitgestellt werden können. Die Anlagen arbeiten als Langzeitbelebungsanlagen. Es sollten mindestens 2 belüftete Teiche hintereinandergeschaltet werden. In der Regel sind keine Sandfänge oder Rechen erforderlich.

Die erreichten Reinigungseffekte entsprechen denen von Oxydationsgräben.

Der anfallende Primär- und Belebtschlamm kann jahrelang in den Teichen gestapelt werden. Auf anaerobem Wege wird er weitgehend stabilisiert. Der jährliche Schlammanfall liegt bei rund 40 l/(E · a). Bei ausreichender Bemessung treten keine Geruchs- und Lärmemissionen auf.

Die Fließgeschwindigkeiten sind in belüfteten Simultanteichen bei einem Energieeintrag von rund 1 Watt/m³ so gering, daß keine Belebtschlammflocken in Schwebe bleiben können. Beim Biolakverfahren wird durch die wandernden Belüfter die Flocke wieder aufgetrieben. Entsprechend wird die Reinigungsleistung bei den Simultanteichen im wesentlichen von den am Boden haftenden Aerobiern und zu einem geringeren Teil von den frei schwebenden Mikrobionten erbracht. Beim Biolakverfahren verschiebt sich dieser Anteil zugunsten der schwebenden Organismen.

Schlammräumungen aus den Simultanteichen sind erst nach 6 bis 10 Jahren erforderlich. Nach dem Biolakverfahren betriebene belüftete Teiche haben nur geringe Schlammlagerungskapazitäten, die Schlammenge wird in der Nachklärung gespeichert. Biolakanlagen weisen häufiger Rechen und Sandfänge auf.

Tafel **352**.1   Ablaufergebnisse belüfteter Teiche (Simultan-) nach [11]

2 hM ≙ 2-h-Mischprobe
24 hM ≙ 24-h-Mischprobe

$$\gamma = \frac{\text{Wert 24 hM}}{\text{Wert 2 hM}} \cdot 100$$

Parameter im Ablauf	Zeit	2 hM	24 hM	γ	Proben n
		in mg/l	in mg/l	in %	Anzahl n
BSB_5	über das Jahr	9,3	5,8	62,2	84
BSB_5	im Winter 1.11. bis 15.3.	9,4	5,6	59,6	44
CSB	über das Jahr	64,3	28,6	44,4	49
CSB	im Winter 1.11. bis 15.3.	62,3	25,9	42,0	27

Die erbrachten Reinigungsleistungen der belüfteten Teiche sind im Sommer wie im Winter gleichmäßig gut (Tafel **352**.1).

Nachteilig und anwendungsbeschränkend wirkt sich der hohe Flächenbedarf aus.

Die künstlich belüfteten Teiche sind erheblich billiger als Belebungsanlagen mit Stabilisierung. Oder als Nitrifikationsanlagen mit $B_{TS} \leqq 0,15$. Die guten Abbauleistungen über das ganze Jahr sind auf die geringen Raumbelastungen und die langen Behandlungszeiten zurückzuführen. Ein Raumbedarf von rund 3 m³/EGW bringt etwa Behandlungszeiten von rund 10 bis 20 Tagen.

Tafel **353**.1 Flächenbedarf verschiedener Kläranlagensysteme nach [11]

Anlagen-System	Anschlußbereich in EGW	spezif. Flächenbedarf in m^2/EGW
natürlich belüftete Teiche	bis 1000/2000	10 bis 20
Schilf-, Binsensysteme	bis 3000/5000	3,5 bis 4,5
Wurzelraumentsorgung		
künstlich belüftete Teiche	300 bis 10000	2,0 bis 2,2
Kombination belüfteter Teiche		
mit konventionellen Anlageteilen	3000 bis 40000	0,7 bis 1,0
konventionelle Systeme	500 bis 10000	1,2
	10000 bis 50000	0,6
	50000 bis 100000	0,5
	> 100000	0,4

Abwasser-Fischteiche. Die gelösten organischen Schmutzstoffe des Abwassers werden durch Bakterien aufgenommen. Diese dienen niederen Lebewesen, wie Algen und Pilzen, als Nahrung. Damit entsteht eine Ernährungsgrundlage für höhere Lebewesen, wie Insektenlarven, Würmer und dgl., die wiederum den Fischen als Nahrung dienen.

Das mindestens entschlammte Abwasser soll zur Sauerstoffanreicherung mehr als 5fach mit Reinwasser (z. B. Bachwasser) verdünnt werden. Das Abwasser muß in den 50 bis 80 cm tiefen Teichen durch Einlaßvorrichtungen gut verteilt werden. 1 ha Teichfläche kann unter guten Voraussetzungen das Abwasser von 1500 bis 2000 Einwohnern aufnehmen. Die biologische Reinigungswirkung ist ausgezeichnet, der Abfluß ist fäulnisunfähig, und etwa 90% der organischen Schmutzstoffe werden abgebaut.

Fischteiche werden im Herbst abgefischt und sind im Winter ohne Besatz. Das Verfahren kann deshalb nur dort hygienisch befriedigend angewandt werden, wo entweder als Ersatz eine künstliche biologische Kläranlage zur Verfügung steht oder die Reinigungsleistung auch ohne Fischbesatz vorübergehend ausreicht. Nur selten jedoch sind die natürlichen Voraussetzungen für dieses Verfahren gegeben.

Fischteiche können auch als Nachklärteiche mechanisch-biologischer Kläranlagen eingesetzt werden. Man bemißt dann für $B_A \leqq 5$ g $BSB_5/(m^2 \cdot d)$. Wassertiefe $\approx 1,0$ m, Verdünnung 2 bis 5fach. O_2-Gehalt bei Besatz mit Karpfen und Schleien $\geqq 3$ bis 4 mg/l, bei Forellen $\geqq 6$ bis 7 mg/l.

4.5.4 Chemische (3.) Reinigungsstufen

4.5.4.1 Phosphor

In städtischen Regionen gelangen z. Z. etwa 4 g Phosphor/(E · d) ins Abwasser. Davon sind etwa 40% fäkal und 60% aus Waschmitteln. Konzentration im Abwasser bei 10 bis 20 g/m^3. Bei landwirtschaftlich genutzten Flächen kommen 0,1 bis 0,8 kg P/(ha · a), bei Waldflächen 0,01 bis 0,13 kg P/(ha · a) hinzu, so daß hier die Anteile zu je 1/3 fäkal, aus Waschmitteln und der Landwirtschaft entstehen. Konzentration etwa 20 bis 30 g/m^3. Badegäste bringen etwa 0,1 g P/(E · d). In der auftretenden Konzentration wirkt Phosphor auf den Menschen nicht giftig, doch wirkt er fördernd auf den Algenwuchs und damit sauerstoffzehrend in tieferen Regionen. Eutrophierung des Gewässers, Geruchs- und Geschmacksnachteile bei Trinkwasserentnahmen können die Folge sein. Besonders im Einzugsgebiet des Bodensees und in Schleswig-Holstein bemüht man sich durch höhere Anforderungen an die Klärleistungen den Phosphatgehalt zu verringern.

Bei ungünstigen Vorflutverhältnissen wird eine Entfernung der Phosphor- und der Stickstoffverbindungen aus dem Abwasser verlangt, um die Nährstoffe für Pflanzenwuchs zu entfernen. Man spricht von der chemischen oder 3. Reinigungsstufe. Die Phosphate sind am Algenwachstum maßgebend beteiligt.

Die durch Lichtenergie ausgelösten Reaktionen während der Photosynthese sind vereinfacht folgende [68]:

$$H_2O + ATP \xrightarrow[\text{Chlorophyll}]{\text{Licht}} ADP + P_{anorg} + \text{Energie}$$

$$CO_2 + H_2O + ATP \xrightarrow[\text{Chlorophyll}]{\text{Licht}} ADP + P_{anorg} + (CH_2O) + O_2$$

mit ATP $\triangleq$ Adenosine-Tri-Phosphat $\left.\right\}$ Hochmolekulare Phosphorverbindungen, die als Ener-
      ADP $\triangleq$ Adenosine-Di-Phosphat $\left.\right\}$ giespeicher in lebenden Zellen gebildet werden
      P_{anorg} $\triangleq$ anorganischer Phosphor
      (CH_2O) $\triangleq$ Grundeinheit der Kohlenhydrate

Die massenhafte Algenentwicklung stört den Sauerstoffhaushalt der Gewässer. Während bei der Photosynthese reiner Sauerstoff erzeugt wird und das Wasser in Algennähe 150 bis 200 % Sauerstoffübersättigung erreichen kann, wird in den Nachtstunden und bei ungünstigen Witterungsbedingungen die Sauerstoffzehrung so groß, daß anaerobe Verhältnisse eintreten. Das Absterben der Algen führt zu Ablagerungen, später zu Rücklösungen von Phosphaten, Ammonium und organischen Kohlenstoffverbindungen. Diese Prozesse werden als sekundäre Verschmutzung wirksam und gefährden besonders stark die stehenden Gewässer.

Im Verlauf biologischer Reinigungsprozesse wird der Phosphatgehalt des Abwassers verringert. Die wesentlichen Vorgänge sind Einbau in biologische Zellmasse, Adsorption an Belebtschlammflocken und Fällungsmechanismen. Diese Prozesse laufen meist unkontrolliert ab, können jedoch auch auf eine bestimmte Phosphatelimination hin gesteuert werden. Um eine weitere Elimination zu erreichen, setzt man chemische Verbindungen zu, welche die Phosphate ausfällen. Man verwendet Eisensulfat, Eisenchlorid, Aluminiumsulfat oder Kalk. Geht man von einer Phosphorkonzentration des Rohabwassers im Bereich von 15 bis 20 mg P/l aus, so kann im Ablauf der mechanischen Stufe noch etwa 10 bis 15 mg P/l gefunden werden. Durch die biologische Stufe, Belebtschlamm- oder Tropfkörperverfahren, wird der Phosphatgehalt auf $\approx$ 5 bis 10 mg P/l verringert.

In wäßriger Lösung finden je nach H^+-Ionenaktivität drei schrittweise Dissoziationen statt, die von der Phosphorsäure zum Phosphation führen:

$$H_3PO_4 \rightleftharpoons H_2PO_4^- + H^+$$
$$H_2PO_4^- \rightleftharpoons HPO_4^{2-} + H^+$$
$$HPO_4^{2-} \rightleftharpoons PO_4^{3-} + H^+$$

Diese Gleichgewichtsreaktionen werden vom pH-Wert reguliert, der die Mengenanteile der drei dissoziierten Ionenformen bestimmt [22].

Aluminium-Phosphat-Fällung. Das Aluminium Al^{3+} ist ein biologisch inertes Material und bildet gut absetzbare Flocken. Es wird meist in Form von Aluminiumsulfat $Al_2(SO_4)_3 \cdot 18\ H_2O$ für die

Phosphatfällung verwendet. In einer die Bildung von Aluminiumphosphat $AlPO_4$ begleitenden Reaktion werden gleichzeitig Al^{3+}-Ionen zu Aluminiumhydroxid Al $(OH)_3$ hydrolisiert:

$$Al_2(SO_4)_3 \cdot 18\ H_2O + 2\ PO_4^{3-} \rightarrow 2\ AlPO_4 \downarrow + 3\ SO_4^{2-} + 18\ H_2O$$

$$Al_2(SO_4)_3 \cdot 18\ H_2O + 6\ H_2O \rightarrow 2\ Al(OH)_3 \downarrow + 6\ H^+ + 3\ SO_4^{2-} + 18\ H_2O$$

$$6\ H^+ + 6\ HCO_3^- \rightarrow 6\ CO_2 + H_2O$$

Eisen-Phosphat-Fällung. Das zweiwertige Eisen Fe^{2+} bildet schlecht oder kaum absetzbare Flocken mit einem pH-Wert-Optimum im alkalischen Bereich von etwa 7,5 bis 8,5. Es wird hauptsächlich wegen seines geringen Preises für Eisen-(II-)Sulfat $FeSO_4$ verwendet. Zur Verbesserung der Fällungseigenschaften wird meist die Auf-Oxidation des zwei- zum dreiwertigen Eisens mittels Belüftung durchgeführt.

Das dreiwertige Eisen Fe^{3+} bildet ein schwerer lösliches Eisenphosphat $FePO_4$. Es wird als Eisenchlorid $FeCl_3$, Eisenchloridsulfat $FeCl\ SO_4$ oder Eisen-(III-)Sulfat $Fe_2(SO_4)_3$ eingesetzt. Bei Eisenchlorid sind die Flockenbildung und die Absetzeigenschaften des Niederschlags besser als bei Eisensulfaten. Außerdem kann bei der Anwendung von Eisen-(III-)Sulfat die Bildung von kleineren Flocken mit größerer Adsorptionsfläche beobachtet werden.

Die dreiwertigen Eisenionen reagieren im Hinblick auf die Hydroxid- und die Phosphatreaktion chemisch wie die Aluminiumionen:

$$FeCl_3 \cdot 6\ H_2O + PO_4^{3-} \rightarrow FePO_4 \downarrow + 3\ Cl^- + 6\ H_2O$$

$$FeCl_3 \cdot 6\ H_2O + 3\ H_2O \rightarrow Fe(OH)_3 \downarrow + 3\ H^+ + 3\ Cl^- + 6\ H_2O$$

$$3\ H^+ + 3\ HCO_3^- \rightarrow 3\ CO_2 + 3\ H_2O$$

Kalk-Phosphat-Fällung. Die Phosphatfällung mit Kalziumionen Ca^{2+} verläuft anders als die mit Aluminium- oder Eisensalzen. Die Vorgänge bei der Kalziumphosphatfällung sind noch nicht vollständig bekannt. Das Phosphation wird durch die Zugabe von Kalk und die gleichzeitige pH-Wert-Erhöhung als Hydroxylapatit, das unterschiedliche Zusammensetzung haben kann, ausgefällt. Sehr wahrscheinlich wird zuerst Kalziumhydrogenphosphat $CaHPO_4 \cdot 2\ H_2O$ gebildet, das mit der Zeit in das stabilere Apatit $Ca_{10}(PO_4)_6(OH)_2$ übergeht. Die chemischen Reaktionen verlaufen etwa wie folgt:

$$2\ Ca(OH)_2 \rightarrow 2\ Ca^{2+} + 4\ OH^-$$

$$2\ Ca^{2+} + HPO_4^{2-} + 4\ OH^- \rightarrow Ca_2HPO_4(OH)_2 + 2\ OH^-$$

$$4\ Ca_2HPO_4(OH)_2 + 2\ Ca^{2+} + 2\ HPO_4^{2-} \rightarrow Ca_{10}(PO_4)_6(OH)_2 \downarrow + 6\ H_2O$$

Eisen- und Aluminiumsalze werden als Fällmittel in Kläranlagen einfach proportional zum Abwasserzufluß oder nach einer Programmierten Ganglinie zudosiert. Für die Optimierung der Chemikalienzugabe erscheinen Trübung, Leitfähigkeit oder Alkalität geeignet. Auch die Steuerung nach der Phosphorfracht ist üblich.

Die Löslichkeit der Chemikalien ist vom pH-Wert abhängig. Günstige pH-Werte liegen für $AlSO_4$ bei 5 bis 7,5; für $FeSO_4$ bei 3,5 bis 6,5; für Kalk bei 10 bis 12. Das Abwasser kann bei seinem Durchgang durch Belebungs- und Nachklärbecken gleichzeitig behandelt werden; dann setzt man z. B. nach der Vorklärung $FeCl_3$ zu. Oder man schaltet dem Nachklärbecken der biologischen Stufe ein Fällungs- und ein Absetzbecken als dritte Reinigungsstufe nach. Das Chemikal wird dann vor dem Fällungsbecken zugegeben.

Die Vorfällung ist auch zur Sanierung von überlasteten Kläranlagen geeignet. In jedem Falle muß das Vorklärbecken für eine Aufenthaltszeit $t_R = 1,5$ bis $2,0$ h und $q_A \leqq 1,0\ m^3/(m^2 \cdot h)$ bemessen sein. Fällmittelzugabe so, daß der pH-Wert des Abwassers 6 bis 9. Die BSB_5-Last der biologischen Stufe verringert sich um max. 60%. Der Gehalt an Gesamt-P geht um $\approx 70\%$ zurück.

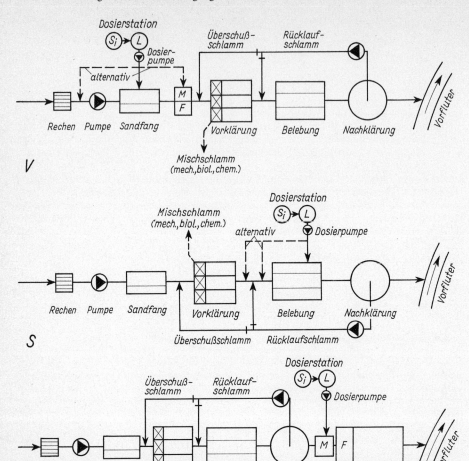

356.1   Schema von Kläranlagen mit P-Fällung

V = Vorfällung, S = Simultanfällung, N = Nachfällung
Si = Silo, L = Lösebehälter, M = Mischbecken, F = Fällungsbecken

Die **Simultanfällung** nur bei Aufenthaltszeiten im Belebungsbecken von $t_R \geqq 4$ h
vorsehen. Nachklärbecken $t_R \geqq 3$ h, $q_A \leqq 1{,}0$ m^3/(m$^2 \cdot$ h). Der Gehalt an Gesamt-P geht
um $\approx 80\%$ zurück.

Die **Nachfällung** ist hinsichtlich der Phosphate am wirksamsten. Die Aufenthaltszeit in
der Fällungsstufe und den Flockungsstufen $t_R \approx 0{,}5$ h. Rührwerk der Fällungsstufe
Umfangsgeschwindigkeit $u \geqq 0{,}6$ m/s, letzte Flockungsstufe $\leqq 0{,}2$ m/s. Die Sedimenta-
tionsstufe verlangt für Absetzen $t_R = 2$ bis $2{,}5$ h, $q_A = 0{,}7$ bis $1{,}0$ m^3/(m$^2 \cdot$ h); für
Flotation $t_R = 0{,}6$ bis $0{,}8$ h, $q_A = 3{,}0$ bis $6{,}0$ m^3/(m$^2 \cdot$ h); für Lamellen-Separator $q_A = 0{,}4$
bis $0{,}5$ m^3/(m$^2 \cdot$ h) (vgl. Abschn. 4.5.2.2 $A_{\text{eff}} \triangleq$ projizierte Platten-Fläche).

Der zusätzliche Schlammanfall bei Vor- und Nachfällung beträgt ≈ 20 bis 50 Volumen-%, bei der Simultanfällung 0 bis 40 Volumen-%. Die optimale Wirkung von Fällungsstufen erreicht man nur durch Versuche.

Tafel **357**.1   Einsatzbereiche der Fällmittel-Grundsubstanzen zur P-Fällung

Fällmittelbasis	Einsatzbereich	Lagerung, Dosierung	Eigenschaften
Fe(III) $FeCl_3$ $FeSO_4Cl$	Vor-, Simultan-, Nachfällung	Lagerung schwierig	Gute Absetzeigenschaften; erhöhter Wassergehalt im Schlamm; Schlamm gut entwässerbar
Fe(II) $FeSO_4$	Vorfällung bei Vorbelüftung, Simultanfällung	einfach	Schlamm wie vor; billig; Verunreinigungen wirken ungünstig
Al(III) $Al_2(SO_4)_3$	alle Möglichkeiten	einfach	Absetzeigenschaften schlechter
Ca(II) CaO $Ca(OH)_2$	Vor-, Nachfällung	Lagerung einfach; Dosierung aufwendig	Bei hohem pH-Wert des Abwassers, hoher Materialverbrauch; gute Absetzeigenschaften

4.5.4.2 Stickstoff

Der Stickstoff ist in der Natur in organischer und auch in anorganischer Form weit verbreitet. Im Rohabwasser findet er sich überwiegend in organisch gebundener Form und als Ammoniumion. In fließenden und stehenden Gewässern, wie auch bei der Abwasserreinigung, sind die Stickstoffverbindungen ständigen biochemischen Umsetzungen unterworfen. Die Formen des Stickstoffs sind etwa folgende [22]:

$NO_3^- - N$ ≙ Nitrat-Stickstoff
$NO_2^- - N$ ≙ Nitrit-Stickstoff
N_2 ≙ molekularer Stickstoff
NH_3 ≙ Ammoniak
$NH_4^+ - N$ ≙ Ammonium-Stickstoff
N_{org} ≙ organisch gebundener Stickstoff
N_{ges} ≙ Gesamtstickstoff (Summe aller Formen)

Die Reaktionsschritte in Gewässern zeigt **357**.2.

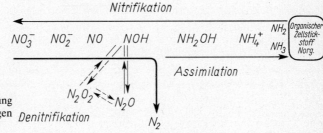

357.2
Biochemische Umwandlung von Stickstoffverbindungen in Gewässern nach [22]

Die Stickstoffverbindungen im Abwasser stammen hauptsächlich aus menschlichen und tierischen Exkrementen (Harn und Kot). Der Einwohnergleichwert für häusliches Abwasser

$$EGW_N = 8 \text{ bis } 15 \text{ g Nges}/(EGW \cdot d), \quad \text{d. h.} \quad 40 \text{ bis } 100 \text{ g Nges/m}^3$$

Die Belastung der Gewässer mit Nitrat- und Ammoniumsalzen infolge Ausschwemmung landwirtschaftlicher Nutzflächen ist häufig größer als der Anteil aus häuslicher Herkunft, in manchen Fällen bis zum 10- oder 100fachen.

Einige Wirkungen des Stickstoffs auf Eutrophierungsvorgänge im Gewässer:

Der in den Vorfluter gelangende Ammonium-Stickstoff wird dort zum größten Teil auf biologischem Wege in die Nitratform überführt. Der hierfür benötigte Sauerstoff wird dem Gewässer entzogen, so daß der Sauerstoffgehalt unter 4 mg O_2/l absinken kann. In manchen stehenden Gewässern, wie z. B. Seen oder Trinkwassertalsperren, kann eine Stickstoffzufuhr das Algenwachstum unangenehm steigern. Das Ammoniak ist als fischtoxische Substanz bekannt und Fischsterben infolge Einleitung ammoniakhaltiger Industrieabwässer sind nicht selten. Die Schädlichkeitsgrenze des freien NH_3 ist stark pH-Wert-abhängig und liegt für Fische bei 0,2 bis 2 mg/l. Hohe Nitrat- und Nitritkonzentrationen im Trinkwasser stellen ein Gesundheitsrisiko für die Bevölkerung dar (karzinogene Nitrosamine).

Die Elimination des im vorgeklärten Abwasser vorhandenen Ammonium-Stickstoffs findet in zwei Schritten statt. In einer ersten Stufe wird der Ammonium-Stickstoff zu Nitrat oxidiert (Nitrifikation). Darauf folgt als zweiter Schritt eine teilweise Reduktion des Nitrats zu molekularem Stickstoff (Denitrifikation). Diese findet unter anoxischen Bedingungen statt, d. h. unter Abwesenheit molekular gelösten Sauerstoffs bei gleichzeitigem Vorhandensein von Nitrat. Der molekulare Stickstoff als gelöstes Gas N_2 im Abwasser kann aufgrund seiner geringen Löslichkeit leicht ausgetrieben werden. Die Nitrifikation ist an den Stoffwechsel bestimmter spezialisierter Bakterien gebunden, während die Denitrifikation von einer Vielzahl bekannter Belebtschlammbakterien geleistet wird.

Der hohe Sauerstoffbedarf der ersten und die völlige Sauerstoffabwesenheit der zweiten Phase empfehlen eine verfahrenstechnische Trennung. Der gleichzeitige Abbau organischer Kohlenstoffverbindungen kann simultan mit der Nitrifikation oder in einer vorgeschalteten Belebungsanlage erfolgen.

Die Stickstofftrennung verläuft in 4 Phasen:

1. Ammonifizierung des organisch gebundenen Stickstoffs;
2. Nitrifikation des Ammonium-Stickstoffs;
3. Denitrifikation des Nitrat-Stickstoffs;
4. Austreiben des gasförmigen Stickstoffs.

Nur die 2. und 3. Phase müssen verfahrenstechnisch geplant und betrieben werden.

Chemische Reaktionen. Der organische Stickstoff im häuslichen Abwasser setzt sich aus Harnstoff und Eiweiß (Proteine) zusammen.

Diese Umwandlung des Harnstoffs zu Ammonium findet bereits im Kanalnetz und Vorklärbecken statt, so daß im Zulauf zur biologischen Stufe der Stickstoff zu etwa 90% in NH_4^+-Form vorliegt.

$$
\begin{array}{c}
NH_2 \\
| \\
C = O + 2\,H_2O + H^+ \xrightarrow{\text{heterotrophe Bakt.}} 2\,NH_4^+ + HCO_3^- \\
| \\
NH_2
\end{array}
$$

Die Eiweißsubstanzen des Abwassers sind wesentlich komplizierter aufgebaut und enthalten:

Kohlenstoff, Sauerstoff, Phosphor, Wasserstoff, Stickstoff, Schwefel.

Eiweiß wird über mehrere Phasen von heterotrophen Bakterien des Belebtschlamms in der Kläranlage abgebaut:

$$\text{Eiweiße} \rightarrow \text{Peptone} \rightarrow \text{Polypeptide} \rightarrow \text{Aminosäuren} \rightarrow \text{Ammonium}$$
$$\downarrow$$
$$\text{Harnstoff} \rightarrow \text{Ammonium}$$

Damit liegt als Endprodukt auch Ammonium vor.

Der Ammonium-Stickstoff wird durch verschiedene aerobe Mikroorganismen der Gattungen Nitrosomonas und Nitrobacter nitrifiziert. Die Nitrosomonas-Bakterien beziehen die zur Assimilation notwendige Energie aus der Oxidation des Ammoniums (Nitrifikation):

$$NH_4^+ + 1{,}5\ O_2 \xrightarrow{\text{Nitrosomonas}} NO_2^- + H_2O + 2\ H^+ + 58 \text{ bis } 84 \text{ kcal}$$

$$2\ H^+ + 2\ HCO_3^- \longrightarrow 2\ CO_2 + 2\ H_2O$$

Die weitere Oxidation des Nitrits NO_2 zu Nitrat NO_3 kann nur von der Bakteriengruppe Nitrobacter durchgeführt werden:

$$NO_2^- + 0{,}5\ O_2 \xrightarrow{\text{Nitrobacter}} NO_3^- + 15 \text{ bis } 21 \text{ kcal}$$

Bei der Denitrifikation des Nitrats wird unter bestimmten Umständen Nitrat- und Nitrit-Sauerstoff von fakultativen heterotrophen Bakterien anstelle gelösten Sauerstoffs als Elektronenakzeptor benutzt:

$$NO_3^- + 5\ H^+ + 5\ e^- \xrightarrow[\text{(heterotroph.)}]{\text{Denitrifikanten}} 0{,}5\ N_2 \uparrow + 2\ H_2O + OH^- - 86 \text{ kcal}$$

Diese summarisch dargestellte Reaktion führt über viele Zwischenprodukte. Fakultative Bakterien des Belebtschlamms können sich ohne Anpassungsschwierigkeiten von der Sauerstoffatmung auf die Nitrat-Atmung in anoxischem Milieu umstellen. Für den Ablauf der Nitrat-Atmung sind ferner Elektronendonatoren in Form organischer Kohlenstoffverbindungen erforderlich. Diese können im Belebtschlamm vorhanden sein oder von außen zugeführt werden. Wegen seines niedrigen Preises und raschen, vollständigen Abbaus wird in verschiedenen Fällen hierfür Methanol CH_3OH verwendet:

$$5\ CH_3OH + 6\ NO_3^- \xrightarrow[\text{(heterotroph)}]{\text{Denitrifikanten}} 3\ N_2 \uparrow + 5\ CO_2 + 6\ OH^- + 7\ H_2O - 180 \text{ kcal}$$

$$5\ CO_2 + 6\ OH^- \longrightarrow 5\ HCO_3^- + OH^-$$

Die Oxidation des Ammoniums kann nur von einer kleinen Gruppe spezialisierter nitrifizierender Bakterien durchgeführt werden.

Die meisten Mikroorganismen besitzen ein ausgeprägtes pH-Wert-Optimum. Der optimale Bereich ist relativ schmal und liegt im leicht alkalischen Milieu, für Nitrifikanten etwa zwischen 7,5 und 8,3. Die steile Abnahme der Atmungsaktivität außerhalb dieses Bereichs erfordert besondere Kontrolle des pH-Wertes für die Nitrifikationsstufe. Beim aeroben Abbau organischer Substanzen in der Belebungsanlage wird Kohlendioxid CO_2 gebildet, das durch das Belüftungssystem ausgeblasen wird. Daneben entstehen als Zwischenprodukte organische Säuren, deren Neutralisation einen Teil der vorhandenen Pufferkapazität verbraucht. Am stärksten wird die Alkalität jedoch während der Ammonium-Oxidation verringert, so daß es u. U. nur zu einer Teil-Nitrifizierung kommt. Alle Nitrifikanten sind obligat aerobe Bakterien, was eine ausreichende Sauerstoffversorgung

voraussetzt. Der Sauerstoffübergang vom Wasser in die Bakterienzelle innerhalb einer Belebtschlammflocke ist nur gewährleistet, wenn die Sauerstoffkonzentration im Wasser ständig über 2 mg
O_2/l gehalten wird.

Die Wachstumsgeschwindigkeiten der nitrifizierenden Bakterien liegen weit unter denjenigen anderer Belebtschlammbakterien. Diese langsame Vermehrung der Nitrifikanten kann bei Ausspülung
zu Fehlmengen führen, die den Prozeß beeinträchtigen. Dies kann durch lange Aufenthaltszeiten im
Belebungsbecken verbunden mit hohem Schlammalter verhindert werden.

Als Richtwert wird eine Schlammbelastung $B_{TS} < 0,1$ bis $0,2$ kg BSB_5/(kg $TS \cdot$ d) und Belüftungszeiten zwischen 4 und 6 h angegeben. Das Schlammalter sollte im Sommer mindestens 2 bis 3 d, und im
Winter 5 bis 7 d betragen.

Für die Praxis ist wichtig, daß die Nitrifikanten empfindlich auf schwankende BSB_5-Belastungen,
Giftstoffe, Schwermetalle, rasche Temperaturwechsel und sonstige Veränderungen ihres Milieus
reagieren. Eine Verringerung der Nitrifikationsleistung ist die Folge.

Verfahrenstechnik. Im mechanischen Teil einer konventionellen Kläranlage lassen sich, zusammen
mit den absetzbaren Stoffen nur geringe Mengen organisch gebundenen Stickstoffs, etwa 10% von
Nges, entfernen. Ein ebenfalls beschränkter Anteil des Ammonium-Stickstoffs wird durch bakterielle Stickstoff-Assimilation in der Zellsubstanz gespeichert und in Form von Überschußschlamm
abgezogen. Geht man von der empirischen Formel für Zellsubstanz $C_5H_7O_2N$ aus, so kann mit einer
anteiligen Elimination von 8 bis 12% des Gesamtstickstoffs gerechnet werden.

Ohne besondere Verfahrensschritte ist eine weitergehende N-Elimination nicht möglich.

Am weitesten verbreitet sind Belebungsanlagen, in denen die Nitrifikation mit dem
aeroben Abbau organischer Stoffe kombiniert in einem Belebungsbecken stattfindet.
Die Nitrifikanten und aeroben Bakterien sind nebeneinander im Belebtschlamm enthalten.

Für die im zweiten Verfahrensschritt folgende Reduktion von Nitrat-Stickstoff ist ein
Elektronendonator zur Ergänzung erforderlich. Je nach Art des Verfahrens ergeben sich
verschiedene Möglichkeiten für das Reinigungsschema. Als Elektronendonator können
organische Substanzen im Belebtschlamm und Rohabwasser verwendet oder von außen
zugeführt werden (z. B. Methanol, Äthanol, Molasse).

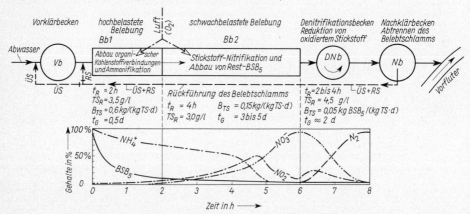

360.1   Schema des biologischen Reinigungsprozesses mit Nitrifikation und Denitrifikation in einer
Belebungsanlage nach [22];
$t_G \triangleq$ Generationszeit, $RS \triangleq$ Rücklaufschlamm, $ÜS \triangleq$ Überschußschlamm

In **360**.1 ist der Fall einer Belebungsanlage mit Nitrifikation und Denitrifikation und den darin ablaufenden biologischen Vorgängen dargestellt. Die Bemessung einer Belebungsstufe für gleichzeitigen BSB_5-Abbau und Nitrifikation wird für eine BSB_5-Belastung durchgeführt, die die notwendigen Nitrifikationsprozesse ermöglicht. Die Stickstoffbelastung geht nicht in die Bemessung ein, weshalb eine Überprüfung der für die Nitrifikation erforderlichen Verfahrensbedingungen vorgenommen werden muß. Die für die Dimensionierung wichtigen Zusammenhänge zwischen Belebtschlammkonzentration, Temperatur, Zulaufkonzentration (als BSB_5 in mg/l) und Aufenthaltszeit sind nach Downing in **361**.1 zu erkennen.

Da die Denitrifikation ein relativ unempfindlicher Prozeß ist, genügt eine überschlägliche Bemessung. Schließt die Denitrifikationsstufe an die aerobe Behandlung an, so wird die Stickstoff-Reduktion vom Belebtschlamm selbst durchgeführt. Als Bemessungsgröße dient die Aufenthaltszeit t_R im Denitrifikationsbecken [22].

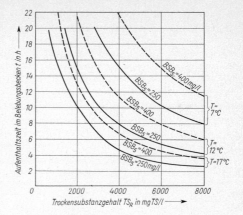

361.1 Abhängigkeit von Trockensubstanzgehalt, Temperatur, Zulaufkonzentration und Aufenthaltszeit in einer Belebungsanlage mit gleichzeitiger Nitrifikation (nach Downing)

$$t_R = \frac{\Delta(NO_3^- - N)}{oTS \cdot k} \cdot 24 \text{ in h}$$

$\Delta(NO_3^- - N)$ = denitrifizierte Nitrat-Stickstoffmenge (Zulauf-N minus Ablauf-N) in mg N/l

oTS = organischer Trockensubstanzgehalt in mg org. TS/l

k = Denitrifikationsgeschwindigkeit in mg $(NO_3^- - N)$/(mg org. $TS \cdot$ d)
  = 0,05 für 10° C bis 0,15 für 20° C

Bei getrennter Denitrifikation mit eigenem Rücklaufschlammkreislauf muß eine gesonderte Berechnung des Schlammalters usw. durchgeführt werden. Auch für den Elektronendonator, z.B. Methanol, ist eine Ermittlung der Bedarfsmengen notwendig.

Die nach **360**.1 vorgenommene Erweiterung einer normalen Kläranlage zum Zweck der Stickstoffelimination wurde durch Einschaltung eines zusätzlichen Reaktionsbeckens zwischen Belüftungs- und Nachklärbecken erreicht. Das aerobe Becken ($Bb1 + Bb2$) muß optimale Wachstumsbedingungen für nitrifizierende Bakterien gewährleisten, d.h. hohes Schlammalter und intensive Belüftung. Die anoxische Stufe zur Denitrifikation (DNb) wird nur mit einem Rührwerk zur Durchmischung und Erleichterung des N_2-Austrags versehen. Die Aufenthaltszeit in beiden Stufen je $\geqq$ zwei Stunden.

Die Stickstoffelimination hängt vom Erfolg der Nitrifikation im Belüftungsbecken ab, da die Denitrifikation quantitativ stattfindet. Der Belebtschlammgehalt im Zulauf zur anoxischen Stufe ist hierfür als Elektronendonator ausreichend, wenn die Schlammbelastung B_{TS} der aeroben Stufe $< 0,2$ bis $0,3$ kg BSB_5/(kg $TS \cdot$ d) gewählt wird. Stabilisierte Schlämme mit geringer endogener Atmung verringern die Zufuhr an Elektronendonatoren und verzögern die Reaktion im Denitrifikationsbecken.

Eine Weiterentwicklung des Verfahrens stellt die Trennung von Kohlenstoff- und Stickstoffoxidation dar. In der ersten Stufe wird ein Belebungsbecken im Hochlastbetrieb gefahren und in einer nachfolgenden Schwachlast-Belebung nitrifiziert. Ein Schlammkreislauf umfaßt die erste Stufe mit Belüftungs- und Zwischenklärbecken, der zweite Nitrifikation, Denitrifikation und Nachklärbekken. Als Elektronendonator dient der Belebtschlamm der zweiten biologischen Stufe. Diese Verfahrensteilung ermöglicht den schrittweisen Ausbau einer Kläranlage zur Stickstoffelimination.

Noch weiter entwickelt kommt man auf die Trennung von Kohlenstoffoxidation, Nitrifikation und Denitrifikation mit drei Schlammkreisläufen (**362**.1). Alle drei Vorgänge sind getrennt steuerbar und können optimiert werden. Da der Zulauf zur Denitrifikationsstufe keine ausreichende Menge organischer Substrate mehr enthält, muß der zur Stickstoffreduktion erforderliche Elektronendonator von außen zugeführt werden. Hierfür eignen sich organische Substanzen, die rasch assimilierbar, und billig sind. Es wurden Versuche mit Zucker, Alkoholen, organischen Säuren, Phenolen und Aldehyden gemacht. Als günstig hat sich Methanol erwiesen, da es schnell aufgenommen und vollständig oxidiert wird.

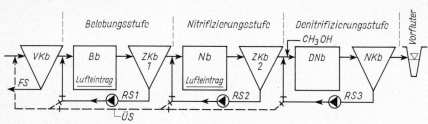

362.1 Belebungsanlage mit Stickstoffelimination in drei getrennten Verfahrensstufen nach [22]

VKb = Vorklärbecken	*DNb*	= Denitrifikationsbecken
ZKb = Zwischenklärbecken	CH_3OH	= Methanol
NKb = Nachklärbecken	*FS*	= Frischschlamm
Bb = Belebungsbecken	*RS*	= Rücklaufschlamm
Nb = Nitrifikationsbecken	*ÜS*	= Überschußschlamm

Kayser [26] unterscheidet drei Verfahren zur Denitrifikation (**363**.1):

Bei der **simultanen Denitrifikation** muß die Belüftung so geregelt werden, daß für die Nitrifikation genügend und für die Denitrifikation wenig genug Sauerstoff zur Verfügung steht. Dies kann bei punktueller Belüftung durch Schaffung sauerstoffarmer Zonen im Belebungsbecken erreicht werden.

Als wirksame Lösung erweist sich die zeitliche Folge von Belüftungsphasen zur NO_3-Bildung und von Phasen ohne oder mit schwacher Belüftung nur N_2-Elimination.

Die **Becken-Wechsel-Denitrifikation,** vom Wechsel-Oxydationsgraben abgeleitet, ist im Prinzip eine vorgeschaltete Denitrifikation bei der durch die wechselweise Beschickung von zwei Becken die Rückführung entfällt. Wenn während der Nitrifikation mit polumschaltbaren Kreiseln oder Walzen gerührt wird, kann allerdings der Energiegewinn ganz aufgezehrt werden.

Bei der **vorgeschalteten Denitrifikation** werden z. B. $5 \cdot Q$ zurückgeführt. So beträgt wegen der geringen Hubhöhe von 20 bis 30 cm der Energieaufwand nur rund 10 Wh/(m³ · d). An Mischenergie für das Denitrifikationsbecken (25% des Gesamtvolumens) sind mindestens 1,5 W/m³ notwendig, also auch etwa $1,5 \cdot 0,25 \cdot 24 = 9,6 \approx 10$ Wh/(m³ · d) bezogen auf das Gesamtvolumen.

Die Fa. Linde AG empfiehlt die Stickstoffbehandlung in einer 2. Reinigungsstufe in der Folge Belebungsbecken – Denitrifikationsbecken – Nitrifikationsbecken.

Durch das Gesamtrücklaufverhältnis des Rücklaufschlammes und einem zusätzlichen Rücklauf vom Nitrifikations- ins Denitrifikationsbecken wird die Nitratrückführung entsprechend dem Denitrifikationsgrad eingestellt. Außerdem wird durch einen Bypass von Rohabwasser ins Deni-Becken organisches Substrat für die Nitratreduktion bereitgestellt. Maßgebend ist das *CSB : TKN* – Verhältnis, z. B. 4 bis 6 bei 80%-Nitratrückführung und vollständige Denitrifikation. Dies ist mit einem Rohabwasseranteil von 15 bis 20% erreichbar.

Neben den hier beschriebenen biologischen Verfahren zur Stickstoffelimination können auch Festbettreaktoren (Tropfkörper, Sandbettfilter, Aktivkohlefilter) benutzt werden. Die lange Generationszeit der nitrifizierenden Bakterien wird durch lange Aufenthaltszeiten der Bakterien im Reaktor ausgeglichen.

Mit größerem Kontroll- und Wartungsaufwand können auch physikalisch-chemische Verfahren eingesetzt werden. Dazu zählen die Ammoniak-Desorption (Stripping), der selektive Ionenaustausch und die Knickpunktchlorung. Anwendung bei ammonium- und ammoniakhaltigem Abwasser.

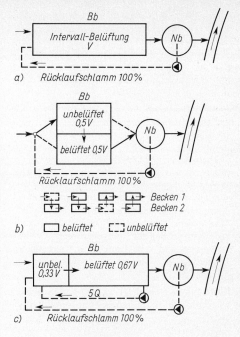

363.1 Verfahrenstechniken zur Denitrifikation des Abwassers
a) Simultane Denitrifikation mit Intervall-Belüftung,
b) Wechsel-Becken-Denitrifikation
c) Vorgeschaltete Denitrifikation nach [26]

4.6 Behandlung des Abwasserschlammes

4.6.1 Grundlagen

Abwasserschlamm kann selten als flüssiger Rohschlamm beseitigt werden. Eine technisch sinnvolle Behandlung des Schlammes ist Voraussetzung für seine geordnete Beseitigung. Zwei Grundoperationen sind zu vollziehen:

a) die Stabilisierung der Schlamminhaltsstoffe mit der Absicht Geruchsfreiheit herzustellen. Energiereiche, instabile, höhermolekulare Stoffe werden in energiearme, stabile, niedermolekulare überführt. Die aerobe Stabilisierung wird unter Abschn. 4.7, die anaerobe unter Abschn. 4.6.2 beschrieben.

b) die Abtrennung des Schlammwassers. Schlämme aus dem mechanischen oder biologischen Reinigungsprozeß bestehen aus einem geringen Volumen-Anteil Trockensubstanz und hohem

Tafel **364**.1   Konsistenz von Schlämmen bei verschiedenem Wassergehalt

Schlammbeschaffenheit	Wassergehalt in %
flüssig und pumpfähig	> 85
stichfest, noch plastisch	
breiig, schmierend,	65 bis 75
krümelig, nicht schmierend	60 bis 65
streufähig, fest	35 bis 40
staubförmig	10 bis 15

Tafel **364**.2 Durch Eindickung erreichbare Feststoffkonzentration von Schlämmen (ohne Konditionierung)

Schlammart	Durch Eindickung ohne Konditionierung erreichbare Feststoffkonzentration in %
Vorklärschlamm mit Industrieschlamm	10 bis 30
Vorklärschlamm	5 bis 12
Vorklärschlamm mit belebtem Schlamm	
$J_{SV} > 100$ ml/g	4 bis 6
$J_{SV} < 100$ ml/g	6 bis 11
aerob stabilisierter Schlamm	3 bis 5
Vorklärschlamm mit Tropfkörperschlamm	7 bis 10
Faulschlamm	
aus der Vorklärung	8 bis 14
aus der Belebungsanlage	6 bis 9
belebter Schlamm (thermisch konditioniert)	10 bis 15

Wasseranteil (vgl. Tafeln **364**.1 und **364**.2). Die Entwässerung des Schlammes führt zu einer wesentlichen Volumenverminderung und zu einer Veränderung seiner physikalischen Eigenschaften. Je höher der erreichte Trockensubstanzanteil, desto größer der Energieaufwand. Verfahrensstufen sind z.B. Eindickung, maschinelle Entwässerung, Trocknung, Kompostierung, Veraschung.

Mit einigen Verfahren erreicht man beide Vorgänge, z.B. anaerobe Faulung, Kompostierung, Veraschung. Die Tafeln **364**.2 und **379**.1 geben Übersichten.

4.6.2   Schlammfaulung

Die konventionelle und am häufigsten eingesetzte Schlammbehandlung ist die anaerobe Schlammstabilisierung. Dieser anaerobe biochemische Prozeß spielt sich zwar ohne Luft, aber nicht ohne Sauerstoff ab. Träger der Schlammfaulung sind Bakterien.

Fakultative anaerobe Bakterien leisten in zwei Stufen (Hydrolyse und Versäuerung) die grobe Abbauarbeit, indem sie die hochmolekularen Stoffwechselendprodukte abbauen. Sie entnehmen Kohlenstoff und Sauerstoff aus den chemischen Verbindungen der organischen Stoffe, die sie durch Enzyme aufspalten. Es entstehen Alkohol, organische Säuren, Schwefelwasserstoff, Wasserstoff, Kohlendioxid und etwas Methan. In Wasser gelöst reagieren fast alle diese Stoffe sauer. Die Phase heißt deshalb saure Schlammfaulung. Sie würde einen schleimigen, grauen, übelriechenden, nicht ausgefaulten Schlamm liefern. Acetogene oder Acetat-Bakterien bilden Acetat (Essigsäure), Wasserstoff und Kohlendioxid in der 3. Phase.

Die wichtigste, Bakteriengruppe in der 4. Phase nennt man Methanbakterien, weil Methan ihr wichtigstes Endprodukt ist. Diese Bakterien können organische Stoffe in kleinste Molekularform zerlegen. Dabei entstehen Ammoniak, Kohlendioxyd und Methan. Die beiden letztgenannten Stoffe entweichen als Gase; Ammoniak verbindet sich mit Wasser zu Ammoniumhydroxyd, einer starken Lauge. Diese „Methanfaulung" oder alkalische Schlammfaulung liefert einen ausgefaulten schwarzen und geruchlosen Schlamm (**365**.1).

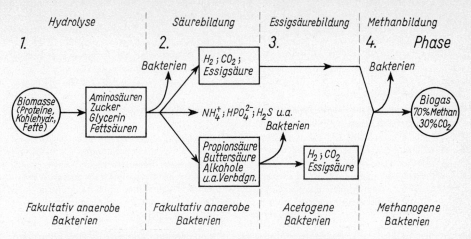

365.1 Schema der Stoffwechselprozesse bei der Faulung nach Schoberth

Alle Bakteriengruppen sind aufeinander angewiesen. Die ersteren leisten Vorarbeit, damit die Methanbakterien den Abbau vollenden können. Diese können jedoch nur in einer alkalischen Umgebung leben. Die saure Phase beim Beginn eines Faulprozesses überwinden sie nicht ohne Hilfe. Deshalb muß man den Faulraum „einarbeiten", indem zunächst wenig Frischschlamm hinein-gegeben oder durch alkalisches Abwasser, Kalkmilch oder Laub für das basische Übergewicht gesorgt wird. Während des Betriebes erhält man durch das Mischen des Frischschlammes mit älterem Faulschlamm, dem Impfschlamm, dieses Übergewicht aufrecht. Die Einarbeitungszeit läßt sich durch Beheizen des Faulraumes auf etwa 30° C verkürzen. Störungen des Betriebes kann man aus dem Gasrückgang und dem -anteil an CO_2 feststellen. Dieser beträgt normal 30 bis 35%, bei > 37% kann eine Störung zur sauren Phase hin vorliegen. Die Säurekonzentration ist dann $\geqq$ 3 g/l (Tafel **365**.2).

Tafel **365**.2 Gegenüberstellung der wesentlichen Merkmale von versäuernden und mesophilen, methanogenen Bakterien im einstufigen Prozeß nach [69]

Kriterium	Versäuernde Bakterien	Mesophile, methanogene Bakterien
Charakteristik	z.T. fakultativ anaerobe Bakterien	obligat anaerobe Bakterien
Temperatur-Optimum	30 °C	35 bis 37 °C
pH-Wert (Grenzwert)	(3,0) 5,3 bis 6,8	(6,8) bis 7,2
Generationszeiten, Wachstum	relativ geringe Generationszeiten (substratabhängig)	z.T. sehr lange Generationszeiten (substrat- und milieuabhängig)
Stofftransport (Durchmischung)	möglichst gute Durchmischung, um schnelle Hydrolyse und Versäuerung zu erreichen. Stofftransport von Abbauprodukten zur Methanisierung erfordert eben-falls eine gute Durchmischung	möglichst geringe Umwälzung, (Scherkraftbeanspruchung), da ace-togene und methanogene Bakterien in enger Symbiose existieren und sehr scherkraftempfindlich sind. Stofftransport und Abtransport der Abbauprodukte bedingen dagegen gute Durchmischung

Methanbakterien sind sehr empfindlich. Sie brauchen Dunkelheit, ein feuchtes Milieu mit > 50%, Wassergehalt, Ansiedlungsflächen, die man zusätzlich durch Asbest oder Eisenhydroxyd schaffen kann, einen pH-Wert 7,0 bis 7,5, eine Konzentration von organischen Säuren von 0,5 bis 1,0 g/l und schließlich Temperaturen von möglichst 25 bis 35° C. Die Methanbakterien treten bevorzugt allein auf. Andere Bakterien und Protozoen treten an Art und Zahl stark zurück. Das gilt auch für Krankheitskeime. Es ist bisher nicht geklärt, worauf diese toxische (giftige) Wirkung der Bakteriengruppe zurückzuführen ist [62].

Kritisch ist trotzdem die Einarbeitungszeit eines Faulraumes, d.h., die Zeit bis zum Entstehen einer ausreichenden Menge von Methanbakterien.

Der Temperaturbereich, in dem Methanbakterien leben können, reicht von + 4° C bis + 70° C. Es gibt in diesem Bereich zwei optimale Temperaturen bei + 30° C (mesothermophiler Bereich) und bei + 55° C (thermophiler Bereich). Obwohl die thermophilen Bakterien mehr Gas erzeugen, wendet man für Faulräume meist Heiztemperaturen von 25 bis 35° C wegen des geringeren Wärmeaufwandes an. Temperatursenkungen um 2 bis 3° C wirken sich sofort auf die Gasentwicklung (Abbauleistung) nachteilig aus. Bei Licht hört die Gasproduktion sofort auf. Schwefelwasserstoff (H_2S) und Chlor (Cl) zerstören, in Wasser gelöst, die Methanbakterien.

Ein Faulbehälter soll diese Bedingungen weitgehend erfüllen. Die wichtigsten dauernden Betriebsmaßnahmen sind deshalb das obengenannte „Impfen", die Beheizung des Faulraumes, eine möglichst häufige Beschickung mit frischem, nicht angefaultem Schlamm, dauernde Umwälzung des Faulrauminhaltes, Abnahme von Schlammwasser (in zunehmendem Maße werden die Faulräume als reine Bioreaktoren ohne Wasserabzug gefahren), Gassammlung und Ablaß des ausgefaulten Schlammes unter natürlichem Wasserüberdruck. Physikalisch bemerkenswert ist die erhebliche Verminderung des Schlammvolumens durch Abgabe des Faulwassers und die große Ausbeute an wertvollem Faulgas.

4.6.2.1 Bau der Faulräume

Zu unterscheiden ist zwischen kombinierten Anlagen, bei denen die Faulräume unter Absetzräumen liegen (s. Abschn. 4.4.4.4) und den selbständigen, geschlossenen Faulräumen. Es hätte wenig Sinn, beide Bauarten miteinander zu vergleichen, ihre Anwendung ist im wesentlichen von der Größe der Kläranlage abhängig.

Bei den modernen selbständigen Faulbehältern wendet man in Deutschland die Kugelform mit kegelförmiger Sohle und Decke an. Diese Form ist statisch sehr günstig (Membranspannungszustand) und hat eine im Verhältnis zum Rauminhalt kleine Oberfläche (**367**.1, **378**.1). Bei kleineren Faulbehältern wählt man die Becherform (**367**.2). Außerdem werden zylindrische Faulbehälter mit aufgesetzten Kegelstümpfen oben und unten gebaut (**370**.1, **377**.1). Durch die konische Decke ist die Schlammwasserspiegelfläche verkleinert und damit die Zerstörung der Schlammschicht zum Zwecke des besseren Gasaustrittes erleichtert. Die Sohle, $\geqq$ 1:1 geneigt, ermöglicht es dem Bodenschlamm, ohne weitere Räumvorrichtungen zur Mitte hin abzurutschen. Thon [78] unterteilt die in Deutschland üblichen Behältergrößen aus konstruktiven Gründen in 3 Gruppen:

kleine Behälter	1000 bis	2 500 m³
mittlere Behälter	2500 bis	5 000 m³
große Behälter	5000 bis	10 000 m³

Bei Faulbehältern treten wegen der hohen Gewichte Schwierigkeiten bei der Gründung des Bauwerks auf. Folgende Konstruktionen gelangen zur Ausführung [78]:

1. Behältergründung über dem unteren Kegel (Kläranlage München). Voraussetzung: tragfähiger, gleichmäßiger Baugrund. Vor der Ausführung sind Bodenuntersuchungen, Ermittlungen der Grundwasserverhältnisse und Setzungsbewegungen sowie Grundbruchberechnungen erforderlich.

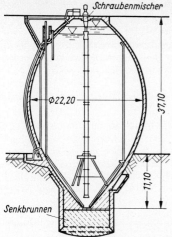
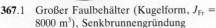

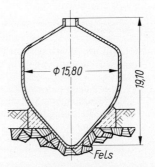

367.1 Großer Faulbehälter (Kugelform, J_{Fr} = 8000 m³), Senkbrunnengründung

367.2 Kleinerer Faulbehälter (Becherform, J_{Fr} = 2000 m³), auf tragfähigem Boden gegründet

2. Gründung mit zusätzlichem Fundamentring. Anwendbar bei tiefer anstehendem tragfähigem Baugrund oder bei geringerer zulässiger Bodenpressung. Der Fundamentring kann hohl sein und als Installationskanal dienen (Kläranlage Bremen-Seehausen).

3. Gründung auf Fels (**367**.2). Direkte Gründung oder Anordnung eines unbewehrten Betonfundamentes (Kläranlage Hof).

4. Gründung auf Stahlbetonsenkbrunnen (**367**.1), wenn tragfähiger Baugrund in großer Tiefe ansteht (Kläranlage Hamburg-Köhlbrandhof). Bei großem Grundwasserandrang Absenkung des Senkbrunnens unter Druckluft als Caisson. Der Brunnen erhält oben einen Kragen als Auflager für den Behälter.

Die Behälter werden zweckmäßig in vorgespannter Bauweise hergestellt, weil die Hauptkräfte als Zugkräfte in Ringrichtung auftreten. Der Spannbeton ist besonders geeignet, weil die Behälter wasserdicht und rissefrei sein sollen. Man kann abschnittsweise arbeiten und wasserdichte Arbeitsfugen herstellen, indem man die vorgespannten Eisen durch Muffenverbindungen verlängert (System Dywidag). Auch eine Herstellung aus Stahl ist möglich, aber weniger üblich. Vor Inbetriebnahme sollen eine Probefüllung durchgeführt und Undichtheiten beseitigt werden.

Ein Innenanstrich wäre nicht erforderlich, wenn der pH-Wert des Inhalts immer über 7 liegen würde. Der Schlamm ist dann nicht aggressiv gegen Beton. Zur Sicherheit sollte man den Beton aber durch eine besondere Behandlung schützen, meist dient hierzu ein Teer-Epoxid-Anstrich. Oberhalb des Schlammwasserspiegels ist wegen der aggressiven Bestandteile des Faulgases (H_2S u.a.) und der Dichtheit immer ein Anstrich vorzusehen. Man wählt Epoxid-Harze, Dicke 4 mm, Kunststoff-Folien o.ä. Es werden Risse bis zu 0,2 mm Breite überbrückt.

Große Bedeutung kommt der Wahl der Außenisolierung und Eindeckung zu. Die Isolierung soll die Wärmeabgabe nach außen verhindern, die Eindeckung schützt die Isolierung vor Nässe von außen. Als Isolierung werden meist Stein- oder Glaswolleplatten oder -matten und Kunstharzschaumplatten verwendet. Als Eindeckung verwendet man Wellasbestplatten in Schindelformat oder großformatig, Aluminium- und Kupferbleche.

Die Decke des Faulraumes ist bei größeren Faulbehältern fest mit dem anderen Bauwerksteil verbunden (s. z.B. Bild **370**.1 und **373**.1). Sie enthält eine Gashaube mit Gasableitung zum Gasbehälter, in dem ein geringer Gasüberdruck, etwa ≈ 35 mm WS, herrscht. Wenn im Faulturm der Wasserspiegel sinkt, tritt Gas vom Gasbehälter zurück. Durch den Überdruck wird verhindert, daß

Luft eintritt, die im Verhältnis 5:1 bis 15:1 mit Faulgas gemischt, explosiv wirkt. Bei kleineren Kläranlagen kann die Faulraumdecke seitlich offen sein, während das Gas in der Mitte gesammelt wird. Die Decke ist überflutet und die Höhenschwankungen des Wasserspiegels pendeln sich oberhalb der Decke aus. Ebenfalls bei kleineren Anlagen kann man eine schwimmende, d. h. höhenverschiebliche Decke verwenden, die durch ihr Gewicht auf das Gas den erforderlichen Überdruck erzeugt. Die beiden letzten Konstruktionen erfordern eine zylindrische Behälterform.

4.6.2.2 Betrieb der Faulräume

Von seiner Entstehung im Absetzbecken bis zur Trocknung im Schlammbeet führt der Klärschlamm folgende Bezeichnungen:

Frischschlamm = Schlamm aus dem Vor- oder Nachklärbecken
Mischschlamm = Mischung von Schlamm aus Vor- und Nachklärbecken
Rücklaufschlamm = im Belebungsbecken belebter und vom Nachklärbecken zurückgeführter Schlamm
Überschußschlamm = im Belebungsbecken entstehender überschüssiger Schlamm
Faulschlamm = Schlamm im Faulturm
Schwimmschlamm = aufschwimmender Schlamm
Impfschlamm = Faulschlamm, der mit Frischschlamm vermischt werden soll
Umwälzschlamm = umgewälzter Faulschlamm
ausgefaulter Schlamm = aus dem Faulturm abgelassener Schlamm
getrockneter, ausgefaulter Schlamm = von der Schlammentwässerung kommender Schlamm

Der Frischschlamm (**370**.1, **371**.1) kommt meist als Mischung von Vor- mit Nachbeckenschlamm bzw. mit Überschußschlamm aus dem Schlammtrichter des Vorklärbeckens oder aus einem Voreindicker (s. Abschn. 4.6.3). Er wird von oben dem Faulturm zugeführt (**370**.1) (*2*). Zuvor wurde er im Pumpensumpf oder im Beschickungsrohr mit Faulschlamm geimpft. Da der Behälter nur täglich ein- bis zweimal beschickt wird, kann die Druckleitung durch Einsatz derselben oder einer anderen Pumpe (*3*) auch für den Umwälzschlamm benutzt werden. Die äußere Umwälzung kann jedoch auch ohne Erwärmung erfolgen. Die Schwimmschlammschicht wird einmal durch den Eintritt des Schlammes aus der Leitung (*2*) und zum anderen durch den Schraubenmischer (*13*) zerstört. Der Mischer arbeitet mit einem Schraubenrad im oberen Teil eines Steigrohres. Der Schlamm wird in Höhe des Wasserspiegels aus dem Steigrohr gehoben und zentrifugal herausgeschleudert. Dabei wird die Schlammdecke zerstört. Von unten steigt wieder neuer Faulschlamm nach, so daß sich zusätzlich eine innere Umwälzung des Inhalts ergibt. Das Schraubenrad wird über eine kurze Welle von einem E-Motor angetrieben, der auf der Gashaube installiert ist. Eine ähnliche Einrichtung zur Schlammdeckenzerstörung wäre der Rührkreisel (Fa. G e i g e r, Karlsruhe) mit 4 Flügeln (**373**.1) und ohne Steigrohr, der teilweise in den Schlammspiegel untertaucht und langsam rotiert. Um den Inhalt umzuwälzen, kann auch komprimiertes Faulgas an der Sohle des Faulraumes eingeleitet werden. Diese Maßnahme optimiert den Faulprozeß und stabilisiert die Methanphase.

Die wichtigste Betriebsmaßnahme ist die F a u l r a u m b e h e i z u n g. Einmal soll der kalte Frischschlamm möglichst schnell aufgeheizt und zum anderen soll die Temperatur innerhalb des gesamten Faulraumes möglichst konstant gehalten werden. Von den verschiedenen, bisher angewandten H e i z s y s t e m e n haben sich folgende im modernen Faulraumbetrieb bewährt:

a) H e i ß w a s s e r - K r e i s l a u f h e i z u n g mit dem Heizkörper im Faulraum (**372**.1c). Außerhalb des Faulraumes erhitztes Wasser strömt in geschlossenen Rohren oder Heizkörpern durch den Faulraum und wieder zurück zum Heizkessel. Die Wassertemperatur muß $\leqq 65\,°C$ sein, weil sonst die Heizkörper verkrusten und dadurch die Wärmeabgabe vermindert wird. Man benutzt heute 3 bis 12, bis zu 8 m lange Eintauchheizrohre (**373**.1), die in die Faulraumdecke senkrecht eingehängt sind und während des Betriebes herausgezogen und überprüft werden können. Die Rohre bestehen aus

Tafel **369**.1   Richtwerte für Schlammengen bei normalem häuslichen Abwasser nach [24] (für Trennverfahren und Mischverfahren 1 + m = 1 + 1)

Schlammart (s = schwachbelastete, h = hochbelastete Anlage)		Feststoff-gehalt f in g/(E · d)	Wasser-gehalt in %	Schlamm-menge s in l/(E · d)
Absetzanlage mit Faulraum				
frischer, unter Wasser abgepumpter Schlamm aus Trichterbecken		54	97,5	2,16
frischer Schlamm, beim Herauspumpen vom überschüssigen Wasser getrennt		54	95	1,08
nasser, ausgefaulter Schlamm		34	87	0,26
an der Luft getrockneter, ausgefaulter Schlamm		34	55	0,13
Tropfkörperanlage mit Faulraum				
Schlamm der Nachklärbecken	s[1])	13	92	0,16
	h	20	95	0,40
frischer, gemischter Schlamm aus Vor- und Nachklärbecken	s	67	94,5	1,22
	h	74	95	1,48
ausgefaulter, gemischter, nasser Schlamm	s	43	90	0,43
	h	48	90	0,48
ausgefaulter, gemischter, getrockneter Schlamm	s	43	55	0,17[4])
	h	48	55	0,19[4])
Belebungsanlage mit Faulraum				
frischer Überschußschlamm[3])	s	31	99,3	4,43
	h	25	98,5	1,67
Überschußschlamm aus dem Belebungsbecken nach 0,5 h Absetzzeit	s	31	98,5	2,07
	h	25	98	1,25
frischer Überschußschlamm, im Vorklärbecken gemischt mit Vorbeckenschlamm[2])	s	85	95,5	1,87
	h	79	95,5	1,75
ausgefaulter, gemischter, nasser Schlamm	s	55	93	0,79
	h	52	90	0,52
ausgefaulter, gemischter, getrockneter Schlamm	s	55	55	0,23[4])
	h	52	55	0,22[4])

[1]) s bei Tropfkörperanlagen etwa bei $B_R \leqq 0,40$, bei Belebungsanlagen $B_R \leqq 0,5\ \dfrac{\text{kg } BSB_5}{\text{m}^3 \cdot \text{d}}$

h bei Tropfkörperanlagen etwa bei $B_R > 0,40$, bei Belebungsanlagen $B_R > 0,5\ \dfrac{\text{kg } BSB_5}{\text{m}^3 \cdot \text{d}}$

[2]) Wegen der Eindickwirkung ergibt sich ein größerer Feststoffgehalt als bei der Mittelbildung aus dem Primärschlamm der Absetzanlage und dem frischen Überschußschlamm
[3]) Hier bestehen Abweichungen gegenüber Tafel **314**.1
[4]) lufthaltig

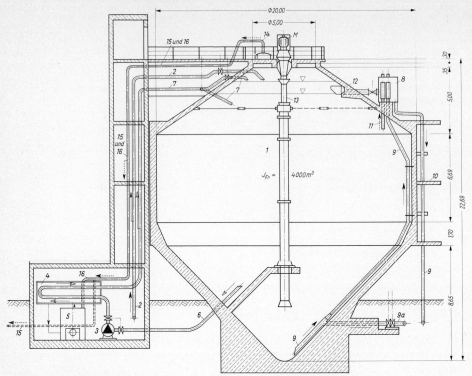

370.1 Schlammfaulturm

1 Faulraum
2 Frischschlammeingabe ⟵
3 Schlammpumpe für Umwälzschlamm
4 Wärmeaustauscher
5 Heizkessel
6 Umwälzschlamm, Entnahme ⎫ ⟸
7 Umwälzschlamm, Eingabe ⎭
8 Beobachtungstopf

9 Faulschlammentnahme
9a Faulschlammentnahmeweg 2
10 Treppe
11 Faulwasserentnahme
12 Schwimmschlammentnahme
13 Schraubenmischer mit E-Motor (M)
14 Gasdom
15 Gas zum Speicher ⎫ ⟵------
16 Gas zum Heizkessel ⎭

dem eigentlichen Heizrohr (Wärmeaustauschfläche) ⌀ 100 bis 150 mm und der darin enthaltenen Einrichtungen zur Führung des Wassers. Die Rohre sind in Höhe des Wasserspiegels durch die Decke gesteckt, so daß sie ohne die Gefahr des Lufteintritts herausgenommen werden können. Sie sind einzeln von der Wasservor- und -rücklaufleitung lösbar. Sie werden vor dem Herausziehen durch Preßluft vom Wasser geleert, schwimmen auf oder werden herausgehoben. Gegenüber den fest im Faulraum installierten Heizkörpern ist damit ein Vorteil erreicht, denn diese sind nur nach Entleerung des Faulraumes kontrollierbar. Durch das untere Ende der Eintauchheizrohre kann zusätzlich noch Faulgas eingeblasen werden (Verbesserung der Heizung). Durch den Wärmeeintrag ergibt sich ferner eine innere, thermische Umwälzung des Faulrauminhalts (**372**.1c). Diese Heizung ist bei kleineren Anlagen gut geeignet, besonders wenn die Abwärme des Kühlwassers von Faulgasmotoren verwendet werden kann.

b) Schlamm-Umwälzheizung mit Wärmeaustausch außerhalb des Faulraumes durch Rohrsysteme. Der Umwälzschlamm wird aus der unteren Zone des Faulbehälters entnommen und nach

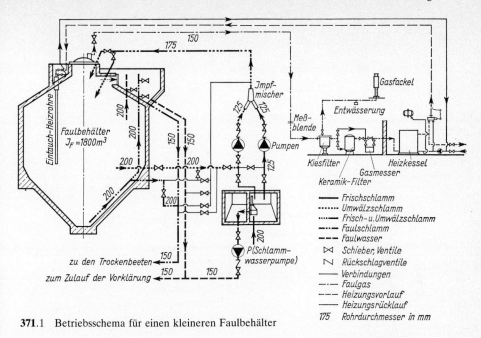

371.1 Betriebsschema für einen kleineren Faulbehälter

der Erwärmung oben wieder eingegeben (Dauerbeheizung des Faulraumes) (**372**.1 b und **370**.1). Bei der Frischschlammerwärmung (Beschickung des Faulbehälters) ist ein geradlinig verlaufender Teil der Beschickungsleitung mit mehreren hintereinanderliegenden Rohrummantelungen als Wärmeaustauscheinrichtung versehen. Mit Hilfe eines Mischrohres können Frischschlamm und eingedickter Faulschlamm auch gleichzeitig durch die erwärmte Beschickungsleitung gefördert werden. Man verbindet so die Vorerwärmung mit der -impfung des Frischschlammes. Als Heizmittel für Wärmeaustauscher verwendet man entweder Niederdruckwasserdampf $\leqq$ 5 bar, Umlaufwasser einer Heißwasser-Heizungsanlage oder Kühlwasser aus Faulgasmotoren oder anderen Aggregaten. Falls nur ein Heizmittel mit geringer Temperatur, $\leqq$ 60°C, zur Verfügung steht (z. B. Abwärme aus Faulgasmotoren), kann u. U. die Ummantelung des geraden Rohres zur Wärmeabgabe nicht ausreichen. Man vergrößert dann die Länge der Beschickungsleitung durch spiral- oder schlangenförmige Rohrführung zu einem Wärmeaustausch-Aggregat. Hierdurch entstehen zusätzliche Pumpwiderstände und damit höhere Betriebskosten für die Umwälzpumpen (**370**.1).

c) Schlamm-Umwälzheizung durch direkte Dampfzugabe (**372**.1a). Eine Dampfdüse wird als ein $\approx$ 1,5 m langes Paßstück in die Beschickungsleitung eingeflanscht. Der Wasserdampf wird mit $\leqq$ 0,5 bar von der Düse in den fließenden Schlammstrom eingegeben.

Der Dampf wird durch viele kleine Löcher auf den ganzen Querschnitt der Schlammleitung gleichmäßig verteilt. Man erreicht durch eine Dampfdüse die Erwärmung von Frischschlamm um 20 bis 25°C. Der Dampfeintrag hat keine nachteilige Wirkung auf die Bakterienflora. Das Kondensat des Dampfes erhöht den Wassergehalt des Schlammes nur um < 0,3%. Der Wärmeeintrag kann mit Hilfe einer Spezial-Dampfdüse so weit gesteigert werden, daß der Schlamm auf $\geqq$ 70°C ohne Verkrustungsgefahr für die Rohre erhitzt wird [62]. Diese starke Erwärmung wendet man zur Nacherhitzung oder Pasteurisierung des angefaulten Schlammes an, um ihn zur Naßdüngung auf Felder oder Viehweiden oder auch zur ungefährlichen Weiterlagerung abgeben zu können. Die Einwirkzeit beträgt je nach dem Grad der Pasteurisierung 4 bis 30 min. Krankheitskeime und Unkrautsamen werden abgetötet, der Gehalt an Pflanzennährstoffen jedoch nicht vermindert.

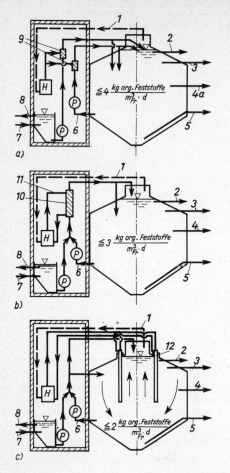

372.1

Faulraumbeheizung nach [62]

a) Wärmeeintrag mit Dampfdüse
b) Wärmeaustauscher
c) Eintauchheizrohre

1 Faulgas
2 Schwimmschlamm
3 Faulwasser
4 Dünnschlamm
4a Dünnschlamm (bei 2stufiger Faulung)
5 Faulschlamm
6 Umwälz- bzw. Impfschlamm
7 Frischschlamm
8 Schlammwasser
9 Dampfdüse und Niederdruck < 0,5 bar
10 Wärmeaustauscher
11 Niederdruckdampf, Warm- oder Heißwasser
12 4 bis 12 Eintauchheizrohre
H Heizkessel oder Faulgasmotor
P Pumpe

Die Ausmündungen der Ablaßleitungen für Faulwasser, Faulschlamm und Schwimmschlamm sind bei größeren Faulräumen meist in einem zusätzlichen Bauteil auf der
schrägen Decke in der Schlammtasche untergebracht (**373**.1). Die Steigleitung (*11*)
(**370**.1) für Faulwasser reicht bis unter die Schwimmschlammdecke. Oft sind mehrere
Rohre mit Einläufen in verschiedenen Höhen angebracht, oder es ist ein höhenverstell-
bares Rohr vorhanden (**373**.1). Der ausgefaulte Schlamm wird über die Steigleitung und
der nicht absinkbare, sperrige Schwimmschlamm durch die Entnahmeleitung oder durch
ein Schütz abgelassen. Die dreigeteilte Schlammtasche gestattet es, die Schieber der
Ablaßrohre zu bedienen und den Ausfluß zu beobachten (**373**.1).

Die Tasche kann auch durch einen Beobachtungstopf (**370**.1) ersetzt werden. Von hier
aus gehen die Fallrohre an der Faulturmaußenwand oder im Treppen- oder Fahrstuhl-
turm des Betriebsgebäudes abwärts. Die Weiterleitung von Schlamm- und Faulwasser
geschieht im natürlichen Gefälle. Ein unter der schrägen Sohle liegender Installations-
gang nimmt meist die Ringleitungen für Faulgaseinpressung, Spülwasser, Sperrwasser
und Umwälzschlamm auf.

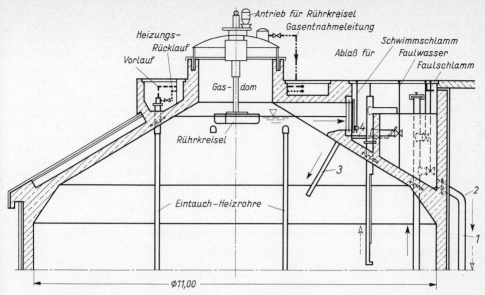

373.1 Längsschnitt durch den oberen Teil eines Faulbehälters

1 Fallrohr für Faulwasser   *3* Beschickung für Impf- und Umwälzschlamm
2 (verdeckt) Fallrohr für Faulschlamm   *4* Rechen vor dem Schwimmschlammauslaß

Mehrstufige Schlammbehandlung. Um die Investitionskosten für die Schlammbehandlung (etwa 30% der Kosten für die Abwasserbehandlung) und um die Betriebskosten zu senken, bemüht man sich um Verfahren, die konventionelle Schlammbehandlung zu intensivieren und zu optimieren. Die allgemeinen Stoffwechselabläufe der anaeroben und der aeroben Schlammbehandlung sind in Bild **365**.1 dargestellt. Danach läßt sich der anaerobe Prozeß in mehrere nacheinander ablaufende Reaktionsphasen einteilen.

Bei der einstufigen anaeroben Schlammbehandlung laufen diese Phasen in einem Reaktor ab. Bei mehrstufigen anaeroben Verfahren lassen sich die für die einzelnen Phasen optimalen Milieubedingungen besser durch Phasentrennung und Mehrstufigkeit erreichen als in einem Gesamtreaktor. Hierdurch läßt sich der Schlammbehandlungsprozeß intensivieren und optimieren.

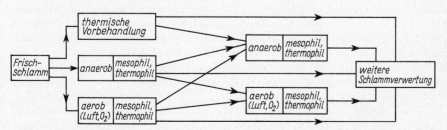

373.2 Mögliche Verfahrenskombinationen bei zweistufiger Schlammbehandlung

Neben der anaeroben Schlammbehandlung in mehrstufigen Anlagen sind auch Kombi-nationen von aeroben und anaeroben Schlammbehandlungsverfahren [69] sinnvoll. Die möglichen Kombinationen in mehrstufigen Verfahrenssystemen zeigt Bild **373**.2.

Die einzelnen aeroben oder anaeroben Verfahrensstufen lassen sich sowohl mesophil als auch thermophil betreiben. Es ergeben sich mehrere Verfahrensvarianten, aus denen die für die Abwasser- und Schlammbehandlung geeignetste ausgewählt werden kann. Allge-mein sind folgende Vorteile durch die mehrstufige Schlammbehandlung zu erreichen: erhöhter Abbau der organischen Schlamminhaltsstoffe, erhöhte Methangasausbeute, er-höhte Prozeßstabilität, geringere Behältervolumen und damit Kosteneinsparungen, Er-weiterungsmöglichkeiten bei überlasteten Anlagen mit geringen Kosten.

Neben diesen Kombinationen von aeroben und anaeroben Schlammbehandlungsstufen läßt sich auch durch Schlammvorbehandlung der Gesamtprozeß weiter intensivieren. Eine Möglichkeit wäre die thermische Vorbehandlung mit folgenden Vorteilen:

– verbesserte Eindickfähigkeit und Entwässerbarkeit der Schlämme,

– höhere Prozeßstabilität durch gleichmäßige Erwärmung des Rohschlammes,

– Reduzierung des Stickstoffgehaltes um 10 bis 20%,

– bessere Trübwasserqualität,

– seuchenhygienische Aufbereitung,

– geringe Geruchsentwicklung des ausgefaulten Schlammes.

Eine weitere mögliche Verfahrensvariante wäre die Kombination der aerob ther-mophilen Stufe mit einer anaeroben zweiten Stufe. Diese Verfahrenstechnolo-gie wird gegenwärtig an der RWTH Aachen untersucht. Bei eintägigem Aufenthalt im aeroben Reaktor, der mit Sauerstoff begast wird, reduzieren sich die Aufenthaltszeiten in der zweiten anaeroben Stufe auf etwa 8 Tage. Weitere Vorteile:

– geringe Behältervolumen,

– hohe Prozeßstabilität,

– gute Entwässerungseigenschaften,

– weitgehende Pasteurisierung,

– optimale Anwendungsbereiche bei sauerstoffbegastem Klärverfahren und bei notwen-digen Faulraumerweiterungen.

Wenn man in der sehr häufigen konventionellen Schlammbehandlung mehrere Faultürme bei großen anfallenden Schlammengen betreiben muß, ist es immer zweckmä-ßig, eine mehrstufige Schlammfaulung vorzusehen, da der Ausfaulprozeß sich in zeitlich aufeinanderfolgenden mehreren Stufen abspielt (**365**.1)

Man ordnet jeder dieser Stufen einen oder mehrere Faulbehälter zu. Bei zwei Behältern ist der erste der Vor-, der zweite der Nachfaulraum. Der Vorfaulraum wird gut beheizt ($\approx 30\,°C$), ist geschlossen und durch die vorgenannten Maßnahmen intensiv betrieben. Die Umwälzung geschieht dauernd oder nur nachts. Der Schlamm wird dann in den Nachfaulraum gegeben, der gering oder gar nicht beheizt ist. Hier wird das restliche Faulgas, etwa 10%, aufgefangen und der Schlamm in Ruhe gelassen. Das sich oben sammelnde Faulwasser wird manchmal abgelassen. Der Nachfaulraum kann auch offen, dann unbeheizt und nicht isoliert sein. Je geringer die Temperaturen im zweiten Faul-raum sind, desto schneller klingt die Faulung ab. Der Nachteil bei nur einer Faulstufe besteht in der gegeneinander gerichteten Wirkung von Umwälzen und Absetzen zum

Zweck des Faulwasserablasses. Man erreicht durch die Zweistufigkeit eine wesentliche Volumeneinsparung. Man kann die Faulzeit durch weitere Abstufung (bis 4 oder 5 Stufen) noch mehr verringern. Für eine größere Kläranlage sollte man etwa folgende Gliederung der Schlammfaulung anstreben [62]:

Voreindicker, ein oder bei größeren Anlagen zwei beheizte Faulräume als Vorfaulräume, ein beheizter oder unbeheizter Nachfaulraum oder ein offener, unbeheizter Nacheindicker für eine Aufenthaltszeit von $\leqq$ 3 Tagen.

4.6.2.3 Bemessen der Faulräume

Allgemein gilt: Je höher die Temperatur ($\leqq 37\,°C$), desto geringer die Faulzeit. Man könnte also einen Faulraum J_{Fr} bemessen, wenn man seine Betriebstemperatur und die Frischschlammenge S in m^3/d kennt; z.B. beträgt bei 30°C die Faulzeit nach Bild 375.1 27 Tage. Damit wird

$$J_{Fr} = 27\,S \quad \text{in } m^3 \qquad (375.1)$$

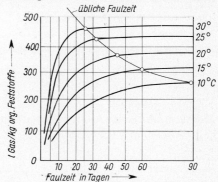

Berücksichtigt man aber die Verringerung der Frischschlammenge durch das während des Faulens abzulassende Faulwasser, dann genügen oft wesentlich kleinere Faulräume. Für moderne, selbständige Faulbehälter rechnet man mit

$$J_{Fr} = 10 \text{ bis } 15\,S \quad \text{in } m^3 \quad (375.2)$$

Imhoff bezieht u.a. die Faulraumgröße bei selbständigen Faulräumen auf die Zahl der angeschlossenen Einwohner in l/E (Tafel 375.2):

375.1 Gasentwicklung in Abhängigkeit von den Faulzeiten bei verschiedener Faultemperatur nach [24]

Tafel **375**.2 Faulraumgrößen selbständiger Faulräume [24] in l/EGW

Art der Kläranlage	Absetzanlage	Tropfkörperanlage schwach- | hoch- belastet		Belebungsanlage schwach- | hoch- belastet	
beheizt auf 25 bis 30°C	20	25	30	40	35
unbeheizt	150	180	220	320	220

Für selbständige Faulbehälter legt man überschläglich die tägliche Faulraumbelastung B_{Fr} durch organische Feststoffe je m^3 Faulraum zugrunde (**372**.1):

$B_{Fr} \leqq 4 \text{ kg/m}^3_{Fr} \cdot d$ bei sehr gut betriebenen Faulräumen (Erwärmen des Frischschlammes, Impfen, gute Umwälzung, Schwimmdeckenbekämpfung, gleichmäßiges Erwärmen des Faulrauminhalts, 2stufige Faulung mit Zwischenimpfung, frühzeitiges Entfernen des Faulwassers)

$B_{Fr} \leqq 3 \text{ kg/m}^3_{Fr} \cdot d$ bei ebenfalls noch gut betriebenen Faulräumen (Wärmeaustauscher)

$B_{Fr} \leqq 1 \text{ bis } 2 \text{ kg/m}^3_{Fr} \cdot d$ bei Beheizung mit Eintauchrohren und gutem Betrieb

Organische Feststoffe betragen ⅔ des in Tafel **369**.1, Spalte 1, angegebenen Feststoffgehaltes f. Es sind dies Richtwerte, die man aufgrund genauer Berechnungen gefunden hat.

Somit ergibt sich der Inhalt des Faulraumes zu

$$J_{FR} = \frac{2}{3} \cdot \frac{f \cdot E}{B_{Fr} \cdot 1000} \qquad m_{Fr}^3 = \frac{\dfrac{g}{E \cdot d} \cdot E}{\dfrac{kg}{m_{FR}^3 \cdot d} \cdot \dfrac{g}{kg}} \tag{376.1}$$

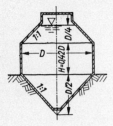

I. allg. gilt als Maßstab für den Faulvorgang die Gasentwicklung; sie verläuft zeitlich nach der Gleichung

$$G = G_e \left(1 - 10^{-k \cdot t}\right) \tag{376.2}$$

Ebenso kann man die Faulwasserabgabe berechnen mit

$$W = W_e \left(1 - 10^{-k \cdot t}\right) \tag{376.3}$$

376.1 Behälterform
mit geringer
Oberfläche

Darin bedeuten:
G, W = bis zur Zeit t erzeugte Faulgas- bzw. Faulwassermenge
G_e, W_e = praktisch erzielbare Faulgas- bzw. Faulwassermenge
$k = 0,03$ bis $0,1$ = Beiwert, der die Betriebsqualitäten des Faulraumes angibt;
$k = 0,1$ gilt für optimale Verhältnisse

Faultürme sollen bei gegebenem Inhalt möglichst kleine Oberflächen haben, damit die Wärmeabgabe gering bleibt. Behälterformen nach Bild **376**.1 ergeben günstige Verhältnisse bei einfacher Konstruktion.

Beispiel 1: Zum Beispiel von S. 299 ist eine selbständige Faulturmanlage zu berechnen. Ausgangswerte. 120000 *EGW;* $Q_d = 180$ l/(E · d); Trennsystem; normalbelastetes Tropfkörperverfahren

Mit Tafel **369**.1 erhält man für den Frischschlamm:

Feststoffgehalt $f = 74$ g/(E · d) = 5% und Schlammenge $s = 1,48$ l/(E · d)

Die mit 35 °C beheizten Faultürme können belastet werden mit

$$B_{Fr} = 3 \, \frac{kg}{m^3{}_{Fr} \cdot d}$$

Mit ⅔ f erhält man den Nutzinhalt des Faulraumes nach Gl. (376.1) zu

$$J_{Fr} = \frac{2 \cdot 74 \cdot 120000}{3 \cdot 3 \cdot 1000} = 1970 \, m^3{}_{Fr}$$

bzw. bei zwei Faultürmen gleicher Größe je

$$J_{Fr1} = \frac{J_{Fr}}{2} = \frac{1970}{2} = 985 \, m^3$$

Für Form und Abmessungen nach Bild **376**.1 ergibt sich

$$D \approx 1,2 \sqrt[3]{J_{Fr1}} = 1,2 \sqrt[3]{985} = 11,93 \, m$$

Gewählt: $D = 12,0$ m und $H = 0,42$ D = 0,42 · 12,0 = 5,04 m

Für die Frischschlammenge

$$S = \frac{s \cdot E}{1000} = \frac{1,48 \cdot 120000}{1000} = 178 \, m^3/d \quad (s \text{ nach Tafel } \textbf{369}.1)$$

ist die rechnerische Faulzeit

$$t = \frac{1970}{178} = 11,1 \text{ Tage.}$$

Die tatsächliche Faulzeit ist jedoch wesentlich größer, weil ständig Faulwasser abgelassen wird.

Beispiel 2 (377.1): Für eine hochbelastete Belebungsanlage sind selbständige Faulbehälter zu berechnen. Anschlußwert: 455 000 EGW

Mit Tafel **369**.1 erhält man für den Frischschlamm: Feststoffgehalt $f = 79$ g/(E · d) = 4,5%. Die Schlammenge $s = 1,75$ l/(E · d).

Die Faulbehälter sollen belastet werden mit

$$B_{Fr} = 2,7 \frac{\text{kg}}{\text{m}^3{}_{Fr} \cdot \text{d}}$$

Der Nutzinhalt des Faulraumes ergibt nach Gl. (376.1)

$$J_{Fr} = \frac{2 \cdot 79 \cdot 455\,000}{3 \cdot 2,7 \cdot 1000} \approx 8900 \text{ m}^3$$

Gewählt werden 3 Faulbehälter mit je 3008 m³ nach Bild **377**.1
Für die Frischschlammenge

$$S = \frac{s \cdot E}{1000} = \frac{1,75 \cdot 455\,000}{1000} = 796 \text{ m}^3/\text{d}$$

beträgt die rechnerische Faulzeit

$$t = \frac{3 \cdot 3008}{796} = 11,3 \text{ Tage.}$$

Die tatsächliche Faulzeit ist wegen Faulwasserablaß größer.

377.1 Inhaltsberechnung eines zylindrischen Faulbehälters

Bemessung eines Faulraumes (**377**.1):

$$J_1 = \frac{\pi \cdot d^2}{4} \cdot \frac{h}{3} - \frac{\pi \cdot 14,60^2}{4} \cdot \frac{9,15}{3} \qquad\qquad = 511,0 \text{ m}^3$$

$$J_2 = \frac{\pi \cdot h}{12}(D^2 + D \cdot d + d^2) = \frac{\pi \cdot 0,7}{12}(15,4^2 + 15,4 \cdot 14,6 + 14,6^2) \quad = 123,5 \text{ m}^3$$

$$J_3 = \frac{\pi \cdot 0,9}{12}(16,0^2 + 16,0 \cdot 15,4 + 15,4^2) \qquad\qquad = 174,0 \text{ m}^3$$

$$J_4 = \frac{\pi \cdot d^2}{4} \cdot h = \frac{\pi \cdot 16,0^2}{4} \cdot 8,15 \qquad\qquad = 1640,0 \text{ m}^3$$

$$J_5 = \frac{\pi \cdot 1,2}{12}(16,0^2 + 16,0 \cdot 14,8 + 14,8^2) \qquad\qquad = 223,5 \text{ m}^3$$

$$J_6 = \frac{\pi \cdot 3,95}{12}(14,8^2 + 14,8 \cdot 5,3 + 5,3^2) \qquad\qquad = 336,0 \text{ m}^3$$

$$J_{Fr} = \Sigma J_x = 3008,0 \text{ m}^3$$

Runde Behälter sind aus den Formeln für Kegelstümpfe und Kugelschichten (**378**.1) oder Paraboloide zu berechnen.

Beispiel 3 (378.1): Für eine schwachbelastete Belebungsanlage sind selbständige Faulbehälter zu berechnen. Anschlußwert: 230 000 *EGW*

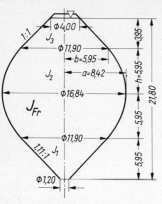

378.1 Inhaltsberechnung eines kugelförmigen Faulbehälters

Mit Tafel **369**.1 erhält man für den Frischschlamm:
Feststoffgehalt $f = 85$ g/(E · d) = 4,5%, und Schlammenge
$s = 1,87$ l/(E · d)

Der Faulbehälter soll belastet werden mit

$$B_{Fr} = 2,5 \ \frac{kg}{m^3_F \cdot d}$$

Der Nutzinhalt des Faulraumes ergibt nach Gl. (376.1)

$$J_{Fr} = \frac{2 \cdot 85 \cdot 230\,000}{3 \cdot 2,5 \cdot 1000} = 5220 \ m^3$$

Gew. werden 2 Faulbehälter mit je 2665 m³ nach Bild **378**.1.
Für die Frischschlammenge

$$S = \frac{s \cdot E}{1000} = \frac{1,87 \cdot 230\,000}{1000} = 430 \ m^3/d$$

beträgt die rechnerische Faulzeit $t = \dfrac{5280}{430} = 12,3$ Tage.

Bemessung des Faulraumes (**378**.1):

$$J_1 = \frac{\pi \cdot h}{12}(D^2 + D \cdot d + d^2) = \frac{\pi \cdot 5,95}{12}(11,9^2 + 11,9 \cdot 1,2 + 1,2^2) \qquad = 245 \ m^3$$

$$J_2 = 2\frac{\pi \cdot h}{6}(3a^2 + 3b^2 + h^2) = 2\frac{\pi \cdot 5,95}{6}(3 \cdot 8,42^2 + 3 \cdot 5,95^2 + 5,95^2) \qquad = 2208 \ m^3$$

$$J_3 = \frac{\pi \cdot h}{12}(D^2 + D \cdot d + d^2) = \frac{\pi \cdot 3,95}{12}(11,9^2 + 11,9 \cdot 4 + 4^2) \qquad = 212 \ m^3$$

$$\overline{J_{Fr} = \Sigma \, J_x = 2665 \ m^3}$$

4.6.3 Schlammentwässerung

Das Schlammwasser kann lokalisiert als Außen- oder Innenflüssigkeit vorliegen. Tafel **378**.2 zeigt die verschiedenen Komponenten des Schlammwassers und ihre Mengenanteile. Die Intensität der Wasserbindung nimmt vom Hohlraumwasser in Richtung des Innenwassers zu. Die Abtrennung des Wassers folgt in der entsprechenden Reihenfolge mit den Verfahrensstufen

Eindickung
Entwässerung
Trocknung

Tafel **379**.1 zeigt den Anwendungsbereich und die Wirkung der verschiedenen z. Z. üblichen Verfahren. Jede der möglichen Verfahrensstufen sollte aus technischen und aus wirtschaftlichen Gründen soweit wie möglich unter Erreichen des technischen Optimums ausgenutzt werden.

Tafel **378**.2   Arten von Schlammwasser

Art des Schlammwassers (lokalisiert)	Mengenanteile in ausgefaultem, kommunalem Schlamm in %
Hohlraumwasser	≈ 70
Haft- oder Adhäsionswasser	≈ 22
Kapillarwasser	
Benetzungs- oder Absorptionswasser	≈ 8
Innenwasser (Zellflüssigkeit, Innenkapillarwasser)	
zusammen	100

... und Leistung von Verfahren zur Schlammentwässerung

Schlämme O = gut, ◑ = mittelmäßig, ● = schlecht entwässerbar, $VS \triangleq$ Vorklärschlamm; $BS \triangleq$ Belebtschlamm

	Generelles Verfahren	Wirkkomponente	Spezifisches Verfahren	mittlere Leistung (Durchsatz) B_A in kgTS/(m²·d) bzw. B_V in m³/(m²·h)	mittlerer Restwassergehalt (ohne Konditionierung)	Entwässerbarkeit der behandelten Schlämme	mittlerer spezifischer Arbeitsaufwand
Natürliche Verfahren	Eindicken	Schwerkraft	Eindicker, kontinuierlich, diskontinuierlich betrieben	5 bis 150 kgTS/(m²·d), 0,5 bis 1,5 m³/(m²·h)	90 bis 85%, ≈ 75%, 99 bis 97%	● ◑ O	gering
	Entwässern	Schwerkraft (Versickerung) und thermische Kräfte	Schlammbeete	≈ 1 m³/(m²·a)	70 bis 60%, 50 bis 30%, 85 bis 75%	◑ ● ◑	
		(Verdunstung)	Schlammtrockenplätze, Schlammpolder, Schlammteiche	≈ 1 m³/(m²·a), s. Abschn. 4.5.3.5	≈ 50%, 80 bis 75%, ≦ 50%, ≈ 50%, 85 bis 80%	◑ O bei sehr langer Lagerung	
	Trocknen	Thermische Kräfte (Verdunstung)	Schlammtrockenbeete	gering	gering	nur in ariden Regionen	
Künstliche Verfahren	Eindicken	Schwerkraft	Eindicker, kontinuierlich, diskontinuierlich betrieben	VS 80 bis 120 kgTS/(m²·d), $VS+BS$ 50 bis 70 kgTS/(m²·d), BS 25 bis 30 kgTS/(m²·d), 0,5 bis 3,0 m³/(m²·h)	90 bis 85%, 75%, 99 bis 97%	● ◑ O	
	Entwässern	bei statischen Verfahren: Druckunterschiede	Unterdruck-Filter, Bandfilterpressen	10 bis 30 kgTS/(m²·h), 100 bis 200 kgTS/(m²·h)	80 bis 70%, 70 bis 50%, 85 bis 80%	● ◑ O	≈ 6 kWh/m³, ≈ 1 kWh/m³
			Überdruck-Filter	4 bis 10 kg TS/(m²·h)	65 bis 60%, 40 bis 30%, 75 bis 70%	● ◑ O	≈ 2 kWh/m³
		bei dynamischen Verfahren: Künstliche Schwerefelder	Zentrifugen, Dekanter mit Abscheidegraden > 95%	5 bis 20 m³ Schlamm/h = 200 bis 1500 kgTS/h	80 bis 70%, 70 bis 50%, 85 bis 80%	● ◑ O	≈ 2 kWh/m³
	Trocknen	Thermische Kräfte	Trockner		2 bis 1%	bei allen Schlämmen	

Die Schlämme weisen je nach Herkunft ein sehr unterschiedliches Wasserbindungsvermögen auf. Schlamm besteht nicht nur aus Flocken, sondern auch aus Sedimentationen, Kolloiden, Gele aus Hydroxyden. Die letzteren bilden sehr empfindliche, gallertartige Zusammenschlüsse, welche die Kompressibilität der Schlämme erhöhen können. Man kann drei Gruppen unterscheiden:

Gut entwässerbare Schlämme enthalten Anteile körniger Stoffe (Sand, Kohle usw.)

Mittel entwässerbare Schlämme enthalten wenig Gele. Dies sind die Mischschlämme aus häuslichem Abwasser ohne viel gewerbliches und industrielles Abwasser

Schlecht entwässerbare Schlämme enthalten größere Mengen an Gelen organischer Herkunft (biologische Schlämme) oder Hydroxyde. Schlämme aus häuslichem Abwasser mit chemisch anorganisch oder organisch verunreinigtem Industrieabwasser. Hydroxydschlämme können ein sehr unterschiedliches Wasserbindungsvermögen haben.

Es stehen im wesentlichen zwei Techniken zur Verfügung: die Filtration und die Schweretrennung. Die Filtration bewirkt Trennung von fester und flüssiger Phase durch Filtermaterial. Der Trenneffekt hängt von der Maschenweite oder Porengröße des Filters ab. Nach einer bestimmten Laufzeit bildet sich aus den Feststoffen im Filter eine Eigenfilterschicht, deren kleineres Porengefüge dann den Trenneffekt bestimmt. Gebräuchliche Verfahren sind Unterdruck-(Vakuum)- und Überdruck-(Pressen)-Filtration, Siebeinrichtungen und auch Schlammplätze.

Die Schweretrennung beruht auf Dichteunterschieden zwischen Wasser und Feststoffen. Der Trenneffekt ist abhängig von den Dichtedifferenzen. Schlämme enthalten oft Teilchen, deren Dichte der Flüssigkeitsdichte ähnlich ist. Hier muß die Teilchengröße und -dichte künstlich erhöht werden (z. B. durch Flockung). Gebräuchliche Verfahren sind Eindickung, Flotationseindickung, Zentrifugen (verstärktes Schwerefeld).

4.6.3.1   Eindicken

Eindicker haben die Aufgabe, dem Frischschlamm oder dem ausgefaulten Schlamm möglichst weitgehend das Wasser zu entziehen. Auch die Schlammtrichter der Absetzbecken haben eine ähnliche Wirkung. Da alle Schlammbehandlungsanlagen kostspielig sind, ist es wichtig, den Schlamm so stark wie möglich einzudicken, um die zu behandelnde Schlammenge zu reduzieren und dadurch die Baukosten der nachgeschalteten Anlagen (Faulraum, Pumpen, Trockenbeete, Filter, Schleudern) zu senken.

Der Prozeß vollzieht sich in folgenden Zonen (von oben nach unten) (**381**.2):

Zone der freien	⎫	
Zone der behinderten	⎭	Sedimentation
Zone der		Konsolidierung
Zone der		Räumung

Maßgebend für den Eindickerfolg sind Aufenthaltszeit und Druckverhältnisse in der Konsolidierungszone. Bei nicht ausgefaultem Schlamm ist die Eindickzeit durch den Faulungsbeginn begrenzt. Diese Zeit und das Eindickverhalten des Schlammes sollten vor einem Behälterbau bekannt sein. Bemessungswerte (Parameter) sind (Tafel **379**.1):

Feststoff-Oberflächenbelastung

$$B_A = \frac{\text{Trockensubstanzmenge}}{\text{Oberfläche}} = \frac{TS\text{-Menge}}{O_E} \text{ in } \frac{\text{kg } TS}{\text{m}^2 \cdot \text{d}}$$

Oberflächenbeschickung (abhängig von der Beschickungszeit)

$$q_A = \frac{\text{Schlammenge}}{\text{Oberfläche}}$$

$$= \frac{S}{O_E} \text{ in } \frac{m^3}{h \cdot m^2}$$

Schlammschichthöhe

$$V = O_E \cdot h_k = S \cdot t$$

(t = Aufenthaltszeit in der betreffenden Zone in h)

$$h_K = \frac{S \cdot t}{O_E} \qquad m = \frac{m^3 \cdot h}{h \cdot m^2}$$

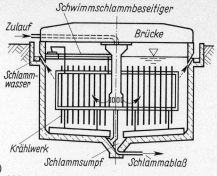

381.1 Schlammeindicker mit Krählwerk
d_1 = Innendurchmesser 5 bis 30 m
nach DIN 19552, T 3

Die Bilder zeigen mögliche Formen von Eindickern. Eindickbehälter können als Absetzbecken mit flacher Sohle und Krählwerk oder turmförmig mit steiler Sohle ohne Krählwerk gebaut werden. Bild **381**.1 zeigt einen Eindickbehälter mit Krählwerk. Krählwerk und Antrieb werden von einer Brücke getragen, die den Eindicker überspannt. Das Aggregat ist rechenartig mit vertikalen Stäben ausgerüstet, die sich langsam rotierend bewegen und Kanäle in die Schlammzone ziehen, durch die das eingeschlossene Wasser aufsteigen kann. An der gleichen Drehachse befinden sich zwei Schlammräumschilde, welche den Schlamm zum Schlammsumpf räumen. Von hier wird er durch den Schlammablaß abgeleitet. Der Eindickungsgrad hängt von der Art des Schlammes und von der Belastung des Eindickers ab. Der Einsatz von Eindickern empfiehlt sich besonders bei Industrie-Kläranlagen (Papier- und Zellstoffabriken, Chemiefaserindustrie, Raffinerien, Galvanisier- und Beizereibetriebe, Lederfabriken).

Bei Hydroxydschlämmen sollte $B_A \leq 20$ kg $TS/(m^2 \cdot h)$ bei kontinuierlichem Schlammabzug sein.

Bei durch Metallhydroxyde geflockte Rohschlämme kann man mit Erfolg Parallelplattenabscheider (Lamellenseparatoren) in Verbindung mit Krählwerkeindickern einsetzen (**381**.2). Als wesentlich wird der Kontakt der voluminösen, aus dem Separator herausfallenden Flocken mit dem Krählwerk angesehen. Dabei zerfallen die Flocken und ihre Teile verbinden sich nicht wieder. Der abgezogene Schlamm soll 15 bis 20 Gewichts-% Trockensubstanz, d. h. ≈ 150 bis 200 kg TS/m^3, enthalten. Bild **381**.2 zeigt das Prinzip des Lamellenseparators mit Eindicker (*LME*) der Fa. Passavant.

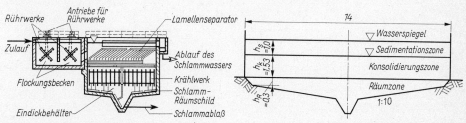

381.2 Vertikalschnitt durch Lamellenseparator mit Eindicker

381.3 Bemessung eines Schlammeindickers
(Beispiel 1)

Bemessungsbeispiele für einen Schlammeindicker

Beispiel 1 (381.3): Es ist der Voreindicker (Vorklärschlamm mit belebtem Schlamm vor Eingabe in den Faulturm) einer Belebungsanlage mit 120000 *EGW*, Trennsystem, zu bemessen. $J_{SV} < 100$ ml/g

Art des Schlammes: Vorklär- mit belebtem Schlamm

Schlammengen (nach Tafel **314**.1 und Tafel **369**.1)

Vorklärschlamm mit Überschußschlamm in Vorklärbecken voreingedickt

$$S = 1{,}75 \cdot 120000/1000 = 210 \text{ m}^3/\text{d} \quad \text{mit} \quad 4{,}5\% \text{ } TS$$

Trockensubstanzmenge $0{,}045 \cdot 210 = 9{,}45 \text{ m}^3/\text{d}$ bei $\gamma = 1000 \text{ kg/m}^3 = 9{,}45 \cdot 1000 = 9450 \text{ kg } TS/\text{d}$ = *TS*-Menge

Gewählte Oberflächenbelastung $B_A = 60 \text{ kg } TS/(\text{m}^2 \cdot \text{d})$

erforderliche Oberfläche $\quad O_E = \dfrac{TS\text{-Menge}}{B_A} \quad O_E = \dfrac{9450}{60} = 157{,}5 \text{ m}^2 \quad \text{m}^2 = \dfrac{\text{kg } TS \cdot \text{m}^2 \cdot \text{d}}{\text{d} \cdot \text{kg } TS}$

gew. Durchmesser $\quad D = 14{,}0 \text{ m} \quad$ vorh. $O_E = 154 \text{ m}^2$

Der Schlamm soll je Tag 2 h lang vom Vorklärbecken in den Eindicker gepumpt werden.

$$\text{Oberflächenbeschickung} \quad q_A = \dfrac{S_h}{O_E} \quad \dfrac{\text{m}^3}{\text{m}^2 \cdot \text{h}} = \dfrac{\text{m}^3 \cdot \text{d}}{\text{d} \cdot \text{h} \cdot \text{m}^2}$$

$$h \triangleq \text{Pumpzeit/d} = 2 \text{ h/d} \quad q_A = \dfrac{210}{2 \cdot 154} = 0{,}68 \text{ m}^3/(\text{m}^2 \cdot \text{h})$$

Der erreichbare Feststoffgehalt soll bei 8% liegen, d. h. 92% Wassergehalt.

Schlammenge nach der Eindickung S_2

$$S_2 = \dfrac{4{,}5}{8} \cdot S = \dfrac{4{,}5}{8} \cdot 210 = 118 \text{ m}^3/\text{d}$$

Schlammwasseranfall $= 210 - 118 = 92 \text{ m}^3/\text{d}$ oder Schlammenge nach der Eindickung S_2 aus

$$\dfrac{TS\text{-Menge}}{\gamma \cdot \text{Eindickgrad}} = \dfrac{\text{kg } TS \cdot \text{m}^3 \cdot \cdot/\cdot}{\text{d} \cdot \text{kg} \cdot \cdot/\cdot} = \text{m}^3/\text{d} = \dfrac{9450 \cdot 100}{1000 \cdot 8} = 118 \text{ m}^3/\text{d}$$

Der mittlere Feststoffgehalt in der Konsolidierungszone wird mit 75% der Endeindickung angenommen $0{,}75 \cdot 8\% = 6\%$.

Dazu gehört das Schlammvolumen $S_K = \dfrac{9450 \cdot 100}{1000 \cdot 6} = 157{,}5 \text{ m}^3/\text{d}$

Zulässige Aufenthaltszeit des Schlammes in der Konsolidierungszone $t_K = 36 \text{ h} = 1{,}5 \text{ d}$

$$V_K = S_K \cdot t_K$$

$$O_E \cdot h_K = S_K \cdot t_K \quad h_K = \dfrac{S_K \cdot t_K}{O_E} \quad h_K = \dfrac{157{,}5 \cdot 1{,}5}{154} = 1{,}53 \text{ m}$$

Die Höhe der Sedimentationszone wird mit 1,0 m = h_S (Erfahrungswert) angenommen. Die Höhe der Schlammräumzone am Beckenrand wird mit 0,3 m = h_R angenommen.

381.3 zeigt die Abmessungen des Eindickers. Vgl. auch DIN 19552, T 3.

Beispiel 2 (383.1): Es ist der turmförmige Eindickbehälter einer Belebungsanlage mit aerober Stabilisierung für 6000 *EGW*, Trennsystem zu bemessen. $J_{SV} > 100$ ml/g

Art des Schlammes: frischer Überschuß-schlamm aus dem Nachklärbecken (Trichter-becken)

n. Tafel **314**.1: $TS_{rü} = TS_{ü} = 10$ kg TS/m^3

$\dfrac{10 \cdot 100}{1000} = 1\%$ TS bei $\gamma = 1000$ kg/m³

Schlammenge S:

zunächst $V_{Bb} = \dfrac{6000 \cdot 60}{1000 \cdot 0,25} = 1440$ m³

TS-Menge $= ÜS_R \cdot V_{Bb} = 0,2 \cdot 1440$
$= 288$ kg TS/d

$0,01 \cdot S = 288; \ S = 288 \cdot 100 = 28\,800$ kg/d
$= 28,8$ m³/d

Gewählte Oberflächenbelastung B_A
$= 8,0$ kg $TS/(m^2 \cdot d)$

$$\text{erf. } O_E = \frac{288}{8} = 36 \text{ m}^2$$

gew. Durchmesser $D = 6,8$ m, vorh. $O_E = 36,3$ m²

Der Schlamm soll täglich 0,5 h lang vom Nach-klärbecken in den Eindicker gepumpt werden.

$$q_A = \frac{28,8}{0,5 \cdot 36,3} = 1,59 \text{ m}^3/(\text{m}^2 \cdot \text{h})$$

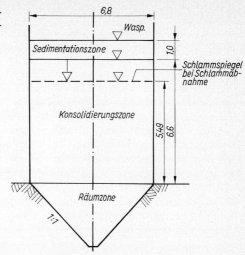

383.1

Bemessung eines Schlammeindickers und -speichers (Beispiel 2)

Der erreichbare Feststoffgehalt soll für 1 d Aufenthaltszeit bei 5% liegen, d. h. 95% Wassergehalt.

Schlammenge nach der Eindickung S_2

$$S_2 = \frac{1,0}{5,0} \cdot S = \frac{1,0}{5,0} \cdot 28,8 = 5,76 \text{ m}^3/\text{d}$$

Schlammwasseranfall $= 28,8 - 5,76 = 23,04$ m³/d

Wird der Eindickbehälter zugleich als Schlammsilo benutzt, z. B. für eine Aufenthaltszeit von 60 Tagen, ergeben sich folgende Werte:

TS-Menge für 60 d $= 288 \cdot 60 = 17\,280$ kg $TS/60$ d
Endfeststoffgehalt 9% Endwassergehalt 91%

Schlammenge nach der Speicherzeit $S_2 = \dfrac{1,0}{9} \cdot 28,8 = 3,2$ m³/d

Mittlerer Feststoffgehalt mit 80% der Endeindickung angenommen: $0,8 \cdot 9 = 7,2\%$

Dazu Schlammvolumen

$$S_K = \frac{1,0}{7,2} \cdot 28,8 = 4,0 \text{ m}^3/\text{d} \qquad \text{crf. } V_K = 4,0 \cdot 60 = 240 \text{ m}^3$$

$$h_K = \frac{V_K}{O_E} = \frac{240}{36,3} = 6,6 \text{ m}$$

Zusätzliche Annahmen $h_S = 1,0$ m; $h_R = 0$ m

Bild **383**.1 zeigt Abmessungen dieses Eindick- und Speicherbehälters. Wenn wöchentlich $= 7$ d einmal Schlamm abgelassen wird, sinkt der Wasserspiegel um etwa

$$\Delta h = \frac{7 \cdot 5,76}{36,3} = 1,11 \text{ m und die Höhe der Konsolidierungszone auf } 6,6 - 1,11 = 5,49 \text{ m}$$

4.6.3.2   Natürliche Schlammentwässerung auf Schlammplätzen

Hierbei wird der ausgefaulte Schlamm mit 90 bis 98% Wassergehalt auf Schlammtrok-
kenplätze (Beete, Polder, Schlammteiche) gebracht. Nach Ablassen aus dem Faulraum
steht der Schlamm plötzlich unter vermindertem Druck und hat folglich einen geringeren
Gas-Sättigungswert. Das enthaltene Faulgas entweicht und bildet dabei Blasen, welche
aufsteigen und die Feststoffe an die Oberfläche mitnehmen (Flotation). Der größere Teil
des Schlammwassers fließt während dieser Phase durch die Bodenfilterschicht ab. Der
Restschlamm trocknet etwa zwei Wochen nach, indem er weiteres Schlammwasser durch
Verdunstung abgibt. Bei Schlämmen ohne Gasgehalt entfällt das Aufschwimmen, hier
muß das Schlammwasser ständig oben abgenommen werden. Dieser Abzug von überste-
hendem Wasser ist besonders wichtig, da die Verdunstung den Schlamm entwässern und
nicht die überstehende Wasserschicht verringern soll. Um eine schnelle Wasserabgabe
des nassen Schlammes zu erreichen, ist eine Beschickung in dünnen Schichten von max.
20 cm Dicke notwendig. Zwischen den Beschickungsphasen sind Pausen für Wasserabzug und Verdunstung einzulegen. Ein Wechselbetrieb von mindestens zwei Plätzen oder
Teichen ist erforderlich.

Bei normalen **Trockenbeeten** (**384**.1) entwässert der Schlamm nach unten (Versickerung) und oben (Verdunstung). Für den Abfluß nach unten ist eine Bodenfilterschicht
mit Dränage erforderlich. Die Trockenbeete erhalten eine 10 bis 15 cm dicke Sandschicht
und darunter etwa 30 cm Steinschlag, Schlacke oder Grobkies mit abgestuftem Korn.
Die Sohldränagen sind schnell verstopft und müssen dann erneuert werden. Besser sind
Hangdränagen aus PE- oder PVC-Dränrohren, mit Glasvlies ummantelt und in Kies-
packungen verlegt (**384**.2). Nach [24] beträgt die mögliche jährliche Flächenbelastung
$\approx 1{,}80\ m^3$ Schlamm je m^2 Fläche, wobei der Schlamm in 20 cm starken Schichten aufgebracht wird. Die tatsächliche Flächenbelastung ist geringer und beträgt im Mittel $\approx$
$1{,}0\ m^3/(m^2 \cdot a)$ mit einer mittleren fünfmaligen Beschickung im Jahr. Reserveflächen für
eine längere Entwässerungsdauer infolge niederschlagsreicher Jahreszeit oder als Lager-
flächen bei verzögerter Abfuhr sind vorzusehen. Die Beetflächen sollen so aufgeteilt
werden, daß ein Beet mit einer einmaligen Beschickung gefüllt ist. Wiederholte Beschik-
kung stört den Trocknungsprozeß. Der Ruhrverband versucht Frischschlamm in aufge-

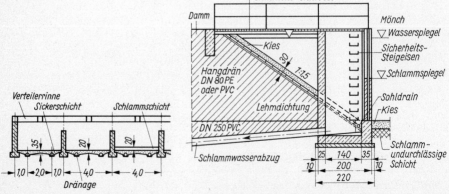

384.1   Schlammtrockenbeete

384.2   Hangdrain und Abzugs-Mönch auf einem
Schlammplatz

spülten Haufen zu entwässern und zu deponieren (**385**.1). Der alkalisierte und eingedick-
te Schlamm wird über einen Rohrturm versprüht und bildet um den Turm einen Haufen,
von dessen Randflächen das austretende Wasser gut ablaufen kann. Vorteile: Hohe
Verdunstungsraten, weil Schlammspiegel fast immer Luftkontakt hat; große Oberfläche,
welche dem Wind besser ausgesetzt ist als in Beeten oder Teichen.

Bei kurzfristigen Deponien und bei Schlammtrockenbeeten spielt der Ausgangswasser-
gehalt für die Wasserabgabe die entscheidende Rolle. Mit erhöhtem Feststoffgehalt
steigt die Entwässerungsleistung. Der Endwassergehalt hängt von der Lagerzeit und dem
Betrieb ab. Durch Zugabe von Flockungsmitteln (kationaktiv) während der Beschickung
kann die Entwässerung stark verbessert werden.

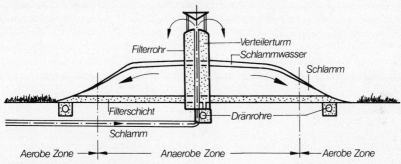

385.1 Schlammdeponie in Spülhaufen

Auf kleinen Kläranlagen werden die Trockenbeete von Hand geräumt. Bei größeren
Anlagen ist eine maschinelle Räumung erforderlich. Man benutzt fahrbare Trockenbeet-
aufnehmer. Der aufgenommene Schlamm wird von einem Förderband in ein am Räumer
mitgeführtes Zwischensilo gehoben, das am Ende des Trockenbeetes geleert wird (Bauart Passavant). Der Räumer läuft auf Schienen oder schienenlos. Eine andere Möglichkeit ist die Förderung durch Räumer mit vertikalen und horizontalen Transport-
schnecken. Beim Räumereinsatz wird jeweils die obere Schlammschicht geräumt. Bei
Einsatz von Schrappern und Planierraupen, welche die volle Schicht räumen, kann die
Dränage leicht beschädigt werden.

Schlammpolder oder -trockenplätze sind mit dem Aufkommen der größeren Schlamm-
mengen entstanden. Sie ergänzen oder ersetzen die Trockenbeete. Auch sie werden vom
getrockneten Schlamm geräumt und neu beschickt. Die Gesamt-Beschickungshöhen liegen zwischen 1,0 bis 4,0 m. Das Volumen der Plätze ist groß und erlaubt eine längere
Zwischenlagerung. Die Umfassung der Plätze besteht aus Erddämmen. Sie haben wie
die Trockenbeete eine Sickerschicht und eine Dränage. Jedoch entwässert der Schlamm
von der zweiten Schicht ab fast nur noch nach oben. Das Schlammwasser muß in verschiedenen Füllhöhen durch besondere Abzugsschächte entfernt werden. Die Flächen-
belastung liegt ebenfalls bei $\approx 1,0 \text{ m}^3$ Schlamm/$(\text{m}^2 \cdot \text{a})$. Die Plätze werden in Lagen von
20 cm beschickt. Die nächste Lage darf erst nach Austrocknen der vorherigen aufge-
bracht werden. Die Plätze werden im Abstand von mehreren Jahren geräumt.

Schlammteiche sollen den Schlamm endgültig aufnehmen. Man nutzt Geländemulden
oder Täler und vervollständigt sie durch zusätzlich Dämme zu einem geschlossenen
Speicherraum. Dränagen, Sickerpackungen und Abzugschächte sind ebenfalls zu emp-

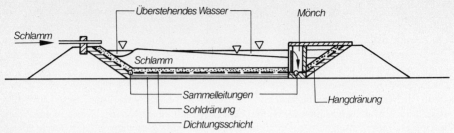

386.1 Schlammteich in üblicher Bauart

fehlen. Nach dem Auffüllen werden die Schlammteiche wieder einer landwirtschaftlichen Nutzung zugeführt. Bild **386**.1 zeigt einen Teich üblicher Bauart mit Sohldränagen. Auch hier sind Hangdränagen und Sickerschächte zweckmäßiger, die immer mit dem freien Ende das überstehende Wasser abziehen. Die Voreindickung des Schlammes ist für Teiche unwirtschaftlich. Nach [24] sind Teiche mit einem Deponievolumen für 10 bis 15 Jahre wirtschaftlich. Moore bilden ein geeignetes Deponie-Gelände. Sogar Großstädte, z. B. Hannover und Bremen, verbringen den ausgefaulten Klärschlamm ins Moor.

4.6.3.3 Künstliche Entwässerung

Die Verfahren haben jeweils ihre technologischen Eigenschaften, welche bestimmend sind für z. B. den Wirkungsbereich, die Verträglichkeitsbedingungen, die Betriebssicherheit und die Anpassungsfähigkeit. Durch folgende Maßnahmen läßt sich die Entwässerung von Schlämmen im allgemeinen verbessern:

a) Erhöhung der trennenden Kräfte, z. B. des Druckes

b) Verminderung der Schichtstärke

c) Stabilisierung des Kornaufbaues, z. B. durch Zugabe gröberer Kornfraktionen oder Flockungsmittel

d) Verringerung der Oberflächenspannung des Schlammwassers, z. B. durch höhere Temperatur oder oberflächenaktive Stoffe

Konditionierung von Abwasserschlämmen. Darunter versteht man Maßnahmen, welche den Zustand des Schlammes verändern mit dem Ziel, ihn leichter und besser zu entwässern. Man verbessert entweder die Schlammstruktur (z. B. durch Asche) oder vermindert das Wasserbindungsvermögen (Fällungsmittel). Die Wirkung der Filterhilfsmittel geht insgesamt jedoch nur bis zur Entfernung des Haft- und Kapillarwassers. Konventionelle Mittel sind Eisen-, Aluminiumsalze oder Kalkhydrat, neuere sind Polymere (natürliche oder synthetische Polyelektrolyten mit besonderer Wirkung auf die Stabilität von kolloiden Dispersionen).

Polymere bilden lockere, empfindliche Flocken. Für Druckentwässerung meist ungeeignet. Vor allem die Eigenschaften der Rohschlämme entscheiden über die Verbesserungsfähigkeit durch Filterhilfsmittel, welche auf der Anlagerung von z. B. Eisen-Ionen oder Polymeren an suspendierte Schlammteilchen mit Ladungsaustausch beruht. Dadurch wird die Teilchenoberfläche entstabilisiert und die Teilchen zur Koagulation befähigt.

Die heißthermische und die chemische Konditionierung mit Erhitzung bewirken durch Denaturierung der Schlamminhaltsstoffe (bes. Eiweißverbindungen) eine Änderung des Bindungsvermögens und der Struktur. Es entsteht jedoch bei der heißthermischen Konditionierung eine hohe Rücklösungsrate von Inhaltsstoffen.

Als Beispiel soll die **chemische Konditionierung** eines ausgefaulten Schlammes erläutert werden. Nach Verlassen des Faulturmes wird der Schlamm in einen geschlossenen Mischbehälter gegeben, dem eine Eisenchloridlösung $FeCl_3$ und Kalkmilch $Ca(OH)_2$ zugesetzt wird. Nach kurzer Durchmischung geht das Gemisch in einen Reaktions- und Pufferbehälter. Hier reagieren die Chemikalien mit dem Schlamm. Er ist zugleich Vorratsbehälter für eine Kolbenmembranpumpe, welche eine Kammerfilterpresse beschickt. Dort entsteht ein Druck von 12 bar, unter dem das Filtrat durch die Filtertücher entweicht. Der Filterkuchen hat einen Wassergehalt von etwa 50%.

Bei der **hochthermischen Konditionierung** wird der Schlamm bei 190 bis 200°C und 18 bis 20 bar 0,5 bis 0,75 h gekocht. Adsorptions- und Zellinnenwasser werden frei. Die Zellwände werden durch die starke Erhitzung teilweise zerstört.

Aus einem Voreindicker, der gleichzeitig als Ausgleichs- und Vorlagebehälter dient, läuft der Schlamm einer Hochdruckkolbenmembranpumpe zu. Diese drückt ihn mit 18 bar in die Wärmetauscher. Hier wird der Schlamm durch den Wärmeträger (Heißwasser oder Öl) auf 190 bis 200°C aufgeheizt und 0,5 bis 0,75 h lang im Reaktor gekocht. In dieser Zeit finden die Umwandlungsprozesse im Schlamm statt. Danach wird der Schlamm durch eine zweite Wärmeaustauschergruppe gedrückt, wo er seine Wärme wieder an den Wärmeträger zurückgibt. Es entstehen unangenehm riechende Gase (Mercaptane). Diese sollten oberhalb der Geruchsschwelle ($\approx 850°C$) verbrannt werden. Der auf 45°C abgekühlte Schlamm kommt in den Nacheindicker, wo er auf 82 bis 85% Wassergehalt eindickt. Der Schlamm sollte fließfähig bleiben. Dieser thermisch konditionierte Schlamm wird weiter mit Kammerfilterpressen, Bandfilterpressen oder Vakuumfiltern entwässert. Das Schlammwasser wird im Eindicker als Filtrat abgezogen. Es enthält hohe Werte gelöster Substanzen mit BSB_5-Werten von ≈ 10000 g/m^3 bei Frischschlamm und ≈ 7000 g/m^3 bei Faulschlamm. Beachtlich sind auch die CSB-Werte. Erreichbarer Endwassergehalt $\approx 40\%$, keine Feststoffanreicherung durch Filterhilfsmittel.

Unterdruckfilter (Vakuumfilter). Bei diesem statischen Verfahren wird eine Druckdifferenz Δp erzeugt. Der Unterdruck beim Vakuumverfahren kann bis zu 0,8 bis 0,9 bar betragen. Man verwendet am häufigsten die Form der Trommelfilter (**387**.1). Der Schlamm wird vor der Filterung meist aufbereitet, indem man Metallsalze wie Eisensulfat oder Aluminiumchlorid als Filterhilfsmittel hinzugibt, welche zur besseren Lösung des Wassers von den Schlammteilchen beitragen. Es wurden auch Versuche mit Filterhilfsschichten aus Asche oder Holzmehl gemacht. Die Filterleistung liegt bei 70 bis 80% Wassergehalt.

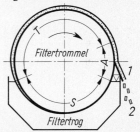

387.1 Trommelfilter
1 Schaber, *2* Filterzone
S Saug-, T Trocken-,
A Abnahmezone

Zu den neueren Entwicklungen ist das Komline-Filter zu rechnen. Hier soll das Filterband durch Waschdüsen gereinigt werden, damit seine Durchsatzleistung erhalten bleibt, Restwassergehalte von < 70% lassen sich nur erreichen, wenn vorher eine Eindickung auf $\leq 93\%$ erzielt wurde. Betrieblich sind Vakuumfilter zuverlässig, jedoch energieaufwendig (≈ 6 kWh/m^3 Schlammdurchsatz).

Überdruckfilter (Druckfilter). Überwiegend im Einsatz ist die Kammerfilterpresse (**388**.1; **388**.3). Frühere Mängel durch Verstopfung des Filtertuches, des schlechten Filterkuchenausfalls und der geringen Chargenzahlen gelten als behoben. Das Filtertuch

Marsyntex aus Polyamid-Material (monofiler Faden, kalandriert und thermofixiert) hält z. B. 4000 Chargen aus. Verbesserungen zeigen auch Membran-Filterpressen (**388**.1). Die Filterplatten haben zusätzlich Membrane, die durch Druckluft den Filterkuchen zusätzlich pressen, wodurch die Chargenzeit verkürzt und der Durchsatz erhöht wird. Leistung s. Tafel **379**.1. Energieverbrauch ≈ 2 kWh/m^3 Schlamm.

388.1 Schema einer Kammerfilterpresse Fabrikat Deka-
mat (Fa. Passavant)

Daten:
Kammernanzahl   20 bis 150
Filterfläche   20 bis 600 m^2
Kammervolumen 0,6 bis 12 m^3

388.2 Verschlußschema einer automatischen Filterpresse
(Fa. Edwards & Jones)

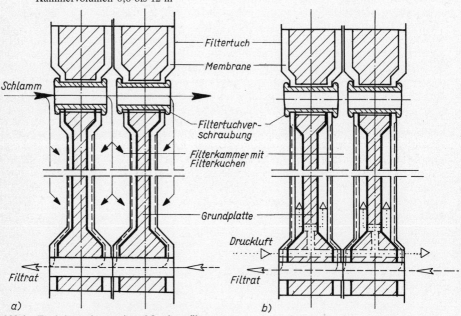

388.3 Funktionsschema einer Membranfilterpresse
a) Filtration,   b) Pressen

Bandfilterpressen (Siebbandpressen). Der Einsatz von organischen, polymeren Fällungs-mitteln hat die Entwicklung der Bandfilterpressen stark gefördert. Die Siebbänder haben meist einen Kettenfaden aus Kunststoff und Schußfäden aus rostfreiem Stahl. Hinter der Seihzone wird in der Preß- und dann der Scherzone der erforderliche Druck auf den Schlamm durch das Oberband ausgeübt. Die Leistung wird je m Bandbreite mit 100 bis

200 kg *TS*/(m · h) angegeben. Restfeuchten liegen bei 50 bis 80% und sind abhängig von der Entwässerbarkeit des Schlammes. Weiterentwicklungen sollen zu noch besserer Entwässerung führen. In dieser Richtung wirken stärkere Umlenkungen der Bänder über größere Winkel (Winkelpresse) und die häufige Wiederholung der Umlenkung. Die Drücke können über verstellbare Walzenregister reguliert werden (Guva-Turmpresse). Die Sibamat-Presse (Passavant) arbeitet mit Vorentwässerung durch Schwerkraft und Unterdruck (**389**.1). Trotzdem wird die Wirksamkeit der Bandfilterpressen gegenüber den Überdruck-Filtern deutlich zurückbleiben. Der Energieverbrauch ist mit 1 kWh/m³ Schlamm sehr gering.

A Schlammzulauf
B Flockungsmittelzulauf
C Filterkuchenaustrag
D Filtratablauf
E Unterdruckentwässerung
F Abspritzwasser

1 Einlauf
2 Unterdruckzone
3 Andrücktrommel
4 Spezial-Entwässerungswalze
5 Preßrollen
6 Filterkuchenaustrag
7 Filterband
8 Abspritzvorrichtung
9 Kunststoffabdeckung

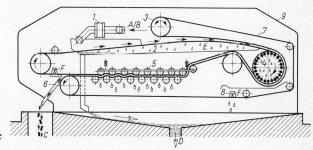

389.1 Funktionsschema der Bandfilterpresse Sibamat (Fa. Passavant)

Zentrifugen. Abwasserschlämme haben meist größere Anteile feinster Teilchen, deren Dichte ≈ der des Wassers ist. Es tritt daher normalerweise keine klare Trennung der Phasen ein, sondern nur eine Klassierung. Der entwässerte Schlamm enthält die groben Teilchen, das Zentrifugat die leichteren, feineren, mit insgesamt großer Oberfläche. Sofern die Schlämme vorher geflockt wurden, werden die Flocken beim Aufprall auf die Manteltrommel wieder zerstört. Ausnahme Carbo-Floc-Verfahren. Mit Hilfe der Polymere verlegt man die Flockung in die Zentrifuge, so daß sich die Flocken erst nach dem Aufprall des Schlammes bilden (**389**.1).

Entwicklungen des Aggregats zielen auf Einfügen eines Schonganges, um die Zerstörung der Flocken und das Wiederaufmaischen des Schlammes zu vermeiden. Gleichzeitig wurde die Zentrifugenkennziffer $z = \dfrac{r \cdot \omega^2}{g}$ auf ≈ 400 bis 700 herabgesetzt. Erprobt wird eine Doppelkegel-Zentrifuge. Hier entfällt die Weiterbewegung des entwässerten Schlammes. Eine echte Trennung der Phasen Flüssig und Fest erscheint erreichbar. Mit Gegenstrom-Dekantern ($n = 1125$ 1/min, Differenz-Drehzahl $\Delta n = 9$ 1/min, Durchmesser der Wehrscheibe 365 mm) kann konditionierter Schlamm auf 70% Wassergehalt entwässert werden. Untersuchungen zeigen, daß eine optimale Zuordnung

389.2 Schema einer Gleichstrom-Dekantier-Zentrifuge

der Betriebsparameter die Leistungen noch verbessern kann, z. B. bei nur 65 bis 70% des Nenndurchsatzes. Rohschlämme erfordern einen höheren Zusatz an Flockungsmitteln als stabilisierte Schlämme. Der Energieverbrauch beträgt $\approx$ 1 bis 2 kWh/m^3 Schlamm.

Kenngrößen der Zentrifugen:

$$\frac{v^2}{r} \quad b_z; \quad v = r \cdot \omega; \ z = \frac{b_z}{r}; \quad \omega = \frac{2\,\pi \cdot n}{60} = \frac{\pi \cdot n}{30}$$

$$z = \frac{\pi^2}{g}\left(\frac{n}{30}\right)^2 \cdot r = \frac{r \cdot \omega^2}{g} \approx r \cdot \left(\frac{n}{30}\right)^2 \triangleq \text{Zentrifugenkennziffer}$$

$$F = m \cdot b_z = \frac{G}{g} \cdot b_z = G \cdot z \triangleq \text{Zentrifugalkraft}$$

Für ein kugelförmiges Teilchen im Wasser ergibt sich

$$F = \frac{\pi \cdot d^3}{6}\,(\gamma_K - \gamma_W) \cdot z \tag{390.1}$$

Diese radial nach außen gerichtete Kraft muß durch die Reibung nach S t o k e s im maßgebenden laminaren Bereich vermindert werden.

$$R = 3\,\pi \cdot d \cdot \eta \cdot v_s \tag{390.2}$$

mit

d = $\varnothing$ des Schlammteilchens in m

γ_K = spezifisches Gewicht des Schlammteilchens

γ_W = spezifisches Gewicht des Schlammwassers

η = dynamische Zähigkeit des Wassers in kg $\cdot$ s/m^2

g = Normalfallbeschleunigung in m/s^2

v_s = Sinkgeschwindigkeit des Teilchens in m/s

b_z = Zentrifugalbeschleunigung in m/s^2

n = Drehzahl in 1/min

ω = Winkelgeschwindigkeit in 1/s

Setzt man $R = F$ ergibt sich

$$3\,\pi \cdot d \cdot \eta \cdot v_s = \frac{\pi \cdot d^3}{6}\,(\gamma_K - \gamma_W) \cdot z \tag{390.3}$$

$$d = \sqrt{\frac{18 \cdot v_s \cdot \eta}{(\gamma_K - \gamma_W) \cdot z}} \qquad v_s = \frac{Q}{A} = \text{Flächenbelastung (vgl. Abschn. 4.4.1)}$$

Q = Durchsatzmenge in m^3/s

A = Klärfläche, senkrecht zur Abscheiderichtung in m^2

r = Radius des Umlaufrandes in m; L = Absetzlänge in der Trommel in m

$$v_s = \frac{Q}{2\,\pi \cdot r \cdot L} \tag{390.4}$$

Die Trennkorngröße ergibt sich aus (390.1) und (390.4) mit $z = r \cdot w^2/g$

$$d = \frac{3}{r}\sqrt{\frac{Q \cdot \eta \cdot g}{\pi\,(\gamma_K - \gamma_W) \cdot \omega^2 \cdot L}} \tag{390.5}$$

$$m = \frac{1}{m}\sqrt{\frac{m^3 \cdot kg \cdot s \cdot m \cdot m^3 \cdot s^2}{s \cdot m^2 \cdot s^2 \cdot kg \cdot m}}$$

nach Gl. (390.5) läßt sich die Entwässerung (Klassierung) von Schlämmen, d.h. Verminderung der Trennkorngröße, verbessern durch

a) Erhöhung der Gewichtsdifferenz $\Delta\gamma$

b) Erhöhung der Winkelgeschwindigkeit ω

c) Vergrößerung der Absetzlänge L

d) Vergrößerung des Radius r

e) Verringerung des Schlammdurchsatzes Q

Formelmäßig nicht erfaßt ist die wichtige Bedingung, keine Flocken zu zerstören.

Schlammtrocknung. Bei der thermischen Trocknung wird der Schlamm in Trockentrommeln, Band-, Selektiv-, Etagen- oder Turbinentrocknern mit Hilfe von Wärme weiter entwässert. Um die Kosten niedrig zu halten, empfiehlt sich unbedingt eine vorherige Entwässerung nach mechanischem Verfahren.

Die Schlammtrocknung beruht auf der Verdunstung des Wassers. Die Wirtschaftlichkeit einer Anlage wird durch ihre Verdampfungsleistung bestimmt. Die hohen Kosten der thermischen Verfahren gehen auf den hohen Energiebedarf und die -kosten zurück. Die Kosten hängen direkt von der zu verdampfenden Wassermenge und damit bei einem gezielten Entwässerungsgrad vom Anfangswassergehalt ab.

Man kann die Trocknungsstufe mit der Verbrennungs-/Veraschungsstufe zusammenfassen. Hier kann eine begrenzte Vorentwässerung günstiger sein (z.B. bei Rohschlamm). Die Selbstgängigkeit der Veraschung ist bereits bei 70 bis 75% Wassergehalt gegeben. Für gut bis mittelmäßig entwässerbare Schlämme geht man auf diesen Wert bei Entwässerung und Trocknung zurück und erreicht damit etwa eine Kostenoptimierung des Gesamtverfahrens.

4.6.4 Schlammbeseitigung

Hierunter ist die Beseitigung der nach der Schlammbehandlung und -entwässerung verbleibenden Feststoffe mit dem noch gebundenen Wasser zu verstehen.

4.6.4.1 Landwirtschaftliche Schlammverwertung und Schlammbeseitigung

Bisher wurde Klärschlamm überwiegend unter dem Gesichtspunkt der kostengünstigen Beseitigung an die Landwirtschaft abgegeben. Von den Inhaltsstoffen waren überwiegend die Pflanzennährstoffe von Bedeutung. Heute gewinnen die Inhaltsstoffe durch die Gefährlichkeit der Schwermetalle, vor allem des Cadmiums, eine neue Bedeutung:

Mit dem Aufbringen von Klärschlämmen werden dem Boden Schwermetalle in unterschiedlichen Mengen zugeführt, die sich langfristig anreichern und beim Überschreiten gewisser Grenzwerte eine Gefährdung von Pflanze, Tier und Mensch bedeuten. Dieser Vorgang ist nicht rückgängig zu machen, d.h. die in den Boden gelangten Schwermetalle bleiben dort erhalten.

Da dem Boden auch Schwermetalle durch Immissionen aus der Luft und über die Düngung zugeführt werden, sollte alles vermieden werden, was zu einer weiteren Anreicherung im Boden führt. Ein um den Grenzwert belasteter Boden ist nur bedingt oder gar nicht mehr für die landwirtschaftliche Nahrungsmittelproduktion geeignet. Die Sanierung ist kaum und nur mit hohem finanziellem Aufwand möglich. Zur Gesunderhaltung landwirtschaftlich genutzter Böden muß die Zufuhr schwermetallhaltiger Klärschlämme unterbunden werden. Klärschlamm darf in der Landwirtschaft nur dann eingesetzt werden, wenn er hygienisch einwandfrei und innerhalb der vorgegebenen Grenzwerte arm an Schadstoffen ist.

Auf der Grundlage des § 15, Abs. 2, des Abfallbeseitigungsgesetzes (AbfG) wurde eine

Tafel **392**.1   Max. Gehalte von Schwermetallen im Schlamm und im Boden nach der Klärschlammverordnung vom 25. 6. 1982

Schadstoff	mg/kg Schlamm-*TS* a)	mg/kg lufttrockener Boden b)
Blei	1200	100
Cadmium	20	3
Chrom	1200	100
Kupfer	1200	100
Nickel	200	50
Quecksilber	25	2
Zink	3000	300

Verordnung über das Aufbringen von Klärschlamm (Klärschlammverordnung), BMI, erlassen, gültig ab 1. 4. 83, die eine bundeseinheitliche Regelung vorsieht. Zum Inhalt wäre festzustellen, daß die Mehrzahl der Kläranlagen, die Klärschlamm an die Landwirtschaft abgeben, und auch die Klärschlamm aufnehmenden landwirtschaftlichen Flächen dieser Verordnung unterliegen werden. Einen wesentlichen Bestandteil bilden die festgesetzten Schwermetallgrenzwerte für den Klärschlamm und für den Boden sowie die Höchstmengen der Klärschlammaufbringung auf landwirtschaftlich, forstwirtschaftlich oder gärtnerisch genutzte Böden (Tafel **392**.1).

Außerdem werden Regelungen für Kläranlagenbetreiber und Landwirte zur Klärschlammaufbringung (Bodenuntersuchungen und Analysen der aufzubringenden Klärschlämme), über Einschränkungen bei besonderen Kulturen über Verbote (Überschreiten der Grenzwerte) sowie über Art und Umfang der Untersuchungen getroffen.

Ergibt sich durch eine Untersuchung, daß die Gehalte an Schwermetallen in der Durchschnittsprobe einen der Werte in Tafel **392**.1, Reihe a), übersteigen, darf Klärschlamm nur mit Genehmigung der zuständigen Behörde aufgebracht werden. Die Genehmigung ist zu erteilen, wenn eine Schädigung der Gesundheit von Mensch oder Tier nicht zu besorgen ist.

Das Aufbringen von Klärschlamm auf landwirtschaftlich oder gärtnerisch genutzte Böden ist verboten, wenn sich aus Bodenuntersuchungen ergibt, daß die Gehalte der Schwermetalle in der Durchschnittsprobe einen der Werte nach Tafel **392**.1, Reihe b), übersteigen.

Auf die in § 1 der Verordnung genannten Böden dürfen durch Klärschlamm innerhalb von drei Jahren nicht mehr als 5 t Trockensubstanz je Hektar aufgebracht werden. Diese Menge kann bis auf das Dreifache erhöht werden, wenn in den auf das Aufbringungsjahr folgenden acht Jahren kein Klärschlamm aufgebracht wird. Die zuständige Behörde kann Ausnahmen zulassen, sofern dies mit dem Wohl der Allgemeinheit, insbesondere mit dem Schutz der Gesundheit von Mensch und Tier, vereinbar ist. Der Klärschlammverordnung unterliegt nach § 1, wer

1. Abwasserbehandlungsanlagen mit einer Ausbaugröße von über 300 kg BSB_5/d = 5000 Einwohnergleichwerten betreibt und Klärschlamm zum Aufbringen auf landwirtschaftlich, forstwirtschaftlich oder gärtnerisch genutzte Böden abgibt oder dort selbst aufbringt;

2. Abwasserbehandlungsanlagen mit einer kleineren als der in Abs. 1 genannten Ausbaugröße betreibt, die nicht nur Schmutzwasser aus Haushaltungen oder ähnlich gering belastetes sonstiges Schmutzwasser behandeln, und Klärschlamm zum Aufbringen auf landwirtschaftlich, forstwirtschaftlich oder gärtnerisch genutzte Böden abgibt oder dort selbst aufbringt.

Unter Verwertung ist danach nur noch die Verwendung unschädlichen Klärschlammes aus kommunalen Kläranlagen zu verstehen, der als Bodenverbesserungsmittel für die Landwirtschaft wertvoll ist, weil er meist reich an organischen Stoffen und arm an schädlichen Bestandteilen ist. Man bringt ihn naß, feucht oder trocken aufs Feld. In jedem Fall muß der Schlamm aus hygienischen Gründen ausgefault, möglichst auch eingedickt und pasteurisiert sein [36].

Naßschlamm wird gepumpt oder von Tankwagen transportiert. Die Stärke der aufzubringenden Schicht richtet sich nach Anbauart, Bodenart und den Wasserverhältnissen. Beim Niersverband wurden auf Grünland 120 bis 250 m³/ha im Jahr aufgebracht. Bei Grünlandbeschickung sollte der Schlamm vorher pasteurisiert werden. Man versteht darunter eine Erhitzung auf 55 bis 60°C für 10 min Dauer.

Feuchtschlamm ist Klärschlamm in mechanisch vorentwässertem Zustand, z.B. als Filterkuchen. Er läßt sich weniger gut transportieren.

Trockenschlamm wurde nach einer mechanischen Entwässerung oder durch Wärme so weit getrocknet, daß er zerkleinerungsfähig wird. Der Wassergehalt beträgt 40 bis 45%. Die Korngröße und der Wassergehalt müssen so groß sein, daß die Schlammteile nicht durch Luftbewegung vom Feld entfernt werden. Dieser Schlamm erhält dann als Streugut meist einen besonderen Vertriebsnamen. Er kann auch in kleinen Mengen abgepackt und weit transportiert werden. Der Verkaufspreis ist wesentlich höher als beim Naßschlamm. Er kann durch ergänzende Bodennährstoffzusätze noch erhöht werden, jedoch werden die Erzeugungskosten in keinem Fall gedeckt.

In vielen Fällen muß der Schlamm der Kosten wegen unverwertet beseitigt werden. In Amerika und England, früher auch in Deutschland (Hamburg, Flensburg), wurde er von Küstenstädten aus mit Tankschiffen oder Spezial-Schlammschiffen aufs Meer gefahren und dort ausgelassen oder, wie in Los Angeles, über ein Druckrohr ins Meer gepumpt. Aus hygienischen Gründen sollte dieser Schlamm ausgefault sein. ≈ 90% der Krankheitserreger sind dann vernichtet. Die Einleitungsstelle sollte mindestens 10 km von der Küste entfernt sein und eine möglichst große Wassertiefe haben. Die Schlammverschiffung ist nur noch vorübergehend für küstennahe Städte vertretbar. Dann ist sie wesentlich wirtschaftlicher als die künstliche Schlammentwässerung.

Nach dem Abfallbeseitigungsgesetz ist Faulschlamm, der nicht verwertet oder auf klärwerkseigenen Schlammlagerplätzen untergebracht werden kann, wie Abfall zu behandeln. Dies bedeutet in der Regel Deponie zusammen mit Müll. Es gelten dann die Grundsätze der natürlichen Schlammentwässerung (s. Abschn. 4.6.3.2) und der geordneten Deponie von festen Abfallstoffen. Die Statistik sagt, daß in 15% aller Deponien auch Klärschlamm abgelagert wird. Deponieschlamm sollte folgende Bedingungen erfüllen:

a) Entwässerung so weit, daß der deponierte Schlamm befahren und verdichtet werden kann (min 35% Trockensubstanz).

Tafel **393**.1   Mengenverhältnisse von Hausmüll und Klärschlamm bei einer Deponie

Hausmüll	Klärschlamm in kg TS/(E · a) (WG = Wassergehalt)	Gewichtsverhältnis Hausmüll : Schlamm	Volumenverhältnis Verdicht. Hausmüll : Schlamm
200 bis 300 kg/(E · a) 1,2 bis 1,6 m³/(E · a) (unverdichtet)	25 bis 30 500 bis 700 (95% WG)	1:0,125 1:2,5	– 1:1,2 bis 1,7
0,3 bis 0,6 m³/(E · a) (verdichtet)	250 bis 350 (90% WG) 100 bis 140 (75% WG) 60 bis 90 (60% WG)	1:1,2 1:0,5 1:0,33	1:0,8 bis 0,6 1:0,35 bis 0,23 1:0,2 bis 0,15

b) Schädliche oder störende Stoffe sollten in stabile, wasserunlösliche Verbindungen umgesetzt sein.

c) Gele sollten zerstört sein, damit keine Rücklösungen möglich.

d) Keine oder nur noch alkalische anaerobe Vorgänge.

Die Mengenverhältnisse zwischen Klärschlamm und Hausmüll zeigt Tafel **393**.1.

4.6.4.2 Schlammkompostierung

Die Kompostierung ist ein aerober biologischer Vorgang, an dem Mikroorganismen in großer Zahl beteiligt sind. Das Kompostgut oder die Rotte wird in Gärsilos und in Mieten so umgewandelt, daß die pathogenen Organismen absterben. Der erzeugte Kompost wird dann landwirtschaftlich verwertet. Der Grad und die Geschwindigkeit der Verrottung werden durch die Anfangsfeuchtigkeit der Stoffe, die Sauerstoffzufuhr, die Temperatur und das Verhältnis von Kohlenstoff zu Sauerstoff C/N bestimmt. Ein Verhältnis C/N $\approx$ 10 bis 15 wird als optimal angesehen. Dies läßt sich nur durch die Mischung des Klärschlammes mit kohlenstoffintensiven Stoffen wie Müll oder Torf erreichen. Besonders Müll als zu beseitigender Abfallstoff bietet sich an. Da die Anfangsfeuchtigkeit des Gemisches zwischen 37 und 42% liegen soll, ist die Vorentwässerung des Schlammes (s. Abschn. 4.6.3) notwendig. Wenn man die auf den Einwohnergleichwert bezogenen äquivalenten Mengen und die Wassergehalte von Schlamm und Müll kennt, kann der Grad der notwendigen Vorentwässerung des Schlammes bestimmt werden. Kompostwerke arbeiten i. allg. mit finanziellen Zuschüssen. Der Wert von Schlamm-Müllkomposten wird höher angesetzt als der von reinen Müllkomposten.

4.6.4.3 Schlammverbrennung (-veraschung)

Während bei der Verbrennung von Müll wegen des hohen C/N-Wertes oft Wärmeenergie gewonnen wird, muß beim Klärschlamm Energie in geringer Menge zugeführt werden. Um diese Energiezufuhr möglichst gering zu halten, wird der Wassergehalt des Schlammes durch mechanische Entwässerung (s. Abschn. 4.6.3.3) vor der Verbrennung vermindert. Das Restwasser verdampft im Verbrennungsofen durch die Hitze der Rauchgase. Trocknung und Verbrennung der Schlammtrockensubstanz liegen zeitlich unmittelbar hintereinander. Um ein vollständiges Ausbrennen zu erreichen, wird der Schlamm im Ofen häufig umgelagert. Dies erreicht man durch entsprechende Ausbildung der Öfen. Die bekanntesten Ofenbauarten sind der Drehrohr-, der Muffel-, der Stockwerks- und der Wirbelschichtofen. Der Schlamm rutscht auf Steilflächen ab, wird durch Krählarme abgeräumt oder durch Druckluft bewegt. Bei Temperaturen < 800°C (d. h. unterhalb der Sintergrenze der Schlammasche) entsteht keine Schlacke, bei > 700°C kein Geruch. Man heizt i. allg. mit Heizöl oder Klärgas, zusätzlich auch mit Kohle oder Müll.

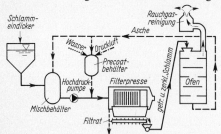

Der Aufwand an Energie ist abhängig vom Wassergehalt, vom Anteil an unbrennbarer Substanz und vom Heizwert des Schlammes. Nur der Wassergehalt ist durch geeignete Trocknungsmethoden beeinflußbar. Der Unterschied zwischen den Verbrennungsverfahren besteht neben der Ofenbauart in der Art der Schlammentwässerung. Die gebräuchlichsten Verfahren sind:

394.1 Schlamm-Asche-Verfahren (schematisch)

1. konventionelle Verfahren. Die Entwässerung ist vom Verbrennungssystem völlig unabhängig.

2. Schlamm-Asche-Verfahren. Die anfallende Asche wird als Filterhilfsmittel zur Schlammentwässerung verwendet (Precoat) (**394**.1).

3. Carbofloc-Verfahren. Verwendung von Dekantierzentrifugen. Auch kolloidale Feststoffe werden durch Behandlung des Schlammes mit Kalk und nachfolgender Neutralisation durch Kohlensäure zentrifugierbar.

4. Wirbelkammerverfahren. Zusätzliche Vertrocknung des Schlammes, Filterung unter Verwendung von Halbkoks.

Der Wirbelschichtofen besteht aus einer stehenden, zylindrischen Brennkammer. Im unteren Teil sind Luftverteilungskammer und Düsenboden. Daran schließt konisch die Wirbelkammer an. Oberhalb der Wirbelkammer Nachbrennraum mit Rauchgasaustritt (**395**.1).

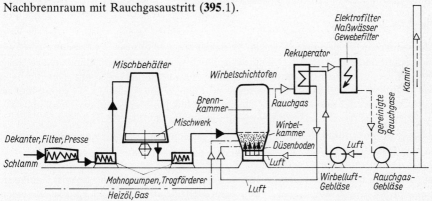

395.1 Schema Wirbelschichtverfahren (Fa. Uhde)

Der Gehalt an Trockensubstanz des aus dem Eindicker ankommenden Schlammes wird z. B. unter Zugabe eines Polyelektrolyten auf etwa 15 bis 25 % *TS*-Gehalt erhöht. Der entwässerte Schlamm wird in einem Mischbehälter homogenisiert. In diesen Behälter können auch Abfälle wie Altöl, Ölemulsionen oder andere pastöse, pumpfähige Stoffe zugegeben werden. Eine Exzenterschneckenpumpe fördert den Schlamm zum Wirbelschichtofen. Die zuzuführende Verbrennungsluft kann zur Verbesserung der Energiebilanz rekuperativ auf etwa 500 °C vorgewärmt werden. Das Wirbelbett besteht aus Quarzsand mit 0,5 bis 2 mm Körnung. Der Anströmboden ist mit Spezialdüsen bestückt, die eine gute Luftverteilung bewirken. Die Luftgeschwindigkeit wird so eingestellt, daß ein vollkommenes Fluidisieren erreicht wird, etwa 1150 bis 1250 $Nm^3/(m^2 \cdot h)$.

Der in die etwa 750 °C heiße Wirbelschicht eintretende Schlamm wird sofort über das gesamte Wirbelbett verteilt, zerrieben, getrocknet und gezündet. Durch die Luftgeschwindigkeit werden die brennenden Teile in den Nachbrennraum mitgerissen und brennen dort bei Temperaturen von 900 bis 950 °C aus. Die Verweilzeit in der Brennkammer beträgt etwa 2 bis 3 s. Der Wirbelschichtofen wird so belastet, daß sich eine Luftüberschußzahl von $n = 1,1$ bis $1,2$ einstellt. Reicht der Wärmehaushalt nicht aus, wird zusätzlich zum Schlamm Brennstoff in die Wirbelschicht eingedüst. Die gesamten Verbrennungsrückstände werden als Rauchgase ausgetragen. Diese verlassen den Ofen mit 900 °C und wärmen im Rekuperator die Verbrennungsluft auf etwa 500 °C vor. Sie kühlen sich dabei auf etwa 600°C ab. In einem nachgeschalteten Verdampfungskühler werden die Rauchgase auf die für den Elektrofilter zulässige Temperatur von 350°C abgekühlt. Zur Rauchgasreinigung können auch Naßwäscher oder Gewebefilter eingesetzt werden.

5. Heißbehandlungs-Verfahren. Der Schlamm wird von der Filterung bei 15 bar Druck und 200°C in einem Autoklaven behandelt.

6. Naßverbrennung. Der eingedichte Schlamm wird in einem Reaktor bei 120 bar unter 200°C unter Zugabe von Druckluft naß oxidiert.

7. Raymond-Verfahren. Der mechanisch vorgetrocknete Schlamm wird mit einer dreifachen Menge trockenen Schlamms gemischt und durch ein Rauchgasgebläse in einen Zyklon gegeben. Als Staub mit 5 bis 10% Wasser geht er dann in den Ofen oder zur Verwertung.

4.6.4.4 Gasgewinnung

Faulgas entsteht bei der anorganischen Zersetzung im Faulturm. Es besteht aus 65 bis 70% Methan und 30 bis 35% Kohlendioxyd. Daneben treten verschiedene andere Gase in kleinen Mengen, auch der geruchstarke Schwefelwasserstoff (H_2S) auf. Der Methangehalt bestimmt den Heizwert des Gases; 1 m^3 Faulgas hat $\approx$ 25000 kJ. Die Gasmenge ermittelt man aus der mit dem Frischschlamm zugeführten Menge der organischen Trockensubstanz, aus der Faulzeit und der Faultemperatur (s. Bild **375**.1).

Die Gasgewinnung lohnt sich bei mittleren und großen Kläranlagen, wenn tiefe Faulräume vorhanden sind und eine Gasdecke baulich angeordnet werden kann. Bei zweistöckigen Absetzbecken ist die Absetzrinne zugleich Gasdecke; bei selbständigen Faulräumen wird eine feste oder schwimmende Decke verwendet. Wird der ausgefaulte Schlamm abgelassen, dann darf keine Luft in den Faulraum nachdringen, weil Faulgas bei einer Verdünnung 1:5 bis 1:15 explosiv ist.

Ein besonderer Gasbehälter ist notwendig, wenn der Faulraum eine feste Gasdecke hat oder wenn eine Gaskraftanlage betrieben wird. Der Behälter ist mit dem Faulraum verbunden und hat beim Ansteigen des Schlammspiegels den Druck des komprimierten Gases aufzunehmen. Wenn täglich einmal Gas abgelassen wird, muß der Gasbehälter das Volumen der abgelassenen bzw. der zugeführten täglichen Frischschlammenge haben.

Schlammgas wird zur Beheizung von Gebäuden, Rechengut-Verbrennungsöfen und Faulbehältern verwendet. Man kann auch die Gesamtenergie der Kläranlage durch Gasmotoren erzeugen. Die Abgabe an das städtische Gaswerk lohnt sich, wenn die Hauptgasleitungen nicht zu weit entfernt liegen. Es ist dann eine Mischanlage erforderlich, weil der Heizwert des Faulgases größer, aber seine Zündgeschwindigkeit kleiner ist als die des Stadtgases. Man entfernt Schwefelwasserstoff durch Raseneisenerzfilter, CO_2 durch Auswaschen.

4.6.5   Behandlung und Beseitigung von Schlamm aus Kleinkläranlagen (Fäkalschlamm)

4.6.5.1   Rechtsgrundlagen

Durch das 4. Gesetz zur Änderung des Wasserhaushaltsgesetzes (WHG) vom 26.04.1976 wurden Vorschriften für die Abwasserbeseitigung in das Gesetz aufgenommen. Der § 18a Abs. 1 definiert die Abwasserbeseitigung und ordnet die Entwässerung von Klärschlamm zusammen mit der Abwasserreinigung der Abwasser- und nicht der Abfallbeseitigung zu. Unter Klärschlamm ist hier auch Fäkalschlamm zu verstehen. Durch § 18a Abs. 2 des WHG werden die Länder verpflichtet, die Abwasserbeseitigung grundsätzlich an Körperschaften des öffentlichen Rechts zu übertragen [31].

Die Landeswassergesetze (LWG) füllen diese Vorschriften aus, wobei die Länder frei sind in der Wahl der beseitigungspflichtigen Körperschaft und in der Festlegung des Umfangs der Beseitigungspflicht. Zweckmäßig erscheint es, die Gemeinden wegen ihrer Ortsnähe zu beauftragen.

Die Verpflichtung zur Abwasserbeseitigung umfaßt in der Regel auch das Abfahren des in abflußlosen Gruben gesammelten Abwassers und des Schlamms aus Hauskläranlagen und deren Einleitung und Behandlung in Abwasserbeseitigungsanlagen. Dies entspricht den Vorstellungen des Umweltschutzes, da vor einer abfalltechnischen Beseitigung, z. B. in der Form der landwirtschaftlichen Verwertung, eine Vorbehandlung dieser Stoffe und eine Kontrolle ihrer Beschaffenheit notwendig wird.

4.6.5.2 Menge und Beschaffenheit

Es wird im allgemeinen davon ausgegangen, daß das Abwasser aus abflußlosen Sammelgruben in der Zusammensetzung dem in zentralen Kanalisationen gesammelten häuslichen Abwasser entspricht. Bei der Behandlung von Schlamm aus Hauskläranlagen ist zu berücksichtigen, daß dieser zwar in weit geringeren Mengen anfällt, aber eine erhöhte Schadstoffkonzentration enthält. Tafel 397.1 zeigt, daß erhebliche Abweichungen bei allgemeinen Angaben bestehen. Diese bedürfen im einzelnen Planungsfall sorgfältiger Nachprüfung. Neben den organischen Verschmutzungen enthält der Fäkalschlamm auch grobe Verunreinigungen wie Sand, Steine, Textilien, Hygienestoffe, Glas, Plastik usw. Die Schwermetallkonzentrationen liegen nach amerikanischen und deutschen Untersuchungen unter den Grenzwerten für Klärschlamm und Boden nach der Klärschlammverordnung des BMI.

Tafel 397.1 Allgemeine Angaben zur Beschaffenheit von Fäkalschlamm aus Hauskläranlagen

	nach Arbeitsblatt A 123 der ATV [1c] in mg/l		nach TU München Forschungsergebnisse[1]) in mg/l	
Schlammenge		1000 l/(E · a)		950 l/(E · a)
Wassergehalt	98,5%			
Trockensubstanz			14000	13,3 kg/(E · a)
org. Trockensubstanz	10000	10 kg/(E · a)	10100	9,6 kg/(E · a)
BSB_5	10000	10 kg/(E · a)	4700	4,5 kg/(E · a)
BSB_5-Filtrat			1140	1,1 kg/(E · a)
CSB			15300	14,5 kg/(E · a)
CSB-Filtrat			3100	2,9 kg/(E · a)
$KMnO_4$-Verbrauch	16000	16 kg/(E · a)		
NH_3-Stickstoff	1600	1,6 kg/(E · a)		
Gesamtstickstoff	2300	2,3 kg/(E · a)		0,5 kg/(E · a)

[1]) bestätigt durch amerikanische Untersuchungen

4.6.5.3 Kosten

Die Kosten für die Beseitigung des Fäkalschlamms setzen sich zusammen aus dem Anteil für die Abfuhr und dem Anteil für die Behandlung. Die Transportwege sollten so klein wie möglich gehalten werden, da die Mengen größer sind als bei festen Abfallstoffen. Es werden etwa 98% Wasser mitbefördert. Andererseits führt eine zu kleine Transportentfernung zu einer Vielzahl von Behandlungsanlagen, wodurch die Behandlungskosten entsprechend ansteigen. Nach überschläglichen Ermittlungen betragen bei einer Transportentfernung von 15 km die Transportkosten etwa 16 DM/m^3. Darüber hinaus ist damit zu rechnen, daß die Behandlung von Schlamm aus Hauskläranlagen einschließlich der endgültigen Beseitigung in Abfallbeseitigungsanlagen etwa 20 bis 25 DM kosten wird. Zusammen etwa 40 DM/m^3.

Die Behandlung von Abwasser aus abflußlosen Sammelgruben ist etwa mit 2,50 DM/m^3 zu veranschlagen. Zusammen etwa 18,50 DM/m^3. Die Menge dieses Abwassers beträgt nach ATV A 123 20 l/(E · d) bzw. 7300 l/(E · a), ist also mehr als 7fach größer als die Schlammenge aus Hauskläranlagen.

Die Kosten für die Schlammabfuhr aus Hauskläranlagen liegen i. allg. niedriger als vergleichbare Kosten für den Anschluß an zentrale Ortsentwässerungsanlagen. Man übersieht bei diesem Vergleich oft, daß das aus den Hauskläranlagen abfließende Abwasser jedoch nur teilweise geklärt ist. Bei abflußlosen Sammelgruben liegen die Kosten jedoch aufgrund der größeren Menge erheblich darüber.

4.6.5.4 Behandlung von Fäkalschlämmen in zentralen Kläranlagen

In der Bundesrepublik Deutschland muß das Abwasser von etwa 8 bis 10 Mio. Einwohnern in Mehrkammerausfaulgruben, Mehrkammergruben, abflußlosen Sammelgruben und in Kleinkläranlagen mit Abwasserbelüftung behandelt werden, weil aufgrund örtlicher Verhältnisse oder aus wirtschaftlichen Gründen der Anschluß an eine zentrale Ortsentwässerung ausscheidet.

Die Fäkalienannahmestation hat folgende Aufgaben zu übernehmen:

1. Messung der angelieferten Fäkalschlammenge, z.B. mittels induktiven Durchflußmesser oder Ultraschallgeräten,

2. Entfernung der sperrigen und faserigen Stoffe, die in den nachfolgenden Behandlungsstufen zu Verschleiß, Verstopfung oder Ablagerung führen können,

3. Entfernung des Sandes (nicht in jedem Fall),

4. Speicherung des Fäkalschlammes in einem Stapelbehälter zum Ausgleich der ungleichmäßig angefahrenen Schlammenge.

Die Entfernung des Rechengutes erfolgt zweckmäßig durch eine Rechenanlage mit max. 25 mm Spaltweite. Die Rechenanlage sollte in einem geschlossenen Raum mit Zwangsentlüftung untergebracht werden. Die Abluft kann im Kompostfilter biologisch gereinigt oder im Waschturm chemisch behandelt werden. Wegen der Geruchsentwicklung ist die Behandlung des Rechengutes problematisch.

Die Speicherung des Fäkalschlammes zur Vermeidung von Überlastungen der Kläranlage ist Voraussetzung für einen störungsfreien Betrieb. Der hoch verschmutzte Fäkalschlamm kann in den belastungsschwachen Tagesstunden der Anlage zudosiert und in Zeiten starker Fäkalienzufuhr zu diesem Zweck über mehrere Tage gespeichert werden. Die Größe des Stapelraumes soll mindestens für die Anfuhr von 1 bis 3 Tageschargen bemessen werden. Für Fremdenverkehrsorte wird eine Speicherzeit bis zu 10 Tagen vorgeschlagen [8].

Die Stapelbehälter sollten folgende Konstruktionsmerkmale haben:
kegelförmig ausgebildete Sohle mit mind. 60° Neigung;
geschlossene Bauweise mit Zwangsentlüftung;
Anschlußkupplungen für Saugwagen und Reinigungseinrichtung;
Füllstands- und pH-Meßeinrichtung;
Einstiegsluke.

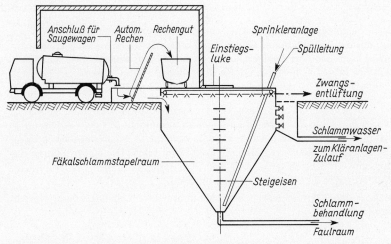

399.1   Fäkalschlamm-Stapelraum für Dosierung in den Faulbehälter nach [8]

1. Verfahren zur Mitbehandlung in konventionellen Kläranlagen

1.1 Mitbehandlung des Fäkalschlammes im Faulbehälter der zentralen Kläranlage. Dies gilt als die beste Methode der Fäkalschlammunterbringung in zentralen Kläranlagen. Die tägliche Zugabe von Fäkalschlamm in beheizte Faulbehälter mit 32° bis 35° Faultemperatur (mesophiler Temperaturbereich) führt nach ATV-Arbeitsblatt A 123 nur dann nicht zu betrieblichen Störungen, wenn die Tagesmenge $< \frac{1}{20}$ des Faulbehältervolumens beträgt. Größere Schlammengen verändern pH-Wert und CO_2-Gehalt im Faulgas.

Eine Hemmung des Faulprozesses konnte nicht festgestellt werden. Der Gasanfall blieb proportional zur organischen Belastung. Bei nicht ausgelasteten Faulanlagen kann nach [8] mehr als 50% Fäkalschlamm täglich dem Faulbehälter zugeführt werden, wenn die Faulzeit größer als 30 Tage ist.

Als Folge der Fäkalschlammfaulung mit nachfolgender Schlammeindickung ist in der biologischen Stufe die zusätzliche BSB_5-Fracht aus dem Faulschlammwasser (Filtrat) zu berücksichtigen. Aus Sicherheitsgründen sollte je nach Art der Schlammbehandlung mit folgender Belastung durch das Schlammwasser gerechnet werden:

1,0 kg BSB_5/m³ bei maschineller Schlammentwässerung ohne vorherigen Trübwasserabzug im Faulbehälter oder Nacheindicker. Bis 2,0 kg BSB_5/m³, wenn Trübwasser (in der Praxis Dünnschlamm) aus dem Faulbehälter in die biologische Stufe eingeleitet wird.

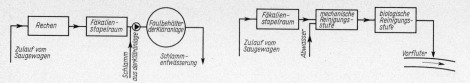

400.1 Schema der Fäkalschlamm-Mitbehand-
lung im Faulbehälter einer Kläranlage

400.2 Schema der Fäkalschlamm-Mitbehand-
lung in einer mechanisch-biologischen
Kläranlage

In ausgelasteten Faulanlagen kann Fäkalschlamm nur dann aufgenommen werden, wenn
der Faulbetrieb auf den thermophilen Temperaturbereich (etwa 50 °C) umgestellt wird.
Erfahrungsgemäß kann dann die Faulzeit auf 10 Tage reduziert werden. Der spezifische
Gasanfall (l Gas/kg org. *TS*) liegt um 35 bis 40% höher als im mesophilen Bereich.
Nachteilig verändert sich u. U. der Filterwiderstand (schlechtere Entwässerbarkeit).

1.2 Mitbehandlung des Fäkalschlammes in vollbiologischen Kläranlagen.
Bei ausgelastetem Faulraum kann der Fäkalschlamm zusammen mit dem Abwasser in
der mechanisch-biologischen Kläranlage behandelt werden. Dies ist eine schlechte Lösung, die meist zu einer schlechteren Reinigungsleistung führt. Die Vergrößerung der
CSB-Verschmutzung im Kläranlagenablauf und Schlammentartungen in der biologischen Stufe können sogar die Abwasserabgabe erhöhen.

Die Bedingungen, unter denen eine Fäkalschlammitbehandlung zugelassen werden
kann, sind nach [1c]

1. Ausbaugröße über 10000 *EGW,*

2. Leistungsreserven in der biologischen Stufe,

3. mehrstündiger Abstand zwischen den Schlammzugaben, wenn kein Speicherbehälter
vorhanden ist, aber jeweils $Q_{Fäkalschlamm} < \frac{1}{20} Q_{Abwasser}$ (m³/h),

4. bei größeren Mengen Speicherbehälter vorsehen und Zugabe in den belastungsarmen
Zeiten.

Bei Annahme eines mittleren BSB_5 des Fäkalschlammes von 10 kg BSB_5/m^3 und
50%igem BSB_5-Abbau in der Vorklärung können die zulässigen täglichen Mengen aus
ATV A123, abhängig von der Ausbaugröße und dem Auslastungssgrad, abgelesen
werden.

Liegt der BSB_5 des Fäkalschlammes bei nur 5 kg BSB_5/m^3, kann die tägliche Zugabe
verdoppelt werden.

Bei Kläranlagen ohne Vorklärung können befriedigende Reinigungsleistungen nur erreicht werden, wenn die Fäkalschlammenge < 5% der Zulaufwassermenge beträgt und
die Kläranlage ohne Berücksichtigung der Fäkalschlammzugabe im Stabilisierungsbe-
reich arbeitet.

2. Verfahren zur getrennten Fäkalschlammbehandlung

2.1 Aerob-thermophile Stabilisierung. Ein Verfahren zur getrennten Behandlung des Fäkalschlammes auf einer Kläranlage ist die getrennte aerobe thermophile Stabilisierung.

Hierbei wird Schlamm oder hochverschmutztes Abwasser in einem besonderen Reaktorbehälter
belüftet und umgewälzt. Durch die mikrobiellen Oxidationsprozesse wird Wärme frei, so daß sich
eine Temperatur > 45 °C einstellt (exothermer Prozeß, thermophile Stabilisierung).

Nach [43] kann dieser Prozeß jedoch nur auf-
rechterhalten werden, wenn die Schmutzkon-
zentration > 5000 mg BSB_5/l beträgt. Neben
dem Vorteil eines geringen Reaktorvolumens
wird nach [83] bei > 2 Tagen Belüftungszeit und
pH-Werten > 8,5 eine Entseuchung des
Schlammes erreicht.

Der entseuchte, aerob stabilisierte Schlamm
kann u. U. auf landwirtschaftlich genutzte Flächen aufgebracht werden.

2.2 Zweistufige, aerob-thermophile und
anaerobe, Schlammbehandlung. Ein
neueres Schlammstabilisierungsverfahren wurde von [46] auch in Deutschland vorgestellt. Bei

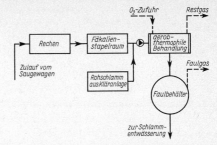

401.1 Schema der zweistufigen aerob-thermo-
philen und anaeroben Schlammbehand-
lung

diesem Verfahren kann die Leistungsfähigkeit einer ausgelasteten Faulanlage um etwa 100% erweitert werden, wenn vor der Faulstufe in einem Reaktor der Schlamm etwa 1 Tag aerob-thermophil
behandelt wird. Die Belüftung erfolgt mit Sauerstoff. Die biologischen Oxidationsvorgänge erzeugen so viel Wärme, daß in einem isolierten Reaktor die Temperatur durch Begrenzung der O_2-
Zufuhr bei etwa 55°C konstant gehalten werden kann. Es erfolgt eine Entseuchung des Schlammes
bei geringstmöglicher Oxidation organischer Substanz (**401**.1).

Der selbsterhitzte Schlamm wird nach dem Verlassen des Reaktors über Wärmetauscher auf 33 bis
35°C abgekühlt und im mesophilen Milieu im Faulbehälter anaerob behandelt. Hier ist noch eine
Faulzeit von 8 bis 10 Tagen erforderlich.

Die Merkmale des Verfahrens sind etwa folgende: der Schlamm wird gut stabilisiert; der Schlamm
wird entseucht; die Gesamtaufenthaltszeit ist kurz; das Verfahren arbeitet energiesparend und ist
betrieblich stabil; keine Geruchsbelästigungen durch geschlossene Bauweise; niedrige Investitions-
und Betriebskosten; das Schlammwasser erfordert eine biologische Nachbehandlung; der angefaulte
Fäkalschlamm wird zuerst aerob und dann wieder anaerob behandelt (Hemmung möglich); höhere
Betriebskosten durch Sauerstoffzufuhr als bei anaerober Behandlung.

2.3 Zweistufige Schlammbehandlung
nach dem anaeroben und aeroben Belebungsverfahren. Die Faulung hochkonzentrierter Abwässer ist in Deutschland mit Erfolg in
der Nahrungsmittelindustrie angewandt worden.
Bei schlammarmem Abwasser muß zur Erhal-
tung der Populationsdichte im Faulbehälter mit
anaerobem Rücklaufschlamm in einer Kombination Faulbehälter/Absetzbecken nach (**401**.2)
gefahren werden. Nach [51], [67], [70] kann Fäkalschlamm erfolgreich mit diesem Verfahren
vorbehandelt und in der biologischen Reinigungsstufe weiterbehandelt werden. Bei einer
Aufenthaltszeit von 3 bis 10 Tagen im anaeroben
Belebungsverfahren bei mesophiler Temperatur
ist der Fäkalschlamm teilgereinigt. Die Restbe-
handlung erfolgt in einer biologischen Stufe.

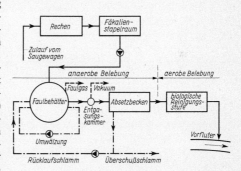

401.2 Schema der zweistufigen Schlammbehandlung nach dem anaeroben und
aeroben Belebungsverfahren

4.6.5.5 Behandlung von Fäkalschlämmen in Abwasserteichen, durch maschinelle Systeme, Kalkzugabe und in Bodenfiltern

Wenn sich bei der Unterbringung des Fäkalschlammes zeigt, daß die freien Kapazitäten
auf den zentralen Anlagen nicht ausreichen und für Einzugsgebiete keine geeigneten
Anlagen zur Verfügung stehen oder Transportkosten zu hoch werden, muß abweichend

von ATV-A 123 [1c] der Schlamm auf Anlagen behandelt werden, für die es bisher noch keine a. a. R. d. T. gibt. Hierzu zählen Abwasserteiche und Anlagen, die eigens zur Fäkalschlammbehandlung errichtet werden [82].

Das Ziel der Fäkalschlammbehandlung bleibt auch hier:

1. Aufbereitung des Schlammes so weit, daß er den aus der Abfallbeseitigung zu stellenden Ansprüchen genügt oder landwirtschaftlich genutzt werden kann.

Im Falle der endgültigen Beseitigung als Abfall muß weitgehend Geruchsfreiheit erzielt werden. Eine Hygienisierung wird im allg. nicht gefordert. Der Trockensubstanzgehalt soll nach dem Merkblatt M 7 $\geqq$ 35% betragen. Das Mengenverhältnis Hausmüll zu Schlamm ist wegen der Standsicherheit und Befahrbarkeit der Deponie zu überprüfen.

Soll eine landwirtschaftliche Verwertung vorgenommen werden, so ist der Schadstoffgehalt, z. B. Schwermetalle, zu beachten. Dieser kann mit den in der Abwasserreinigung üblichen Verfahren nicht verändert werden. Die landwirtschaftliche Verwertung verlangt keine besondere Entwässerung, wenn der Schlamm versprüht werden kann.

Wenn langfristig eine zulässig geringe Schadstoffkonzentration nicht gewährleistet werden kann, sollte man sich darauf einstellen, den Schlamm bis zur Deponiefähigkeit zu behandeln.

2. Behandlung des wässerigen Anteils. Die Art und Bemessung des Behandlungsverfahrens für den wässerigen Anteil sind vom Standort und der Art der Kläranlage abhängig. Bei der Einleitung in Gewässer sind die Mindestanforderungen nach der ersten Schmutzwasserverwaltungsvorschrift einzuhalten. Es können noch höhere Anforderungen gestellt werden.

Verfahren der Fäkalschlammbehandlung in Teichen. Eine gemeinsame Behandlung des festen und des flüssigen Anteils in unbelüfteten Teichen ist nur zusammen mit der Abwasserreinigung für ein kanalisiertes Einzugsgebiet sinnvoll. Es müssen aber freie Kapazitäten vorhanden sein oder eine neu zu bauende Anlage muß dafür bemessen sein. Schwierigkeiten treten bei der Zudosierung des Schlammes auf. Die Schlammenge von 1 m³/(E · a) muß auf 2,75 l/(E · d) gedrosselt werden. Wegen der höheren Drosselungsgrenzen wird eine intermittierende Beschickung notwendig. Die Beschickungsintervalle sollten möglichst kurz sein. Zum Ausgleich gegenüber den Antransporten ist dann ein, besser zwei Vorlagebehälter erforderlich, damit ein Behälter gegebenenfalls zur pH-Wert-Verbesserung genutzt werden kann. Für Dosierpumpe und Umwälzung ist ein Stromanschluß erforderlich. Einfacher ist es, den Schlamm direkt aus den Transportfahrzeugen zuzugeben. Dabei ist darauf zu achten, daß der erste Teich nicht anaerob wird. Ein gemessener Sauerstoffgehalt in der ersten Teichstufe liegt bei 6 g O_2/m³ für Anlagen, die zu rund 75% ausgelastet sind. Die niedrigsten Werte wurden mit 2 g O_2/m³ festgestellt. 1 g O_2/m³ sollte der anzustrebende Mindestwert sein. Es könnten also maximal etwa 5 g O_2/m³ für den Schlammabbau ausgenutzt werden, wenn das O_2-Defizit zeitgerecht wieder ausgeglichen wird.

Das spezifische Teichvolumen des ersten Teiches beträgt z. B. bei 30% der Oberfläche der Gesamtanlage und 1,2 m Teichtiefe

$$0,3 \cdot 15 \cdot 1,2 = 5,4 \text{ m}^3/\text{E aus m}^2/\text{E} \cdot \text{m Tiefe}$$

Bei Q = 0,3 m³/E · d ergibt sich eine rechnerische Durchflußzeit von

$$t_R = 5,4/0,3 = 18 \text{ d}$$

Der *BSB* in 18 d = 1,44 · BSB_5 (bei 20°C)

Die mögliche zusätzliche Belastung des Teiches beträgt dann

$$5/1,44 = 3,47 \text{ g } BSB_5/\text{m}^3$$

Um nur 1 m^3 Fäkalschlamm mit 6000 g BSB_5/m^3 einbringen zu können, wären

6000/3,47 = 1.729 m^3 Teichvolumen erforderlich

Dies entspräche einem Teich für 1.729/5,4 = 320 E. Die Fäkalschlammanteile bei 320 zentral entsorgten Einwohnern sind aber in der Regel größer, so daß ohne eine Vergrößerung des Teichvolumens kein Fäkalschlamm eingeleitet werden dürfte. Man kann jedoch etwa vorhandene Bemessungsreserven ausnutzen. Bei kontinuierlicher Zugabe hat ein Einwohnergleichwert aus dem Fäkalschlamm eine BSB_5-Fracht von

$$1 \cdot 6000/365 = 16,4 \qquad \text{in} \; \frac{\text{m}^3/(\text{E} \cdot \text{a}) \cdot \text{g } BSB_5/\text{m}^3}{\text{d/a}} = \text{g } BSB_5/(\text{E} \cdot \text{d})$$

$\triangleq$ 16,4/60 = 0,27 EGW aus der Abwasserreinigung.

Schon diese Rechnung spricht für eine kontinuierliche Zugabe des Schlammes. Die BSB_5-Fracht aus dem Schlamm und die Fracht aus dem Abwasser darf die Bemessungsannahmen nicht überschreiten. Die Mitbehandlung der Fäkalschlämme vermehrt die Stapelmenge und verkürzt die Räumperioden.

Bei der alleinigen Behandlung von Fäkalschlamm in belüfteten Teichen treten ähnliche Probleme auf wie bei unbelüfteten Teichen. Aus der üblichen Raumbelastung von 30 g BSB_5/ (m^3 · d) erhält man mit einer Teichtiefe von 1,8 m und einer Schmutzfracht von 16,4 g BSB_5/(EGW · d) eine erforderliche Wasserfläche von etwa 0,3 m^2/EGW:

$$\frac{16,4}{30 \cdot 1,8} = 0,3 \;\; \text{m}^2/EGW \;\; \text{in} \;\; \frac{\text{g } BSB_5/(EGW \cdot \text{d})}{\text{g } BSB_5/(\text{m}^3 \cdot \text{d}) \cdot \text{m}} = \text{m}^2/EGW$$

Dies bedeutet mit 1 m^3/(EGW · a) eine Beschickungshöhe von

$$1,0/0,3 = 3,333 \; \text{m/a} = 3333 \; \text{mm/a} \;\; \text{in} \;\; \frac{\text{m}^3/(EGW \cdot \text{a})}{\text{m}^2/EGW} = \text{m/a}$$

Bei 700 mm/a Niederschlag und 900 mm/a Verdunstung = − 200 mm/a, ergibt sich ein Mengen-Bilanzüberschuß von 3333 − 200 = 3133 mm.

Der Schlamm ist jedoch mit angenommenen 6000 g BSB_5/m^3 hochgradig verschmutzt. Zur Erzielung eines Ablaufes von < 30 g BSB_5/m^3 ist etwa eine Reinigungsleistung von 99,6% erforderlich:

$$\frac{6000 - 30}{6000} \cdot 100 = 99,5\%$$

Um diese Abbauleistung zu erreichen, reichen zwei Teichstufen nicht aus. Das Volumen und die Anzahl der Teiche wäre wesentlich zu vergrößern. Dies führt zu größerer Verdunstung und Aufkonzentrierung des Ablaufs. Belüftete Teiche sind damit zur alleinigen Behandlung der Fäkalschlämme nicht gut geeignet.

Einen Weg bietet die Mitbehandlung in belüfteten Teichanlagen zur Abwasserreinigung, in denen noch freie Kapazitäten vorhanden sind oder die Bemessung neuer Anlagen für beide Aufgaben. Im Falle der intermittierenden Beschickung treten bei der Sauerstoffdeckung in der 1. Teichstufe Mängel auf, die durch erhöhte Sauerstoffzufuhr ausgeglichen werden müßten.

Für die Fäkalschlammbehandlung außerhalb zentraler Anlagen ist eine getrennte Behandlung der festen und der flüssigen Anteile zu empfehlen. Dies gilt auch für eine aerobe Behandlung in einer nur für die Schlammbehandlung errichteten Belebungsanlage. Da ohnehin der anfallende Überschußschlamm weiterbehandelt werden muß, sollte man von vornherein die relativ guten Absetzeigenschaften des Fäkalschlammes zur Trennung vom Schlammwasser ausnutzen und ihn zusammen mit dem Überschußschlamm behandeln. Auch Geruchsemissionen kann man so verringern.

Versuche ergaben, daß sich Fäkalschlämme mit den herkömmlichen Entwässerungsverfahren eindicken lassen:

	Eindickleistung auf	BSB_5 des Filtrats in g BSB_5/m^3
Schwerkrafteindickung	5% TS	1100
Zentrifuge	16% TS	850
Siebbandpresse	30% TS	1300
Kammerfilterpresse	42% TS	2000

Diese Werte streuen stark, so daß man Sicherheitszuschläge machen sollte.

Die Verschmutzung des Filtrats ist aber immer so hoch, daß zur Erzielung der Mindestanforderungen ein biologischer Abbau von etwa 98% erreicht werden muß. Die Trennung des festen und flüssigen Anteils sollte deshalb darauf ausgerichtet sein, den BSB_5 des Filtrats möglichst gering zu halten. Sinnvoll erscheint eine Kombination von Schwerkrafteindickung mit chemischer Fällung oder eine Zugabe von Polyelektrolyten oder Kalk. Mit 1 bis 2 kg Kalk pro m³ Fäkalschlamm wird der pH-Wert des Schlammes auf 8,5 bis 9 angehoben, wodurch die organischen Säuren neutralisiert werden und Geruchsverminderung eintritt. Absetzbecken in Erdbauweise sollten für > 0,6 m³/EGW bemessen werden, damit sich ein ausreichender Wasserüberstand bildet. Die Schlammräumung der Absetzbecken erfolgt etwa jährlich. Der vorentwässerte Schlamm kann durch fahrbare oder stationäre maschinelle Anlagen weiter behandelt werden. Zur Aufnahme des Filtrats aus der maschinellen Entwässerung empfiehlt es sich ein zweites Becken anzulegen.

Der denkbare Einsatz mobiler Systeme, z. B. „Moos", „Hamster" o. a. zur Fäkalschlammentwässerung an der Hauskläranlage ist wegen der hohen BSB_5-Werte des Filtrats oder der langen Arbeitsphase problematisch. Der Einsatz auf Kläranlagen ist zweckmäßiger.

Um den mit mobilen Systemen, Dekanter oder Siebbandpresse vorentwässerten Schlamm auf den für eine Deponie erforderlichen TS-Gehalt zu bringen, ist eine weitere Behandlung mit Branntkalk geeignet (**404**.1). Die Vermischung von Kalk und Schlamm erfolgt durch Schneckenförderer oder Zwangsmischer. Die Branntkalkbehandlung hygienisiert den Schlamm durch pH-Wert-Erhöhung und Erwärmung. Sie verbessert die landwirtschaftliche Nutzung. Zur Filtratbehandlung eignen sich bekannte Verfahren für geringe Abwassermengen, etwa 2,5 l/($EGW \cdot$ d), und hohe Schmutzfracht, etwa 1000 bis 2000 g BSB_5/m^3 = 2,5 bis 5,0 g $BSB_5/(EGW \cdot$ d).

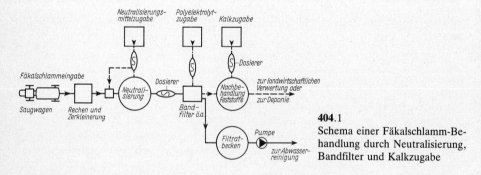

404.1

Schema einer Fäkalschlamm-Behandlung durch Neutralisierung, Bandfilter und Kalkzugabe

Da die 1. Schmutzwasserverwaltungsvorschrift den Ablauf auf 180 mg CSB/l in der 2 h-Mischprobe begrenzt, ist auch dieser Meßwert zu beachten. Bei einem Zulauf von z. B. 3000 g CSB/m^3 wäre dann ein Abbau von 94% nötig. Dies fordert eine zusätzliche Behandlung zur normalen Biologie, z. B. Fällung oder Filtration.

Zur Filtration eignen sich bei kleinen Anlagen Sandfiltergräben, wie sie aus der DIN 4261 bekannt sind. Bei der geringen zu behandelnden Abwassermenge ergeben sich Filtergrabenlängen von 0,1 bis 0,2 m/EGW.

Bodenfilter sollten nur angewandt werden, wenn das versickerte Abwasser in Dränagen aufgefangen und kontrolliert in Oberflächengewässer eingeleitet wird.

Bei Bemessung der Anlagen mit 10 m²/*EGW* für Fäkalschlamm und 40 m²/*EGW* aus abflußlosen Gruben beträgt mit 1 m³/(E · a) die Beschickungshöhe 0,1 m/a, bzw. mit 8 m³/(E · a) 0,2 m/a. Damit trocknen die Flächen unter Berücksichtigung von Niederschlag und Verdunstung ab:

-900 mm/a $+ 700$ mm/a $= -200$ mm/a
-200 mm/a $+ 100$ mm/a $= -100$ mm/a,   bzw.: -200 mm/a $+ 200$ mm/a $= 0$ mm/a

4.7 Kleine Kläranlagen

Bei der Planung von neuen Kläranlagen wird von den Wasserbehörden mindestens die vollbiologische Reinigung verlangt. Dies drückt sich zahlenmäßig in einem niedrigen BSB_5-Wert am Auslauf der Kläranlage aus. Die Forderungen liegen bei 10 bis 30 mg BSB_5/l. Es wird damit auch für die kleinsten Gemeinden der Bau einer gut arbeitenden Kläranlage notwendig. Mehrkammerklärgruben erfüllen diese Forderungen nicht. Die spezifischen Baukosten (DM/angeschlossen EGW oder DM/m³ Abwasser) steigen jedoch mit sinkender Größe sehr schnell an. Man versucht daher für kleine Anlagen bis etwa 30 000 EGW Typen zu entwickeln, welche die aufgelöste Bauweise der konventionellen Kläranlagen aufgeben und die Klärelemente in Block- oder Schachtelbauweise vereinen. Hierdurch erreicht man wesentliche Einsparungen an Bau- und Betriebskosten. Im folgenden sind einige dieser kleinen Kläranlagen beschrieben. Die Auswahl erfolgte mit der Absicht, einen Überblick zu geben. Es gibt noch wesentlich mehr bewährte Typen von Kleinkläranlagen, vgl. auch [1j], [9], [29], [52] und [65].

Es gelten grundsätzlich die gleichen Überlegungen wie bei größeren Kläranlagen (Abschn. 4.5). Man versucht mit kleinstem Raum auszukommen und erhält wirtschaftliche Anlagen durch Einsparung der Vorklärbecken und der Schlammfaulräume.

Der Schlammzuwachs in Belebungsanlagen wird durch die Schlammbelastung wesentlich beeinträchtigt. Ein weiterer Maßstab ist das Schlammalter, die rechnerische Aufenthaltszeit des Schlammes im Belüftungsbecken, zu ermitteln als Verhältnis von Schlammenge im Becken zur Menge des Überschußschlammes. Man hat festgestellt, daß bei einer geringen BSB_5-Belastung der Schlammflocke oder bei großem Schlammalter der Schlammüberschuß stark absinkt. Nach v. d. Emde unterscheidet man 3 Wachstumsphasen des Schlammes (**405**.1). In der logarithmischen Phase wächst die Schlammenge bei großem Schmutzstoffangebot unbeschränkt, in der zweiten Phase nimmt das Wachstum ab, weil die Schmutzstoffmenge nicht mitwächst, und in der dritten Phase dient die Substanz des Schlammes als Nahrung, weil die Schmutzstoffnahrung fehlt. Man spricht dann von aerober Mineralisierung oder Stabilisierung des Schlammes, die man in kleinen Belebungsanlagen zu erreichen sucht.

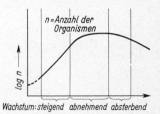

405.1 Wachstumsphasen der Mikroorganismen (idealisiert) nach v. d. Emde

4.7.1 Belebungsanlagen in Schachtbauweise

Diese Anlagen benutzen meist die Schlammbelebung und bestehen aus Vorklärung, Belüftung und Nachklärung (**406**.1). Die biologische Stufe arbeitet mit langen Aufenthaltszeiten des Schlammes, so daß eine Stabilisierung möglich ist. Die Belüftung erfolgt durch Druckluft (Gebläse) oder Injektoren und wirkt intermittierend, z.B. 12 h/d. In **406**.1 betreibt das Gebläse zugleich die Drucklufthebung (Prinzip der Mammutpumpe) des Rücklauf- und Überschußschlammes von der Nach- zur Vorklärung.

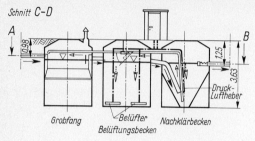

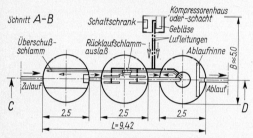

406.1
Funktionsschema einer OMS-
Belebungsanlage für 60 *EGW*

Der Rücklaufschlamm soll in anderen Anlagen durch die Verminderung des spezifischen Gewichts der Wassersäule im Belebungsbecken infolge Lufteintrag vom Nachklärbecken ohne Pumpen zurückfließen. Die Vorklärung ist mehrmals im Jahr zu entschlammen. Diese Anlagen werden vornehmlich für die Abwasserreinigung von geschlossenen Neubaugebieten für 50 bis 500 *EGW* oder für Einzelhäuser eingesetzt, wenn noch keine allgemeine Ortsentwässerung besteht. Sobald diese nachgebaut wird, werden die Anlagen aufgehoben und das Gebiet an die größere Ortskläranlage angeschlossen.

Vom Betrieb und der Wartung her sind die Anlagen als Behelf zu bezeichnen. Es können jedoch bei nur häuslichem Abwasser gute Reinigungsleistungen erzielt werden.

4.7.2   Oxydationsgraben − Belebungsgraben

Oxydationsgräben werden vermehrt seit 1954 gebaut. Die methodischen Grundlagen entwickelte Dr. Pasveer, Den Haag [55]. Die Anlagen bestehen im wesentlichen aus einem großen Belüftungsbecken in Form eines ovalen Umlaufgrabens. An einer Stelle des Grabens ist eine Belüftungswalze angebracht, die für den Lufteintrag und den Umlauf des Wassers sorgt. Die Reinigungsmethode besteht in der Belüftung des Abwassers und einer so weitgehenden Belüftung des Schlammes, daß er aerob mineralisiert und ohne Faulbehälter getrocknet werden kann. Anaerobe Faulprozesse sind ausgeschaltet. Dazu wird der Schlamm so lange in der Anlage zurückgehalten, bis ein hoher Gehalt an Schwebestoffen erreicht ist. Er beträgt das 10 bis 30fache der Schwebestoffmenge einer traditionellen Belebungsanlage. Die Belastung der Schlammflocke mit dem BSB_5 des zugeführten Abwassers ist sehr gering. Man rechnet mit etwa 50 g BSB_5/(kg Trockensubstanz · d). Bei dieser sehr geringen Schmutzstoffnahrung und einer hohen Sauerstoffzufuhr mineralisiert der Schlamm weitestgehend. Überschußschlamm wird ständig abgeführt, so daß der Schwebestoffgehalt konstant bleibt. Der Oxydationsgraben ist weitgehend unempfindlich gegen Stoßbelastung durch BSB_5-Zufuhr und anwendbar für aerobbiologisch ansprechbare Schmutzstoffe. Auch Abwässer aus Molkereien, Schlachthöfen, Brauereien, Kokereien und beschränkt aus Viehställen werden gut gereinigt. Sogar Giftstoffe können aufgefangen werden.

Die Schlammbelastung des Belebungsgrabens ist bis doppelt so groß wie beim Oxydationsgraben. Man unterscheidet im wesentlichen 3 Typen von Oxydations-(Belebungs-)-gräben.

Der Aufstaugraben (**407**.1) ist geeignet für im Trennsystem entwässernde kleine Gemeinden oder Siedlungen bis 1000 *EGW*. Der Graben wird nicht durchgehend gleichmäßig betrieben. Es gibt eine Belüftungs- und eine Absetzphase, während der sich die Walze abschaltet und der Schlamm zu Boden sinkt. Der Rinnenablauf öffnet sich, und das gereinigte Abwasser läuft über. Bei einem bestimmten Wasserstand schließt sich der Ablauf und die Walze schaltet sich wieder ein. Die Entnahme des Überschußschlammes geschieht durch eine oberhalb des Wasserspiegels liegende Rinne, die dem Mammutrotor nachgeschaltet und in der wirksamen Länge verstellbar ist. Die Abnahme des Schlamm-Wassergemisches läßt sich so regulieren. Es durchströmt den Schlammbehäl-

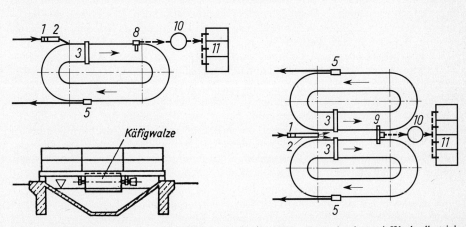

407.1 Aufstaugraben (Graben mit Belüftungsbrücke)   **407**.2 Doppelgraben mit Wechselbetrieb

1 Grobrechen
2 Sandfang
3 Belüftungsbrücke mit Käfigwalze
4 Regenwasserüberlauf
5 Auslaufbauwerk
6 Nachklärbecken
7 Schlammhebewerk
8 Schlammfang
9 Verbindungsrinne mit Schlammfang
10 Schlammsilo
11 Schlammtrockenbeete
– – – – Überschußschlamm

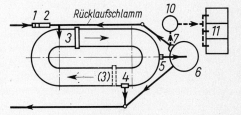

407.3 Graben mit nachgeschaltetem Absetzbecken

ter; das Wasser fließt in den Graben zurück. Der Aufstaugraben kann nicht als Belebungsgraben betrieben werden. Bemessungsgrundlage etwa

$B_R = 0,15$ bis $0,2$ kg $BSB_5/(m^3 \cdot d)$; $B_{TS} = 0,05$ kg $BSB_5/(kg\ TS \cdot d)$; $O_B = 2,5$ bis $3,5$;   1 bis 2 Belüfterbrücken je Graben; Mammutrotor $\emptyset$ 0,7 m.

Im Doppelgraben mit Wechselbetrieb (**407**.2) wird das Abwasser dem einen oder dem anderen Graben zugeführt. Der Graben ohne Zufluß dient als Absetzbecken und zur Entnahme des gereinigten Abwassers. Das System wird durch eine automatische Schaltanlage bedient. Es ist geeignet für Gebiete mit Misch- oder Trennsystem von 700 bis 3000 *EGW*. Eine 20 bis 40fache Regenwettermenge kann behandelt werden. Der Überschußschlamm wird beim Grabenwechsel des Abwassers durch eine Emscherrinne entnommen. Wegen der zeitweisen Verwendung des Grabenvolumens als Absetzraum kann der Doppelgraben nicht als Belebungsgraben verwendet werden. Bemessungsgrundlage wie beim Einzelgraben.

Der Graben mit nachgeschaltetem Absetzbecken (einfach oder doppelt) (**407**.3) arbeitet kontinuierlich. Es ist ein besonderes Absetzbecken nachgeschaltet, das vom Schlamm-Wasser-Gemisch durchströmt wird. Das gereinigte Abwasser verläßt das Becken durch Überlauf zum Vorfluter, der Schlamm geht als Rücklaufschlamm in den Graben zurück oder als Überschußschlamm in den Schlammbehälter. Ein Schlammhebewerk ist erforderlich. Der Graben ist geeignet bei Trannkanalisation und bei Mischkanalisation von 1000 bis 8000 *EGW*. Als Nachklärbecken empfiehlt sich ein Trichterbecken. Der Graben kann auch als Belebungsgraben verwendet werden. Bemessung als Oxydationsgraben für B_R 0,15 bis 0,2 kg $BSB_5/(m^3 \cdot d) \approx 3\ EGW/m^3$, als Belebungsgraben für $B_R = 0,20$ bis $1,0$ kg $BSB_5/(m^3 \cdot d)$; $B_{TS} = 0,05$ bis $0,3$ kg $BSB_5/(kg\ TS \cdot d)$; $O_B = 2,5$ bis $3,5$; 1 bis 4 Belüfterbrücken. Grundrißform oval oder rund. Bei der Kombinationsbauweise liegt das Nachklärbecken innen und der Belebungsring außen. Herstellung meist in Ortbeton.

Rechen und Sandfang können entfallen. Fließgeschwindigkeit im Graben $v \geqq 0,30$ m/s. Bei standfesten Böden genügt Sicherung der Wasserspiegelzone, bei nicht standfesten Böden Befestigung der Grabenflächen durch Betonplatten oder Ziegel (im Grundwasser) oder durch Teer mit Juteeinlage, Bodenvermörtelung oder Zementstrich. Die Grabenböschung beträgt $\leqq$ 1:1,5, Grabentiefe $\leqq$ 1,2 m, mittlerer Radius = 5,0 m, Wasserspiegelbreite 3,0 bis 5,0 m, Energiebedarf $\approx$ 18 kWh/($EGW \cdot$ a).

Ebenfalls als Belebungsgräben gelten Becken mit rechteckigem Fließquerschnitt und vertikalen Wänden als Umlaufbecken, dazu Nachklärbecken mit Rundräumer. Die Belüftung erfolgt mit 2 bis 4 Mammutrotoren von 1,0 m $\emptyset$, Anschlußwerte von 4000 bis 30 000 EGW. Die gleiche Ausführung als Rundbecken mit 1 bis 3 Mammutrotoren, Nachklärbecken innen (Kombinationsbauweise).

Aus den Belebungsgräben üblicher Bauart wurden in den Niederlanden für höhere Anschlußwerte die Carrousel-Reaktoren entwickelt (**409**.1). Ein Kreisel sorgt für die Belüftung und die Strömung in dem Umlaufbecken. Belüfter mit einem Sauerstoffeintrag von = 150 kg O_2/h lassen Beckentiefen bis zu 5 m zu. In der Belüftungszone herrscht eine Spiralströmung vor. Die Wassermenge erhält durch die Umlenkungen um 180° und den Kreisel eine spiralförmige Strömung. Es entsteht ein guter Austausch zwischen eingetragenen Luftteilen und dem Abwasser. Es wird im Verhältnis zu quadratischen Kreiselbecken weniger Energie benötigt. Abmessungen des Umlaufkanals und der Belüftungszone sowie der Kreiseltyp bestimmen die Strömungsgeschwindigkeit, welche so groß sein muß, daß der Schlamm in Schwebe gehalten wird.

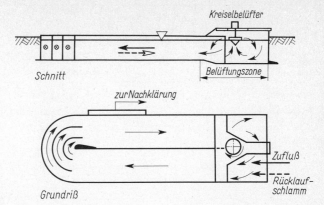

409.1
Funktionsschema eines
Carrousel-Reaktors

Ein weiteres bekanntes Umlaufbecken ist das Kombibecken der Fa. OMS für 1000 bis 10000 *EGW*. Belüftung erfolgt mit Staustrahl. Nachklärbecken und Schlammsilo liegen innerhalb der Umlaufrinne.

4.7.3 Die Schreiber-Tropfkörper-Kläranlage

Sie stellt eine vollbiologische Abwasserreinigungsanlage mit Tropfkörper in Blockbauweise dar. Alle notwendigen Klärelemente (**410**.1) für mechanische und biologische Reinigung sowie die Pumpen sind in einem Bauwerk zusammengefaßt. Diese Kläranlagen werden seit 1953 gebaut und haben sich hinsichtlich des Ausgleichs von Wassermenge, Verschmutzungsgrad, Temperatur und pH = Wert innerhalb des Klärwerks gut bewährt. Der Betrieb ist vollautomatisch bis auf die Schlammbeseitigung. Durch die kompakte Bauweise wird an Grundstücksfläche, Baumassen und Leitungslängen gespart. Die Klärwerke sind für 300 bis 15000 *EGW* in einem Bauwerk mit

$$Q_d = 100 \text{ bis } 200 \text{ l}/(EGW \cdot \text{d})$$

Betrieb der Anlage (**410**.1). Das Abwasser fließt vom Zulauf (*1*) in die Emscherrinne (*3a*) und über das Verbindungsrohr (*3b*) in die Emscherrinne (*3c*) und weiter durch die senkrechten Verbindungsschlitze (*4*) in die Absetzkammern (*V 1*) und (*V 2*). Von (*V 2*) gelangt es in den Pumpensumpf (*5*) und wird durch zwei vertikale Kreiselpumpen (*P*) in den Drehsprenger des Tropfkörpers gehoben. Es durchfließt den Tropfkörper (*T*) und gelangt über eine Sammelrinne (*6*) in das Nachklärbecken (*N*), aus dem es über eine Überfallschwelle zum Vorfluter abfließt (*2*). Ein Teil des Abwassers durchfließt die Anlage im Rücklauf ein zweites Mal (*R*).

Der Schlamm sinkt aus den Emscherrinnen (*3a*) und (*3c*) (s. oben) in die Speicher und Schlammfaulräume (*F*) der Anlage. Der in den Absetzkammern (*V*) lagernde Schlamm wird mit steigendem Wasserspiegel durch ein Steigrohr über einen Zwischenschacht in die Faulkammern (*F*) gedrückt. Von hier führen zwei Schlammsteigerohre in den Schlammentnahmeschacht oder auf die Trockenbeete. Alle Schlammsteigerohre können auch mit Druckluft gefahren werden.

Die Pumpenausstattung besteht aus einer Betriebs- und einer Reservepumpe. Die Betriebspumpe schaltet über eine Zeitschaltung 15 bis 20mal in der Stunde ein. Die Reservepumpe wird durch Schwimmerschaltung automatisch bedient. Der Einschaltpunkt liegt beim Höchstwasserstand. Der Wasserspiegel wird um 2 bis 3 cm abgesenkt

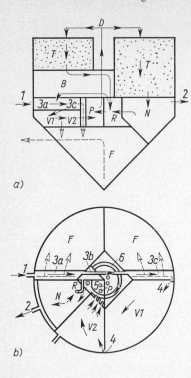

a)

b)

410.1

Schreiber-Kläranlage, Typ K

a) Schema der Funktion im senkrechten Schnitt
b) Lageplan der Kläreinheiten unterhalb der Zu-
  flußebene (schematisch)

1 Zulauf
2 Auslauf
3a, 3c Emscherrinne
3b Verbindungsrohr
4 Verbindungsschlitze
5 Pumpensumpf
6 Sammelrinne

D Drehsprenger
V1, V2 Absetzkammern
B Betriebsraum
P Pumpen(-raum)
T Tropfkörper
N Nachklärbecken
R Rücklauf
F Faulkammer

und der Tropfkörper erhält eine zusätzliche Flächenbelastung von 0,8 m/h, wenn die Pumpe sich einschaltet. Die Funktionen der Pumpen können gewechselt werden. Außerdem ist ein Kompressor vorhanden, der den Schlamm von einer Kammer zur anderen oder auf hochgelegene Trockenbeete hinausbefördert. Hierzu wird Druckluft in den Fuß der Steigrohre gegeben und so die Wirkung einer Mammutpumpe erzeugt. Durch die hohe Schaltzahl von 15 bis 20 ist fast eine kontinuierliche Beschickung des Tropfkörpers erreicht. Man kann jedoch auf Niveauschaltung umstellen.

Für Anlagen-Größen von 2000 bis 20000 *EGW* in einem Bauwerk wird die gleiche Bauweise mit herausgenommenen Nachklärbecken (*N*) angeboten. Dieses wird dann als Trichterbecken neben die Kombination der anderen Kläranlagenteile gesetzt.

Infolge der Erweiterung und Erhöhung der Abbauleistungen vieler Klärwerke können die Tropfkörper als Vor- bzw. Adsorptionsstufe weiter benutzt werden.

4.7.4 Totalkläranlage (**411**.1)

In den USA und in Deutschland, hier besonders nach Kehr [29], wird seit Jahren der Bau von kleinen Kläranlagen ohne Vorklärung und ohne anaerobe Schlammbehandlung betrieben. So hat Kehr eine Totalklärung entwickelt, in der das Abwasser Q_{12} bei 6 h Belüftungszeit zu 90% gereinigt wird. Der Schlamm wird aerob mineralisiert. Er kann ohne Geruchsbelästigung sofort aus dem Nachklärbecken auf Trockenbeete gebracht oder abgefahren werden. Hauptbestandteil ist ein Kombinationsbecken, das aus einem rechteckigen Belüftungsbecken (*B*) und einer dreieckigen Schlammtasche (*S*) besteht, die an der unteren Spitze einen Verbindungsschlitz zum Belüftungsraum hat. Das Gemisch aus Abwasser und Schlamm tritt durch diesen Schlitz in die Schlammtasche ein und bildet hier ein Flockenfilter. Es stellt sich zwischen dem Schlamm im Belüftungsbecken und dem Schlamm in der Schlammtasche ein Gleichgewicht ein. Da bei vielen Anlagen die Gefahr bestand, daß sich der Verbindungsschlitz verstopft, ist man dazu übergegangen, den Rücklaufschlamm mit einer Mammutpumpe von der Schlammtasche (*S*) in das Belüftungsbecken (*B*) zurückzubefördern. Die Aufenthaltszeit des Abwassers in der Schlammtasche einschließlich des Entgasungsschachtes beträgt 4 h. Das Schlammalter ist jedoch wesentlich größer und beträgt 30 bis 35 Tage. Das Abwasser und der Überschußschlamm fließen über eine Überlaufrinne (*1*) aus der Schlammtasche ab. Da der Schlammgehalt sehr groß ist und bis zu 900 ml/l beträgt, ist der Schlammspiegel in der Schlammtasche hoch und das Wasser hat keinen gelösten Sauerstoff mehr. Es tritt eine Denitrifizierung ein, die man am besten in einem Nachklärbecken mit $t_R = 1$ h ausnutzt. Es empfiehlt sich ein kleines Becken mit Emscherrinne und darunterliegendem Faulraum, aus dem der Schlamm dann abgelassen werden kann. Die erforderliche Luft wird durch gelochte Rohre mit Lochdurchmesser 8 mm in die Belüftungsrinnen eingeblasen. Die Belüftung kann grob- oder feinblasig sein, jedoch dürfen die Luft-Eintrittsöffnungen nicht verstopfen. Die Flächenbelastung der Schlammtasche soll $\leq$ 0,5 m/h sein. Die Anlage ist vornehmlich bei Trennkanalisation anzuwenden; bei Mischkanalisation ist ein Regenrückhaltebecken erforderlich, dessen Schlamm in die Totalkläranlage übernommen wird.

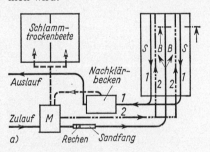 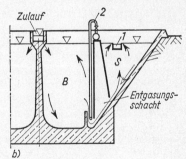

411.1 Totalkläranlage nach [29]
a) Schema, b) Querschnitt durch Belüftungsrinne

1 Ablaufrinne
2 Belüftungsrohre
M Maschinenhaus (Abwasserpumpen), Kompressoren, Schlammpumpen
B Belüftungsrinne
S Schlammtasche

4.7.5 Becken mit Kreiselbelüftung

Diese Becken werden in Rundbauweise als Kombinationsbauwerk ausgeführt (**412**.1). Der Sauerstoffeintrag erfolgt durch Hochleistungskreisel, die frei in der Wasseroberfläche oder über Steigrohren rotieren. Das Abwasser fließt im Belebungsraum abwärts und steigt zum Kreisel wieder auf. Durch den Kreisel erfolgt eine Oberflächenbelüftung und durch die gelenkte Wasserbewegung eine gute Durchmischung des Abwassers. Der Sauerstoffeintrag kann durch Umdrehungszahl und Eintauchtiefe des Kreisels geregelt werden. Das Abwasser vom Belebungsraum steigt durch Schlitze in den Nachklärraum und fließt über die Überlaufrinne ab. Der belebte Schlamm fällt im Nachklärraum abwärts und geht auf gleichem Wege zum Belebungsraum zurück. Der Überschußschlamm geht von dort zum Schlammfang (Nachklärraum) hinüber, wenn über das Rohr (3) Überschußschlamm auf die Trockenbeete abgelassen wird.

Diese Becken werden für beliebig hohe Anschlußwerte hergestellt. Sie sind bei Trenn- und Mischsystem anwendbar. Der Platzbedarf für die Anlagen ist gering.

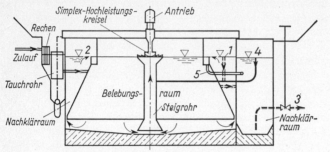

412.1
Becken mit Kreiselbelüftung und Nachklärraum
1 Schwimmschlammabzug
2 Überlaufrinne
3 Überschußschlamm
4 Trübwasserabzug
5 Ablauf

4.7.6 Das Gegenstrom-Rundbecken

Die Schreiber-Gegenstrom-Rundbecken (413.1) sind vollbiologische Belebtschlammanlagen, die mit Schlammbelastungen von 0,05 bis 0,4 kgBSB_5/(kgTS · d) arbeiten. Im Belebungsbecken erfolgt der Kontakt mit dem Belebtschlamm und die Belüftung durch Druckluft. Das Gegenstrom-Becken vereinigt im Prototyp Belebungs- und Nachklärbecken in einem Bauwerk. Das runde Nachklärbecken liegt in der Mitte, das Belebungsbecken kreisringförmig darum. Über beiden läuft eine Drehbrücke, welche im Bereich der Belebung Belüftungseinrichtungen mitführt (umlaufende Belüftung). Daneben sind an bis zu vier Stellen der Beckensohle stationäre Belüfter angeordnet. Alle Belüfter bestehen aus herausschwenkbaren Filtereinheiten Brandol 60 und werden von einer Gebläsestation mit Druckluft versorgt. Bemerkenswert ist die mit v = 0,6 m/s umlaufende Belüftung, welche das Abwasser auf eine mittlere Horizontalgeschwindigkeit v = 0,3 m/s beschleunigt. So strömt es mit v = 0,3 m/s über die stationären Belüfter und mit einer relativen Geschwindigkeit von v = 0,6 − 0,3 = 0,3 m/s entgegen der Brückendrehrichtung über die beweglichen Belüfter. Die Luft wird feinblasig eingetragen und die Luftblasen erhalten gegen die horizontale Wasserbewegung einen verlängerten Weg nach oben und damit eine längere Kontaktzeit zum Belebtschlamm. Die Sauerstoffausnutzung ist hoch und beträgt ≈ 9,5%. Außerdem entstehen geringe Energiekosten für die Aufrechterhaltung der Horizontalströmung. Die Umwälzung und der Schwebezustand des belebten Schlammes ist durch die rotierende Belüftung gewährleistet. Die Anlagen werden in 6 Baureihen mit unterschiedlichen Reinigungsaufgaben für 1000 bis 200000 EGW hergestellt. Die Baureihen für gemeinsame Schlammstabilisierung überwiegen.

4.7.7 Kläranlagen mit Tauchtropfkörpern

Tauchtropfkörper (TTK) sind grundsätzlich für die Behandlung von biologisch abbaubaren Abwässern geeignet. Der Platzbedarf entspricht dem von Spültropfkörpern. Besonders wirtschaftlich ist das TTK-Verfahren für 100 bis 20000 EGW. In dieser Größenordnung sind die Anlagen typisiert, z. B. Typ Isar, Weser, Mosel der Fa. Schuler-Stengelin.

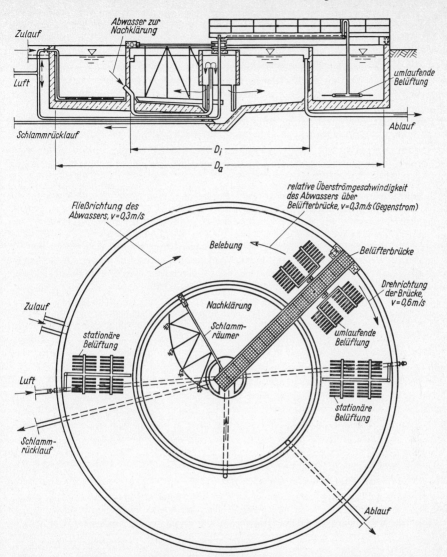

413.1 Schreiber-Gegenstrom-Rundbecken, Baureihe *GR* (auch ohne stationäre Belüftung)

EGW	1000	1500	2000	2500	3000	3500	4000	5000
D_a (m)	12	14	16	18	20	22	24	26
D_i (m)	7	8	9	10	11	12	13	14
EGW	6000	7000	8000	9000	10000	12000	13000	15000
D_a (m)	28	30	32	34	36	38	40	42
D_i (m)	15	16	17	18	19	20	21	22

Tauchtropfkörper (**414**.1) bestehen aus runden Scheiben, die nebeneinander auf einer Welle befestigt sind. Sie drehen sich und tauchen mit der unteren Hälfte in einen Trog, der vom Abwasser durchflossen wird. Innerhalb weniger Tage bildet sich auf den Scheiben ein biologischer Rasen wie beim Spültropfkörper (s. Abschn. 4.5.1). Dieser Rasen adsorbiert die organischen Schmutzstoffe, oxydiert sie oder wandelt sie in neuen biologischen Rasen um. Dieser Vorgang ist aerob. Der erforderliche Sauerstoff wird beim Auftauchen der Scheibe aus der Luft aufgenommen. Der Abfluß enthält Stoffwechselendprodukte der Mikroorganismen und überschüssigen, abgefallenen, biologischen Rasen, der in einem Nachklärbecken herausgenommen werden muß. Das Verfahren wurde von Hartmann entwickelt. Die organischen Schmutzstoffe werden in eine absetzbare Form übergeführt und bei den schwachbelasteten Verfahren die biologische Substanz völlig oxydiert.

Der Tauchtropfkörper ist etwa mit B_A = 0,008 bis 0,02 kg $BSB_5/(m^2_{TK} \cdot$ d) bei Mindestanforderungen, mit B_A = 0,004 bei Nitrifikation und = 0,04 bei Teilreinigung zu belasten. Die höheren Werte gelten im Mittel bei 2 bis 4 Stufen. Das Abwasser hat beim Durchfluß keinen Gefälleverlust. Die Scheiben haben einen $\varnothing$ von 1.0. 2.0 oder 3,0 m. Sie bestehen aus leichtem Kunststoff; Scheibenabstand $\geqq$ 15 mm. Die Walzenlängen betragen 1 bis 6 m mit 30 bis 180 Scheiben. Die Walzen können hinter- und nebeneinander angeordnet werden (mehrstufiger Betrieb), Drehzahl 0,8 bis 4 Umdrehungen/min, Antrieb durch Getriebemotoren, Kraftbedarf bei 3-m-Scheiben $\approx$ 75 W/m Welle, bei 2-m-Scheiben $\approx$ 50 W/m Welle.

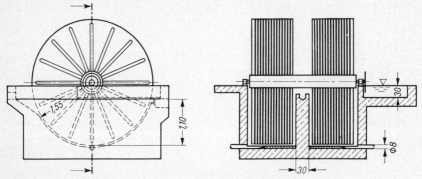

414.1 Tauchtropfkörper, zweistufig, Scheibendurchmesser 3,00 m

Die Bemessung der Tauchtropfkörper erfolgt auch mit Hilfe einer Abbaukurve, welche die Werte A/Q liefert, A = Scheibenfläche. Q ist die Bemessungswassermenge, welche geringer als normal sein kann, weil Belastungsspitzen durch die hohe Adsorptionskraft schnell abgebaut werden.

	EGW	$\leqq$ 400	400 bis 1500	$\geqq$ 1500	Großanlagen
Q	Vor- und Nachklärbecken	Q_{10}	Q_{12}	Q_{14}	Q_{16} bis Q_{18}
	Tauchtropfkörper	Q_{16}	Q_{18}	Q_{18} bis Q_{20}	Q_{20} bis Q_{22}

Überschläglich kann man die erforderliche Plattenfläche nach den *EGW* ermitteln (Werte nach Vorklärung und Mittelwerte bei mehrstufigen Anlagen):

BSB_5-Abbau in %	95	90	Teilreinigung
A qm/*EGW*	3 bis 10	2 bis 5	2 bis 0,5

Hierbei gilt w = 100 bis 120 l/*EGW* und 40 $\dfrac{\text{g } BSB_5}{EGW \cdot \text{d}}$ vor dem Tauchtropfkörper, d. h. 60 $\dfrac{\text{g } BSB_5}{EGW \cdot \text{d}}$ vor der Kläranlage. Vorklärbecken sollen $t_R \geqq$ 0,5 bis 1 h Aufenthaltszeit haben,

Nachklärbecken $t_R \geq 1,5$ h; v_s des Nachbeckenschlammes ≈ 5 m/h. Die Becken werden als Emscher- oder Dortmundbrunnen und bei großen Anlagen als Flachbecken ausgeführt. Bei sehr kleinen Becken vergrößert man die Aufenthaltszeit wegen der möglichen Kurzschlußströmungen. Beim Mischsystem verzichtet man auf die biologische Reinigung eines Teiles der Abwassermenge. Dieser Teil wird gleich in das Nachklärbecken gegeben und dort mechanisch geklärt (**415**.1). Der Schlammfaulraum wird wie üblich bemessen, z. B. 100 l Faulraum/*EGW* beim Emscherbrunnen. Der Schlamm des Nachbeckens wird mit einer Tauchkolbenpumpe in Zeitschaltung zum Vorbeckenzulauf gefördert.

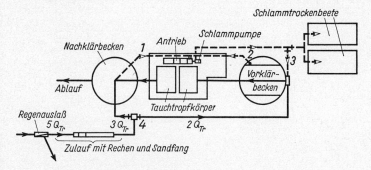

415.1 Kläranlage mit Tauchtropfkörpern für 500 bis 2000 *EGW* im Mischsystem

Q_{Tr} Trockenwetterzufluß
1 Schlammentnahme Nachklärbecken
2 Schlammentnahme Vorklärbecken
3 Schlammrückgabe zum Vorklärbecken
4 Verteilerbauwerk

Das Tauchtropfkörperverfahren zeigt eine sichere Reinigungsleistung auch bei wechselnder Wassermenge oder Verschmutzung. Die Betriebskosten sind gering, die Wartung ist einfach. Die Baukosten können bei Verwendung von Betonfertigteilen niedrig gehalten werden. Es tritt keine Fliegenbelästigung auf. Die Anlagen können leicht erweitert werden. Der Winterbetrieb ist möglich, wenn man die Tropfkörper durch Überbauung schützt.

4.7.8 Bemessung von Kläranlagen für kleine Gemeinden nach dem Belebungsverfahren mit Schlammstabilisation

Die Kläranlage mit gemeinsamer Schlammstabilisation arbeiten mit einer niedrigen Schlammbelastung. Der Schlamm wird schwach ernährt und bildet nur wenig organische Zellsubstanz. Er wird unter aeroben Bedingungen neben dem Klärprozeß abgebaut. Der Überschußschlamm zeichnet sich durch geringe Fäulnisfähigkeit und gute Entwässerbarkeit aus. Diese ist jedoch nicht so gut wie bei anaerob ausgefaultem Schlamm. Ein Vorklärbecken kann entfallen, Rechen und Sandfang nicht. Die Vorteile des Verfahrens sind der große Belastungsspielraum und die einfache Schlammbehandlung. Die Reinigung einer größeren Regenwassermenge ist ohne Rückhaltebecken vor der Anlage möglich.

Anlagen mit getrennter Schlammstabilisation haben neben dem Belebungsbecken ein Stabilisierungsbecken für die aerobe Stabilisierung.

Kennwerte der Bemessung. Die Anlagen arbeiten zufriedenstellend, wenn bestimmte Bemessungswerte eingehalten werden. In Tafel **416**.1 sind diese Werte zusammengestellt. Bild **421**.1 ermöglicht eine schnelle Prüfung oder Bemessung der Anlagen. Entscheidend ist, daß der Betrieb die Einhaltung der Werte gewährleistet. Auf das ATV-Arbeitsblatt A 126 [1j] wird hingewiesen. Vgl. auch Tafel **314**.1.

Tafel **416**.1   Bemessungswerte für Kläranlagen kleiner Gemeinden nach dem Belebungsverfahren mit Schlammstabilisation ohne Vorklärung (500 bis 10000 *EGW*)

1	2	3	4	5	6	7	8
Lfd. Nr.	Kläreinheit	Bemessungsgrößen	Kurz-zeichen	Einheiten	gemeinsame Stabilisierung bei max Trocken-wetterzu-fluß Q_{tw}	Stabilisierung bei max Regenwetter-zufluß Q_R	getrennte Stabilisierung Trockenwetter-zufluß
1	Belebungsbecken	BSB_5-Raumbelastung	B_R	kg BSB_5/(m^3_{Bb} · d)	$\leqq 0,20$	–	0,4 bis 1,0
2		Schlammbelastung	B_{TS}	kg BSB_5/(kg TS · d)	$\leqq 0,05$	–	0,1 bis 0,3
3		Schlamm-Trockengewicht	TS_R	kg TS/m^3_{Bb}	$\leqq 4$	–	2,5 bis 3,3
4		Belüftungszeit	t_{Bb}	h	–	$\geqq 1,0$	10,0 bis 2,0
5		Schlammalter	$TS_R/\ddot{U}S_R$	d	$\geqq 25$	–	4 bis 10 im Bb-B.
6		O_2-Gehalt	C_x	mg O_2/l	$\geqq 1,0$	> 0	$\geqq 2,0$
7		O_2-Last (Bemessung)	O_B	kg O_2/kg BSB_5	$\geqq 2,5$	–	2,5 bis 2,0
8		Sauerstoffertrag	O_N	kg O_2/kWh	$\geqq 2,0$	–	$\geqq 2,0$
9		Arbeitsaufwand	A_B	kWh/kg BSB_5	$\approx 1,0$	–	$\approx 1,0$ im Bb-B.
10		Umwälzleistung	–	keine Schlamm-ablagerungen	–	–	–
11	Nachklärbecken	Schlamm-Trockengewicht des Rücklaufschlammes[1])	$TS_{r\ddot{u}}$	kg TS/m^3	8 bis 16	10 bis 17	6,6 im Mittel
12		Schlammindex, Belebtschlamm	J_{SV}	ml/g			
		häusl. Abwasser			75		
		mit mäßigem Anteil von			75 bis 100		
		gewerblichem Abwasser mit erheblichem Anteil ...			100 bis 150		
13		Durchflußzeit	t_{Nk}	h	$\geqq 2,5$	$\geqq 1,5$	$\geqq 2,5$
14		Oberflächenbeschickung[2])	q_A	m/h	$\leqq 0,8$	*) $\leqq 1,6$ H; $\leqq 2,0$ V	$\leqq 0,8$
15		Schlamm-Oberflächen-belastung	B_A	kg TS/(m^2 · h)	$\leqq 3$	$\leqq 5,5$ H; $\leqq 7,5$ V	< 3

[1]) s. Bild **417**.1   [2]) s. Bild **417**.2   *) $H \triangleq$ Horizontaldurchfluß $V \triangleq$ Vertikaldurchfluß

Bemessungsbeispiel (vgl. Bezeichnungen im Abschn. 4.5.2). Für eine kleine Gemeinde mit 2000 E soll eine Belebungsanlage mit gemeinsamer Schlammstabilisation bemessen werden.

Kanalisation: Mischsystem. Bioch. Sauerstoffbedarf = 60 g BSB_5/(E · d)

$$q_d = 150 \text{ l/(E · d)} \qquad Q_d = \frac{2000 · 150}{1000} = 300 \text{ m}^3/\text{d}$$

$$Q_{12} = \frac{300}{12} = 25 \text{ m}^3/\text{h} \qquad Q_F = 5 \text{ m}^3/\text{h}$$

$$Q'_{12} = Q_{12} + Q_F = 25 + 5 = 30 \text{ m}^3/\text{h} = \max Q_{tw}$$

Bei Regenwetter Verdünnung vor der Kläranlage auf

$$Q_R = (1 + m) \cdot Q'_{12} = (1 + 2) \cdot 30 = 90 \text{ m}^3/\text{h}$$

$$\text{tägl. } BSB_5 = B_B = \frac{2000 \cdot 60}{1000} = 120 \text{ kg } BSB_5/\text{d}$$

Vorklärbecken ist nicht vorgesehen.

Bemessung Belebungsbecken = Bb-Becken

gewählt B_R (nach Tafel **416**.1) = 0,2 kg $BSB_5/(\text{m}^3_{Bb} \cdot \text{d})$

gewählt B_{TS} (nach Tafel **416**.1) = 0,05 kg $BSB_5/(\text{kg } TS \cdot \text{d})$

$$TS_R = B_R/B_{TS} = 0,20/0,05 = 4 \text{ kg } TS/\text{m}^3_{Bb} \qquad V_{Bb} = \frac{\text{tägl. } BSB_5}{B_R} = \frac{120}{0,2} = 600 \text{ m}^3$$

Belüftungszeit $\quad t_{Bb12} = \dfrac{V_{Bb}}{Q'_{12}} = \dfrac{600}{30} = 20,0 \text{ h} \qquad t_{BbR} = \dfrac{V_{Bb}}{Q_R} = \dfrac{600}{90} = 6,7 \text{ h}$

Bemessung Nachklärbecken = Nk-Becken (vertikal durchströmt)

$J_{SV} = 100$ ml/g angenommen

Trockenwetter:

$$SV_V = TS_R \cdot J_{SV} = 4 \cdot 100 = 400 \text{ ml/l}$$

$q_A = 0,75$ (**417**.2) $\cdot 1,3$ (30%-Erhöhung) $= 0,975$ m/h   gewählt $q_A = 1,0$ m/h

$F_{NK} = \max Q_{tw}/q_A = 30/1,0 = 30 \text{ m}^2 \quad RV = Q_{12}/Q_{rü} = 1$ gewählt,
$TS_{rü} = 12$ kg TS/m^3 (**417**.1)   gewählt $TS_{rü} = 8$ kg TS/m^3

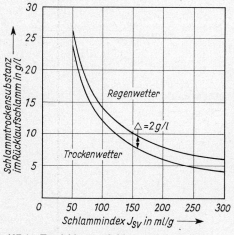
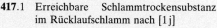
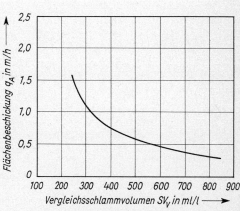

417.1 Erreichbare Schlammtrockensubstanz im Rücklaufschlamm nach [1j]

417.2 Oberflächenbeschickung von Nachklärbecken in Abhängigkeit vom Vergleichsschlammvolumen nach [1j]. Bei vorwiegend vertikal durchflossenen Nachklärbecken (Tiefe: Fließweg > 1:3) mit Schwebefilter darf die Flächenbeschickung um etwa 30% höher angesetzt werden

Regenwetter:

$TS_{rü} = 14$ kg TS/m^3 (**417**.1) eingesetzt

$RV = Q_{rü}/Q_R = 25/90 = 0,28$

aus $RV = \dfrac{TS_R}{TS_{rü} - TS_R}$ $TS_R = \dfrac{RV \cdot TS_{rü}}{1 + RV} = \dfrac{0,28 \cdot 14}{1 + 0,28} = 3,06 \approx 3,0$

$SV_V = TS_R \cdot J_{SV} = 3,06 \cdot 100 = 306 \approx 300$

$q_A = 1,1$ m/h,   gew. 1,5 m/h ($\approx$ 30%-Erhöhung)

$F_{NK} = Q_R/q_A = 90/1,5 = 60$ m^2, maßgebend

Bemessung: gewählt Trichterbecken mit $D = 9,0$ m

vorh $F_{NK} = \dfrac{\pi \cdot D_2}{4} = 63,62$ m^2

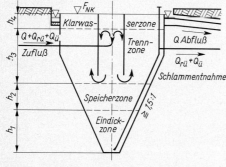

Trichterneigung 1,7:1; Trichtertiefe
$1,7 \cdot 4,5 = 7,65$ m

Beckentiefe $7,65 + 0,85 = 8,5$ m

Die Zonen des Nachklärbeckens (**418**.1) sollen
nach [1 j] folgende Tiefen haben in m bzw. m^3:

Eindickzone $h_1 = \dfrac{TS_R \cdot J_{SV}}{1000}$

(horizontal durchströmte Becken)

$$V_1 = \dfrac{TS_R \cdot J_{SV}}{1000} \cdot F_{NK}$$

418.1 Vertikale Zonen im Nachklärbecken
(hier: Trichterbecken)

(vertikal durchströmte Becken)

Trennzone $h_3 = 0,8$ bis 1,0 bei Trockenwetterzufluß; wenn $h_2 > 1,0$ m, genügt für $h_3 = 0,5$ m

Klarwasserzone $h_4 = 0,5$

Speicherzone $h_2 = \dfrac{\Delta\, TS_R \cdot V_{Bb} \cdot J_{SV}}{500\, F_{NK}}$ (horizontal durchströmte Becken)

$V_2 = \dfrac{\Delta\, TS_R \cdot V_{Bb} \cdot J_{SV}}{500}$ (vertikal durchströmte Becken)

mit $\Delta\, TS_R = TS_R$ bei Trockenwetter $- TS_R$ bei Regenwetter

Zum Beispiel:

$$V_1 = \dfrac{TS_R \cdot J_{SV}}{1000} \cdot F_{NK} = \dfrac{4 \cdot 100}{1000}\, 63,62 = 25,45 \text{ m}^3$$

$$V_1 = \dfrac{1}{3}\,\pi \cdot r^2 \cdot h_1 \quad \text{mit} \quad r = h_1/1,7: \; V_1 = \dfrac{1}{3}\,\pi \cdot \dfrac{h_1^3}{2,89}$$

$$h_1 = \sqrt[3]{\dfrac{V_1 \cdot 3 \cdot 2,89}{\pi}} = \sqrt[3]{\dfrac{25,45 \cdot 3 \cdot 2,89}{\pi}} = 4,12 \approx 4,20 \text{ m}$$

$h_3 = 0,5$ m, da $h_2 > 1,0$ m $h_4 = 0,5$ m $h_2 = 8,5 - 4,20 - 0,5 - 0,5 = 3,30$ m

$\Delta\, TS_R = 4,0 - 3,0 = 1,0$ erf $V_2 = \dfrac{1,0 \cdot 600 \cdot 100}{500} = 120$ m^3

vorh $V_2 = \dfrac{1}{3}\,\pi \cdot 3{,}30\,(2{,}47^2 + 2{,}47 \cdot 4{,}41 + 4{,}41^2) = 125{,}9\ \text{m}^3 > 120\ \text{m}^3$

vorh $V_{\text{NK}} = F_{\text{NK}}\left(\dfrac{1}{3} \cdot 7{,}65 + 0{,}85\right) = 63{,}62 \cdot 3{,}4 = 216{,}3\ \text{m}^3$

t_{NK} für Q'_{12}: $\dfrac{216{,}3}{30} = 7{,}21\ \text{h}$

t_{NK} für Q_{R}: $\dfrac{216{,}3}{90} = 2{,}40\ \text{h}$

Arbeitsaufwand und Leistung nach Angabe der Kläranlagenfirma 1,2 kWh/kg BSB_5

$A = 1{,}0 \cdot \text{tägl. } BSB_5 = 1{,}2 \cdot 120 = 144\ \text{kWh/d}$

Leistung $N = A/18 = 144/18 = 8{,}0$ kW, im Tagesbetrieb

$N_{\text{E}} = \dfrac{N \cdot 1000}{\text{E}}$ in W/E $= \dfrac{8{,}0 \cdot 1000}{2000} = 4$ W/E $\triangleq$ 4 Watt/angeschlossenem Einwohner

$N_{\text{R}} = \dfrac{N \cdot 1000}{V_{\text{Bb}}}$ in W/m$^3_{\text{Bb}}$ $= \dfrac{8{,}0 \cdot 1000}{600} = 13{,}4$ W/m^3

Der min. Wert ist vom Belüftungsaggregat abhängig.

OC/load = 2,5 kg O_2/kg BSB_5 O_2-Eintrag/d = $2{,}5 \cdot 120 = 300$ kg O_2/d

O_{N} = Sauerstoffmenge/Energieeinheit = kg O_2/kWh (brutto)

$O_{\text{N}} = \dfrac{O_2\text{-Eintrag/d}}{N_{\text{Bb}} \cdot V_{\text{Bb}} \cdot \text{h/d} \cdot \text{kW/W}} = \dfrac{\text{kg } O_2 \cdot \text{m}^3 \cdot \text{d} \cdot \text{W}}{\text{d} \cdot \text{W} \cdot \text{m}^3_{\text{Bb}} \cdot \text{h} \cdot \text{kW}} = \dfrac{\text{kg } O_2}{\text{kWh}}$

$O_{\text{N}} = \dfrac{300 \cdot 1000}{13{,}4 \cdot 600 \cdot 18} \approx 2{,}07$ kg O_2/kWh

Zusammenhang zwischen Nachklär- und Belebungsbecken. $Q'_{12} + Q_{\text{rü}} = Q_{\text{ges}} \triangleq$ gesamte, dem Belebungsbecken zufließende Wassermenge bei Trockenwetter

$(Q_{\text{rü}} + Q_{\text{ü}}) \cdot TS_{\text{rü}} = Q_{\text{ges}} \cdot TS_{\text{R}}$ [s. Gl. (313.1)] $\dfrac{\text{m}^3}{\text{h}} \cdot \dfrac{\text{kg } TS}{\text{m}^3} = \dfrac{\text{m}^3}{\text{h}} \cdot \dfrac{\text{kg } TS}{\text{m}^3_{\text{Bb}}}$

abgeführte TS = der zugeführten TS, wenn kein Schlammüberschuß in den Becken entstehen soll.

$(Q_{\text{rü}} + Q_{\text{ü}}) \cdot TS_{\text{rü}} = (Q'_{12} + Q_{\text{rü}} + Q_{\text{ü}}) \cdot TS_{\text{R}}$

Mit $y = Q_{\text{rü}}/Q'_{12}$ $ü = Q_{\text{ü}}/Q'_{12}$ $z = TS_{\text{R}}/TS_{\text{rü}}$

$\dfrac{TS_{\text{R}}}{TS_{\text{rü}}} = \dfrac{Q_{\text{rü}} + Q_{\text{ü}}}{Q'_{12} + Q_{\text{rü}} + Q_{\text{ü}}} = \dfrac{Q_{\text{rü}}/Q'_{12} + Q_{\text{ü}}/Q'_{12}}{1 + Q_{\text{rü}}/Q'_{12} + Q_{\text{ü}}/Q'_{12}} = \dfrac{y + ü}{1 + y + ü}$

Da die Überschußschlammenge bei der Stabilisation im Verhältnis zur Schmutzwassermenge gering ist, kann $Q_{\text{ü}} \sim 0$ gesetzt werden.

$z = \dfrac{y}{1 + y}$ $y = \dfrac{z}{1 - z}$ (419.1)

$y = \dfrac{Q_{\text{rü}}}{Q'_{12}} = \dfrac{\text{Rücklaufschlammenge}}{\text{zufließende Schmutzwassermenge}} = \text{Rücklaufverhältnis} = RV$

$z = \dfrac{TS_{\text{R}}}{TS_{\text{rü}}} = \dfrac{TS \text{ im m}^3 \text{ Bb}}{TS \text{ im m}^3 \text{ Rücklaufschlamm}} = $ Eindickungsgrad des Schlammes im Nachklärbecken

$y = \text{f}(z)$

Das Rücklaufverhältnis ist vom Eindickungsgrad im Nachklärbecken abhängig und deshalb nicht frei wählbar. Bei Regenwetter fließt statt Q'_{12} eine Wassermenge $(1 + m) \cdot Q'_{12} = Q_R$ zu. Es ändert sich y in

$$y' = \frac{Q_{rü}}{(1 + m) \, Q'_{12}} = \frac{y}{1 + m} \quad y' \text{ eingesetzt in Gl. (419.1) anstelle von } y: \quad z = \frac{y}{(1 + m) + y}$$

d. h., neben der Rücklaufmenge $Q_{rü}$ hängt der Eindickungsgrad z vom Verdünnungsverhältnis $1 + m$ ab. Bei Regenwetter staut sich der Schlamm im Nachklärbecken. $TS_{rü}$ wird größer, TS_R kleiner und B_{TS} größer als bei Trockenwetter. Damit verringert sich die Reinigungsleistung. Man sollte möglichst den Regenwetterzufluß $Q_R \leq 2 \cdot Q'_{12}$ $(m = 1)$ halten.

Überprüfung der Kennwerte nach Bild **421**.1

Ansatz	Ergebnis

Trockenwetterabfluß

Bild I: $B_{TS} = 0,05$ kg BSB_5/(kg $TS \cdot$ d)
$\qquad$ $B_R = 0,20$ kg BSB_5/(m$^3 \cdot$ d)

$TS_R - 4$ kg TS/m^3
Senkrechte durch Bild II bis Bild III

Bild VI: $t_{Nk} = 4,8$ h
$\qquad$ $t_{Nk,tw} - 4,8$ h

Verdünnungsverhältnis
$1 \mid m - 1 \mid 0 - 1$
Senkrechte durch Bild V bis Bild IV

Bild V: Schnitt mit der Geraden
$\qquad$ $q_A = 0,4$ m/h, Horizontale nach Bild II

Schnitt mit der Senkrechten auf der
Kurve $B_A = 2,0$ kg TS/(m$^2 \cdot$ h)

Bild IV: Schnitt mit der Kurve $RV = 100\%$,
$\qquad$ Horizontale nach Bild III

Schnitt mit der Senkrechten auf der
Geraden $TS_{rü} = 10$ kg TS/m^3

Regenwetterabfluß

Bild VI: $t_{Nk,tw} = 4,8$ h
$\qquad$ $1 + m = 1 + 2 = 3$

$t_{Nk} = 1,6$ h
Senkrechte durch Bild V bis Bild IV

Bild V: Schnitt mit der Geraden
$\qquad$ $q_A = 0,4$ m/h, Horizontale auf
$\qquad$ vertikale Teilung

$q_{A,R} = 1,2$ m/h

Bild IV: Schnitt mit der Kurve $RV = 100\%$
$\qquad$ oder anderem gewähltem RV,
$\qquad$ Horizontale auf vertikale Teilung

$$z = \frac{y}{(1 + m) + y}$$

$$\text{bei } RV = 100\%: z = 0,25 = \frac{1}{(1 + 2) + 1} = \frac{1}{4}$$

$$\text{bei } RV = 200\%: z = 0,4 = \frac{2}{(1 + 2) + 2} = \frac{2}{5}$$

Bemessungsbeispiel für getrennte Stabilisierung. Es soll das vorstehende Beispiel für getrennte Stabilisierung berechnet werden. Es ändert sich das Belebungsbecken und ein Stabilisierungsbecken kommt hinzu.

Bemessung Belebungsbecken. Das Schlammalter A im Belebungsbecken wird mit 10 d gewählt. Nach Tafel **314**.1 ergibt sich mit $TS_R = 3,3$ kg TS/m$^3_{Bb}$ die Überschußschlammproduktion.

$$\ddot{U}S_R = TS_R/A = 3,3/10 = 0,33 \text{ kg } TS/(\text{m}^3_{Bb} \cdot \text{d})$$

Diesem erhöhten Wert entspricht eine höhere Raumbelastung nach Tafel **314**.1:

$$B_R = \ddot{U}S_R/0,8 = 0,33/0,8 \approx 0,41 \text{ kg } BSB_5/(\text{m}^3 \cdot \text{d})$$

Die Schlammbelastung $B_{TS} = \dfrac{B_R}{TS_R} = \dfrac{0,41}{3,3} = 0,125$ kg BSB_5/(kg $TS \cdot$ d)

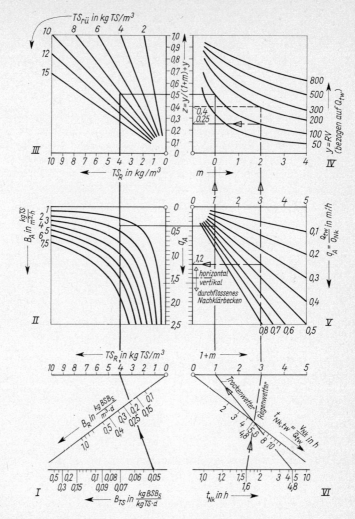

421.1
Bemessungsdiagramm

$$V_{Bb} = \frac{\text{tägl. } BSB_5}{B_R} = \frac{120}{0,41} = 293 \, m^3 \quad \text{(gegenüber 600 } m^3 \text{ bei der gemeins. Stabilisierung)}$$

$$t_{Bb12} = \frac{V_{Bb}}{Q'_{12}} = \frac{293}{30} = 9,8 \, h$$

Bemessung Stabilisierungsbecken. Im Stabilisierungsbecken wird der Schlamm weiter belüftet, aber kein Rücklaufschlamm zugeführt. Das Schlammalter = der Aufenthaltszeit wenn keine Eindickung erfolgen würde.

Bei einem angenommenen Gesamtschlammalter von 35 d verbleiben $35 - 10 = 25$ d für das Stabilisierungsbecken. Bei einer Eindickung auf TS_R kann ein Faktor von 0,8, auf $2 \, TS_R$ von 0,6 berücksichtigt werden, z.B.

$$2 \cdot TS_R \rightarrow A_{Stb} = 0,6 \cdot 25 = 15 \, d$$

Die tägliche Überschußschlammenge aus der Belebung $\ddot{U}S = 0{,}33 \cdot 293 = 96{,}7$ kg TS/d
mittlerer Trockensubstanzgehalt des Stab.Beckens $= 96{,}7 \cdot 15 = 1450$ kg TS

    erf. $V_{Stb} = 1450/(2 \cdot 3{,}3) = 220$ m^3

4.7.9 Kläranlagen mit Direktfällung (422.1)

Die Reinigung der Abwässer erfolgt auf chemisch-physikalischem Wege. Neben dem
Abbau der organischen Substanzen werden organische Stoffe, wie Phosphor, ausgetragen.
Der gewünschte Reinigungsgrad kann den örtlichen Verhältnissen angepaßt werden.
Wird größtmöglichste Reinigungsleistung gefordert, so ist das eine Frage der Bemessung
und der einzusetzenden Menge an Fällmitteln. Das System dieser Kläranlage eignet sich
für alle häuslichen Abwässer oder solche, die dem häuslichen Abwasser ähnlich sind.

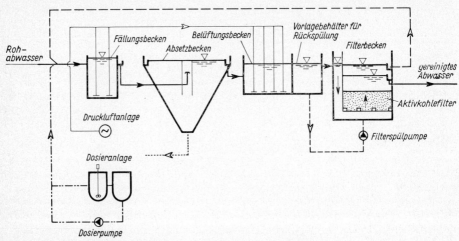

422.1 Schema einer Kläranlage mit Direktfällung (System Biosorbe)

    — ··–▷···– Fällungschemikalien
    ——▷— Druckluft
    ··········▷····· Klärschlamm
    — — –▷– – Spülwasserkreislauf
    ——▶ Abwasser

Fällungsbecken. Das Rohabwasser wird im Fällungsbecken mit den zudosierten Fällungschemikalien innig vermischt. Die notwendige Bewegung innerhalb des Fällungsbekkens kann durch Rührwerk oder eingeblasene Druckluft erzeugt werden. Aufenthaltszeit
im Flockungsbecken ≈ 15 min. Ein wesentlicher Kostenfaktor ist die verbrauchte Chemikalienmenge. Gute Reinigungsergebnisse lassen sich bereits ab 300 g $Al_2(SO_4)_3$/m^3 und
2 g Polyelektrolyten/m^3 erzielen.

Dosierung. Die Dosierung der Fällungschemikalien ist problemlos mit der Zuleitungspumpe gekoppelt.

Absetzbecken. In dieser Stufe werden die absetzbaren Stoffe zusammen mit dem Flokkenschlamm ausgeschieden. Die Absetzzeit betägt etwa 1 h. Die Reinigungsleistung dieser ersten Stufe beträgt gemessen am *CSB* bzw. *BSB*$_5$ über 70% und gemessen am Phosphor über 90%.

Belüftung. Für die Belüftung sind die üblichen Verfahren geeignet. Zweckmäßigerweise wählt man bei kleineren Anlagen Druckluft in Kombination mit dem Fällungsbecken. Ein Gebläse übernimmt dann die Belüftung im Fällungs- und im Belüftungsbecken. Die Belüftungszeit beträgt 20 bis 30 min.

Filterung. Das belüftete, feststofffreie Abwasser wird in der letzten Stufe über ein Aktivkohle-Filter geleitet, Korngröße des Filtermaterials 0,6 bis 1,6 mm. Das Filter wird von unten nach oben durchflossen. Die max. Strömungsgeschwindigkeit beträgt 4 m/h; Filterschichthöhe 90 cm (10 cm Stützschicht, 80 cm Aktivkohlematerial). Im Filterporenvolumen lagern sich die durch die Vorbehandlung gebildeten Feinstflocken ab. Dabei spielt die adsorptive Wirkung der Aktivkohle eine Rolle. Der Filterwiderstand beträgt im sauberen Filter ≈ 10 cm und erhöht sich im Laufe eines Tages auf ≈ 30 bis 35 cm. Der innerhalb des Filters angelagerte Schlamm muß dann herausgespült werden. Das Filter wird ebenfalls von unten nach oben durchspült. Die Rückspülgeschwindigkeit beträgt 20 m/h. Infolge der Spülungsgeschwindigkeit lockert sich das Filterbett auf. Der darin enthaltene Schlamm tritt zusammen mit dem Spülwasser aus. Spüldauer 15 bis 20 min. Das Spülwasser wird in den Zulauf der Kläranlage zurückgeführt. Der ausgespülte Schlamm ist flockig und besitzt gute Absetzeigenschaften.

4.8 Gewerbliches und industrielles Abwasser

Von dem in Flüsse und Seen geleiteten Schmutzwasser ist der Anteil des Industrieabwassers etwa 3 bis 4fach so groß wie der des häuslichen Abwassers, jedoch sind davon etwa 60% unverschmutztes Kühlwasser. Der Rest ist aber so vielfältig und intensiv verschmutzt, daß die entstehenden Schäden für die Gewässer bedeutend sein können. Ein großer Teil des Industrieabwassers gelangt von den Betrieben geklärt oder teilgeklärt direkt in die Gewässer, nur der kleinere Teil fließt in der städtischen Kanalisation über Kläranlagen ab. Literaturhinweise [5], [6], [69], [70], [74].

Es soll mit der Tafel **6**.1 und den Beispielen (**425**.1 bis **432**.1) ein Überblick und ein kurzer Einblick in die Aufgaben der Reinigung industriellen Abwassers gegeben werden. Jemand, der sich mit der Beseitigung von Industrieabwasser befaßt, kann sich nicht mit allgemeinen Angaben zufriedengeben, sondern benötigt eine genaue Darstellung des Produktionsganges, auch der Teilproduktionen mit ihrem Anteil an Schmutz- und Kühlwasser. Er wird vielleicht feststellen, daß Wasser der Produktion u. U. leicht oder unverschmutzt, Kühlwasser dagegen durch Öle o. a. verschmutzt ist und der Reinigung bedarf. Man kann auch nicht die Zahlen der Tafel **6**.1 und **436**.1 vorgehaltlos für einen Industriezweig übernehmen, sondern muß das Werk und seine speziellen Bedürfnisse kennen. Diese Zahlen dienen lediglich als Anhalt.

Bevor man eine Abwasserreinigung durchführt, ist die Trennung des zu behandelnden von dem unverschmutzten Abwasser nötig, um zu wirtschaftlichen Lösungen zu kommen. Zur Wasserersparnis sollte man Abwasserkreisläufe (Wiederverwendung des Wassers), Drosselung von Spülstrecken, o. a. einrichten. In neu entstehenden Betrieben sind die Kosten tragbar. Müssen jedoch diese Maßnahmen in vorhandenen Betrieben nachträglich verwirklicht werden, so erwachsen erhebliche Kosten.

Die Verfahrenstechnik bei der Behandlung von anorganischem Abwasser richtet sich nach den jeweiligen chemisch-physikalischen Eigenschaften der zu entfernenden Stoffe. Die chemischen Verfahren der Abwasserbehandlung arbeiten mit chemischen oder chemischen und physikalischen Reaktionen. Die biologisch-bakteriologischen Vorgänge sind ausgeschaltet. Es gibt Prozesse mit und ohne Stoffumwandlung. Die Behandlung kann auch über mehrere Reaktionsstufen gehen. Nachfolgend werden einige chemische Grundreaktionen beschrieben.

Bei der Fällung versucht man, schwerlösliche Stoffe zu erhalten, welche man abtrennen kann, z. B.

$$Fe_2(SO_4)_3 \quad + 3\ Ca(OH)_2 \quad = 2\ Fe(OH)_3 \quad + 3\ CaSO_4$$
Eisensulfat   + Calciumhydroxid   = Eisenhydroxid   + Calciumsulfat

Bei der Neutralisation entstehen meist Salze, welche durch Sedimentation oder Eindampfen abgetrennt werden können

$$H_2SO_4 \quad + 2\ NaOH \quad = Na_2SO_4 \quad + 2\ H_2O$$
Schwefelsäure   + Natriumhydroxid   = Natriumsulfat   + Wasser

Bei der Oxidation entstehen Sauerstoffverbindungen, welche unschädlich oder abtrennbar sind, z. B. Reaktion Natriumcyanid mit Chlorwasser

$$NaCN \quad + HOCl \quad = NaOH \quad + CNCl$$
$$CNCl \quad + H_2O \quad = HCNO \quad + HCl \quad (424.1)$$
$$2\ HCNO \quad + 3\ Cl_2 \quad + H_2O = CO_2 \quad + N_2 \quad + 6\ HCl$$

Stickstoff entweicht. Kohlendioxyd und Salzsäure bleiben ungelöst. Die Salzsäure wird neutralisiert durch vorhandene Base.

Die Reduktion von sechswertigem Chromoxid mit schwefeliger Säure zu dreiwertigem Chromsulfat, welches wasserlöslich ist und durch weitere alkalische Zusätze in unlösliches Hydroxid überführt wird, welches ausfällt

$$2\ CrO_3 + 3\ SO_2 = Cr_2\ (SO_4)_3$$

Eine grenzflächenaktive Adsorption wird ebenfalls durch die Zugabe von entsprechend aktiven Substanzen ins Abwasser erzeugt. An der Grenzfläche der adsorbierenden Stoffe werden die aus dem Abwasser zu entfernenden katalytisch zerstört oder stofflich konzentriert. Anwendung z. B. bei der Adsorption von Metallen oder bei der katalytischen Entgiftung cyanidhaltigen Abwassers durch Aktivkohle.

Verfahrenstechnisch verläuft die chemische Adsorption nach dem Schema

Wasser mit Schmutzstoff + Chemikal = Wasser + Chemikal mit Schmutzstoff

Der Schmutzstoff wird chemisch nicht verändert. Er kann gelöst oder ungelöst sein.

Die chemische Flockung kann man ebenfalls als Adsorptionsvorgang bezeichnen. Das Adsorptionsmittel wird chemisch erst gebildet und wirkt im Entstehen, z. B.

$$FeCl_3 + 3\ NaOH \qquad\qquad = Fe\ (OH)_3 + NaCl$$
Adsorptionsmittel

Wasser mit Farbstoff + Fe $(OH)_3$ = Wasser + Fe $(OH)_3$ mit Farbstoff

Es entstehen Eisenhydroxid-Flocken und Farbstoff, welche sich absetzen.

Entstehen Reaktionsprodukte mit einem spezifischen Gewicht kleiner als Wasser, so schwimmen sie auf und werden von der Oberfläche abgenommen. Man spricht von einer **Flotation**.

In neuerer Zeit werden auch **Ionenaustauscher** angewandt. Hier handelt es sich nicht um eine Entgiftungsanlage, sondern um eine Herausnahme der Gifte aus dem im Kreislauf geführten Abwasser. Diese Stoffe werden bis zum tausendfachen der Rohwasserkonzentration im Ionenaustauscher gesammelt und bei der Regeneration des Austauschers in einer einfachen Entgiftungsanlage unschädlich gemacht. Maßgebend für die Bemessung ist der Salzgehalt des aufzubereitenden Abwassers. Das Prinzip der Ionenaustauscher beruht darauf, daß zwischen den Ionen einer Lösung und festen, unlöslichen Körpern ein Austausch stattfindet. Sie bestehen aus festen Kunstharzen, in Kugelform $\varnothing$ 0,3 bis 1,0 mm, auf die austauschaktive Stoffe aufgebracht wurden, welche Säuren und Laugen in fester Form darstellen. Die Austauscher bestehen aus Gerüsten, an denen diese Kugeln, in Aktivgruppen zusammengefaßt, hängen. Anwendung z.B. bei Galvanik-Abwasser.

Nachfolgend sind einige Reinigungsprozesse industrieller Anlagen beschrieben. Es handelt sich um eine Auswahl, die lediglich als Einführung in die besonderen Verfahrensabläufe gedacht ist.

4.8.1 Hochofenwerke

Das Wasser wird im Kreislauf genutzt (**425**.1). Außerdem kann noch eine Erzwäsche vorgeschaltet werden, die stark schlammhaltiges Abwasser liefert. Das Frischwasser wird aus dem Vorfluter, ausnahmsweise auch aus dem Grundwasser entnommen und in einem Klär- und Rückgewinnungsbecken (*Kl 1*) gesammelt. Der große Kreislauf nimmt das

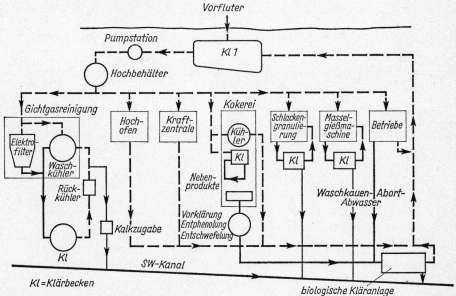

425.1 Wasserkreislauf eines Hochofenwerkes

wenig verschmutzte Abwasser aus den Hochöfen, der Kraftzentrale, dem Kühler der Kokerei und den Betrieben auf. Einen besonderen Kreislauf haben die Gichtgasreinigung mit vorgeschaltetem Elektrofilter, die Kokerei, die Schlackengranulierung und die Masselgießmaschinen. Das Schmutzwasser dieser Einrichtungen fließt in einem werkseigenen SW-Kanal ab und der städtischen Kanalisation zu. Das biochemisch zu reinigende Abwasser der Kokerei und der Betriebe geht über eine biologische Kläranlage wieder in den großen Kreislauf.

Die Gichtgase werden naß gereinigt. Das dabei entstehende Abwasser enthält die absetzbaren Teile der Asche, Eisenoxyd, Kieselsäure, Schlacke und Erzteilchen sowie Kalk, Kohlenstoff und Magnesia, außerdem Cyanid, Schwefel, Phenol u. a. Zur Reinigung benutzt man Absetzbecken (s. Abschn. 4.4.4) mit $t_R \geqq 2$ h. Durch Zugabe von Fällungsmitteln, z. B. Kalkmilch (0,1 bis 0,2 g Kalk/l) kann das Absetzen gefördert werden. Vor den Beckenabläufen verwendet man Koksfilter, die den feinsten Restschlamm zurückhalten. Sehr unangenehm sind die giftigen Cyanidverbindungen, welche sich bei der anschließenden Weiterverwendung des geklärten Abwassers im Kreislauf stetig vermehren. Ist die Cyanidmenge zu groß, wird das Abwasser zusätzlich mit Ferrosulfat, Natronlauge und Schwefelsäure unter Zugabe von Luft oder durch Verdüsung dosiert behandelt und durch Filterpressen gedrückt. Der Filterschlamm (Blauschlamm) enthält etwa 45% Eisencyanidkalium. Man behandelt die Cyanidverbindungen auch durch Chlor in alkalischer Lösung.

Phenolhaltiges Abwasser entsteht in der Kokerei. Phenol kann in einer biologischen Kläranlage abgebaut werden, da sich die Bakterien auf Phenole einstellen. Der Gehalt an Phenol muß < 0,5% sein. Man verwendet oft den Aero-Accelator (Fa. Lurgi, Frankfurt/Main) (426.1). Diese Anlage arbeitet nach dem Belebtschlammprinzip. Sie besteht aus einem runden Behälter, der durch einen glockenförmigen, inneren Einbau in eine Belüftungszone (B) und eine äußere Klär- und Rücklaufzone (Kl) unterteilt ist.

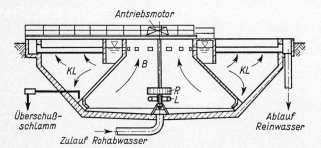

426.1
Aero-Accelator (Lurgi)
(Längsschnitt)

Im unteren Teil von (B) befindet sich ein Rotor (R) zur Durchmischung des Rohabwassers mit dem vorhandenen Belebtschlamm und zur Zerteilung der Luft, welche aus einem ringförmigen Verteiler (L) eintritt. Das Reinwasser wird in Höhe des Wasserspiegels über konzentrische oder radiale Überlaufrinnen abgezogen. Der Überschußschlamm wird aus dem unteren Beckenraum abgeleitet. Um den oberen Teil der Glocke sitzt eine Tauchwand, die als Leitwand das aus (B) austretende Abwasser nach unten ablenkt. Die mitaustretenden Teilchen des Belebtschlammes rutschen durch die Schlitze nach (B) zurück. Das gereinigte Abwasser wird in (KL) vom Belebtschlamm getrennt. Der Accelator findet auch Anwendung in der Lebensmittel- und Textilindustrie, in Papier-, Leder-, Zuckerindustrie u. a. Man kann für Kokereien auch andere Belüftungssysteme (s. Abschn. 4.5.2) und konventionelle Nachklärbecken verwenden. Wichtig ist die sofortige Durchmischung von Rohabwasser mit dem Inhalt des Belüftungsraumes. Bei hoher Phenolkonzentration (> 3 mg/l) kann man auch Extraktionsanlagen anwenden.

Die Hochofenschlacke findet als Baumaterial Verwendung (Straßenbau, Betonmaterial). Der Schlackensand ist Grundstoff für den Hochofenzement. Man leitet die aus dem Hochofen kommende glühende Schlacke in rasch fließendes Wasser. Sie erstarrt durch Abkühlen sofort und zerfällt in kleine blasige Körner. In Klärbecken (Fanggruben) wird die Körnung von dem Wasser getrennt. Um die Reste des Schlackensandes aus dem wiederzuverwendenden Wasser herauszuholen, hat man hinter die Absetzbecken noch Trommelfilter geschaltet.

4.8.2 Papierfabriken

Außer Zellstoff, Holzschliff, Lumpen werden in den Papierfabriken Füll-, Leim- und Farbstoffe verwendet. Zum Bleichen benutzt man Chlor oder Chlorkalk. Die Abwassermenge ist sehr groß. Man versucht es daher nach Klärung wieder in den Betrieb zurückzunehmen (Kreislauf). Das Abwasser enthält Faserstoffe in großer Menge, Füllstoffe, Harzseifen und Stärke, gelöste mineralische und organische Stoffe. Als Kläreinrichtungen benutzt man Absetzbecken, Siebfilter, Druckfilter, Absetztrichter (Hochleistungsstoffänger), Fällungsbecken. Das Pista-Eisenungsverfahren (Fa. Passavant) führt das Abwasser durch Ausgleichbecken, Vorbelüfter, Pista-Eisenungsgeräte (Zugabe von Graugußspänen und Luft). Durch anschließende Kalkmilchzugabe werden Flokken erzeugt, die Schwebestoffe und Kolloide adsorbieren und in Absetzbecken aus dem Wasserkreislauf genommen werden.

Der Cyclator (Fa. Lurgi, Frankfurt/Main) vereinigt die Reinigungsphasen in einem Bauwerk (**427**.1). Er hat innen zwei übereinanderliegende Reaktionsräume (*1*) und (*2*) und außen eine Klärzone (*KL*). Ein Rührkreisel (*R*) sorgt für die Umwälzung. Ein Rundräumer mit Tauchpumpe (*P*) und Räumschild (*Rs*) dient der Schlammbeseitigung. Das geklärte Abwasser wird über Radial- oder Rundrinnen abgeleitet. Das Rohabwasser läuft von unten zu und wird zunächst mit Kreislaufwasser aus (*KL*), das bereits Schlammflocken mitführt, vermischt. Durch Zusatz von Chemikalien in die untere Reaktionszone (*1*) bilden sich Flocken, die sich zusammenschließen und durch ihre Schwere sich in (*KL*) absetzen. Die chemische Reaktion und das Flockenwachstum sollen in der oberen Zone (*2*) zum Abschluß kommen.

Durch Regelung der Drehgeschwindigkeit des Rührkreisels können die für Flockenbildung und Absetzen optimalen Strömungsbedingungen geschaffen werden. Der Cyclator eignet sich für Abwasser der Eisen- und Stahlindustrie, chemischen Industrie, für stark verschmutztes häusliches Abwasser, u.a.

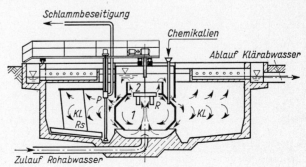

427.1
Cyclator (Lurgi) (Längsschnitt)

4.8.3   Steinkohlenbergbau

Es fallen folgende Abwasserarten an:

1. Grundwasser aus den Stollen (sauber)

2. Abwasser beim Versatz der ausgebauten Flöze durch Einspülen des Versatzgutes Sand, Schlacke, Schiefer, u. a.

3. Kohlenwaschwasser

4. Auswaschwasser der Schutthalden durch Niederschläge

5. menschliche Abfallstoffe und Waschkauenabwasser

6. Abwasser der Naßentstaubung bei Brikettfabrikation

Die Kohlenwäsche ist notwendig, weil das frisch gebrochene Gut neben der Kohle auch noch Gestein und Asche enthält. Es wird meist das aus der Grube hochgepumpte Grundwasser benutzt, das möglichst lange im Kreislauf geführt wird. Dabei vermehrt sich der Gehalt an Feinkohlestoffen (Kohlenschlamm). Zur Reinigung werden Rundeindicker mit trichterförmigem Boden und einem Schlammabzug in Trichtermitte verwendet (**428**.1). Das Schmutzwasser wird ebenfalls in der Mitte zugeführt. Das Reinwasser fließt über Rinnen ab. Der Schlamm setzt sich auf der Beckensohle ab und wird durch ein Krählwerk zur Trichterspitze geräumt. Bild **428**.1 zeigt einen Rundeindicker für eine Leistung von 2000 m³ Abwasser/h. Dieses Becken ist durch radial angeordnete Scheiben gegen Setzungen durch Bergschäden gesichert.

Die rechnerische Bodenpressung ist mit 50 N/cm² so hoch gewählt, damit beim Überschreiten der Spannung infolge ungleichmäßiger Setzungen an anderen Stellen der Boden nachgibt. Der Behälter ist vorgespannt und wird nicht beschädigt. Das Krählwerk mit Antrieb sitzt an einer 28,30 m langen festen Brücke, die auf 2 Pendelwänden vor der Behälterwand abgestützt ist.

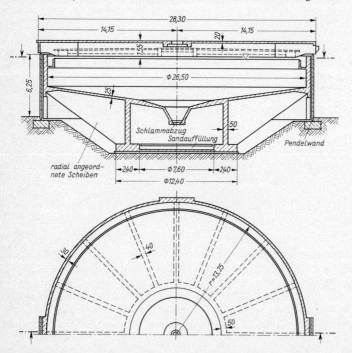

428.1
Rundeindicker für
Kohlenwäsche

4.8.4 Metallindustrie

Es fallen Abwasserarten verschiedener, schwieriger Zusammensetzung bei der Beizerei und der galvanischen Behandlung der Werkstücke an. Verfahrenstechnisch ist dieses Abwasser zu unterteilen in:

1. Laugen (Al, Sn, Zn)

2. Säuren (Metallionen)

3. cyanidische (alkalische) und

4. chromhaltige (saure) Komponenten

Beizerei-Abwasser. Seine Aufbereitung ist verhältnismäßig einfach. Durch das Beizen soll die bei der Verformung des Eisens entstehende Oxidschicht (Zunder, Sinter, Hammerschlag) entfernt werden. Beizen enthalten HCl, H_2SO_4, HNO_3, Chromsäure, NaOH, Essigsäure, H_2F_2 oder H_3PO_4, je nach Metallart und -güte. Die Restbeizen sind bis auf $\approx$ 4% verbraucht, enthalten jetzt aber entsprechende Mengen der abgebeizten Metalle. Man beizt in Badform und spült die Werkstücke anschließend mit Frischwasser ab. Das Abwasser muß also durch Neutralisation aufbereitet werden. Man benutzt das S t a n d - o d e r das D u r c h l a u f v e r f a h r e n und als Neutralisationsmittel Kalkmilch oder Natronlauge. Beim Standverfahren gibt man zu dem in einem Becken gesammelten Abwasser Kalkmilch bis zur Neutralisation hinzu. Dann oxydiert man durch Lufteintrag den Schlamm und flockt die Metallsalze aus. Nach einer längeren Absetzzeit wird das geklärte Abwasser in den Vorfluter abgelassen. Der Schlamm wird getrocknet. Er ist unschädlich.

Eine größere Durchlaufanlage zur Neutralisation von saurem und alkalischem Abwasser mit Kalkmilchaufbereitung und Schlammentwässerung ist in (**430**.1) schematisch dargestellt. Das teils saure, teils alkalische Spülwasser fließt in das säurefest ausgekleidete Reaktionsbecken (*1*), das mit automatisch arbeitenden pH-Meß- und Regelgeräten ausgestattet ist. Die Neutralisation erfolgt mit Kalkmilch, die selbsttätig in einem Kalkmilchbereiter (*9*) aus dem im Kalksilo (*8*) pulverförmig lagernden Kalkhydrat angesetzt wird. In dem Reaktionsbecken (*2*) wird automatisch die Säure zugegeben, sofern alkalisches Abwasser anfällt. Bei Anwesenheit von zweiwertigem Eisen wird im Belüftungsbecken (*3*) durch das Einblasen von Druckluft die Oxidation zu dreiwertigem Eisen durchgeführt. Das neutralisierte, schlammhaltige Wasser fließt anschließend ins runde Klärbecken (*4*), wo bei kleiner Strömungsgeschwindigkeit sich der ausgefällte Schlamm ablagert. Bevor das gereinigte und geklärte Abwasser in den Vorfluter abfließt, wird im Auslauf- und Kontrollschacht (*5*) noch eine Kontrolle und Registrierung des Abfluß-pH-Wertes durchgeführt. Aus dem Trichter des Klärbeckens wird der Schlamm in den Schlammeindicker (*7*) gefördert. Nach weiterer Entwässerung im Schlammfilter (*22*) kann er abgefahren werden. Dieses Schema einer Reinigung von Beizerei-Abwasser läßt verschiedene Varianten zu.

Galvanik-Abwasser entsteht bei der chemischen oder elektrochemischen Oberflächenveredelung der Werkstücke. Die galvanischen Bäder enthalten Metallsalze des veredelnden Metalls, in Wasser gelöst. Saure Bäder enthalten CrO_4^{2-}, Cu, Ni, Zn, Al, Sn, Pb mit H_2SO_4, HCl oder Borsäure.

Alkalische Bäder sind (außer bei Verzinnung) immer cyanidhaltig (CN^-). Sie enthalten Cu, Ag, Zn, Cd. Glanz-, Hartverchromungs- und Chromatierbäder enthalten Fe, Ni, Cr, Al mit Chrom- oder Schwefelsäure. Galvanische Bäder bleiben lange Zeit in Betrieb. Das Galvanisiergut wird laufend ersetzt. Problematisch ist jedoch das Spülwasser, welches beim Abspülen der Werkstücke nach dem Bad benutzt wird. Es enthält die Gifte, zwar stark verdünnt, aber immer noch zu stark um in die öffentlichen Entwässerungsanlagen abgeleitet werden zu können. Die Auflagen der Behörden sind verschieden, jedoch soll i. allg. die Cyanid- oder Chromatkonzentration $\leq 0,1$ mg/l, Schwermetallionenkonzentration $\leq 0,5$ mg/l und der ph-Wert 8 bis 8,5 sein.

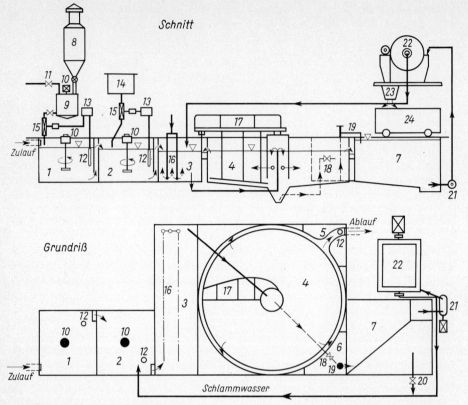

430.1 Durchlaufanlage zur Neutralisation von saurem und alkalischem Abwasser mit Kalkmilch-
bereitung und Schlammentwässerung

1 Neutralisationsbecken für Kalkmilchzugabe
2 Neutralisationsbecken für Säurezugabe
3 Belüftungsbecken
4 Rundklärbecken mit Schlammräumer
5 Auslauf- und Kontrollschacht
6 Dünnschlammbecken
7 Schlammeindicker
8 Kalksilo mit Abluftfilter

9 Kalkmilchbereiter
10 Mischer
11 Frischwasserventil
12 pH-Elektroden
13 pH-Meß- und Regelgeräte
14 Säurebehälter
15 Regelventil
16 Belüftungsrohre

17 Schlammräumer
18 Schlammablaß
19 Schlammheber
20 Klarwasserrücklauf
21 Schlammpumpe
22 Schlammfilter
23 Schlammbunker
24 Fahrzeug

Das Abwasser muß bereits am Ort des Anfalls je nach Beschaffenheit getrennt werden.
Insbesondere darf saures Abwasser nicht mit cyanidhaltigem zusammengeführt werden,
da sich Blausäure bilden kann. Ebenso soll chromathaltiges Abwasser nicht mit alkalischem zusammenfließen, da die Reduktion erschwert wird. Jedoch kann chromathaltiges
Abwasser mit saurem zusammengebracht werden. Man hat meist 3 getrennte Ableitun-
gen: 1. cyanidhaltig, 2. chromathaltig, 3. übriges saures und alkalisches Abwasser.

Cyanidhaltiges Abwasser wird meist mit Chlor (a) oder Hypochloritlösung (b) behandelt. Der pH-Wert der Lösung bei (a) wird auf 8,5 gebracht, weil die Reaktion mit Cl
Säure freisetzt:

(a)   NaCN   + Cl$_2$ = CNCl   + NaCl
       Natriumcyanid + Chlor   = Chlorcyan + Natriumchlorit

(b)1. 2 NaCN   +2 NaOCl   + 2 H$_2$O = 2 CNCl   + 4 NaCl
       Natriumcyanid + Natriumhypochlorit + Wasser= Chlorcyan+ Natriumchlorit

2. 2 CNCl   + 4 NaOH   = 2 NaCNO   + 2 H$_2$O   + NaCl
    Chlorcyan + Natronlauge = Natriumcyanat   + Wasser   + Natriumchlorit

3. 2 NaCNO+ 3 NaOCl   + H$_2$O   = 2 CO$_2$ + N$_2$ + 3 NaCl   + 2 NaOH
    Natrium- + Natrium-   + Wasser= Kohlen- + Stick- + Natrium- + Natron-
    cyanat   hypochlorit   dioxyd   stoff   chlorit   lauge

Das cyanidhaltige Abwasser wird in ein Oxydationsbecken geleitet und Chlor oder Natriumhypochlorit je nach Cyanidgehalt dosiert eingegeben. Durchmischung erfolgt durch ein Rührwerk. Aufenthaltszeit t_R = 0,5 bis 1,0 h. Ablauf zum Neutralisationsbecken.

Chromathaltiges Abwasser wird meist durch Hydrogensulfit oder SO$_2$ reduziert. Die Zugabe von 2wertigem Eisen durch Verwertung von Restbeizen steigert den Schlammanfall.

4 CrO$_3$ + 6 NaHSO$_3$ + 3 H$_2$SO$_4$ = 3 Na$_2$SO$_4$ + 2 Cr$_2$(SO)$_3$ + 6 H$_2$O
Chromoxyd + Natriumhy- + Schwefelsäure = Natriumsulfat + Chromsulfit+ Wasser
       drogensulfit

Chromsaures Abwasser geht mit pH < 2,5 (durch Zugabe von H$_2$SO$_4$) in das Reduktionsbecken. Natriumhydrogensulfit wird je nach Chromgehalt dosiert eingegeben.

Durchmischung erfolgt durch Druckluft. Aufenthaltszeit t_R = 0,5 bis 1,0 h. Ablauf zum Neutralisationsbecken. Man benutzt für beide Abwasserarten meist das Durchlaufverfahren wie in Bild **430**.1, jedoch mit Einschaltung der entsprechenden Becken.

Laugen und Säuren. Nach Oxydation des Cyanids bzw. Reduktion des Chromats kann dieses Abwasser wie das der Beizerei behandelt werden. Zu beachten ist, daß eine neue Oxydation des Chroms durch überschüssiges Hypochlorit eintreten kann. Die Aufbereitung des nur sauren oder basischen Abwassers läuft auf einen Konzentrationsausgleich hinaus.

4.8.5 Textilindustrie

Der Wasserverbrauch der Textilindustrie ist erheblich. Fast das gesamte Wasser wird als Abwasser zurückgegeben. Die Betriebe der Textilindustrie stellen entweder aus Rohstoffen Halbfabrikate her, oder sie verarbeiten diese dann zu Fertigwaren. Kombinationen von beiden Fabrikationszweigen sind möglich. Die Aufgaben der Abwasserreinigung sind vielfältig und für die Werke spezifisch. Sie bestehen in der Beseitigung von Chemikalien und Farbstoffen. Kolloidal gelöste Stoffe (u. a. Waschmittel) beseitigt man z. B. durch Ausfällen (**432**.1). Man gibt dem Abwasser Eisenspäne (Abfall der Maschinenfabriken) zu. Sie werden unter Luftzutritt mit dem Abwasser umgewälzt, wobei fällungsaktives Eisenhydroxyd entsteht. Aufenthaltszeit t_R = 0,5 bis 1,0 h. Der noch verbleibende Schaum, biologisch nicht abbaubar, wird durch Abfallöle bekämpft, die jedoch nur kurzfristig wirken und meist biologisch abbaubar sind.

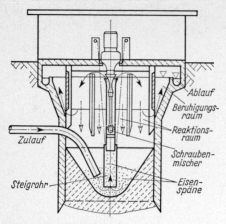

Labels in figure: Ablauf, Beruhigungs-raum, Reaktions-raum, Schrauben-mischer, Zulauf, Steigrohr, Eisen-späne

In Deutschland dürfen synthetische Waschrohstoffe (Tenside) nach dem Waschmittelgesetz vom 20. 8. 1975 nur noch verwendet werden, wenn sie zu $\geqq$ 80% abbaubar sind. Diese Stoffe können die Absetzwirkung in Kläranlagen verringern, weil sie an Schwebestoffen adsorbieren und damit aufschwimmen. Fette werden emulgiert und nicht mehr zurückgehalten. In Kläranlagen und Vorflutern bildet sich starker Schaum.

432.1   Eisenfällungsbecken

4.8.6   Lebensmittelindustrie

Gemeinsame Eigenschaften für die Abwasser der Lebensmittelindustrie sind vorwiegend organische und biologische Verunreinigung und eine Neigung zur Versäuerung und zur schnellen Gärung. Stickstoff- und Phosphorgehalt oft mangelhaft [15a].

Milchindustrien. Die Betriebe zur Pasteusierung und Einsackung von Vollmilch leiten nur Waschwasser ab, das einer verdünnten Milch entspricht. Es können saure oder alkalische Spitzen auftreten, die von der Verwendung von Salpetersäure oder Natronlauge zur Reinigung herstammen.

Käsereien und Kaseinwerke erzeugen außerdem ein Serum, das reich an Milchzucker, aber arm an Proteinen ist. Butterfabriken erzeugen Buttermilch, die reich an Milchzucker und Proteinen, aber arm an Fettstoffen ist. Buttermilch und Serum stellen eine starke Schmutzstoffbelastung dar, der BSB_5 beträgt 20000 bis 40000 mg/l. Zur Klärung kann eine anaerobe Ausfaulung durchgeführt werden. In der Praxis werden die Nebenprodukte oft wiedergewonnen. Es erfolgt nur die Klärung von Waschwasser im technischen Maßstab.

Menge und Zusammensetzungen des Abwassers schwanken stark nach den Fabrikationsbedingungen: Milchverluste, Vermischung mit Kühlwasser, eigentliche Milchaufbereitung.

Die Belastung, die von einem Betrieb ausgeht, kann folgendermaßen abgeschätzt werden:

In jedem Betrieb, wo Milch aufbereitet wird, beträgt der $BSB_5 \sim 150$ g/l an behandelter Milch;

Butter- und Käseherstellung zusätzlich noch 5 kg BSB_5 pro 100 kg erzeugter Butter oder Käse;

Herstellung von Kondensmilch zusätzlich 500 g BSB_5 pro 100 kg Kondensmilch.

Häufig muß man den Sand aus dem Abwasser entfernen. Mit mechanisch-chemischen Aufbereitungen erreicht man nur Teillösungen. Die angemessenste Lösung besteht in der biologischen Reinigung durch Belebtschlammverfahren mit Überlüftung. Mit der Überlüftung wird die erzeugte Schlammmenge gering gehalten. Dieses Verfahren bietet zugleich durch große Belüftungszeiten eine Pufferkapazität, welche Belastungsspitzen, die bei dieser Industrieart besonders häufig sind, auffängt.

Wenn die Milch- oder Serum-Konzentration im Abwasser über 1 bis 2% liegt, führt dies zur sauren, aeroben Gärung (Milchgärung), welche die biologische Aktivität vollkommen blockieren kann.

Berieselung und Verregnung sind zur Beseitigung dieser Abwässer ebenfalls geeignet. Die Mengen müssen auf 20 bis 40 m^3 Wasser pro Tag und Hektar, je nach der Durchlässigkeit des Bodens, begrenzt werden.

Gemüse- und Obstkonservenfabriken. Diese sind jahreszeitlich tätig. Die Abflüsse bestehen aus gering belastetem Waschwasser und Abwasser aus den Bleichgeräten, welches stark konzentrierte Brühen enthält (der BSB_5 beträgt etwa 25 000 mg/l). Die Belastung ist je nach den Produktionsverfahren und behandelten Produkten sehr unterschiedlich.

Die Abflüsse sind meist reich an Kohlehydraten, haben genügend Stickstoff und der Phosphorgehalt ist oft zu gering.

Die Aufbereitung des Abwassers sollte mit einer feinen Siebung beginnen, um Reste von Gemüse, Blättern und Schalen zurückzuhalten. Diese Rückstände sollen entweder für Kompost verwendet oder verbrannt werden. Bewässerung oder Verregnung sind möglich. In der Praxis werden sie jedoch häufig unter Bedingungen durchgeführt, die nicht zufriedenstellend sind, da man nicht über genügend große Flächen verfügt und das Wasser leicht gärt. Da es sich um jahreszeitliche Belastungen handelt, eignet sich die Aufbereitung in belüfteten Teichen.

Schlachthöfe und Fleischkonservenfabriken. Die Abflüsse sind nach der Entfernungsart der Fäkalien, der Größe des Darmbetriebs und der Art der abgeschlachteten Tiere, verschieden. Je kg aufbereitetes Fleisch, kann man als Abflußmengen schätzen:

Schweine etwa 8 l, Großvieh etwa 13 l bei trockener Mistbeseitigung, etwa 27 l bei -abschwemmung, Für die Nebenindustrien kann man mit folgenden Werten rechnen: 3 bis 5 kg BSB_5/kg Produkt für Pökelfleisch.

Der Abfluß von Schlachthofabwasser in ein Kanalnetz erfordert eine Aufbereitung, welche aus Sandentfernung, Fettabscheidung, Rechenreinigung und möglichst einer Feinsiebung besteht. Dadurch wird die BSB_5-Belastung um etwa 10 bis 15% herabgesetzt. Es wird empfohlen, ein belüftetes Speicherbecken anzulegen, welches die Belastungsspitzen auffangen kann.

Die Belastung der Abflüsse hängt von dem Grade der Blutrückgewinnung, von der Größe des Darmbetriebs und der Mistbeseitigung ab.

Eine chemische Flockungsbehandlung für dieses Abwasser ist nicht empfehlenswert, da mit diesem Verfahren die organische Belastung nur um 50% herabgesetzt wird und zusätzlich Schlamm entsteht. Dieser ist stark kolloidal und gärbar, wodurch Trocknungs- und Abführungsprobleme entstehen, die wirtschaftlich nicht lösbar sind.

Die ideale Lösung ist eine biologische Aufbereitung. Mineralstoff-Tropfkörper werden weniger benutzt, da die Gefahr der Verstopfung durch Fett groß ist, Kunststofftropfkörper sind besser geeignet. Die Überlüftung oder die schwachbelastete Reinigung mit getrennter aerober Schlammstabilisierung sind anwendbar, da neben der guten Klärleistung die anaerobe Faulung des Schlammes vermieden wird. Auch das Verfahren der anaeroben Faulung zur direkten Reinigung des Abwassers ist für die Abläufe großer Betriebe anwendbar, besonders wenn die BSB_5-Belastung stark ist und 1500 bis 2000 mg/l BSB_5 überschreitet.

Brauereien und Gärungsindustrien. Abflüsse aus Brauereien stammen von der Reinigung der Brauhallen, Kühlbecken, Gär- und Lagerbehälter sowie der Flaschen- und Faßreinigung. Zu diesem Abwasser, das mit Schwebestoffen, stickstoffhaltigen Stoffen, Bier- und Heferesten, Schlempenpartikeln und Kieselgur verschmutzt ist, fügt man manchmal Kühlwasser, das nur schwach belastet ist, hinzu.

Während die Abflüsse aus der Flaschenreinigung wenig belastet sind (BSB_5 von 200 bis 400 mg/l), erreicht das Reinigungswasser der Gärbehälter oder Filter 3000 mg/l BSB_5 und das aus der Spülung der Lagertanks bis zu 16000 mg/l. Für diese Abflüsse ist eine schwachbelastete Belebung sehr wirksam, da man die Entwicklung von faserigen Bakterien vermeiden kann, welche die Tropfkörper verstopfen würden. Mit einer solchen Anlage läßt sich der BSB_5 um > 95% herabsetzen.

Man beachte den großen Raumbedarf der Anlagen. Die Herstellung von 1 Hektoliter Bier erzeugt Abwasser mit etwa 800 g BSB_5.

Der erhaltene Frischschlamm kann nach Eindickung durch Vakuumfilterung aufbereitet werden. Hier empfiehlt sich eine klassische Konditionierung mit Eisensalzen und Kalk. Möglich ist auch Zentrifugieren mit organischen Flockungsmitteln.

Bei Einsatz einer hochbelasteten Belebung sollte man mit zwei Stufen arbeiten. Die Vorstufe dient der Grobbehandlung und der Entfernung von Zucker. Hierfür ist z. B. ein Tropfkörper mit Kunststoffüllung geeignet.

Chemische und pharmazeutische Industrien, welche Gärverfahren anwenden, erzeugen konzentrierte Abflüsse, die Brauereiabwässern sehr ähnlich sind. Alle Methoden der biologischen Aufbereitung sind hier anwendbar. Die Bakterien haben eine große Anpassungsfähigkeit. Auf diese Weise können z. B. die Abflüsse aus der Antibiotika-Herstellung mit Belebtschlamm behandelt werden.

Zuckerwerke und Brennereien. Die Verunreinigungen aus den Zuckerfabriken haben folgenden Ursprung:

- das schlammige Wasser aus der Rübenwaschung;
- das Prozeß-Wasser (Diffusionswasser, Wasser aus den Pülppressen und Schaumtransportwasser);
- die Abflüsse aus der Regenerierung der Entsalzungsanlagen für Zuckersäfte.

Im allgemeinen wird das Wasser, das für Reinigung und Transport der Rüben dient, im Kreislauf verwendet. Man schaltet in den Kreislauf Absetz- und Eindickungsbecken ein, um den Schwebestoffgehalt im Abwasser herabzusetzen. Der Schmutzanteil der rohen Rüben bestimmt die Konzentration an Schwebstoffen im Waschwasser und damit die Abmessungen des Absetzbeckens. Durch den Absetzvorgang erhält man einen Schlamm, dessen Konzentration 300 g TS/l überschreiten kann. Es empfiehlt sich, vor dem Absetzbecken eine Rechenreinigung und einen Sandfang anzuordnen. Um den Absetzvorgang zu verbessern, wird manchmal Kalk zugefügt. Überlicherweise leitet man den Schlamm in große Erdbecken. Aus diesen Becken fließt stark belastetes und sehr gärbares Wasser ab.

Während der Kampagne, die in Europa etwa 2 bis 3 Monate dauert, wird das Waschwasser mit Schmutzstoffen, die von den angeschnittenen Wurzeln und vom Humus selbst stammen, angereichert. Man hat schon BSB_5-Anstiege von 70 mg/l pro Tag beobachtet, wobei am Schluß der Arbeitssaison die Abwasserbelastung bis zu 3000 oder 5000 mg/l BSB_5 erreichen kann.

Die anaerobe Faulung der gesamten Abflüsse einer Zuckerfabrik, die während der ganzen Dauer der Zwischensaison in großen Becken gelagert werden, ist ein übliches Verfahren. Wenn der Prozeß gut überwacht wird, die Becken groß genug sind, die Versickerungsverluste kontrolliert werden, so ist diese Technik immer noch die wirtschaftlichste und sicherste. Es werden jedoch große Geländeflächen benötigt und u. U. Emissionen hervorgerufen. Es ist auch möglich, belüftete Teiche zu verwenden, wobei dann der Energieverbrauch ansteigt. Die Brennereien gießen ausgelaugte Molassen oder Schlempen aus, die stark konzentriert und hoch belastet sind (BSB_5 bis zu 40000 mg/l für Schlempen und 5000 bis 10000 mg/l für die gesamten Abflüsse). Die anaerobe direkte und kontrollierte Ausfaulung dieser Abflüsse scheint eine mögliche Lösung zu sein. Die Faulung muß man durch Kalkzugabe auf einem pH-Wert nah an der Neutralität halten, und die Temperatur soll ständig um 35 °C liegen. Das so aufbereitete Wasser wird vorgeklärt und der erhaltene anaerobe Schlamm in den Faulraum gefördert. Dieses Verfahren kann den BSB_5 um 90% herabsetzen. Danach sollte eine zweite Stufe folgen, vorzugsweise aerob, wenn niedrige Belastungswerte für den Ablauf angestrebt werden.

Stärkeherstellung und Kartoffelindustrien. Die Abflüsse dieser Industrien sind stark gärbar, da sie mit Stärke und Proteinen belastet sind. Ihre Bedeutung wächst gleichzeitig mit dem Verkauf von Kartoffel-Chips, Püree in Pulverform usw.

Das Schmutzwasser aus der Kartoffelindustrie hat zweierlei Ursprung. Einerseits das Spül- und Transportwasser der Kartoffeln, das Erde, Pflanzenreste und Kartoffelstücke enthält, und andererseits das Wasser aus den Schälmaschinen, das Kartoffelschalen und -fleisch mit sich führt. Die Menge an Restpülpe kann so hoch sein, daß ihre Wiedergewinnung als Viehfutter betrieben werden kann. Diese ist schwierig und läßt sich durch einfaches Absetzen erreichen. Anschließend wird die abgesetzte Pülpe zentrifugiert und danach in einer Trockentrommel entwässert. Der Überlauf aus dem Absetzbecken kann mit dem Waschwasser vermischt und durch Belebtschlamm unter schwacher oder mittlerer Belastung aufbereitet werden. Die BSB_5-Konzentration am Eingang der biologischen Behandlung kann 500 bis 1200 mg/l betragen. Es kann eine Aufbereitung in zwei Stufen oder durch Überlüftung vorgenommen werden.

Bei Stärkefabriken ist die Belastung der Abläufe bedeutend höher, da noch Zusätze aus den Verdampfungskondensaten und aus dem Stärkewaschwasser hinzukommen. Die durchschnittliche Belastung erreicht normalerweise einen BSB_5-Wert von 1500 bis 2500 mg/l und kann noch biologisch aerob behandelt werden. Wenn 5000 mg/l BSB_5 überschritten werden, kann man eine erste Stufe mit anaerober Faulung in Betracht ziehen.

Öl- und Seifenindustrie. Die Abwässer dieser Industrien weisen oft einen extremen pH-Wert auf, je nach der Art der Betriebe. Die Fabriken, wo Fettstoffe gewaschen werden, lassen sehr saures Wasser ab (pH liegt zwischen 1 und 2), während bei der Verseifung von fetten Säuren die Abflüsse stark alkalisch sind (pH bei 13). Die Vermischung dieser Abflüsse ist also vorteilhaft und erfordert große Pufferbecken. Da das Abwasser leicht gärbar ist, müssen die Becken belüftet werden. Die Fettentfernung aus den Abwässern erfolgt meist durch saure Krackung, die mit einer Flockung kombiniert sein kann. Man verwendet Schwefelsäure oder ein saures Metallsalz, wie Aluminiumsulfat.

Im allgemeinen setzt die physikalisch-chemische Vorbehandlung der Fettabscheidung und der Flockung die organische Verschmutzung um 50 bis 70% herab. Es folgt dann eine biologische Aufbereitung mit Belebtschlamm. Der Schlamm aus der Vorbehandlung ist leicht gärbar und die Trocknung durch Vakuumfilter ist nur möglich, wenn die Gärung nicht zu weit fortgeschritten ist. Der Schlamm darf nicht lange in den Absetzbecken bleiben. Die Aufbereitungstechnologie für diese Abflüsse muß genau abgestimmt und gut durchdacht sein.

Gerbereien und Lederindustrien. Der Wasserverbrauch ist sehr groß und erreicht 5 m^3 pro 100 kg trockene, präparierte Felle. Die Abflüsse sind hoch verschmutzt und enthalten proteinische Kolloide, Fette und Gerbstoffe, Hautreste und Haare, Farbstoffe und toxische Elemente, wie Sulfide aus den Äschernwerkstätten, und besonders Chrom aus der chemischen Gerberei. Der BSB_5 steigt leicht auf 700 bis 900 mg/l. Vor jeder Aufbereitung ist eine Rechenreinigung notwendig.

Wenn man alle Abwässer vermischt, erhält man einen alkalischen Abfluß, in welchem sich das Chrom im dreiwertigen Zustand niederschlägt und sich dann im Schlamm befindet. Eine anaerobe Faulung dieses Schlammes ist nicht möglich, da Chrom die Methanfaulung hemmt. Die Sulfide werden langsam durch natürliche Oxidation abgebaut. Will man diesen Vorgang beschleunigen, so muß man Katalysatoren wie Kobalt- oder Mangansalze verwenden. Man kann auch ein saures Stripping des schwefelhaltigen Wassers durchführen. Nach Lagerung und Homogenisierung, sowie Absetzen und Neutralisation, kann man eine biologische Aufbereitung anwenden, die sich mit hohen Belastungen durchführen läßt. Zu beachten ist eine starke Schaumbildung, die man durch Berieselung und Anwendung eines Antischaummittels bekämpft. Die pflanzlichen Gerbstoffe entgehen der biologischen Behandlung und färben das gereinigte Wasser hellbraun.

Die Abflüsse aus der Herstellung von tierischen Leimen und Gelatinen aus Abfällen, wie Haut, Knochen und Fischresten sind stark belastet. Man muß mit 5 kg BSB_5 je 100 kg Leim rechnen. Durch eine Ausflockung mit Kalk erreicht man schon eine gute Reinigung. Danach kann eine biologische Behandlung folgen.

Schweine- und Viehzuchtabwässer. Der Umfang der Abwassermengen und Schmutzstoffbelastungen hängt von der Reinigungsart der Ställe ab, die entweder hydraulisch, trocken oder gemischt erfolgen kann. Die Mengen der flüssigen Abflüsse betragen 17 bis 18 l pro Tag und Schwein bei einer Wasserreinigung (11 bis 13 l im Falle einer Trockenreinigung). Die organische Belastung ist groß. Man kann mit 150 bis 200 g BSB_5 pro Tag und Schwein bei hydraulischer Reinigung und mit 80 bis 100 g BSB_5 pro Tag und Schwein bei Trockenreinigung rechnen.

Man sollte den Mist vom Wasser mittels eines mechanischen Verfahrens trennen. Der Rückstand kann dann mit Ätzkalk oder Dolomit vermischt werden, um ein abfüllbares Düngemittel zu erhalten. Der flüssige Anteil der Exkremente kann durch Überlüftung biologisch aufbereitet werden. Der Abfluß weist einen hohen Gehalt an Ammoniak auf. Ein ähnliches Verfahren kann in der Geflügelzucht angewandt werden.

Tafel **436**.1   Entstehung und Eigenschaften von Industrieabwasser nach [15a]

Industriezweig	Entstehung der wichtigsten Abflüsse	Eigenschaften
Landwirtschafts- und Nahrungsmittelindustrie		
Gemüse- und Obstkonserven Kartoffelindustrie	Reinigung, Pressung, Bleichung und Trocknung von Obst und Gemüse	Hoher Gehalt an *TS* kolloidalen und gelösten organischen Stoffen, pH-Wert manchmal alkalisch, Stärke
Fleischkonserven und Pökelfleisch	Stallungen, Schlachthöfe. Kondensate, Fette und Spülwasser	Starke Konzentration an gelösten und schwebenden organischen Stoffen (Blut, Proteine), Fette, NaCl
Viehfutter	Zentrifugier- und Preßrückstände, Abflüsse aus der Verdampfung und Rückstände aus Spülwasser	Sehr hoher *BSB*, nur organische Stoffe, Geruch, Lösungsmittel
Molkereien	Verdünnen von Vollmilch, entfetteter Milch, Buttermilch und Serum	Hohe Konzentration an gelösten organischen Stoffen, hauptsächlich Proteine, Laktose, Fette
Zuckerfabriken	Reinigung und Transport der Zuckerrüben, Diffusion, Transport von Schaum, Verdampfungskondensate, Regeneration von Ionenaustauschern	Hohe Konzentration an gelösten und emulgierten organischen Stoffen (Zucker und Protein)
Brauereien und Brennereien	Einweichen und Pressen von Korn, Rückstände aus der Alkoholdestillation, Verdampfungskondensate	Hoher Gehalt an gelösten organischen Stoffen, die Zucker und gegorene Stärke enthalten
Hefefabriken	Rückstände aus der Filterung von Hefe	Hoher Gehalt an Trockenstoffen (besonders organische) und an *BSB*. Hoher Säuregrad
Ölfabriken, Margarineherstellung	Gewinnung und Verfeinerung	Fettstoffe, hoher Säure- und Salzgehalt, sehr hoher *BSB*
Trocken- und konzentrierte Nahrungsmittel	Lyophilisierung, verschiedene Prozesse, Extrakte usw.	Schwebestoffe, verschiedene Rückstände, hoher *BSB* und Färbung, verschiedene Fettstoffe und Öle.
Alkoholfreie Getränke	Flaschen-, Boden- und Materialreinigung, Abflüsse aus den Siruplagerbottichen	Hohe Alkalität, hoher Gehalt an Schwebestoffen und hoher *BSB*, Detergentien
Gerbereien	Einweichen, Äschern, Anfeuchten, Entwollen und Pikkeln von Fellen, Gerb- und Farbbäder	Hoher Gehalt an Totaltrockenstoffen, Härte, Salz, Sulfide, Chrom, gefällter Kalk und *BSB*

Fortsetzung s. nächste Seiten

Industriezweig	Entstehung der wichtigsten Abflüsse	Eigenschaften

Landwirtschafts- und Nahrungsmittelindustrie

Stärke und Glukosenherstellung	Verdampfungskondensate, Sirup aus der Endspülung	Hoher Gehalt an *BSB* und gelösten organischen Stoffen (besonders Stärke und Nebenprodukte)

Chemie- und Syntheseindustrie

Phosphate, Phosphorsäure, phosphathaltige Düngemittel	Waschung, Rechenreinigung und Flotation des Erzes, Superphosphate	Ton, Lehm und Öle, niedriger pH-Wert, hoher Gehalt an Schwebestoffen und kiescl- und fluorhaltigen Produkten (SiF_6)
Synthetische Farbstoffe	Anilische und nitrierte Farbstoffe	Stark saures Wasser, Phenole, Stickstoffverbindungen, hoher *CSB*
Gummi und synthetische Polymere	Latexwaschung, geronnenes Gummi, Beseitigung der Verunreinigungen im Rohgummi und in Formelprodukten	Starker *BSB* und Geruch, hoher Gehalt an Schwebestoffen, schwankender pH-Wert, hoher Gehalt an Chloriden
Insekten- und Schädlingsbekämpfungsmittel	Waschungs- und Reinigungsprodukte	Hoher Gehalt an organischen Stoffen, Benzol, toxisch für Bakterien und Fische, Säuren
Raffinerien und Petrochemie	Prozeßwasser, Entsalzung, Steam-cracking, katalytische Crackung, Abwasser aus den Handhabungs- und Lagerbereichen	Aliphatische und aromatische Kohlenwasserstoffe, die mehr oder weniger emulgiert sind, Sulfide, Schwebestoffe, geringer *BSB* (außer phenolhaltigem Prozeßwasser)

Textilindustrie

Wäschereien	Gewebewaschung	Hoher Gehalt an Alkalität und organischen Stoffen, Detergentien
Faserherstellung	Kunstfasern, Viskose, Polyamide, Polyester, Vinylprodukte	Anwesenheit von Lösungsmitteln, Enzymierungsprodukten, Farbstoffen, neutrales Wasser mit *BSB*-Belastung
Faserbehandlung	Waschung, Farbechtheitsprobe Bleichung, Färbung, Bedruckung und Appretur, Wollkämmung	Hoher oder mittlerer Gehalt an Schwebestoffen, alkalisches o. saures Wasser. Sehr hoher und schwankender *BSB*, Farbstoffe, chemische Produkte, Reduktions- oder Oxidationsmittel, manchmal Sulfide, Fett, Wollfett

Industriezweig	Entstehung der wichtigsten Abflüsse	Eigenschaften
Papierindustrie		
Zellstoff	Aufkochung, Bleichung, Faserreinigung, Verfeinerung des Zellstoffes	Hoher *CSB* und *BSB*, Farbstoffe, hoher Gehalt an Schwebestoffen, kolloidalen und gelösten Stoffen Sulfite, schwankender pH-Wert
Papier und Pappe	Maschinelle Herstellungsprozesse, Dosierung, Mischung, Überschußwasser	Weißes und organisches Wasser, Fasern, Tonerde, Titan, Kaolin, Baryt, Pigmente, Latex, Quecksilbersalze
Weitere Industriezweige		
Eisenhütten	Waschung von Hochofengas, Schlackenkörnungswasser	Im allgemeinen neutrales Wasser, manchmal mit Cyanid oder Sulfid belastet
Kohlenindustrie	Reinigung und Sortierung von Kohle, Wasserwaschung der Schieferschichten, Koksherstellung, Carbochemie	Hoher Gehalt an Schwebestoffen (besonders Kohle), geringer pH-Wert, Phenole, Ammoniakflüssigkeiten, Cyanide, Thiocyanate
Mechanische Industrie	Bearbeitung, Schleifen, Polieren, Abbimsen	Fette, Öle, Abschliffprodukte, lösliche Öle, neutrale Wasser
Behandlung von metallischen Oberflächen	Beizen, Phosphatieren, elektrolytische Bezüge, Anodisierung, Färben, Elektrophorese	Saure oder alkalische Wässer, chromat-, cyanid-, fluorhaltig, mit Angriffsprodukten belastet (Fe, Cu, Al), Pigmente, Tenside
Glas- und Spiegelherstellung	Reinigung und Polieren von Glas, Silberbäder	Rote Farbstoffe, alkalische, nicht absetzbare Schwebestoffe, Silber
Kernenergie und radioaktive Körper	Erzenergie, Reinigung von verseuchten Kleidungsstükken, Abfälle aus Forschungslabors, Brennstofferzeugung, Kühlwasser	Radioaktive Elemente, die sehr sauer und „heiß" sein können
Elektronik	Glasbehandlung, Herstellung von elektronischen Komponenten und Magnetiten	Säuren, Flußsäure, Ferrichlorid, Schwebestoffe, Eisen, Ferrite
Elektrochemie und Elektrometallurgie	Elektrolytische Herstellung von Chlor und Soda Aluminiumerzeugung	Quecksilber, Fluoride, SO_2, Schwebestoffe

Literaturverzeichnis

[1a] ATV Arbeitsblatt A 119: Berechnung von Entwässerungsnetzen mit elektronischen Daten-
      verarbeitungsanlagen 1974
[1b] ATV-Arbeitsblatt A 118: Richtlinien für die hydraulische Berechnung von Schmutz-, Regen-
      und Mischwasserkanälen 1977
[1c] ATV-Arbeitsblatt A 123: Behandlung und Beseitigung von Schlamm aus Kleinkläranlagen
      1974
[1d] ATV-Arbeitsblatt A 132: Standardleistungsbuch f. d. Bauwesen (StLB) Leistungsbereich 911
      − Rohrvortrieb, Duchpressungen 1981
[1e] ATV-Arbeitsblatt A 130: Musterleistungsverzeichnis Wasserhaltungsarbeiten 1978
[1f] ATV-Arbeitsblatt A 133: Erfassung, Bewertung und Fortschreibung des Vermögens kommu-
      naler Entwässerungseinrichtungen 1981
[1g] ATV-Arbeitsblatt A 128: Richtlinien für die Bemessung und Gestaltung von Regenentlastun-
      gen in Mischwasserkanälen 1977
[1h] ATV Arbeitsblatt A 117: Richtlinien für die Bemessung, die Gestaltung und den Betrieb von
      Regenrückhaltebecken 1977
[1j] ATV Arbeitsblatt A 126: Grundsätze für die Bemessung des biologischen Teils von Kläranla-
      gen nach dem Belebungsverfahren mit gemeinsamer Schlammstabilisierung bei Anschlußwer-
      ten zwischen 500 und 10000 EGW
[1k] ATV-Arbeitsblatt A 101 Planung einer Ortsentwässerung 1978
[1l] ATV-Arbeitsblatt A 113 Unterlagen für die Ausschreibungen zur Ausführung von Abwasser-
      kanälen
[1m] ATV-Arbeitsblatt A 241 Bauwerke der Ortsentwässerung
[1n] ATV-Arbeitsblatt A 127 E: Richtlinie für die statische Berechnung von Entwässerungskanä-
      len und -leitungen
[1o] ATV-Arbeitsblatt A 131: Grundsätze für die Bemessung von einstufigen Belebungsanlagen
      mit Anschlußwerten über 10000 EGW 1981
[2]   Annen, G., Londong, D.: Vergleichende Betrachtungen zu Bemessungsverfahren von
      Rückhaltebecken. Technisch-Wissenschaftliche Mitteilungen der Emschergenossenschaft und
      des Lippeverbandes 3 (1960)
[4]   Ausschuß „Elektronik im Bauwesen" GAEB im Deutschen Normenausschuß: Standardlei-
      stungsbuch (StLB), Leistungsbereich 02 (Erdarbeiten), Leistungsbereich 09 (Abwasserkanal-
      arbeiten), Berlin/Köln/Frankfurt 1970
[5]   Bayerische Landesanstalt für Wasserforschung München: Behandlung von Indu-
      strieabwässern. Band 28. München 1977
[6]   −: Moderne Abwasserreinigungsverfahren. Band 29. München 1978
[7]   −: Schadstoffe im Oberflächenwasser und im Abwasser. Band 30. München 1978
[8]   Bischofberger, W., Baumgart, P., Resch, H.: Forschungsvorhaben Abfallbeseitigung
      „Sammlung, Behandlung, Beseitigung und Verwertung von Schlämmen aus Hauskläranla-
      gen" − Vorläufiger Schlußbericht, 1980
[8a] Bischofsberger, W., Teichmann, H.: Abwassertechnik. Taschenbuch der Wasserwirt-
      schaft. Hamburg 1982.
[9]   Böhnke: Kombinierte Emscherbrunnen für biologische Kläranlagen kleinerer Gemeinden.
      Kommunalwirtschaft 9 (1960)
[10] −: Erfahrungen aus zweistufigen Versuchsanlagen und Folgerungen für die Verfahrenstech-
      nik. Z. Korrespondenz Abwasser 3 (1980)

[11]   –: Belüftete Abwasserteiche. Vortrag 15. Essener Tagung, 1982

[12]   –: Das Adsorptions-Sauerstoffbegasungsverfahren Z. Wissenschaft + Umwelt **1** (1979)

[12a] Bundesverband Deutsche Beton- u. Fertigteilindustrie e.V. Bonn, Handbuch für Rohre aus Beton, Stahlbeton, Spannbeton. Berlin 1978

[13]   Braha: Projektierung von Langsandfängen mit konstanter Durchflußgeschwindigkeit. GWF **12** (1971)

[14]   Bucksteeg, K.: Beitrag zum Thema: Baukosten von Kläranlagen. GWF **3** (1971)

[15]   –: Abwasserreinigung in unbelüfteten Teichen und in Pflanzenanlagen. Vortrag 15. Essener Tagung, 1982

[15a] Degrêmont, G.: Handbuch Wasseraufbereitung, Abwasserreinigung. Wiesbaden u. Berlin, 1974

[16]   Diering, B.: Weitergehende biologische Abwasserreinigung Stadt Krefeld. ATV-Lehrgang Laasphe, 1978

[17]   DVGW-Regelwerk: Arbeitsblatt W 305, Kreuzungen von Wasserleitungen mit Bundesbahngelände

[18]   Erste Allgemeine Verwaltungsvorschrift über Mindestanforderungen an das Einleiten von Schmutzwasser aus Gemeinden in Gewässer – 1. Schmutzwasser VwV – vom 16. 10. 1976, BGBl. I S. 3017

[19]   Fair, G. M.; Geyer, C.: Wasserversorgung und Abwasserbeseitigung. München 1962
       Geiger, H.: Sandfänge für Abwasserkläranlagen. Maschinenfabrik Geiger, Karlsruhe
       Howe, H.: Der Einsatz von Steinzeugrohren bei Steilstrecken, Steinzeug-Information **2** (1966)

[20]   Fair, G. M., Geyer, C., Okun, D. A.: Elements of water supply and wastewater disposal. London 1971

[21]   Gesetz über Abgaben für das Einleiten von Abwasser in Gewässer (Abwasserabgabengesetz – AbwAG) vom 13. 09. 1976, BGBl. I S. 2721, berichtigt Nr. 3007

[22]   Helmer, R.; Sekoulov, J.: Weitergehende Abwasserreinigung. Mainz, Wiesbaden 1977

[23]   Hünerberg, K.: Handbuch für Asbestzementrohre. Berlin/Heidelberg/New York 1977

[24]   Imhoff, Karl und Klaus R.: Taschenbuch der Stadtentwässerung. 25. Aufl. München 1979
       Imhoff, Klaus: Zur Berechnung von Belebungsbecken. GWF 52 (1963)

[25]   Imhoff, K.-R.: Leistungsvergleich ein- und zweistufiger biologischer Abwasserreinigungsverfahren. Vortrag 15. Essener Tagung, 1982

[26]   Kayser, R.: Nitrifikation und Denitrifikation in ein- und zweistufigen Belebungsanlagen. Vortrag 15. Essener Tagung, 1982

[27]   Kalbskopf, K.-H.: Luftmengenberechnung für Belebungsanlagen. GWF **101** (1961)

[28]   Kehr, D.: Die Berechnung von Regenwasserabläufen. München 1933
       –: Das Hamburgbecken. Schweizerische Zeitschrift für Hydrologie (1960)

[29]   –: Über die Totalkläranlage des Instituts für Siedlungswasserwirtschaft der Technischen Hochschule Hannover. GWF **10** (1963)

[30]   –, und Möhle, K. A.: Erfahrungen mit dem Tropfkörperverfahren als zweite biologische Reinigungsstufe. Korrespondenz Abwasser **11** (1966)

[31]   Kesting, D.: Rechts- u. Planungsgrundlagen für die Fäkalschlammbeseitigung. Vortrag Seminar „Behandlung von Schlämmen aus Hauskläranlagen", Rendsburg, 1981

[32]   Kirschmer, O.: Die Berechnungsgrundlagen für die Strömung in Rohren. Rohrleitungsbau. **1** (1965)

[33]   –: Tabellen zur Berechnung von Rohrleitungen nach Prandtl-Colebrook. Heidelberg 1963

[34]   –: Tabellen zur Berechnung von Entwässerungsleitungen nach Prandtl-Colebrook. Heidelberg 1966

[35]   Köhler, R.: Z. Industrieabwässer (1971) Düsseldorf

[36]   Kumpf, Maas, Straub: Müll- und Abfallbeseitigung. Handbuch. Berlin 1964

[37]   Langbein-Pfanhauser Werke AG: Abwasserreinigung in der Galvanotechnik

[38]   Lautrich, R.: Der Abwasserkanal. 4. Auflage. Hamburg 1977

[39]   Lehr- und Handbuch der Abwassertechnik. 2. Aufl. Band I Berlin 1973

[39a] Lehr- und Handbuch der Abwassertechnik. 3. Aufl. Band I und II Berlin 1982
[40] Lehr- und Handbuch der Abwassertechnik. Band II. 2. Aufl. Berlin 1975
[41] Lehr- und Handbuch der Abwassertechnik. Band III. 2. Aufl. Berlin 1978
[42] Lohr: Kläranlagen für kleine Gemeinden nach dem Belebungsverfahren mit Schlammstabilisation. GWF **106** (1965) S. 53
[43] Loll, U.: Stabilisierung hochkonzentrierter organischer Abwässer und Abwasserschlämme durch aerob-thermophile Abbauprozesse. Dissertation, Technische Hochschule Darmstadt (1974)
[44] Malpricht, E.: Planung und Bau von Regenrückhaltebecken. Berichte der Abwassertechnischen Vereinigung. 15 (1962)
[45] Manz: Die Planung der Kläranlage Bristol. GWF **34** (1966)
[46] Matsch, L. C.: Zweistufige aerobe-anaerobe Schlammbehandlung unter besonderer Berücksichtigung des erforderlichen Energieaufwandes und des zu erwartenden Gasanfalls. Gewässerschutz − Wasser − Abwasser (1981) Band 45, S. 137
[47] Maurer, M., Winkler, J.-P.: Biogas. Karlsruhe 1980
[48] Merkblatt zum Verfüllen von Leitungsgräben. Forschungsgesellschaft für Straßenwesen 1970
[49] Meysenburg, C. M. v.: Kunststoffkunde für Ingenieure. 3. Aufl. München 1968
[50] Moser, F.: Grundlagen der Abwasserreinigung. München, Wien 1981
[51] Mönnich, K.-H.: Beitrag zur Frage der gemeinsamen oder getrennten Reinigung hochverschmutzter Abwässer der chemischen Industrie und kommunaler Abwässer. Veröffentl. des Inst. für Siedlungswasserwirtschaft der TU Hannover, Heft 41, (1975)
[52] Müller-Neuhaus: Die getrennte aerobe Schlammstabilisierung. GWF **8** (1971)
[53] −: Die Berechnung von Rückhaltebecken. Gesundheitsingenieur **74** (1953)
Orth, H.: Dekompositionsmethoden − Ein Hilfsmittel bei der Planung regionaler Abwasserbeseitigungssysteme. GWF **12** (1973)
Die mathematische Optimierung als Hilfsmittel bei der Planung regionaler Abwasserbeseitigungssysteme. GWF **1** (1974)
[54] Passavant-Werke: Tropfkörper, Bauart Passavant
[55] Pasveer, A.: Abwasserreinigung im Oxydationsgraben. Bauamt und Gemeindebau **31** (1958)
[56] Pecher: Der Abflußbeiwert und seine Abhängigkeit von der Regendauer. Berichte aus dem Institut für Wasserwirtschaft und Gesundheitswesen der TH München 1969
[57] Pflanz: Über das Absetzen des belebten Schlammes in horizontal durchströmten Nachklärbecken. Hannover 1966
[58] Pöpel, J.: Die Elimination von Phosphaten, Dissertation, TH Stuttgart. 1966
[59] Randolf, R.: Berechnung von Rückhaltebecken in der Regenwasserkanalisation. Wasserwirtschaft/Wassertechnik **9** (1959)
[60] Reinhold, F.: Die Berechnung von Regen- und Mischwasserleitungen nach dem Zeitbeiwertverfahren. Österreichische Bauzeitschrift (1955)
−: Regenspenden in Deutschland. Grundwerte für die Entwässerungstechnik. Archiv für Wasserwirtschaft (1940)
−: Zur Ermittlung von Abflußmengen aus Niederschlagsbeobachtungen. Wasserwirtschaft (1952/53)
[61] Riegler, G.: Eine Verfahrensgegenüberstellung von Varianten zur Klärschlammstabilisierung. Dissertation. Darmstadt 1981
[62] Roediger, H.: Die anaerobe alkalische Schlammfaulung. 3. Aufl. München 1967
[63] Roske, K.: Betonrohre nach DIN 4032. Wiesbaden 1961
[64] Rössert, R.: Hydraulik im Wasserbau. 3. Aufl. München 1976
[65] Rüffer, H.: Untersuchungen zur Charakterisierung aerob-biologisch stabilisierter Schlämme. Institut für Siedlungswasserwirtschaft der TH Hannover 1968
[66] Schewior-Press: Hilfstafeln zur Lösung wasserwirtschaftlicher und baulicher Aufgaben, 10. Aufl. Berlin 1958
[67] Schlegel, S.: Die anaerobe Behandlung von Filtratwässern thermisch konditionierter Schlämme. Veröffentl. des Inst. für Siedlungswasserwirtschaft der TU Hannover, Heft 39, (1974)

[68] Sekoulov, J.: Die Phosphorelimination mit Hilfe von kontinuierlich belichteten Blaualgen, Dissertation, Universität Stuttgart, 1971

[69] Seyfried, C. F., Saake: Entwicklung in der Prozeßtechnik zur anaeroben Abwasser- und Schlammbehandlung. Vortrag 15. Essener Tagung, 1982

[70] Sixt, H.: Reinigung organisch hochverschmutzter Abwässer mit dem anaeroben Belebungsverfahren am Beispiel von Abwässern der Nahrungsmittelherstellung. Veröffentl. des Inst. für Siedlungswasserwirtschaft der TU Hannover, Heft 50, (1979)

[71] Schmitz-Lenders, F.: Schachtelbecken, GWF **50** (1960)

[72] Schulze, W. E., Simmer, K.: Grundbau. 17. und 15. Aufl. Stuttgart

[73] Sickert: Bau- und Betriebskosten von biologischen Kläranlagen, Entwicklung und Folgerungen. GWF **6** (1972)

[74] Sierp, F.: Die gewerblichen und industriellen Abwässer. 3. Aufl. Berlin/Heidelberg 1967

[75] Spangler, M. W.: Stresses in pressure pipelines and protective casing pipes. Journ. Structural Dir. Nr. St 5, Proc. Am. Soc. Civ. Eng. **82** (1956)

[76] Steinzeug-Gesellschaft: BKK-Kompaktschacht NW 1000 für Steinzeug-Kanalleitungen

[77] Stengelin, Conrad, Firma, Tuttlingen (Donau)

[78] Thon, R.: Konstruktive und wirtschaftliche Gesichtspunkte beim Bau von Faulbehältern. Vortrag ATV-Tagung. Berlin 1963

[79] Thormann, A.: Schadstoffe in Klärschlämmen. Korr. Abwasser **27** (1980), H. 2, S. 105 Timm/Fritz: Hydromechanisches Berechnen. 2. Aufl. Stuttgart 1970

[80] Volger, K.: Haustechnik. 6. Aufl. Stuttgart 1980

[81] Voss, K.: Abbau in belüfteten Abwasserteichen, Z. Wasser u. Boden, Heft 5, 1980

[82] −: Behandlung von Fäkalschlämmen in Abwasserteichen, Bodenfiltern und bei mobilen Systemen. Vortrag-Schlammseminar, Rendsburg 1981

[83] Wassen, H.: Hygienische Untersuchungen über die Verwendbarkeit der Umwälzbelüftung (System Fuchs) zur Aufbereitung von flüssigen Abfällen aus dem kommunalen und landwirtschaftlichen Bereich. Dissertation, Gießen (1975)

[84] Wendehorst/Muth: Bautechnische Zahlentafeln. 21. Aufl. Stuttgart 1983

[85] Wenten, H.: Kanalisations-Handbuch. 4. Aufl. Köln-Braunsfeld 1967

[86] Wetzorke, M.: Über die Bruchsicherheit von Rohrleitungen in parallelwandigen Gräben. Hannover 1960

[87] Wetzorke/Stobbe: Zulässige Einbautiefen für Awadukt-Rohre NW 150 bis 400 mm

[88] Wilderer, P., Hartmann, L.: Grundsätze zur Biotechnologie des Belebungsverfahrens Aufsatz in Band 29 der Bayr. Landesanstalt für Wasserforschung. München 1978

[89] Zander, B.: Druckentwässerung − ein neuzeitliches Verfahren zur Ableitung von Abwasser. GWF **10** (1972)

DIN-Normen zur Abwassertechnik (Auswahl) (E $\triangleq$ Entwurf, T $\triangleq$ Teil)

DIN-Nr.		Titel
591	T 1	Kellerabläufe mit innenliegender Reinigungsöffnung; Zusammenstellung
	T 2	−; Einzelteile
1180		Drainrohre aus Ton; Maße, Anforderung, Prüfung
1187		Drainrohre aus PVC hart; Maße, Anforderung, Prüfung
1211		Steigeisen, kurz
1212		−, lang
1213	T 1	Aufsätze für Straßen- und Hofabläufe; Klassifizierung, Baugrundsätze, Kennzeichnung
	T 2	−; Prüfung, Güteüberwachung

DIN-Nr.		Titel
1221		Schmutzfänger für Schachtabdeckungen
1229	T 1	Schachtabdeckungen für Entwässerungsanlagen; Klassifizierung, Baugrundsätze, Kennzeichnung
	T 2	−; Prüfung, Güteüberwachung
1230	T 1	Steinzeug für die Kanalisation; Rohre und Formstücke, Steckmuffen; Maße
	T 2	−; Rohre und Formstücke, Steckmuffen; Technische Lieferbedingungen
	T 3	−; Sohlschalen, Profilschalen und Platten; Maße, Techn. Lieferbedingungen
	T 4	−; Steckmuffen für Rohre u. Formstücke, Maße
	T 5	−; Rohre und Formstücke mit Steckmuffen, Techn. Lieferbedingungen
	Bbl.	−; Herstellerzeichen der Steinzeugwerke
1236	T 1	Hofabläufe aus Beton; Zusammenstellungen
	T 2	−; Einzelteile
1986	T 1	Entwässerungsanlagen für Gebäude und Grundstücke; Technische Bedingungen für den Bau
	T 2	−; Bestimmungen für die Ermittlung der lichten Weiten und Nennweiten für Rohrleitungen
	T 4	−; Anwendungsbereiche von Abwasserrohren und -formstücken verschiedener Werkstoffe
	T 3	Grundstücksentwässerungsanlagen; Regeln für den Betrieb
1997	T 1	Absperrvorrichtungen in Grundstücksentwässerungsanlagen, Baugrundsätze
	T 2	−; Prüfgrundsätze
1998		Unterbringung von Leitungen und Anlagen in öffentlichen Flächen
1999	T 1	Abscheider für mineralische Leichtflüssigkeiten − Benzinabscheider, Heizölabscheider; Baugrundsätze
	T 2	−; Einbau und Betrieb
	T 3	−; Prüfungen
2410 E	T 1	Rohre; Übersicht über Normen für Stahlrohre
	T 2	−; Übersicht über Normen für Rohre aus duktilem Gußeisen
	T 3	−; Übersicht über Normen für Rohre aus Beton, Stahlbeton und Spannbeton
	T 4	−; Übersicht über Normen für Rohre aus Asbestzement
4030		Beurteilung betonangreifender Wässer, Böden und Gase
4031		Wasserdruckhaltende bituminöse Abdichtungen für Bauwerke; Richtlinien für Bemessung und Ausführung
4032		Betonrohre und -formstücke; Maße, Technische Lieferbedingungen
4033		Entwässerungskanäle und -leitungen aus vorgefertigten Rohren; Richtlinien für die Ausführung
4034		Schachtringe, Brunnenringe, Schachthälse, Übergangsringe, Auflageringe aus Beton; Maße, Technische Lieferbedingungen
4035		Stahlbetonrohre; Bedingungen für die Lieferung und Prüfung
4040		Fettabscheider; Baugrundsätze
4041		−; Einbau, Größe und Schlammfänge, Richtlinien
4042		−; Prüfung
4043		Heizölsperren − Heizölabscheider; Baugrundsätze, Einbau, Betrieb, Prüfung
4045		Abwasserwesen; Fachausdrücke und Begriffserklärungen
4050		Bestandspläne öffentlicher Abwasserkanäle
4051	T 1	Kanalklinker; Anforderungen, Prüfung, Überwachung
4052	T 1	Straßenabläufe aus Beton; Bauart und Einbau
4052	T 1	Betonteile, Eimer und Trichter für Straßenabläufe; Bauart und Einbau
4052	T 2	Straßenabläufe aus Beton, Zusammenstellung
4261	T 1	Kleinkläranlagen; Anwendung, Bemessung, Ausführung und Betrieb, Anlagen ohne Abwasserbelüftung

DIN-Nr.		Titel
4268 bis 4272		Schachtabdeckungen mit hochgelagertem Deckel für Gehwege
4279		Innendruckprüfungen von Druckrohrleitungen für Wasser. Teil 1 bis 10, Muster für Prüfberichte
4281		Beton für Entwässerungsgegenstände; Anforderung, Herstellung und Prüfung
4290 bis 4292		Schachtabdeckungen mit hochgelagertem Deckel für Fahrbahnen
4293 bis 4299		Aufsätze für Straßenablauf (Formteile)
8061	T 1	Rohre aus PVC hart (Polyvinylchlorid hart); allgemeine Güteanforderung, Prüfung
8062 bis 8067		−; Maße, Rohrverbindungen und Rohrleitungsteile aus PVC-hart
8072		Rohre aus PE weich (Polyäthylen weich); Maße
8073		−; Allgem. Güteanforderungen, Prüfung
8074		Rohre aus PE hart (Polyäthylen hart); Maße
8075	T 1	−; Typ 1; Allgem. Güteanforderungen, Prüfung
E	T 2	−; Typ 2; Allgem. Güteanforderungen, Prüfung
18022		Küche, Bad, WC, Hausarbeitsraum; Planungsgrundlagen für den Wohnungsbau
18300 bis 18451		VOB Verdingungsordnung für Bauleistungen Teil C: Allgemeine Technische Vorschriften;
18300		Erdarbeiten
18303		−: −; Verbauarbeiten
18305		−: −; Wasserhaltungsarbeiten
18307		−: −; Gas- und Wasserleitungsarbeiten im Erdreich
18381		−: −; Gas-, Wasser- und Abwasser-Installationsarbeiten
19500 bis 19514		Gußeiserne Abflußrohre (GA); (Maße und div. Formstücke)
19520		Abwasser aus Krankenanstalten; Richtlinien für die Behandlung
19525		Abwasserwesen; Richtlinien für die Entwurfsbearbeitung
19531		Grundstücksentwässerungsanlagen; Rohre für Formstücke aus PVC hart (Polyvinylchlorid hart) für Abwasserleitungen innerhalb von Gebäuden; Technische Lieferbedingungen
19537	T 1	Rohre und Formstücke aus Polyäthylen hoher Dichte (PE hart) für Abwasserkanäle und -leitungen, Maße
	T 2	−; Technische Lieferbedingungen
19540		Abwasserkanäle; Querschnittsformen und -abmessungen
19551	T 1	Kläranlagen; Rechteckbecken mit Schildräumer, Hauptmaße
	T 2	−; Rechteckbecken mit Bandräumer; Hauptmaße
	T 3	−; Rechteckbecken als Sandfänge mit Saugräumer, Hauptmaße
19552	T 1	Rundbecken mit Schildräumer, Hauptmaße
	T 2	−; Rundbecken mit Saugräumer, Hauptmaße
	T 3	−; Rundbecken als Eindicker mit Zentralantrieb, Hauptmaße
19553		−; Tropfkörper mit Drehsprenger, Hauptmaße
19554	T 1	−; Rechenbauwerk und geradem Rechen
	T 2	−; Rechenbauwerk mit Bogenrechen, Hauptmaße
19555		−; Sicherheitstritt für Abwasserreinigungsanlagen
19556		−; Rinne mit Absperrorgan, Hauptmaße
19557		Füllstoffe für Tropfkörper; Anforderungen, Prüfung, Einbringen
19558		−; Überfallwehr und Tauchwand, Befestigung und Abfluß
19690 bis 19692		Rohre und Formstücke aus duktilem Gußeisen für Entwässerungskanäle und -leitungen
19800	T 1	Asbestzementrohre und -formstücke für Druckrohrleitungen; Rohre; Maße
	T 2	−; Rohre, Rohrverbindungen und Formstücke; Technische Lieferbedingungen
19850	T 1	Asbestzementrohre und Formstücke für Abwasserkanäle; Rohre, Abzweige, Bogen, Maße, Technische Lieferbedingungen

Sachverzeichnis